高等职业技术教育电子电气类规划教材

电气安装规划与实践

秦天像　张万明　梁志红　主编

西南交通大学出版社
·成　都·

图书在版编目（CIP）数据

电气安装规划与实践 / 秦天像，张万明，梁志红主编. 一成都：西南交通大学出版社，2014.9
高等职业技术教育电子电气类规划教材
ISBN 978-7-5643-3356-0

Ⅰ. ①电… Ⅱ. ①秦… ②张… ③梁… Ⅲ. ①电气设备－设备安装－高等职业教育－教材 Ⅳ. ①TM05

中国版本图书馆 CIP 数据核字（2014）第 198879 号

高等职业技术教育电子电气类规划教材

电气安装规划与实践

秦天像　张万明　梁志红　主编

责任编辑	李芳芳
助理编辑	宋彦博
特邀编辑	韩迎春
封面设计	本格设计
出版发行	西南交通大学出版社 （四川省成都市金牛区交大路 146 号）
发行部电话	028-87600564　028-87600533
邮政编码	610031
网址	http: //www.xnjdcbs.com
印刷	成都市书林印刷厂
成品尺寸	185 mm × 260 mm
印张	22.75
字数	567 千字
版次	2014 年 9 月第 1 版
印次	2014 年 9 月第 1 次
书号	ISBN 978-7-5643-3356-0
定价	45.00 元

课件咨询电话：028-87600533

前　言

根据教育部关于高职高专应用型人才培养的要求，为了满足高职高专电气类专业实践能力培养的教学需要，提高学生技能水平，酒泉职业技术学院新能源工程系全体同仁多方收集相关材料，从基础知识入手，结合工业电工典型工作实务，共同编写了本书。

本书有以下几个特点：

1. 强调理论与实践的结合，防止理论与实际脱节。

2. 图文并茂，深入浅出，具有一定的可读性。

3. 实习材料简单易得，具有较强的实用性和可操作性。

4. 内容以“必需、够用”为度，列举实例尽量与实际相结合，文字表达力求简单易懂。

5. 突出基本概念、基本理论和基本方法，注意培养学生独立解决问题的能力。

6. 每个项目均设有“引言”、“学习目标”和“习题”，以使学习者对各部分内容的脉络有一个清楚的了解，同时也有利于学生的自主学习。

本书可作为高职高专能源类、电力类、机电类和电气类等专业教材。其建议学时为 70 ~ 90 学时，也可根据需要适当缩减。

本书由秦天像、张万明、梁志红共同主编，具体分工为：秦天像编写项目一、项目二、项目三、项目九、项目十二、附录，张万明编写项目四、项目五、项目八、项目十，梁志红编写项目六、项目七、项目十一、项目十三。

鉴于编者水平有限，书中不妥之处在所难免，敬请广大读者批评指正。

编　者

2014.03.20

目　录

项目一　直流电路 …… 1
任务一　电路的基本结构 …… 1
任务二　电路的主要物理量 …… 2
任务三　欧姆定律 …… 6
任务四　电阻元件 …… 7
任务五　电路的状态及电源外特性 …… 9
任务六　负载连接 …… 11
任务七　电气设备额定值 …… 13
任务八　电路中各点电位的计算 …… 14
任务九　基尔霍夫定律 …… 15
任务十　支路电流法 …… 16
任务十一　电路模型的概念及电流源、电压源 …… 18
任务十二　戴维南定理 …… 20
任务十三　叠加定理 …… 21

项目二　正弦交流电路的分析 …… 25
任务一　正弦交流电路的认识 …… 25
任务二　单一元件交流电路的分析 …… 30
任务三　*RLC* 串联电路的分析 …… 41
任务四　正弦交流并联电路的分析 …… 44
任务五　三相对称电路的分析 …… 48

项目三　磁路与变压器 …… 56
任务一　磁路的基本概念 …… 56
任务二　磁路的基本定律 …… 59
任务三　常用的铁磁材料及其特性 …… 63
任务四　直流磁路的计算 …… 68
任务五　交流磁路的特点 …… 70

项目四　交流电动机 …… 74
任务一　工作原理及基本构造 …… 74
任务二　定子旋转磁场的形成及其分析 …… 75
任务三　三相异步电动机转速和磁极对数 …… 78

任务四　三相异步电动机的机械特性 …… 80
任务五　三相异步电动机基本参数及其关系 …… 81
任务六　三相异步电动机的使用 …… 82
任务七　三相异步电动机的铭牌和技术数据 …… 84
项目五　常用的低压元器件 …… 87
任务一　低压电器概述 …… 87
任务二　常见低压电器 …… 89
任务三　接触器 …… 95
任务四　继电器 …… 99
项目六　异步电动机电气控制 …… 104
任务一　电气控制图 …… 104
任务二　电动机电气控制图识读 …… 106
任务三　电动机启动电气控制图识读 …… 109
任务四　三相异步电动机的制动 …… 115
任务五　三相异步电动机的调速 …… 119
任务六　三相异步电动机常见典型控制电路 …… 121
项目七　工厂供电与安全用电 …… 129
任务一　电力系统的基本知识 …… 129
任务二　工厂供电概述 …… 132
任务三　节约用电 …… 134
任务四　安全用电基础知识 …… 135
任务五　接地装置 …… 138
项目八　二极管及其应用 …… 144
任务一　二极管 …… 144
任务二　二极管整流及滤波电路 …… 149
项目九　三极管及基本放大电路 …… 156
任务一　半导体三极管 …… 156
任务二　绝缘栅型场效应晶体管 …… 163
任务三　三极管共发射极放大电路 …… 169
任务四　静态工作点的稳定 …… 179
任务五　射极输出器 …… 182
任务六　多级放大电路 …… 185
任务七　差动放大电路 …… 190
任务八　功率放大器 …… 195
任务九　场效应管放大电路 …… 204

项目十　直流稳压电源……213
任务一　简单串联型晶体管稳压电源……213
任务二　带有放大环节的串联型晶体管稳压电源……216
任务三　稳压电源的主要技术指标与集成稳压器……220
项目十一　集成运算放大器……227
任务一　集成运算放大器简介……227
任务二　反馈在集成运放中的应用……235
任务三　频率特性……243
任务四　集成运放的线性应用……245
任务五　集成运放的非线性应用……249
任务六　正弦波振荡器……253
任务七　常用集成运放芯片介绍……256
项目十二　数字电路的基本知识……264
任务一　数字电路概述……264
任务二　逻辑代数基础……275
任务三　集成逻辑电路……286
项目十三　工厂电气系统安装……301
任务一　工厂电气动力系统安装……301
任务二　工厂电气照明系统安装……343
参考文献……356

项目一
直流电路

【引言】

在现代科学技术中，电工电子技术占有相当重要的地位。在人们使用的各种电气和电子设备中，主要的装置都是由各种不同的电路组成。因此，掌握电路的分析和计算方法显得十分重要。本章将介绍直流电路的基本定律和分析方法，这些方法稍加扩展，也适用于交流电路和电子电路的分析。

【学习目标】

（1）理解电路模型的概念。

（2）理解电路的基本物理量。

（3）理解电流、电压参考方向的概念。

（4）掌握电路的基本定律：欧姆定律、基尔霍夫定律。

（5）掌握电路的分析方法：支路电流法、电路等效变换法、叠加原理、戴维南定理。

（6）掌握常用电工仪表的使用方法，以及电路基本物理量的测量方法。

任务一　电路的基本结构

一、电路模型

电路是一个基本的电流回路，如图 1-1 所示。

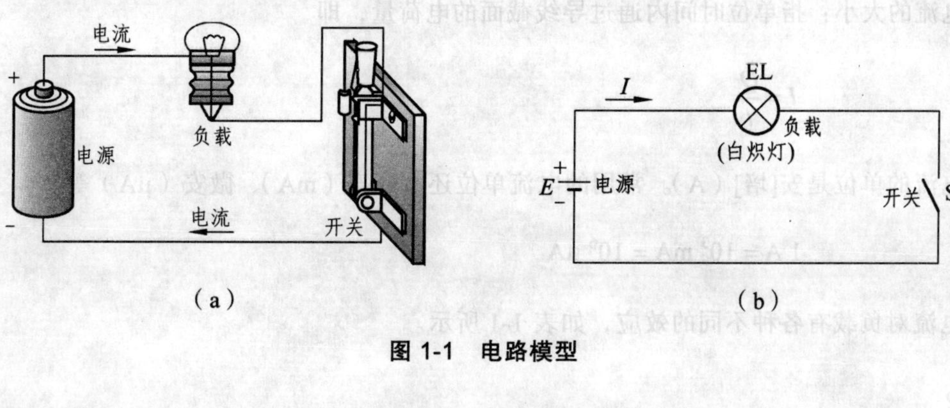

图 1-1　电路模型

二、电路的组成

（1）电源：将非电能形态的能量转换成电能的供电设备，如发电机、电池等。

（2）负载：将电能转换成非电能形态能量的用电设备，如电动机、照明灯等。

（3）连接导线：用于传送信号，传输电能。

（4）辅助设备：用于保证电路安全、可靠地工作（例如控制电路通、断的开关及保障安全用电的熔断器），而且使电路自动完成某些特定工作成为可能。

任务二　电路的主要物理量

一、电　流

电流：电路中，带电粒子在电源作用下有规则地移动，即形成了电流。习惯上规定正电荷移动的方向为电流的实际方向。

电流参考方向：是预先假定的一个方向，也称正方向，在电路中用箭头标出。例如：

（1）图 1-2（a）中，$I = 3$ A，计算结果为正，表示电流实际方向与参考方向一致。

（2）图 1-2（b）中，$I = -3$ A，计算结果为负，表示电流实际方向与参考方向相反。

注意：电流的正、负只有在选择了参考方向之后才有意义。

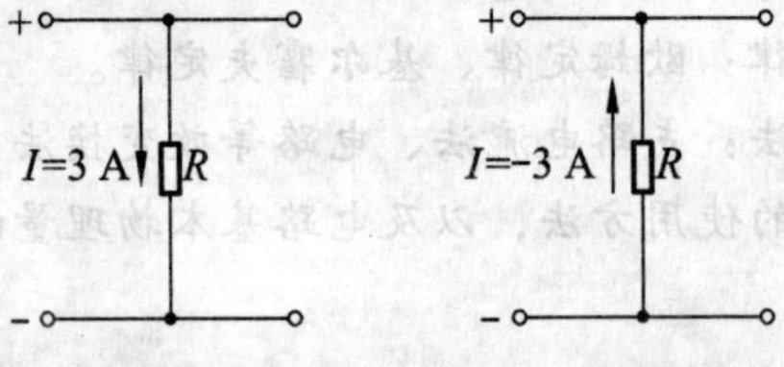

（a）　　（b）

图 1-2　电流的方向

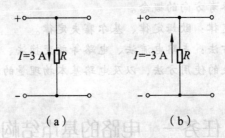

交流电的实际方向是随时间变化的。如果某一时刻电流为正值，即表示该时刻电流的实际方向与参考方向一致；如果为负值，则表示该时刻电流的实际方向与参考方向相反。

电流的大小：指单位时间内通过导线截面的电荷量，即

$$I = \frac{Q}{t}$$

电流的单位是安[培]（A）。常用的电流单位还有毫安（mA）、微安（μA）等。

$$1\ \text{A} = 10^3\ \text{mA} = 10^6\ \mu\text{A}$$

电流对负载有各种不同的效应，如表 1-1 所示。

表 1-1　电流对负载的各种效应

名称	热效应（总出现）	磁效应（总出现）	光效应（在气体和一些半导体中出现）	化学效应（在导电的溶液中出现）	对人体生命的效应
示例	 电熨斗、电烙铁、熔断器	 继电器线圈、开关装置	 白炽灯、发光二极管	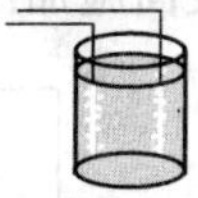 蓄电池的充电过程	 事故、动物麻醉

二、电压与电动势

1. 电　压

电压可以通过电荷的分离产生，如图 1-3 所示。要把不同极性的电荷分离开，就必须对电荷做功。在电荷分离过程中，这两种不同极性的电荷之间便产生了电压。

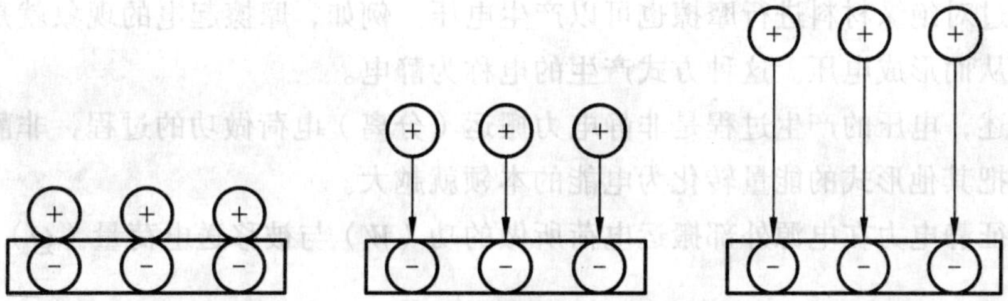

图 1-3　电压是分离电荷的结果

非静电力在电源内部搬运（分离）电荷，且分离电荷后产生的电压越高，对电荷所做的功也越多。例如：

（1）图 1-4 所示是通过电磁感应来产生电压。若将条形磁铁插入线圈，再从线圈中拔出，电压表的指针将摆动，表明有电压产生。这是利用磁来产生电压，称为电磁感应。

（2）图 1-5 所示是通过热来产生电压。先将一段铜丝和一段康铜丝绞合或焊接起来，并将另外的导线端接在一个电压表上，然后在两段导线的连接处加热，这两段导线的另外两端间将会产生电压。

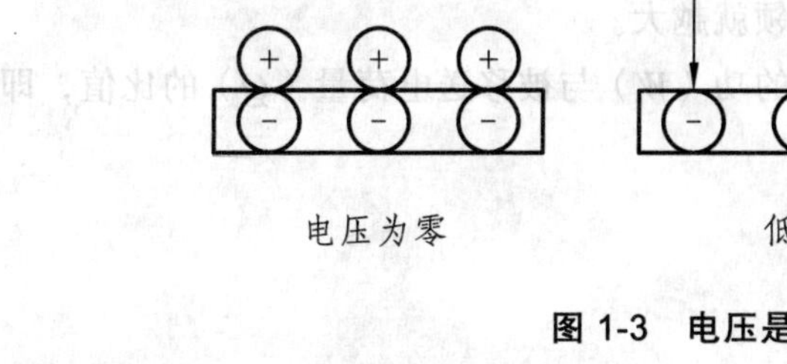

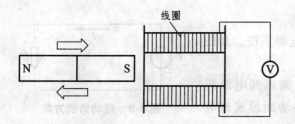

图 1-4　通过电磁感应产生电压

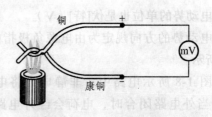

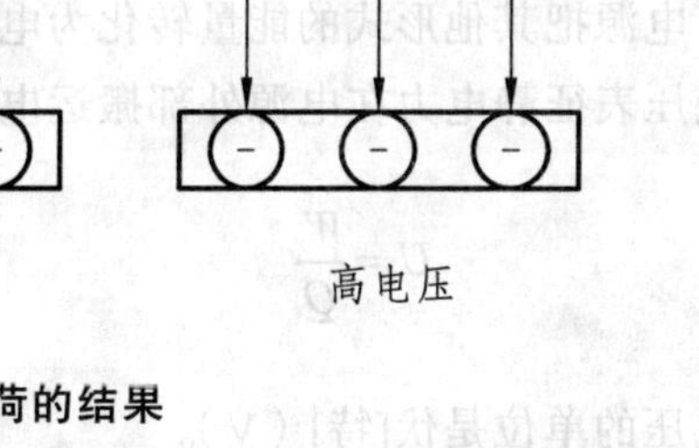

图 1-5　通过热来产生电压

（3）图 1-6 所示是通过光来产生电压。将一光敏器件接在电压表上，用光源照射该光敏器件，光敏器件的两端就会产生电压。

（4）图 1-7 所示是通过晶体的形变来产生电压（压电效应）。将压电晶体与高内阻的电压表相连接，并在其表面施加压力，当压力增大或减小时，电压表将显示出电压。

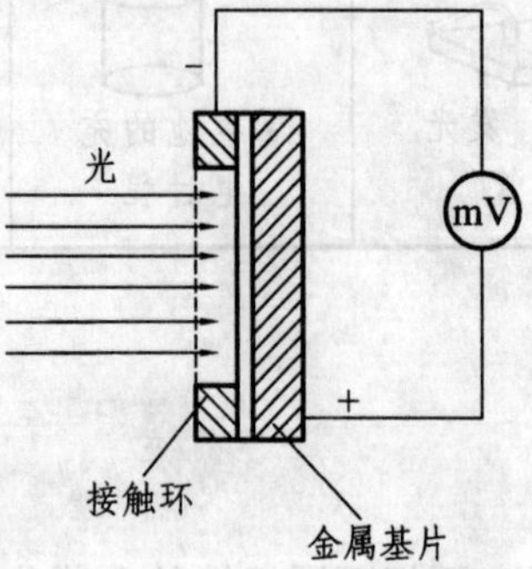

图 1-6　通过光来产生电压

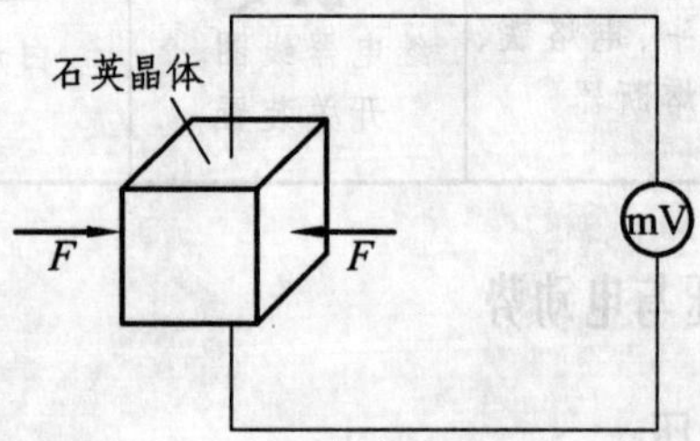

图 1-7　通过压力产生电压

（5）通过对绝缘材料进行摩擦也可以产生电压。例如，摩擦起电的现象就是通过摩擦将电荷分离，从而形成电压。这种方式产生的电称为静电。

综上所述，电压的产生过程是非静电力搬运（分离）电荷做功的过程，非静电力做的功越多，电源把其他形式的能量转化为电能的本领就越大。

电压表征静电力在电源外部搬运电荷所做的功（W）与被移送电荷量（Q）的比值，即

$$U=\frac{W}{Q}$$

电压的单位是伏[特]（V）。

电压的方向规定为由电源正极（高电位端）指向电源负极（低电位端）。

2. 电动势

电源电动势（电动势）表征非静电力在电源内部搬运电荷所做的功与被移送电荷量的比值，即

$$E=\frac{W_{\mathrm{S}}}{Q}$$

电动势的单位也是伏[特]（V）。

电动势的方向规定为由电源负极指向电源正极，如图 1-8 所示。

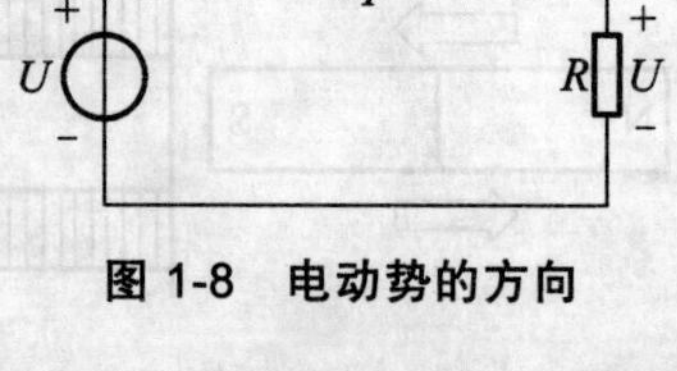

图 1-8　电动势的方向

图 1-8 所示电路中，非静电力将电荷搬运到电源两端，当外电路闭合时，电荷会经外电路移动而形成外电路电流 I。

三、电　位

就像空间的每一点都有一定的高度一样，电路中的每一点都有一定的电位。

正如液体的流动依赖于空间高度的差异，电路中电流的产生也依赖于一定的电位差。在电源外部通路中，电流从高电位点流向低电位点。

电位用字母 V 表示，不同点的电位用字母 V 加下标表示。例如，V_A 表示 A 点的电位值。

零电位点：衡量电位高低的一个计算电位的起点，该点的电位值规定为 0 V。习惯上常规定大地的电位为零，称为参考点。

选定电路中的零电位点之后，电路中任何一点与零电位之间的电压，就是该点的电位。反之，各点电位已知后，就能求出任意两点（A、B）间的电压。

例如，$V_A = 5$ V，$V_B = 3$ V，那么 A、B 之间的电压为

$$U_{AB} = V_A - V_B = (5-3)\ \text{V} = 2\ \text{V}$$

四、电　能

若导体两端电压为 U，通过导体横截面的电荷量为 Q，则电场力所做的功就是电路所消耗的电能，即

$$W = QU = UIt$$

电能的单位为焦[耳]（J）。在实际应用中，常以千瓦时（kW · h）（曾称“度”）作为电能的单位。

1 kW · h 在数值上等于功率为 1 kW 的用电器工作 1 h 所消耗的电能。

$$1\ \text{kW}\cdot\text{h} = 1\ 000\ \text{W} \times 3\ 600\ \text{s} = 3.6\times10^6\ \text{W}\cdot\text{s} = 3.6\times10^6\ \text{J}$$

电能是利用电能表（俗称“电度表”）进行测量的，如图 1-9 所示。

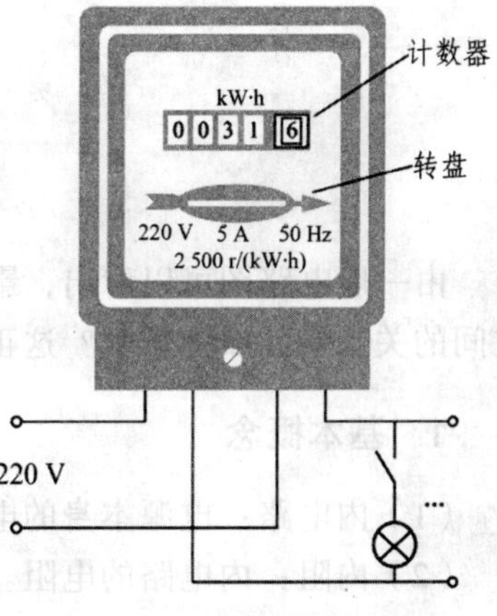

图 1-9　电能表及其接线

【例 1.1】　一台 25 英寸（1 英寸≈2.54 cm）彩色电视机的额定功率是 120 W，每千瓦时电能的费用为 0.45 元，共计工作 5 小时，电费为多少？

解　电费 = (0.12 × 5 × 0.45)元 = 0.27 元

五、电功率

用电设备单位时间（t）里所消耗的电能（W）叫作电功率，即

$$P = \frac{W}{t} = UI$$

若是纯电阻电路，则

$$P = UI = I^2R = \frac{U^2}{R}$$

电功率是利用功率表进行测量的，其测量线路如图 1-10 所示。

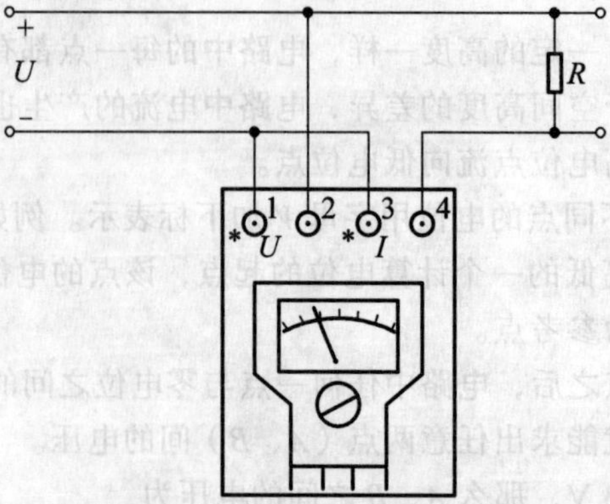

图 1-10　用功率表测功率

功率表测量电压的线圈（1、2）并联在电路中，测量电流的线圈（3、4）串联在电路中。

【例 1.2】　一台电炉的额定电压为 220 V，额定电流为 5 A，该电炉的功率为多大?

解　$P = UI = (220\times5)\ \text{W} = 1\,100\ \text{W} = 1.1\ \text{kW}$

任务三　欧姆定律

由一般电路图可以看出，影响电路电流大小的物理量主要是电阻及电动势。它们与电流之间的关系受什么约束呢？这正是本任务所研究的问题。

1. 基本概念

（1）内电路：电源本身的电流通路。

（2）内阻：内电路的电阻。

（3）外电路：电源以外的电流通路。

（4）全电路：内电路和外电路的总称，如图 1-11 所示。

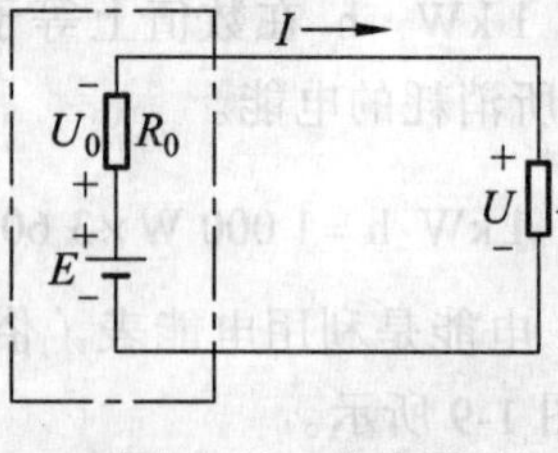

图 1-11　全电路

2. 外电路欧姆定律

对于外电路，在电压一定的情况下，电阻越大，电流就越小，即

$$I = \frac{U}{R}$$

应用欧姆定律时，应注意电流 I 和电压 U 的参考方向。例如：

图 1-12（a）中，电流为

$$I = \frac{U}{R}$$

图 1-12（b）中，电流为

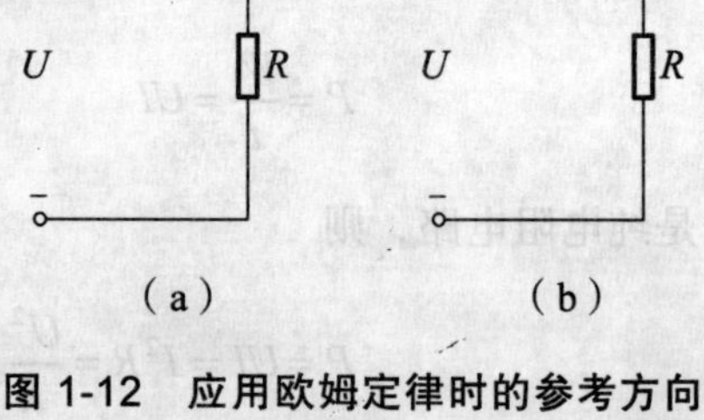

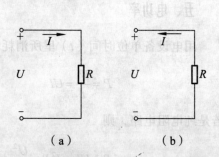

图 1-12　应用欧姆定律时的参考方向

$$I = -\frac{U}{R}$$

【例 1.3】 试求图 1-13（a）所示电路中的电流，图中电压为 1.5 V，电阻为 1 Ω。

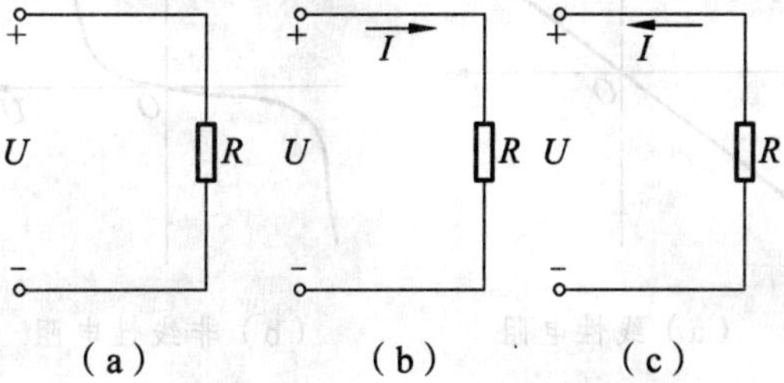

图 1-13　例 1.3 图

解　图 1-13（a）所示电路中没有标出电流方向，可以设定其参考方向如图 1-13（b）所示，电压和电流参考方向一致，那么

$$I = \frac{U}{R} = \frac{1.5}{1}\ \text{A} = 1.5\ \text{A}$$

若按图 1-13（c）设定其参考方向，由于电压和电流参考方向不一致，那么

$$I = \frac{-U}{R} = \frac{-1.5}{1}\ \text{A} = -1.5\ \text{A}$$

计算结果 $I < 0$，说明图 1-13（c）设定的电流方向与实际方向相反。

3. 全电路欧姆定律

$$I = \frac{E}{R_0 + R}$$

由此可见，电源内阻越小，向外电路提供的电流（电能）越大。

任务四　电阻元件

一、电阻的伏安特性曲线

电阻的伏安特性曲线是将电阻两端电压与流过电阻电流的关系用图形表示出来。在电阻为恒定值时，其伏安特性曲线是一条通过原点的直线，如图 1-14 所示。

注意：电阻越小，这条直线越陡。

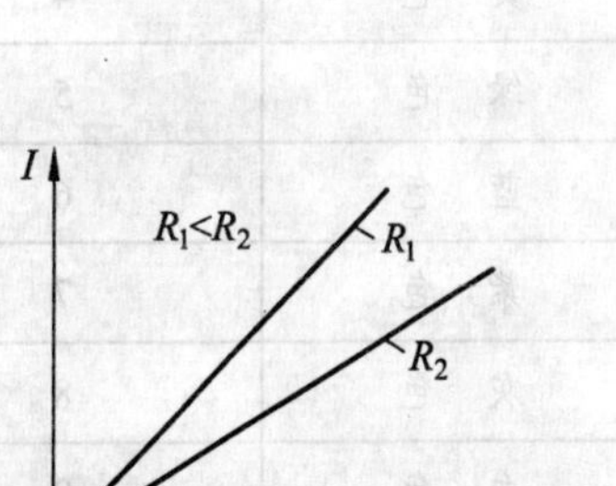

图 1-14　电阻的伏安特性曲线

二、线性电阻和非线性电阻

（1）线性电阻：伏安特性曲线如图 1-15（a）所示，电阻值是常数。

（2）非线性电阻：伏安特性曲线如图 1-15（b）所示，电阻值不是常数。

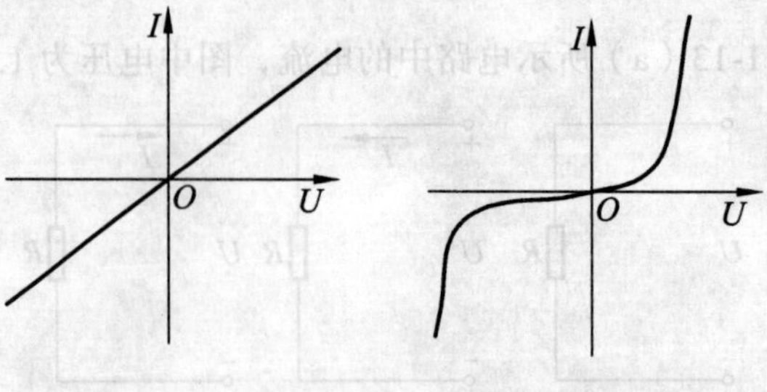

（a）线性电阻　　（b）非线性电阻

图 1-15　两种电阻的伏安特性曲线

三、常用电阻元件

1. 线性电阻

电阻参数的标注有两种方法：① 直接标注在电阻上；② 色环标注。

色环表示的意义如表 1-2 所示。

表 1-2　色环的意义

颜　色	有效数字	乘　数	允许偏差/%	工作电压/V
银　色		10^{-2}	±10	
金　色		10^{-1}	±5	
黑　色	0	10^{-0}		4
棕　色	1	10^{1}	±1	6.3
红　色	2	10^{2}	±2	10
橙　色	3	10^{3}		16
黄　色	4	10^{4}		25
绿　色	5	10^{5}	±0.5	32
蓝　色	6	10^{6}	±0.25	40
紫　色	7	10^{7}	±0.1	50
灰　色	8	10^{8}		63
白　色	9	10^{9}	+50，－20	
无　色			±20	

两位有效数字色环标记：如图 1-16 所示，该电阻的阻值为 2 700 Ω，允许偏差为 ± 5%。

三位有效数字色环标记：如图 1-17 所示，该电阻的阻值为 33 200 Ω，允许偏差为 ± 1%。

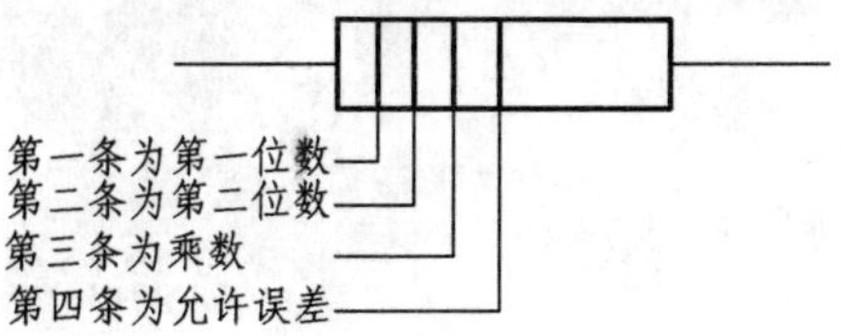

图 1-16　两位有效数字色环标记示例

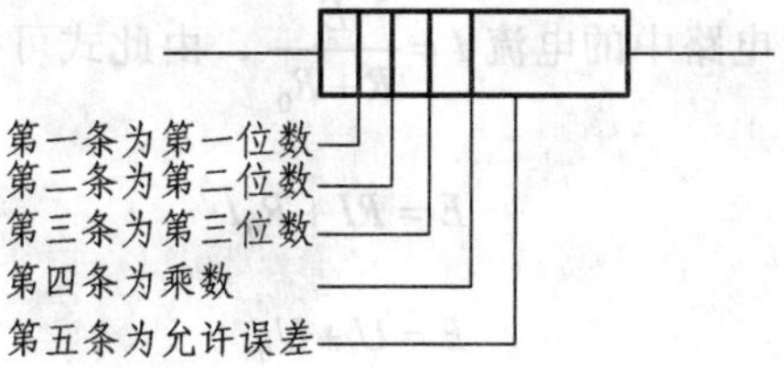

图 1-17　三位有效数字色环标记示例

2. 非线性电阻

（1）热敏电阻：其外形如图 1-18 所示。

① 负温度系数热敏电阻：简称 NTC（Negative Temperature Coefficient）电阻，可应用于温度测量和温度调节，还可以作为补偿电阻，对具有正温度系数特性的元件（例如晶体管）进行补偿，此外还能抑制小型电动机、电容器和白炽灯在通电瞬间所出现的大电流（冲击电流）。

② 正温度系数热敏电阻：简称 PTC（Positive Temperature Coefficient）电阻，可用于小范围的温度测量、过热保护和延时开关。

（2）压敏电阻：其外形如图 1-19 所示。

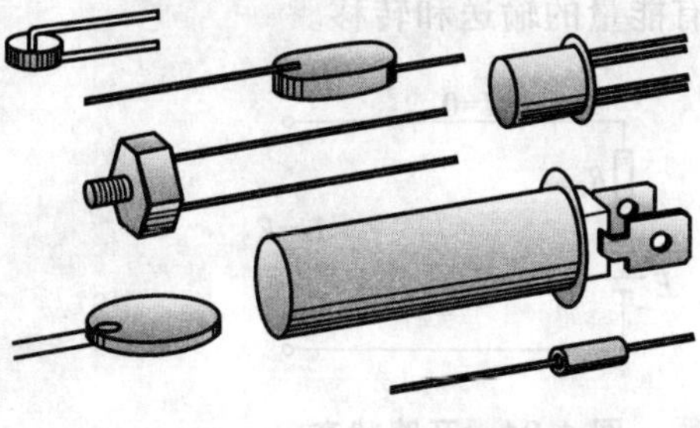

图 1-18　热敏电阻

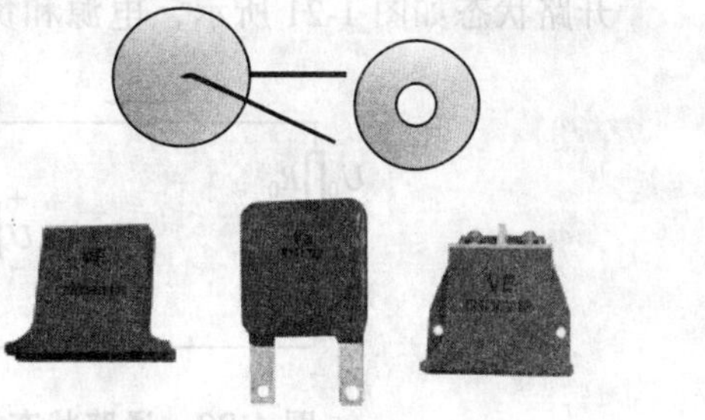

图 1-19　压敏电阻

压敏电阻可用于过压保护。将它并联在被保护元件两端，当出现过电压时，其电阻值急剧减小，将电流分流以保护与其并联在一起的元件。

任务五　电路的状态及电源外特性

电路一般工作在通路状态，但还应考虑其另外两种状态，即开路状态和短路状态。尽管这两种状态是极限状态，但在工程技术应用中还是可能发生的。

一、电路的状态

1. 通　路

通路状态如图 1-20 所示，电路中有电流及能量的传输和转换。

电路中的电流 $I=\dfrac{E}{R+R_0}$，由此式可得

$$E=RI+R_0I$$

即 $$E=U+U_0$$

式中，$U_0=R_0I$，为电源内部电压降。

将上式各项乘以电流 I 可得

$$EI=UI+U_0I$$

即

$$P_S=P_L+P_0$$

功率平衡：通路时电源产生的电功率 P_S 应该等于负载从电源得到的功率 P_L 和电源内部的损耗功率 P_0 之和。电源内电阻和连接线上消耗的功率是无用的功率损耗。

2. 开　路

开路状态如图 1-21 所示，电源和负载之间没有能量的输送和转移。

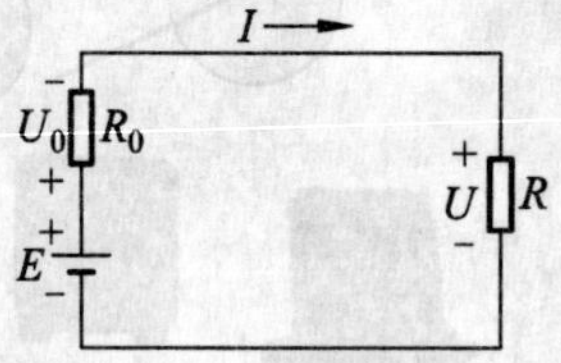

图 1-20　通路状态

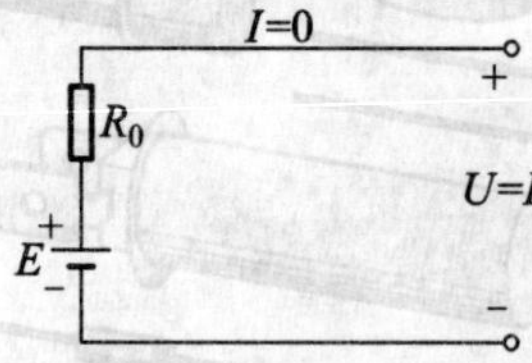

图 1-21　开路状态

开路时，电路中电流 $I=0$，电源内电阻上的电压降 $U_0=R_0I=0$，电源输出端电压等于电源电动势，即

$$U=E$$

3. 短　路

短路状态如图 1-22 所示，电源两端被导线短接在一起，电流不再流过负载。

短路时，外电路总等效电阻 $R=0$，则

$$I=\frac{E}{R_0}\to\infty$$

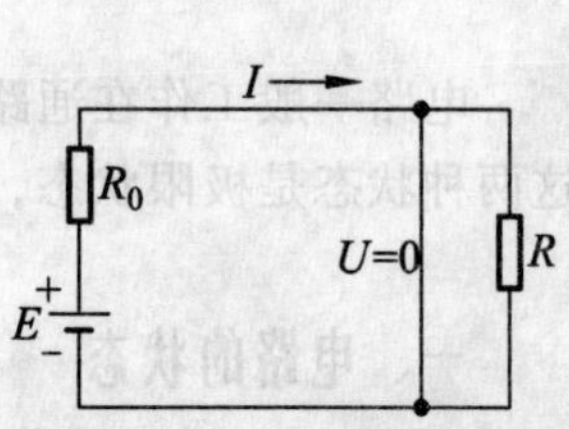

图 1-22　短路状态

由于电源内电阻一般非常小，所以电源短路时，电流比正常工作时大得多，此时电源输出端电压 $U=0$。

发生电源短路时，应及时切断电路，否则将会引起剧烈发热而使电源、导线等烧毁。

二、电源的外特性

由图 1-20 可知，电源端电压

$$U = E - R_0 I$$

随着电流的增大，电源输出电压 U 随负载电流 I 变化的规律如图 1-23 所示。

注意：实际应用中，必须减小电源内电阻 R_0，以获得更加平直的电源外特性。

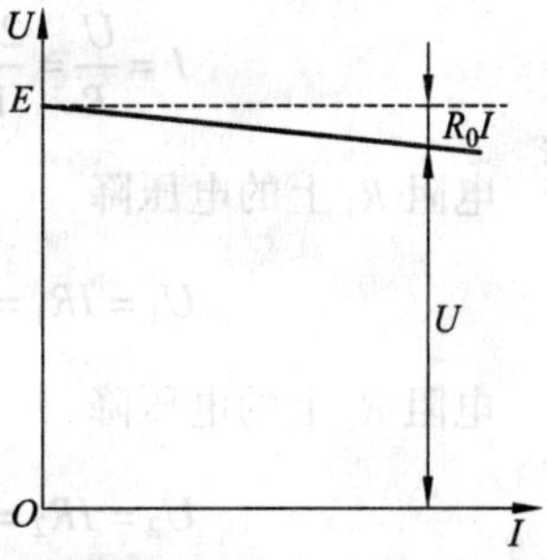

图 1-23 电源的外特性

【例 1.4】 两个蓄电池的电源电动势 E_1 和 E_2 都为 12 V，其内电阻为 $R_{01} = 0.5\ \Omega$ 和 $R_{02} = 0.1\ \Omega$。试计算当负载电流为 10 A 时两蓄电池的输出电压值。

解 （1）

$$U_1 = E_1 - R_{01} I = (12 - 0.5 \times 10)\ \text{V} = 7\ \text{V}$$

（2）

$$U_2 = E_2 - R_{02} I = (12 - 0.1 \times 10)\ \text{V} = 11\ \text{V}$$

任务六 负载连接

一、负载的串联

负载的串联形式如图 1-24 所示。

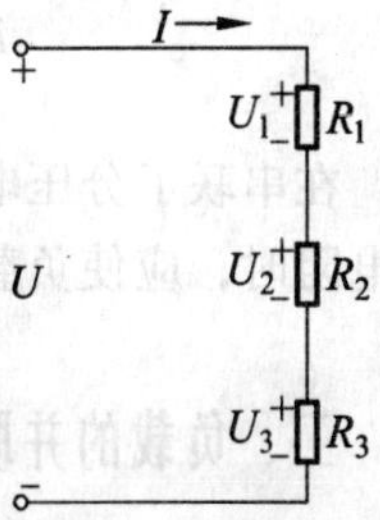

图 1-24 负载的串联

串联时：

（1）电路中流经各负载电阻的电流 I 相同。

（2）各负载电阻两端电压分别为

$$U_1 = R_1 I,\ U_2 = R_2 I,\ U_3 = R_3 I$$

（3）电源总电压等于各负载电阻两端电压之和，即

$$U = U_1 + U_2 + U_3$$

（4）串联后的等效电阻为

$$R = R_1 + R_2 + R_3$$

【例 1.5】 求图 1-25 所示电路中的总电阻、总电流、各电阻上的电压降、总电压降。

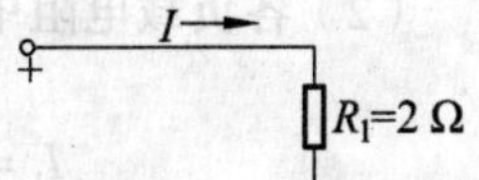

图 1-25 例 1.5 图

解 电路总电阻

$$R = R_1 + R_2 + R_3 = (2 + 3 + 7)\ \Omega = 12\ \Omega$$

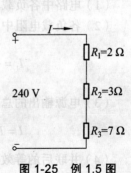

总电流

$$I=\frac{U}{R}=\frac{240}{12}\ \text{A}=20\ \text{A}$$

电阻 R_1 上的电压降

$$U_1=IR_1=(20\times 2)\ \text{V}=40\ \text{V}$$

电阻 R_2 上的电压降

$$U_2=IR_2=(20\times 3)\ \text{V}=60\ \text{V}$$

电阻 R_3 上的电压降

$$U_3=IR_3=(20\times 7)\ \text{V}=140\ \text{V}$$

总电压降

$$U=U_1+U_2+U_3=(40+60+140)\ \text{V}=240\ \text{V}$$

【例 1.6】 将一个标称值为 6.3 V/0.3 A 的指示灯与一个 100 Ω 的可变电阻串联起来，接在 24 V 的电压上，如图 1-26 所示。若要使指示灯两端电压达到额定值，可变电阻的阻值应调节到多大？

解 可变电阻在这里起分压作用，其两端电压

$$U_1=U-U_2=(24-6.3)\ \text{V}=17.7\ \text{V}$$

因为流过可变电阻和流过指示灯的电流相等，所以可变电阻的阻值应调节到

$$R_{\text{P}}=\frac{U_1}{I}=\frac{17.7}{0.3}\ \Omega=59\ \Omega$$

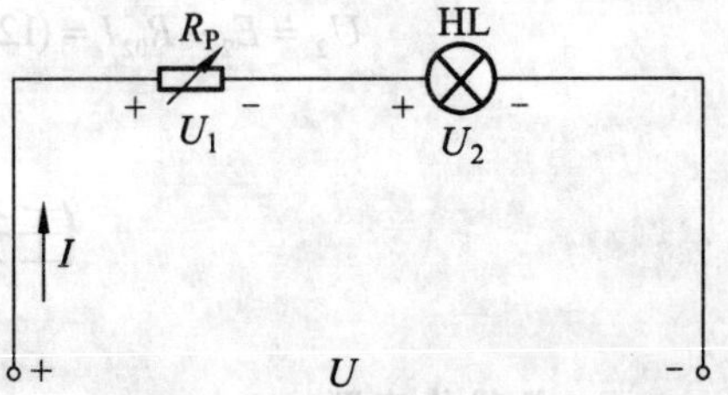

图 1-26 例 1.6 图

在串联了分压电阻以后，可以使额定电压较小的负载在较高的电源电压下工作。选择分压电阻时，应使负载得到额定的电压和电流。

二、负载的并联

负载的并联形式如图 1-27 所示。

并联时：

（1）电路中各负载端电压 U 与电源电压相同。

（2）各负载电阻中的电流分别为

$$I_1=\frac{U}{R_1},\ I_2=\frac{U}{R_2},\ I_3=\frac{U}{R_3}$$

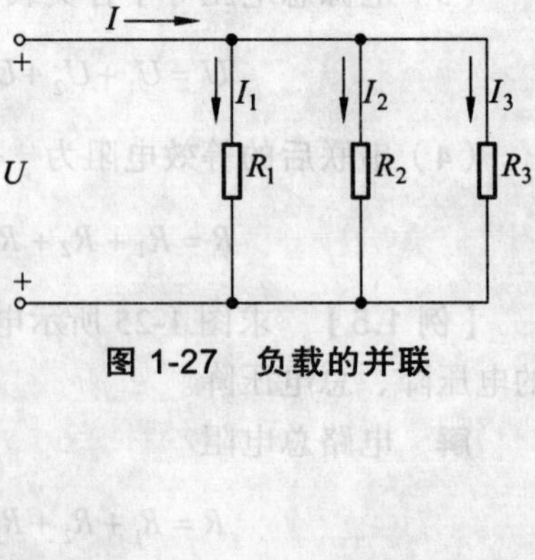

图 1-27 负载的并联

（3）电源输出的总电流等于各负载电流之和，即

$$I=I_1+I_2+I_3$$

（4）并联后的等效电阻为

$$\frac{1}{R}=\frac{1}{R_1}+\frac{1}{R_2}+\frac{1}{R_3}$$

【例 1.7】 求图 1-28 所示电路中流过各电阻的电流及总电流。

解 根据欧姆定律，流过各电阻的电流分别为

$$I_1=\frac{U}{R_1}=\frac{120}{4}\ \text{A}=30\ \text{A}$$

$$I_2=\frac{U}{R_2}=\frac{120}{8}\ \text{A}=15\ \text{A}$$

$$I_3=\frac{U}{R_3}=\frac{120}{12}\ \text{A}=10\ \text{A}$$

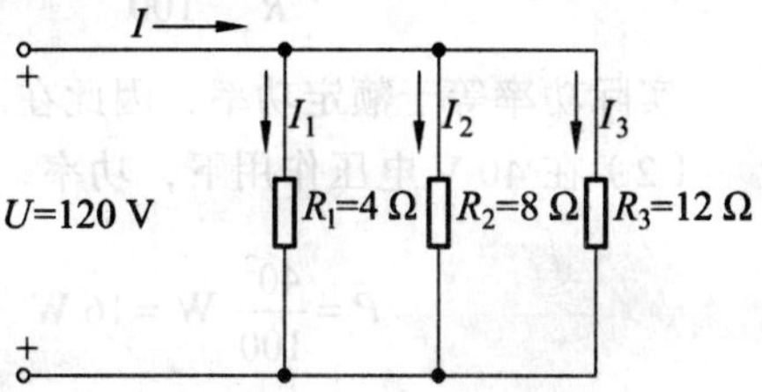

图 1-28 例 1.7 图

总电流

$$I=I_1+I_2+I_3=(30+15+10)\ \text{A}=55\ \text{A}$$

总电阻

$$\frac{1}{R}=\frac{1}{R_1}+\frac{1}{R_2}+\frac{1}{R_3}=\frac{1}{4}+\frac{1}{8}+\frac{1}{12}$$

$$R\approx 2.2\ \Omega$$

或

$$R=\frac{U}{I}=\frac{120}{55}\ \Omega\approx 2.2\ \Omega$$

任务七 电气设备额定值

从应用的角度来说，额定值有着十分重要的意义，它说明了电气设备正常工作时应受到的一些限制。超过额定值工作是不妥当的，但远离额定值（欠载）工作也是不科学的。

额定值：电气设备在正常工作时对其电流、电压和功率的一定限额。

额定值的三种表示方法：

（1）利用铭牌标出（电动机、电冰箱、电视机的铭牌）；

（2）直接标在该产品上（电灯泡、电阻）；

（3）从产品目录中查到（半导体器件）。

额定状态：应用中实际值等于额定值时，电气设备的工作状态。

过载：实际值超过额定值。

欠载：实际值低于额定值。

【例 1.8】 标有 100 Ω、4 W 的电阻，如果将它接在 20 V 或 40 V 的电源上，能否正常工作？

解 该电阻阻值为 100 Ω，额定功率为 4 W，也就是说，如果该电阻消耗的功率超过 4 W，

就会产生过热现象，甚至烧毁电阻。

（1）在 20 V 电压作用下，功率

$$P=\frac{U^2}{R}=\frac{20^2}{100}\ \text{W}=4\ \text{W}$$

实际功率等于额定功率，因此在 20 V 的电源电压下，该电阻可以正常工作。

（2）在 40 V 电压作用下，功率

$$P=\frac{40^2}{100}\ \text{W}=16\ \text{W}$$

16 W > 4 W，即此时该电阻消耗的功率已经远远超过其额定值。这种过载情况极易烧毁电阻，因此应更换阻值相同，额定功率大于或等于 16 W 的电阻。

任务八　电路中各点电位的计算

在实际电气、电子技术中，特别是电子维修技术中，大量的数据是通过对电位进行分析得到的。所以，认真研究电路中的电位，对一线工程技术的人员是很重要的。

在分析、计算电路中某点的电位时，参考点的选择从原则上讲是任意的，但一经选定后在分析和计算过程中就不得改动。

【例 1.9】　在图 1-29 所示电路中，已知 $E=10$ V，$R_1=1\ \Omega$，$R_2=9\ \Omega$，$I=1$ A，分别以 C、A 为参考点，求 A、B、C 各点的电位值及 B、A 两点之间的电压。

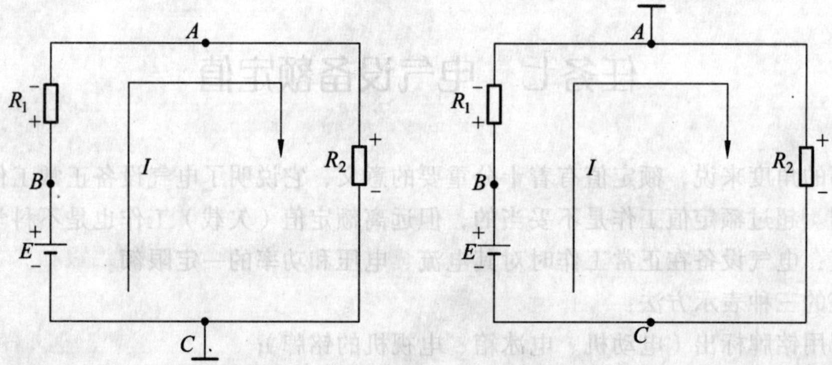

图 1-29　例 1.9 图

解　电位是从电路中某点到公共点（路径任意）沿途电压升高和降低的代数和。电动势 E 由低电位指向高电位。对于电阻压降，电流从高电位端流入，低电位端流出。

（1）以 C 点为参考点（$V_C=0$），A、B、C 点的电位为

$$V_C=0$$

$$V_A=R_2I=(9\times1)\ \text{V}=9\ \text{V}$$

或

$$V_A = E - R_1 I = (10 - 1 \times 1)\ \text{V} = 9\ \text{V}$$

A 点与参考点之间有 2 条路径，2 条路径的计算结果是一致的。即电路中某点对参考点的电位是唯一的。

$$V_B = E = 10\ \text{V}$$
$$U_{BA} = V_B - V_A = (10-9)\ \text{V} = 1\ \text{V}$$

（2）以 A 点为参考点（$V_A = 0$），A、B、C 点的电位值为

$$V_A = 0\ \text{V}$$
$$V_B = R_1 I = (1\times1)\ \text{V} = 1\ \text{V}$$
$$V_C = -R_2 I = (-9\times1)\ \text{V} = -9\ \text{V}$$

或

$$V_C = -E + R_1 I = (-10+1\times1)\ \text{V} = -9\ \text{V}$$
$$U_{BA} = V_B - V_A = (1-0)\ \text{V} = 1\ \text{V}$$

结论：选择的参考点不同，电位值也就不同，但电压值不变，即电位值与参考点的选择有关，而电压值与参考点的选择无关。

任务九　基尔霍夫定律

应用欧姆定律可以求解一般电路，但对于复杂电路的求解，必须应用基尔霍夫定律（或其他求解复杂电路的定理）。因此，基尔霍夫定律是电工基础理论中十分重要的定律。

一、基尔霍夫第一定律——电流定律（KCL）

（1）支路：一段不分岔的电路。

（2）结点：三条或三条以上支路的连接点。

（3）基尔霍夫第一定律：在集总电路中，任一时刻，结点上电流的代数和为零，即

$$\sum I = 0$$

【例 1.10】　列写出图 1-30 所示电路中结点 A 的基尔霍夫第一定律表达式。

解　对于结点 A 上的电流，假设流入结点电流为正，流出结点电流为负。那么

$$I_1 + I_2 + (-I_3) = 0$$

或

$$I_1 + I_2 = I_3$$

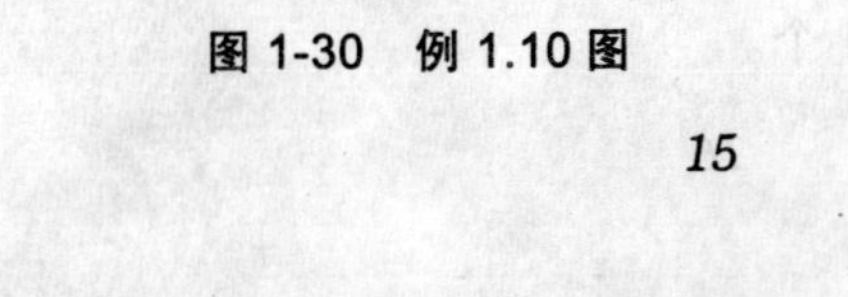

图 1-30　例 1.10 图

可见，基尔霍夫第一定律也可描述为：流入结点

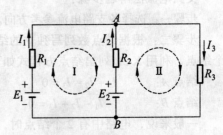

电流的代数和等于流出结点电流的代数和。

二、基尔霍夫第二定律——电压定律（KVL）

（1）回路：电路中由支路组成的闭合路径。

注意：图 1-30 所示电路中除了有回路Ⅰ和回路Ⅱ以外，电路外围由电源 E_1，电阻 R_1、R_3 也构成了一个回路。

（2）基尔霍夫第二定律：在集总电路中，任一时刻，沿回路绕行一周，所有电动势的代数和等于所有电压降的代数和。即

$$\sum E = \sum U$$

或

$$\sum E = \sum RI$$

【例 1.11】 列写出图 1-30 所示电路中回路Ⅰ的基尔霍夫第二定律表达式。

解 设定回路Ⅰ的绕行方向为顺时针方向，那么电动势在方向与绕行方向一致时为正，相反时为负；电压降方向由电流方向决定，电流在方向与绕行方向一致时为正，相反时为负。

$$E_1 - E_2 = R_1I_1 - R_2I_2$$

或

$$E_1 + R_2I_2 = E_2 + R_1I_1$$

任务十 支路电流法

复杂电路是电气工程技术中经常碰到的电路。因此，从这个角度来说，自本任务开始所讲述的内容才真正具有解决实际问题的意义。

复杂电路：无法通过串、并联方法直接应用欧姆定律求解的电路即复杂电路，如图 1-30 所示电路。

支路电流法：以支路电流为求解对象，应用基尔霍夫第一、第二定律对结点和回路列出所需的方程组，然后求解出各支路电流。

支路电流法解题步骤：

步骤一：选择各支路电流参考方向。在图 1-30 中，标出了支路电流 I_1、I_2 和 I_3 的参考方向。

步骤二：根据结点数列写独立的结点电流方程式。在图 1-30 所示电路中，有 A 和 B 两个结点，利用 KCL 列出结点方程式如下：

结点 A：　$I_1 + I_2 - I_3 = 0$

结点 B：　$-I_1 - I_2 + I_3 = 0$

一般来说，电路中有 2 个结点时，只能列出 1 个独立方程，可以在 2 个结点方程中任选 1 个。

步骤三：根据网孔数，利用 KVL 列写回路电压方程式，补齐不足的方程数。一般情况下，以自然网孔为对象列写电压方程为宜，这样可以防止列写的电压方程不独立。利用 KVL，对回路Ⅰ和回路Ⅱ列写电压方程式如下：

回路Ⅰ：　$E_1 - E_2 = R_1I_1 - R_2I_2$

回路Ⅱ：　$E_2 = R_2I_2 + R_3I_3$

步骤四：联立方程组，求出各支路电流。

$$I_1 + I_2 - I_3 = 0$$
$$E_1 - E_2 = R_1I_1 - R_2I_2$$
$$E_2 = R_2I_2 + R_3I_3$$

代入已知数值 R_1、R_2、R_3、E_1、E_2，可求得电流 I_1、I_2、I_3。

【例 1.12】　在图 1-31 所示电路中，已知 $R_1 = 5\ \Omega$，$R_2 = 10\ \Omega$，$R_3 = 15\ \Omega$，$E_1 = 180\ V$，$E_2 = 80\ V$，求各支路中的电流。

解　应用支路电流法求解该电路。由于待求支路有 3 条，所以必须列出 3 个独立方程才能求出 3 个未知电流 I_1、I_2 和 I_3。

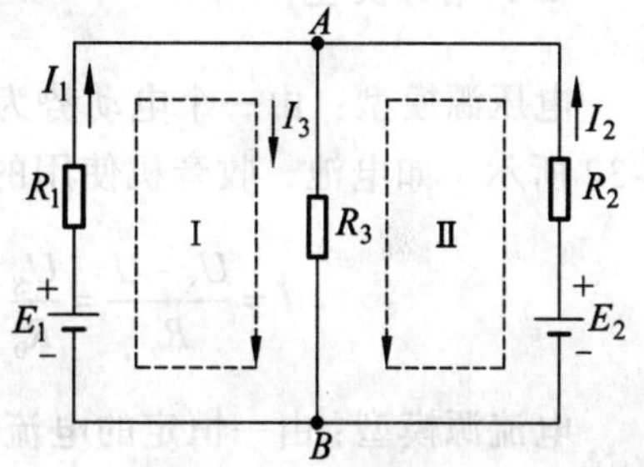

图 1-31　例 1.12 图

（1）设各支路电流参考方向如图 1-31 所示。

（2）利用 KCL 对结点 A 列写电流方程

$$I_1 + I_2 - I_3 = 0$$

（3）利用 KVL 对回路列写电压方程式。因为已列出 1 个独立的电流方程，所以必须补写 2 个独立的电压方程。按网孔选定 2 个独立回路，绕行方向如图 1-31 所示。

回路Ⅰ：　$E_1 = R_1I_1 + R_3I_3$

回路Ⅱ：　$E_2 = R_2I_2 + R_3I_3$

（4）联立方程组，求出各支路电流数值。

$$I_1 + I_2 - I_3 = 0$$
$$E_1 = R_1I_1 + R_3I_3$$
$$E_2 = R_2I_2 + R_3I_3$$

代入已知数值，得

$$I_1 + I_2 - I_3 = 0$$
$$180 = 5I_1 + 15I_3$$
$$80 = 10I_2 + 15I_3$$

解联立方程组可得

$$I_1 = 12\ A,\ I_2 = -4\ A,\ I_3 = 8\ A$$

求得结果中 I_1 和 I_3 为正值，说明电流的实际方向与参考方向一致；I_2 为负值，说明电流的实际方向与参考方向相反。

任务十一　电路模型的概念及电流源、电压源

引入电路模型是为了更好地对实际电路元件进行分析和研究，了解其内在规律，认识其特性，使其更好地为生产和生活服务。

一、电路模型的概念

电路图中的各元件都是用其“模型”表示的。

电路模型是等效的概念，是把实际电路元件看成理想元件，认为它们只具有电阻、电感和电容特性，是一种“纯元件”。

二、电源模型

电压源模型：由一个电动势为 U_S 的理想电压源和内阻为 R_0 的电阻元件串联而成，如图 1-32 所示（如电池、收音机使用的稳压电源）。

$$I=\frac{U_S-U}{R_0}=\frac{U_S}{R_0}-\frac{U}{R_0}$$

电流源模型：由一恒定的电流为 I_S 的理想电流源和内阻为 R_0 的电阻元件并联而成，如图 1-33 所示（如光电池）。

$$I=I_S-\frac{U}{R_0}$$

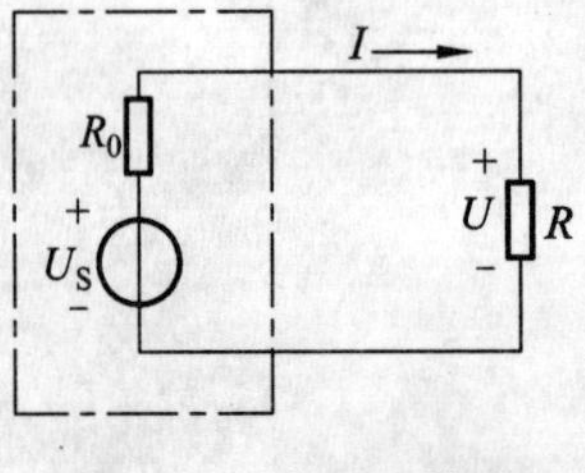

图 1-32　电压源模型

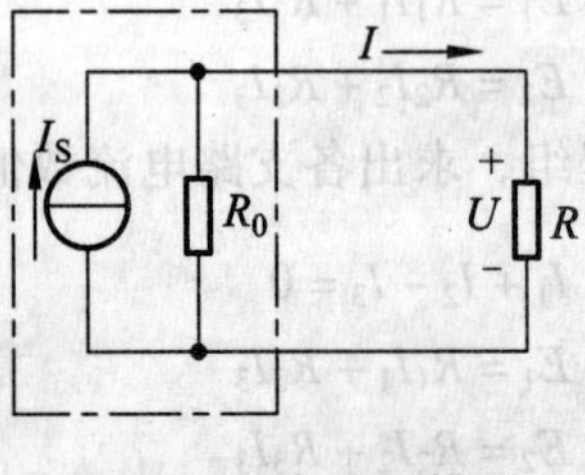

图 1-33　电流源模型

电压源与电流源等效变换条件

$$I_S=\frac{U_S}{R_0}$$

即
$$U_S=R_0I_S$$

转换过程如图 1-34 所示。

等效转换时应注意：（1）电压源中电压 U_S 的正极性端与电流源 I_S 的流出端相对应；（2）理想电压源和理想电流源所串联或并联的电阻不仅局

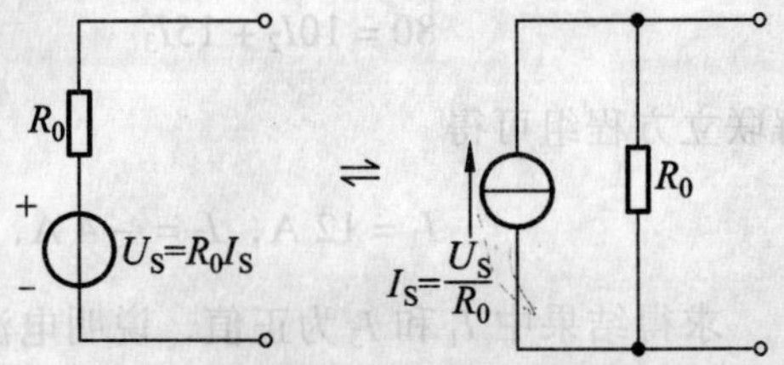

图 1-34　电压源和电流源的转换

限于电源的内阻。

【例 1.13】 电路如图 1-35（a）所示，$U_{S1}=10\ \text{V}$，$U_{S2}=8\ \text{V}$，$R_1=2\ \Omega$，$R_2=2\ \Omega$，$R_3=2\ \Omega$，求电阻 R_3 中的电流 I_3（参考方向已标在图中）。

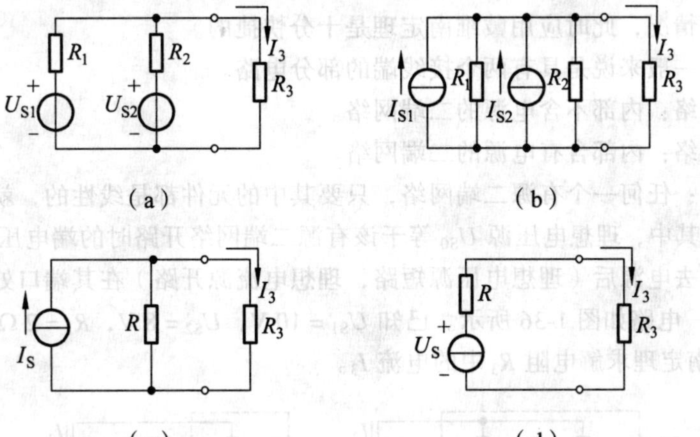

图 1-35　例 1.13 图

解　利用电源等效变换的方法，把图 1-35（a）所示电路进行变换，化为简单电路，其过程如图 1-35（b）、（c）、（d）所示。最后利用全电路欧姆定律求解电阻 R_3 中的电流 I_3。其求解步骤如下：

（1）将 U_{S1}、R_1 和 U_{S2}、R_2 两个电压源支路等效转换成 I_{S1}、R_1 和 I_{S2}、R_2 两个电流源支路，如图 1-35（b）所示。

$$I_{S1}=\frac{U_{S1}}{R_1}=\frac{10}{2}\ \text{A}=5\ \text{A}，\ R_1=2\ \Omega$$

$$I_{S2}=\frac{U_{S2}}{R_2}=\frac{8}{2}\ \text{A}=4\ \text{A}，\ R_2=2\ \Omega$$

（2）将电流源 I_{S1}、I_{S2} 合并为一个电流源 I_S，将两个并联电阻 R_1、R_2 等效为一个电阻 R，如图 1-35（c）所示。

$$I_S=I_{S1}+I_{S2}=(5+4)\ \text{A}=9\ \text{A}$$

$$R=\frac{R_1R_2}{R_1+R_2}=\frac{2\times2}{2+2}\ \Omega=1\ \Omega$$

（3）将电流源 I_S、R 等效转换成电压源 U_S、R，如图 1-35（d）所示。

$$U_S=RI_S=(1\times9)\ \text{V}=9\ \text{V}，\ R=1\ \Omega$$

（4）利用全电路欧姆定律，求电阻 R_3 中的电流。

$$I_3=\frac{U_S}{R+R_3}=\frac{9}{1+2}\ \text{A}=3\ \text{A}$$

计算结果 I_3 为正值，说明假定的参考方向与实际方向一致。

任务十二　戴维南定理

在电路分析与计算过程中，经常出现对于一个复杂电路，只要求求出其中一条支路的电流（或电压）的情况，此时应用戴维南定理是十分快捷的。

二端网络：一般来说是具有两个接线端的部分电路。

无源二端网络：内部不含电源的二端网络。

有源二端网络：内部含有电源的二端网络。

戴维南定理：任何一个有源二端网络，只要其中的元件都是线性的，就可以用一个电压源模型来代替。其中，理想电压源 U_{S0} 等于该有源二端网络开路时的端电压，电阻 R_0 等于该有源二端网络除去电源后（理想电压源短路，理想电流源开路）在其端口处的等效电阻。

【例 1.14】　电路如图 1-36 所示。已知 $U_{S1} = 10\ \text{V}$，$U_{S2} = 8\ \text{V}$，$R_1 = 2\ \Omega$，$R_2 = 2\ \Omega$，$R_3 = 2\ \Omega$，利用戴维南定理求解电阻 R_3 中的电流 I_3。

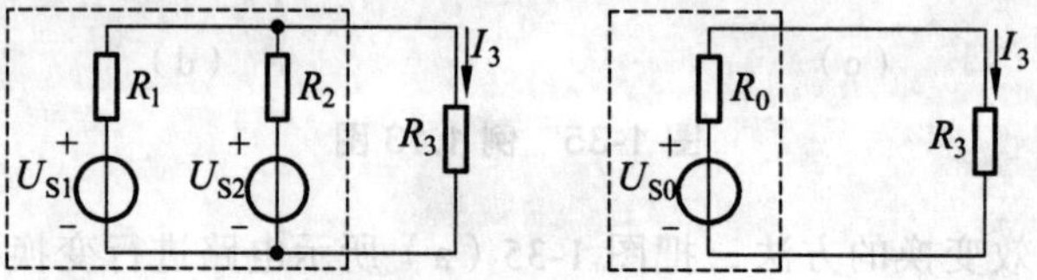

图 1-36　有源二端网络

解　（1）计算有源二端网络开路电压 U_{SO}。如图 1-37（a）所示，断开 R_3 后，回路中只有电流 I'，设其参考方向如图中虚线所示。

$$I' = \frac{U_{S1} - U_{S2}}{R_1 + R_2} = \frac{10-8}{2+2}\ \text{A} = 0.5\ \text{A}$$

$$U_{SO} = R_2 I' + U_{S2} = (2 \times 0.5 + 8)\ \text{V} = 9\ \text{V}$$

或

$$U_{SO} = U_{S1} - R_1 I' = (10 - 2 \times 0.5)\ \text{V} = 9\ \text{V}$$

（2）计算等效电阻 R_0。由图 1-37（b）可见，电阻 R_1 和 R_2 并联，则

$$R_0 = \frac{R_1 R_2}{R_1 + R_2} = \frac{2 \times 2}{2+2}\ \Omega = 1\ \Omega$$

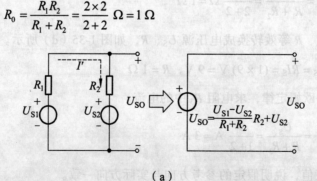

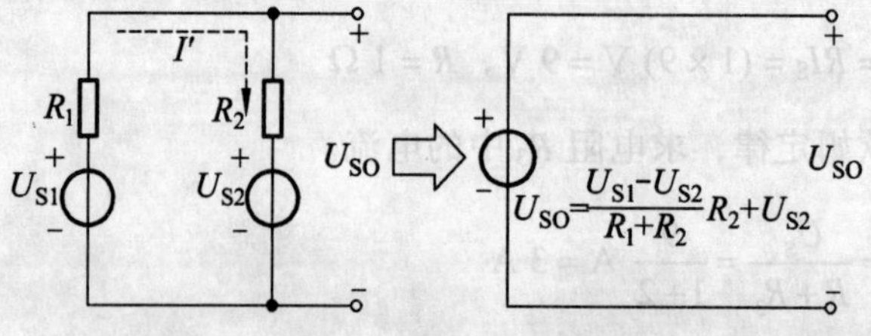

（a）

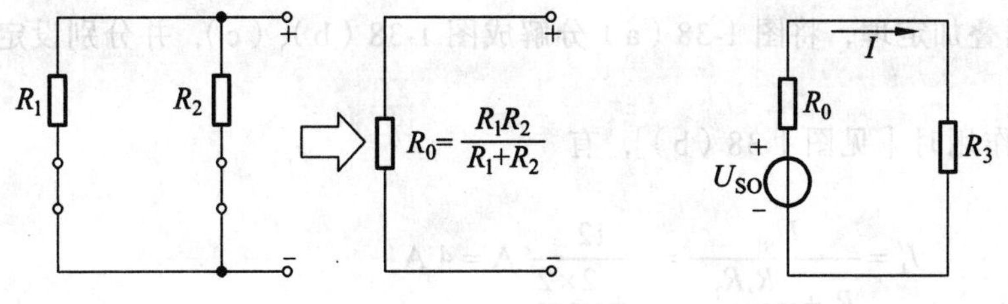

（b）　　　　　　　　　　　　　　　　　　（c）

图 1-37　例 1.14 图

（3）电阻 R_3 中的电流可以利用欧姆定律求得，如图 1-37（c）所示。

$$I_3=\frac{U_{SO}}{R_0+R_3}=\frac{9}{1+2}\ \text{A}=3\ \text{A}$$

计算结果与例 1.13 一致。

任务十三　叠加定理

叠加定理除了在求解电路时有着重要的作用外，其基本思路对电工电子技术的分析与问题的解决都有着重要的作用。

叠加定理：有多个电源共同作用于同一线性电路时，可以分别计算出每一个电源单独作用时电路中的各支路电流，然后再把分别作用的结果叠加起来，就得到原电路中各支路电流。

注意：“每个电源单独作用”是指仅保留一个电源，其他电源置零（理想电压源用“短路”替代，理想电流源则用“开路”替代）。

叠加定理不适用于计算功率。因为功率是与电流（或电压）的平方成正比，不存在线性关系。

【例 1.15】　电路如图 1-38（a）所示，已知 $U_{S1}=12$ V，$U_{S2}=6$ V，$R_1=2\ \Omega$，$R_2=2\ \Omega$，$R_3=2\ \Omega$，利用叠加定理求各支路中的电流 I_1、I_2、I_3。

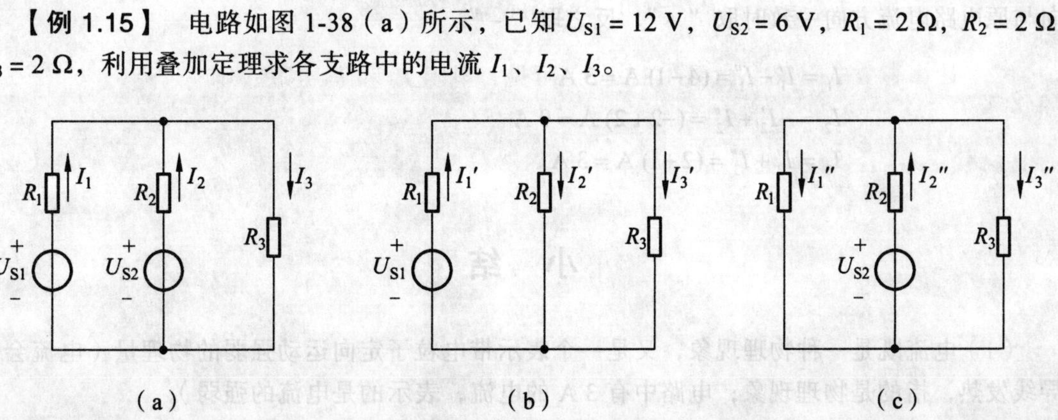

（a）　　　　　　　　　　（b）　　　　　　　　　　（c）

图 1-38　例 1.15 图

解 根据叠加定理，将图 1-38（a）分解成图 1-38（b）、（c），并分别设定各图中电流参考方向。

U_{S1}单独作用时［见图 1-38（b）］，有

$$I_1'=\frac{U_{S1}}{R_1+\dfrac{R_3R_2}{R_3+R_2}}=\frac{12}{2+\dfrac{2\times 2}{2+2}}\text{ A}=4\text{ A}$$

$$I_2'=\frac{R_3}{R_2+R_3}I_1'=\left(\frac{2}{2+2}\times 2\right)\text{ A}=2\text{ A}$$

$$I_3'=\frac{R_2}{R_2+R_3}I_1'=\left(\frac{2}{2+2}\times 4\right)\text{ A}=2\text{ A}$$

或

$$I_3'=I_1'-I_2'=(4-2)\text{ A}=2\text{ A}$$

U_{S2}单独作用时［见图 1-38（c）］，有

$$I_2''=\frac{U_{S2}}{R_2+\dfrac{R_1R_2}{R_1+R_3}}=\frac{6}{2+\dfrac{2\times 2}{2+2}}\text{ A}=2\text{ A}$$

$$I_1''=\frac{R_3}{R_1+R_3}I_2''=\left(\frac{2}{2+2}\times 2\right)\text{ A}=1\text{ A}$$

$$I_3''=\frac{R_1}{R_1+R_3}I_2''=\left(\frac{2}{2+2}\times 2\right)\text{ A}=1\text{ A}$$

或

$$I_3''=I_2''-I_1''=(2-1)\text{ A}=1\text{ A}$$

将 U_{S1} 和 U_{S2} 分别作用时产生的电流叠加，即求其代数和。各电源分别作用时的电流方向与原电路电流方向一致时取“+”，反之取“-”。

$$I_1=I_1'-I_1''=(4-1)\text{ A}=3\text{ A}$$
$$I_2=-I_2'+I_2''=(-2+2)\text{ A}=0\text{ A}$$
$$I_3=I_3'+I_3''=(2+1)\text{ A}=3\text{ A}$$

小　结

（1）电流既是一种物理现象，又是一个表示带电粒子定向运动强弱的物理量（电流会使导线发热，指的是物理现象；电路中有 3 A 的电流，表示的是电流的强弱）。

（2）电流的参考方向是任意假定的，在电路图中用箭头标示。如果既有电流的参考方向又有电流的正值或负值，就可以判定出导体中电流的真实流向。

（3）电压产生的本质是不同极性的电荷分离，而产生电压的方式有多种，分别是

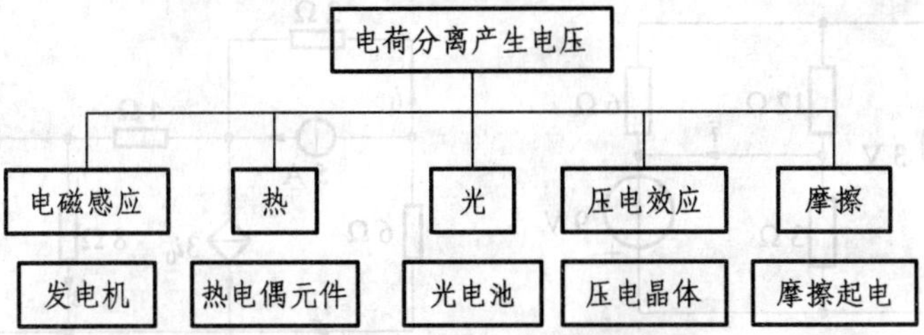

电压的实际方向，习惯上规定由高电位点指向低电位点。

（4）电动势不仅有大小，也有方向。习惯上规定它的实际方向由低电位点指向高电位点（经内电路）。电动势单位与电压单位一样也是“伏［特］”。

（5）为了描述某点电位高低，通常在电路中选择一个零电位点作为参考点。

（6）电位值与参考点的选择有关，而电压与电位参考点的选择无关。

（7）电路所消耗的电能是指在电场力的作用下，该电路两端电压使电路中电荷移动所做的功。

（8）利用叠加定理求解电路的步骤如下：

① 分别画出只有一个电源单独作用时的电路图，其他电源只保留其内阻（理想电压源短路、理想电流源开路）；

② 分别计算各电路图中各支路电流（或电压）的大小和方向；

③ 求各电源在各个支路中产生的电流（或电压）的代数和。求解时要注意各个电流（或电压）的方向。

习　题

1. 简述电流及电压参考方向的含义。

2. 电压与电位有何区别？

3. 什么是串联分压？什么是并联分流？举例说明。

4. 简述基尔霍夫定律的内容。

5. 支路电流法有什么特点？

6. 简述应用叠加定理求解电路的步骤。

7. 简述应用戴维南定理求解电路的步骤。

8. 根据题 1-8 图所示电路，求电流 i 以及各电压源产生的功率。

9. 试用回路法求解题 1-9 图所示电路的电流 i_1、i_2 和 i_3。

10. 根据题 1-10 图所示电路，列出求解电路的结点电压方程，并写出各支路电流与结点电压的关系式。

11. 根据题 1-11 图所示电路，求电流 I＝？

当 $U_S = 8$ V，$I_S = 0.5$ mA 时，电流 I＝？

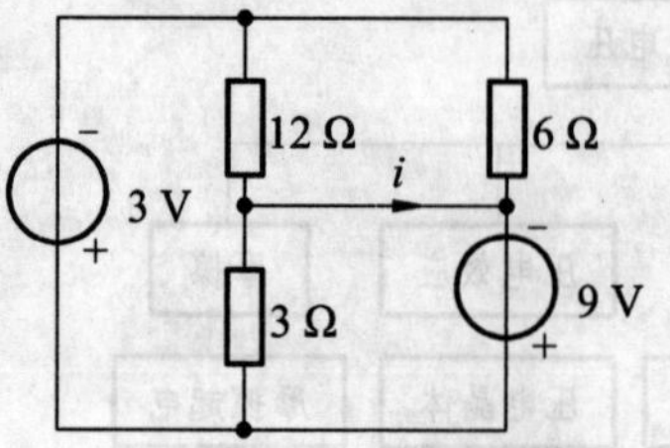

题 1-8 图

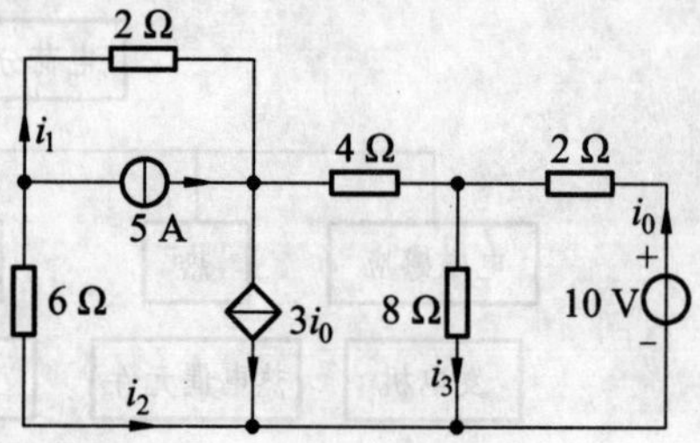

题 1-9 图

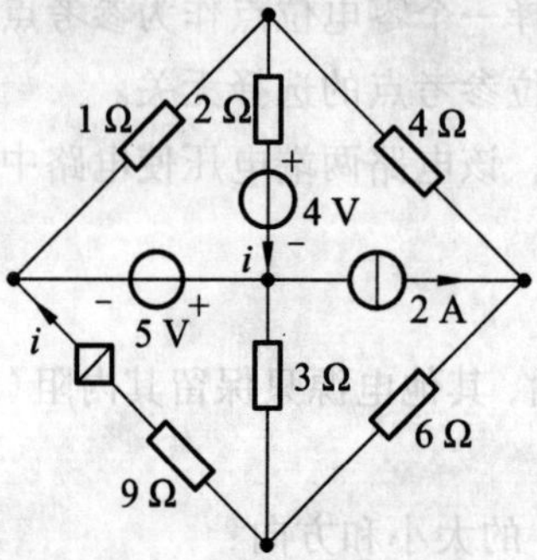

题 1-10 图

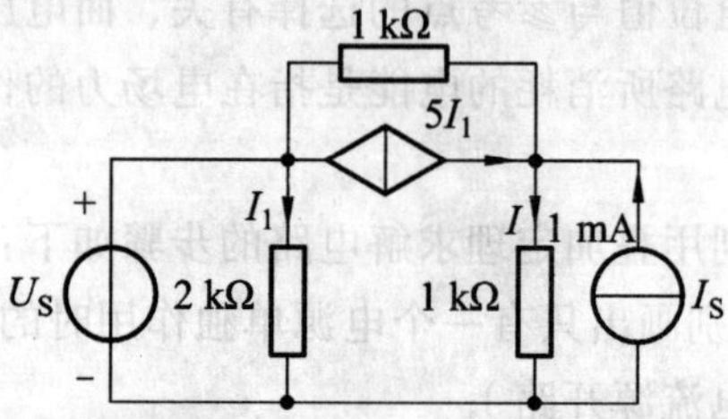

题 1-11 图

12. 题 1-12 图所示电路的负载电阻 R_x 可变，试问：

（1）当 $R_x = 6\ \Omega$ 时，电流 i_x 等于多少？

（2）R_x 等于多少时，可吸收最大功率？并求此功率。

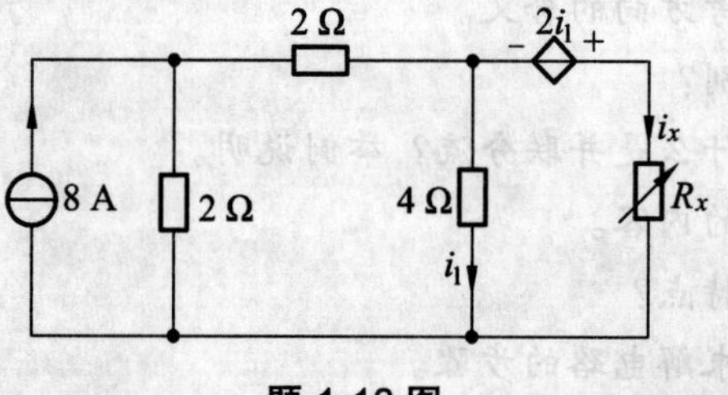

题 1-12 图

项目二
正弦交流电路的分析

【引言】

正弦交流电路是电工技术基础的重点学习内容之一，是学习电机、电器和电子技术的理论基础。直流电路中的一些基本定律和分析方法虽然也适用于交流电路，但由于交流电路中的电压、电流和电动势都是正弦量，因此其计算方法以及在电路中的一些特殊规律都是与直流电路不同的。

【学习目标】

（1）掌握正弦量的三要素。
（2）了解相量及相量图的表示方法。
（3）掌握电路元件上电压、电流的关系。
（4）了解提高功率因数的意义，掌握提高功率因数的方法。
（5）熟悉三相电路的连接方法，并掌握线电压与相电压、线电流与相电流之间的关系。
（6）掌握对称三相电路的分析方法。
（7）了解三相电路中中线的作用。
（8）学会常用电路元件的识别与测量方法。
（9）掌握日光灯电路的安装和测试方法。
（10）掌握三相负载的连接以及电压、电流、功率的测量方法。

任务一　正弦交流电路的认识

一、正弦量的三要素

在正弦交流电路中，电压和电流随时间按正弦规律变化。凡按照正弦规律变动的电压、电流等统称为正弦量。

图 2-1 所示为一段正弦电流电路，电流 i 在图示参考方向下，其数学表达式为

$$i = I_{\mathrm{m}}\sin(\omega t + \varphi_i)$$

式中 I_{m} 为振幅，ω 为角频率，φ_i 为初相。正弦量的变化取决于以上三个量，通常把 I_{m}、ω、

φ_i 称为正弦量的三要素。

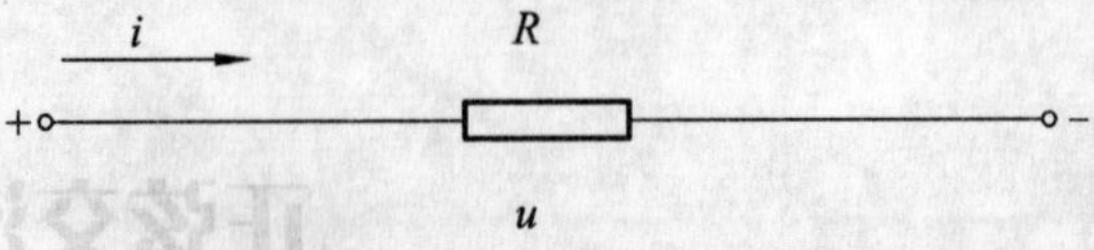

图 2-1　正弦电流电路

1. 频率与周期

正弦量完整变化一周所需的时间称为周期，用字母 T 表示，单位是秒（s）。一个周期的正弦电流如图 2-2 所示。每秒内变化的周期数称为频率，用字母 f 表示，单位是赫兹（Hz）。我国采用 50 Hz 作为电力标准频率，又称工频。频率和周期互为倒数，即

$$f=\frac{1}{T} \tag{2-1}$$

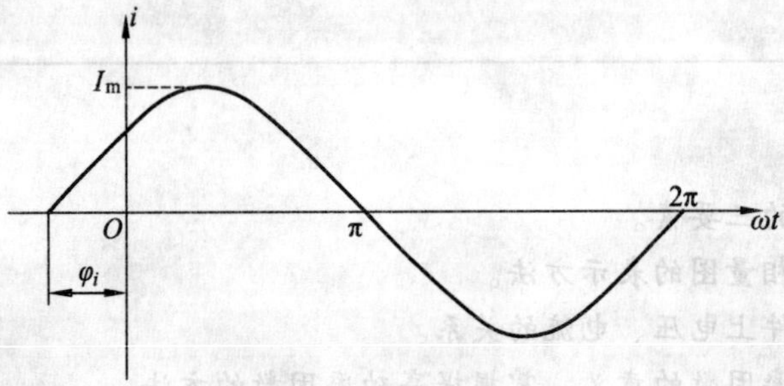

图 2-2　一个周期的正弦电流

ω 称为正弦电流 i 的角频率，单位是 rad/s（弧度每秒）。

$$\omega=\frac{2\pi}{T}=2\pi f \tag{2-2}$$

从式（2-2）中可以看出角频率与频率之间有个 2π 的倍数关系，有时我们也把振幅、频率、初相称为正弦量的三要素。

2. 振幅和有效值

正弦量的大小和方向随时间周期性地变化，最大幅值称为振幅，也叫最大值。一般用 I_m、U_m 来表示电流、电压的最大值。

下面分析正弦量的有效值。

在图 2-3 中有两个相同的电阻 R，其中一个电阻通以周期电流 i，另一个电阻通以直流电流 I，则在一个周期内电阻消耗的电能分别为

$$W_{直}=RI^2T$$

$$W_{周}=\int_0^T Ri^2\mathrm{d}t$$

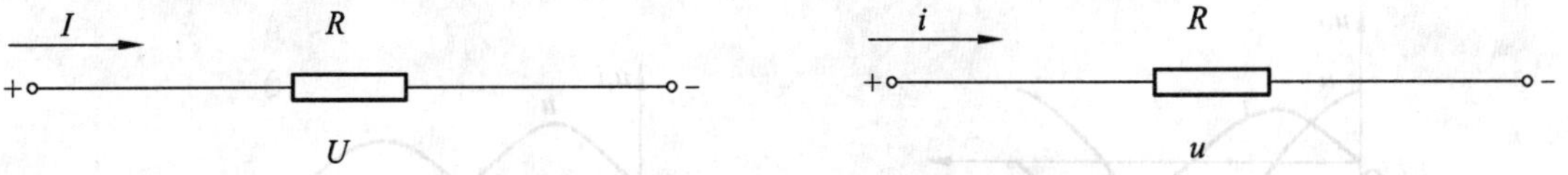

图 2-3

令消耗的电能相等，则

$$RI^2T = \int_0^T Ri^2 \mathrm{d}t$$

$$I = \sqrt{\frac{1}{T}\int_0^T i^2 \mathrm{d}t}$$

式中，I 称为周期电流 i 的有效值，又称为均方根值。

当周期电流为正弦量时，$i = I_\mathrm{m} \sin \omega t$（令 $\varphi_i = 0$），则

$$I = \sqrt{\frac{1}{T}\int_0^T i^2 \mathrm{d}t} = \sqrt{\frac{1}{T}\int_0^T I_\mathrm{m}^2 \sin^2 \omega t \mathrm{d}t}$$

$$= \sqrt{\frac{I_\mathrm{m}^2}{T}\int_0^T \frac{1-\cos 2\omega t}{2}\mathrm{d}t} = \frac{I_\mathrm{m}}{\sqrt{2}} \tag{2-3}$$

$$I_\mathrm{m} = \sqrt{2} I$$

由上式可知正弦量的最大值（振幅）是有效值的 $\sqrt{2}$ 倍。

3. 相位、初相、相位差

正弦电流一般表示为

$$i = I_\mathrm{m} \sin(\omega t + \varphi_i)$$

其中 $\omega t + \varphi_i$ 叫作相位，反映了正弦量随时间变化的进程。当 $t = 0$ 时，φ_i 叫作初相。

假定有两个同频率的正弦量 u、i：

$$u = U_\mathrm{m} \sin(\omega t + \varphi_u), \quad i = I_\mathrm{m} \sin(\omega t + \varphi_i)$$

它们的相位差 φ 为

$$\varphi = (\omega t + \varphi_u) - (\omega t + \varphi_i) = \varphi_u - \varphi_i$$

此式表明，相位差与计时起点无关，是一个定数。注意：我们只讨论同频率正弦量的相位差。四种不同情况的 u、i 相位差如图 2-4 所示。

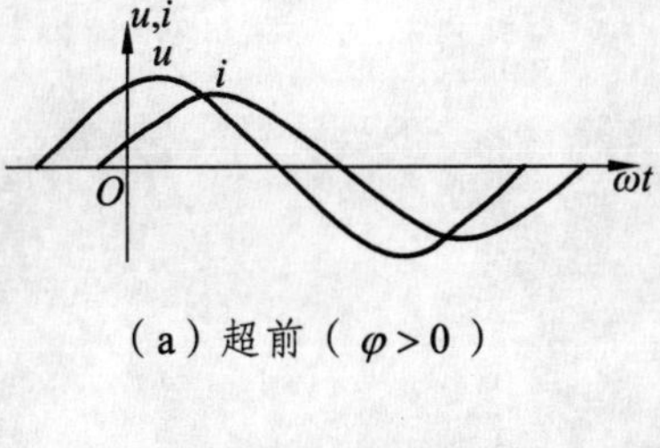

（a）超前（$\varphi > 0$）

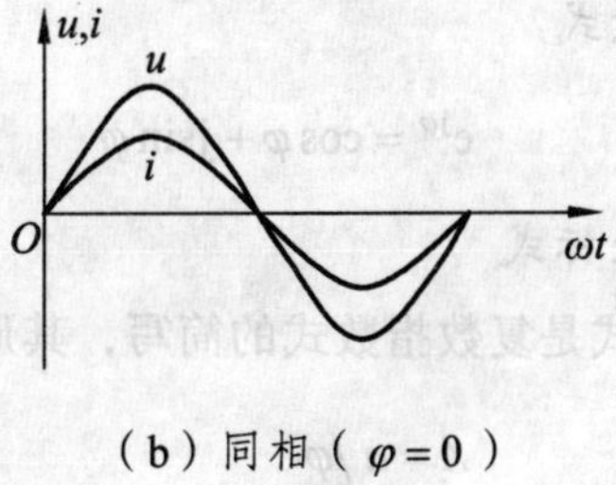

（b）同相（$\varphi = 0$）

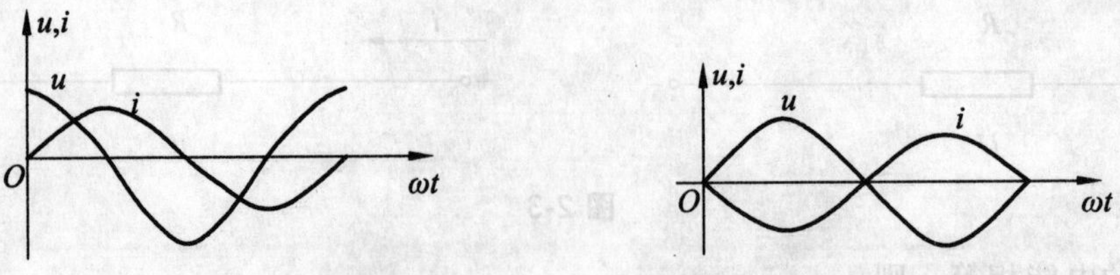

（c）正交（$\varphi=\pi/2$）　　（d）反向（$\varphi=\pi$）

图 2-4　u、i 相位差

当$\varphi>0$时，反映出电压u的相位超前电流一个角度φ，简称电压u超前电流i，如图 2-4（a）所示。

当$\varphi=0$时，称电压u和电流i同相位，如图 2-4（b）所示。

当$\varphi=\dfrac{\pi}{2}$时，称电压u与电流i正交，如图 2-4（c）所示。

当$\varphi=\pi$时，称电压u与电流i反向，如图 2-4（d）所示。

二、正弦量的相量表示法

用相量来表示相对应的正弦量称作正弦量的相量表示法。由于相量本身是复数，下面将对复数及其运算进行简要的讲述。

1. 复　数

一个复数A可用下面四种形式来表示：

1）代数式

$$A=a_1+\mathrm{j}a_2$$

其中，$\mathrm{j}=\sqrt{-1}$为虚单位。

2）三角函数式

令复数A的模$|A|$等于a，其值为非负数，φ是复数A的辐角，则

$$A=a(\cos\varphi+\mathrm{j}\sin\varphi)$$

式中，$\tan\varphi=\dfrac{a_2}{a_1}$，$\varphi=\arctan\dfrac{a_2}{a_1}$，$a=\sqrt{a_1^2+a_2^2}$。

3）指数式

$$\mathrm{e}^{\mathrm{j}\varphi}=\cos\varphi+\mathrm{j}\sin\varphi$$

4）极坐标式

极坐标式是复数指数式的简写，其形式为：

$$A=a\underline{/\varphi}$$

以上讨论的四种复数表示形式，可以相互转换。在一般情况下，复数的加减运算用代数式进行。设有复数

$$A = a_1 + \mathrm{j}a_2$$
$$B = b_1 + \mathrm{j}b_2$$
$$A \pm B = (a_1 \pm b_1) + \mathrm{j}(a_2 \pm b_2)$$

复数的加减运算也可在复平面上利用平行四边形法则作图完成，如图 2-5 所示。

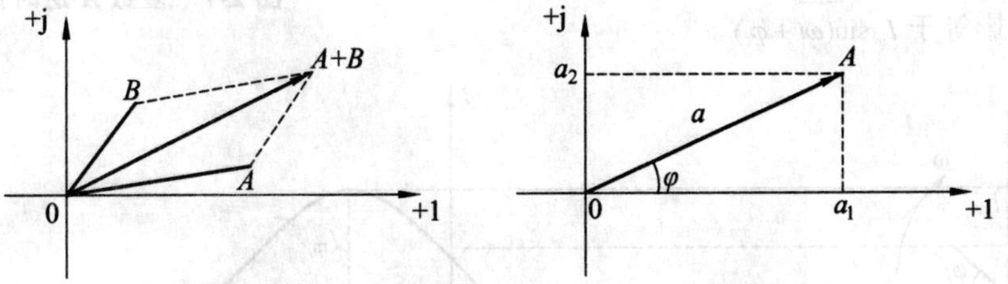

图 2-5　复数加减运算的平行四边形法则

在一般情况下，复数的乘除运算用指数式或极坐标式进行。设有复数

$$A = a\mathrm{e}^{\mathrm{j}\varphi_a}\text{，}\ |A| = a$$
$$B = b\mathrm{e}^{\mathrm{j}\varphi_b}\text{，}\ |B| = b$$

根据欧拉公式

$$A = a\underline{/\varphi} = a\mathrm{e}^{\mathrm{j}\varphi}$$
$$A \cdot B = a\underline{/\varphi_a} \cdot b\underline{/\varphi_b} = ab\underline{/\varphi_a + \varphi_b}$$
$$\frac{A}{B} = \frac{a\mathrm{e}^{\mathrm{j}\varphi_a}}{b\mathrm{e}^{\mathrm{j}\varphi_b}} = \frac{a}{b}\mathrm{e}^{\mathrm{j}(\varphi_a - \varphi_b)} = \frac{a}{b}\underline{/\varphi_a + \varphi_b}$$

复数相乘除的几何意义如图 2-6 所示。

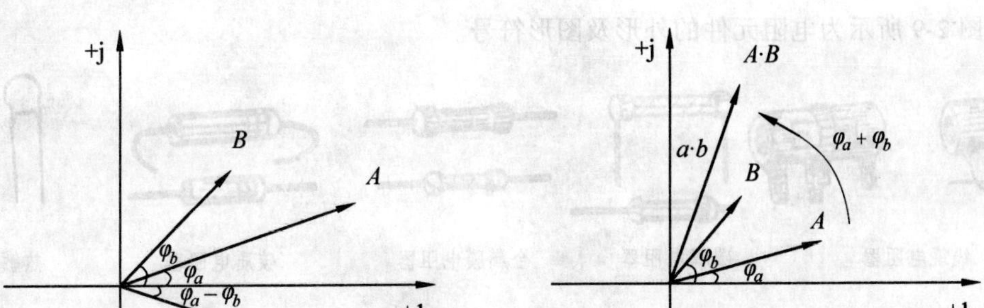

图 2-6　复数乘除

模等于 1 的复数，如 $\mathrm{e}^{\mathrm{j}\varphi}$、$\mathrm{e}^{\mathrm{j}\pi/2}$、$\mathrm{e}^{\mathrm{j}\pi}$ 等，被称为旋转因子。例如，把任意复数 A 乘以 j ($\mathrm{e}^{\mathrm{j}\pi/2} = \mathrm{j}$) 就等于把复数 A 在复平面上逆时针旋转 $\pi/2$，如图 2-7 所示，表示为 jA。

2. 相量表示法

对于任意一个正弦量，都能找到一个与之相对应的复数，由于这个复数与一个正弦量相对应，所以把这个复数称作相量。相量通过在大写字母上加一个点来表示，如电流、电压的最大值相量符号为 $\dot{I}_m$、$\dot{U}_m$，有效值相量符号为 $\dot{I}$、$\dot{U}$。

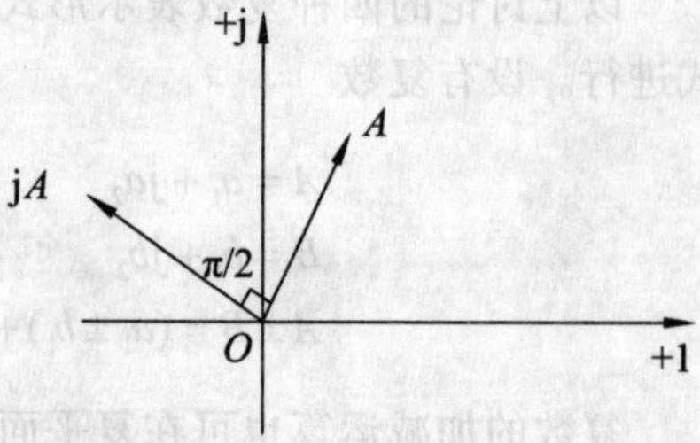

图 2-7　复数 A 逆时针旋转 π/2

图 2-8 中，复数 $I_m \angle \varphi_i$ 以不变的角速度 ω 旋转，其在纵轴上的投影等于 $I_m \sin(\omega t + \varphi_i)$。

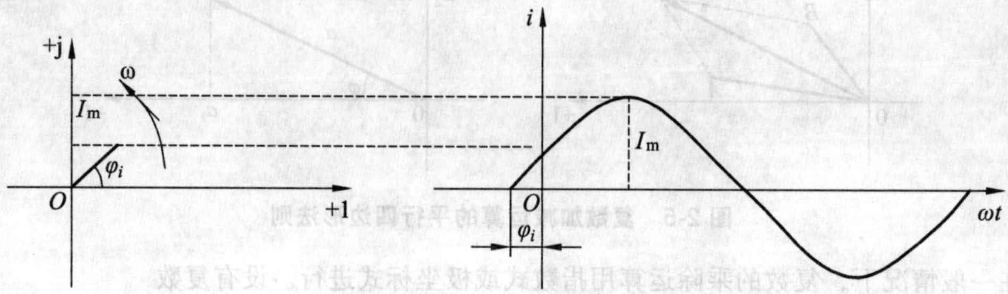

图 2-8　复数与正弦量的对应关系

图中，复数 $I_m \angle \varphi_i$ 与正弦量 $I = I_m \sin(\omega t + \varphi_i)$ 是相互对应的关系，这个复数就是我们要求的，叫作相量，记为 $\dot{I}_m = I_m \angle \varphi_i$。

任务二　单一元件交流电路的分析

一、电阻元件

1. 电阻元件的外形及图形符号

如图 2-9 所示为电阻元件的外形及图形符号。

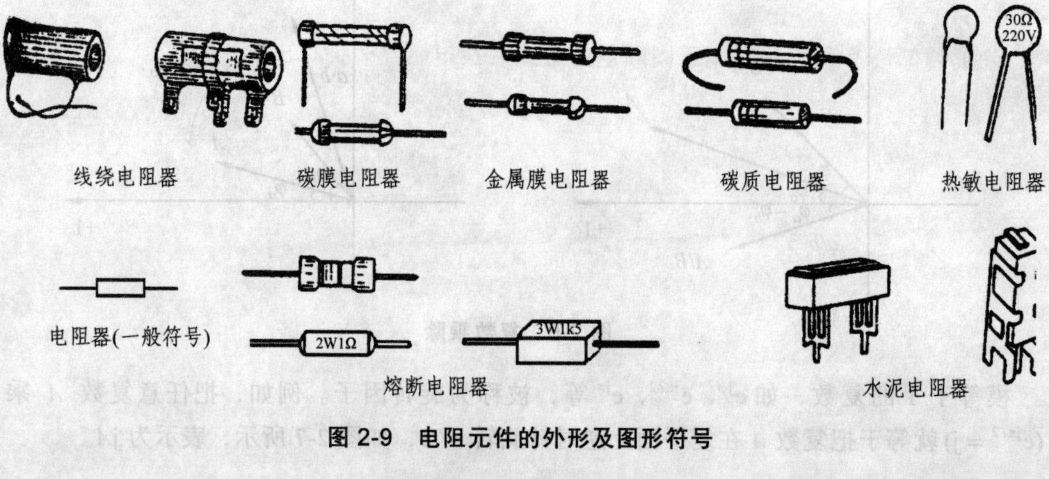

图 2-9　电阻元件的外形及图形符号

2. 电阻的标注法

电阻器的标称电阻值和偏差一般都标在电阻体上，其标注方法有四种：直标法、文字符号法、数码法和色标法。

（1）直标法。直标法是用阿拉伯数字和单位符号在电阻器表面直接标出标称阻值，其允许偏差直接用百分数表示，如图 2-10 所示。

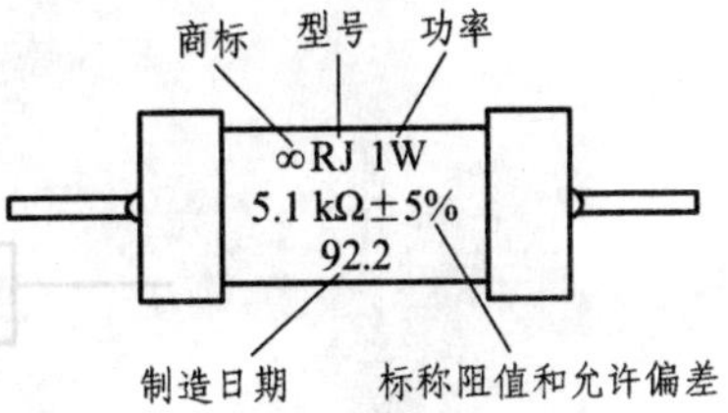

图 2-10 直标法表示的电阻器

（2）文字符号法。文字符号法是用阿拉伯数字和文字符号两者有规律的组合来表示标称阻值，其允许偏差也用文字符号表示，见表 2-1。符号前面的数字表示整数阻值，后面的数字依次表示第一个小数阻值和第二个小数阻值，见表 2-2。例如，1R5 表示 1.5 Ω，2K7 表示 2.7 kΩ，R1 表示 0.1 Ω。

表 2-1 表示偏差的文字符号

文字符号	允许偏差	文字符号	允许偏差
B	±0.1%	J	±5%
C	±0.25%	K	±10%
D	±0.5%	M	±20%
F	±1%	N	±30%
G	±2%		

表 2-2 表示电阻单位的文字符号

文字符号	所表示的单位	文字符号	所表示的单位
R	欧姆（Ω）	G	千兆欧姆（10^9 Ω）
K	千欧姆（10^3 Ω）	T	兆兆欧姆（10^{12} Ω）
M	兆欧姆（10^6 Ω）		

（3）数码法。数码法是用三位阿拉伯数字表示标称阻值，前两个数字表示阻值的有效值，第三个数字表示有效值后面零的个数。例如，100 表示 10 Ω，102 表示 1 kΩ。当阻值小于 10 Ω 时，以×R×表示，将 R 看作小数点，例如，8R2 表示 8.2 Ω。

（4）色标法。色标法是用不同颜色的带或点在电阻器表面标出标称阻值和允许偏差。

① 两位有效数字的色标法。

普通电阻器用四条色带表示标称阻值和允许偏差，其中三条表示阻值，一条表示偏差，如图 2-11（a）所示。例如，电阻器上的色带依次为绿、黑、橙、无色，则表示电阻标称阻值为 50×1 000 = 50 kΩ，误差是 ±20%；电阻的色标是红、红、黑、金，其标称阻值是 22×1 = 22 Ω，误差是 ±5%；又如，电阻的色标是棕、黑、金、金，其标称阻值是 10×0.1 = 1 Ω，误差是 ±5%。

② 三位有效数字的色标法。

精密电阻器用五条色带表示标称阻值和允许偏差，如图 2-11（b）所示。例如，色带是棕、蓝、绿、黑、棕，表示 165 Ω±1% 的电阻器。

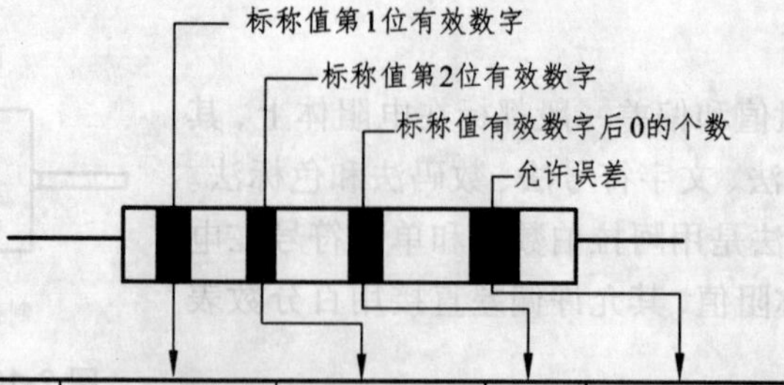

颜色	第1位有效值	第2位有效值	倍率	允许偏差
黑	0	0	10^0	
棕	1	1	10^1	
红	2	2	10^2	
橙	3	3	10^3	
黄	4	4	10^4	
绿	5	5	10^5	
蓝	6	6	10^6	
紫	7	7	10^7	
灰	8	8	10^8	
白	9	9	10^9	−20%～+50%
金			10^{-1}	±5%
银			10^{-2}	±10%
无色				±20%

（a）

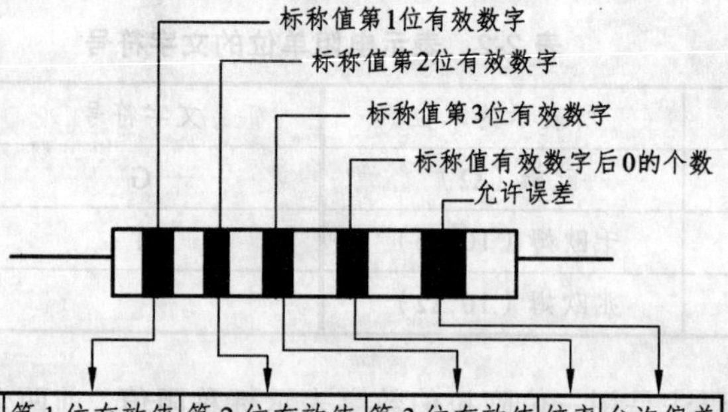

颜色	第1位有效值	第2位有效值	第3位有效值	倍率	允许偏差
黑	0	0	0	10^0	
棕	1	1	1	10^1	±1%
红	2	2	2	10^2	±2%
橙	3	3	3	10^3	
黄	4	4	4	10^4	
绿	5	5	5	10^5	±0.5%
蓝	6	6	6	10^6	±0.25%
紫	7	7	7	10^7	±0.1%
灰	8	8	8	10^8	
白	9	9	9	10^9	
金				10^{-1}	
银				10^{-2}	

（b）

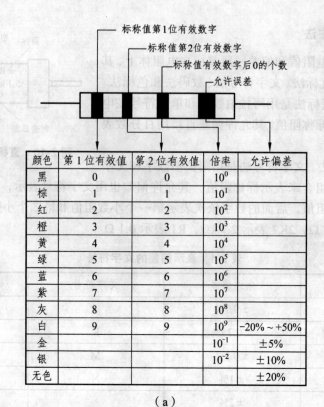

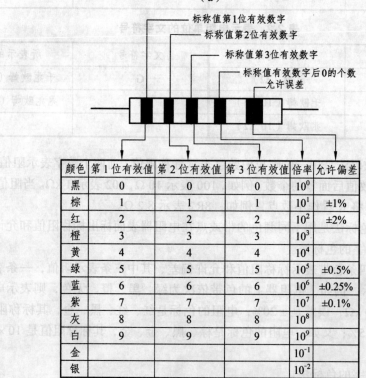

图 2-11　阻值色标表示法

3. 电阻的测量与质量判别

电阻的阻值通常可用万用表的电阻挡进行测量。值得注意的是，拿固定电阻器时，两只手不要触碰被测固定电阻器的两根引出端，否则人体电阻与被测电阻器并联，影响测量精度。需要精确测量阻值时，可用万能电桥进行测量。

电阻器的电阻体或引线折断、烧焦时，可以通过外观检查出来。电阻器内部损坏或阻值变化较大时，可用万用表欧姆挡检测。若电阻内部或引线有毛病，以致接触不良时，用手轻轻地摇动引线，可以发现松动现象；用万用表欧姆挡测量时，会发现指针指示不稳定。

4. 电阻元件电压与电流的关系

分析各种正弦交流电路，不外乎是要确定电路中电压与电流之间的关系（大小和相位），并讨论电路中能量的转换和功率问题。

分析各种交流电路时，首先我们必须掌握单一参数（电阻、电感、电容）元件中电压与电流之间的关系，因为其他电路无非是一些单一参数元件的组合而已。

本任务首先分析电阻元件的正弦交流电路。

图 2-12（a）是一个线性电阻元件的交流电路图，电压和电流的参考方向如图中所示。由欧姆定律可知，两者的关系为

$$u = Ri$$

为了分析方便，选择电流经过零值并将向正值增加的瞬间作为计时起点（$t = 0$），即设

$$i = I_m \sin \omega t$$

为参考正弦量，则

$$u = Ri = RI_m \sin \omega t = U_m \sin \omega t \qquad (2\text{-}4)$$

也是一个同频率的正弦量。

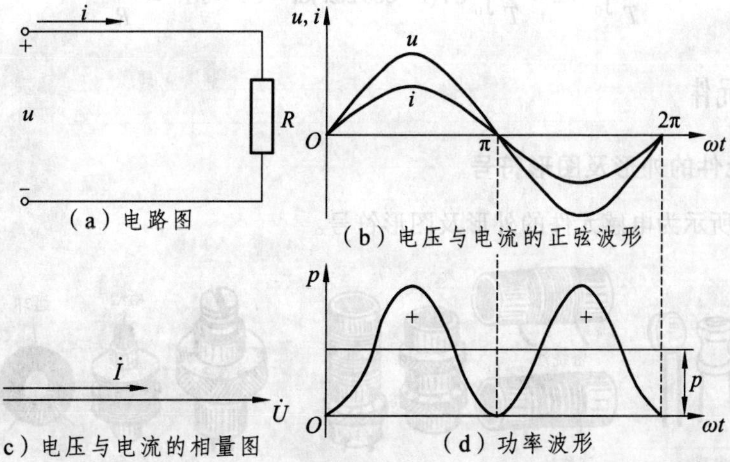

图 2-12 电阻元件的交流电路

比较上列两式即可看出，在电阻元件的交流电路中，电流和电压是同相的。电压和电流的正弦波形如图 2-12（b）所示。

在式（2-4）中

$$U_{\rm m} = RI_{\rm m}$$

或

$$\frac{U_{\rm m}}{I_{\rm m}} = \frac{U}{I} = R \tag{2-5}$$

由此可知，在电阻元件电路中，电压的幅值（或有效值）与电流的幅值（或有效值）之比，就是电阻 R。

如用相量表示电压与电流的关系，则为

$$\dot{U} = U\angle 0°，\dot{I} = I\angle 0° \tag{2-6}$$

此即欧姆定律的相量表示式。电压和电流的相量图如图 2-12（c）所示。

知道了电压与电流的变化规律和相互关系后，便可计算出电路中的功率。在任意瞬间，电压瞬时值 u 与电流瞬时值 i 的乘积，称为瞬时功率，用小写字母 p 代表，即

$$\begin{aligned} p = p_k = ui &= U_{\rm m} I_{\rm m} \sin^2 \omega t \\ &= \frac{U_{\rm m} I_{\rm m}}{2}(1-\cos 2\omega t) = UI(1-\cos 2\omega t) \end{aligned} \tag{2-7}$$

由式（2.7）可见，p 是由两部分组成的，第一部分是常数 UI，第二部分是幅值为 UI 并以 2ω 的角频率随时间而变化的交变量 $UI\cos 2\omega t$。p 随时间变化的波形如图 2-12（d）所示。

由于在电阻元件的交流电路中 u 与 i 同相，它们同时为正，同时为负，所以瞬时功率总是非负值，即 $p \geqslant 0$。瞬时功率为正，表示外电路从电源吸收能量。在这里就是电阻元件从电源吸收电能而转换为热能，这是一种不可逆的能量转换过程。

平均功率是一个周期内电路消耗电能的平均速率，即

$$P = \frac{1}{T}\int_0^T p{\rm d}t = \frac{1}{T}\int_0^T UI(1-\cos 2\omega t){\rm d}t = UI = RI^2 = \frac{U^2}{R} \tag{2-8}$$

二、电感元件

1. 电感元件的外形及图形符号

如图 2-13 所示为电感元件的外形及图形符号。

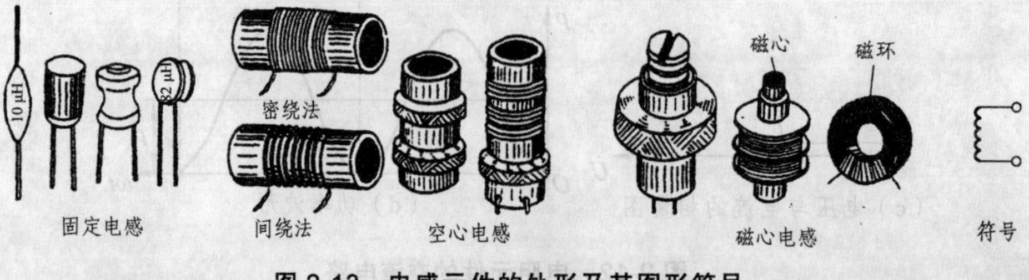

图 2-13　电感元件的外形及其图形符号

2. 电感的测量

电感量可用高频 Q 表或电桥等仪器测量（请参阅有关参考书）。

电感的常见故障是断路。用万用表的 $R\times1$ 或 $R\times10$ 挡测量电感的电阻值，若读数为无穷大，则说明电感内部已经断路。

3. 电感元件电压与电流的关系

现在我们来分析非铁心线圈（线性电感元件）与正弦电源连接的电路。和上节一样，我们将分析电感元件交流电路中电压与电流之间的关系，并讨论该电路中能量的转换和功率问题。

假定这个线圈只具有电感 L，而电阻 R 极小，可以忽略不计。

当电感线圈中通过交流电流 i 时，会产生自感电动势 e_L。设电流 i，电动势 e_L 和电压 u 的参考方向如图 2-14（a）所示。

设电流为参考正弦量，即

$$i = I_m \sin\omega t$$

则

$$u = L\frac{d(I_m \sin\omega t)}{dt} = \omega L I_m \sin(\omega t + 90°) = U_m \sin(\omega t + 90°) \qquad (2\text{-}9)$$

也是一个同频率的正弦量。

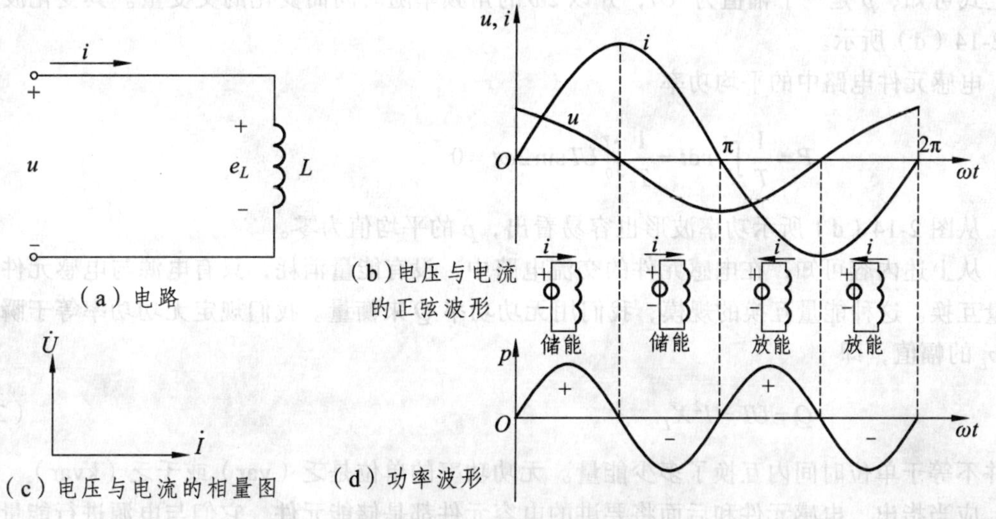

图 2-14 电感元件的交流电路

由式（2-9）可知，在电感元件电路中，在相位上电流滞后于电压 90°（相位差 $\varphi = 90°$）。电压 u 和电流 i 的正弦波形如图 2-14（b）所示。

在式（2-9）中

$$U_m = \omega L I_m$$

或

$$\frac{U_m}{I_m} = \frac{U}{I} = \omega L \qquad (2\text{-}10)$$

由此可知，在电感元件电路中，电压的幅值（或有效值）与电流的幅值（或有效值）之比为 ωL。显然，它的单位为欧姆。当电压 U 一定时，ωL 愈大，电流 I 愈小。可见它具有对交流电流起阻碍作用的物理性质，所以称为感抗，用 X_L 代表，即

$$X_L = \omega L = 2\pi fL \tag{2-11}$$

感抗 X_L 与电感 L、频率 f 成正比。因此，电感线圈在高频电路中对电流的阻碍作用很大，而在直流电路中则可视作短路，即对直流来讲，$X_L = 0$（注意，不是 $L = 0$，而是 $f = 0$）。

如用相量表示电压与电流的关系，则为

$$\dot{U} = U\angle 90°，\ \dot{I} = I\angle 0°，\ \frac{\dot{U}}{\dot{I}} = \frac{U}{I}\angle 90° = \mathrm{j}X_L$$

或
$$\dot{U} = \mathrm{j}X_L\dot{I} = \mathrm{j}\omega L\dot{I} \tag{2-12}$$

式（2-12）表示电压的有效值等于电流的有效值与感抗的乘积，在相位上电压比电流超前 90°。电压和电流的相量图如图 2-14（c）所示。

知道了电压 u 和电流 i 的变化规律和相互关系后，便可找出瞬时功率的变化规律，即

$$\begin{aligned} p = pL = ui &= U_{\mathrm{m}} I_{\mathrm{m}} \sin\omega t \sin(\omega t + 90°) \\ &= U_{\mathrm{m}} I_{\mathrm{m}} \sin\omega t \cos\omega t = \frac{U_{\mathrm{m}} I_{\mathrm{m}}}{2} \sin 2\omega t = UI \sin 2\omega t \end{aligned} \tag{2-13}$$

由上式可知，p 是一个幅值为 UI，并以 2ω 的角频率随时间而变化的交变量。其变化波形如图 2-14（d）所示。

电感元件电路中的平均功率

$$P = \frac{1}{T}\int_0^T p\mathrm{d}t = \frac{1}{T}\int_0^T UI \sin 2\omega t = 0$$

从图 2-14（d）所示功率波形也容易看出，p 的平均值为零。

从上述内容可知，在电感元件的交流电路中，没有能量消耗，只有电源与电感元件间的能量互换。这种能量互换的规模，我们用无功功率 Q 来衡量。我们规定无功功率等于瞬时功率 p_L 的幅值，即

$$Q = UI = I^2 X_L \tag{2-14}$$

它并不等于单位时间内互换了多少能量。无功功率的单位是乏（var）或千乏（kvar）。

应当指出，电感元件和后面将要讲的电容元件都是储能元件，它们与电源进行能量互换是工作所需。这对电源来说，也是一种负担。但对储能元件本身来说，没有消耗能量，故将往返于电源与储能元件之间的功率命名为无功功率。因此，平均功率也可称为有功功率。

三、电容元件

1. 常见电容元件的外形及图形符号

如图 2-15 所示为常见电容元件的外形及图形符号。

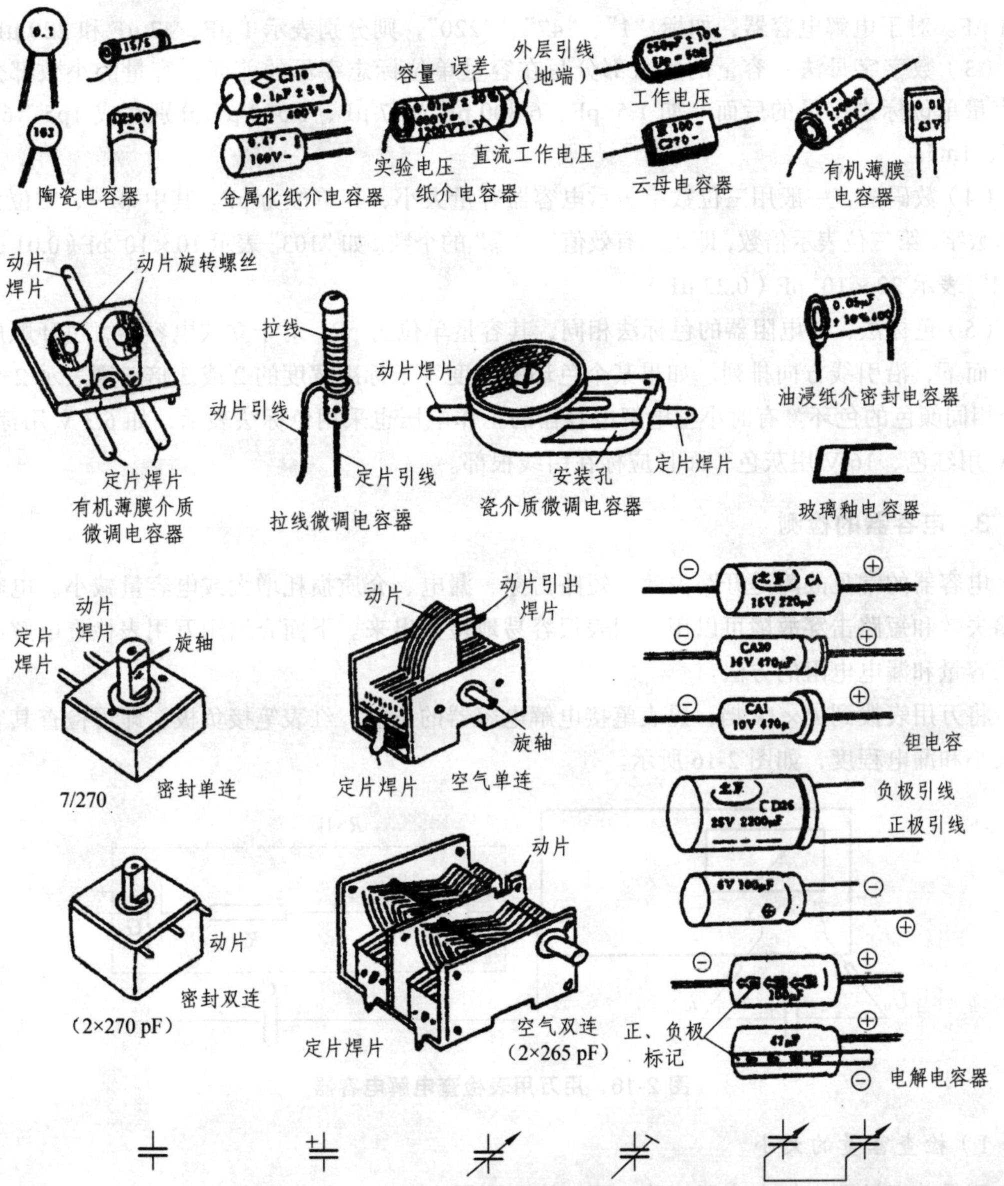

图 2-15　电容元件的外形及图形符号

2. 电容器的容量标注法

电容器的标称容量系列与电阻器采用的系列相同，即 E24、E12、E6 系列。

（1）直标法：将标称容量及偏差直接标在电容体上，如 0.22 μF ± 10%、220MFD（220 μF）± 0.5%。若是零点零几，常把整数部分的“0”省去，如 01 μF 表示 0.01 μF。有些电容器也采用“R”表示小数点，如 R47 μF 表示 0.47 μF。

（2）数字表示法：只标数字不标单位的直接表示法，采用此法的仅限单位为 pF 和 μ F 两种情况。如电容体上标“3”、“47”、“6 800”、“0.01”，则分别表示 3 pF、47 pF、6 800 pF、

0.01 μF。对于电解电容器，如标“1”、“47”、“220”，则分别表示 1 μF、47 μF 和 220 μF。

（3）数字字母法：容量的整数部分写在容量单位标志字母的前面，容量的小数部分写在容量单位标志字母的后面。如 1.5 pF、6 800 pF、4.7 μF、1 500 μF 分别写成 1p5、6n8、4μ7、1m5。

（4）数码法：一般用三位数字表示电容器容量大小，其单位为 pF。其中第一、二位为有效值数字，第三位表示倍数，即表示有效值后“零”的个数。如“103”表示 10×10^3 pF（0.01 μF），“224”表示 22×10^4 pF（0.22 μF）。

（5）色标法：与电阻器的色标法相同，其容量单位为 pF。对于立式电容器，色环顺序为从上而下，沿引线方向排列。如果某个色环的宽度等于标准宽度的 2 或 3 倍，则表示 2 个或 3 个相同颜色的色环。有时小型电解电容器的工作电压也采用色标法表示，如 6.3 V 用棕色、10 V 用红色、16 V 用灰色，而且应标在引线根部。

3. 电容器的检测

电容器的常见故障是开路失效、短路击穿、漏电、介质损耗增大或电容量减小。电容器开路失效和短路击穿故障可以用万用表很容易地检查出来。下面介绍用万用表检查电解电容器的容量和漏电电阻的方法。

将万用表拨到 $R\times1\text{k}$ 挡，黑表笔接电解电容器的正极，红表笔接负极，即可检查其容量的大小和漏电程度，如图 2-16 所示。

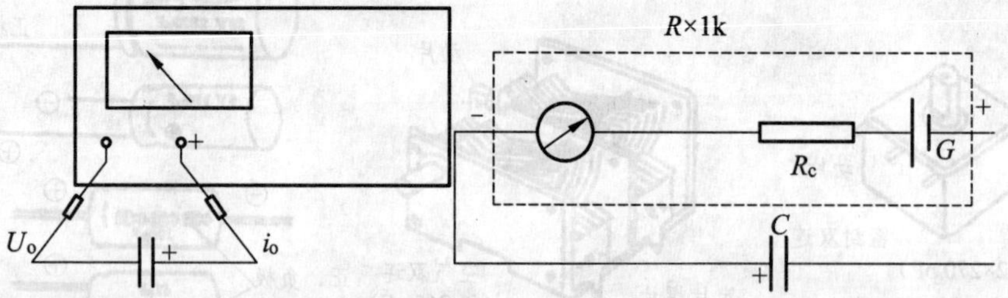

图 2-16 用万用表检查电解电容器

1）检查容量的大小

测量前把被测电解电容器短路一下，接上万用表的一瞬间，表内电源 E 通过 $R\times1\text{k}$ 挡的内阻慢慢地向 C 充电。由于电容两端的电压不能突变，所以刚接通电路时，电容上的电压 V_C 仍等于零，此时充电电流最大。只要电容量足够大，表针就能向右摆动一个明显的角度。随着 V_C 升高，充电电流逐渐减小，表针又向左摆回。充电时间常数 $\tau=RC$（秒），当 R 确定后，C 愈大，τ 值也愈大，充电时间就愈长。当 C 取值较小时（如 1 μF），充电时间很短，只能看到表针有轻微摆动。C 取值较大时，甚至能冲过欧姆零点。

2）检查漏电电阻

电容器充好电时，$V_C=E$，充电电流 $I=0$，此时 $R\times1\text{k}$ 挡的读数即代表电容器的漏电电阻，一般应大于几百至几千欧。

当测量几百到几千微法的大电容器时，充电时间很长。为缩短测量大电容器漏电电阻的时间，可采用如下方法：当表针已偏转到最大值时，迅速从 $R\times 1\text{k}$ 挡拨到 $R\times 1$ 挡。若表针仍停在∞处，说明漏电电阻极小，测不出来；若表针又慢慢地向右偏转，最后停在某一个高刻度值上，说明存在漏电电阻，其读数即为漏电电阻值。

4. 电容元件及其在交流电路中的作用

图 2-17（a）是一个线性电容元件与正弦电源连接的电路，电路中的电流 i 和电容器两端的电压 u 的参考方向如图中所示。

当电压发生变化时，电容器极板上的电荷量也要随之发生变化，在电路中就产生了电流。

$$i=\frac{\mathrm{d}q}{\mathrm{d}t}=C\frac{\mathrm{d}u}{\mathrm{d}t}$$

如果在电容器的两端加一正弦电压

$$u=U_{\mathrm{m}}\sin\omega t$$

则

$$i=C\frac{\mathrm{d}(U_{\mathrm{m}}\sin\omega t)}{\mathrm{d}t}=\omega CU_{\mathrm{m}}\sin(\omega t+90^\circ)=I_{\mathrm{m}}\sin(\omega t+90^\circ) \tag{2-15}$$

也是一个同频率的正弦量。

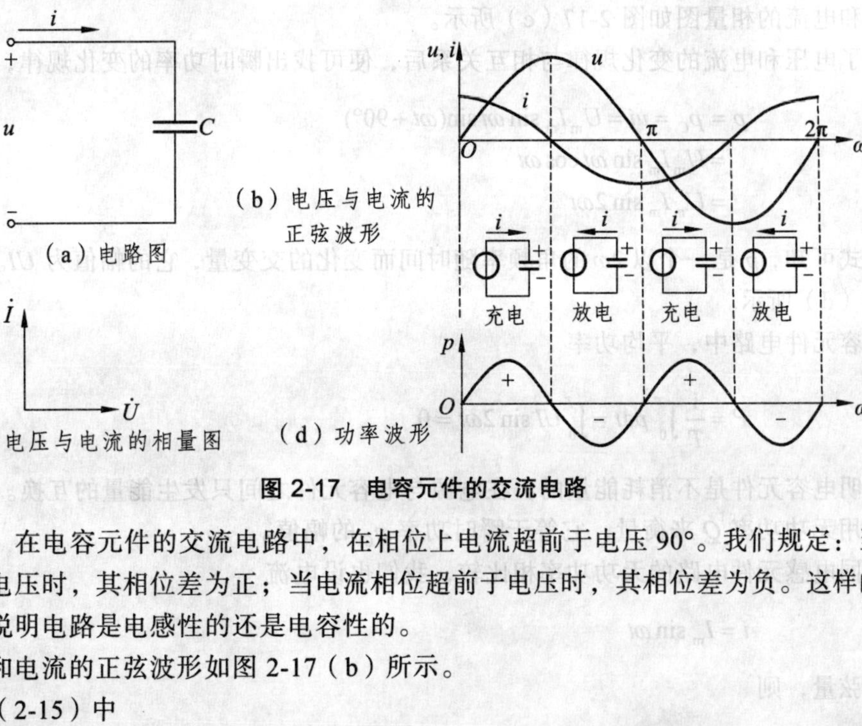

图 2-17　电容元件的交流电路

可见，在电容元件的交流电路中，在相位上电流超前于电压 90°。我们规定：当电流相位滞后于电压时，其相位差为正；当电流相位超前于电压时，其相位差为负。这样的规定是为了便于说明电路是电感性的还是电容性的。

电压和电流的正弦波形如图 2-17（b）所示。

在式（2-15）中

$$I_{\mathrm{m}}=\omega CU_{\mathrm{m}}$$

或

$$\frac{U_{\mathrm{m}}}{I_{\mathrm{m}}}=\frac{U}{I}=\frac{1}{\omega C} \tag{2-16}$$

由此可知，在电容元件的电路中，电压的幅值（或有效值）与电流的幅值（或有效值）之比为 $\frac{1}{\omega C}$。显然，它的单位是欧姆。当电压 U 一定时，$\frac{1}{\omega C}$ 愈大，电流 I 愈小。可见它具有对电流起阻碍作用的物理性质，所以称为容抗。用 X_C 代表，即

$$X_C=\frac{1}{\omega C}=\frac{1}{2\pi fC} \tag{2-17}$$

容抗 X_C 与电容 C、频率 f 成反比。电容元件对高频电路所呈现的容抗很小，而对直流电路（$f=0$）所呈现的容抗 $X_C\to\infty$，可视作开路。因此，电容元件有隔断直流的作用。

如用相量表示电压与电流的关系，则为

$$\dot{U}=U\underline{/0^\circ},\quad \dot{I}=I\underline{/90^\circ}$$

或

$$\frac{\dot{U}}{\dot{I}}=\frac{U}{I}\underline{/-90^\circ}=-\mathrm{j}X_C$$

$$\dot{U}=-\mathrm{j}X_C\dot{I}=-\mathrm{j}\frac{\dot{I}}{\omega C}=\frac{\dot{I}}{\mathrm{j}\omega C} \tag{2-18}$$

式（2-18）表示电压的有效值等于电流的有效值与容抗的乘积，而在相位上电压滞于电流 90°。

电压和电流的相量图如图 2-17（c）所示。

知道了电压和电流的变化规律与相互关系后，便可找出瞬时功率的变化规律，即

$$\begin{aligned}p=p_C=ui&=U_{\mathrm{m}}I_{\mathrm{m}}\sin\omega t\sin(\omega t+90^\circ)\\&=U_{\mathrm{m}}I_{\mathrm{m}}\sin\omega t\cos\omega t\\&=U_{\mathrm{m}}I_{\mathrm{m}}\sin 2\omega t\end{aligned} \tag{2-19}$$

由上式可知，p 是一个以 2ω 的角频率随时间而变化的交变量，它的幅值为 UI。p 的波形如图 2-17（d）所示。

在电容元件电路中，平均功率

$$P=\frac{1}{T}\int_0^T p\mathrm{d}t=\int_0^T UI\sin 2\omega t=0$$

这说明电容元件是不消耗能量的，在电源与电容元件之间只发生能量的互换。能量互换的规模，用无功功率 Q 来衡量，它等于瞬时功率 p_C 的幅值。

为了同电感元件电路的无功功率相比较，我们也设电流

$$i=I_{\mathrm{m}}\sin\omega t$$

为参考正弦量，则

$$u=U_{\mathrm{m}}\sin(\omega t-90^\circ)$$

于是得出瞬时功率

$$p = p_C = ui = -UI\sin 2\omega t$$

由此可见，电容元件电路的无功功率

$$Q = -UI = -X_C I^2 \tag{2-20}$$

即电容性无功功率取负值，而电感性无功功率取正值，以示区别。

任务三　RLC 串联电路的分析

一、电路电压与电流的关系

电阻、电感与电容元件串联的交流电路如图 2-18（a）所示。电路的各元件中通过同一电流。电流与各个电压的参考方向如图中所示。

根据 KVL 可得

$$u = u_R + u_L + u_C = Ri + L\frac{\mathrm{d}i}{\mathrm{d}t} + \frac{1}{C}\int i\mathrm{d}t \tag{2-21}$$

设电流

$$i = I_{\mathrm{m}}\sin\omega t$$

为参考正弦量，则电阻元件上的电压 u_R 与电流同相，即

$$u_R = RI_{\mathrm{m}}\sin\omega t = U_{R\mathrm{m}}\sin\omega t$$

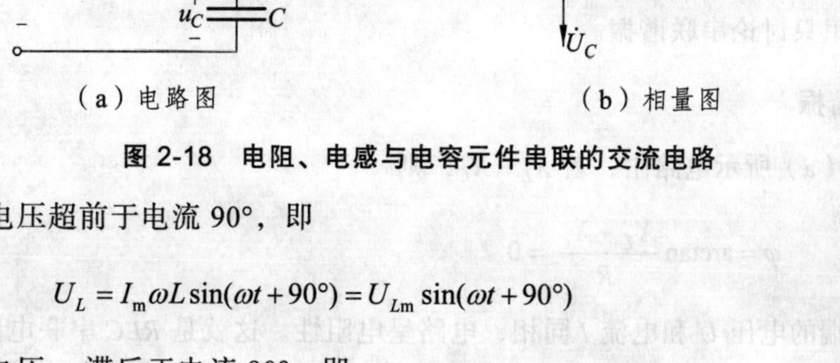

（a）电路图　　　　（b）相量图

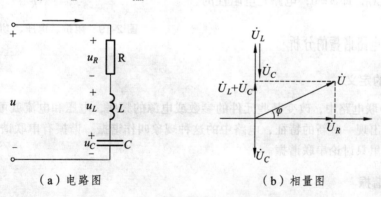

图 2-18　电阻、电感与电容元件串联的交流电路

电感元件上的电压超前于电流 90°，即

$$U_L = I_{\mathrm{m}}\omega L\sin(\omega t + 90°) = U_{L\mathrm{m}}\sin(\omega t + 90°)$$

电容元件上的电压 u_C 滞后于电流 90°，即

$$u_C = I_m \omega L \sin(\omega t - 90°) = U_{Cm} \sin(\omega t - 90°)$$

根据 KVL 可得

$$u = u_R + u_L + u_C = U_m \sin(\omega t + \varphi) \tag{2-22}$$

如用相量表示，则为

$$\dot{U} = \dot{U}_R + \dot{U}_L + \dot{U}_C = R\dot{I} + jX_L\dot{I} - jX_C\dot{I} = [R + j(X_L - X_C)]\dot{I}$$

式中的 Z 称为电路的阻抗，即

$$Z = R + j(X_L - X_C) = \sqrt{R^2 + (X_L - X_C)^2} \angle \arctan\frac{X_L - X_C}{R} = |Z| \angle \varphi \tag{2-23}$$

由上式可知，阻抗的实部为“阻”，虚部为“抗”，它表示了电路的电压与电流之间的关系，既表示了大小关系（反映在阻抗的模 Z 上），又表示了相位关系（反映在辐角 φ 上）。

阻抗的辐角 φ 即为电压与电流之间的相位差。对于电感性电路，φ 为正；对于电容性电路，φ 为负。

阻抗不同于正弦量函数的复数表示，它不是一个相量，而是一个复数计算量。如图 2-18（b）所示，由电压相量 $\dot{U}$、$\dot{U}_R$ 及 $(\dot{U}_L + \dot{U}_C)$ 所组成的直角三角形，称为电压三角形。利用这个电压三角形，可求得电源电压的有效值。

$|Z|$、R、（$X_L - X_C$）三者之间的关系也可用一个直角三角形——阻抗三角形来表示，如图 2-19 所示。

如果 $X_L > X_C$，即 $\varphi > 0$，电路是电感性的。

如果 $X_L < X_C$，即 $\varphi < 0$，电路是电容性的。

如果 $X_L = X_C$，即 $\varphi = 0$，电路是电阻性的。

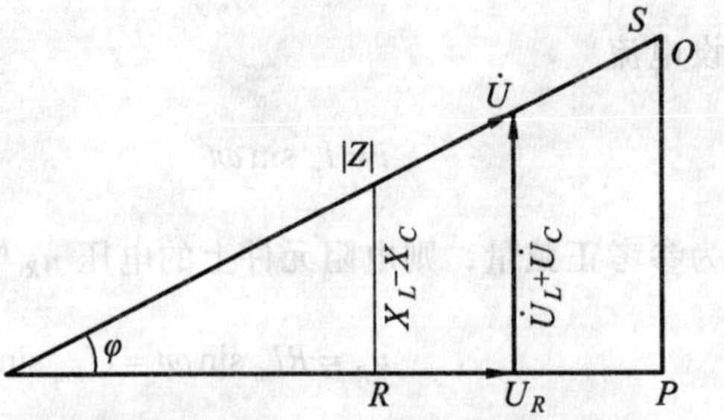

图 2-19　阻抗、电压、功率三角形

二、*RLC* 电路谐振的分析

1. 谐振的定义

在 *RLC* 串联电路中，改变某些元件的参数或电源的频率，电压和电流就可以达到同相，此时电路中将出现一些新的特征，电路中的这种现象叫作谐振。谐振有串联谐振和并联谐振两种类型，这里只讨论串联谐振。

2. 串联谐振

在图 2-18（a）所示电路中，若 $X_L = X_C$，则

$$\varphi = \arctan\frac{X_L - X_C}{R} = 0$$

说明电路输入端的电压 U 和电流 I 同相，电路呈电阻性。这就是 *RLC* 串联电路的谐振现象，叫作串联谐振。

串联谐振的基本条件是

$$X_L = X_C$$

即

$$\omega L = \frac{1}{\omega C}$$

当电源频率一定时，要使电路产生谐振，就要改变电路元件参数 L 或 C。常用的方法是改变电容 C 的数值，即

$$C = \frac{1}{\omega^2 L}$$

当电路参数一定时，也可以用改变电源频率的办法，使电路产生谐振。谐振时的电源角频率和谐振频率为

$$\left.\begin{aligned} \omega_0 &= \frac{1}{\sqrt{LC}} \\ f_0 &= \frac{1}{2\pi\sqrt{LC}} \end{aligned}\right\} \tag{2-24}$$

串联谐振主要特征是：

（1）电压 U 与电流 I 同相，电路呈电阻性。

（2）电路阻抗数值小。

（3）电流最大。

$$I = I_0 = \frac{U}{R}\text{，} \ |Z| = \sqrt{R^2 + (X_L - X_C)^2} = R$$

阻抗 Z 和电流 I 随频率变化的关系曲线如图 2-20 所示。

（4）U_L 和 U_C 出现新的情况：

① 因为 $X_L = X_C$，所以 U_L 和 U_C 大小相等，相位相反，互相抵消，电感与电容对整个电路不起作用。电源不再给它们提供无功功率，能量互换只在它们两者之间进行。

② 当 $X_L = X_C \gg R$ 时，U_L 和 U_C 将比电压 U 高得多，此时过电压 U_L 和 U_C 的作用不容忽视。例如：设电源电压 $U = 100$ V，$R = 1$，$X_L = X_C = 10$，此时 $I = U/R = 100/1 = 100$ A，U_L 和 U_C 将达到 1 000 V。

串联谐振时的相量图如图 2-21 所示。

电压过高会击穿电容器和电感线圈的绝缘层，因此电力工程上要求避免发生串联谐振现象。

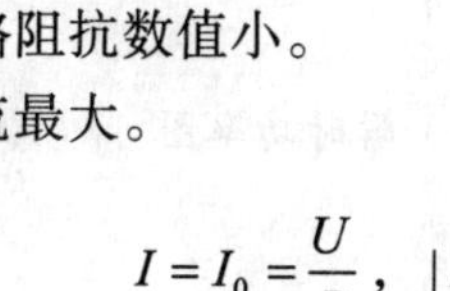

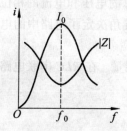

图 2-20　|Z|与 I 随频率变化的曲线

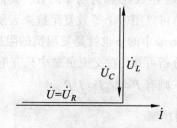

图 2-21　串联谐振时的相量图

任务四　正弦交流并联电路的分析

一、正弦交流电路的功率

1. 瞬时功率

一般负载的交流电路如图 2-22（a）所示。交流负载的端电压 u 和 i 之间存在相位差 φ。φ 的正负、大小由负载情况决定。因此负载的端电压 u 和电流 i 之间的关系可表示为

$$i=\sqrt{2}I\sin\omega t\text{，}\ u=\sqrt{2}U\sin(\omega t+\varphi)$$

负载取用的瞬时功率为

$$p=ui=\sqrt{2}U\sin(\omega t+\varphi)\times\sqrt{2}I\sin\omega t=UI\cos\varphi-UI\cos(2\omega t+\varphi)$$

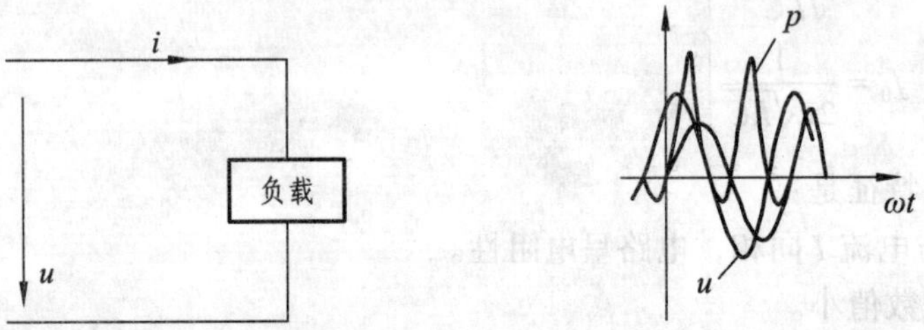

（a）交流电路图　　（b）瞬时功率图

图 2-22　正弦交流电路

瞬时功率是随时间变化的，变化曲线如图 2-22（b）所示。可以看出，瞬时功率有时为正，有时为负。正值表示负载从电源吸收功率，负值表示负载中的储能元件（电感、电容）释放出能量送回电源。

2. 有功功率（平均功率）和功率因数

上述瞬时功率的平均值称为平均功率，也叫有功功率。

$$P=\frac{1}{T}\int_0^T p\mathrm{d}t=\frac{1}{T}\int_0^T[UI\cos\varphi-UI\cos(2\omega t+\varphi)]\mathrm{d}t=UI\cos\varphi \tag{2-25}$$

上式表明，有功功率等于电路端电压有效值 U 和流过负载的电流有效值 I 的乘积，再乘以 $\cos\varphi$。

式（2-25）中 $\cos\varphi$ 称为功率因数，其值取决于电路中总的电压和电流的相位差。由于一个交流负载总可以用一个等效复阻抗来表示，因此它的阻抗角决定了电路中的电压和电流的相位差，即 $\cos\varphi$ 中的 φ 也就是复阻抗的阻抗角。

由上述分析可知，在交流负载中只有电阻部分才消耗能量。在 RLC 串联电路中，电阻 R 是耗能元件，则有 $P=U_RI=I^2R$。

3. 无功功率

电路中有储能元件电感和电容，它们虽不消耗功率，但与电源之间要进行能量交换。用

无功功率 Q 表示这种能量交换的规模。对于任意一个无源二端网络，无功功率可定义为

$$Q = UI\sin\varphi \tag{2-26}$$

式（2-26）中的 φ 为电压和电流的相位差，也是电路等效复阻抗的阻抗角。对于感性电路，$\varphi>0$，则 $\sin\varphi>0$，无功功率 Q 为正值；对于容性电路，$\varphi<0$，则 $\sin\varphi<0$，无功功率 Q 为负值。当 $Q>0$ 时，为吸收无功功率；当 $Q<0$ 时，则为发出无功功率。

当电路中既有电感元件又有电容元件时，无功功率相互补偿，它们在电路内部先相互交换一部分能量，不足部分再与电源进行交换，则无源二端网络的无功功率为

$$Q = Q_L + Q_C \tag{2-27}$$

上式表明，二端网络的无功功率是电感元件的无功功率与电容元件无功功率的代数和。式中的 Q_L 为正值，Q_C 为负值，Q 为一代数量，可正可负，单位为乏（var）。

4. 视在功率

在交流电路中，端电压与电流的有效值的乘积称为视在功率，用 S 表示。即

$$S = UI \tag{2-28}$$

视在功率的单位为伏安（VA）或千伏安（kVA）。

虽然视在功率 S 具有功率的量纲，但它与有功功率和无功功率是有区别的。视在功率 S 通常用来表示电气设备的容量。设备容量说明了电气设备可能转换的最大功率。电源设备如变压器、发电机等所发出的有功功率与负载的功率因数有关，不是一个常数，因此电源设备通常只用视在功率表示其容量，而不用有功功率表示。

交流电气设备的容量是按照预先设计的额定电压和额定电流来确定的，用额定视在功率 S_N 来表示。即

$$S_N = U_N I_N$$

交流电气设备应在额定电压 U_N 下工作，此时电气设备允许提供的电流为

$$I_N = \frac{S_N}{U_N}$$

可见设备的运行要受 U_N、I_N 的限制。

综上所述，有功功率 P、无功功率 Q、视在功率 S 之间存在如下关系：

$$P = UI\cos\varphi = S\cos\varphi\text{，}\quad Q = UI\sin\varphi = S\sin\varphi$$

$$S = \sqrt{P^2+Q^2} = UI$$

$$\varphi = \arctan\frac{Q}{P}$$

显然，S、P、Q 构成一个直角三角形，如图 2-23 所示。此三角形是功率直角三角形，它与电压三角形、阻抗三角形相似。

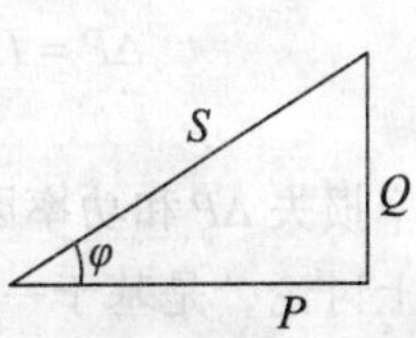

图 2-23　有功功率、无功功率、视在功率构成的功率三角形

二、功率因数的提高

1. 提高功率因素的意义

前面已经讲过，交流电路中的有功功率一般不等于电源电压 U 和总电流 I 的乘积，还要考虑电压与电流相位差的影响。即

$$P = UI\cos\varphi$$

式中，$\cos\varphi$ 是电路的功率因数。电路的功率因数决定于负载的性质。只有电阻性负载（如白炽灯，电阻炉等）的功率因数才等于 1，其他负载的功率因数均小于 1。

例如，交流电动机（异步机），当它空载运行时，功率因数等于 0.83 ~ 0.85。为了合理使用电能，国家电业部门规定："用电企业的功率因数必须维持在 0.85 以上"。对高于此指标的用电企业，给予奖励，对低于此指标的用电企业，则处以罚款，而功率因数低于 0.5 时，则停止向其供电。功率因数的高低为什么如此重要？功率因数较低有哪些不利影响？我们从以下两方面来说明。

（1）电源设备的容量不能充分利用。

设某供电变压器的额定电压 $U_N = 230$ V，额定电流 $I_N = 434.8$ A，额定容量 $S_N = U_N I_N = 230 \times 434.8 = 100$ kVA。

如果负载功率因数等于 1，则变压器可以输出的有功功率

$$P = U_N I_N \cos\varphi = 230 \times 434.8 \times 1 = 100\ \text{kW}$$

如果负载功率因数等于 0.5，则变压器可以输出的有功功率

$$P = U_N I_N \cos\varphi = 230 \times 434.8 \times 0.5 = 50\ \text{kW}$$

可见，负载的功率因数愈低，供电变压器输出的有功功率愈小，设备的利用率愈低，经济损失愈严重。

（2）输电线路上的功率损失增加。

当发电机的输出电压 U 和输出的有功功率 P 一定时，发电机输出的电流（即线路上的电流）

$$I = \frac{P}{U\cos\varphi}$$

可见，电流 I 和功率因数 $\cos\varphi$ 成反比。若输电线的电阻为 r，则输电线上的功率损失

$$\Delta P = I^2 r = \left(\frac{P}{U\cos\varphi}\right)^2 r$$

功率损失 ΔP 和功率因数 $\cos\varphi$ 的平方成反比，功率因数愈低，功率损失愈大。

以上讨论，是基于一台发电机的情况，但其结论也适用于一个工厂或一个地区的用电系统。功率因数的提高意味着电网内的发电设备得到了充分利用，提高了发电机输出的有功功率和输电线上有功电能的输送量。与此同时，输电系统的功率损失也大大降低，可以节约大量电力。

2. 提高功率因素的方法

提高功率因数的简便而有效的方法，是给电感性负载并联适当大小的电容器，其电路图和相量图如图 2-24 所示。

由于是并联，电感性负载的电压不受电容器的影响。电感性负载的电流 I_1 仍然等于原来的电流，这是因为电源电压和电感性负载的参数并未发生改变。但对总电流来说，却多了一个电流分量 I_C，即

$$i = i_1 + i_C$$

或

$$\dot{I} = \dot{I}_1 + \dot{I}_C$$

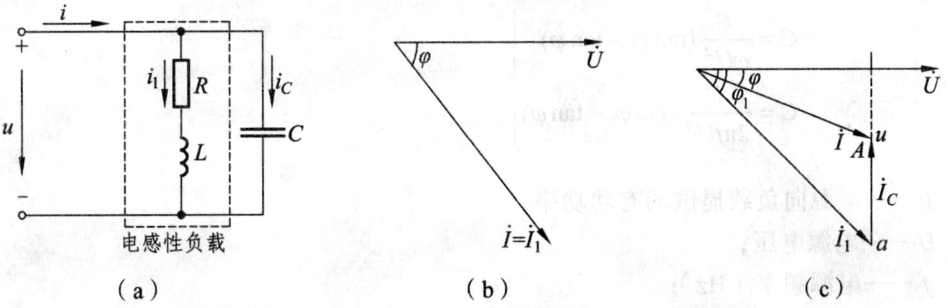

图 2-24 功率因数的提高

由相量图可知，未并联电容器时，电源电压与总电流（等于电感性负载电流）的相位差为 φ_1，如图 2-24（b）所示；并联电容器之后，电源电压与总电流（等于 $\dot{I}_1+\dot{I}_C$）的相位差为 φ，如图 2-24（c）所示，相位差减小了，由 φ_1 减小到 φ，功率因数 $\cos\varphi$ 就提高了。应当注意，这里所说的功率因数提高了，是指整个电路系统（包括电容器在内）的功率因数提高了（或者说，此时电源的功率因数提高了），而原电感性负载的功率因数并未改变。

由电路图和相量图可知，若增加电容量，容抗将减小，电流 I_C 将增大，顺 a、A 的延长线角 φ 逐渐减小，功率因数逐渐提高。若 C 值选得适当，a 与 A 重合，电流 I 和电压 U 同相，则 $\cos\varphi=1$，获得最佳状态。若 C 值选得过大，I_C 增大太多，电流 I 将超前电压，功率因数反倒减小。因此 C 值必须选择适当。C 的计算公式推导过程如下：

由相量图可知

$$I_C = I_1\sin\varphi_1 - I\sin\varphi \tag{2-29}$$

式中，I_C 为电容器中的电流，I_1 和 I 分别为功率因数提高前、后的电流。I_C 可由电流 I_1、I 和下面的关系式得出

$$I_C = \frac{U}{X_C} = \omega CU$$

$P = UI_1\cos\varphi_1$（功率因数提高前电路的有功功率）

$P = UI\cos\varphi$（功率因数提高后电路的有功功率，电容器不消耗功率）

即

$$I_1 = \frac{P}{U\cos\varphi_1}$$

$$I = \frac{P}{U\cos\varphi}$$

将 I_C、I_1 和 I 代入式（2-29），得

$$\omega CU = \frac{P}{U\cos\varphi_1}\sin\varphi_1 - \frac{P}{U\cos\varphi}\sin\varphi = \frac{P}{U}(\tan\varphi_1 - \tan\varphi) \tag{2-30}$$

或

$$\left.\begin{aligned} C &= \frac{P}{\omega U^2}(\tan\varphi_1 - \tan\varphi) \\ C &= \frac{P}{2\pi f U^2}(\tan\varphi_1 - \tan\varphi) \end{aligned}\right\} \tag{2-31}$$

式中 P——电源向负载提供的有功功率；

U——电源电压；

f——电源频率（Hz）；

φ_1——并联电容前，电路的功率因数角；

φ——并联电容后，整个电路的功率因数角。

任务五 三相对称电路的分析

一、三相电源

三相交流发电机的结构如图 2-25（a）所示，其主要部件为定子和转子。定子上有三个相同的绕组 A—X、B—Y 和 C—Z，它们在空间中互相差 120°。这样的绕组叫作对称三相绕组，它们的 A、B 和 C 端叫作首端，X、Y 和 Z 端叫作末端。转子上有励磁绕组，通入直流电流可产生磁场。当转子转动时，定子三相绕组被磁力线切割，产生感应电动势。若转子按顺时针方向匀速转动，对称三相绕组依次产生感应电动势 e_A、e_B 和 e_c，如图 2-25（b）所示。

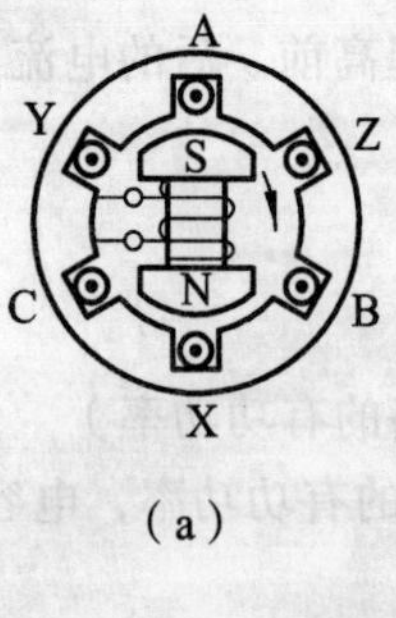

（a）

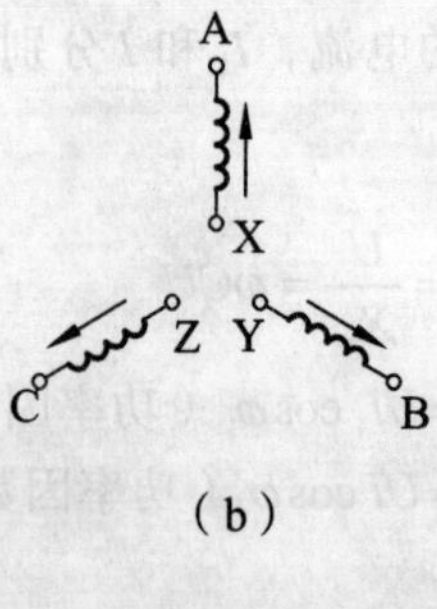

（b）

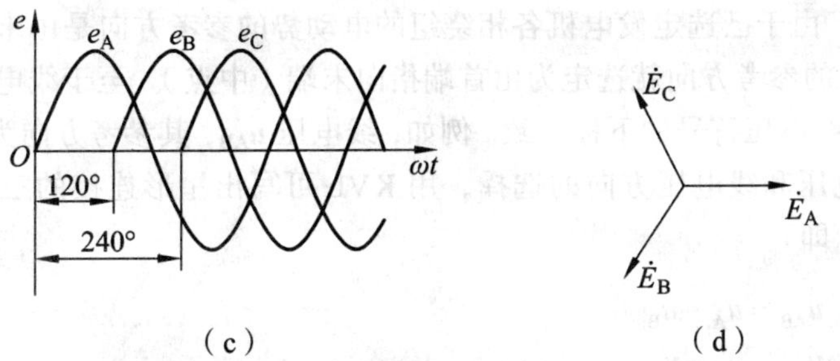

（c）　　　　（d）

图 2-25　三相对称电动势

显然，e_A、e_B 和 e_C 频率相同，幅值（或有效值）也相同。那么在相位上，它们的关系如何呢？由图 2-25（a）可知，在图示情况下，A 相绕组处于磁极 N—S 之下，受磁力线的切割最甚，因而 A 相绕组的感应电动势最大。经过 120° 后，B 相绕组处于 N—S 之下，B 相绕组的感应电动势最大。同理，经过 240° 之后，C 相绕组的感应电动势最大。若设 A 相绕组的感应电动势为

$$e_A = E_m \sin \omega t$$

则

$$e_C = E_m \sin(\omega t - 240°) = E_m \sin(\omega t + 120°) \qquad (2\text{-}32)$$

e_A、e_B、e_C 的波形图如图 2-25（c）所示。e_A、e_B 和 e_c 的相量图如图 2-25（d）所示。可见它们在相位上依次相差 120°。这样一组幅值相等、频率相同、彼此间的相位差为 120° 的电动势，叫作三相对称电动势。显然，它们的瞬时值或相量之和为零，即

$$\begin{aligned} e_A + e_B + e_C &= 0 \\ \dot{E}_A + \dot{E}_B + \dot{E}_C &= 0 \end{aligned} \qquad (2\text{-}33)$$

三相电动势依次出现正幅值（或相应的某值）的顺序叫作相序，这里的顺序是 A—B—C。

三相发电机给负载供电时，它的三个绕组有两种接线方式，即星形接法和三角形接法，通常主要采用星形接法。下面我们只讨论星形接法的有关问题。

三相绕组的末端 X、Y 和 Z 连接在一起，而首端 A、B 和 C 分别用导线引出，这样便组成了星形连接的三相电源，如图 2-26 所示。其中，三个绕组接在一起的点，叫作三相电源的中点，用 N 表示。从中点引出的导线叫作中线。中线通常与大地相连，所以也叫作零线。从三相绕组另外三端引出的导线叫作端线或火线。因为总共引出四根导线，所以这样的电源被称为三相四线制电源。

由三相四线制的电源可以获得两种电压，即相电压和线电压。所谓相电压，就是发电机每相绕组两端的电压，也就是每根火线与中线之间的电压，即图 2-26 中的 u_A、u_B 和 u_C。其有效值用 U_A、U_B 和 U_C 表示，一般统一用 U_p 表示。所谓线电压，就是每两根火线之间的电压，即图 2-26 中的 u_{AB}、u_{BC} 和 u_{CA}。其有效值用 U_{AB}、U_{BC} 和 U_{CA} 表示，一般统一用 U_l 表示。

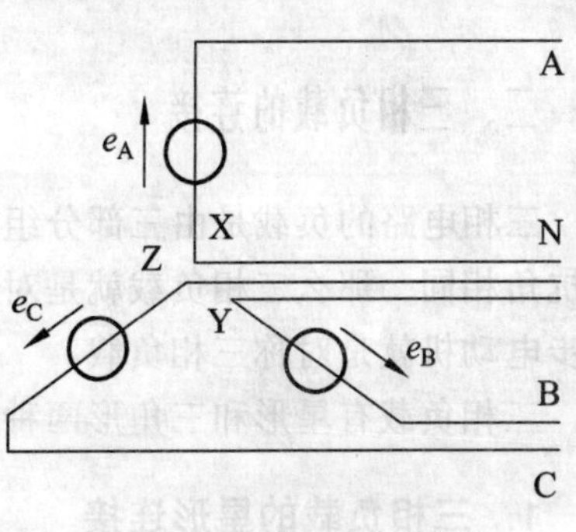

图 2-26　发电机星形连接

在图 2-26 中，由于已选定发电机各相绕组的电动势的参考方向是由末端指向首端，因而各相绕组的相电压的参考方向就选定为由首端指向末端（中点）。至于线电压的参考方向的选定，是为了使其与线电压符号的下标一致。例如，线电压 u_{AB}，其参考方向为由 A 端指向 B 端。

根据以上相电压和线电压方向的选择，用 KVL 可写出星形连接的三相电源的线电压和相电压的关系式，即

$$u_{AB} = u_A - u_B$$
$$u_{BC} = u_B - u_C$$
$$u_{CA} = u_C - u_A$$

如果用相量表示，即

$$\begin{aligned} \dot{U}_{AB} &= \dot{U}_A - \dot{U}_B \\ \dot{U}_{BC} &= \dot{U}_B - \dot{U}_C = \dot{U}_B + (-\dot{U}_C) \\ \dot{U}_{CA} &= \dot{U}_C - \dot{U}_A = \dot{U}_C + (-\dot{U}_A) \end{aligned} \tag{2-34}$$

由式（2-34）可画出它们的相量图，如图 2-27 所示。因为三相绕组的电动势是对称的，所以三相绕组的相电压也是对称的。由图 2-27 可知，三相电源的线电压也是对称的。线电压与相电压的大小关系，可从图中底角为 30° 的等腰三角形上得到，即

$$\frac{1}{2}U_{AB} = U_A \cos 30° = \frac{\sqrt{3}}{2}U_A$$
$$U_{AB} = \sqrt{3}U_A$$

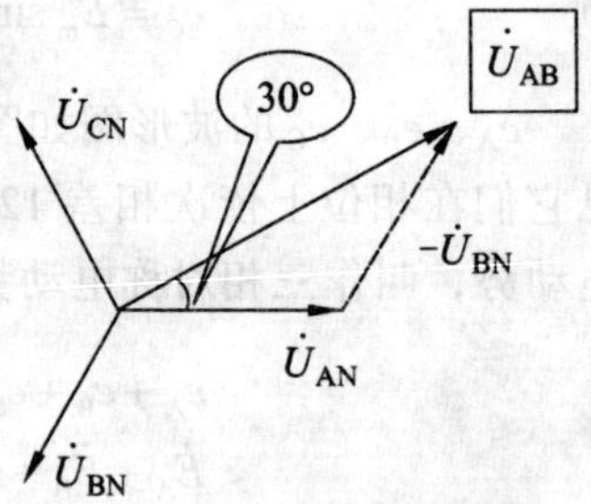

图 2-27　三相电源相量图

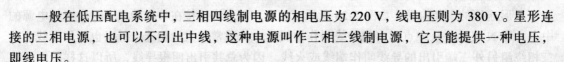

因为相电压和线电压都是对称的，即

$$U_A = U_B = U_C = U_p$$

所以

$$U_l = \sqrt{3}U_p$$

一般在低压配电系统中，三相四线制电源的相电压为 220 V，线电压则为 380 V。星形连接的三相电源，也可以不引出中线，这种电源叫作三相三线制电源，它只能提供一种电压，即线电压。

二、三相负载的连接

三相电路的负载是由三部分组成的，其中每一部分叫作一相负载。如果阻抗大小相等且阻抗角相同，那么三相负载就是对称的，叫作对称三相负载。例如，生产上广泛使用的三相异步电动机就是对称三相负载。

三相负载有星形和三角形两种接法，这两种接法的应用都很广泛。

1. 三相负载的星形连接

图 2-28 表示三相负载的星形连接，点 N′ 叫作负载的中点，因为有中线 NN′，所以是三

相四线制电路。图中通过端线的电流叫作线电流，通过每相负载的电流叫作相电流。显然，在星形连接时，某相负载的相电流就是对应的线电流，即相电流等于线电流。

因为有中线，对称的电源电压 u_A、u_B 和 u_C 直接加在三相负载 Z_A、Z_B 和 Z_C 上，所以三相负载的相电压也是对称的。各相负载的电流为

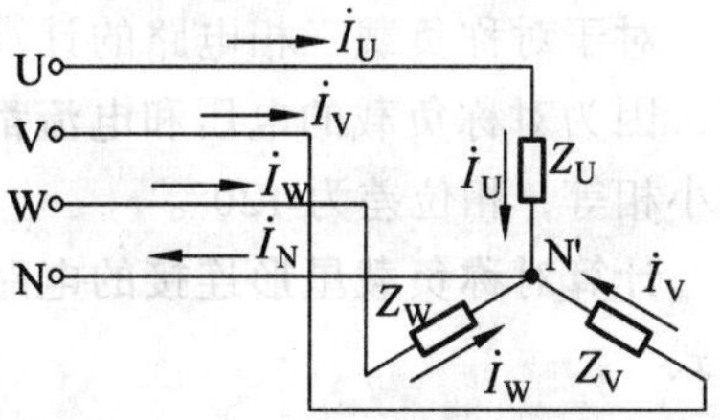

图 2-28　三相负载的星形连接

$$I_A=\frac{U_A}{|Z_A|}，\ I_B=\frac{U_B}{|Z_B|}，\ I_C=\frac{U_C}{|Z_C|} \tag{2-35}$$

各相负载的相电压与相电流的相位差为

$$\varphi_A=\arctan\frac{X_A}{R_A}，\ \varphi_B=\arctan\frac{X_B}{R_B}，\ \varphi_C=\arctan\frac{X_C}{R_C}$$

式中，R_A、R_B 和 R_C 为各相负载的等效电阻，X_A、X_B 和 X_C 为各相负载的等效电抗（等效感抗与等效容抗之差）。

中线的电流，按图 2-28 所选定的参考方向，可写出

$$i_N=i_A+i_B+i_C \tag{2-36}$$

如果用相量表示，则

$$\dot{I}_N=\dot{I}_A+\dot{I}_B+\dot{I}_C$$

前面已经讲述过，生产上广泛使用的三相负载大都是对称负载，所以在此主要讨论对称负载的情况。所谓对称负载，是指复阻抗相等，即

$$R_A=R_B=R_C=R，\ X_A=X_B=X_C=X \tag{2-37}$$

由式（2-36）、（2-37）可知，因为对称负载相电压是对称的，所以对称负载的相电流也是对称的，即

$$I_A=I_B=I_C=I_p=\frac{U_p}{|Z|}$$

式中

$$|Z|=\sqrt{R^2+X^2}$$

$$\varphi_A=\varphi_B=\varphi_C=\varphi=\arctan\frac{X}{R}$$

由相量图可知，这时中线电流等于零，即

$$i_N=i_A+i_B+i_C=0$$

或

$$\dot{I}_N=\dot{I}_A+\dot{I}_B+\dot{I}_C=0$$

中线中既然没有电流通过，就不需设置中线了，因而生产上广泛使用的是三相三线制电路。

对于对称负载三相电路的计算，只需计算一相即可，因为对称负载的电压和电流都是对称的，它们的大小相等，相位差为120°。

计算对称负载星形连接的电路时，常用到以下关系式

$$\begin{cases} I_1 = I_p \\ U_1 = \sqrt{3}U_p \end{cases} \tag{2-38}$$

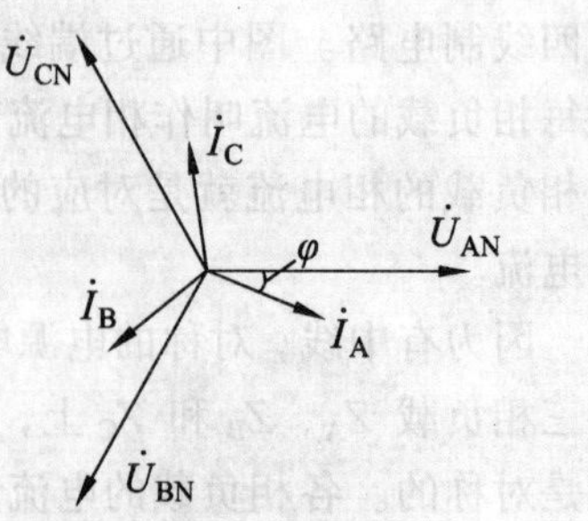

图 2-29　负载星形连接时相电压与相电流的相量图

三相照明负载不能没有中线，必须采用三相四线制电源。中线的作用是：将负载的中点与电源的中点相联，保证照明负载的三相电压对称。为了可靠，中线（干线）必须牢固，不允许装开关，不允许接熔断器。

2. 三相负载的三角形连接

图 2-30 表示三相负载的三角形连接，每一相负载都直接接在相应的两根火线之间，这时负载的相电压就等于电源的线电压。不论负载是否对称，它们的相电压总是对称的，即

$$U_{AB} = U_{BC} = U_{CA} = U_1 = U_p \tag{2-39}$$

负载三角形连接时，相电流和线电流是不一样的。各相负载的相电流为

$$I_{AB} = \frac{U_{AB}}{|Z_{AB}|}，I_{BC} = \frac{U_{BC}}{|Z_{BC}|}，I_{CA} = \frac{U_{CA}}{|Z_{CA}|} \tag{2-40}$$

各相负载的相电压与相电流之间的相位差为

$$\varphi_{AB} = \arctan\frac{X_{AB}}{R_{AB}}，\varphi_{BC} = \arctan\frac{X_{BC}}{R_{BC}}，\varphi_{CA} = \arctan\frac{X_{CA}}{R_{CA}} \tag{2-41}$$

负载的线电流，可以写为

$$\begin{aligned} \dot{I}_A &= \dot{I}_{AB} - \dot{I}_{CA} \\ \dot{I}_B &= \dot{I}_{BC} - \dot{I}_{AB} \\ \dot{I}_C &= \dot{I}_{CA} - \dot{I}_{BC} \end{aligned} \tag{2-42}$$

如果负载对称，即

$$R_{AB} = R_{BC} = R_{CA} = A，\ X_{AB} = X_{BC} = X_{XA} = X$$

由式（2-39）、（2-40）可知，各相负载的相电流是对称的，即

$$I_{AB} = I_{BC} = I_{CA} = I_p = \frac{U_p}{|Z|}$$

式中

$$|Z| = \sqrt{R^2 + X^2}$$

$$\varphi_{AB} = \varphi_{BC} = \varphi_{CA} = \varphi = \arctan\frac{X}{R}$$

此时的线电流可根据式（2-42）作出相量图，如图 2-30 所示。可以看出，三个线电流也是对称的，它们与相电流的相互关系是

$$\frac{1}{2}I_{\rm A}=I_{\rm AB}\cos30^\circ=\frac{\sqrt{3}}{2}I_{\rm AB}$$

$$I_{\rm A}=\sqrt{3}I_{\rm p}$$

即

$$I_{\rm l}=\sqrt{3}I_{\rm p}$$

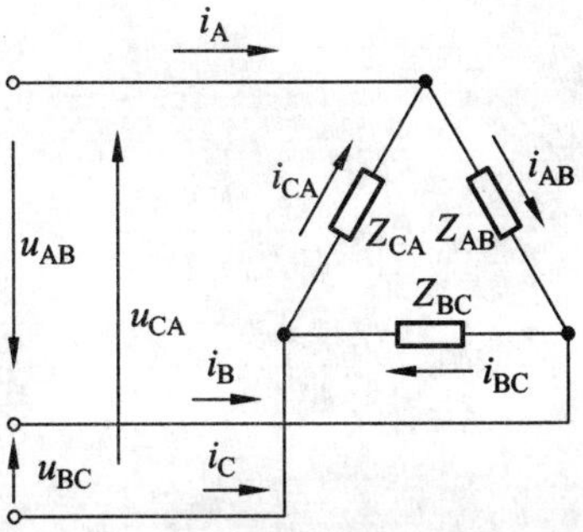

图 2-30　负载三角形连接时的三相电路

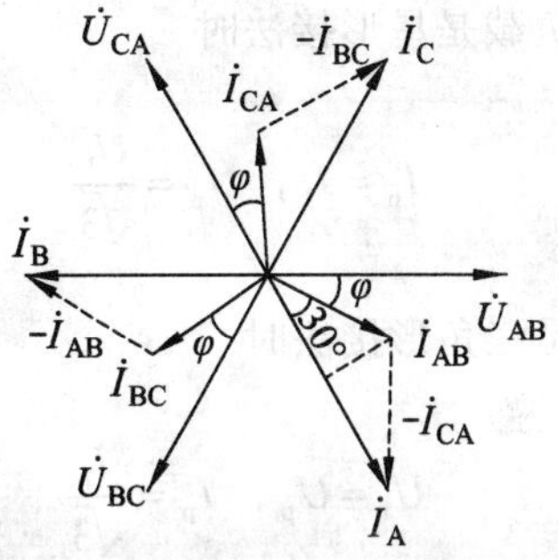

图 2-31　对称负载三角形连接时电压与电流的相量图

三相负载接成星形，还是接成三角形，取决于以下两个方面：

（1）电源电压。

（2）负载的额定相电压。

例如，电源的线电压为 380 V，而某三角形异步电动机的额定相电压也为 380 V，电动机的三相绕组就应接成三角形，此时每相绕组上的电压就是 380 V。如果这台电动机的额定相电压为 220 V，电动机的三相绕组就应接成星形了，此时每相绕组上的电压就是 220 V。若误接成三角形，每相绕组上的电压为 380 V，是额定值的 $\sqrt{3}$ 倍，电动机将被烧毁。

三、三相功率

在前面我们已讨论过，一个负载两端加上正弦交流电压 u，通过电流 i，则该负载的有功功率和无功功率分别为

$$P=UI\cos\varphi\,,\quad Q=UI\sin\varphi$$

式中，U 和 I 分别为电压和电流的有效值，φ 为电压和电流的相位差。

在三相电路里，负载的有功功率和无功功率分别为

$$P=U_{\rm A}I_{\rm A}\cos\varphi_{\rm A}+U_{\rm B}I_{\rm B}\cos\varphi_{\rm B}+U_{\rm C}I_{\rm C}\cos\varphi_{\rm C}$$

$$Q=U_{\rm A}I_{\rm A}\sin\varphi_{\rm A}+U_{\rm B}I_{\rm B}\sin\varphi_{\rm B}+U_{\rm C}I_{\rm C}\sin\varphi_{\rm C}$$

式中，$U_{\rm A}$、$U_{\rm B}$、$U_{\rm C}$ 和 $I_{\rm A}$、$I_{\rm B}$、$I_{\rm C}$ 分别为三相负载的相电压和相电流，$\varphi_{\rm A}=\varphi_{\rm B}=\varphi_{\rm C}$ 分别为各相负载的相电压和相电流的相位差。

如果三相负载对称，即

$$U_A = U_B = U_C = U_p,\ I_A = I_B = I_C = I_p,\ \varphi_A = \varphi_B = \varphi_C$$

则三相负载的有功功率和无功功率分别为

$$P = 3U_p I_p \cos\varphi \qquad Q = 3U_p I_p \sin\varphi$$

工程上，测量三相负载的相电压U_p和相电流I_p非常不方便，而测量它的线电压U_l和线电流I_l却比较容易，因而，通常采用下面的公式：

当对称负载是星形接法时

$$I_p = I_l,\ U_p = \frac{U_l}{\sqrt{3}}$$

当对称负载是三角形接法时

$$U_l = U_p,\ I_p = \frac{I_l}{\sqrt{3}}$$

代入P与Q的关系式，便可得到

$$\begin{aligned} P &= \sqrt{3}U_l I_l \cos\varphi \\ Q &= \sqrt{3}U_l I_l \sin\varphi \end{aligned} \qquad (2\text{-}43)$$

式（2-43）适用于星形或三角形连接的三相对称负载。但应当注意，这里的φ仍然是相电压和相电流之间的相位差。

由式（2-43）可知，三相对称负载的视在功率为

$$S = \sqrt{P^2 + Q^2} = \sqrt{3}U_l I_l$$

习　题

1. 相位差的含义是什么？
2. 相量和正弦交流电有什么关系？画相量图应该注意哪几点？
3. 无功功率和视在功率的含义是什么？
4. 提高功率因数的意义是什么？其方法有哪些？
5. 三相对称电源的条件是什么？三相对称负载的含义是什么？
6. 三相电路功率的测量方法有哪几种？
7. 电阻元件、电容元件、电感元件的电压与电流的相位关系如何？
8. 电感和电容在直流和交流电路中的作用是什么？
9. 已知工频正弦电压u_{ab}的最大值为311 V，初相位为$-60°$，其有效值是多少？写出其

瞬时值表达式。当 $t=0.002\,5$ s 时，u_{ab} 的值为多少？

10. 一 R、L、C 串联的交流电路，已知 $R=X_L=X_C=10\ \Omega$，$I=1$ A，试求电压 U、U_R、U_L、U_C 和电路总阻抗。

11. 一个负载的工频电压为 220 V，功率为 10 kW，功率因数为 0.6，欲将功率因数提高到 0.9，试求所需并联的电容。

12. 一个 220 V、1 000 W 的电炉接在电压 $u=311\sin(314t)$ V 的正弦交流电路上，问：

（1）电炉的电阻是多少？

（2）通过电炉的电流是多少？写出电流 i 的瞬时表达式。

（3）设电炉每天使用 2 小时，每月消耗多少电能？

13. 把一个线圈（视为一个纯电感）与一个电阻 R 串联后接入 220 V 的工频电源上，测得电阻 R 两端的电压为 140 V，线圈两端的电压为 130 V，电流为 2.5 A，试求电路中的参数 R、L。

项目三
磁路与变压器

【引言】

在实际应用中，电和磁密不可分，如电机、变压器等器件，它们都是以电磁感应原理为基础的常见电器设备。因此，研究磁与电的关系以及磁路的基本规律是电工技术的基本内容。本项目将介绍磁路的基本概念、简单磁路的计算，以及电磁铁、变压器的工作原理及其应用。

【学习目标】

（1）了解铁磁材料的磁性能及用途。

（2）理解磁路欧姆定律，掌握主磁通原理。

（3）了解变压器的基本结构。

（4）掌握变压器的工作原理。

（5）了解实际中常用变压器的种类及其用途。

任务一　磁路的基本概念

一、铁磁材料

铁磁材料：能被磁化的材料。例如：铁、钴、镍以及它们的合金和氧化物。

铁心：由铁磁材料制成的磁路。

磁畴：铁心自身存在的自然磁性小区域。

注意： *在没有外磁场作用时，磁畴的方向杂乱无章，宏观不显磁性。*

磁化：在一定强度外磁场的作用下，磁畴将沿外磁场方向趋向规则排列，产生附加磁场，使通电线圈的磁场显著增强。铁畴和铁心的磁化如图 3.1 所示。

磁化过程如图 3.2 所示。直线 1 表示空心线圈的情况，曲线 2 表示线圈中放入铁心后的情况。

直线 1：I 与 Φ 成正比且增加率较小。

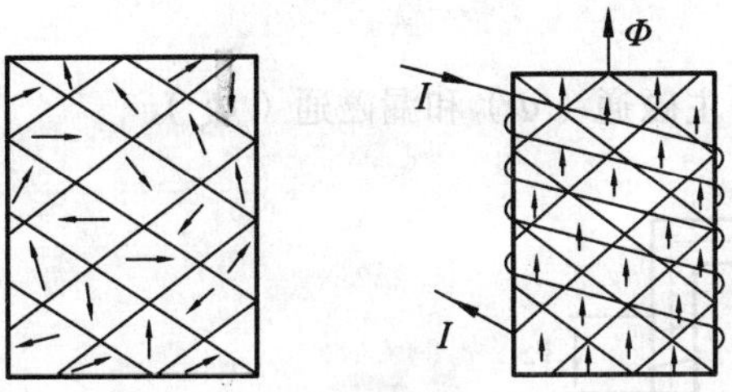

图 3-1　磁畴和铁心的磁化

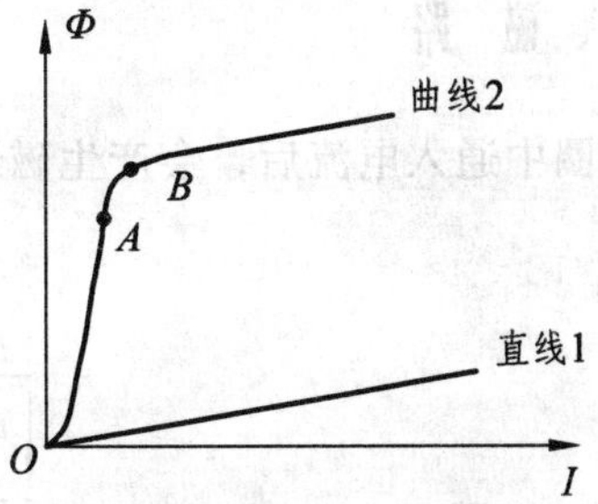

图 3-2　磁化过程

曲线 2（磁化曲线）：*OA* 段大部分磁畴的磁场沿外磁场方向排列，*Φ* 与 *I* 成正比且增加率较大；*AB* 段所有磁畴的磁场最终都沿外磁场方向排列，铁心磁场从未饱和状态过渡到饱和状态；*B* 点以后称饱和状态，铁心的增磁作用已达到极限。

二、磁导率

磁导率是表征各种材料导磁能力的物理量。

真空的磁导率（μ_0）为常数，$\mu_0 = 4\pi\times10^{-7}$ H/m。

一般材料的磁导率 μ 和真空中的磁导率 μ_0 之比，称为这种材料的相对磁导率 μ_r。

$$\mu_r = \frac{\mu}{\mu_0}$$

若 $\mu_r \gg 1$，则称为铁磁材料；若 $\mu_r \approx 1$，则称为非铁磁材料。

三、磁滞现象

磁滞：向铁心线圈通入交流电，铁心中的磁畴会随交流电的变化而被反复磁化。由于磁畴本身存在“惯性”，磁通的变化滞后于电流的变化。

磁滞损耗：外磁场不断克服磁畴的“惯性”而消耗的能量。磁滞损耗是铁心发热的原因之一。

铁磁材料的磁性能：高导磁性、磁饱和性、磁滞性。

图 3-3　铁磁材料的磁滞回线

根据铁磁材料的磁性能，铁磁材料又可分为三种：软磁材料（磁滞回线窄长，常用作磁头、磁心等），硬磁材料（磁滞回线宽，常用作永久磁铁），矩磁材料（磁滞回线接近矩形，可用作记忆元件）。

四、磁　路

线圈中通入电流后，会产生磁通。磁通分为主磁通（Φ）和漏磁通（Φ_S）。

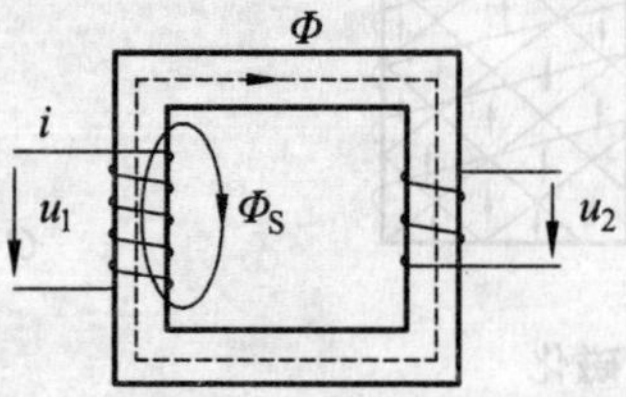

图 3-4　交流铁心线圈电路

磁路：主磁通所经过的闭合路径。

磁路和电路的比较如下：

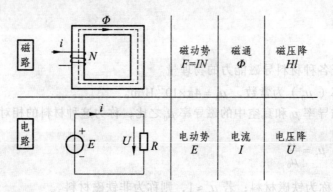

磁路	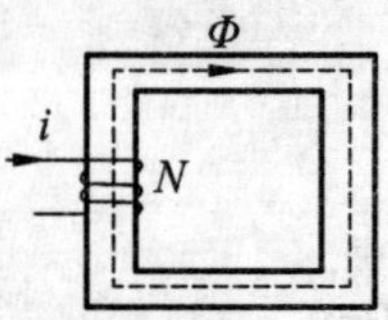	磁动势 $F=IN$	磁通 Φ	磁压降 Hl
电路	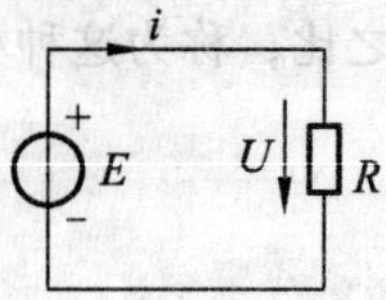	电动势 E	电流 I	电压降 U

五、涡　流

涡流：交变的磁通穿过铁心导体时，在其内部产生的旋涡状的电流。

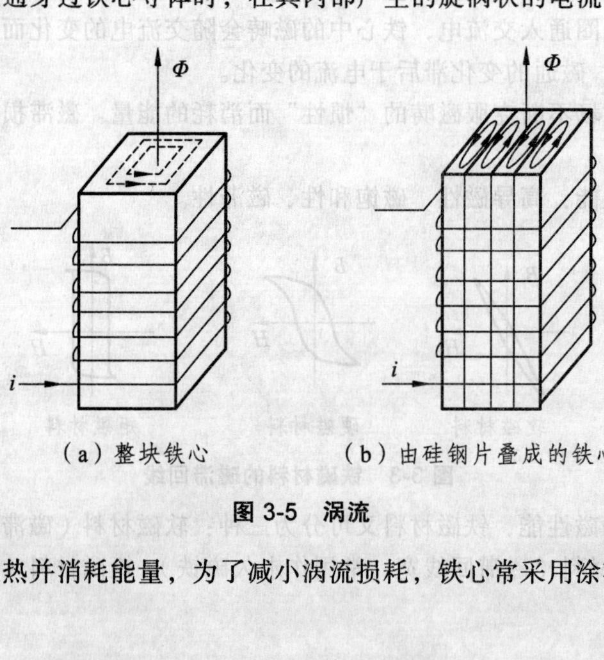

（a）整块铁心　　（b）由硅钢片叠成的铁心

图 3-5　涡流

涡流会使铁心发热并消耗能量，为了减小涡流损耗，铁心常采用涂有绝缘材料的硅钢片叠成。

任务二　磁路的基本定律

磁场作为电机实现机电能量转换的耦合介质，其强弱程度和分布状况不仅关系到电机的参数和性能，还决定了电机的体积、重量。然而电机的结构、形状比较复杂，并有铁磁材料和气隙并存，很难用麦克斯韦方程直接求解其磁场。因此，在实际工程中，将电机各部分磁场等效为各段磁路，并认为各段磁路中磁通沿其截面均匀分布，各段磁路中磁场强度为恒定值，其原理是各段磁路的磁压降应等于磁场内对应点之间的磁位差。从工程应用角度来说，将复杂的磁场问题简化为磁路计算，其准确度是足够的。

一、磁场的几个常用物理量

1. 磁感应强度 B

磁场是电流通入导体后产生的，表征磁场强弱及其方向的物理量是磁感应强度 B，它是一个矢量。磁场中各点的磁感应可以用闭合的磁感应矢量线来表示，它与产生它的电流方向符合右手螺旋定则，如图 3-6 所示。

国际单位制中，B 的单位为 T（特[斯拉]），1 T = 1 Wb/m^2。

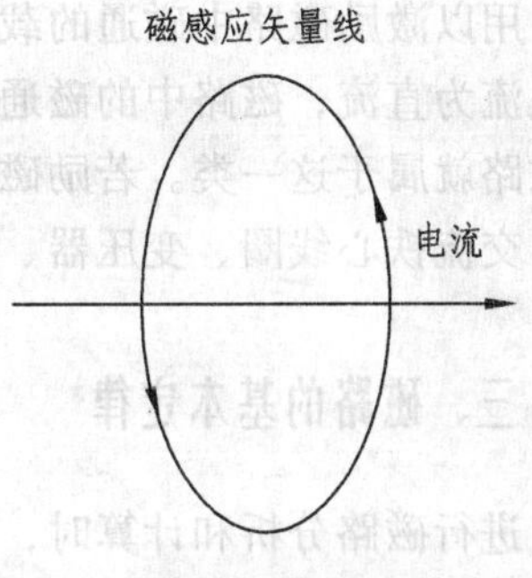

图 3-6　磁感应矢量线回转方向与电流方向的关系

2. 磁通量 Φ

在均匀磁场中，磁感应强度 B 的大小与垂直于磁场方向面积 A 的乘积，为通过该面积的磁通量，简称磁通，用符号 Φ 来表示（一般情况下，磁通量的定义为 $\Phi=\int B\mathrm{d}A$）。由于 $B=\Phi/A$，B 也称为磁通量密度，可简称磁通密度。若用磁感应矢量线来描述磁场，通过单位面积磁感应矢量线的疏密反映了磁感应强度（磁通密度）的大小以及磁通量的多少。

国际单位制中，Φ 的单位为 Wb（韦[伯]）。

3. 磁场强度 H

磁场强度 H 是计算磁场时所引用的一个物理量，它也是一个矢量。磁场强度 H 与磁导率的乘积等于磁感应强度，即

$$B=\mu H$$

二、磁路的概念

如同把电流流过的路径称为电路一样，把磁通所通过的路径称为磁路。不同的是磁通的路径可以是铁磁物质，也可以是非磁体。图 3-7 所示为常见的磁路。

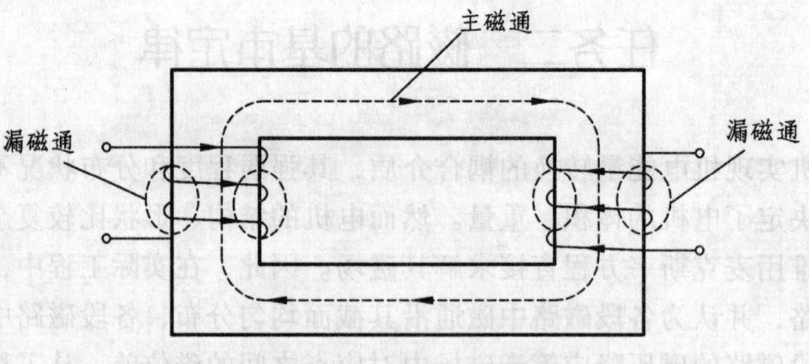

图 3-7　变压器磁路

在电机和变压器里，常把线圈套装在铁心上，当线圈中通有电流时，在线圈周围（包括铁心内、外）就会形成磁场。由于铁心的磁导率远大于空气的磁导率，所以绝大部分磁通将在铁心内通过，这部分磁通称为主磁通，用来进行能量转换或传递。围绕载流线圈，在部分铁心和铁心周围，还存在少量分散的磁通，这部分磁通称为漏磁通。漏磁通不参与能量转换或传递。主磁通和漏磁通所通过的路径分别构成主磁路和漏磁路。图 3-7 中示意出了这两种磁路。

用以激励磁路中磁通的载流线圈称为励磁线圈。励磁线圈中的电流称为励磁电流。若励磁电流为直流，磁路中的磁通是恒定的，不随时间变化，这种磁路称为直流磁路。直流电机的磁路就属于这一类。若励磁电流为交流，磁路中的磁通随时间变化，这种磁路称为交流磁路。交流铁心线圈、变压器、感应电机的磁路都属于这一类。

三、磁路的基本定律

进行磁路分析和计算时，常用到以下几条定律。

1．安培环路定律

沿着任何一条闭合回路 l，磁场强度 H 的线积分值 $\oint_l H\cdot \mathrm{d}l$ 等于该闭合回路所包围的总电流值（代数和），这就是安培环路定律，如图 3-8 所示。用公式表示，即

$$\oint_l H\cdot \mathrm{d}l=\sum i \qquad (3\text{-}1)$$

式中，若电流的正方向与闭合回路 l 的环行方向符合右手螺旋关系，i 取正值，否则取负值。例如，在图 3-8 中，i_2 取正值，i_1 和 i_3 取负值，故有 $\oint_l H\cdot \mathrm{d}l=-i_1+i_2-i_3$。

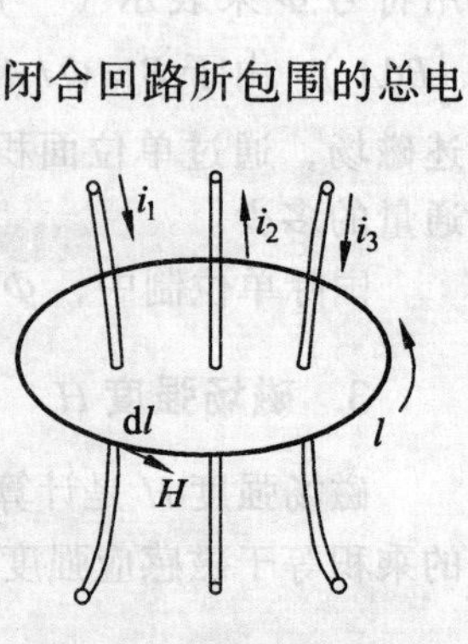

图 3-8　安培环路定律

若沿着回路 l，磁场强度 H 的大小处处相等（均匀磁场），且闭合回路所包围的总电流是由通有电流 i 的 N 匝线圈所提供，则式（3-1）可简写成

$$Hl=Ni \qquad (3\text{-}2)$$

2．磁路的欧姆定律

图 3-9（a）所示是一个等截面无分支的铁心磁路，铁心上有 N 匝励磁线圈，线圈中通有

电流 i；铁心截面积为 A，磁路的平均长度为 l，μ 为材料的磁导率。若不计漏磁通，并认为各截面上磁通密度均匀分布，且垂直于各截面，则磁通量等于磁通密度乘以面积，即

$$\Phi = \int B\mathrm{d}A = BA \tag{3-3}$$

而磁场强度等于磁通密度除以磁导率，即 $H = B/\mu$，于是式（3-2）可改写成如下形式

$$Ni = lB/\mu = \Phi l/(\mu A) \tag{3-4}$$

或

$$F = \Phi R_{\mathrm{m}} = \Phi / \Lambda_{\mathrm{m}} \tag{3-5}$$

式中　F——作用在铁心磁路上的安匝数，称为磁路的磁动势，$F = Ni$，单位为 A；

R_{m}——磁路的磁阻，$R_{\mathrm{m}} = l/(\mu A)$，它取决于磁路的尺寸和磁路所用材料的磁导率，单位为 H^{-1}，$1\ \mathrm{H}^{-1} = 1\ \mathrm{A/Wb}$；

Λ_{m}——磁路的磁导，$\Lambda_{\mathrm{m}} = 1/R_{\mathrm{m}}$，它是磁阻的倒数，单位为 H，$1\ \mathrm{H} = 1\ \mathrm{Wb/A}$。

式（3-5）表明，作用在磁路上的磁动势 F 等于磁路内的磁通量 Φ 乘以磁阻 R_{m}。此关系式与电路中的欧姆定律在形式上十分相似，因此被称为磁路的欧姆定律。这里，我们把磁路中的磁动势 F 类比于电路中的电动势 E，磁通量 Φ 类比于电流 I，磁阻 R_{m} 和磁导 Λ_{m} 分别类比于电阻 R 和电导 G。图 3-9（b）所示为相应的模拟电路图。

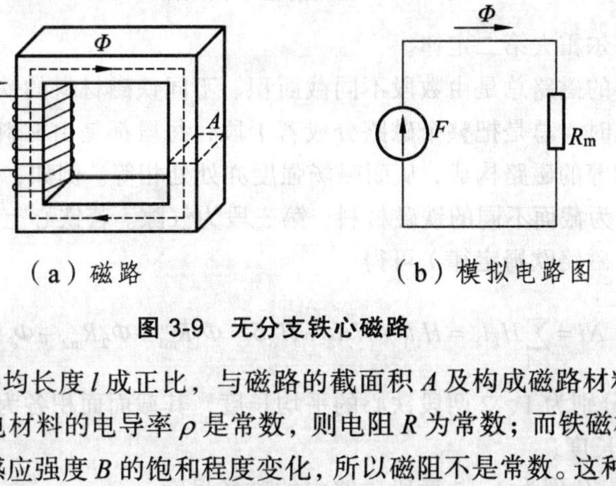

（a）磁路　　　　　　（b）模拟电路图

图 3-9　无分支铁心磁路

磁阻 R_{m} 与磁路的平均长度 l 成正比，与磁路的截面积 A 及构成磁路材料的磁导率 μ 成反比。需要注意的是，导电材料的电导率 ρ 是常数，则电阻 R 为常数；而铁磁材料的磁导率 μ 不是常数，它随磁路中磁感应强度 B 的饱和程度变化，所以磁阻不是常数。这种情况称为非线性，因此用磁阻 R_{m} 定量对磁路进行计算时就很不方便，但用它定性说明磁路问题还是可以的。

【例 3.1】　有一闭合铁心磁路，铁心的截面积 $A = 9\times10^{-4}\ \mathrm{m}^2$，磁路的平均长度 $l = 0.3\ \mathrm{m}$，铁心的磁导率 $\mu_{\mathrm{Fe}} = 5\,000\mu_0$，套装在铁心上的励磁绕组为 500 匝。试求在铁心中产生 1 T 的磁通密度时，需要的励磁磁动势和励磁电流。

解　用安培环路定律求解。

磁场强度　$H = B/\mu_{\mathrm{Fe}} = \dfrac{1}{5\,000\times4\pi\times10^{-7}}\ \mathrm{A/m} = 159\ \mathrm{A/m}$

磁动势　$F = Hl = (159\times0.3)\ \mathrm{A} = 47.7\ \mathrm{A}$

励磁电流　$i = F/N = \dfrac{47.7}{500}\ \mathrm{A} = 9.54\times10^{-2}\ \mathrm{A}$

3. **磁路的基尔霍夫定律**

（1）磁路的基尔霍夫第一定律。

如果铁心不是一个简单的回路，而是带有并联分支的磁路，如图 3-10 所示，当在中间铁心柱上加上磁动势 F 时，磁通的路径将如图中虚线所示。若令进入闭合面 A 的磁通为负，穿出闭合面的磁通为正，从图 3-10 可见，对闭合面 A 显然有

$$-\Phi_1+\Phi_2+\Phi_3=0$$

或 $$\sum\Phi=0 \tag{3-6}$$

式（3-6）表明，穿出或进入任何一闭合面的总磁通恒等于零，这就是磁通连续性定律。比拟于电路中的基尔霍夫第一定律 $\sum i=0$，该定律亦称为磁路的基尔霍夫第一定律。

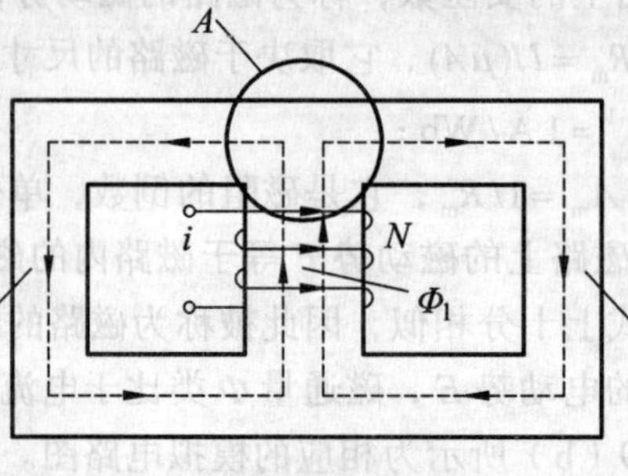

图 3-10　磁路的基尔霍夫第一定律

（2）磁路的基尔霍夫第二定律。

电机和变压器的磁路总是由数段不同截面积、不同铁磁材料的铁心组成，有时还可能含有气隙。磁路计算时，总是把整个磁路分成若干段，每段都是由材料相同、截面积相同且段内磁通密度处处相等的磁路构成，从而磁场强度亦处处相等。例如，图 3-11 所示磁路由三段组成，其中前两段为截面不同的铁磁材料，第三段为气隙。若铁心上的励磁磁动势为 Ni，根据安培环路定律（磁路欧姆定律）可得

$$Ni=\sum_{k=1}^{3}H_k l_k=H_1 l_1+H_2 l_2+H_\delta\delta=\Phi_1 R_{m1}+\Phi_2 R_{m2}+\Phi_\delta R_{m\delta} \tag{3-7}$$

式中　l_1、l_2——分别为 1、2 两段铁心的平均长度，其截面面积各为 A_1、A_2；

δ——气隙长度；

H_1、H_2——分别为 1、2 两段磁路内的磁场强度；

H_δ——气隙内的磁场强度；

Φ_1、Φ_2——分别为 1、2 两段铁心内的磁通；

Φ_δ——气隙内磁通；

R_{m1}、R_{m2}——分别为 1、2 两段铁心磁路的磁阻；

$R_{m\delta}$——气隙磁阻。

由于 H_k 亦是磁路单位长度上的磁位差，$H_k l_k$ 则是一段磁路上的磁位差，它也等于 $\Phi_k R_{mk}$，Ni 是作用在磁路上的总磁动势，故式（3-7）表明：沿任何闭合磁路的总磁动势恒等于各段磁路磁位差的代数和。类比于电路中的基尔霍夫第二定律，该定律就称为磁路的基尔霍夫第二定律，此定律实际上是安培环路定律的另一种表达形式。

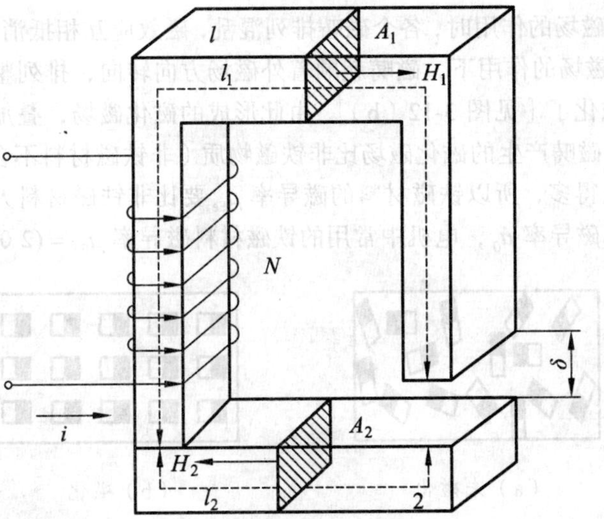

图 3-11　磁路的基尔霍夫第二定律

必须指出，磁路和电路虽然具有类比关系，但二者的性质是不同的，分析计算时也有以下几点差别：

① 电路中有电流 I 时，就有功率损耗 I^2R，而在直流磁路中，维持一定的磁通量 Φ 时，铁心中没有功率损耗。

② 在电路中可以认为电流全部在导线中流通，导线外没有电流。在磁路中，则没有绝对的磁绝缘体，除了铁心中的磁通外，实际上总有一部分漏磁通散布在周围的空气中。

③ 电路中导体的电阻率 ρ 在一定的温度下是不变的，而磁路中铁心的磁导率 μ_{Fe} 却不是常值，它是随铁心的饱和程度变化的。

④ 对于线性电路，计算时可以应用叠加原理，但对于铁心磁路，计算时不能应用叠加原理，因为铁心饱和时磁路为非线性。

所以，磁路与电路仅是一种形式上的类似，而不是物理本质的相似。

任务三　常用的铁磁材料及其特性

为了能够在一定的励磁磁动势下激励较强的磁场，以使电机和变压器等装置的尺寸缩小、重量减轻、性能改善，必须增加磁路的磁导率。当线圈的匝数和励磁电流相同时，铁心线圈产生的磁通量要比空气线圈大得多，所以电机和变压器的铁心常用磁导率较高的铁磁材料制成。下面对常用的铁磁材料及其特性作简要说明。

一、铁磁材料的磁化

铁磁材料包括铁、镍、钴等以及它们的合金。将这些材料放入磁场中，磁场会显著增强。铁磁材料在外磁场中呈现出很强的磁性，此现象称为铁磁材料的磁化。铁磁材料能被磁化的原因是在它的内部存在着许多很小的被称为磁畴的天然磁化区。在图 3-12 中，磁畴用一些小磁铁来示意。在没有外磁场的作用时，各个磁畴排列混乱，磁效应互相抵消，对外不显示磁性[见图 3-12（a）]。在外磁场的作用下，磁畴就顺着外磁场方向转向，排列整齐并显示出磁性，这就是说铁磁材料被磁化了[见图 3-12（b）]。由此形成的磁化磁场，叠加在外磁场上，使合成磁场显著增强。由于磁畴产生的磁化磁场比非铁磁物质（非铁磁材料不含磁畴）在同一磁场强度下所激励的磁场强得多，所以铁磁材料的磁导率 μ_{Fe} 要比非铁磁材料大得多。非铁磁材料的磁导率接近于真空的磁导率 μ_0，电机中常用的铁磁材料磁导率 $\mu_{Fe}=(2\,000\sim6\,000)\mu_0$。

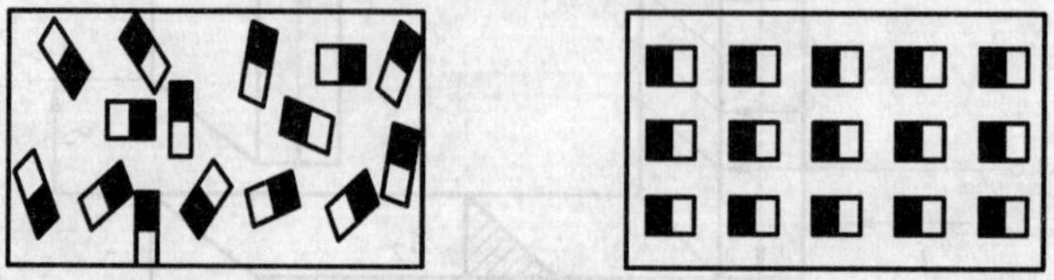

（a）未磁化　　（b）磁化

图 3-12　铁磁物质的磁化

二、磁化曲线和磁滞回线

1. 原始磁化曲线

在非铁磁材料中，磁通密度 B 和磁场强度 H 之间呈直线关系，直线的斜率就等于 μ_0，如图 3-13 中虚线所示。铁磁材料的 B 与 H 之间则为非线性关系。将一块未磁化的铁磁材料进行磁化，当磁场强度 H 由零逐渐增大时，磁通密度 B 将随之增大。用 $B=f(H)$ 描述的曲线就称为原始磁化曲线，如图 3-13 所示。

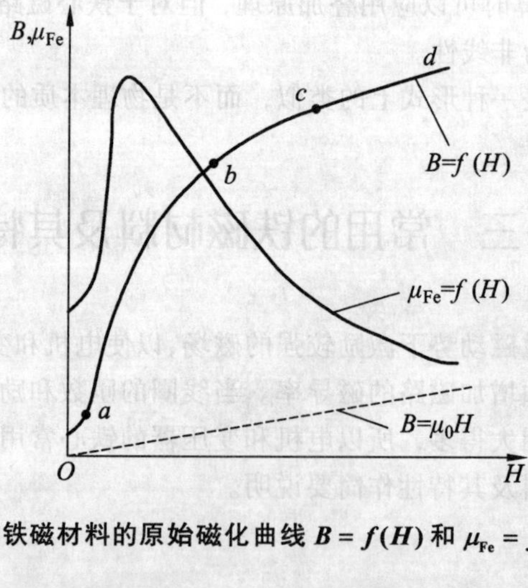

图 3-13　铁磁材料的原始磁化曲线 $B=f(H)$ 和 $\mu_{Fe}=f(H)$ 曲线

原始磁化曲线可分为四段：开始磁化时，外磁场较弱，磁通密度增加得不快（见图 3-13 中 Oa 段）。随着外磁场的增强，铁磁材料内部大量磁畴开始转向，趋向于外磁场方向，此时 B 值增加得很快（见图中 ab 段）。若外磁场继续增加，大部分磁畴已趋向外磁场方向，可转向的磁畴越来越少，B 值亦增加得越来越慢（见图中 bc 段），这种现象称为饱和。达到饱和以后，磁化曲线基本上变成与非铁磁材料的 $B=\mu_0 H$ 相平行的直线（见图中 *cd* 段）。磁化曲线开始拐弯的 *b* 点，称为膝点，*c* 点为饱和点。

由于铁磁材料的磁化曲线不是一条直线，所以磁导率 $\mu_{Fe}=B/H$ 也不是常数，它将随着 H 值的变化而变化。进入饱和区后，μ_{Fe} 急剧下降，若 H 再增大，μ_{Fe} 将继续减小，直至逐渐趋近于 μ_0。图 3-13 中同时还绘出了曲线 $\mu_{Fe}=f(H)$，这表明在铁磁材料中，磁阻随饱和度增加而增大。

在电机、变压器的主磁路中，为了获得较大的磁通量，又不过分增大磁动势，通常把铁心内工作点的磁通密度选择在膝点附近。

2. 磁滞回线

若将铁磁材料进行周期性磁化，B 和 H 之间的变化关系就会变成图 3-14 中曲线 *abcdefa* 所示的形状。由图可见，当 H 从零开始增加到 H_m 时，B 相应地从零增加到 B_m。以后逐渐减小磁场强度 H，B 值将沿曲线 *ab* 下降。当 $H=0$ 时，B 值并不等于零，而是等于 B_r。这种去掉外磁场之后，铁磁材料内仍然保留的磁通密度 B_r 称为剩余磁通密度，简称剩磁。要使 B 值从 B_r 减小到零，必须加上反向的外磁场。此反向磁场强度称为矫顽力，用 H_c 表示。B_r 和 H_c 是铁磁材料的两个重要参数。铁磁材料所具有的这种磁通密度 B 的变化滞后于磁场强度 H 变化的现象，叫作磁滞。呈现磁滞现象的 B-H 闭合回线，称为磁滞回线，如图 3-14 中的 *abcdefa* 所示。磁滞现象是铁磁材料的另一个基本特性。

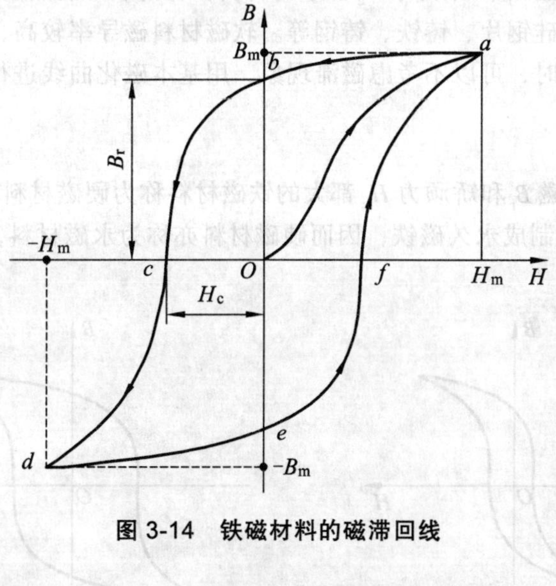

图 3-14　铁磁材料的磁滞回线

3. 基本磁化曲线

对于同一铁磁材料，选择不同的磁场强度 H_m 反复进行磁化时，可得不同的磁滞回线，如图 3-15 所示。将各条磁滞回线的顶点连接起来，所得曲线称为基本磁化曲线或平均磁化曲线。基本磁化曲线与原始磁化曲线的差别很小。磁路计算时所用的磁化曲线都是基本磁化曲线。

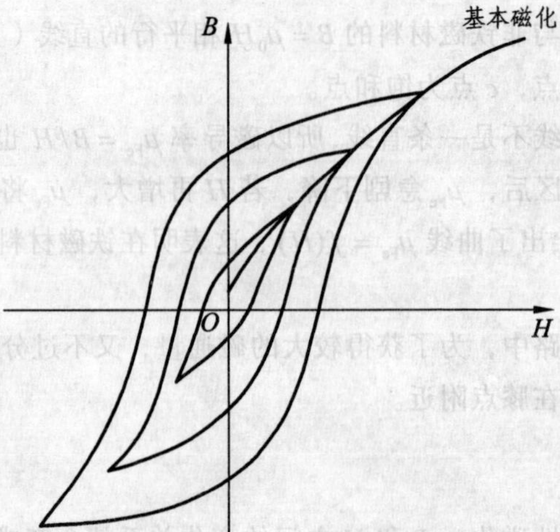

图 3-15　基本磁化曲线

三、铁磁材料分类

按照磁滞回线形状的不同，铁磁材料可分为软磁材料和硬磁（永磁）材料两大类。

1. 软磁材料

磁滞回线较窄，剩磁 B_r 和矫顽力 H_c 都小的材料，称为软磁材料，如图 3-16（a）所示。常用的软磁材料有电工硅钢片、铸铁、铸钢等。软磁材料磁导率较高，可用来制造电机、变压器的铁心。磁路计算时，可以不考虑磁滞现象，用基本磁化曲线进行计算。

2. 硬磁材料

磁滞回线较宽，剩磁 B_r 和矫顽力 H_c 都大的铁磁材料称为硬磁材料，如图 3-16（b）所示。由于剩磁 B_r 大，可用以制成永久磁铁，因而硬磁材料亦称为永磁材料，如铝镍钴、铁氧体、稀土钴、钕铁硼等。

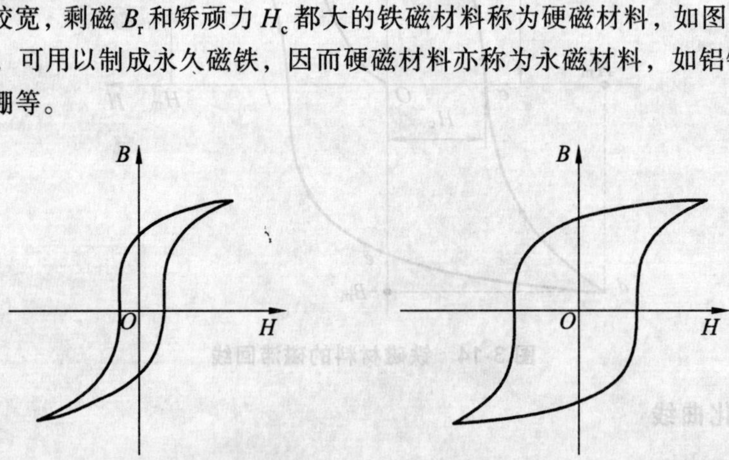

（a）软磁材料　　（b）硬磁材料

图 3-16　软磁和硬磁材料的磁滞回线

四、铁心损耗

铁心损耗是铁心磁路中由磁滞和涡流引起的功率损耗的总称，只存在于交流磁路中。

1. 磁滞损耗

铁磁材料置于交变磁场中，材料将被反复交变磁化，磁畴相互不停地摩擦而消耗能量，并以产生热量的形式表现出来，由此造成的损耗称为磁滞损耗。

分析表明，磁滞损耗 p_{h} 与磁场交变的频率 f 、铁心的体积 V 和磁滞回线的面积 $\oint H\mathrm{d}B$ 成正比，即

$$p_{\mathrm{h}} = fV\oint H\mathrm{d}B \tag{3-8}$$

实验证明，磁滞回线的面积与磁通密度的最大值 B_{m} 的 n 次方成正比，故磁滞损耗亦可改写成

$$p_{\mathrm{h}} = C_{\mathrm{h}} f B_{\mathrm{m}}^{n} V \tag{3-9}$$

式中，C_{h} 为磁滞损耗系数，其大小取决于材料的性质；对于一般电工用硅钢片，$n = 1.6 \sim 2.3$。由于硅钢片磁滞回线的面积较小，故电机和变压器的铁心常用硅钢片叠片而成。

2. 涡流损耗

因为铁心是导电的，当通过铁心的磁通随时间变化时，由电磁感应定律知，铁心中将产生感应电动势，并引起环流。这些环流在铁心内部作旋涡状流动，亦称涡流，如图 3-17 所示。涡流在铁心中所引起的损耗，称为涡流损耗。

分析表明：频率越高，磁通密度越大，感应电动势就越大，涡流损耗也越大；铁心的电阻率越大，涡流所经过的路径越长，涡流损耗就越小。对于由硅钢片叠成的铁心，经推导可知，涡流损耗 p_{e} 为

$$p_{\mathrm{e}} = C_{\mathrm{e}} \Delta^{2} f^{2} B_{\mathrm{m}}^{2} V \tag{3-10}$$

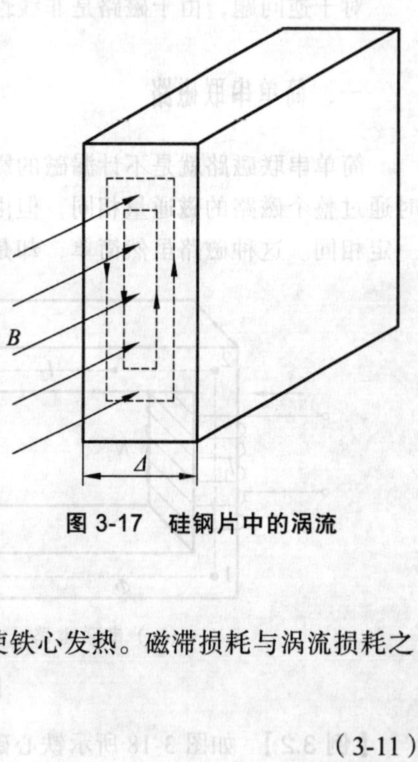

图 3-17　硅钢片中的涡流

式中，C_{e} 为涡流损耗系数，其大小取决于材料的电阻率；Δ 为硅钢片厚度，为减小涡流损耗，电机和变压器的铁心都采用含硅量较高的薄硅钢片（厚度为 0.35～0.5 mm）叠成。

3. 铁心损耗

铁心中的磁滞损耗和涡流损耗都将消耗有功功率，使铁心发热。磁滞损耗与涡流损耗之和，称为铁心损耗，用 p_{Fe} 表示，即

$$p_{\mathrm{Fe}} = p_{\mathrm{h}} + p_{\mathrm{e}} = (C_{\mathrm{h}} f B_{\mathrm{m}}^{n} + C_{\mathrm{e}} \Delta^{2} f^{2} B_{\mathrm{m}}^{2}) V \tag{3-11}$$

对于一般电工硅钢片，正常工作点的磁通密度为 $1\ \mathrm{T} < B_{\mathrm{m}} < 1.8\ \mathrm{T}$，式（3-11）可近似写成

$$p_{Fe} \approx C_{Fe} f^{1.3} B_m^2 G \tag{3-12}$$

式中，C_{Fe}为铁心的损耗系数，G为铁心重量。

由式（3-12）可知：铁心的损耗与频率的1.3次方、磁通密度的平方和铁心重量成正比。

任务四 直流磁路的计算

磁路计算所依据的基本原理是安培环路定律，其计算有两种类型：一类是给定磁通量，计算所需要的励磁磁动势，称为磁路计算的正问题；另一类是给定励磁磁动势，求磁路的磁通量，称为磁路计算的逆问题。电机、变压器的磁路计算通常属于第一类。

对于磁路计算的正问题，计算步骤如下：

（1）将磁路按材料性质和截面尺寸的不同分段。

（2）计算各段磁路的有效截面积A_k和平均长度l_k。

（3）计算各段磁路的平均磁通密度B_k：$B_k = \Phi_k / A_k$。

（4）根据B_k求出对应的磁场强度H_k。对于铁磁材料，H_k可从基本磁化曲线上查出；对于空气隙，H_δ可直接用$H_\delta = B_\delta / \mu_0$算出。

（5）计算各段磁路的磁位降$H_k l_k$。

（6）求得产生给定磁通量所需的励磁磁动势F：$F = \sum H_k l_k$。

对于逆问题，由于磁路是非线性的，常用试探法去求解。

一、简单串联磁路

简单串联磁路就是不计漏磁的影响，仅有一个磁回路的无分支磁路，如图3-18所示。此时通过整个磁路的磁通量相同，但由于各段磁路的截面积或材料不同，各段的磁通密度也不一定相同。这种磁路虽然简单，却是磁路计算的基础。下面举例说明。

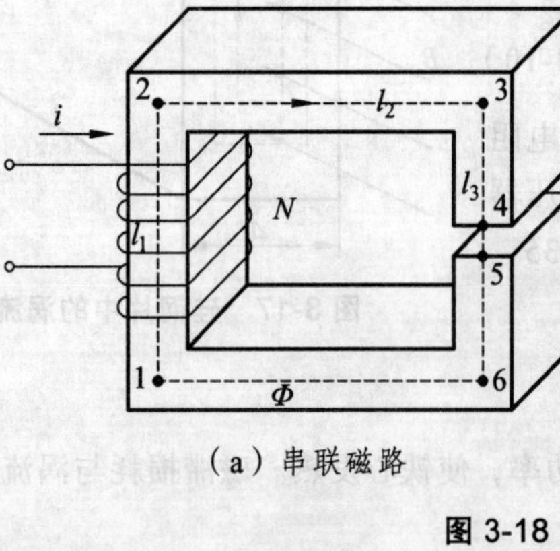

（a）串联磁路

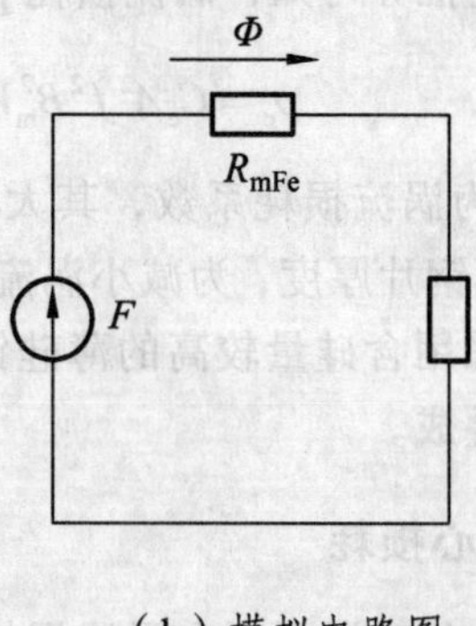

（b）模拟电路图

图3-18 简单串联磁路

【例3.2】 如图3-18所示铁心磁路由铸钢和空气隙构成，铁心截面积$A_{Fe} = 3\times3\times10^{-4}\ m^2$，磁路平均长度$l_{Fe} = 0.3\ m$，气隙长度$\delta = 5\times10^{-4}\ m$。求该磁路获得磁通量为$\Phi = 0.000\ 9\ Wb$时

所需的励磁磁动势。考虑到气隙磁场的边缘效应，在计算气隙的有效面积时，通常在长、宽方向各增加一个δ值。

解 铁心内磁通密度为

$$B_{\mathrm{Fe}}=\frac{\Phi}{A_{\mathrm{Fe}}}=\frac{0.000\,9}{9\times10^{-4}}\ \mathrm{T}=1\ \mathrm{T}$$

从铸钢磁化曲线查得，与B_{Fe}对应的$H_{\mathrm{Fe}}=9\times10^{2}\ \mathrm{A/m}$，则

铁心段的磁位差 $H_{\mathrm{Fe}}l_{\mathrm{Fe}}=(9\times10^{2}\times0.3)\ \mathrm{A}=270\ \mathrm{A}$

空气隙内磁通密度 $B_{\delta}=\frac{\Phi}{A_{\delta}}=\frac{0.000\,9}{3.05^{2}\times10^{-4}}\ \mathrm{T}\approx0.967\ \mathrm{T}$

气隙磁场强度 $H_{\delta}=\frac{B_{\delta}}{\mu_0}=\frac{0.967}{4\pi\times10^{-7}}\ \mathrm{A/m}\approx77\times10^{4}\ \mathrm{A/m}$

气隙磁位差 $H_{\delta}l_{\delta}=(77\times10^{4}\times5\times10^{-4})\ \mathrm{A}=385\ \mathrm{A}$

励磁磁动势 $F=H_{\mathrm{Fe}}l_{\mathrm{Fe}}+H_{\delta}l_{\delta}=655\ \mathrm{A}$

二、简单并联磁路

简单并联磁路是指考虑漏磁的影响，或有两个以上分支的磁路。电机和变压器的磁路大多属于这一类。

【例 3.3】 图 3-19 所示并联磁路，铁心所用材料为 DR530 硅钢片，铁心柱和铁轭的截面积均为$A=2\times2\times10^{-4}\ \mathrm{m}^2$，磁路段的平均长度$l=5\times10^{-2}\ \mathrm{m}$，气隙长度$\delta_1=\delta_2=2.5\times10^{-3}\ \mathrm{m}$，励磁线圈匝数$N_1=N_2=1\,000$匝。不计漏磁通，试求在气隙内产生$B_{\delta}=1.211\ \mathrm{T}$的磁通密度时，所需的励磁电流$i$。

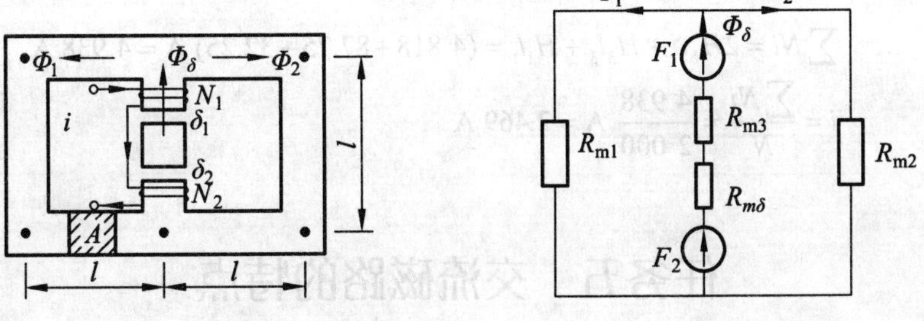

（a）并联磁路　　（b）模拟电路图

图 3-19 简单并联磁路

解 由于磁路是并联且对称的，故只需计算其中一个磁回路即可。

根据磁路基尔霍夫第一定律，得

$$\Phi_{\delta}=\Phi_1+\Phi_2=2\Phi_1=2\Phi_2$$

根据磁路基尔霍夫第二定律，得

$$\sum H_{\mathrm{k}}l_{\mathrm{k}}=H_1l_1+H_3l_3+2H_{\delta}\delta=N_1i_1+N_2i_2$$

由图 3-19（a）知，中间铁心段的磁路长度为

$$l_3 = l - 2\delta = [(5-0.5)\times10^{-2}]\ \text{m} = 4.5\times10^{-2}\ \text{m}$$

左、右两边铁心段的磁路长度均为

$$l_1 = l_2 = 3l = (3\times5\times10^{-2})\ \text{m} = 15\times10^{-2}\ \text{m}$$

（1）气隙磁位差

$$2H_\delta\delta = 2\frac{B_\delta}{\mu_0}\delta = \left(2\times\frac{1.211}{4\pi\times10^{-7}}\times2.5\times10^{-3}\right)\ \text{A} \approx 4\ 818\ \text{A}$$

（2）中间铁心段的磁通密度

$$B_3 = \frac{\Phi_\delta}{A} = \frac{1.211\times(2+0.25)^2\times10^{-4}}{4\times10^{-4}}\ \text{T} = 1.533\ \text{T}$$

从 DR530 的磁化曲线查得，与 B_3 对应的 $H_3 = 19.5\times10^2\ \text{A/m}$，则中间铁心段的磁位差

$$H_3l_3 = (19.5\times10^2\times4.5\times10^{-2})\ \text{A} = 87.75\ \text{A}$$

（3）左、右两边铁心的磁通密度

$$B_1 = B_2 = \frac{\Phi_\delta/2}{A} = \frac{0.613\times10^{-3}/2}{4\times10^{-4}}\ \text{T} = 0.766\ \text{T}$$

从 DR530 的磁化曲线查得，$H_1 = H_2 = 215\ \text{A/m}$，由此得左、右两边铁心段的磁位降

$$H_1l_1 = H_2l_2 = (215\times15\times10^{-2})\ \text{A} = 32.25\ \text{A}$$

（4）总磁动势和励磁电流分别为

$$\sum Ni = 2H_\delta\delta + H_3l_3 + H_1l_1 = (4\ 818+87.75+32.25)\ \text{A} = 4\ 938\ \text{A}$$

$$i = \frac{\sum Ni}{N} = \frac{4\ 938}{2\ 000}\ \text{A} = 2.469\ \text{A}$$

任务五　交流磁路的特点

在铁心线圈中通以直流电流来励磁，磁路分析要简单些，因为励磁电流是恒定的，在线圈内和铁心中不会产生感应电动势，在一定的电压U下，线圈中的电流决定于线圈本身的电阻，功率损耗只有I^2R。铁心线圈中通入交流电流时，因为电流是随时间变化的，其电磁关系（电压和电流关系及功率损耗等）与直流磁路有所不同。但在每一瞬间仍和直流磁路一样，遵循磁路的基本定律，可以使用相同的基本磁化曲线。磁路计算时，为表明磁路的工作点和饱和情况，磁通量和磁通密度均用交流的瞬时最大值表示，磁动势和磁场强度则用有效值表示。

交变磁通除了会在铁心中引起损耗之外，还有以下两个效应：

（1）磁通量随时间变化，必然会在励磁线圈中产生感应电动势$e=-N\dfrac{\mathrm{d}\Phi}{\mathrm{d}t}$。

（2）磁饱和现象会导致励磁电流、磁通和电动势波形的畸变。

习 题

1. 选择正确答案填空。

（1）一台 Yd11 连接的三相变压器，额定容量 $S_N=630$ kVA，额定电压 $U_{N1}/U_{N2}=10/0.4$ kV，二次侧的额定电流是（ ）。

A. 21　B. 36.4 A　C. 525　D. 909 A

（2）变压器的额定容量是指（ ）。

A. 一、二次侧容量之和

B. 二次绕组的额定电压和额定电流的乘积所决定的有功功率

C. 二次绕组的额定电压和额定电流的乘积所决定的视在功率

D. 一、二次侧容量之和的平均值

（3）变压器铁芯中的主磁通 Φ 按正弦规律变化时，绕组中的感应电动势（ ）。

A. 正弦变化、相位一致　B. 正弦变化、相位相反

C. 正弦变化、相位滞后 90°　D. 正弦变化、相位与规定的正方向无关

（4）一台变压器，当铁心中的饱和程度增加时，励磁电抗 X_m（ ）。

A. 不变　B. 变小　C. 变大　D. 都有可能

（5）一台原设计为 50 Hz 的电力变压器，运行在 60 Hz 的电网上，若额定电压值不变，则空载电流（ ）。

A. 减小　B. 增大　C. 不变　D. 减小或增大

（6）变压器在（ ）时，效率最高。

A. 额定负载下运行　B. 空载运行

C. 轻载运行　D. 超过额定负载下运行

（7）额定电压为 10/0.4 kV 的配电变压器，一般采用（ ）接线方式。

A. Yy0　B. Dy11　C. Yyn　D. Yd11

（8）多台变压器并联运行时，（ ）。

A. 容量较大的变压器首先满载

B. 容量较小的变压器首先满载

C. 短路阻抗百分数大的变压器首先满载

D. 短路阻抗百分数小的变压器首先满载

（9）一台双绕组变压器改接成自耦变压器，变比之间的关系可表示为（ ）。

A. $k_a=1+k$　B. $k_a=k-1$　C. $k=k_a+1$　D. $k=k_a$

（10）自耦变压器的变比 k_a 一般（ ）。

A. ≥2　B. ≤2　C. ≥10　D. ≤10

（11）变比 $k=2$ 的变压器，空载损耗 250 W（从低压侧测得），短路损耗 1 000 W（从高

压侧测得)，则变压器效率最大时，负载系数 $\beta_m=$ (　　)。

A. 1　　B. 2　　C. 0.5　　D. 0.25

(12) 若将变压器一次侧接到电压大小与铭牌相同的直流电源上，变压器的电流比额定电流(　　)。

A. 小一些　　B. 不变　　C. 大一些　　D. 大几十倍甚至上百倍

(13) 欲使变压器的 $\Delta U=0$，那么负载应为(　　)。

A. 电阻电感性负载　　B. 纯电阻负载

C. 纯感性负载　　D. 电阻电容性负载

(14) 一台变比 $k=3$ 的三相变压器，在低压侧加额定电压，测出空载功率 $P_0=3\,000$ W，若在高压侧加额定电压，测得功率为(　　)。

A. 1 000 W　　B. 9 000 W　　C. 3 000 W　　D. 300 W

(15) 变压器做短路实验所测得的短路功率可以认为(　　)。

A. 主要为铜损耗　　B. 主要为铁损耗

C. 全部为铁损耗　　D. 全部为铜损耗

(16) 变压器铁心在叠装时由于装配工艺不良，铁心间隙较大，空载电流将(　　)。

A. 减小　　B. 增大　　C. 不变　　D. 无法确定

(17) 若电源电压随时间按正弦规律变化，$u_1=U_1\sin(\omega t+\varphi)$，欲使变压器空载合闸电流最小，$\varphi$ 应为(　　)。

A. 0°　　B. 30°　　C. 90°　　D. 60°

(18) 一台单相变压器进行空载试验，在高压侧加额定电压测得的损耗和在低压侧加额定电压测得的损耗(　　)。

A. 不相等　　B. 相等　　C. 折算后相等　　D. 基本相等

(19) 变压器制造时，硅钢片接缝变大，那么此台变压器的励磁电流将(　　)。

A. 减小　　B. 不变　　C. 增大　　D. 不确定

2. 判断下列说法是否正确。

(1) 变压器铁心是由硅钢片叠装而成的闭合磁路，这样可以减小涡流。(　　)

(2) 变压器分接头开关是改变一次绕组匝数的装置。(　　)

(3) 变压器的电压分接开关一般装在高压侧。(　　)

(4) 在变压器中，主磁通若按正弦规律变化，产生的感应电势也是按正弦变化，且相位一致。(　　)

(5) 变压器铁心面积愈大，其空载电流就愈小。(　　)

(6) 变压器的短路阻抗愈大，电压变化率就愈大。(　　)

(7) 变压器的铁心损耗与频率没有关系。(　　)

(8) 三相变压器组和三相芯式变压器均可采用 Yy 连接方式。(　　)

(9) 变比相等、额定电压相等的变压器都可以并联运行。(　　)

(10) 自耦变压器的短路阻抗比同容量的普通变压器小。(　　)

3. 填空题。

(1) 铁磁性物质的 B 与 H 的关系由________表达，B 和 H 的关系是________，

铁磁性物质的主要特性表现为____________现象。

（2）一铁心线圈匝数为 N，接在频率为 f 的正弦电压 U 下工作，当 U 及 f 不变时，N 增加时磁通将 ____________（填增大或减小）；

（3）一台变压器的铁心上有两个线圈，已知铁心的磁通的最大值为 8×10^{-3} Wb，线圈的额定电压分别为 6 000 V、220 V，额定频率为 50 Hz，则这两个线圈的匝数分别为 $N_1=$ ____________，$N_2=$ ____________。

（4）一台单相双绕组变压器额定容量为 10 kVA，额定电压为 220/110 V，原副边额定电流分别为____________A。

（5）有一匝数为 100 匝，电流为 40 A 的交流接触器的线圈被烧毁，检测时手头上只有允许通过电流为 25 A 的较细导线，若铁心窗口面积允许，重绕的线圈匝数为____________匝。

4. 思考题。

（1）什么叫铁磁材料的磁滞现象？

（2）什么叫铁磁材料的原始磁化曲线？

（3）为什么测量原始磁化曲线时必须先进行退磁？如何进行？

（4）为什么对铁磁样品要进行“磁锻炼”？如何进行？

（5）怎样才能在示波器上显示出铁磁材料的磁滞回线？

（6）调节输出电压时，为什么电压必须从零逐渐增大到某一值？

（7）在标定磁滞回线各点的 H_i 和 B_i 值时，为什么示波器的垂直增益和水平增益旋钮不可再动？

（8）为什么磁化电流要单调增大或单调减小而不能时增时减？

（9）为什么有时磁滞回线出现“打结”现象？如何使它不打结？

5. 计算题。

（1）有一交流铁心线圈，电源电压为 220 V，电路中电流为 4 A，功率表读数为 100 W，频率为 50 Hz，线圈漏阻抗压降忽略不计，试求：

① 铁心线圈的功率因数；

② 铁心线圈的等效电阻和等效电抗。

（2）一台 220/36 V 的变压器，已知一次侧线圈匝数为 1 100 匝，试求二次侧线圈匝数。若在二次侧接一盏 36 V、100 W 的白炽灯，一次侧电流为多少？

（3）一台额定容量为 50 kVA、额定电压为 3 300/220 V 的单相照明变压器，现要在二次侧接 220 V、60 W 的白炽灯，若要求变压器在额定状态下运行，可接多少盏灯？一、二次侧绕组的额定电流是多少？

（4）阻抗为 8 Ω 的扬声器，通过一台变压器接到信号源电路上，使阻抗完全匹配，设变压器一次侧绕组的匝数为 500 匝，二次侧绕组的匝数为 100 匝，求变压器输入阻抗。

项目四
交流电动机

【引言】

第一次工业革命是以蒸汽机的发明为代表。19 世纪末电动机开始逐步取代蒸汽机成为工厂车间等场所的动力源。电动机的优点是清洁无污染。现在很多固定工作场所都以电动机为动力源带动其他机器运转。电动机的应用非常广泛。

作为现代社会工程技术专业的大学生，了解常用电动机工作原理和主要特性是非常必要的。电动机主要分交流电动机和直流电动机两大类。

本章将介绍最常用的交流电动机的工作原理和主要特性参数。

【学习目标】

（1）了解三相异步电动机的基本构造。

（2）掌握三相异步电动机的工作原理。

（3）掌握三相异步电动机的转动原理。

（4）学会三相异步电动机的电路分析。

（5）掌握三相异步电动机的转矩与机械特性。

（6）掌握三相异步电动机的启动方法。

任务一　工作原理及基本构造

一、交流电动机模型

图 4-1 所示是交流电动机的模型。当鼠笼形转子周围的磁极顺时针转动时，转子导体条就会切割磁力线，根据右手定则，转子上侧导体条中的感应电流朝向纸外。根据左手定则，载流导体受力方向为向右，于是转子跟着磁极转动起来。

不过，转子转动速度永远跟不上磁极转动速度。因为转子就是靠转速差切割磁力线来产生动力的，没有转速差就没有动力。也就是说，转子转动与磁极转动不可能同步，而总是异步的，这就是异步电动机名称的由来。

二、基本构造

交流电动机分为定子和转子两大部分。

为了增强定子电流形成磁场的效果，定子主体由硅钢片叠成，硅钢片上开有纵向槽，定子绕组均匀地嵌放在定子槽中。

转子有鼠笼型和绕线型两大类。为了增强定子电流形成磁场的效果，鼠笼型转子亦由硅钢片叠成，硅钢片上亦开有纵向槽，然后将融化的金属铝浇铸在叠好的硅钢片转子槽中及两端面环上，冷却后硅钢片转子槽中的铝条及两端面的铝环即形成所谓的“鼠笼”。

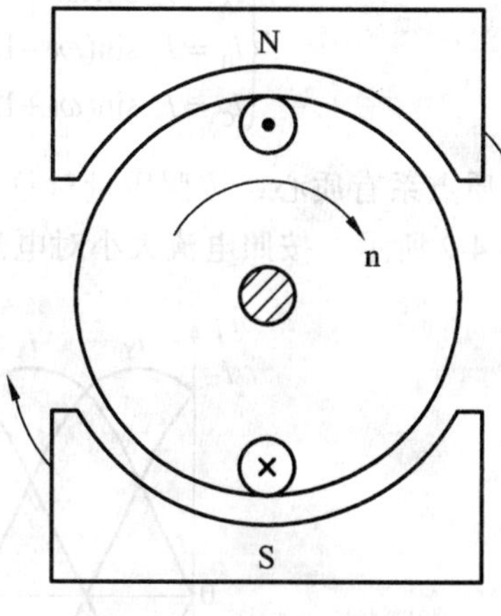

图 4-1　交流电动机模型

交流电动机的转速取决于旋转磁场的转速，为此把旋转磁场的转速称为同步转速。

旋转磁场具有两个基本参数：磁动势和同步转速。

为了使交流电动机性能达到最佳，即消除电磁振动和噪声，理想旋转磁场应当具有以下两个特性：

（1）旋转磁场磁动势为常数。

（2）旋转磁场同步转速为常数。

或者说，理想旋转磁场大小不变，转速稳定。

目前把磁动势不变的旋转磁场称为圆形旋转磁场。

实际旋转磁场很难达到理想要求。实际旋转磁场磁动势和同步转速都有一定的脉动。设计电动机时就要求尽可能减少旋转磁场磁动势和同步转速的脉动。

任务二　定子旋转磁场的形成及其分析

一、定子绕组基本单元

永久磁铁转动自然形成旋转磁场。

电流能产生磁场。固定直流电流产生固定磁场。运动直流电流产生运动磁场。

虽然载流导体本身并不能运动，但是多个电流的有序变化，可以等效为总电流的运动。

通常用三相或单相交流电来形成旋转磁场。交流电动机设计的基本问题是设法由交流电产生旋转磁场。

为了分析如何用三相交流电形成旋转磁场，首先观察三相交流电流的波形。其中 i_A、i_B、i_C 为从三相相头看到的电流，i_X、i_Y、i_Z 为从三相相尾看到的电流，很明显

$$\begin{cases} i_X = -i_A \\ i_Y = -i_B \\ i_Z = -i_C \end{cases}$$

$$\begin{cases} i_A = I_m \sin \omega t \\ i_B = I_m \sin(\omega t - 120°) \\ i_C = I_m \sin(\omega t + 120°) \end{cases} \tag{4-1}$$

质点系有质心，按照质量对每个质点加权，可以求出质点系重心。电流排有电流中心，如图 4-2 所示。按照电流大小对电流束中的每个电流加权，可以求出电流中心。

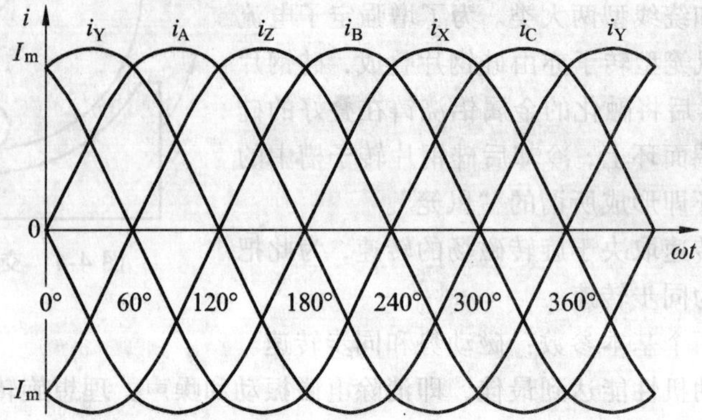

图 4-2 三相交流电流波形

当电动机定子绕组电流的大小和方向按照三相正弦交流电规律变化和电流排不断重组时，电流排中心就逐渐连续移动。因此，仔细看起来，旋转磁场就是由电流排中心沿着定子槽所在圆的圆周连续移动形成的。

为求电流排中心，首先沿着绕组中心将绕组剖开铺平，如图 4-3 所示。设绕组所在圆的平均直径为 d，定子槽距为 $e = \pi d / 6$。设电流排中心到 C 相相头的距离为 s，则在 $\omega t = 0 \sim 60°$ 时，有

$$s = \frac{i_Y + 2i_A}{i_s} e$$

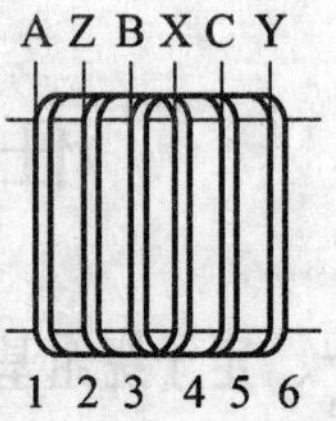

图 4-3 三相交流电动机基本绕组

代入式（4-1）得

$$s = \frac{\sin(\omega t - 60°) + 2\sin \omega t}{2\sin(\omega t + 60°)} \times \frac{\pi d}{6}$$

化简得

$$s = \frac{5\sin \omega t + \sqrt{3} \cos \omega t}{\sin(\omega t + 60°)} \times \frac{\pi d}{24}$$

电流排中心的连续位移如表 4-1 所示。

表 4-1 电流排中心的连续位移

ωt /°	0	10	20	30	40	50	60
$s / \frac{\pi d}{24}$	2	2.74	3.39	4	4.61	5.26	6.0

在120°～180°电角度范围内，电流 i_A、i_Z、i_B 方向一致，形成电流排（束）。其间电流排（束）中心从120°电角度连续移动到180°电角度。

在180°～240°电角度范围内，电流 i_Z、i_B、i_X 方向一致，形成电流排（束）。其间电流排（束）中心从180°电角度连续移动到240°电角度。

在240°～300°电角度范围内，电流 i_B、i_X、i_C 方向一致，形成电流排（束）。其间电流排（束）中心从240°电角度连续移动到300°电角度。

就是说，随着时间的变化，电流排中心可以从0°电角度连续移动到360°电角度。

如果按照图4-2所示的次序将在定子槽中的三相绕组剖开铺平，如图4-3所示，就能将电流排(束)中心的电角度变化即时间变化转换为机械角度或位移的变化，用三相交流电实现旋转磁场。图4-3中，字母代表绕组的相头和相尾，数字代表定子槽编号。因此，将图4-3所示定子绕组单元称为三相交流电动机定子绕组基本单元。

实际二极电动机定子槽数不止6个，而是6的倍数。也就是说，为了使定子槽不至于过大，将一个槽分成几个槽，同时将一个相的绕组分成几个绕组，统称为极相组。

多极电动机，例如四极、六极、八极甚至十二极电动机，其定子绕组都是若干基本绕组的简单组合。图4-4所示为四极、六极电动机极相组布置图。

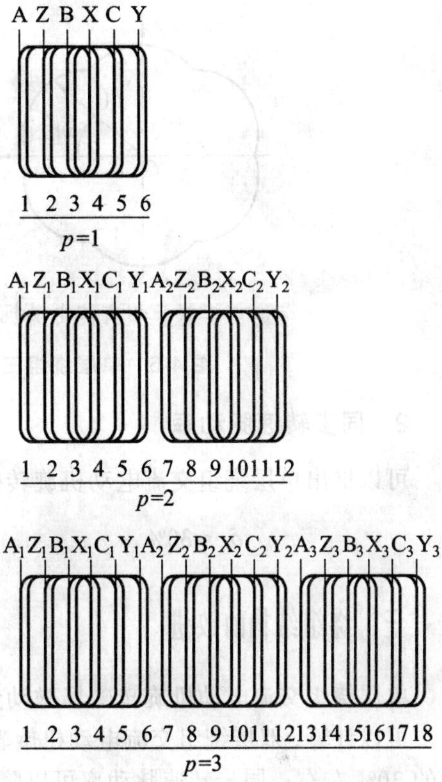

图4-4　四极、六极电动机极相组布置图

二、旋转磁场脉动率分析

1. 磁动势脉动率

绕组匝数与电流的乘积就是磁动势。为分析方便，以下设相电流幅值为单位1，绕组匝数为单位1。

在 $\omega t=0°\sim60°$ 的电角度范围内，电流 i_A、i_Y、i_C 方向一致，形成电流排，电流排大小即磁动势为

$$\begin{aligned}f_s&=i_A+i_C+i_Y=i_A+i_C-i_B\\&=\sin\omega t+\sin(\omega t+120°)-\sin(\omega t-120°)\\&=\sin\omega t+\sqrt{3}\cos\omega t\\&=2\sin(\omega t+60°)\end{aligned}$$

$$f_{s\min}=\sqrt{3}$$

$$f_{s\max}=2$$

由此可得简单单层绕组磁动势脉动率

$$\delta_{\mathrm{f}}=\frac{f_{\mathrm{s\,max}}-f_{\mathrm{s\,min}}}{f_{\mathrm{s\,max}}}=\frac{2-\sqrt{3}}{2}\approx 13\%$$

单层绕组三相电动机旋转磁场磁动势波幅图谱如图 4-5 所示。

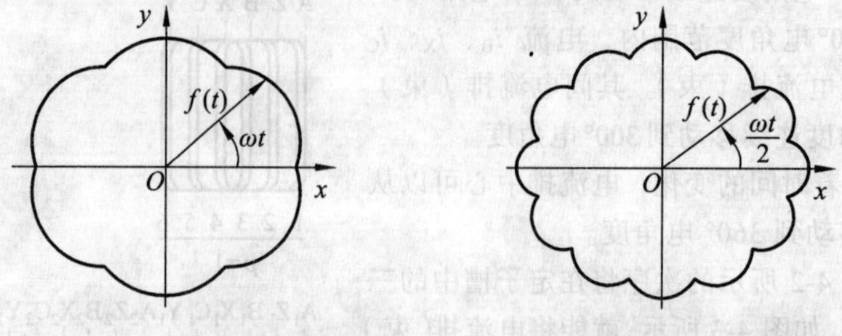

（a）二极三相交流电动机　　（b）四极三相交流电动机

图 4-5　单层绕组三相电动机旋转磁场磁动势波幅图谱

2. 同步转速脉动率

可以推出单层绕组交流电动机旋转磁场同步转速脉动率

$$\delta_{\mathrm{n}}\approx 30\%$$

三、绕组结构的改进

单层绕组交流电动机旋转磁场磁动势脉动率和同步转速脉动率都是比较大的。

可以计算，双层绕组交流电动机旋转磁场磁动势脉动率可以降低到 $\delta_{\mathrm{f}}\approx 4\%$，只有单层绕组的 30% 左右；同步转速脉动率可以降低到 $\delta_{\mathrm{n}}\approx 8\%$，不足单层绕组的 27%。

为了改善旋转磁场质量，目前 10 kW 及以上的电动机都采用双层绕组。

任务三　三相异步电动机转速和磁极对数

二极、四极电动机旋转磁场如图 4-6 和 4-7 所示。

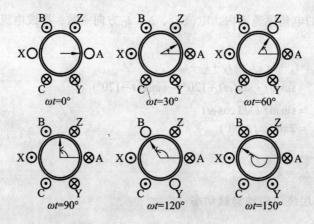

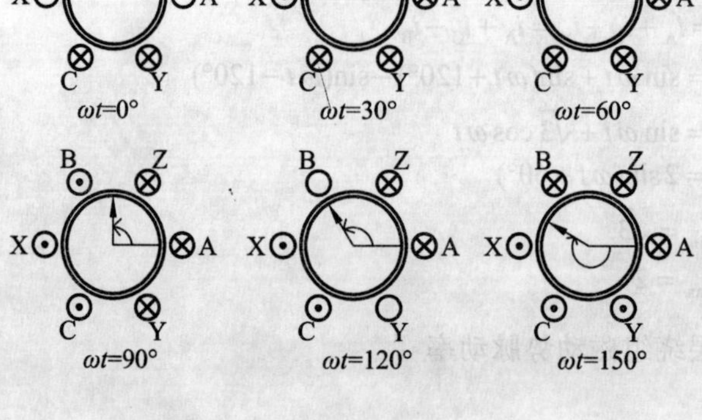

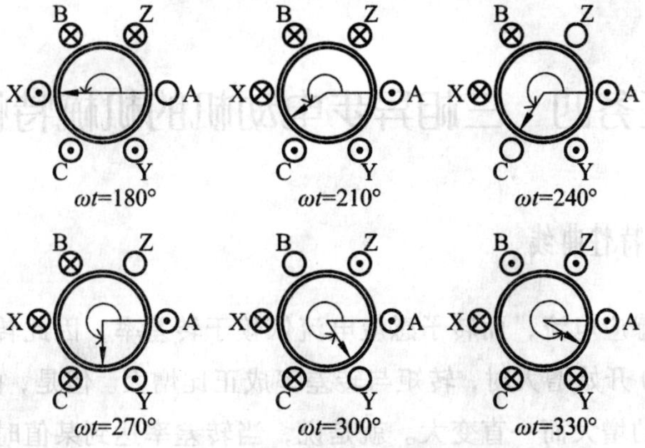

图 4-6　二极电动机旋转磁场

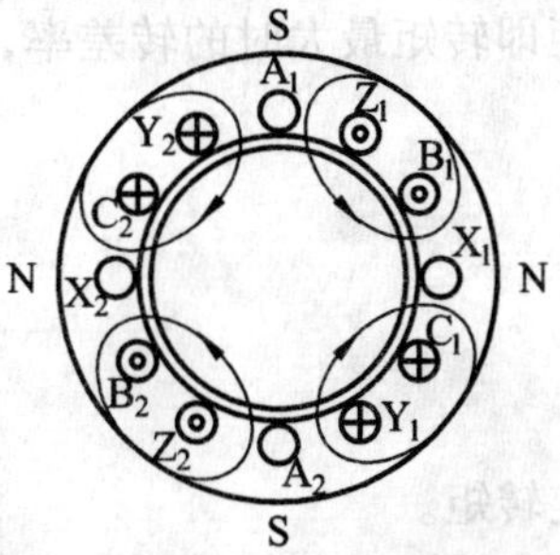

图 4-7　四极电动机旋转磁场

通常用字母 p 表示电动机定子旋转磁场磁极对数，可以看出，旋转磁场同步转速 n_0 为

$$n_0 = \frac{60 f_1}{p} \quad \text{r/min}$$

式中，f_1 为电源频率，单位 Hz。

异步电动机实际转速 n 为

$$n = (1-s)n_0$$

式中，s 为转差率，其值在 1.5% ~ 6%。

已知同步转速 n_0 和实际转速 n，转差率 s 为

$$s = \frac{n_0 - n}{n_0}$$

异步电动机转速与磁极对数的关系如表 4-2 所示。

表 4-2　异步电动机转速与磁极对数的关系

p	1	2	3	4	5	6
n_0	3 000	1 500	1 000	750	600	500
n_N（近似值）	2 900	1 450	960	720	580	480

注：表中额定转速 n_N（近似值）仅供参考，实际电动机的额定转速可能与此有所差异。

任务四　三相异步电动机的机械特性

一、转矩-转差率特性曲线

转矩依赖于转子感应电流，而转子感应电流依赖于转差率，因此转矩依赖于转差率。实验表明，当转差率从 0 开始增大时，转矩与转差率成正比增大。但是，由于电动机的复杂性，转矩并不随着转差率的增大而一直变大。就是说，当转差率达到某值时，转矩达到一个极大值，如果转差率继续增大，转矩反而下降。

临界转差率：电动机驱动力矩即转矩最大时的转差率，用 s_m 表示。

最大转矩 T_m 为

$$T_m = \lambda_m T_N$$

通常 $\lambda_m = 2 \sim 2.2$，称为过载系数。

异步电机启动转矩大于其额定转矩。

$$T_{st} = \lambda_{st} T_N$$

通常 $\lambda_{st} = 1.4 \sim 2.2$，称为启动系数。

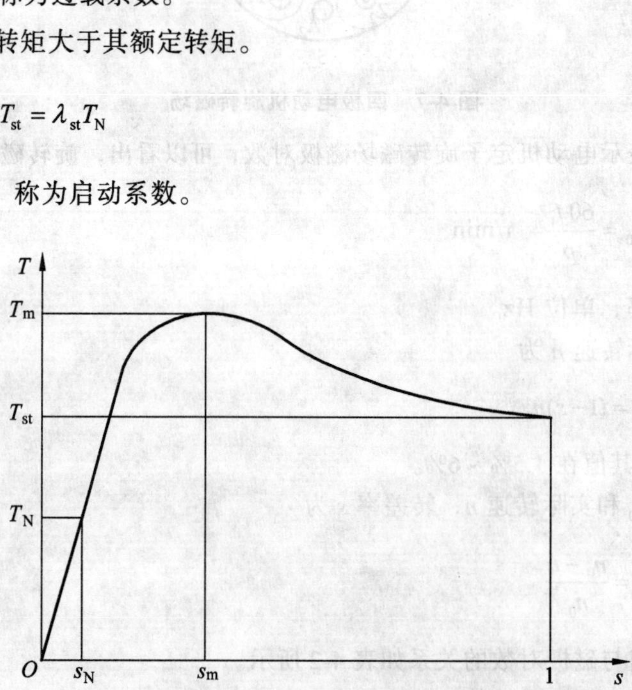

图 4-8　异步电动机转矩-转差率特性曲线

二、转速-转矩特性曲线——机械特性曲线

三相异步电动机的机械特性曲线如图 4-9 所示。

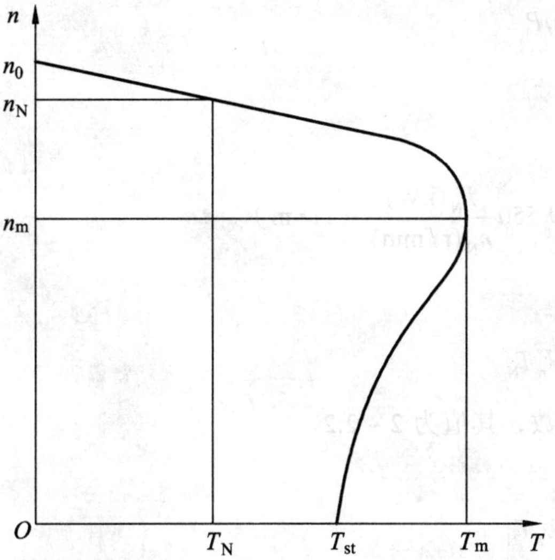

图 4-9　异步电动机机械特性曲线——转速-转矩关系曲线

任务五　三相异步电动机基本参数及其关系

同步转速：

$$n_0 = \frac{60 f_1}{p} \text{ (r/min)}$$

额定转速：

$$n_N = (1 - s_N) n_0$$

额定转差率：

$$s_N = \frac{n_0 - n_N}{n_0}$$

转子电流频率：

$$f_2 = s f_1$$

输入电功率：

$$P_1 = \sqrt{3} U_N I_N \cos\varphi$$

其中，U_N、I_N 为电动机额定电压和额定电流。

电动机额定功率定义为额定输出机械功率。

要注意，电动机额定功率的定义与灯具额定功率的定义有区别。灯具额定功率定义为实际消耗的电功率，而电动机额定功率定义为额定输出机械功率。

电动机额定功率与输入电功率的关系为

$$P_N = \eta P_1$$

其中，η为电动机效率。

额定转矩：

$$T_N = 9\ 550\frac{P_N(\text{kW})}{n_N(\text{r/min})}\ (\text{N}\cdot\text{m})$$

最大转矩：

$$T_m = \lambda_m T_N$$

其中，λ_m为短期过载系数，其值为 2 ~ 2.2。

启动转矩：

$$T_{st} = \lambda_{st} T_N$$

其中，λ_{st}为启动系数，其值为 1.4 ~ 2.2。

星形连接的启动电流与三角形连接的启动电流之比为

$$I_{Yst} / I_{\Delta st} = 1/3$$

任务六　三相异步电动机的使用

一、启　动

电动机的启动有全压启动和降压启动两种。

1. 全压启动（直接启动）

加在电动机定子绕组的启动电压是电动机的额定电压，这样的启动叫作全压启动。

（1）特点：转子电流很大，定子电流也很大。

（2）适用于小型电动机。

（3）缺点：启动电流大，是额定工作电流的 5 ~ 7 倍，使电动机的使用寿命缩短，同时，还影响同一电网上邻近电气设备的正常工作。

2. 降压启动

其目的是减小启动电流，避免直接启动时的缺点。

（1）串电阻降压启动——在电动机启动时将电阻串联在定子绕组与电源之间的启动方法。

（2）星形-三角形换接启动——电动机在启动时把定子绕组连成星形，等到转速接近额定值时换成三角形连接的启动方法。其启动电流仅为直接启动时的$\frac{1}{3}$，只适用于正常运行时定子绕组为三角形连接的电动机。

（3）自耦降压启动——启动时，自耦变压器的高压侧接电源，低压侧接电动机，以减小启动电流；启动完毕后，将自耦变压器切除，电动机直接与电网相接。

三种启动方式如图 4-10 ~ 4-12 所示。

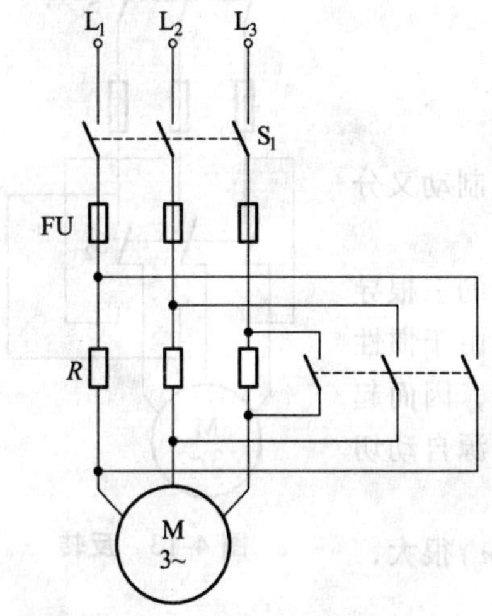

图 4-10　降压启动

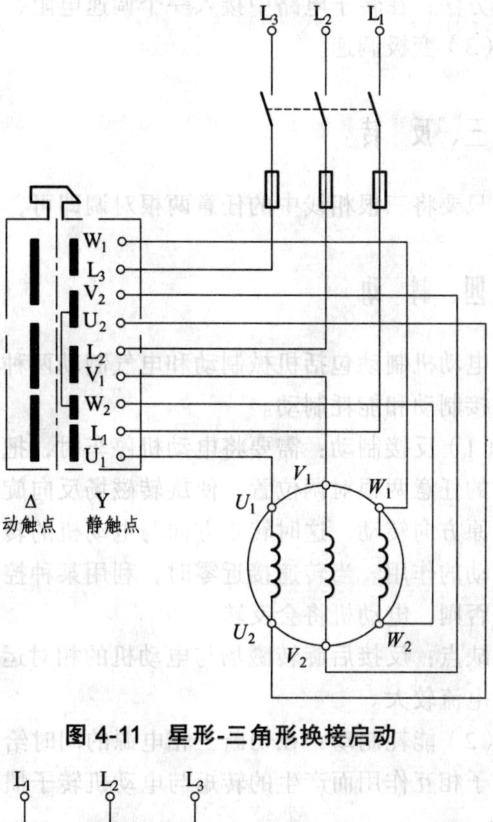

图 4-11　星形-三角形换接启动

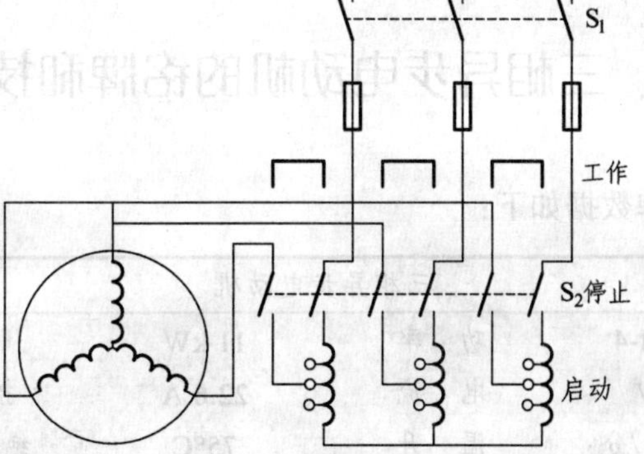

图 4-12　自耦降压启动

二、调　速

因

$$n = n_0(1-s) = (1-s)\frac{60f}{p}$$

故电动机有三种调速方法。

（1）变频调速。

（2）变转差率调速：只适用于绕线式转子电动机。

方法：在转子电路中接入一个调速电阻，通过改变电阻的大小来改变转速。

（3）变极调速。

三、反　转

只要将三根相线中的任意两根对调即可，如图 4-13 所示。

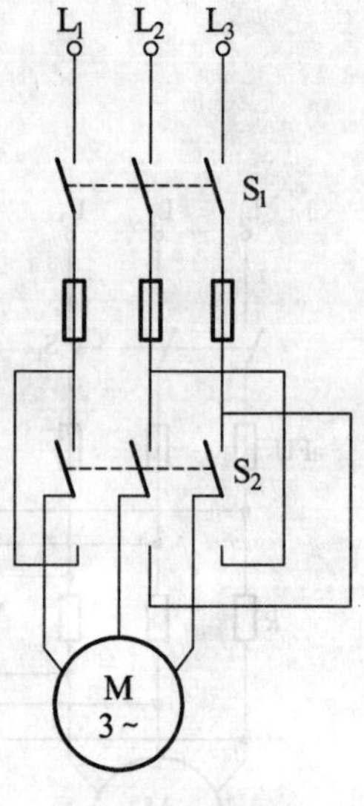

图 4-13　反转

四、制　动

电动机制动包括机械制动和电气制动两种方式。电气制动又分为反接制动和能耗制动。

（1）反接制动：需要将电动机停车时，把接到电源上的三根导线中的任意两根对调位置，使旋转磁场反向旋转，而转子由于惯性仍在原方向转动。这时转矩方向与电动机的转动方向相反，因而起到制动的作用。当转速接近零时，利用某种控制电器将电源自动切断，否则，电动机将会反转。

缺点：反接后旋转磁场与电动机的相对运动转速 $(n+n_0)$ 很大，因而电流较大。

（2）能耗制动：在切断三相电源的同时给定子通入直流电，该直流电的恒定磁场与转动的转子相互作用而产生的转矩与电动机转子惯性运动的方向相反，从而使电动机停下来。

任务七　三相异步电动机的铭牌和技术数据

Y160M-4 电动机铭牌数据如下：

三相异步电动机					
型　号	Y160M-4	功　率	11 kW	频　率	50 Hz
电　压	380 V	电　流	22.6 A	接　法	△
转　速	1 460 转/分	温　升	75°C	绝缘等级	B
防护等级	IP44	重　量	120 千克	工作方式	S_1
	河北防爆电机厂				

绝缘等级：A、E、B、F、H，其中 H 级最高。

防护等级：IP44 封闭式。

工作方式：S_1 表示连续工作，S_2 表示短时工作，S_3 表示断续工作。

有些旧型号电动机，额定电压有 380/220 V 两个数值，表示该电机有 Y/△两种接法，能适应 380/220 V 两种电压。

当电源电压为 380 V 时，应当采用 Y 形接法；为 220 V 时，应当采用△接法。如此，使得加在每相绕组上的电压相等，电动机的额定功率及额定转速均相同。

习　题

1. 由于三相异步电动机的转矩是由______与______之间的相对运动产生的，所以是“异步”的。

2. 某三相异步电动机工作时转速为 $n = 980$ r/min，则其磁极对数 p = ________，旋转磁场转速 n_1 = ________r/min，转子旋转磁场对转子的转速为 n_2 = ________r/min，转子电流频率为 f_2 = ________Hz。

3. 某三相异步电动机启动转矩 $T_{st} = 10$ N · m，最大转矩 $T_m = 18$ N · m，若电网电压降低了 20%，则启动转矩 T_{st} = _______N · m，最大转矩 T_m = _______N · m。

4. 三相异步电动机额定值如下：$P_N = 7.5$ kW，$n_N = 1\,440$ r/min，$U_N = 380/220$ V。接法为 Y/△，$\cos\varphi_N = 0.85$，$\eta_N = 87\%$。令电源线电压 $U_l = 220$ V，试求：

（1）该电动机应采用何种接法？

（2）此时额定电流 I_N、额定转矩 T_N、转差率 s_N、额定输入功率 P_{1N} 各为多少？

（3）该电动机能否采用 Y-△变换法启动？

5. 有一四极三相异步电动机，额定转速 $n_N = 1\,440$ r/min，转子每相电阻 $R_2 = 0.02\ \Omega$，感抗 $X_{20} = 0.08\ \Omega$，转子电动势 $E_{20} = 20$ V，电源频率 $f_1 = 50$ Hz。试求该电动机启动时及在额定转速运行时的转子电流 I_2。

6. 已知 Y100L1-4 型异步电动机的某些额定技术数据如下：2.2 kW，380 V，Y 接法，1 420 r/min，$\cos\varphi = 0.82$，$\eta = 81\%$。

试计算：

（1）相电流和线电流的额定值及额定负载时的转矩；

（2）额定转差率及额定负载时的转子电流频率（设电源频率为 50 Hz）。

7. 有台三相异步电动机，其额定转速为 1 470 r/min，电源频率为 50 Hz。现有以下三种情况：（a）启动瞬间；（b）转子转速为同步转速的 2/3；（c）转差率为 0.02。

试求：

（1）定子旋转磁场对定子的转速；

（2）定子旋转磁场对转子的转速；

（3）转子旋转磁场对转子的转速（提示：$n_2 = 60f_2/p = sn_0$）；

（4）转子旋转磁场对定子的转速；

（5）转子旋转磁场对定子旋转磁场的转速。

8. 有 Y112M-2 型和 Y160M1-8 型异步电动机各一台，额定功率都是 4 kW，但前者额定转速为 2 890 r/min，后者为 720 r/min。试比较它们的额定转矩，并由此说明电动机的极数、转速及转矩三者之间的大小关系。

9. 有一台四极、50 Hz、1 425 r/min 的三相异步电动机，转子电阻 $R_2 = 0.02\ \Omega$，感抗 $X_{20} = 0.08\ \Omega$，$E_1/E_{20} = 10$，当 $E_1 = 200$ V 时，试求：

（1）电动机启动初始瞬间（$n=0$，$s=1$）转子每相电路的电动势 E_{20}，电流 I_{20} 和功率因数 $\cos\varphi_{20}$；

（2）额定转速时的 E_2，I_2 和 $\cos\varphi_2$。

比较在上述两种情况下转子电路的各个物理量（电动势、频率、感抗、电流及功率因数）的大小。

10. Y132S-4 型三相异步电动机的额定技术数据如下：

功　率	转　速	电　压	效　率	功率因数	I_{st}/I_N	T_{st}/T_N	T_{max}/T_N
5.5 kW	1 440 r/min	380 V	85.5%	0.84	7	2.2	2.2

电源频率为 50 Hz。试求额定状态下的转差率 s_N、电流 I_N 和转矩 T_N，以及启动电流 I_{st}、启动转矩 T_{st}、最大转矩 T_{max}。

11. Y180L-6 型电动机的额定功率为 15 kW，额定转速为 970 r/min，频率为 50 Hz，最大转矩为 295.36 N · m。试求电动机的过载系数 λ_m。

12. 某四极三相异步电动机的额定功率为 30 kW，额定电压为 380 V，采用△形接法，频率为 50 Hz。在额定负载下运行时，其转差率为 0.02，效率为 90%，线电流为 57.5 A，试求：

（1）转子旋转磁场对转子的转速；

（2）额定转矩；

（3）电动机的功率因数。

13. 上题中电动机的 $T_{st}/T_N=1.2$，$I_{st}/I_N=7$，试求：

（1）用 Y-△换接启动时的启动电流和启动转矩；

（2）当负载转矩为额定转矩的 60% 和 25% 时，电动机能否启动？

14. 在习题 12 中，如果采用自耦变压器降压启动，使电动机的启动转矩为额定转矩的 85%，试求：

（1）自耦变压器的变比；

（2）电动机的启动电流和线路上的启动电流各为多少？

项目五
常用的低压元器件

【引言】

在工矿企业的电气控制设备中，采用的基本上都是低压电器。因此，低压电器是电气控制设备的基本组成元件，其性能决定了控制系统的优劣。作为电气工程技术人员，应该熟悉低压电器的结构、工作原理和使用方法。另外，可编程控制器的电气控制系统也需要大量的低压控制电器才能组成一个完整的控制系统，因此熟悉低压电器的基本知识也是学习可编程控制器的基础。

【学习目标】

（1）掌握常用低压元器件的基本结构、工作原理和选用方法。

（2）学会识别和使用常用的低压元器件。

任务一　低压电器概述

凡是对电能的生产、输送、分配和使用起控制、调节、检测、转换及保护作用的电工器械均称为电器。

低压电器是指额定电压等级在交流 1 200 V、直流 1 500 V 以下的电器。在我国工业控制电路中最常用的三相交流电压等级为 380 V，只有在特定行业环境下才用其他电压等级，如煤矿井下的电钻用 127 V、运输机用 660 V、采煤机用 1 140 V 等电压等级。

单相交流电压等级最常见的为 220 V。机床、热工仪表和矿井照明等采用 127 V 电压等级。其他电压等级如 6 V、12 V、24 V、36 V 和 42 V 等一般用于安全场所的照明、信号灯以及作为控制电压。

直流常用电压等级有：110 V、220 V 和 440 V，主要用于动力；6 V、12 V、24 V 和 36 V，主要用于控制；在电子线路中还有 5 V、9 V 和 15 V 等电压等级。

低压电器种类繁多，构造各异，用途广泛，工作原理也各不相同。常用低压电器的分类方法如下：

1. 按用途或控制对象分类

（1）配电电器：主要用于低压配电系统中。要求系统发生故障时能够准确动作、可靠工作，在规定条件下具有相应的动稳定性与热稳定性，使电器不会被损坏。常用的配电电器有刀开关、转换开关、熔断器、断路器等。

（2）控制电器：主要用于电气传动系统中。要求寿命长、体积小、重量轻且动作迅速、准确、可靠。常用的控制电器有接触器、继电器、启动器、主令电器、电磁铁等。

2. 按动作方式分类

（1）自动电器：依靠自身参数的变化或外来信号的作用，自动完成接通或分断等动作的电器，如接触器、继电器等。

（2）手动电器：用手动操作来进行切换的电器，如刀开关、转换开关、按钮等。

3. 按触点类型分类

（1）有触点电器：利用触点的接通和分断来切换电路的电器，如接触器、刀开关、按钮等。

（2）无触点电器：无可分离的触点，主要利用电子元件的开关效应，即导通和截止来实现电路的通、断控制，如接近开关、霍尔开关、电子式时间继电器、固态继电器等。

4. 按工作原理分类

（1）电磁式电器：根据电磁感应原理动作的电器，如接触器、继电器、电磁铁等。

（2）非电量控制电器：依靠外力或非电量信号（如速度、压力、温度等）的变化动作的电器，如转换开关、行程开关、速度继电器、压力继电器、温度继电器等。

5. 按低压电器型号分类

为了便于了解文字符号和各种低压电器的特点，根据我国《国产低压电器产品型号编制办法》（JB 2930—81.10），将低压电器分为 13 个大类。每个大类用一位汉语拼音字母作为该产品型号的首字母，用第二位汉语拼音字母表示该类电器的各种形式。

（1）刀开关 H，例如 HS 为双投式刀开关（刀型转换开关），HZ 为组合开关。

（2）熔断器 R，例如 RC 为瓷插式熔断器，RM 为密封式熔断器。

（3）断路器 D，例如 DW 为万能式断路器，DZ 为塑壳式断路器。

（4）控制器 K，例如 KT 为凸轮控制器，KG 为鼓型控制器。

（5）接触器 C，例如 CJ 为交流接触器，CZ 为直流接触器。

（6）启动器 Q，例如 QJ 为自耦变压器降压启动器，QX 为星三角启动器。

（7）控制继电器 J，例如 JR 为热继电器，JS 为时间继电器。

（8）主令电器 L，例如 LA 为按钮，LX 为行程开关。

（9）电阻器 Z，例如 ZG 为管型电阻器，ZT 为铸铁电阻器。

（10）变阻器 B，例如 BP 为频敏变阻器，BT 为启动调速变阻器。

（11）调整器 T，例如 TD 为单相调压器，TS 为三相调压器。

（12）电磁铁 M，例如 MY 为液压电磁铁，MZ 为制动电磁铁。

（13）其他 A，例如 AD 为信号灯，AL 为电铃。

任务二　常见低压电器

一、刀开关

刀开关又称闸刀开关，是结构最简单、应用最广泛的一种手控电器。刀开关在低压电路中用于不频繁地接通和分断电路，或用于隔离电路与电源，故又称“隔离开关”。

1. 刀开关的分类

刀开关按极数分，有单极、双极和三极；按结构分，有平板式和条架式；按操作方式分，有直接手柄操作式、杠杆操作机构式、旋转操作式和电动操作机构式。除特殊的大电流刀开关采用电动操作方式外，一般都采用手动操作。

2. 刀开关的结构和工作原理

刀开关由绝缘底板、静插座、手柄、触刀和铰链支座等部分组成，图 5-1 所示为其结构简图。推动手柄使触刀绕铰链支座转动，就可将触刀插入静插座内，电路就被接通。若使触刀绕铰链支座做反向转动，触头脱离插座，电路就被切断。为了保证触刀和插座合闸时接触良好，它们之间必须有一定的接触压力，为此，额定电流较小的刀开关插座多用硬紫铜制成，利用材料的弹性来产生所需要的压力；额定电流大的刀开关可以通过在插座两侧加弹簧片来增加压力。

刀开关在分断有负载的电路时，其触刀与插座之间会产生电弧。为此，触刀采用速断刀刃，使触刀迅速拉开，加快分断速度，保护触刀不致被电弧灼伤。对于大电流刀开关，为了防止各极之间发生电弧闪烁，导致电源相间短路，刀开关各极间设有绝缘隔板，有的设灭弧罩。

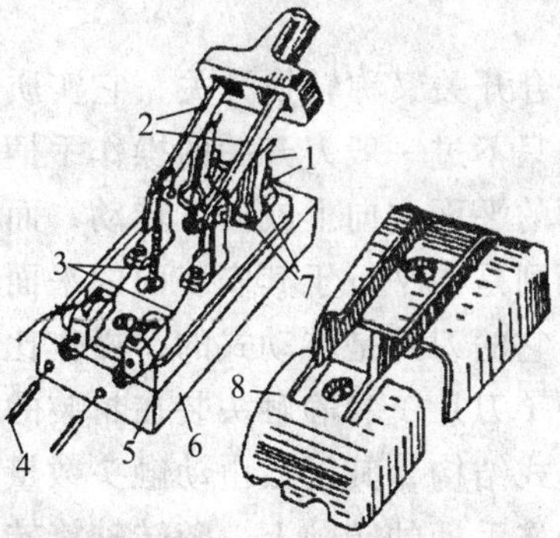

图 5-1　刀开关的结构简图

1—电源进线座；2—动触头；3—熔丝；4—负载线；5—负载接线座；6—瓷底座；7—静触头；8—胶木片

3. 刀开关的符号

刀开关的图形符号和文字符号如图 5-2 所示。

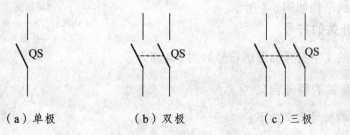

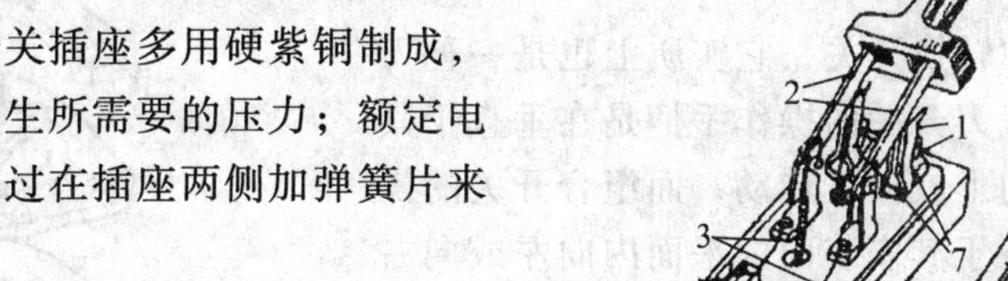

（a）单极　　（b）双极　　（c）三极

图 5-2　刀开关的图形符号和文字符号

4. 刀开关的型号含义

刀开关的型号含义如下：

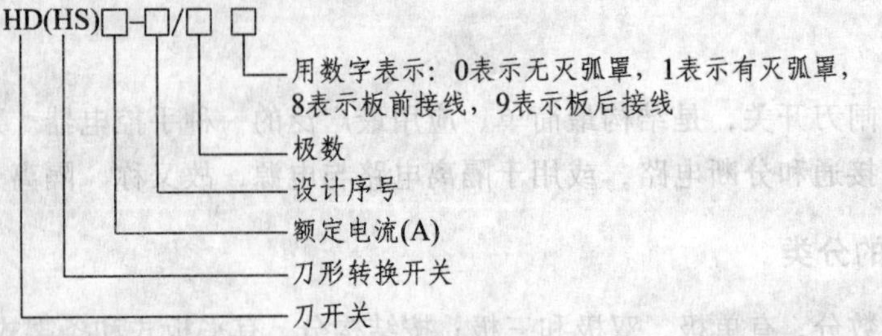

5. 刀开关的选用原则

刀开关的主要功能是隔离电源。在满足隔离功能要求的前提下，选用刀开关的主要原则是保证其额定绝缘电压和额定工作电压不低于线路的相应数据，额定工作电流不小于线路的计算电流。当要求有通断能力时，须选用具备相应额定通断能力的隔离器。如需接通短路电流，则应选用具备相应短路接通能力的隔离开关。

二、组合开关

组合开关又称转换开关，它实质上也是一种刀开关，只不过一般刀开关的操作手柄是在垂直于其安装面的平面内向上或向下转动，而组合开关的操作手柄则是在平行于其安装面的平面内向左或向右转动。它的刀片是转动式的，操作比较轻巧。它的动触头（刀片）和静触头装在封装的绝缘件内，采用叠装式结构，其层数由动触头数量决定。动触头装在操作手柄的转轴上，随转轴旋转而改变各对触头的通断状态。它一般用于非频繁地接通和分断电路、接通电源和负载、测量三相电压以及控制小容量异步电动机的正反转和 Y-△启动等。

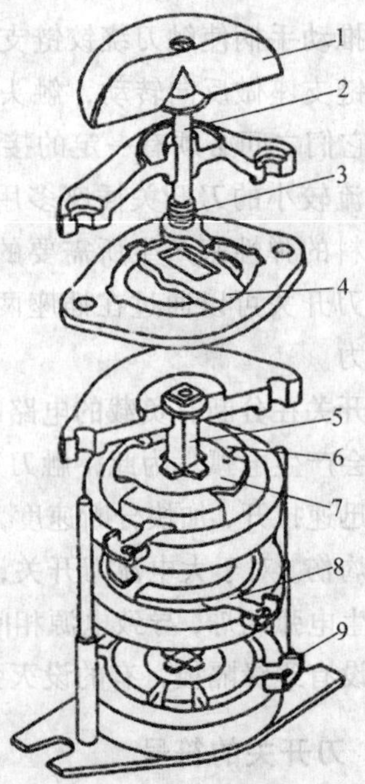

图 5-3 组合开关的结构简图

1—手柄；2—转轴；3—弹簧；4—凸轮；5—绝缘杆；6—绝缘垫板；7—动触片；8—静触片；9—接线柱

1. 组合开关的结构

组合开关的结构如图 5-3 所示。

2. 组合开关的符号

组合开关的文字符号和图形符号如图 5-4 所示。

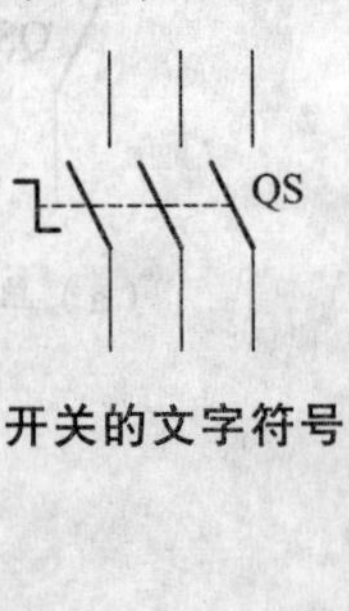

图 5-4 组合开关的文字符号和图形符号

3. 组合开关的型号含义

组合开关的型号含义如下：

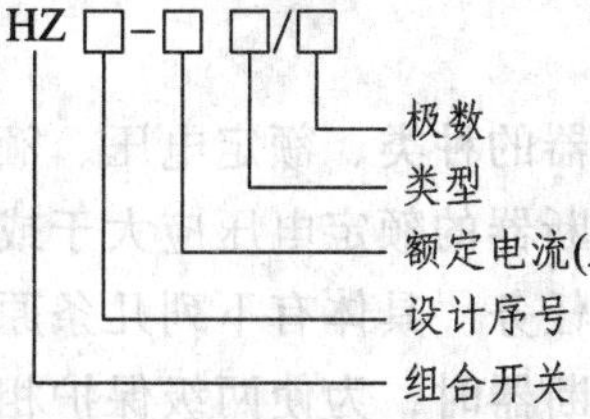

组合开关的主要技术参数有额定电压、额定电流、极数等。其中额定电流有 10 A、25 A、60 A 等几级。全国统一设计的常用产品有 HZS、HZ10 系列和新型组合开关 HZ15 等系列。

三、熔断器

熔断器是一种应用广泛的简单且有效的保护电器。在使用中，熔断器中的熔体（也称为保险丝）串联在被保护的电路中，当该电路发生过载或短路故障时，如果通过熔体的电流达到或超过了某一值，则在熔体上产生的热量便会使其温度升高到熔体的熔点，导致熔体自行熔断，达到保护的目的。

1. 熔断器的结构与工作原理

熔断器主要由熔体和安装熔体的熔管或熔座组成。熔体由熔点较低的材料如铅、锌、锡及铅锡合金做成丝状或片状。熔管是熔体的保护外壳，由陶瓷、绝缘刚纸或玻璃纤维制成，在熔体熔断时兼起灭弧作用。

熔断器熔体中的电流为熔体的额定电流时，熔体长期不熔断；当电路发生严重过载时，熔体在较短时间内熔断；当电路发生短路时，熔体能在瞬间熔断。熔体的这个特性称为反时限保护特性，即电流为额定值时长期不熔断，过载电流或短路电流越大，熔断时间越短。由于熔断器对过载反应不灵敏，不宜用于过载保护，主要用于短路保护。

常用的熔断器有瓷插式熔断器和螺旋式熔断器两种，它们的外形结构和符号如图 5-5 所示。

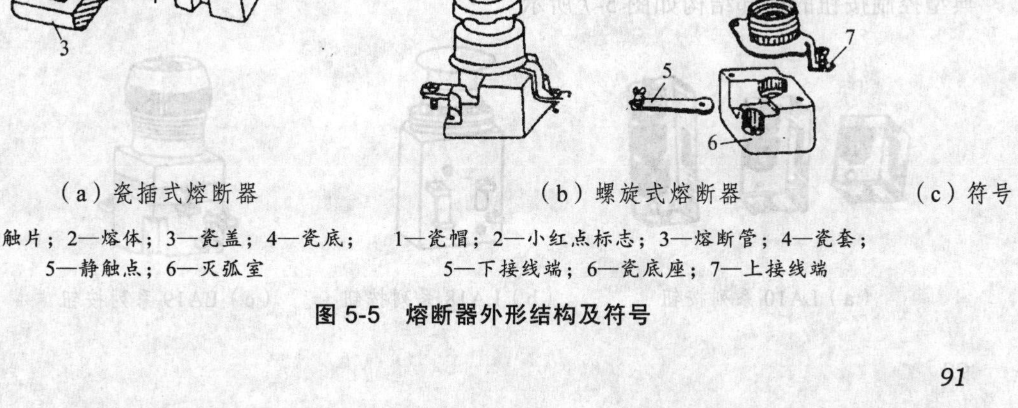

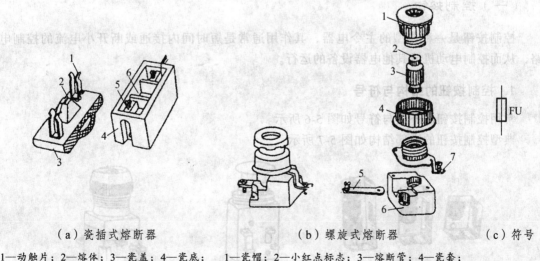

（a）瓷插式熔断器　　（b）螺旋式熔断器　　（c）符号

1—动触片；2—熔体；3—瓷盖；4—瓷底；5—静触点；6—灭弧室

1—瓷帽；2—小红点标志；3—熔断管；4—瓷套；5—下接线端；6—瓷底座；7—上接线端

图 5-5　熔断器外形结构及符号

2. 熔断器的选择

选择熔断器时主要是选择熔断器的种类、额定电压、额定电流等。熔断器的种类主要在电气控制系统整体设计时确定，熔断器的额定电压应大于或等于实际电路的工作电压，因此确定熔体电流是选择熔断器的主要任务。具体有下列几条原则：

（1）电路上、下两级都装设熔断器时，为使两级保护相互配合良好，两极熔体额定电流的比值不应小于1.6∶1。

（2）对于照明线路或电阻炉等没有冲击性电流的负载，熔体的额定电流（I_{fN}）应大于或等于电路的工作电流（I_e），即$I_{fN} \geqslant I_e$。

（3）保护一台异步电动机时，考虑电动机冲击电流的影响，熔体的额定电流按下式计算：

$$I_{fN} \geqslant (1.5 \sim 2.5) I_N$$

（4）保护多台异步电动机时，若各台电动机不同时启动，则熔体的额定电流应按下式计算：

$$I_{fN} \geqslant (1.5 \sim 2.5) I_{Nmax} + \sum I_N$$

式中 I_{Nmax}——容量最大的一台电动机的额定电流；

$\sum I_N$——其余电动机额定电流的总和。

四、主令电器

主令电器是用来发布命令、改变控制系统工作状态的电器，它可以直接作用于控制电路，也可以通过电磁式电器的转换实现对电路的控制。其主要类型有控制按钮、行程开关、接近开关、万能转换开关、凸轮控制器等。

（一）控制按钮

控制按钮是一种典型的主令电器，其作用通常是短时间内接通或断开小电流的控制电路，从而控制电动机或其他电器设备的运行。

1. 控制按钮的结构与符号

常用控制按钮的外形与符号如图5-6所示。

典型控制按钮的内部结构如图5-7所示。

（a）LA10系列按钮　（b）LA18系列按钮　（c）LA19系列按钮

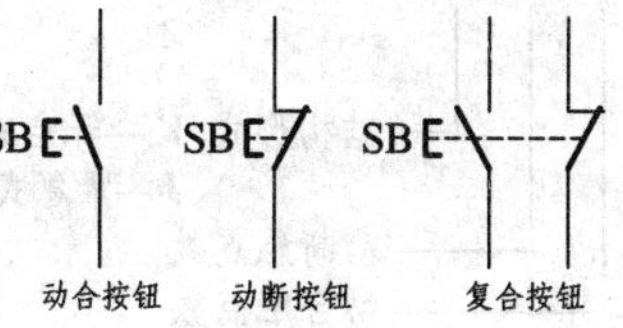

（d）符号

图 5-6　常用控制按钮的外形结构与符号

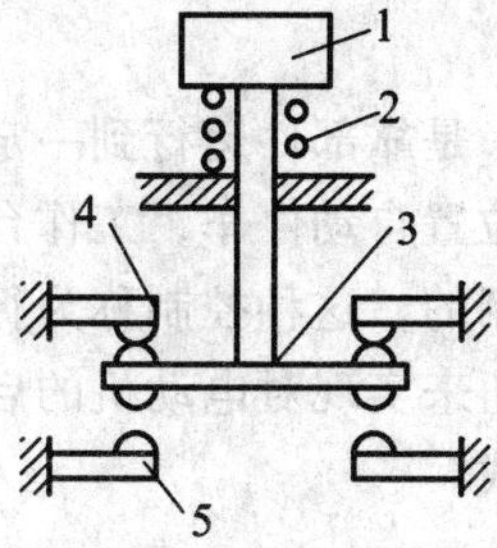

图 5-7　典型控制按钮的内部结构

1—按钮帽；2—复位弹簧；3—桥式触头；4—常闭触头或动断触头；5—常开触头或动合触头

2. 控制按钮的种类及动作原理

1）按结构形式分

① 旋钮式——用手动旋钮进行操作。

② 指示灯式——按钮内装入信号灯显示信号。

③ 紧急式——装有蘑菇型钮帽，以示紧急动作。

2）按触点形式分

① 动合按钮——外力未作用时（手未按下），触点是断开的，外力作用时，触点闭合，但外力消失后，在复位弹簧作用下自动恢复原来的断开状态。

② 动断按钮——外力未作用时（手未按下），触点是闭合的，外力作用时，触点断开，但外力消失后在复位弹簧作用下恢复原来的闭合状态。

③ 复合按钮——既有动合按钮，又有动断按钮的按钮组，称为复合按钮。按下复合按钮时，所有的触点都改变状态，即动合触点要闭合，动断触点要断开。但是，两对触点的变化是有先后次序的：按下按钮时，动断触点先断开，动合触点后闭合；松开按钮时，动合触点先复位，动断触点后复位。

3. 控制按钮的型号含义

控制按钮的型号表示方法及含义如下：

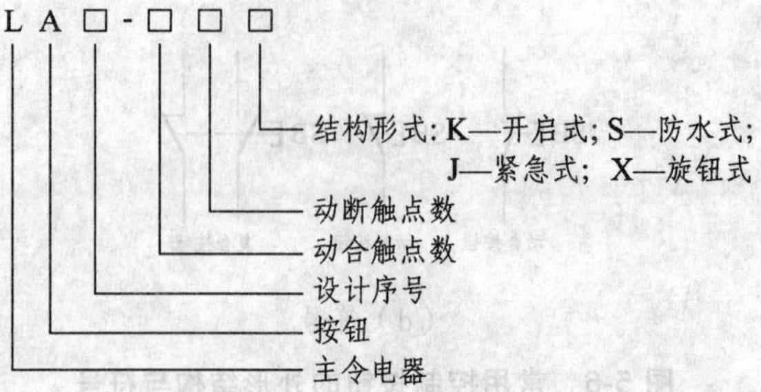

（二）行程开关

某些生产机械运动状态的转换，是靠部件运行到一定位置时由行程开关发出信号进行自动控制的。例如，行车运动到终端位置自动停车，工作台在指定区域内的自动往返移动，都是根据运动部件的位置或行程来控制的，这种控制称为行程控制。

行程控制是以行程开关代替按钮来实现对电动机的启动和停止控制，可分为限位断电、限位通电和自动往复循环等控制方式。

1. 行程开关的外形及符号

机械式行程开关的外形及符号如图 5-8 所示。

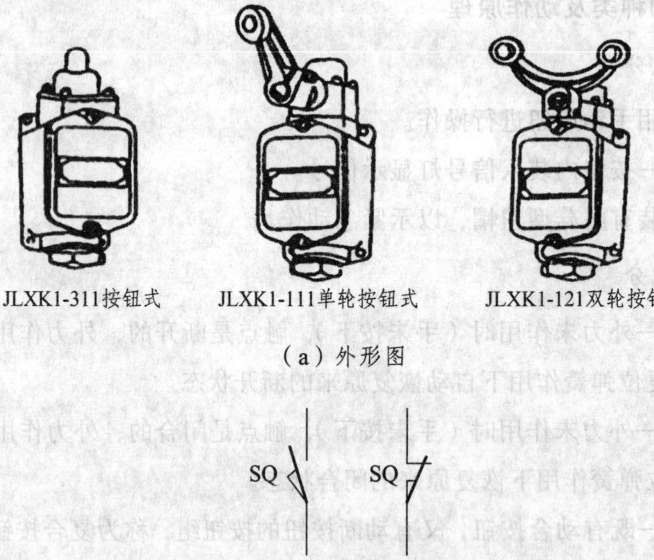

（b）符号

图 5-8 行程开关的外形结构及符号

2. 行程开关的工作原理

行程开关的工作原理为：当生产机械的运动部件到达某一位置时，运动部件上的挡块碰压行程开关的操作头，使行程开关的触头改变状态，对控制电路发出接通、断开或变换某些控制的指令，以达到设定的控制要求。图 5-9 是行程开关的动作原理图。

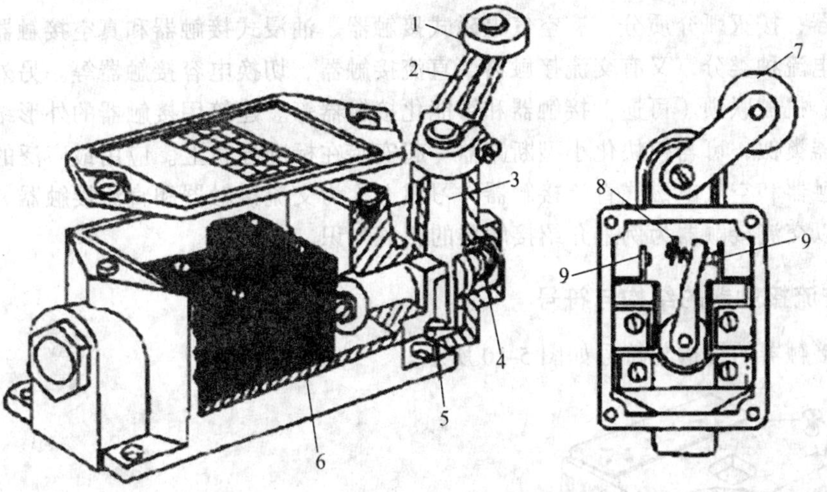

图 5-9 行程开关的动作原理图

1、7—滚轮；2—杠杆；3—轴；4—复位弹簧；5—撞块；6—微动开关；8—动触头；9—静触头

3. 行程开关的型号含义

行程开关的型号含义如下：

L X □-□ □ □

- L：主令电器
- X：行程开关
- □：设计序号
- □（-后第一位）：0: 无滚轮；1: 单滚轮；2: 双滚轮；3: 直动无滚轮；4: 直动带滚轮
- □（第二位）：0: 只有径向传动杆；1: 滚轮装在传动杆外侧；2: 滚轮装在传动杆内侧；3: 滚轮装在传动杆凹槽内侧
- □（第三位）：1: 自动复位；2: 不能自动复位

J L X K 1-□ □ □

- J：机床电器
- L：主令电器
- X：行程开关
- K：快速
- 1：设计序号
- □（-后第一位）：1: 单滚轮；2: 双滚轮；3: 直动无滚轮；4: 直动带滚轮
- □（第二位）：常开触点数
- □（第三位）：常闭触点数

任务三　接触器

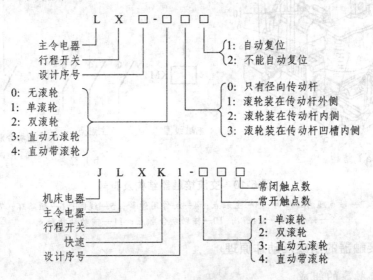

接触器是一种适合在低压配电系统中远距离控制、频繁操作交、直流主电路及大容量控制电路的自动控制开关电器。它主要应用于自动控制交、直流电动机，电热设备，电容器组等设备。

接触器具有强大的执行机构、大容量的主触头及迅速熄灭电弧的能力。当系统发生故障时，它能根据故障检测元件所给出的动作信号，迅速、可靠地切断电源，并具有低压释放功能。其与保护电器组合可构成各种电磁启动器，用于电动机的控制及保护。

接触器的分类有几种不同的方式，如按操作方式分，有电磁接触器、气动接触器和电磁气动接触器；按灭弧介质分，有空气电磁式接触器、油浸式接触器和真空接触器等；按主触头控制的电流种类分，又有交流接触器、直流接触器、切换电容接触器等。另外，还有建筑用接触器、机械联锁（可逆）接触器和智能化接触器等。建筑用接触器的外形结构与模块化小型断路器类似，可与模块化小型断路器一起安装在标准导轨上。应用最广泛的是空气电磁式交流接触器和空气电磁式直流接触器，习惯上称为交流接触器和直流接触器。

以下以交流接触器为例来介绍接触器的相关知识。

1. 交流接触器的结构与符号

交流接触器的结构与符号如图 5-10 所示。

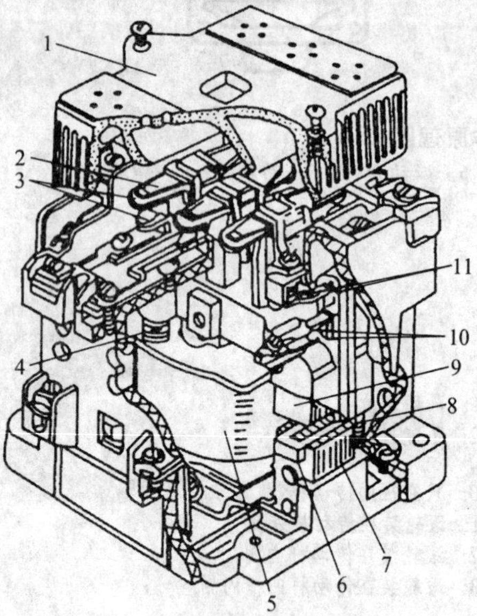

（a）结构

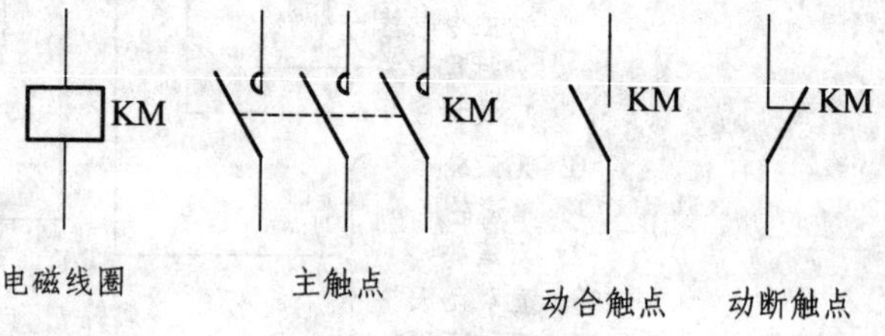

（b）符号

图 5-10 交流接触器结构及符号

1—灭弧罩；2—触点压力弹簧片；3—主触点；4—反作用弹簧；5—线圈；6—短路环；7—静铁心；8—弹簧；9—动铁心；10—辅助动合触点；11—辅助动断触点

2. 交流接触器的组成及动作原理

1）交流接触器的组成

（1）电磁机构。

电磁机构用来操作触点的闭合和分断，它由静铁心、线圈和衔铁三部分组成。交流接触器的电磁系统有两种基本类型：衔铁做绕轴运动的拍合式电磁系统和衔铁做直线运动的直线运动式电磁系统。交流电磁铁的线圈一般采用电压线圈（直接并联在电源电压上的具有较高阻抗的线圈），通以单相交流电。为减少交变磁场在铁心中产生的涡流损耗与磁滞损耗，防止铁心过热，其铁心一般用硅钢片叠铆而成。因交流接触器励磁线圈电阻较小（主要由感抗限制线圈电流），故铜损引起的发热不多。为了增加铁心的散热面积，线圈一般做成短而粗的圆筒形。

（2）主触点和灭弧系统。

主触点用以通断电流较大的主电流，一般由接触面积较大的常开触点组成。交流接触器在分断大电流电路时，往往会在动、静触点之间产生很强的电弧，因此，容量较大（20 A以上）的交流接触器均装有灭弧罩，有的还有栅片或磁吹灭弧装置。

（3）辅助触点。

辅助触点用以通断小电流的控制电路，它由常开触点和常闭触点成对组成。辅助触点不装设灭弧装置，所以它不能用来分合主电路。

（4）反力装置。

反力装置由释放弹簧和触点弹簧组成，且它们均不能进行弹簧松紧的调节。

（5）支架和底座。

支架和底座用于接触器的固定和安装。

2）交流接触器的动作原理

当交流接触器线圈通电后，在铁心中产生磁通，由此在衔铁气隙处产生吸力，使衔铁产生闭合动作，主触点在衔铁的带动下也闭合，于是接通了主电路。同时，衔铁还带动辅助触点动作，使原来打开的辅助触点闭合，原来闭合的辅助触点打开。当线圈断电或电压显著降低时，吸力消失或减弱，衔铁在释放弹簧的作用下打开，主、辅触点又恢复到原来状态。

交流接触器的动作原理如图 5-11 所示。

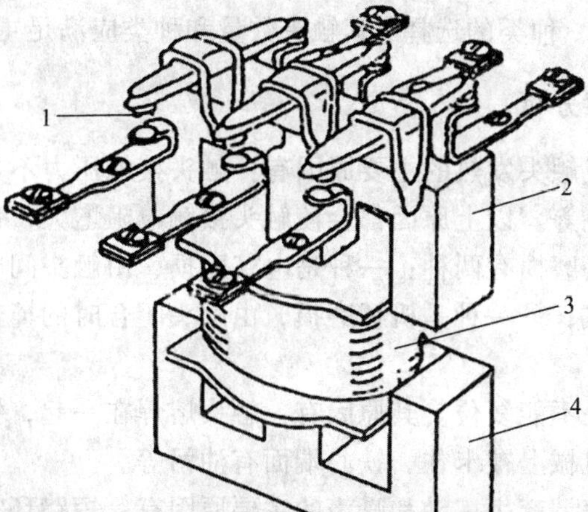

图 5-11　交流接触器动作原理图

1—主触头；2—动触头；3—电磁线圈；4—静铁心

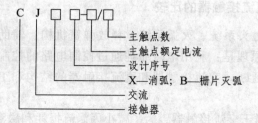

3. 接触器的型号含义

接触器的型号含义如下：

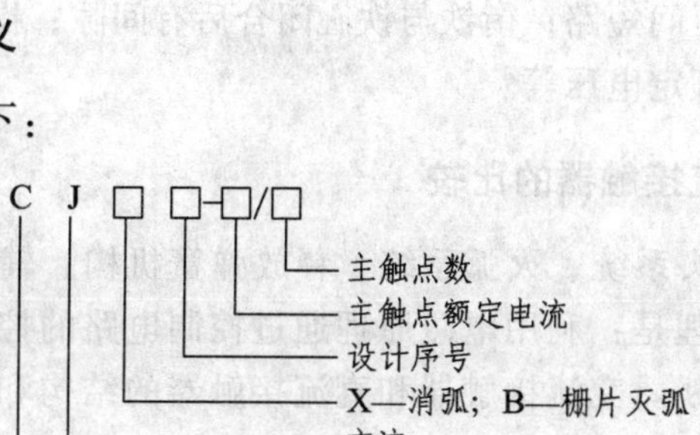

目前我国常用的交流接触器主要有 CJ20、CJXI、CJXZ、CJ12 和 CJ10 等系列，引进产品应用较多的有德国 BBC 公司制造生产的 B 系列、德国 SIEMENS 公司的 3TB 系列、法国 TE 公司的 LCI 系列等。

4. 交流接触器的选择

（1）接触器类型的选择：根据接触器所控制的负载性质来选择接触器的类型。

（2）额定电压的选择：接触器的额定电压应大于或等于负载回路的电压。

（3）额定电流的选择：接触器的额定电流应大于或等于被控回路的额定电流。

对于电动机负载，接触器的额定电流可按如下经验公式计算：

$$I_c = P_N \times 10^3 / KU_N$$

式中，I_c 为接触器主触头电流，A；P_N 为电动机的额定功率，W；U_N 为电动机的额定电压，V；K 为经验系数，一般取 1 ~ 1.4。

所选接触器的额定电流应大于 I_c，也可查阅手册后根据其技术数据来确定。接触器如果使用在频繁启动、制动和正反转的场合时，一般其额定电流降一个等级来选用。

（4）吸引线圈额定电压的选择：吸引线圈的额定电压应与所接控制电路的电压一致。

（5）接触器触头数量、种类的选择：其触头数量和种类应满足主电路和控制线路的要求。

5. 接触器常见故障分析

（1）触头过热。造成触头发热的主要原因有：触头接触压力不足，触头表面接触不良，触头表面被电弧灼伤烧毛等。以上原因都会使触头接触电阻增大，使触头过热。

（2）触头磨损。触头磨损有两种：一种是电气磨损，由触头间电弧或电火花的高温使触头金属气化和蒸发所造成；另一种是机械磨损，由触头闭合时的撞击、触头表面的滑动摩擦等造成。

（3）线圈断电后触头不能复位。其原因有：触头熔焊在一起，铁心剩磁太大，反作用弹簧弹力不足，活动部分机械上被卡住，铁心端面有油污等。

（4）衔铁震动和噪声。产生震动和噪声的主要原因有：短路环损坏或脱落；衔铁歪斜或铁心端面有锈蚀、尘垢，使动、静铁心接触不良；反作用弹簧弹力太大；活动部分机械上卡阻而使衔铁不能完全吸合等。

（5）线圈过热或烧毁。线圈中流过的电流过大时，就会使线圈过热甚至烧毁。发生线圈电流过大的原因有：线圈匝间短路；衔铁与铁心闭合后有间隙；操作频繁，超过了允许操作频率；外加电压高于线圈额定电压等。

6. 交流接触器与直流接触器的比较

接触器由磁系统、触头系统、灭弧系统、释放弹簧机构、辅助触头及基座等几部分组成。接触器的基本工作原理是：利用电磁原理通过控制电路的控制和可动衔铁的运动来带动触头，控制主电路的通断。交流接触器和直流接触器的结构和工作原理基本相同，但也有不同之处。

在电磁机构方面，对于交流接触器，为了减小因涡流损耗和磁滞损耗造成的能量损失和温升，铁心和衔铁用硅钢片叠成。线圈绕在骨架上做成扁而厚的形状，与铁心隔离，这样有利于铁心和线圈的散热。而对于直流接触器，由于铁心中不会产生涡流损耗和磁滞损耗，所以不会发热，铁心和衔铁用整块电工软钢做成。为使线圈散热良好，通常将线圈绕制成高而薄的圆筒状，且不设线圈骨架，使线圈和铁心直接接触以利于散热。大容量的直流接触器往往采用串联双绕组线圈，一个为启动线圈，另一个为保持线圈，接触器本身的一个常闭辅助触头与保持线圈并行连接。在电路刚接通的瞬间，保持线圈被常闭触头短接，这样可使启动线圈获得较大的电流和吸力。当接触器动作后，常闭触头断开，两线圈串联通电，由于电源电压不变，所以电流减小，但仍可保持衔铁吸合的状态，因而可以减少能量损耗且能够延长电磁线圈的使用寿命。中小容量的交、直流接触器的电磁机构一般都采用直动式磁系统，大容量的采用绕棱角转动的拍合式电磁铁结构。

接触器的触头可分为两类：主触头和辅助触头。中小容量的交、直流接触器的主、辅触头一般都采用直动式双断点桥式结构设计，大容量的主触头采用转动式单断点指型触头。交流接触器的主触头流过交流主回路电流，产生的电弧也是交流电弧；直流接触器主触头流过直流主回路电流，产生的电弧也是直流电弧。由于直流电弧比交流电弧更难以熄灭，直流接触器常采用磁吹式灭弧装置灭弧，交流接触器常采用多纵缝灭弧装置灭弧。接触器的辅助触头用于控制回路，可根据需要按使用类别选用。

任务四　继电器

继电器是一种能够根据某种物理量的变化，使其自身的执行机构动作的电器。它由输入电路（又称感应元件）和输出电路（又称执行元件）组成。执行元件触点通常接在控制电路中。当感应元件中的输入量（如电流、电压、温度、压力等）变化到一定值时，继电器动作，执行元件便接通或断开控制电路，以达到控制或保护的目的。

继电器的种类很多，主要按以下方法分类：

（1）按用途分：控制继电器、保护继电器等。

（2）按动作原理分：电磁式继电器、感应式继电器、热继电器、机械式继电器、电动式继电器、电子式继电器等。

（3）按动作信号分：电流继电器、电压继电器、时间继电器、速度继电器、温度继电器、压力继电器等。

（4）按动作时间分：瞬时继电器、延时继电器。

在电力系统中，用得最多的是电磁式继电器。本节主要介绍热继电器和时间继电器。

一、热继电器

电动机在实际运行中经常遇到过载的情况。若电动机过载不大，时间较短，电动机绕组的温升不超过允许值，这种过载是允许的。但若电动机过载时间长，过载电流大，电动机绕组的温升就会超过允许值，使电动机绕组绝缘老化，缩短电动机的使用寿命，严重时甚至会使电动机绕组烧毁。所以，这种过载现象是电动机不能承受的。热继电器就是利用电流的热效应原理，在出现电动机不能承受的过载时切断电动机电路，为电动机提供过载保护的保护电器。热继电器可以根据过载电流的大小自动调整动作时间，具有反时限保护特性。即过载电流大，动作时间短；过载电流小，动作时间长；当电动机的工作电流为额定电流时，热继电器应长期不动作。

热继电器主要用于电动机的过载保护、断相保护、电流不平衡运行的保护及其他电气设备发热状态的控制。

1. 热继电器的结构及符号

热继电器的结构及符号如图 5-12 所示。

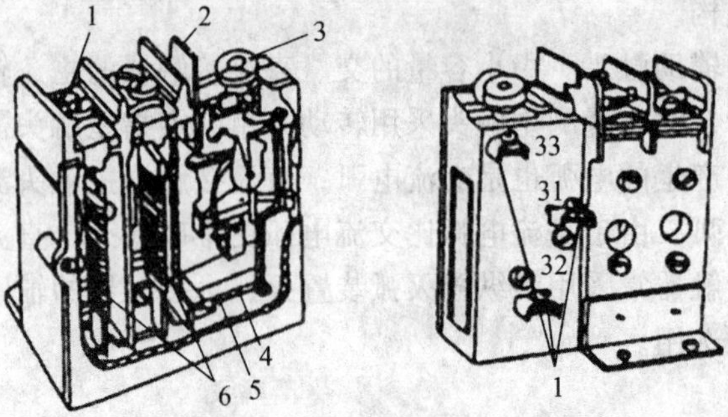

（a）结构

（b）符号

图 5-12　热继电器结构及符号

1—接线柱；2—复位按钮；3—调节旋钮；4—动断触点；5—动作机构；6—热元件

2. 热继电器的动作原理

热继电器的动作原理如图 5-13 所示。

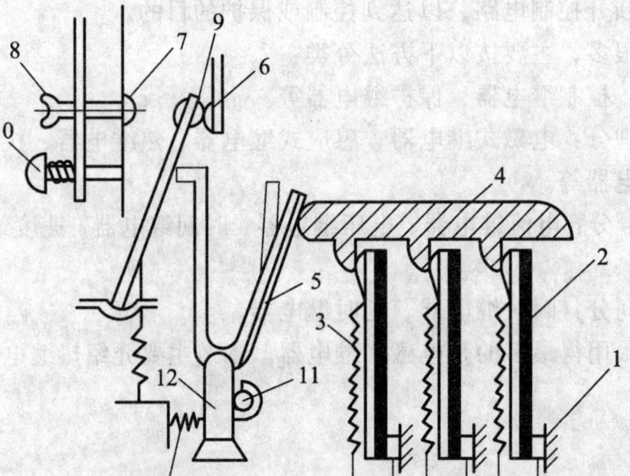

图 5-13　热继电器动作原理示意图

1—推杆；2—主双金属片；3—加热元件；4—导板；5—补偿双金属片；6—静触点；7—静触点；8—复位调节螺钉；9—动触点；10—复位按钮；11—调节旋钮；12—支撑件；13—弹簧

使用时，将热继电器的三相热元件分别串接在电动机的三相主电路中，动断触点串接在控制电路的接触器线圈回路中。当电动机过载时，流过电阻丝（热元件）的电流增大，电阻丝产生的热量使金属片弯曲。经过一定时间后，弯曲位移增大，推动导板移动，使其动断触点断开，动合触点闭合，从而使接触器线圈断电，接触器触点断开，将电源切除。

3. 热继电器的型号含义

JR16、JR20 系列是目前广泛应用的热继电器，其型号含义如下：

J R □-□/□ D

- D —— 带断相保护
- 第三个□ —— 极数
- 第二个□ —— 额定电流
- 第一个□ —— 设计序号
- R —— 热
- J —— 继电器

4. 热继电器的选用

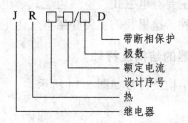

选用热继电器应考虑的因素主要有：额定电流或热元件的整定电流应大于被保护电路或设备的正常工作电流；作为电动机的保护时，要考虑其型号、规格和特性、正常启动时的启动时间和启动电流、负载的性质等；对于星形连接的电动机，可选两相或三相结构的热继电器，对于三角形连接的电动机，应选择带断相保护的热继电器；所选用的热继电器的整定电流通常与电动机的额定电流相等。

总之，选用热继电器要注意以下几点：

（1）先由电动机额定电压和额定电流计算出热元件的电流范围，然后选型号及电流等级。例如：电动机额定电流 $I_N = 14.7$ A，则可选 JR0-40 型热继电器，因其热元件电流 $I_R = 16$ A，工作时将热元件的动作电流整定在 14.7 A。

（2）要根据热继电器与电动机的安装条件和环境的不同，对热元件的电流做适当调整。如高温场合，热源间的电流应放大 1.05 ~ 1.20 倍。

（3）设计成套电气装置时，热继电器应尽量远离发热电器。

（4）通过热继电器的电流与整定电流之比称为整定电流倍数。其值越大，发热越快，动作时间越短。

（5）对于点动、重载启动、频繁正反转及带反接制动的电动机，一般不用热继电器作过载保护。

二、时间继电器

感受部分在感受到外界信号后，经过一段时间才能使执行部分动作的继电器，叫作时间继电器。即当吸引线圈通电或断电以后，其触头经过一定延时后才动作，以控制电路的接通或分断。它被广泛用来控制生产过程中按时间原则制定的工艺程序，如作为绕线式异步电动机启动时切断转子电阻的加速继电器，笼型电动机 Y-△启动时改变电动机连接方式的继电器等。

时间继电器的型号含义如下：

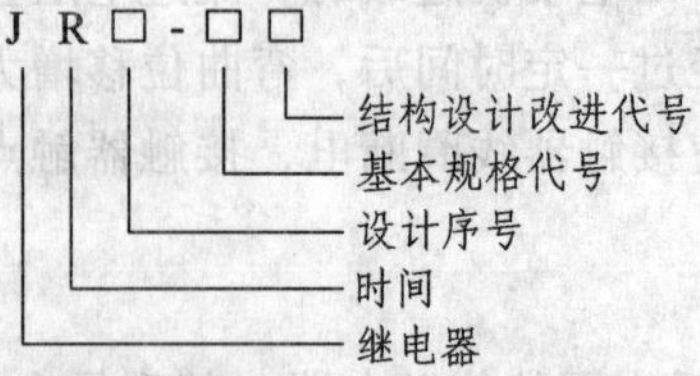

时间继电器的种类很多，主要有电磁式、空气阻尼式、电动式、电子式等几大类。延时方式有通电延时和断电延时两种。这里我们主要介绍空气阻尼式时间继电器。

1. 空气阻尼式时间继电器的结构及符号

空气阻尼式时间继电器的结构及符号如图 5-14 所示。

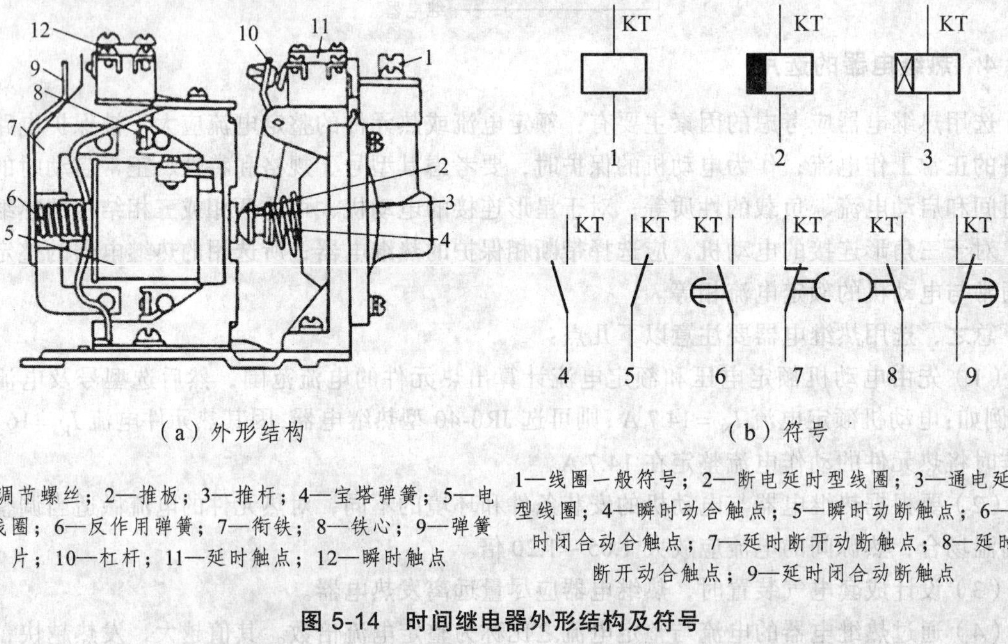

（a）外形结构

1—调节螺丝；2—推板；3—推杆；4—宝塔弹簧；5—电磁线圈；6—反作用弹簧；7—衔铁；8—铁心；9—弹簧片；10—杠杆；11—延时触点；12—瞬时触点

（b）符号

1—线圈一般符号；2—断电延时型线圈；3—通电延时型线圈；4—瞬时动合触点；5—瞬时动断触点；6—延时闭合动合触点；7—延时断开动断触点；8—延时断开动合触点；9—延时闭合动断触点

图 5-14 时间继电器外形结构及符号

空气阻尼式时间继电器又称气囊式时间继电器，它利用空气阻尼作用达到延时目的。它由电磁机构、延时机构和触点组成。空气阻尼式时间继电器的电磁机构有交流和直流两种。其延时方式有通电延时和断电延时（改变电磁机构位置，将电磁机构翻转 180° 安装）。当动铁心（衔铁）位于静铁心和延时机构之间时为通电延时型，当静铁心位于动铁心和延时机构之间时为断电延时型。

2. 动作原理

图 5-15 为 JS7-A 系列时间继电器的结构示意图。

现以通电延时型为例说明其工作原理。当线圈 1 得电后衔铁（动铁心）3 吸合，活塞杆 6 在塔形弹簧 8 的作用下带动活塞 12 及橡皮膜 10 向上移动，橡皮膜下方空气室变得稀薄，形

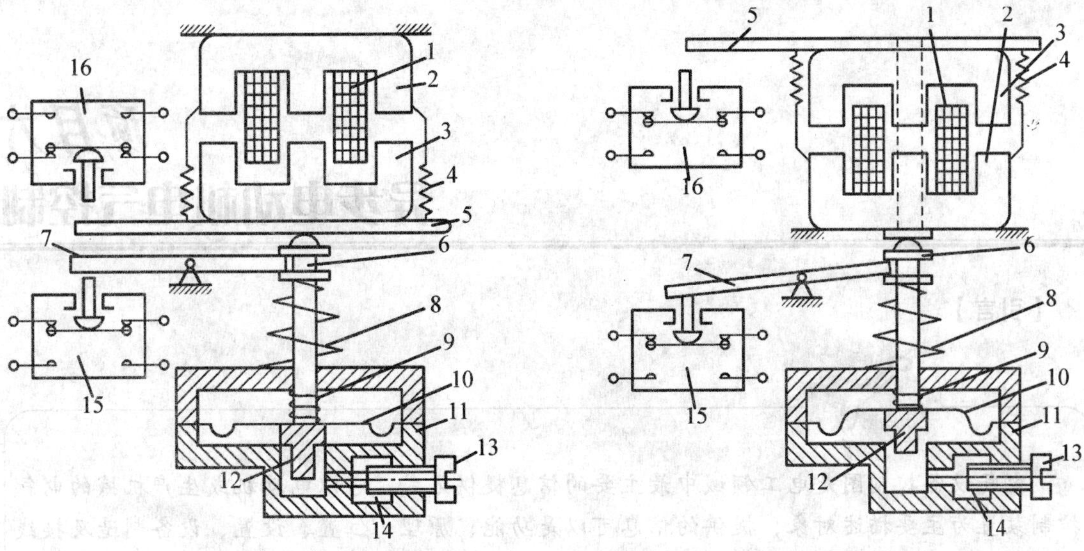

图 5-15　时间继电器结构示意图

1—线圈；2—铁心；3—衔铁；4—复位弹簧；5—推板；6—活塞杆；7—杠杆；8—塔形弹簧；9—弱弹簧；10—橡皮膜；11—空气室壁；12—活塞；13—调节螺钉；14—进气孔；15、16—微动开关

成负压，活塞杆只能缓慢移动，其移动速度由进气孔气息的大小决定。经一段延时后活塞杆通过 7 压动微动开关 15，使其触点动作，起到通电延时的作用。当线圈断电时，衔铁释放，橡皮膜下方空气室内的空气通过活塞肩部所形成的单向阀迅速地排出，使活塞杆、杠杆、微动开关等迅速复位。从线圈得电到触点动作的一段时间即为时间继电器的延时时间，其大小可以通过调节螺钉 13 调节进气孔气隙大小来改变。

断电延时型的结构、工作原理与通电延时型相似，只是电磁铁安装方向不同，即当衔铁吸合时推动活塞复位，排出空气。当衔铁释放时，活塞杆在弹簧作用下使活塞向下移动，实现断电延时。

在线圈通电和断电时，微动开关 16 在推板 5 的作用下都能瞬时动作，其触点即时间继电器的瞬时动触点。

空气阻尼式时间继电器的延时时间有 0.4 ~ 180 s 和 0.4 ~ 60 s 两种规格，具有延时范围宽、结构简单、工作可靠、价格低廉、寿命长等优点，是交流控制线路中常用的时间继电器。它的缺点是延时误差大（±10% ~ ±20%），无调节刻度指示，难以精确地整定延时值。在对延时精度要求高的场合下，不宜使用这种时间继电器。

习　题

1. 常见的低压电器有哪些？
2. 简述熔断器的工作原理。
3. 交流接触器由哪几部分组成？

项目六
异步电动机电气控制

【引言】

电气设备控制图是电工领域中最主要的信息提供方式，它以电动机或生产机械的电气控制装置为主要描述对象，提供的信息可以是功能、原理、位置、设置、设备制造及接线等。会看图和看懂图是电工的一项基本技能，也是进行电气设备安装、维护和检修的前提条件。

【学习目标】

（1）了解电气控制图的类型。

（2）掌握电气控制图的绘制原则。

（3）了解典型电气控制线路的原理和工作特点。

（4）掌握按钮控制的电动机正反转控制电路的设计。

（5）掌握 Y-△降压启动控制线路、自耦变压器降压启动控制线路。

（6）掌握反接制动控制线路、能耗制动控制线路。

任务一　电气控制图

一、电气控制图的种类

由按钮、开关、接触器、继电器等基础电器按一定的逻辑关系组成的电路称为电气控制线路。根据不同的电气工程需求，电气控制线路分为控制线路图、控制接线图和平面布置图三种。各种图的命名方式主要是根据其所表达的信息的类型和表达方式确定的。

控制线路图（电气原理图）主要表明电气设备和元器件的用途、作用和工作原理。其作用是：便于操作者详细了解其控制对象的工作原理；用以指导安装、调试与维修电路以及为绘制接线图提供依据。

控制接线图主要表示电气设备和元器件的位置、配线方式和接线关系，不明显表示电气动作原理。在绘制时，不但要画出控制柜内部各电气元件之间的连接方式，还要画出外部相关电器的连接方式。图中的回路标号是电气设备之间、电气元件之间、导线与导线之间的连接标记，其文字符号和数字符号应与电气原理图中的标号一致。

平面布置图主要用来表明电气系统中所有电气元件的实际位置，为生产机械电气控制设备的制造、安装提供必要的资料。一般情况下，平面布置图是与电气安装接线图组合在一起使用的，这样既起到电气安装接线图的作用，又能清晰表示出所使用的电器的实际安装位置。

图 6.1 所示为电动机电气控制图示例。

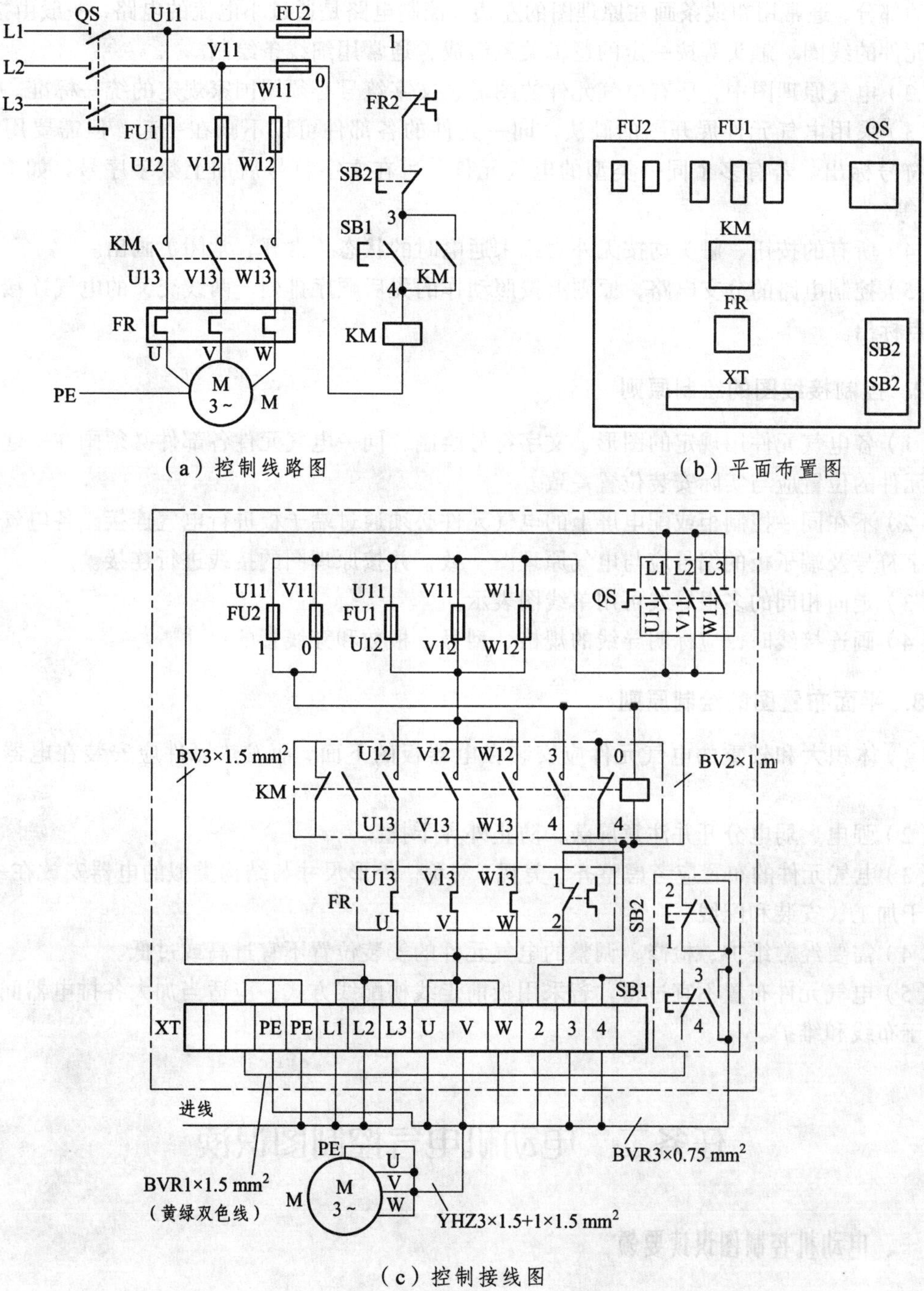

（a）控制线路图

（b）平面布置图

（c）控制接线图

图 6-1　电动机电气控制图示例

二 电气控制图绘制原则

1. 控制线路图的绘制原则

（1）电气原理图分为主电路和控制电路。主电路包括从电源到电动机的电路，是大电流通过的部分，通常用粗线条画在原理图的左边。控制电路是通过小电流的电路，一般由按钮、电气元件的线圈、触头等按一定的逻辑关系组成，通常用细线条绘制。

（2）电气原理图中，所有电气元件的图形、文字符号必须用国家规定的统一标准。

（3）采用电气元件展开图的画法。同一元件的各部件可以不画在一起，但需要用同一文字符号标出。若有多个同一类型的电气元件，可在文字符号后加上数字序号，如 KM1、KM2 等。

（4）所有的按钮、触头均按无外力或未通电时的状态（常开、常闭）画出。

（5）控制电路的分支电路，原则上按照动作的先后顺序排列。两线交叉的电气连接点须用黑点标出。

2. 控制接线图的绘制原则

（1）各电气元件用规定的图形、文字符号绘制，同一电气元件各部件必须画在一起。各电气元件的位置应与实际安装位置一致。

（2）不在同一控制柜或配电屏上的电气元件必须通过端子板进行电气连接。各电气元件的文字符号及端子板的编号应与电气原理图一致，并按原理图的接线进行连接。

（3）走向相同的多根导线可用单线图表示。

（4）画连接线时，应标明导线的规格、型号、根数和穿线管的尺寸。

3. 平面布置图的绘制原则

（1）体积大和较重的电气元件应安装在电器板的下面，而发热元件应安装在电器板的上面。

（2）强电、弱电分开并注意屏蔽，防止外界干扰。

（3）电气元件的布置应考虑整齐、美观、对称。外形尺寸与结构类似的电器安放在一起，以便于加工、安装和配线。

（4）需要经常维护、检修、调整的电气元件的安装位置不宜过高或过低。

（5）电气元件布置不宜过密，若采用板前走线槽配线方式，应适当加大各排电器间距，以便于布线和维护。

任务二 电动机电气控制图识读

一、电动机控制图识读要领

关于电动机控制系统电气图的识读，需要抓住以下 8 个要领：

识图注意抓重点，图样说明先搞清。
主辅电路有区别，交流直流要分清。
读图次序应遵循，先主后辅思路清。
细细解读主电路，设备电源当查清。
辅助电路较复杂，各条回路须理清。
各个元件有联系，功能作用应弄清。
控制关系讲条件，动作情况看得清。
综合分析与归纳，一个图样识得清。

识图注意抓重点，图样说明先搞清——图样说明包括图样目录、技术说明、元件明细表和施工说明书等。识图时，首先看图样说明，搞清设计内容和施工要求，这有助于了解图样的大体情况，抓住识图重点。

主辅电路有区别，交流直流要分清——电动机控制系统电气图包括电源电路、主电路和辅助电路。看电源时还要了解电源的种类和电压等级。主电路的电源有直流电源和交流电源两种。直流电源的电压等级有 660 V、220 V、110 V、24 V、12 V 等；交流电源的电压等级有 380 V、220 V、110 V、36 V、24 V 等，频率为 50 Hz。辅助电路的电源也有直流和交流两类。辅助电路所用交流电源的电压一般为 380 V 或 220 V，频率为 50 Hz。辅助电路的电源若引自三相电源的两根相线，则电压为 380 V；若引自三相电源的一根相线和一根中性线，则电压为 220 V。辅助电路常用直流电源的电压等级有 110 V、24 V、12 V 三种。

读图次序应遵循，先主后辅思路清——读图的基本步骤是先看主电路，后看辅助电路，并根据辅助电路各回路中控制元件的动作情况，研究辅助电路如何对主电路进行控制。

细细解读主电路，设备电源当查清——电动机所在的电路是主电路，看图时首先要看清楚主电路中有几个用电器（如电动机、电炉等），它们的类别、用途、接线方式以及一些不同的要求等是什么。要看清楚主电路中的用电器是采用什么控制元件进行控制的，是用几个控制元件控制的。实际电路中对用电器的控制有多种方式，有的用电器只用开关控制，有的用电器用启动器控制，有的用电器用接触器或其他继电器控制，有的用电器用程序控制器控制，还有的用电器直接用功率放大集成电路控制。正是由于用电器种类繁多，因此对用电器的控制方式就有很多种，这就要求分析清楚主电路中的用电器与控制元件的对应关系。还要看清楚主电路中除用电器以外的其他元件，以及这些元件所起的作用。如图 6-1（a）中，主电路除了三相异步电动机外，还有接触器 KM 的主触点、热继电器 FR 的发热元件和熔断器 FU1。开关 QS 是总电源开关，熔断器 FU1 是短路保护元件，热继电器 FR 对电路起过载保护作用。

辅助电路较复杂，各条回路须理清——弄清辅助电路中每个控制元件的作用，各控制元件与主电路中用电器的控制关系。辅助电路是一个大回路，而在大回路中经常包含着若干个小回路，在每个小回路中有一个或多个控制元件。一般情况下，主电路中的用电器越多，辅助电路中的小回路和控制元件也就越多。

各个元件有联系，功能作用应弄清——在电路中，所有电气设备、装置和控制元件都不是孤立存在的，而是相互之间有密切的联系：有的元件之间是控制与被控制的关系，有的是相互制约的关系，有的是联动关系。在辅助电路中，控制元件之间的关系也是如此。

控制关系讲条件，动作情况看得清——弄清辅助电路中各控制元件的动作情况和对主电路中用电器的控制作用是看懂电路图的关键。研究辅助电路中各个控制元件之间的约束关系，是分析电路工作原理和看电路图的重要步骤。

综合分析与归纳，一个图样识得清——在识读电路图时，要学会综合分析与归纳，只有搞清各个电气元件的性能、相互控制关系以及在整个电路中的地位和作用，才能搞清电路的工作原理，否则无法看懂电路图。

二、识读电气图的步骤

识读电气图的基本步骤是先看主电路，后看辅助电路。

主电路的识读步骤如下：

第一步，看用电器，弄清楚用电器的数量、类别、用途、接线方式及一些不同的要求等。

第二步，搞清楚用什么元器件控制用电器。

第三步，看主电路中还接有何种电器。

第四步，看电源，了解电源的电压等级。

辅助电路的识读步骤如下：

第一步，看电源，首先弄清电源的种类，其次看清辅助电路的电源来自何处。

第二步，搞清辅助电路如何控制主电路。

第三步，寻找电气元件之间的相互关系。

第四步，看其他电气元件。

三、电气安装图的识读方法

电气安装图（接线图）是以电气原理图为依据绘制的，因此，要对照电气原理图来看接线图。

（1）看接线图时，要先看主电路，再看辅助电路。要根据端子标志、回路标号，从电源端顺次查下去，搞清楚线路的走向和电路的连接方法，即搞清楚每个元器件是如何通过连线构成闭合回路的。

（2）看主电路时，从电源输入端开始，顺次经过控制元件、保护元件、线路和用电设备。这与看电路图时有所不同。

（3）看辅助电路时，要从电源的一端到另一端，按元器件的顺序对每个回路进行分析。接线图中的回路标号（线号）是电气元件间导线连接的标记，标号相同的导线原则上是可以接在一起的。

（4）由于接线图多采用单线表示，因此对导线走向应加以辨别。此外，还要搞清端子板内外电路的连接。内外电路中相同标号的导线要接在端子板的同号触点上。

任务三　电动机启动电气控制图识读

一、电动机的启动方法

1. 电动机的启动方法

对于不同型号、不同功率、不同负载的异步电动机，常采用不同的启动方法，因而控制电路也各不相同。三相异步电动机一般采用：① 直接启动；② 降压启动；③ 电动机转子绕组串电阻启动；④ 频敏变阻器启动等方法。

2. 笼型电动机启动的基本要求

按照《通用用电设备配电设计规范》（GB50055—1993）第 2.3.1 条，笼型电动机启动时，应符合如下规定：“电动机启动时，其端子电压应能保证机械要求的启动转矩，且在配电系统中引起的电压波动不应妨碍其他用电设备的工作”。

电动机启动时对系统各点电压的影响，包括对电动机本身和对其他电气设备的影响两个方面：

（1）应保证电动机启动时不妨碍其他电气设备的工作。《通用用电设备配电设计规范》（GB50055—1993）第 2.3.2 条第一款对配电母线上的电压有如下规定：“在一般情况下，电动机频繁启动时，不宜低于额定电压的 90%；电动机不频繁启动时，不宜低于额定电压的 85%”。

（2）应保证电动机的启动转矩满足其所拖动的机械的要求。启动转矩既要满足其所拖动的机械最小转矩，同时又不应超过其所拖动机械所能承受的最大转矩的要求。

3. 笼型电动机启动方式选择

按照《通用用电设备配电设计规范》（GB50055—1993）第 2.3.3 条，笼型电动机启动方式的选择，应符合以下规定：

（1）当符合下列条件时，笼型电动机应全压启动。

① 电动机启动时，配电母线的电压符合上述“电动机频繁启动时，不宜低于额定电压的 90%；电动机不频繁启动时，不宜低于额定电压的 85%”的要求。

② 所拖动的机械能承受电动机启动时的冲击转矩。

③ 制造厂对电动机的启动方式无特殊规定。

（2）当不符合全压启动的条件时，电动机宜降压启动，或选用其他适当的启动方式。

笼型电动机常用的降压启动方式有：Y-△启动、三相电阻降压启动、自耦变压器降压启动、软启动器降压启动。选用降压启动方式时应考虑校验电动机的端电压，使其满足所拖动机械的最小转矩要求。

二、笼型电动机的直接启动

1. 电动机刀开关控制线路

刀开关控制线路是最简单的控制线路，电动机的启动直接由刀开关控制，如图 6-2 所示。

2. **电动机单向点动控制线路**

点动是指按下按钮时电动机转动，松开按钮时电动机停止。

图 6-3 为电动机单向点动控制线路。SB 是电动机单向点动的控制按钮。

点动控制的操作及动作过程如下：

首先合上电源开关 QS，接通主电路和控制电路的电源。

按下按钮 SB→SB 动合触头接通→接触器 KM 线圈通电→接触器 KM（动合）主触头接通→电动机 M 通电启动并进入工作状态。

松开按钮 SB→SB 动合触头断开→接触器 KM 线圈断电→接触器 KM（动合）主触头断开→电动机 M 断电并进入停止状态。

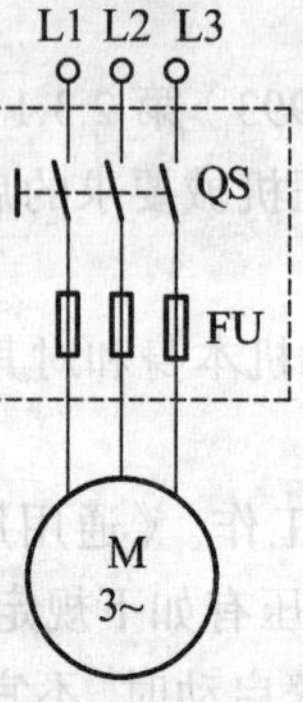

图 6-2 刀开关控制线路

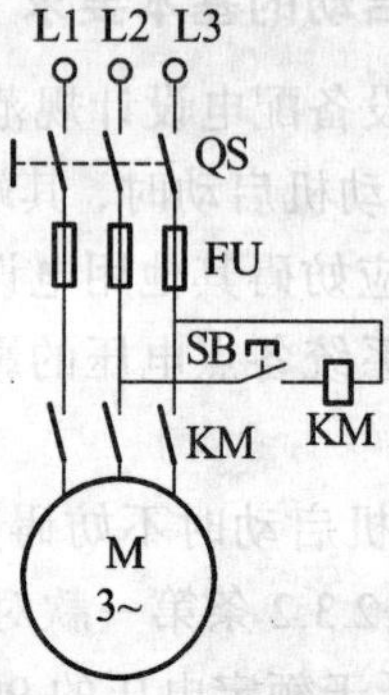

图 6-3 点动控制线路

3. **电动机单向连续运转控制线路**

在各种机械设备上，电动机最常见的一种工作状态是单向连续运转。图 6-4 为电动机单向连续运转控制线路，其中 SB1 为停止按钮，SB2 为启动按钮，FR 为热继电器，M 为三相异步电动机。

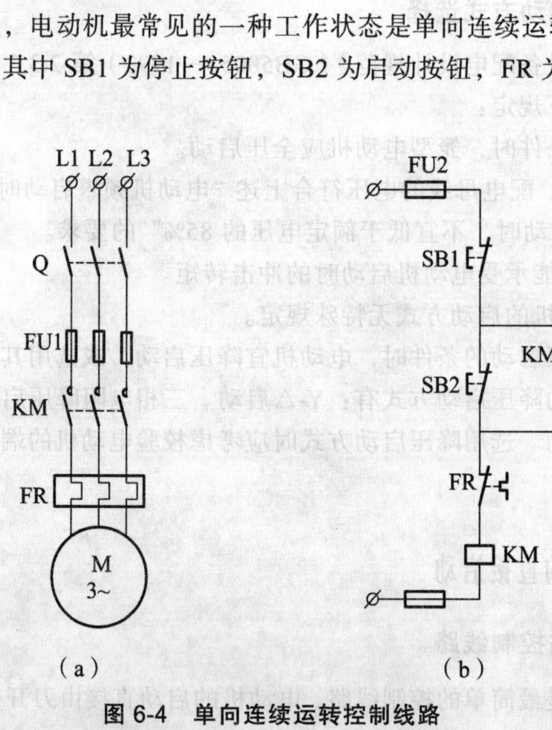

（a）　（b）

图 6-4 单向连续运转控制线路

以下是电动机单向连续运转控制的操作及动作过程：

首先合上电源开关 QS，接通主电路和控制电路的电源。

（1）启动：

按下按钮SB2 → SB2动合触头接通 → 接触器KM线圈通电 →

→ 接触器KM动合辅助触头接通(实现自保持)

→ 接触器KM（动合）主触头接通 → 电动机M通电启动并进入工作状态

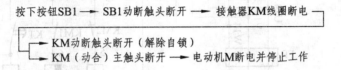

当接触器 KM 常开辅助触头接通后，即使松开按钮 SB2，仍能保持接触器 KM 线圈通电，所以此常开辅助触头称为自保持触头。

（2）停止：

按下按钮SB1 → SB1动断触头断开 → 接触器KM线圈断电 →

→ KM动断触头断开（解除自锁）

→ KM（动合）主触头断开 → 电动机M断电并停止工作

三、笼型电动机的降压启动

（一）定子绕组串接电阻降压启动控制线路

定子绕组串接电阻降压启动是指在电动机启动时，把电阻串接在电动机定子绕组与电源之间，通过电阻的分压作用来降低定子绕组上的启动电压。

时间继电器自动控制电路图如图 6-5（a）所示。这个线路通过时间继电器实现了电动机从降压启动到全压运行的自动控制。只要调整好时间继电器 KT 触头的动作时间，电动机从启动过程切换到运行过程就能准确可靠地完成。

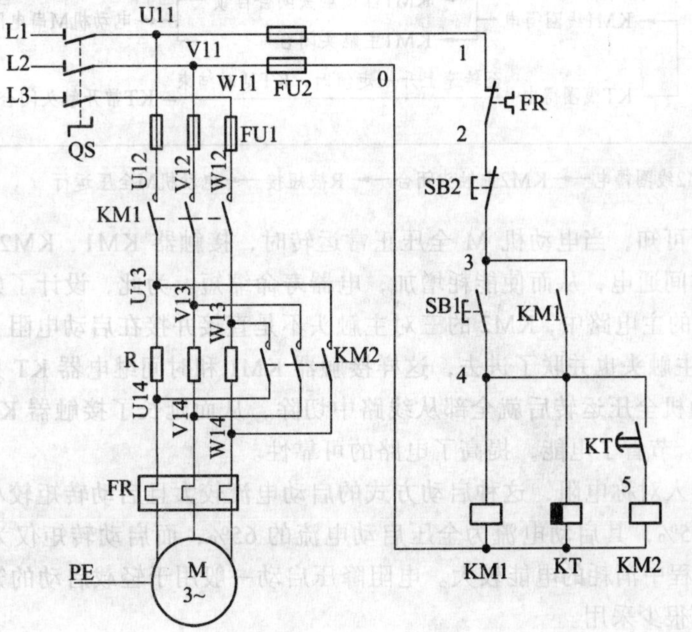

（a）

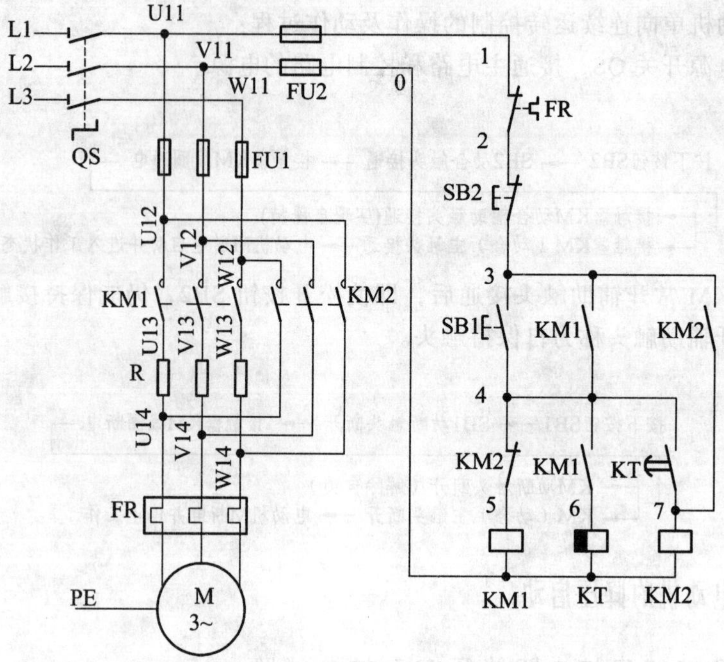

（b）

图 6-5　定子绕组串接电阻降压启动控制线路

线路的工作原理如下：

合上电源开关 QS，按通主电路和控制电路的电源。

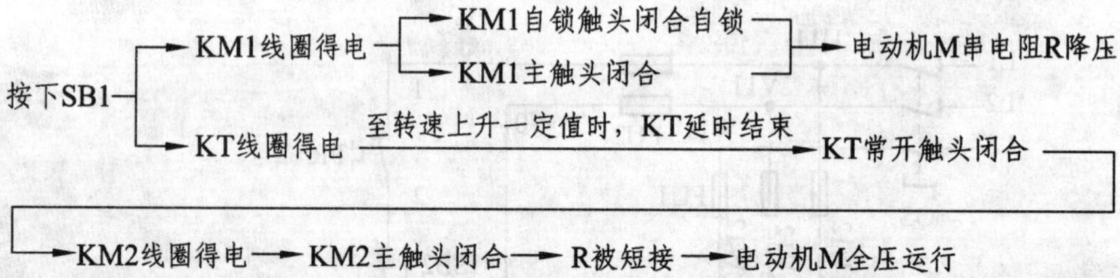

由以上分析可知，当电动机 M 全压正常运转时，接触器 KM1、KM2、时间继电器 KT 的线圈均需长时间通电，从而使能耗增加，电器寿命缩短。为此，设计了如图 6-5（b）所示线路，在该线路的主电路中，KM2 的三对主触头不是直接并接在启动电阻 R 的两端，而是把接触器 KM1 的主触头也并联了进去，这样接触器 KM1 和时间继电器 KT 只作短时间的降压启动用，待电动机全压运转后就全部从线路中切除，从而延长了接触器 KM1 和时间继电器 KT 的使用寿命，节省了电能，提高了电路的可靠性。

定子回路接入对称电阻，这种启动方式的启动电流较大且启动转矩较小。如启动电压降至额定电压的 65%，其启动电流为全压启动电流的 65%，而启动转矩仅为全压启动转矩的 42%，且启动过程中消耗的电能较大。电阻降压启动一般用于轻载启动的笼型电动机，且由于其缺点明显而很少采用。

（二）自耦变压器降压启动控制线路

自耦变压器降压启动是指电动机启动时利用自耦变压器来降低加在电动机定子绕组上的启动电压。图 6-6 是自耦变压器降压启动的原理图，按钮、接触器、中间继电器控制的自耦变压器降压启动控制线路如图 6-7 所示。

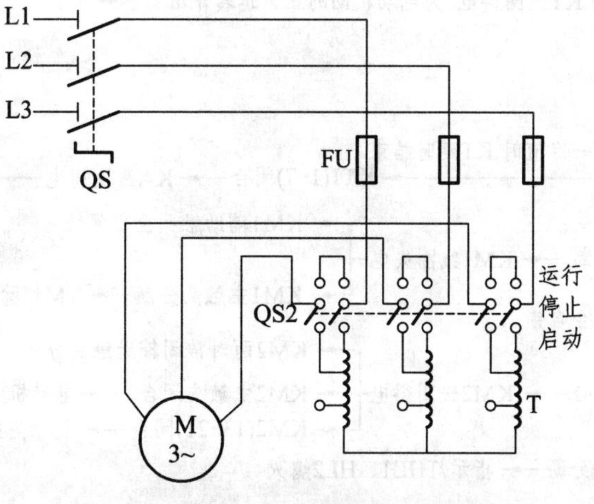

图 6-6　自耦变压器降压启动原理图

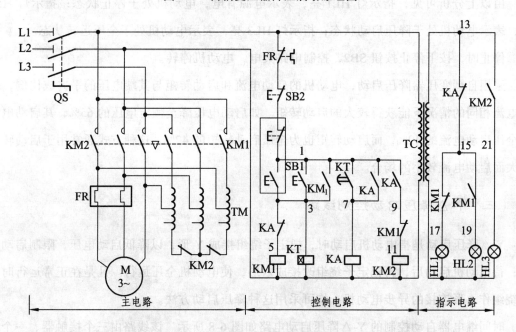

图 6-7　自耦变压器降压启动控制线路

自耦变压器降压启动控制线路的工作原理如下：

合上电源开关 QS，接通主电路和控制电路的电源。

（1）降压启动：

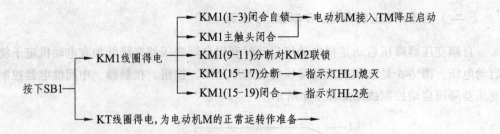

按下SB1—
- → KM1线圈得电
  - → KM1(1-3)闭合自锁 —┐
  - → KM1主触头闭合 —┘→ 电动机M接入TM降压启动
  - → KM1(9-11)分断对KM2联锁
  - → KM1(15-17)分断 → 指示灯HL1熄灭
  - → KM1(15-19)闭合 → 指示灯HL2亮
- → KT线圈得电，为电动机M的正常运转作准备 →

（2）全压启动：

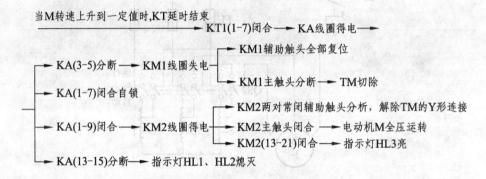

当M转速上升到一定值时，KT延时结束 → KT1(1-7)闭合 → KA线圈得电 →
- → KA(3-5)分断 → KM1线圈失电
  - → KM1辅助触头全部复位
  - → KM1主触头分断 → TM切除
- → KA(1-7)闭合自锁
- → KA(1-9)闭合 → KM2线圈得电
  - → KM2两对常闭辅助触头分析，解除TM的Y形连接
  - → KM2主触头闭合 → 电动机M全压运转
  - → KM2(13-21)闭合 → 指示灯HL3亮
- → KA(13-15)分断 → 指示灯HL1、HL2熄灭

由以上分析可见，指示灯 HL1 亮，表示电源有电，电动机处于停止状态；指示灯 HL2 亮，表示电动机处于降压启动状态；指示灯 HL3 亮，表示电动机处于全压运转状态。

停止时，按下停止按钮 SB2，控制电路失电，电动机停转。

采用自耦变压器降压启动，电动机的启动电流和启动转矩与其端电压的平方成比例，启动电流相同的情况下能获得较大的启动转矩。如启动电压降至额定电压的 65%，其启动电流为全压启动电流的 42%，而启动转矩也为全压启动转矩的 42%。这种方式通常用于启动转矩较大而启动电流较小的场合。

（三）Y-△降压启动控制线路

Y-△降压启动是指电动机启动时，把定子绕组接成 Y 形，以降低启动电压，限制启动电流；待电动机启动后，再把定子绕组改接成△形，使电动机全压运行。凡是在正常运行时定子绕组作△形连接的异步电动机，均可采用这种降压启动方法。

时间继电器自动控制的 Y-△降压启动电路如图 6-8 所示。该线路由三个接触器、一个热继电器、一个时间继电器和两个按钮组成。时间继电器 KT 用于控制 Y 形降压启动的时间和完成 Y-△自动切换。

线路的工作原理如下：

先合上电源开关 QS，接通主电路的控制电路的电源：

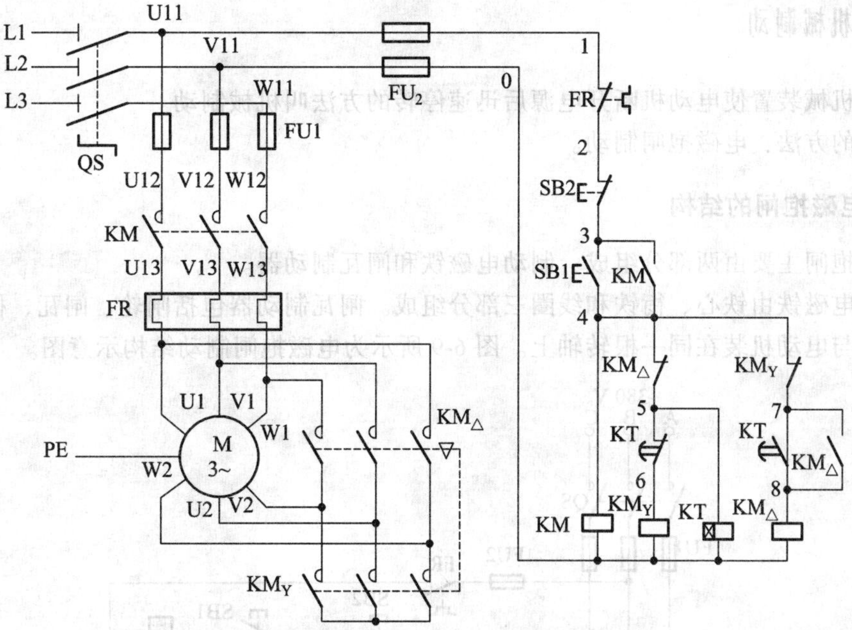

图 6-8　Y-△降压启动控制线路电路图

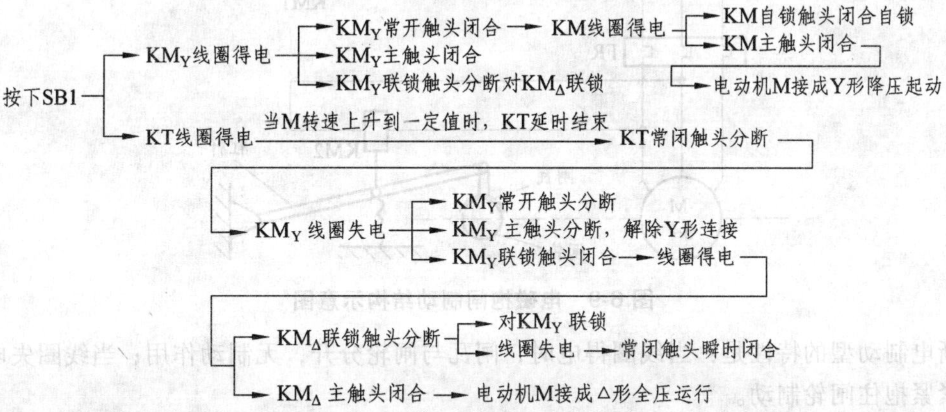

停止时按下 SB2 即可。

Y-△启动适用于正常工作时定子绕组为△连接的电动机，采用这种方式启动时，可使每相定子绕组的电压降低到电源电压的 58%，启动电流为直接启动时的 33%，启动转矩为直接启动时的 33%。启动电流小，启动转矩小。

任务四　三相异步电动机的制动

在按下三相异步电动机停止按钮后，由于惯性电动机不能立即停止转动，还要继续运转一段时间，这在许多场合是不允许的，否则可能引起严重的后果。所谓制动，就是给电动机一个与转动方向相反的转矩使它迅速停转（或限制其转速）。制动的方法一般有两类：机械制动和电气制动。

一、机械制动

利用机械装置使电动机断开电源后迅速停转的方法叫机械制动。

常用的方法：电磁抱闸制动。

1. 电磁抱闸的结构

电磁抱闸主要由两部分组成：制动电磁铁和闸瓦制动器。

制动电磁铁由铁心、衔铁和线圈三部分组成。闸瓦制动器包括闸轮、闸瓦、杠杆和弹簧等。闸轮与电动机装在同一根转轴上。图 6-9 所示为电磁抱闸制动结构示意图。

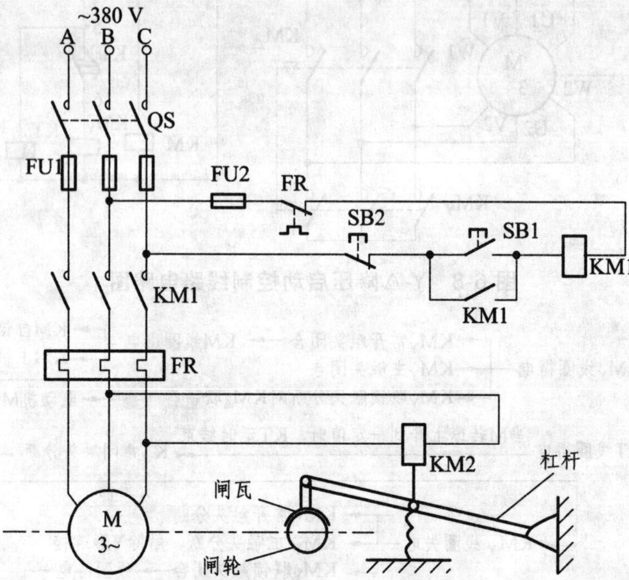

图 6-9　电磁抱闸制动结构示意图

断电制动型的特性是：当线圈得电时，闸瓦与闸轮分开，无制动作用；当线圈失电时，闸瓦紧紧抱住闸轮制动。

通电制动型的特性是：当线圈得电时，闸瓦紧紧抱住闸轮制动；当线圈失电时，闸瓦与闸轮分开，无制动作用。

2. 电磁抱闸制动的特点

优点：制动力强，广泛应用在起重设备上；安全可靠，不会因突然断电而发生事故。

缺点：体积较大，制动器磨损严重，快速制动时会产生振动。

二、电气制动

1. 能耗制动

1）能耗制动的原理

切断电动机交流电源后，转子因惯性仍继续旋转，若立即在两相定子绕组中通入直流电，在定子中即产生一个静止磁场，转子中的导条就切割这个静止磁场而产生感应电流，因而转子将在静止磁场中受到电磁力的作用。这个力产生的力矩与转子惯性旋转方向相反，称为制动转矩，它迫使转子转速下降。当转子转速降至零时，转子不再切割磁场，电动机停转，制动结束。此法是利用转子转动切割磁感线而产生制动转矩的，实质是将转子的动能消耗在转子回路的电阻上，故称为能耗制动。

图 6-10 所示为电动机能耗制动电气原理图。

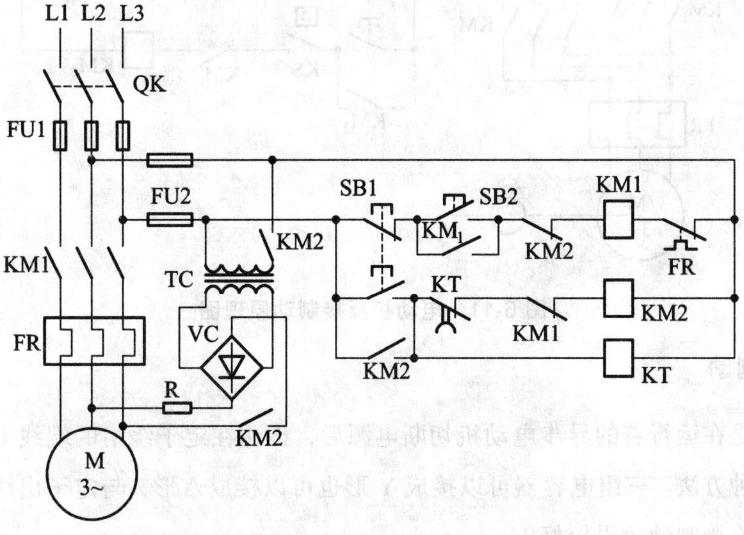

图 6-10　电动机能耗制动电气原理图

2）能耗制动的特点

优点：制动力强、制动平稳、冲击小。应用能耗制动能使生产机械准确停车，因此其被广泛用于矿井提升和起重机运输等生产机械。

缺点：需要直流电源，电动机功率较大时，制动的直流设备投资大。

2. 反接制动

1）电源反接制动

图 6-11 所示为电动机反接制动原理图。

电源反接时，旋转磁场反向，转子绕组切割磁场的方向与电动机状态相反，起制动作用。当转速降至接近零时，利用速度继电器立即切断电源，避免电动机反转。

反接制动的特点：优点是制动力强，停转迅速，无须直流电源；缺点是制动过程冲击大，电能消耗多。

2）电阻倒拉反接制动

当绕线异步电动机提升重物时不改变电源的接线，若不断增加转子电路的电阻，电动机的转子电流下降，电磁转矩减小，转速不断降低。当电阻达到一定值，转速为零；若再增加电阻，电动机反转。

特点：能量损耗大。

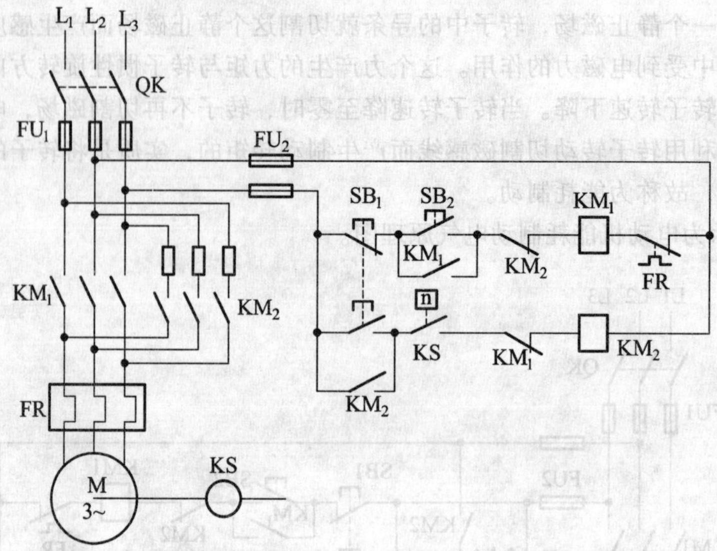

图 6-11 电动机反接制动原理图

3. 电容制动

电容制动是在运行着的异步电动机切断电源后，迅速在定子绕组的端线上接入电容器而实现制动的一种方法。三组电容器可以接成 Y 形也可以接成△形，与定子出线端组成闭合电路（采用△形连接制动效果较好）。

当旋转着的电动机断开电源时，转子内仍有剩磁，转子因惯性仍然继续转动，相当于在转子周围形成一个转子旋转磁场。这个磁场切割定子绕组，在定子绕组中产生感应电动势，此时通过电容器组成闭合电路，对电容器充电，在定子绕组中形成励磁电流，建立一个磁场，与转子感应电流相互作用，产生一个阻止转子旋转的制动转矩，使电动机迅速停车，完成制动过程。

特点：电容制动对高速、低速运转的电动机均能迅速制动，能量损耗小，设备简单，一般用于 10 kW 以下的小容量电动机。

4. 回馈制动

回馈制动即发电回馈制动，当转子转速 n 超过旋转磁场转速 n_1 时，电动机进入发电机状态，向电网反馈能量，转子所受的力矩迫使转子转速下降，起到制动作用。

如起重机快速下放物体时，重物拖动转子，使其转速超过 n_1，转子受到制动，使重物等速下降。

当变速多极电动机从高速挡调到低速挡时，旋转磁场转速突然减小，而转子因惯性转速尚未下降时，出现回馈制动。

特点：经济性好，可将负载的机械能转换为电能反送电网，但应用范围不广。

任务五　三相异步电动机的调速

一、三相异步电动机调速原理及方法

异步电动机的转速公式如下：

$$n=(1-s)\frac{60f_1}{p}$$

式中，f_1为异步电动机的定子电压供电频率，p为异步电动机的极对数，s为异步电动机的转差率。

所以，调节三相异步电动机的转速有三种方案。

1. 改变转差率

通过改变转差率实现调速的方法很多，常用的方案有改变异步电动机的定子电压调速，采用电磁转差（或滑差）离合器调速，转子回路串电阻调速以及串极调速。前两种方法适用于鼠笼式异步电动机，后两种方法适合于绕线式异步电动机。这些方法都能使异步电动机实现平滑调速，但共同的缺点是在调速过程中存在转差损耗，即在调节过程中，转子绕组均产生大量的钢损耗（又称转差功率），使转子发热，系统效率降低。

2. 改变电动机的极对数

通过改变定子绕组的连接方式可实现调速。变极调速是改变异步电动机的同步转速，所以一般称变极调速的电动机为多速异步电动机。

3. 改变电源供电频率

通过改变定子绕组的电源供电频率可实现调速。当转差率 s 一定时，电动机的转速 n 基本上正比于 f_1。很明显，只要有输出频率可平滑调节的变频电源，就能平滑、无极地调节异步电动机的转速。

二、各种调速方法简介

（一）三相异步电动机的降定子电压调速

1. 调速原理及机械特性

根据三相异步电动机降低定子电源电压的人为机械特性，在同步转速 n_1 不变的条件下，电磁转矩 $T\propto U^2$。可见，当定子电压降低时，稳定运行时的转速将降低，从而实现了转速的调节。

2. 调速方法的特点及特性

其特点和性能为：

（1）对于三相异步电动机，降压调速方法比较简单。

（2）对于一般的鼠笼式异步电动机，拖动恒转矩负载时，调速范围很小，没多大实用价值。

（3）拖动泵类负载时，如通风机，降压调速有较好调速效果，但在低速运行时，由于转差率 s 增大，消耗在转子电路的转差功率增大，电机发热严重。

（4）低速时，机械性能太软，其调速范围和静差率达不到生产工艺的要求。

（二）变极调速

由 $n=(1-s)\dfrac{60f_1}{p}$ 知：改变异步电动机定子绕组的极对数 p，可以改变磁通的同步转速 n_1，由于转差率 s 不变，则转速得到了调节。

变极调速中，在改变定子绕组的接线方式的同时，还需要改变定子绕组的相序，即倒换定子电流的相序，以保证变极调速前后电动机的转向不变，即要求磁通旋转方向不变。图 6-12 是△/Y 变极对数调速电气原理图，读者可自行分析其调速原理。

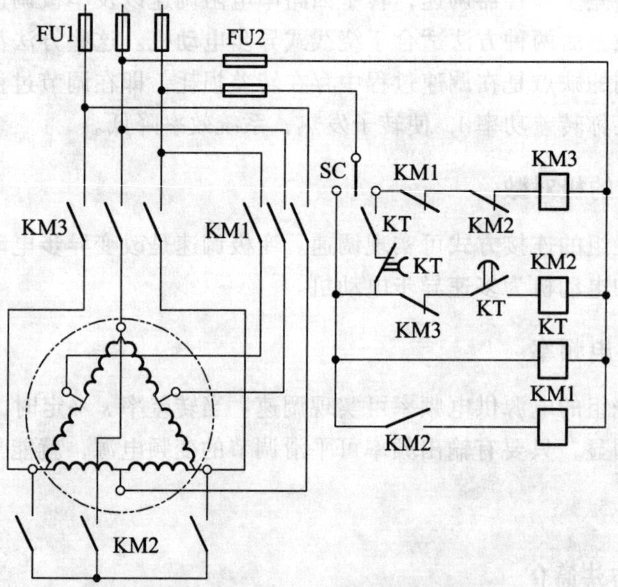

图 6-12 △/Y 变极对数调速

（三）变频调速

异步电动机的变压变频调速系统一般简称变频调速系统。由于其调速时转差功率不变，在各种异步电动机调速系统中效率最高，同时性能最好，因此是交流调速系统的主要研究和发展方向。

改变异步电动机定子绕组供电电源的频率 f_1，可以改变同步转速 n_1，从而改变转速。如果频率 f_1 连续可调，则可平滑地调节转速，此为变频调速原理。

三相异步电动机运行时，忽略定子阻抗压降时，定子每相电压为

$$U_1 \approx E_1 = 4.44 f_1 N_1 k_m \Phi_m$$

式中，E_1为气隙磁通在定子每相中的感应电动势，f_1为定子电源频率，N_1为定子每相绕组匝数，k_m为基波绕组系数，Φ_m为每极气隙磁通量。如果减小频率f_1，且保持定子电源电压U_1不变，则气隙每极磁通Φ_m将增大，会引起电动机铁芯磁路饱和，从而导致过大的励磁电流，严重时会因绕组过热而损坏电机，这是不允许的。因此，降低电源频率f_1时，必须同时降低电源电压，以达到控制磁通Φ_m的目的。对此，需要考虑基频（额定频率）以下的调速和基频以上的调速两种情况。

其特点和性能为：

（1）变频调速设备（简称变频器）结构复杂，价格昂贵，容量有限。但随着电力电子技术的发展，变频器正向着简单可靠、性能优异、价格便宜、操作方便等趋势发展。

（2）变频器具有机械特性较硬、静差率小、转速稳定性好、调速范围广（可达10：1）、平滑性高等特点，可实现无级调速。

（3）变频调速时，转差率较小，则转差功率损耗较小，效率较高。

（4）可以证明：变频调速时，基频下的调速为恒转矩调速方式；基频以上调速时，近似为恒功率调速方式。

（5）变频调速器已广泛用于生产机械等很多领域。

任务六　三相异步电动机常见典型控制电路

一、三相笼型异步电动机的正反转控制线路

（一）接触器联锁的正反转控制线路

接触器联锁的正反转控制线路如图6-13所示。

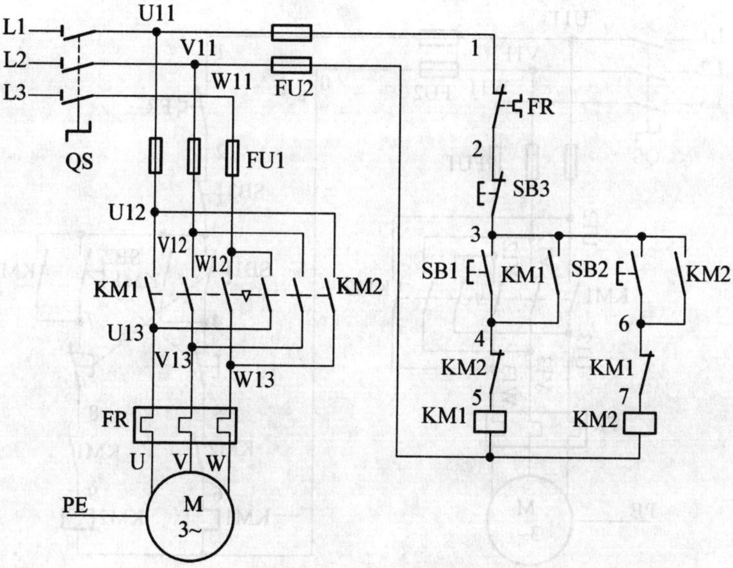

图6-13　接触器联锁的正反转控制线路

必须指出，接触器 KMl 和 KM2 的主触头绝不允许同时闭合，否则将造成两相电源（Ll 相和 L3 相）短路事故。因此设置实现联锁作用的动断辅助触头，称为联锁触头（或互锁触头）。

线路的工作原理如下：

先合上电源开关 QS，接通主电路和控制电路的电源。

1. 正转控制

按下SB1 → KM1线圈得电 →
- KM1自锁触头闭合自锁 ┐
- KM1主触头闭合 ┘ → 电动机M启动连续正转
- KM1联锁触头分断对KM2联锁

2. 反转控制

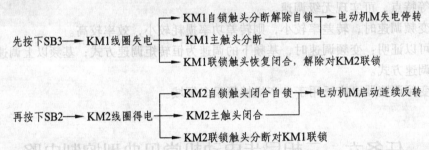

先按下SB3 → KM1线圈失电 →
- KM1自锁触头分断解除自锁 ┐
- KM1主触头分断 ┘ → 电动机M失电停转
- KM1联锁触头恢复闭合，解除对KM2联锁

再按下SB2 → KM2线圈得电 →
- KM2自锁触头闭合自锁 ┐
- KM2主触头闭合 ┘ → 电动机M启动连续反转
- KM2联锁触头分断对KM1联锁

停止时，按下停止按钮 SB3，控制电路失电，KM1（或 KM2）主触头分断，电动机 M 失电停止转动。

（二）按钮、接触器双重联锁的正反转控制线路

为克服接触器联锁正反转控制线路的不足，在接触器联锁的基础上，又增加了按钮联锁，构成按钮、接触器双重联锁正反转控制线路，如图 6-14 所示。

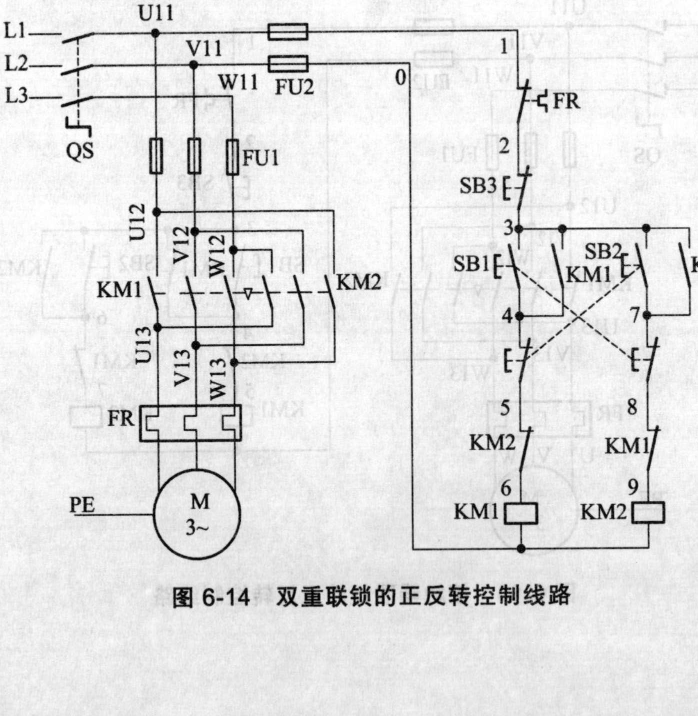

图 6-14 双重联锁的正反转控制线路

线路的工作原理如下：

先合上电源开关 QS，接通主电路和控制电路的电源。

1. 正转控制

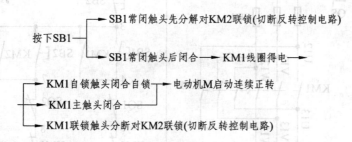

按下SB1
- → SB1常闭触头先分解对KM2联锁(切断反转控制电路)
- → SB1常闭触头后闭合 → KM1线圈得电 →
  - → KM1自锁触头闭合自锁
  - → KM1主触头闭合
  - （以上两项）→ 电动机M启动连续正转
  - → KM1联锁触头分断对KM2联锁(切断反转控制电路)

2. 反转控制

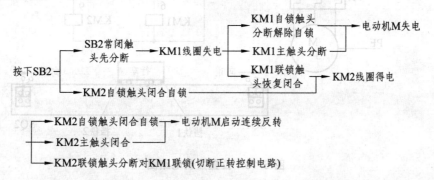

按下SB2
- → SB2常闭触头先分断 → KM1线圈失电
  - → KM1自锁触头分断解除自锁
  - → KM1主触头分断
  - （以上两项）→ 电动机M失电
  - → KM1联锁触头恢复闭合
- → KM2自锁触头闭合自锁
- （KM1联锁触头恢复闭合、KM2自锁触头闭合自锁）→ KM2线圈得电
  - → KM2自锁触头闭合自锁
  - → KM2主触头闭合
  - （以上两项）→ 电动机M启动连续反转
  - → KM2联锁触头分断对KM1联锁(切断正转控制电路)

若要停止，按下 SB3，整个控制电路失电，主触头分断，电动机 M 失电停止转动。

二、位置控制与自动循环控制线路

（一）位置控制线路（又称行程控制或限位控制线路）

位置控制就是利用生产机械运动部件上的挡铁与位置开关碰撞，使其触头动作，来接通或断开电路，从而实现对生产机械运动部件的位置或行程的自动控制。位置控制电路图如图 6-15 所示。

其工作原理如下：

先合上电源开关 QS，接通主电路和控制电路的电源。

1. 行车向前运动

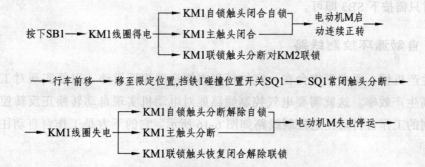

按下SB1 → KM1线圈得电
- → KM1自锁触头闭合自锁
- → KM1主触头闭合
- （以上两项）→ 电动机M启动连续正转 →
- → KM1联锁触头分断对KM2联锁

→ 行车前移 → 移至限定位置,挡铁1碰撞位置开关SQ1 → SQ1常闭触头分断 →

→ KM1线圈失电
- → KM1自锁触头分断解除自锁
- → KM1主触头分断
- （以上两项）→ 电动机M失电停运 →
- → KM1联锁触头恢复闭合解除联锁

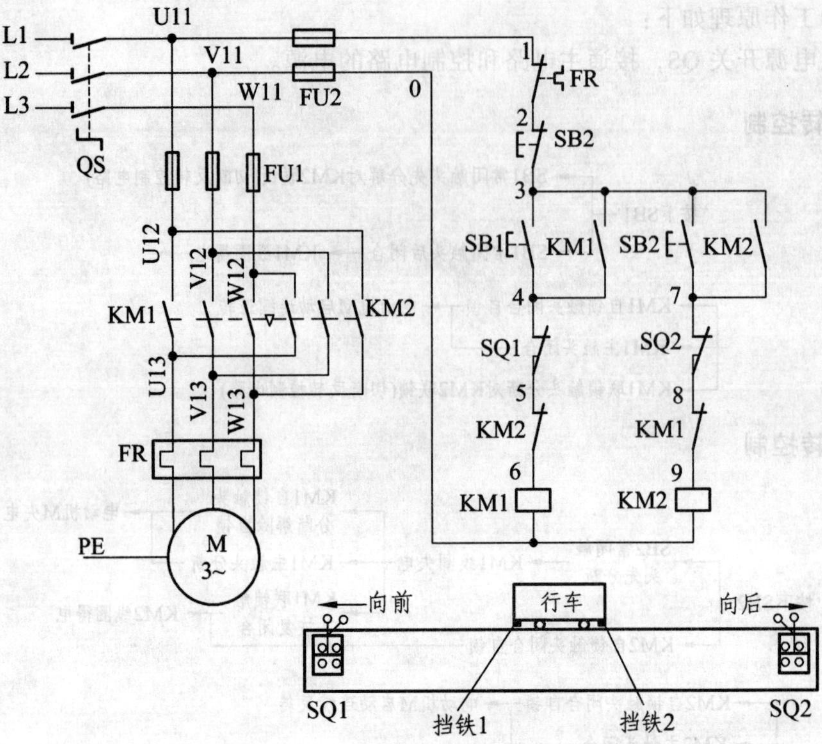

图 6-15　位置控制电路图

2. 行车向后运动

按下SB2 → KM2线圈得电 → KM2自锁触头闭合自锁；KM2主触头闭合 → 电动机M启动连续反转；KM2联锁触头分断对KM1联锁

→ 行车后移(SQ1常闭触头恢复闭合) → 移至限定位置，挡铁2碰撞位置开关SQ2 → SQ2常闭触头分断

→ KM2线圈失电 → KM2自锁触头分断，解除自锁；KM2主触头分断 → 电动机M失电停运 → 行车停止后移；KM2联锁触头恢复闭合，解除联锁

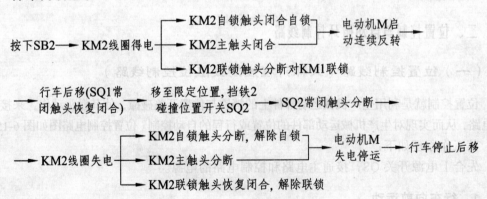

停车时只需按下 SB3 即可。

（二）自动循环控制线路

有些生产机械，要求工作台在一定的行程内能自动往返运动，以便实现对工件的连续加工，提高生产效率。这就需要电气控制线路能对电动机实现自动转换正反转控制。由位置开关控制的工作台自动往返控制线路如图 6-16 所示。它的下方是工作台自动往返运动的示意图。

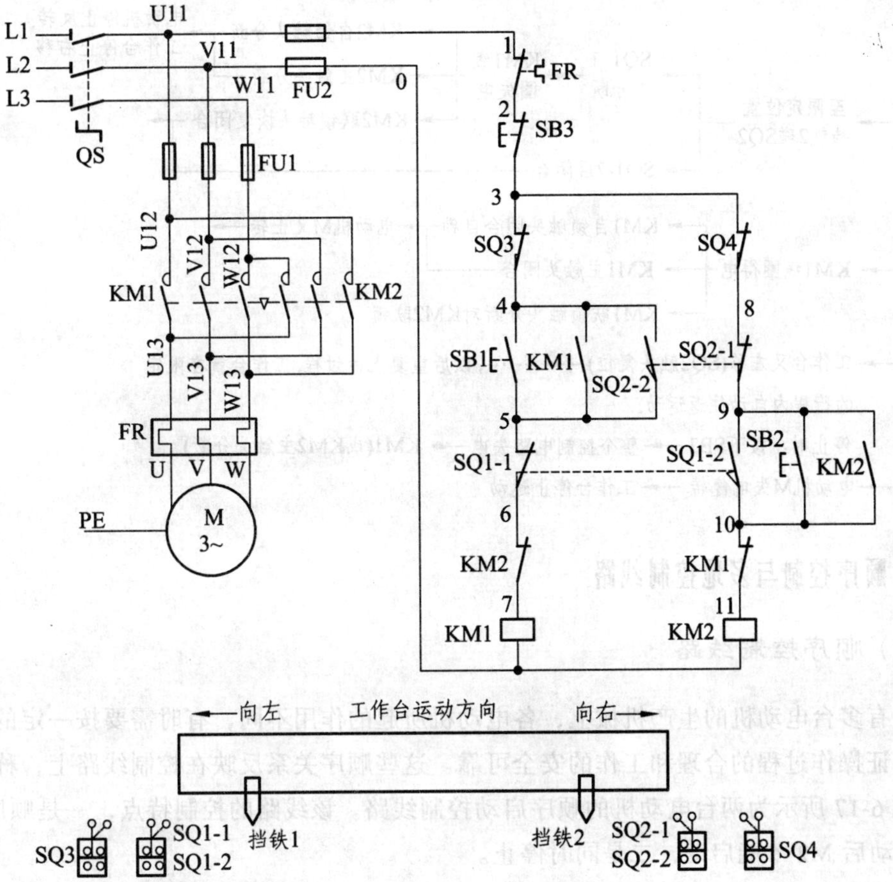

图 6-16　工作台自动往返行程控制线路

自动循环控制线路的工作原理如下：

先合上 QS，接通主电路和控制电路的电源。

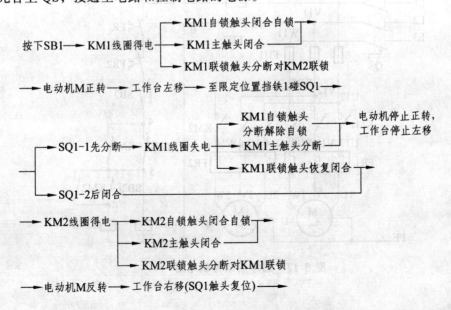

按下SB1→KM1线圈得电→KM1自锁触头闭合自锁；KM1主触头闭合；KM1联锁触头分断对KM2联锁

→电动机M正转→工作台左移→至限定位置挡铁1碰SQ1→

→SQ1-1先分断→KM1线圈失电→KM1自锁触头分断解除自锁；KM1主触头分断→电动机停止正转，工作台停止左移；KM1联锁触头恢复闭合

→SQ1-2后闭合

→KM2线圈得电→KM2自锁触头闭合自锁；KM2主触头闭合；KM2联锁触头分断对KM1联锁

→电动机M反转→工作台右移(SQ1触头复位)→

→ 至限定位置挡铁2碰SQ2 → SQ1-1先分断 → KM1线圈失电 → KM2自锁触头分断 → 电动机停止反转，工作台停止右移
　　　　　　　　　　　　　　　　　　　　　　→ KM2主触头分断
　　　　　　　　　　　　　　　　　　　　　　→ KM2联锁触头恢复闭合 →
　　　　　　　　　　→ SQ1-2后闭合 →

→ KM1线圈得电 → KM1自锁触头闭合自锁 → 电动机M又正转 →
　　　　　　　→ KM1主触头闭合
　　　　　　　→ KM1联锁触头分断对KM2联锁

→ 工作台又左移(SQ2触头复位) → ……，以后重复上述过程，工作台就在限定的行程内自动往返运动。

停止时，按下SB3 → 整个控制电路失电 → KM1(或KM2主触头分断) → 电动机M失电停转 → 工作台停止运动

三、顺序控制与多地控制线路

（一）顺序控制线路

在装有多台电动机的生产机械上，各电动机所起的作用不同，有时需要按一定的顺序启动才能保证操作过程的合理和工作的安全可靠。这些顺序关系反映在控制线路上，称为顺序控制。图 6-17 所示为两台电动机的顺序启动控制线路。该线路的控制特点，一是顺序启动，即 M1 启动后 M2 才能启动，二是同时停止。

顺序控制线路也有多种，图 6-18 所示是电动机的顺序启动、逆序停止控制线路。其控制特点是启动时必须先启动 M1，才能启动 M2；停止时必须先停止 M2，M1 才能停止。

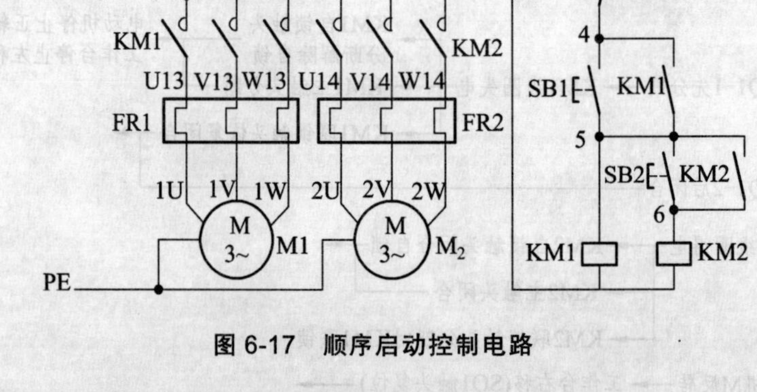

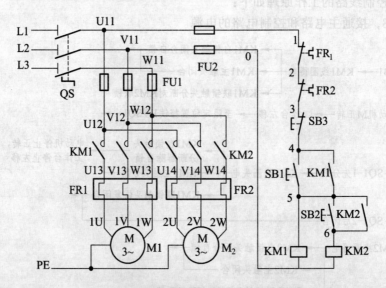

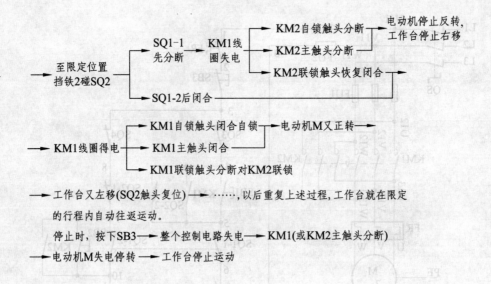

图 6-17　顺序启动控制电路

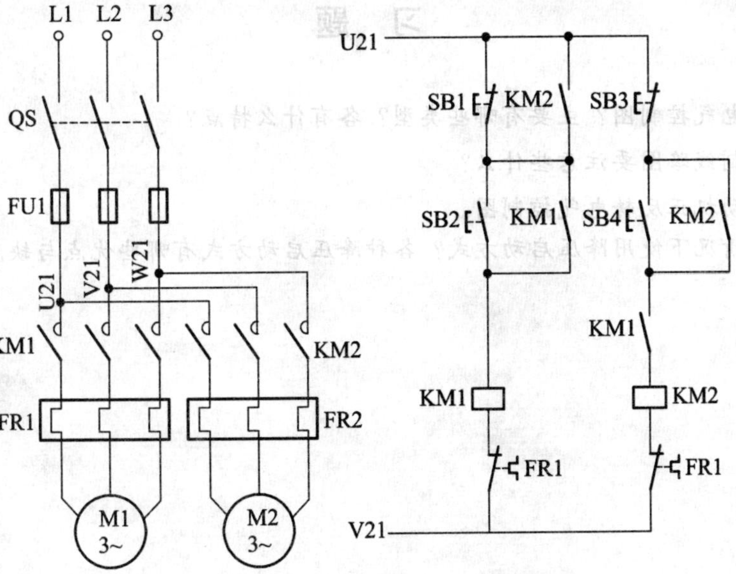

图 6-18 电动机顺序启动，逆序停止控制电路

（二）多地控制线路

在两地或多地控制同一台电动机的控制方式叫作电动机的多地控制，如图 6-19 所示。

图 6-19 中，SB11、SB12 为安装在甲地的启动按钮和停止按钮，SB21、SB22 为安装在乙地的启动按钮和停止按钮。线路的特点是：两地的启动按钮 SB11、SB21 要并联在一起；停止按钮 SB12、SB22 要串联在一起。这样就可以分别在甲、乙两地启动和停止同一台电动机，达到操作方便的目的。

对三地或多地控制，只要把各地的启动按钮并联、停止按钮串联就可以实现了。

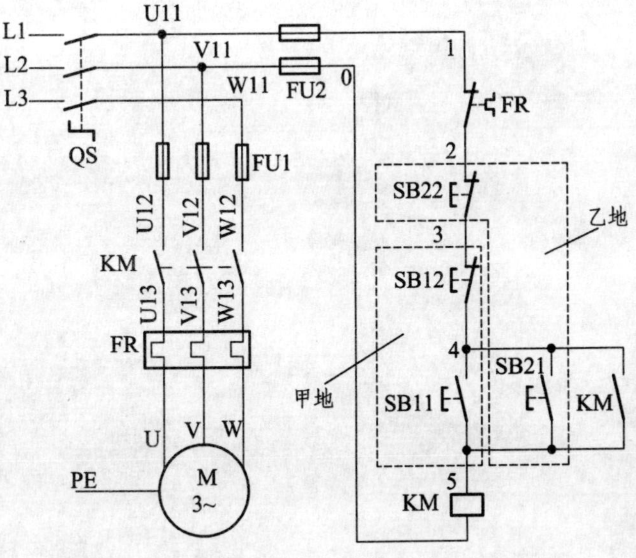

图 6-19 两地控制电路图

习 题

1. 什么是电气控制图？主要有哪些类型？各有什么特点？
2. 绘制控制线路图要注意些什么？
3. 识读电动机正反转电气控制图。
4. 在什么情况下使用降压启动方式？各种降压启动方式有哪些优点与缺点？

项目七
工厂供电与安全用电

【引言】

现代生产和生活都离不开电能。随着电气设备和家用电器的使用越来越广泛，在使用电能的过程中，如果不注意用电安全，就可能造人身触电和设备的损坏，给生产、生活造成很大的影响，因此，注意用电安全是非常必要的。

【学习目标】

（1）了解电力系统的基本知识。

（2）了解工厂供电的知识。

（3）了解触电的类型。

（4）掌握安全用电的方法。

（5）掌握节约用电的方法。

任务一　电力系统的基本知识

电能是由发电厂生产的。发电厂一般建在燃料、水力丰富的地方，和电能用户的距离一般都很远。为了降低输电线路的电能损耗和提高传输效率，由发电厂发出的电能，要经过升压变压器升压后，再经输电线路传输，这就是所谓的高压输电。电能经高压输电线路输送到距用户较近的降压变电所，经降压后分配给用户使用。这样，就完成一个发电、变电、输电、配电和用电的全过程。我们把发电厂和用户之间的环节称为电力网，把发电厂、电力网和用户组成的整体称为电力系统，如图 7-1 所示。

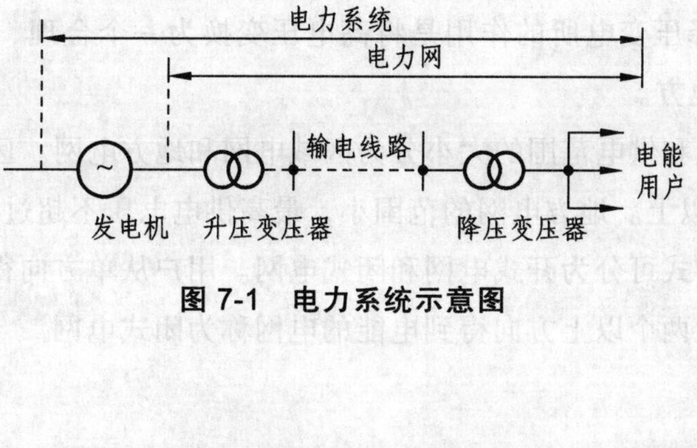

图 7-1　电力系统示意图

一、发电厂

发电厂是生产电能的工厂，它把非电形式的能量转换成电能，它是电力系统的核心组成部分。根据所利用能源的不同，发电厂分为水力发电厂、火力发电厂、核能发电厂、风力发电厂、地热发电厂、太阳能发电厂等类型。

水力发电厂，简称水电厂，它是利用水流的位能来生产电能的。当控制水流的闸门打开时，强大的水流冲击水轮机，使水轮机转动，水轮机带动发电机旋转发电。其能量转换过程是：水流位能→机械能→电能。

火力发电厂，简称火电厂，它是利用燃料的化学能来生产电能的。通常的燃料是煤。在火电厂中，煤被粉碎成煤粉，煤粉在锅炉的炉膛内充分燃烧，将锅炉内的水加热成高温高压的水蒸气，水蒸气推动汽轮机转动，汽轮机带动发电机旋转发电。其能量转换过程是：煤的化学能→热能→机械能→电能。

核能发电厂，通常称核电站，它是利用原子核的裂变能来生产电能的。其生产过程与火电厂基本相同，只是以核反应堆代替了燃煤锅炉，以少量的核燃料代替大量的煤炭。其能量转换过程是：核裂变能→热能→机械能→电能。由于核能是巨大的能源，而且核电站的建设具有重要的经济和科研价值，所以世界上很多国家都很重视核电建设，核电在整个发电量中的比重正逐年增长。

风力发电厂，是利用风力的动能来生产电能。它建在有丰富风力资源的地方。

地热发电厂，是利用地球内部蕴藏的大量地热来生产电能。它建在有足够地热资源的地方。

太阳能发电厂，是利用太阳光的热能来生产电能的。它建在常年日照时间长的地方。

二、电力网

电力网是连接发电厂和电能用户的中间环节，由变电所和各种不同电压等级的电力线路组成，如图 7-2 所示。它的任务是将发电厂生产的电能输送、变换和分配到电能用户。其中，电力线路是输送电能的通道，是电力系统中实施电能远距离传输的环节，是将发电厂、变电所和电力用户联系起来的纽带。变电所是接受电能、变换电压和分配电能的场所，一般可分为升压变电所和降压变电所两大类。升压变电所的作用是将低电压变换为高电压，一般建在发电厂内；降压变电所的作用是将高电压变换为一个合理、规范的低电压，一般建在靠近负荷中心的地方。

电力网按电压高低和供电范围的大小分为区域电网和地方电网。区域电网的范围大，供电电压一般在 220 kV 以上。地方电网的范围小，最高供电电压不超过 110 kV。

电力网按其结构方式可分为开式电网和闭式电网。用户从单方向得到电能的电网称为开式电网，用户从两个及两个以上方向得到电能的电网称为闭式电网。

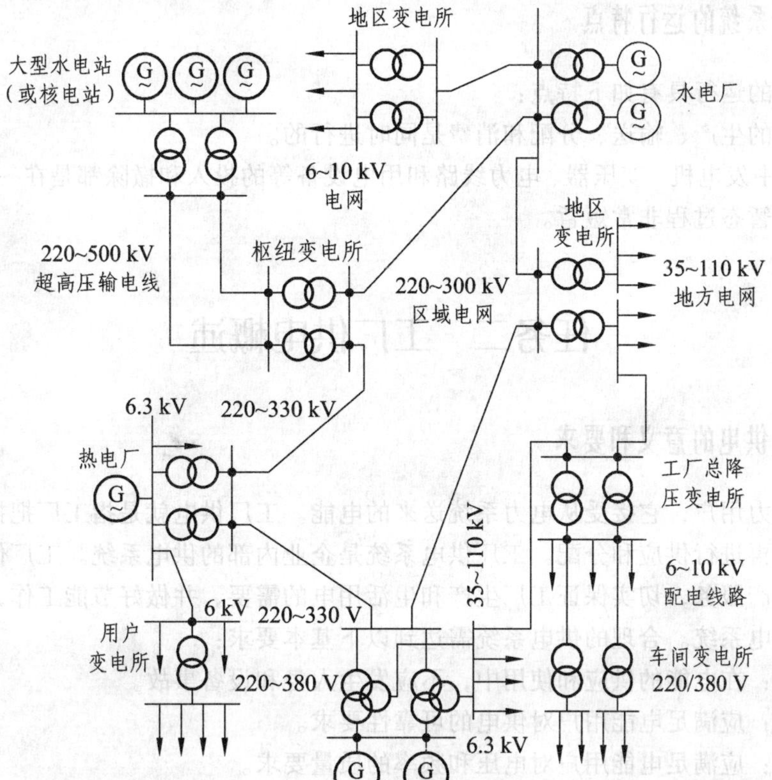

图 7-2　电网示意图

三、电力用户

电力用户是指电力系统中的用电负荷。电能的生产和传输最终是为了供用户使用。不同的用户，对供电可靠性的要求不一样。根据用户对供电可靠性的要求及中断供电造成的危害或影响的程度，我们把用电负荷分为三级：

（1）一级负荷。

一级负荷为中断供电将造成人身伤亡并在政治、经济上造成重大损失的用电负荷。

（2）二级负荷。

二级负荷为中断供电将造成主要设备损坏，大量产品被废，连续生产过程被打乱，需较长时间才能恢复从而在政治、经济上造成较大损失的负荷。

（3）三级负荷。

不属于一级和二级负荷的一般负荷，即为三级负荷。

在上述三类负荷中，一级负荷一般应采用两个独立电源供电，其中一个电源为备用电源。对特别重要的一级负荷，除采用两个独立电源供电外，还应增设应急电源。对于二极负荷，一般由两个回路供电，两个回路的电源线应尽量引自不同的变压器或两段母线。对于三级负荷无特殊要求，采用单电源供电即可。

四、电力系统的运行特点

电力系统的运行具有如下特点：

（1）电能的生产、输送、分配和消费是同时进行的。

（2）系统中发电机、变压器、电力线路和用电设备等的投入和撤除都是在一瞬间完成的，所以，系统的暂态过程非常短暂。

任务二　工厂供电概述

一、工厂供电的意义和要求

工厂是电力用户，它接受从电力系统送来的电能。工厂供电就是指工厂把接受的电能进行降压，然后再进行供应和分配。工厂供电系统是企业内部的供电系统。工厂供电工作要很好地为工业生产服务，切实保证工厂生产和生活用电的需要，并做好节能工作，这就需要有合理的工厂供电系统。合理的供电系统需达到以下基本要求：

（1）安全：在电能的供应和使用中，不应发生人身和设备事故。

（2）可靠：应满足电能用户对供电的可靠性要求。

（3）优质：应满足电能用户对电压和频率的质量要求。

（4）经济：供电系统投资要少，运行费用要低，并尽可能地节约电能和材料。

此外，在供电工作中，应合理地处理局部和全部、当前和长远的关系，既要照顾局部和当前利益，又要顾全大局，以适应发展要求。

二、工厂供电系统组成

工厂供电系统由高压及低压两种配电线路、变电所（包括配电所）和用电设备组成。一般大、中型工厂均设有总降压变电所，把 35 ~ 110 kV 电压降为 6 ~ 10 kV 电压，向车间变电所、高压电动机和其他高压用电设备供电。总降压变电所通常设有一台或两台降压变压器。

在一个生产车间内，根据生产规模、用电设备的布局和用电量的大小等情况，可设立一个或几个车间变电所（包括配电所），也可以几个相邻且用电量不大的车间共用一个车间变电所。车间变电所一般设置一台或两台变压器（最多不超过三台），将 6 ~ 10 kV 电压降为 220 V/380 V 电压，对低压用电设备供电。其单台容量一般为 1 000 kVA 或 1 000 kVA 以下（最大不超过 1 800 kVA）。一般大、中型工厂的供电系统如图 7-3 所示。

小型工厂，所需容量一般为 1 000 kVA 左右，因此，只需设一个降压变电所，由电力网以 6 ~ 10 kV 电压供电。其供电系统如图 7-4 所示。

变电所中的主要电气设备是降压变压器和受电、配电设备及装置。用来接受和分配电能的电气装置称为配电装置，其中包括开关设备、母线、保护电器、测量仪表及其他电气设备等。对于 10 kV 及 10 kV 以下的系统，为了安装和维护方便，总是将受电、配电设备及装置做成成套的开关柜。

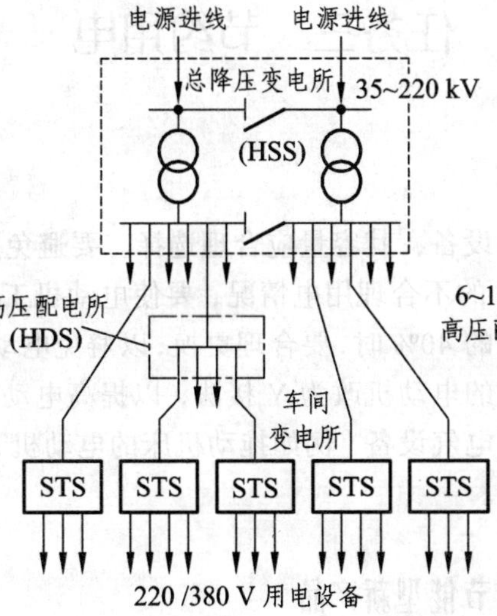

图 7-3　大、中型工厂供电系统图

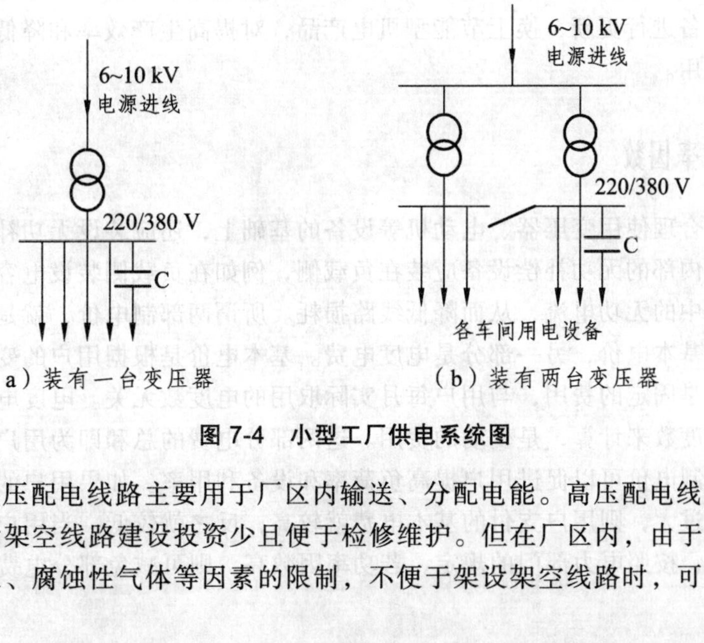

图 7-4　小型工厂供电系统图

工业企业高压配电线路主要用于厂区内输送、分配电能。高压配电线路应尽可能采用架空线路，因为架空线路建设投资少且便于检修维护。但在厂区内，由于对建筑物距离的要求和管线交叉、腐蚀性气体等因素的限制，不便于架设架空线路时，可以敷设地下电缆线路。

工业企业低压配电线路主要用于向低压用电设备输送、分配电能。户外低压配电线路一般采用架空线路，因为架空线路与电缆相比有较多优点，如成本低、投资少、安装容易、维护和维修方便、易于发现和排除故障。电缆线路与架空线路相比，虽具有成本高、投资大、维修不便等缺点，但是它具有运行可靠、不易受外界影响、不需架设电杆、不占地面空间、不碍观瞻等优点，特别是在有腐蚀性气体和易燃、易爆的场所，不宜采用架空线路时，则只有敷设电缆线路。随着经济发展，在现代化工厂中，电缆线路得到了越来越广泛的应用。在车间内部则应根据具体情况，或用明敷配电线路或用暗敷配电线路。

在工厂内，照明线路与电力线路一般是分开的，可采用 220/380 V 三相四线制，尽量由一台变压器供电。

任务三　节约用电

一、提高电动机的运行水平

电动机是工厂用得最多的设备，其容量应合理选择。要避免用大功率电动机去拖动小功率设备（俗称“大马拉小车”）的不合理用电情况，要使电动机工作在高效率的范围内。当电动机的负载经常低于额定负载的 40% 时，要合理更换，以避免电动机经常处于轻载状态运行，或把正常运行时规定作△接法的电动机改为 Y 接法，以提高电动机的效率和功率因素。对工作过程中经常出现空载状态的电气设备（例如拖动机床的电动机、电焊机等），可安装空载自动断电装置，以减小空载损耗。

二、更新用电设备，选用节能型新产品

目前，我国工矿企业中有很多设备（如变压器、电动机、风机、水泵等）的效率低、耗电多，对这些设备进行更新，换上节能型机电产品，对提高生产效率和降低产品的电力消耗具有很重要的作用。

三、提高功率因数

工矿企业在合理使用变压器、电动机等设备的基础上，还应装设无功补偿设备，以提高功率因数。企业内部的无功补偿设备应装在负载侧，例如在负载侧装设电容器、同步补偿器等，可减小电网中的无功电流，从而降低线路损耗。所谓两部制电价，就是把电价分成两个部分，一部分是基本电价，另一部分是电度电费。基本电价是根据用户的变压器容量或最大需用量来计算，是固定的费用，与用户每月实际取用的电度数无关。电度电费则是按用户每月实际取用的电度数来计算，是变动的费用。这两部分电费的总和即为用户全月应付的全部电费。实行两部制电价可以促进用户提高负荷率和设备利用率。如果用户的负荷率较低，而变压器的容量又过大，则用户支付的基本电费就较高，反之就较低。当用户按不同类别计算当月全部电费时，按照电力部门的规定，若功率因数高，则可减免部分电费，反之则增收部分电费。

四、推广和应用新技术，降低产品电耗定额

例如，采用远红外加热技术，可使被加热物体所吸收的能量大大增加，使物体升温快、加热效率高、节电效果好。配合火纤维材料使用，节电效果更佳。在工矿企业中有许多设备需要使用直流电源，如同步电机的励磁电源，化工、冶金行业中的电解、电镀电源，市政交通电车的直流电源等。以前这些直流电源大多是采用汞弧整流器或交流电动机拖动直流发电机发电，它们的整流效率低，若改用硅整流器或晶闸管整流装置，效率则可以大大提高，节电效果甚为显著。此外，采用节能型照明灯，在大电流的交流接触上安装节电消声器（即直流无声运行），加强用电管理和做好节约用电的宣传工作等，也都是节约用电的重要措施。

任务四　安全用电基础知识

一、人身触电事故

当电流流过人体时对人体内部造成的生理机能的伤害，称为人身触电事故。电流对人体伤害的严重程度一般与通过人体电流的大小、时间、部位、频率和触电者的身体状况有关。流过人体的电流越大，危险越大；电流通过人体脑部和心脏时最为危险；工频电流的危害要大于直流电流。不同电流对人体的影响如表 7-1 所示。

表 7-1 不同电流对人体的影响

电流/mA	通电时间	工频电流	直流电流
		人体反应	人体反应
0～0.5	连续通电	无感觉	无感觉
0.5～5	连续通电	有麻刺感	无感觉
5～10	数分钟以内	痉挛、剧痛、但可摆脱电源	有针刺感、压迫感及灼热感
10～30	数分钟以内	迅速麻痹、呼吸困难、血压升高不能摆脱电流	压痛、刺痛、灼热感强烈，并伴有抽筋
30～50	数秒钟到数分钟	心跳不规则、昏迷、强烈痉挛、心脏开始颤动	感觉强烈，剧痛，并伴有抽筋
50～数百	低于心脏搏动周期	受强烈，冲击，但未发生心室颤动	剧痛、强烈痉挛、呼吸困难或麻痹
	低于心脏搏动周期	昏迷、心室颤动、呼吸、麻痹、心脏麻痹	

当流过成年人体的电流为 0.7～1 mA 时，便能够被感觉到，称之为感知电流。虽然感知电流一般不会对人体造成伤害，但是随着电流的增大，人体反应变得强烈，可能造成坠落事故。触电后能自行摆脱的最大电流称为摆脱电流。对于成年人而言，摆脱电流在 15 mA 以下。摆脱电流被认为是人体在较短时间内可以忍受且一般不会造成危险的电流。在较短时间内会危及生命的最小电流称为致命电流。当通过人体的电流达到 50 mA 以上时则有生命危险。而一般情况下，30 mA 以下的电流通常在短时间内不会造成生命危险，我们将其称为安全电流。

触电事故对人体造成的直接伤害主要有电击和电伤两种。电击是指电流通过人体细胞、骨骼、内脏器官、神经系统等造成的伤害。电伤一般是指电流的热效应、化学效应和机械效应对人体外部造成的局部伤害，如电弧伤、电灼伤等。此外，人身触电事故经常对人体造成二次伤害。二次伤害是指由触电引起的高空坠落，以及电气着火、爆炸等对人造成的伤害。

二、人体触电的类型

1. 单相触电

由于电线绝缘破损、导线金属部分外露、导线或电气设备受潮等原因使其绝缘部分的能力降低，导致站在地上的人体直接或间接地与火线接触，这时电流就会通过人体流入大地而造成单相触电事故，如图 7-5 所示。

（a）（b）（c）

图 7-5 单相触电

2. 两相触电

两相触电是指人体同时触及两相电源或两相带电体，电流由一相经人体流入另一相，此时加在人体上的最大电压为线电压，其危险性最大。两相触电如图 7-6 所示。

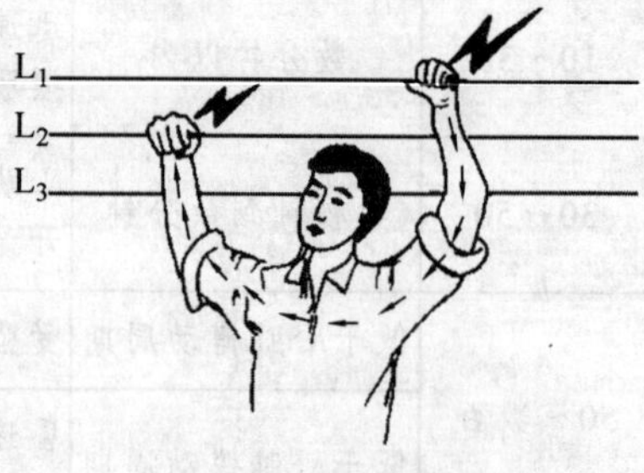

图 7-6 两相触电

3. 跨步电压触电

对于外壳接地的电气设备，当绝缘损坏而使外壳带电，或导线断落发生单相接地故障时，电流由设备外壳经接地线、接地体（或由断落导线经接地点）流入大地，向四周扩散。如果此时人站立在设备附近的地面上，两脚之间也会承受一定的电压，称为跨步电压。跨步电压的大小与接地电流、土壤电阻率、设备接地电阻及人体位置有关。当接地电流较大时，跨步电压会超过允许值，发生人身触电事故。特别是在发生高压接地故障或雷击时，会产生很高的跨步电压，造成跨步电压触电，如图 7-7 所示。跨步电压触电也是危险性较大的一种触电方式。

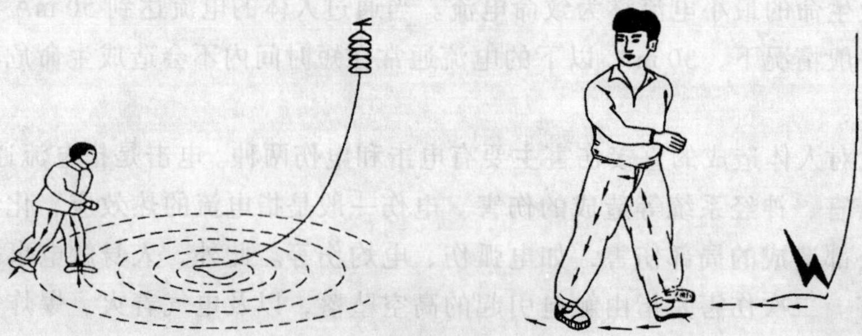

图 7-7 跨步电压触电

除以上三种触电形式外，还有感应电压触电、剩余电荷触电等，此处不作详细介绍。

三、人身安全知识

（1）在维修或安装电气设备、电路时，必须严格遵守各项安全操作规程和规定。

（2）在操作前应对所用工具的绝缘手柄、绝缘手套和绝缘靴等安全用具的绝缘性能进行测试，有问题的不可使用，应马上调换。

（3）进行停电操作时，应严格遵守相关规定，切实做好防止突然送电的各项安全措施，如锁上刀开关，并悬挂“有人工作，不许合闸”的警告牌等，绝不允许约定时间送电。

（4）操作时，如果邻近器件带电，应保证有可靠的安全距离。

（5）操作人员在进行登高作业前，必须仔细检查登高工具（如安全带、脚扣、梯子等）是否牢固可靠。未经登高训练的人员，不允许进行登高作业。登高作业时应使用安全带。

（6）当发现有人触电时，应立即采取正确的抢救措施。

四、设备运行安全知识

（1）对于出现异常现象（如过热、冒烟、异味、异声等）的电气设备、装置和电路，应立即切断其电源，及时进行检修，只有在故障排除后，才可继续运行。

（2）对于开关设备的操作，必须严格遵守操作规程：合上电源时，应先合隔离开关（一般不具有灭弧装置），再合负荷开关（具有灭弧装置）；分断电源时，应先断开负荷开关，再断开隔离开关。

（3）在需要切断故障区域的电源时，要尽量缩小停电范围。有分路开关的，应尽量切断故障区域的分路开关，避免越级切断电源。

（4）应避免电气设备受潮，设备放置位置应有防止雨、雪和水侵袭的措施。电气设备在运行时往往会发热，所以要有良好的通风条件，有的还要有防火措施。

（5）对于有裸露带电体的设备，特别是高压设备，要有防止小动物窜入等造成短路事故的措施。

（6）所有电气设备的金属外壳，都必须可靠的保护接地或接零。

（7）对于有可能被雷击的电气设备，要安装防雷装置。

五、安全用电常识

（1）不掌握电气知识和技术的人员，不可安装和拆卸电气设备及电路。

（2）禁止用一线（相线）一地（接地）安装用电器具。

（3）开关控制的必须是相（火）线。

（4）绝不允许私自乱接电线。

（5）在一个插座上不可接过多或功率过大的用电器。

（6）不准用铁丝或铜丝代替正规熔体。

（7）不可用金属丝绑扎电源线。

（8）不允许在电线上晾晒衣物。

（9）不可用湿手接触带电的电器，如开关、灯座等，更不可用湿布揩擦电器。

（10）电视天线不可触及电线。

（11）电动机和电气设备上不可放置衣物，不可在电动机上坐立，雨具不可挂在电动机或开关等电器的上方。

（12）任何电气设备或电路的接线柱头均不可外露。

（13）堆放和搬运各种物资或安装其他设备时要与带电设备和电源线相距一定的安全距离。

（14）在搬运电钻、电焊机和电炉等可移动电器之前，应首先切断电源，不允许通过拖拉电源线来搬移电器。

（15）发现任何电气设备或电路的绝缘有破损时，应及时对其进行绝缘恢复。

（16）在潮湿环境中使用可移动电器，必须采用额定电压为 36 V 的低压电器，若采用额定电压为 220 V 的电器，其电源必须使用隔离变压器；在金属容器如锅炉、管道内使用移动电器时，一定要用额定电压为 12 V 的低压电器，并要加接临时开关，还要有专人在容器外监护；低压移动电器应装特殊型号的插头，以防插到电压较高的插座上。

（17）雷雨时，不要接触或走近高电压电杆、铁塔和避雷针的接地导线，不要站在高大的树木下，以防雷电入地时发生跨步电压触电；雷雨天禁止在室外变电所或室内的架空引入线上进行作业。

（18）切勿走近断落在地面上的高压电线。万一高压电线断落在身边或已进入跨步电压区域，要立即用单脚或将双脚并拢后跳到 10 m 以外的地方。为了防止跨步电压触电，千万不可奔跑。

任务五　接地装置

接地，是利用大地为正常运行、发生故障及遭受雷击等情况下的电气设备等提供对地电流流通回路，从而保证电气设备和人身的安全。因此，所有电气设备或装置的某一点（接地点）都应该与大地之间有着可靠而符合技术要求的电气连接。

1. 基本概念

1）接地装置、接地体、接地线

接地装置由接地体和接地线组成，如图 7-8 所示。接地体是埋入地中并和大地直接接触的导体组，它又分为自然接地体和人工接地体。自然接地体是利用与大地有可靠连接的金属管道和建筑物的金属结构作为接地体。人工接地体是把钢材制成不同形状并把它打入地下而形成的接地体。电气设备接地部分与接地体相连的金属导体称为接地线。

2）接地短路与接地短路电流

运行中的电气设备或线路因绝缘损坏或老化使其带电部分通过电气设备的金属外壳或架构与大地直接短路的现象，称为接地短路。发生接地短路时，由接地故障点经接地装置而流入大地的电流，称为接地短路电流（接地电流）I_d。

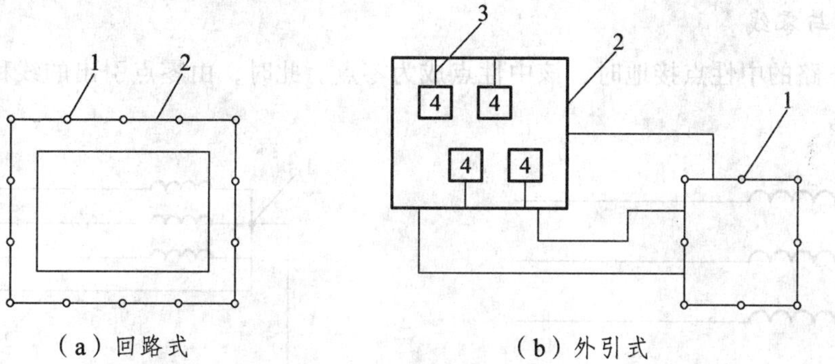

图 7-8　接地装置示意图

1—接地体；2—接地干线；3—接地支线；4—电气设备

3）接地装置的散流现象

当运行中的电气设备发生接地短路故障时，接地电流 I_d 通过接地体以半球面形状向大地流散，形成流散电场。由于球面积与半径的平方成正比，所以半球形的面积随着远离接地体而迅速增大。因此，与半球面积对应的土壤电阻随着远离接地体而迅速减小，至离接地体 20 m 处半球面积已相当大，土壤电阻已小到可以忽略不计。也就是说，距接地体 20 m 以外，电流不再产生电压降，或者说该处的电位已降为零。通常将电位等于零的地方，称为电气上的“地”。

运行中的电气设备发生接地短路故障时，电气设备的金属外壳、接地体、接地线与零电位之间的电位差，称为电气设备接地时的对地电压。接地的散流现象及地面各类电位的分布如图 7-9 所示。

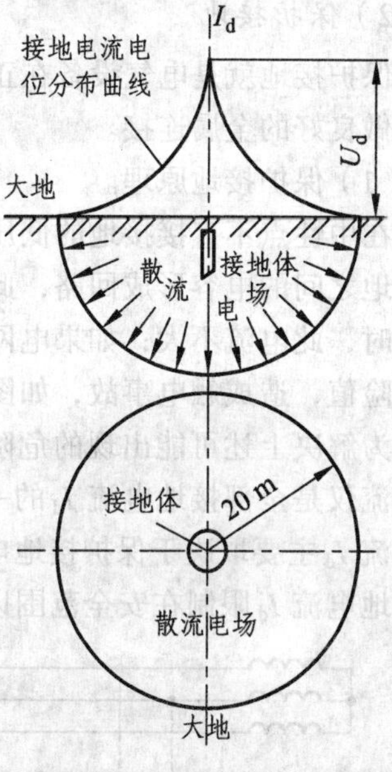

图 7-9　地中电流和对地电压

4）散流电阻、接地电阻、工频接地电阻、冲击接地电阻

接地线电阻和接地体的对地电阻的总和称为接地装置的接地电阻。

接地体的对地电压与接地电流之比值称为散流电阻。

电气设备接地部分的对地电压与接地电流之比，即为接地电阻。由于接地线和接地体本身电阻很小，可忽略不计，故一般认为接地电阻就是散流电阻。

工频电流流过接地装置时呈现的电阻称为工频接地电阻。

当有冲击电流（如雷击的电流值很大，为几十至几百千安，时间很短，为 3 ~ 6 μs）通过接地体流入地中时，土壤即被电离，接地电阻都比工频接地电阻小。

5）中性点与中性线

在 Y 形连接的三相电路中，三个绕组连在一起的点称为三相电路的中性点。由中性点引出的线称为中性线，如图 7-10 所示。

6）零点与零线

当三相电路的中性点接地时，该中性点成为零点。此时，由零点引出的线称为零线，如图 7-11 所示。

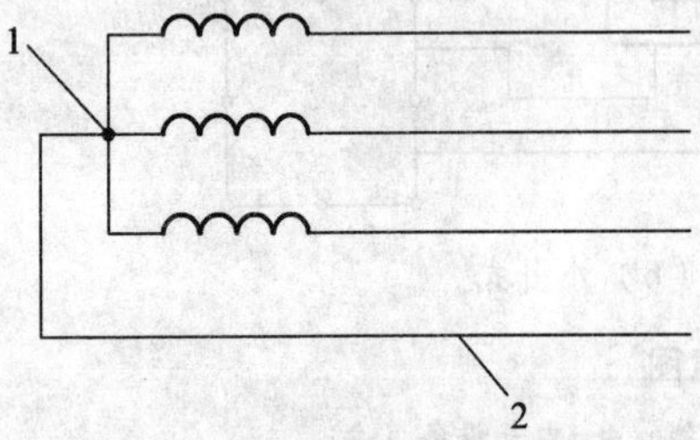

图 7-10　中性点与中性线

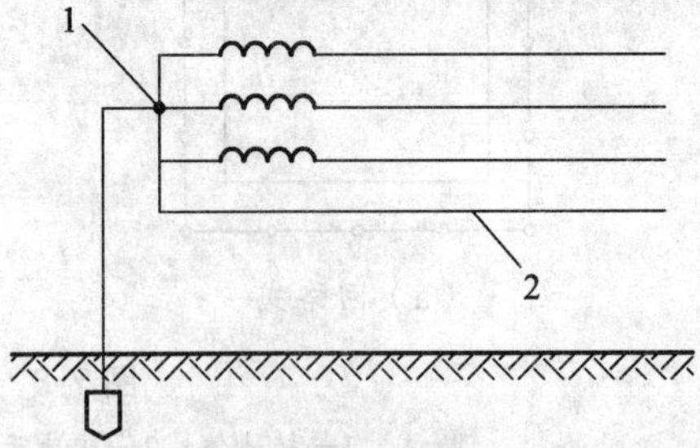

图 7-11　零点与零线

2. 电气设备接地的种类

1）工作接地

为了保证电气设备的正常工作，将电路中的某一点通过接地装置与大地可靠地连接起来就称为工作接地。如变压器低压侧的中性点、电压互感器和电流互感器的二次侧某一点接地等，其作用是为了降低人体的接触电压。

2）保护接地

保护接地就是电气设备在正常情况下不带电的金属外壳以及与它连接的金属部分与接地装置做良好的金属连接。

（1）保护接地原理。

在中性点不直接接地的低压系统中，带电部分意外碰壳时，接地电流 I_d 通过人体和电网与大地之间的电容形成回路，此时流过故障点的接地电流主要是电容电流。当电网对地绝缘正常时，此电流不大；如果电网分布很广，或者电网绝缘性能显著下降，这个电流可能上升到危险值，造成触电事故，如图 7-12（a）所示。图中 R_r 为人体电阻，R_b 为保护接地电阻。

为解决上述可能出现的危险，可采用图 7-12（b）所示的保护接地措施。这时通过人体的电流仅是全部接地电流 I_d 的一部分 I_r。由于 R_b 与 R_r 是并联关系，在 R_r 一定的情况下，接地电流 I_d 主要取决于保护接地电阻 R_b 的大小。适当控制 R_b 的大小（应在 4 Ω 以下）即可以把接地电流 I_d 限制在安全范围以内，保证操作人员的人身安全。

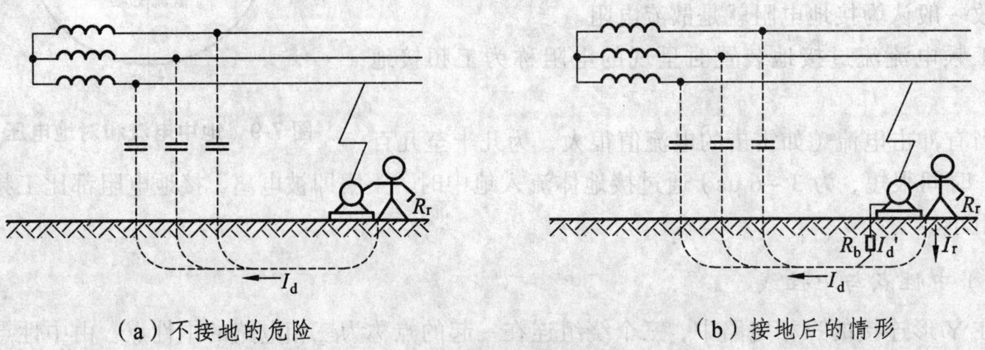

图 7-12　保护接地原理

（2）保护接地的应用范围。

保护接地适用于中性点不直接接地的电网，在这种电网中，在正常情况下与带电体绝缘的金属部分，一旦绝缘损坏漏电或感应电压就会造成人身触电的事故，除有特殊规定外均应保护接地。应采取保护接地的设备有如下一些：

① 电机、变压器、照明灯具、携带式及移动式用电器具的金属外壳和底座。

② 电器设备的传动机构。

③ 室内外配电装置的金属构架及靠近带电体部分的金属围栏和金属门，以及配电屏、箱、柜和控制屏、箱、柜的金属框架。

④ 互感器的二次线圈。

⑤ 交、直流电力电缆的接线盒、终端盒的金属外壳和电缆的金属外皮。

⑥ 装有避雷线的电力线路的杆塔。

3）保护接零

所谓保护接零就是在中性点直接接地的系统中，把电器设备正常情况下不带电的金属外壳以及与它相连接的金属部分与电网中的零线做紧密连接，从而起到有效地保护人身和设备安全的作用。

（1）保护接零原理。

在中性点直接接地系统中，当某相绝缘损坏从而发生碰壳短路时，通过设备外壳形成该相对零线的单相短路，短路电流 I_d 能使线路上的保护装置（如熔断器、低压断路器等）迅速动作，从而把故障部分的电源断开，消除触电危险，如图 7-13 所示。

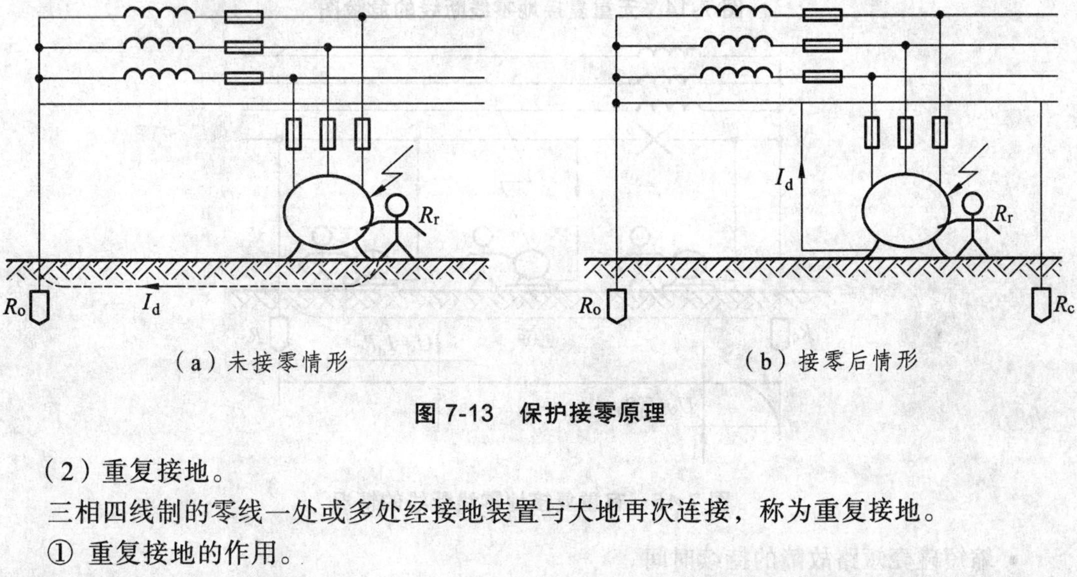

（a）未接零情形　　　　（b）接零后情形

图 7-13　保护接零原理

（2）重复接地。

三相四线制的零线一处或多处经接地装置与大地再次连接，称为重复接地。

① 重复接地的作用。

重复接地的接地电阻不应大于 10 Ω，用于 1 kV 以下的接零系统中，它是保护接零系统中不可缺少的安全技术措施。

• 降低漏电设备的对地电压。

对采用保护接零的电气设备，当其带电部分碰壳时，短路电流经过相线和零线形成回路。此时电气设备的对地电压等于中性点对地电压和单相短路电流在零线中产生电压降的相量和。显然，零线阻抗的大小直接影响到设备对地电压，而这个电压往往比安全电压高出很多。为了改善这一情况，可采用重复接地，以降低设备碰壳时的对地电压。

• 减轻零干线断线后的危险。

当零线断线时，在断线后边的设备如有一台电气设备发生碰壳接地故障，就会导致断点之后所有电气设备的外壳对地电压都为相电压，这是非常危险的，如图 7-14 所示。

若装设了重复接地，这时零线断线处后面各设备的对地电压 $U_c = I_d R_c$，其中 R_c 为重复接地电阻，而零线断线处前面各设备的对地电压 $U_0 = I_d R_0$。若 $R_0 = R_c$，则零线断线处前后两面各设备的对地电压相等且为相电压的一半，即 $U_c = U_0 = U_X/2$，如图 7-14 所示，这样可使各设备外壳的对地电压均匀，减轻危险程度。

当 $R_0 \neq R_c$ 时，总有部分电气设备的对地电压将超过 $U_X/2$，这将很危险的。因此，零线的断线是应当尽量避免的，必须精心施工，注意维护。

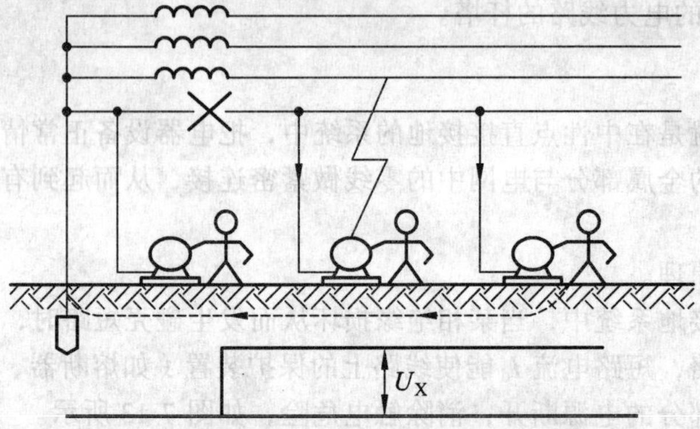

图 7-14　无重复接地零线断线的危险图

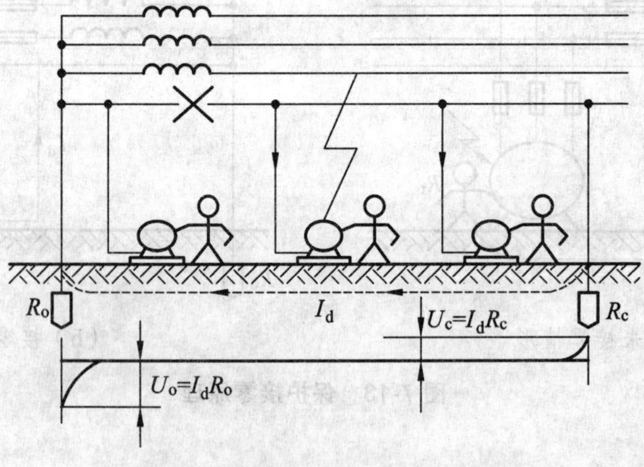

图 7-15　有重复接地零线断线的情况

• 缩短碰壳短路故障的持续时间。

因为重复接地、工作接地和零线是并联支路，所以发生短路故障时增加了短路电流，加速保护装置的动作时间，从而缩短事故持续时间。

• 改善了低压架空线路的防雷性能。

在架空线路零线上重复接地，对雷电有分流作用，有利于限制雷电过电压。

② 重复接地的地点。

重复接地有集中重复接地和环形重复接地两种，前者用于架空线路，后者用于车间。在装设重复接地装置时，应选择合适的地点。为此相关规程规定在采用保护接零的系统中，零线应在下列各处进行重复接地：

• 电源的首端、终端，架空线路的干线和分支线路的终端及沿线路的每 1 km 处应进行重复接地。

• 架空线路和电缆线路引入到车间或大型建筑物内的配电柜应进行重复接地。

• 采用金属管配线时，将零线与金属管连接在一起做重复接地；采用塑料管配线时，在管外敷设的不小于 10 mm^2 的钢线与零线连接在一起做重复接地。

习 题

1. 触电对人体的危害主要有几种？绝大部分触电死亡事故是由哪一种造成的？
2. 直流电对人体一般造成什么危害？交流电对人体又造成什么危害？
3. 什么是直接电击？什么是间接电击？
4. 对人体危害最大的交流电的频率范围是多少？人们日常使用的工频市电的频率又是多少？
5. 触电的形式及防范救护措施有哪些？
6. 用电事故发生的原因是什么？
7. 电子电路中的“接地”概念与电气设备的“接地”概念有什么不同？
8. 电气设备常采用哪几种不同的接地防护安全措施？
9. 什么叫保护接零？

项目八
二极管及其应用

【引言】

从本项目开始介绍电子技术的基本内容。电子线路与电工线路最大的不同点就是应用了半导体二极管、三极管，并把它们作为核心器件。要学习电子线路，首先要掌握半导体器件的构造及其工作原理。

【学习目标】

（1）了解二极管的伏安特性和主要参数。

（2）了解硅稳压二极管、变容二极管、发光二极管、光电二极管等各种二极管的外形特征、功能及其应用。

（3）能用万用表检测二极管。

（4）掌握单相半波、桥式全波整流电路的组成、性能特点和电路估算。

（5）了解电容滤波电路的工作原理和电路估算。

任务一　二极管

一、半导体的特性

导电能力介于导体和绝缘体之间的物质称为半导体，如硅、锗等，其导电能力受多种因素影响。

热敏特性——温度升高，导电能力明显增强。

光敏特性——光照越强，导电性能越好。

掺杂特性——掺入杂质后会改善导电性能。

二、二极管的电路符号

二极管的图形符号如图 8-1 所示。其文字符号为 VD。

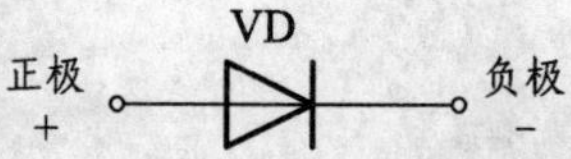

图 8-1　二极管的电路符号

三、二极管的特性

1. 二极管的单向导电特性

（1）加正向电压时，二极管导通。

（2）加反向电压时，二极管截止。

2. 二极管的伏安特性曲线

反映二极管两端的电压、电流变化关系的曲线，即二极管的伏安特性曲线。

1）正向特性

从图 8-2 中可以看出，当正向电压较小时，正向电流几乎为零，这个区域常称为正向特性的“死区”。一般硅二极管的“死区”电压约为 0.5 V，锗二极管的约为 0.1 V。

正向电压超过“死区”电压后，电流随电压按指数规律增长。此时，两端电压降基本保持不变，硅二极管约为 0.7 V，锗二极管约为 0.3 V。

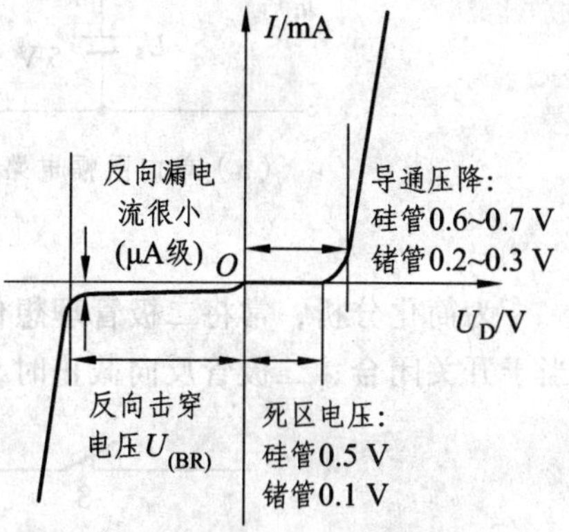

图 8-2　极管的伏安特性曲线

2）反向特性

二极管两端加反向电压时，流过二极管的反向电流称为漏电流。

当加到二极管两端的反向电压超过某一规定数值时，反向电流急剧增大，这种现象称为反向击穿现象，该反向电压称为反向击穿电压，用 $U_{(BR)}$表示。

实际应用时，普通二极管应避免工作在击穿电压附近，否则会因电流过大而损坏管子，从而失去单向导电性。

四、二极管的使用常识

1. 二极管的型号

国产二极管的型号命名规定由五部分组成（部分二极管无第五部分），国外产品依各国标准而确定。

2. 二极管的主要参数

（1）最大整流电流 I_F；

（2）反向饱和电流 I_R；

（3）最高反向工作电压 U_{RM}；

（4）最高工作频率 f_M。

【例 8.1】　利用二极管的单向导电性和导通后两端电压基本不变的特性，可以构成限幅（削波）电路来限制输出电压的幅度。图 8-3（a）所示为一单向限幅电路。设输入电压 u_i =

$10\sin\omega t$（V），$U_S = 5$ V。

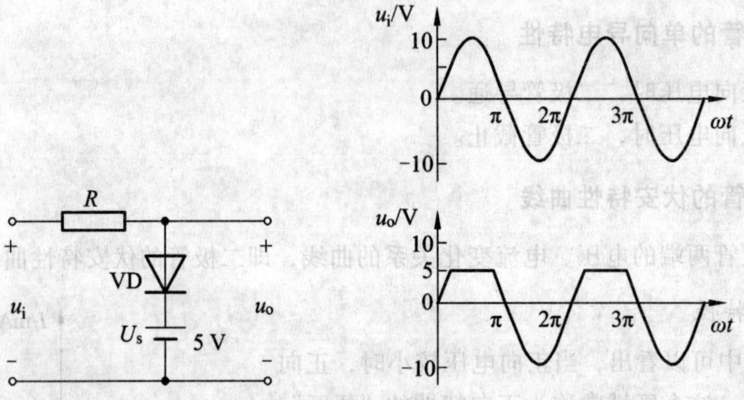

（a）单向限幅电路　　（b）波形

图 8-3　例 8.1 图

为简化分析，常将二极管理想化，即二极管导通时，两端电压降很小，可视为短路，相当于开关闭合；二极管反向截止时，反向电流很小，相当于开关断开，如图 8-4 所示。

相当于开关闭合　　相当于开关断开

图 8-4　理想化二极管的等效图形

这样，单向限幅电路输出电压 u_o 被限制在 $-10 \sim +5$ V，其波形如图 8-3（b）所示。将电路稍作改动便可做成双向限幅电路。利用二极管的这一特性，通常可将其用于电路的过电压保护。

3. 二极管的检测

二极管正反向电阻值检测结果的分析如表 8-1 所示。

表 8-1　二极管正、反向电阻值检测结果分析

检测结果		二极管状态	性能判断
正向电阻	反向电阻		
几百欧～几千欧	几十千欧～几百千欧以上	二极管单向导电	正　常
趋于无穷大	趋于无穷大	二极管正、负极之间已经断开	开　路
趋于零	趋于零	二极管正、负极之间已经通路	短　路
二极管正向电阻增大	反向电阻减小	单向导电性变差	性能变差

五、其他类型二极管

1. 稳压二极管

稳压二极管的外形和图形符号如图 8-5 所示。

（a）外形

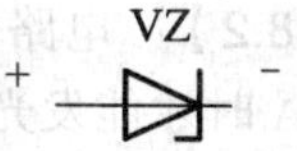

（b）图形符号

图 8-5　稳压二极管的外形和图形符号

稳压二极管的伏安特性曲线如图 8-6 所示。

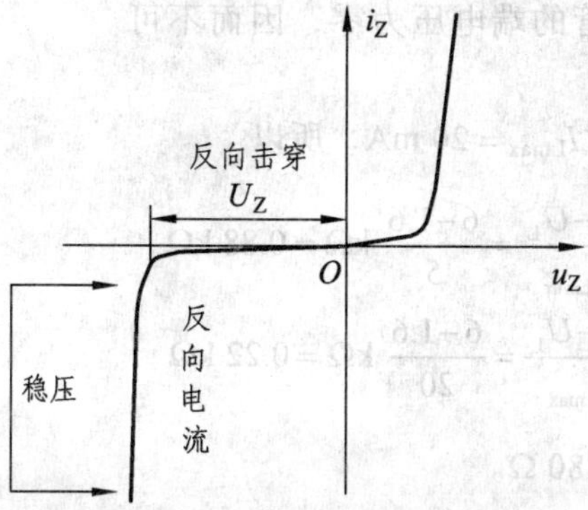

图 8-6　稳压二极管的伏安特性曲线

从图中可以看出，如果把击穿电流限制在一定的范围内，管子就可以长时间稳定地工作在反向击穿电压 u_Z，即稳压值。所以稳压二极管稳压时工作于反向击穿状态。

稳压二极管的类型很多，主要有 2CW、2DW 系列，如 2CW15 的稳定电压为 7.0 ~ 8.5 V。从晶体管手册中可以查到常用稳压二极管的技术参数和使用资料。

稳压二极管的检测方法与普通二极管相同，但稳压二极管的正向电阻比普通二极管的正向电阻要大一些。

2. 发光二极管（LED）

发光二极管与普通二极管一样也是由 PN 结构成的，同样具有单向导电性。其外形及图形符号如图 8-7 所示。

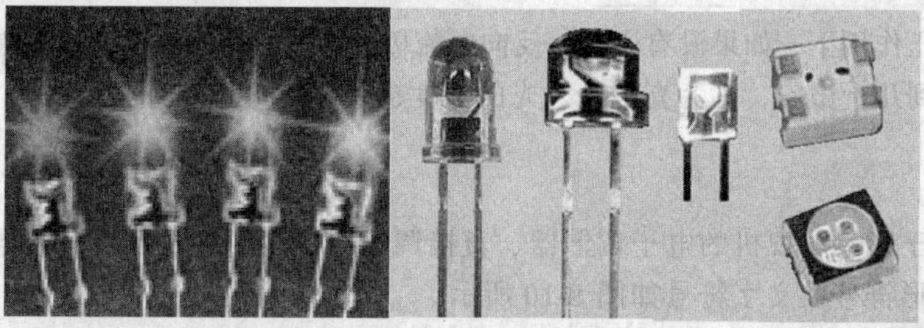

（a）外形

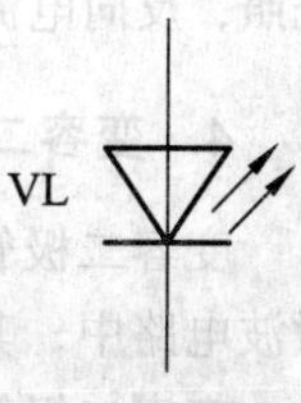

（b）图形符号

图 8-7　发光二极管的外形及形符号

发光二极管被广泛运用于电路的状态显示、信息显示、装饰工程、照明等领域。

发光二极管发光时工作在正偏置状态。

发光二极管两端有一个“管压降”，制造材料不同管压降也不同。

【例 8.2】 电路如图 8-8 所示，已知某发光二极管的导通电压 $U_L = 1.6\ V$，正向电流为 5 ~ 20 mA 时才能发光。试问：

（1）开关处于何种位置时发光二极管可能发光？

（2）为使发光二极管发光，电路中 R 的取值范围为多少？

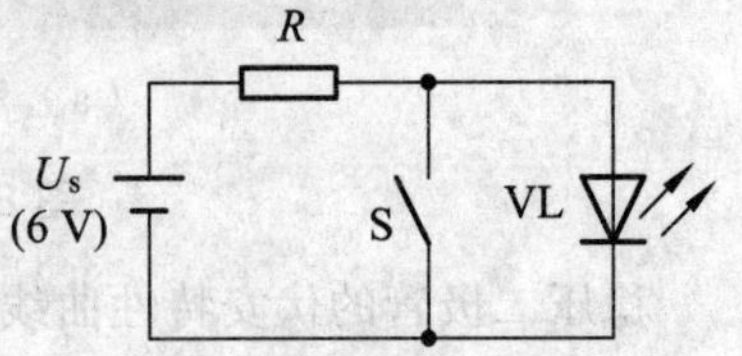

图 8-8　例 8.2 图

解　（1）当开关断开时发光二极管才有可能发光。当开关闭合时，发光二极管的端电压为零，因而不可能发光。

（2）因为 $I_{Lmin} = 5\ mA$，$I_{Lmax} = 20\ mA$，所以

$$R_{max} = \frac{U - U_L}{I_{Lmin}} = \frac{6-1.6}{5}\ k\Omega = 0.88\ k\Omega$$

$$R_{min} = \frac{U - U_L}{I_{Lmax}} = \frac{6-1.6}{20}\ k\Omega = 0.22\ k\Omega$$

R 的取值范围为 220 ~ 880 Ω。

3. 光电二极管

光电二极管广泛用于制造各种光敏传感器、光电控制器。其外形、图形符号及文字符号如图 8-9 所示。

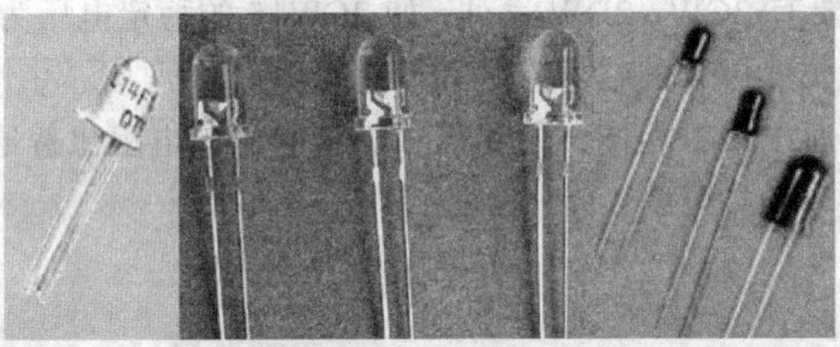

（a）外形

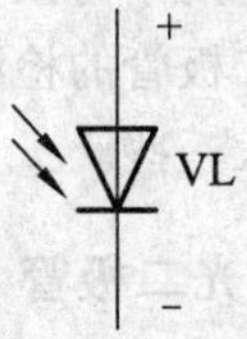

（b）图形符号

图 8-9　光电二极管的外形及图形符号

光电二极管在反向电压作用下，如果没有光照，反向电流极其微弱，称为暗电流；如果有光照，反向电流迅速增大到几十微安，称为亮电流。光的强度越大，反向电流也越大。

4. 变容二极管

变容二极管被广泛用于彩色电视机的电子调谐器、直接调频、自动频率控制及倍频器等微波电路中，其外形、图形符号及文字符号如图 8-10 所示。

变容二极管工作于反向偏置状态。当给变容二极管施加反向电压时，其两个电极之间的 PN 结电容随加到变容二极管两端的反向电压的改变而变化，其特性相当于一个可以通过电压控制的自动微调电容器。

（a）外形

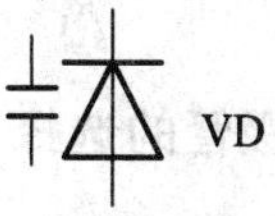

（b）图形符号

图 8-10　变容二极管的外形及图形符号

任务二　二极管整流及滤波电路

整流电路是获得直流电源的重要组成部分，它是利用二极管的单向导电性，将输入的交流电压转换为脉动的直流电压。

滤波是将整流后的脉动直流电压转变为平滑的直流电压。

常用的整流电路有半波整流电路和桥式整流电路。

一、半波整流电路

半波整流电路如图 8-11 所示。

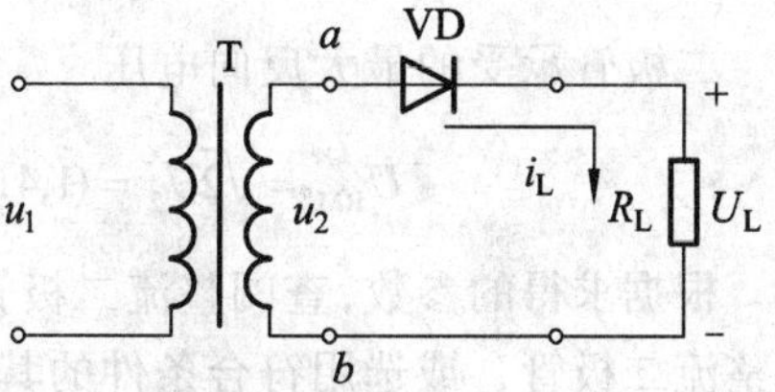

图 8-11　半波整流电路

1. 半波整流工作过程

（1）当输入电压 u_2 为正半周时，二极管 VD 受正向偏置而导通，电流 i_L 由 a 端→VD→R_L→b 端，自上而下流过 R_L，在 R_L 上得到一个极性为上正下负的电压 U_L。若不计二极管的正向压降，此期间负载上的电压 $U_L = u_2$。

（2）当 u_2 为负半周时，二极管 VD 因反向偏置而截止，此期间无电流通过 R_L，负载上的电压 $U_L = 0$。

由此可见，在交流电的一个周期内，二极管半个周期导通，半个周期截止，在负载电阻 R_L 上的脉动直流电压波形是输入交流电压的一半，故称为单相半波整流。

输出电压的极性取决于二极管在电路中的连接方式，如将图中二极管反接，输出电压的极性也将随之变化。

2. 负载上的直流电压与直流电流的估算

（1）负载上的直流电压 U_L 为

$$U_L = 0.45U_2$$

式中，U_2 为变压器二次侧电压有效值。

（2）负载上的直流电流 I_L 为

$$I_L = \frac{U_L}{R_L} = 0.45\frac{U_2}{R_L}$$

3. 整流二极管的选择

选用二极管时，要求

$$I_F \geqslant I_D = I_L$$
$$U_{RM} \geqslant \sqrt{2}U_2$$

根据最大整流电流和最高反向工作电压的计算值，查阅有关半导体器件手册，选用合适的二极管型号，使其额定值大于计算值。

【例 8.3】 有一直流负载，电阻为 1.5 kΩ，要求工作电流为 10 mA，如果采用半波整流电路，试求电源变压器二次的侧电压，并选择适当的整流二极管。

解 因为

$$U_L = R_L I_L = (1.5\times10^3\times10\times10^{-3})\ \text{V} = 15\ \text{V}$$

所以由 $U_L = 0.45U_2$ 得变压器二次侧电压的有效值为

$$U_2 = \frac{U_L}{0.45} = \frac{15}{0.45}\ \text{V} \approx 33\ \text{V}$$

二极管承受的最大反向电压

$$U_{RM} = \sqrt{2}U_2 = (1.41\times33)\ \text{V} \approx 47\ \text{V}$$

根据求得的参数，查阅整流二极管参数手册，可选择 $I_{FM} = 100$ mA，$U_{RM} = 50$ V 的 2CZ82B 型整流二极管，或选用符合条件的其他型号二极管，如 1N4001、1N4002 等。

二、桥式整流电路

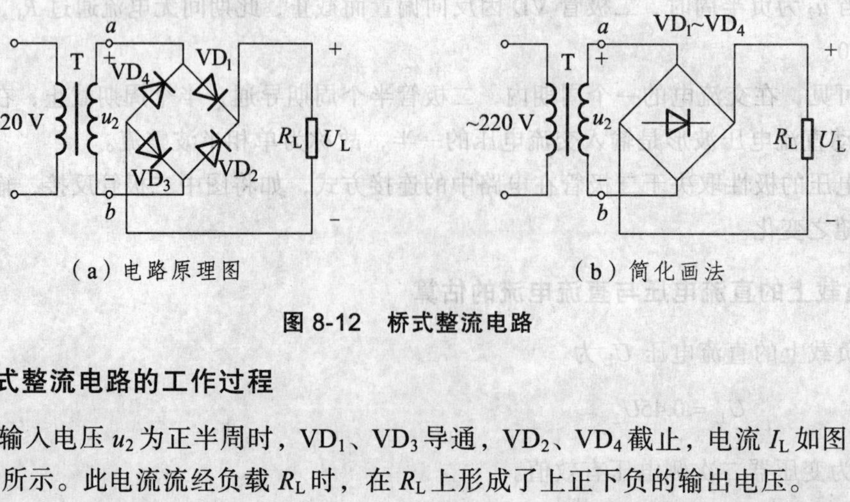

（a）电路原理图　　（b）简化画法

图 8-12　桥式整流电路

1. 桥式整流电路的工作过程

（1）当输入电压 u_2 为正半周时，VD_1、VD_3 导通，VD_2、VD_4 截止，电流 I_L 如图 8-13（a）中虚线箭头所示。此电流流经负载 R_L 时，在 R_L 上形成了上正下负的输出电压。

（2）当 u_2 为负半周时，VD_2、VD_4 导通，VD_1、VD_3 截止，电流 I_L 如图 8-13（b）中虚线箭头所示。该电流流经 R_L 的方向和 u_2 正半周时电流流向一致，同样在 R_L 上形成了上正下负的输出电压。

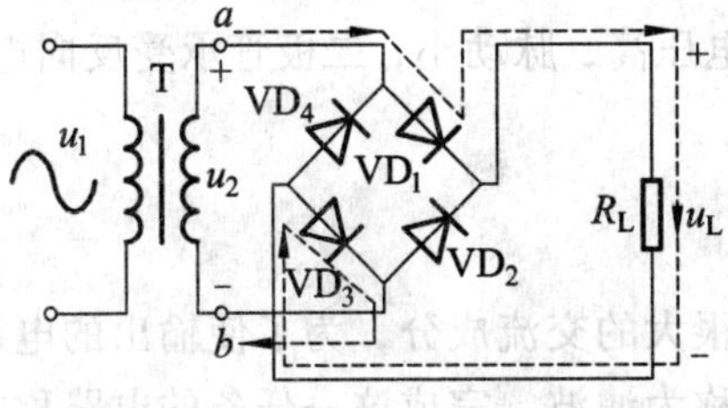

（a）u_2 为正半周时

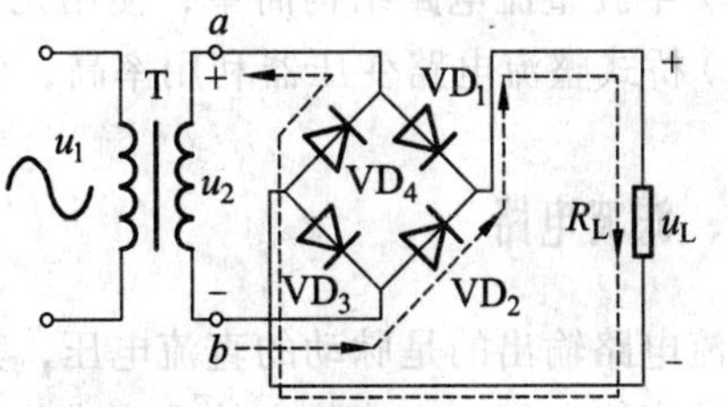

（b）u_2 为负半周时

图 8-13　桥式整流电路工作原理图

由此可见，无论 u_2 处于正半周还是负半周，都有电流分别流过两个二极管，并以相同方向流过负载 R_L，是单方向的全波脉动波形。

2. 负载上的直流电压与直流电流的估算

（1）负载上的直流电压 U_L 为

$$U_L = 0.9U_2$$

（2）负载上的直流电流 I_L 为

$$I_L = \frac{U_L}{R_L} = 0.9\frac{U_2}{R_L}$$

3. 整流二极管的选择

$$I_F \geqslant I_L / 2$$
$$U_{RM} \geqslant \sqrt{2}U_2$$

【例 8.4】 有一直流负载需直流电压 6 V，直流电流 0.4 A，如果采用单相桥式整流电路，试求电源变压器二次侧电压，并选择整流二极管的型号。

解 由 $U_L = 0.9U_2$，可得变压器二次侧电压的有效值为

$$U_2 = \frac{U_L}{0.9} = \frac{6}{0.9}\text{ V} \approx 6.7\text{ V}$$

通过二极管的平均电流

$$I_F = \frac{1}{2}I_L = \left(\frac{1}{2}\times 0.4\right)\text{ A} = 0.2\text{ A} = 200\text{ mA}$$

二极管承受的反向电压

$$U_{RM} = \sqrt{2}U_2 = 9.4\text{ V}$$

根据以上求得的参数，查阅整流二极管参数手册，可选择 $I_{FM}=300\ \text{mA}$，$U_{RM}=10\text{V}$ 的 2CZ56A 型整流二极管，或者选用符号条件的其他型号二极管，如 1N4001 等。

二极管整流电路的特点：

（1）半波整流电路结构简单，使用元件少，电流利用率很低，输出电压脉动大。

（2）桥式整流电路变压器利用率高，平均直流电压高，脉动小，二极管承受反向电压低。

三、滤波电路

整流电路输出的是脉动的直流电压，其中含有很大的交流成分，为了使输出的电压接近于理想的直流电压，应滤除它的交流成分，此过程称为滤波，完成这一任务的电路称为滤波电路，也称滤波器。

滤波器通常由电容器、电感器和电阻器按一定的方式组成。

1. 电容滤波电路

利用电容器的充、放电作用可使输出电压趋于平滑。

电容滤波电路输出直流电压的估算公式如下：

半波整流电容滤波：　　　　$U_L \approx U_2$

桥式整流电容滤波：　　　　$U_L \approx 1.2U_2$

空载时（负载 R_L 开路）：　　$U_L \approx 1.4U_2$

【例 8.5】 如图 8-14 所示为一个桥式整流电容滤波电路，由 220 V、50 Hz 的交流电压经变压器降压后供电，负载电阻 R_L 为 40 Ω，输出直流电压为 20 V，当开关闭合时，试求变压器二次侧的电压，并估计滤波电容的耐压值和电容量。

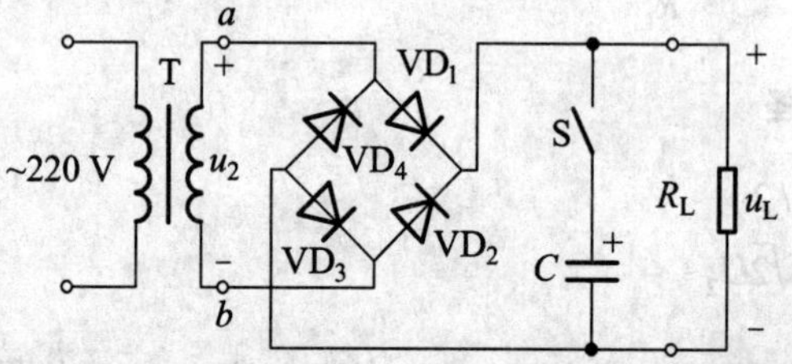

图 8-14　例 8.5 图

解　（1）变压器二次电压

$$U_2 = \frac{U_L}{1.2} = \frac{20}{1.2}\ \text{V} = 17\ \text{V}$$

（2）当空载时，电容器承受最大电压，所以电容器的耐压值为

$$U_{CM} \geqslant \sqrt{2}U_2 = (\sqrt{2}\times 17)\ \text{V} = 24\ \text{V}$$

电容器的电容量应满足 $R_LC=(3\sim5)T/2$，$T=1/f$，取 $R_LC=2T$，因此

$$C = \frac{2T}{R_L} = \left(\frac{2}{40\times 50}\right)\ \text{F} = 1\ 000\ \mu\text{F}$$

因此，可选用 1 000 μF/50 V 的电解电容 1 只。

滤波电容的电容量可根据负载电流的大小参考表 8.2 进行选择。

表 8.2 滤波电容的选择

输出电流 I_L	2A	1A	0.5 ~ 1A	0.1 ~ 0.5A	100 mA 以下	50 mA 以下
电容量 C	4 700 μF	2 200 μF	1 000 μF	470 μF	200 ~ 500 μF	200 μF

注：此为桥式整流电容滤波 $U_L = 12 \sim 36$ V 时的电压参考值。

2. 电感滤波电路

利用电感"通直流、阻交流"的作用也可达到滤波的目的。

电感滤波电路如图 8-15 所示，随着电感 L 的增加，即 $X_L = 2\pi fL$ 增加，阻止交流电通过的作用越强，滤波作用也越强，输出电压 U_L 中的交流成分就越小。

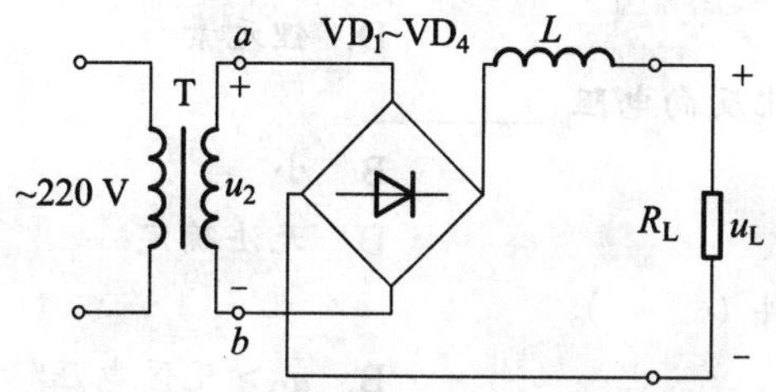

图 8-15 桥式整流电感滤波电路原理图

习 题

1. 填空题。

（1）把 P 型半导体和 N 型半导体结合在一起，就形成________。

（2）半导体二极管具有单向导电性，外加正偏电压______，外加反偏电压________。

（3）利用二极管的_______，可将交流电变成________。

（4）锗二极管工作在导通区时正向压降大约是________，死区电压是________。

（5）整流二极管的正向电阻越______，反向电阻越________，表明二极管的单向导电性能越好。

（6）杂质半导体分__________型半导体和________型半导体两大类。

（7）半导体二极管的主要参数有________、________，此外还有________、________、正向压降等参数，选用二极管的时候应注意。

（8）当加到二极管上的反向电压增大到一定数值时，反向电流会突然增大，此现象称为________现象。

（9）发光二极管是把________能转变为________能，它工作于________偏置状态；光电二极管是把________能转变为________能，它工作于________偏置状态。

（10）整流是把________转变为________。滤波是将________转变为________。电容滤波

器适用于________场合，电感滤波器适用于________的场合。

（11）电容滤波器的输出电压的脉动τ与______有关，τ越大，输出电压脉动越______，输出直流电压也就越__________。

2. 选择题。

（1）具有热敏特性的半导体材料受热后，半导体的导电性能将（　　）。

A. 变好　　B. 变差

C. 不变　　D. 无法确定

（2）P 型半导体是指在本征半导体中掺入微量的（　　）。

A. 硅元素　　B. 硼元素

C. 磷元素　　D. 锂元素

（3）N 型半导体是指在本征半导体中掺入微量的（　　）。

A. 硅元素　　B. 硼元素

C. 磷元素　　D. 锂元素

（4）二极管正向电阻比反向电阻________。

A. 大　　B. 小

C. 一样大　　D. 无法确定

（5）二极管的导通条件（　　）。

A. $u_D>0$　　B. $u_D>$死区电压

C. $u_D>$击穿电压　　D. 以上都不对

（6）下面列出的几条曲线中，哪条表示的是理想二极管的伏安特性曲线（　　）。

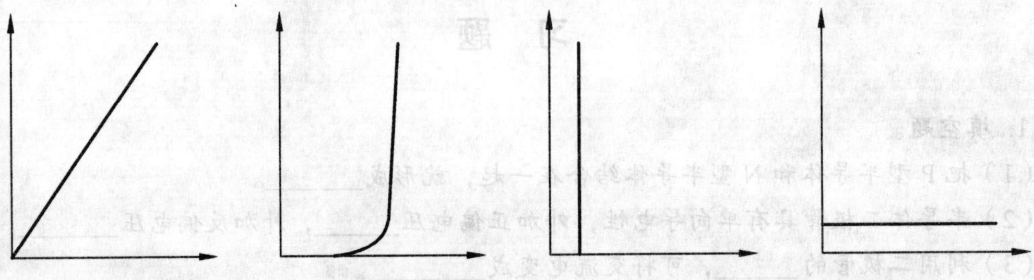

A　　B　　C　　D

（7）用万用表欧姆挡测量小功率晶体二极管性能的好坏时，应把欧姆挡拨到（　　）挡。

A. $R\times100\ \Omega$ 或 $R\times1\ k\Omega$　　B. $R\times1\ \Omega$

C. $R\times10\ \Omega$　　D. $R\times100\ \Omega$

（8）当环境温度升高时，二极管的反向电流将（　　）。

A. 减少　　B. 增大

C. 不变　　D. 缓慢减少

（9）如图所示，设二极管为理想状态，则电压 U_{AB} 为（　　）。

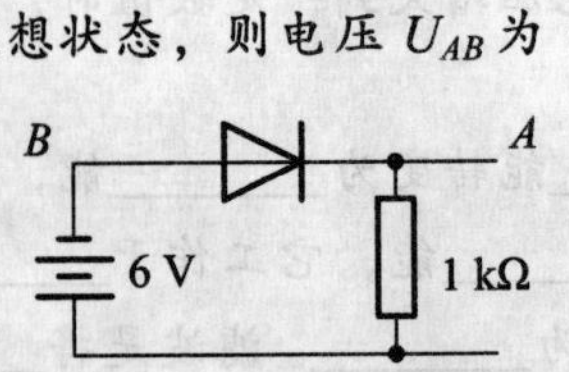

A. 3 V　　B. 6 V

C. −3 V　　D. −6 V

（10）以下哪种情况中，二极管会导通？（　　）

项目九
三极管及基本放大电路

【引言】

半导体三极管是一种重要的半导体器件。它的放大作用和开关作用促进了电子技术的发展。场效应管是一种较新型的半导体器件，现已被广泛应用于放大电路和数字电路中。本项目将介绍半导体三极管、绝缘栅型场效应管以及由它们组成的基本放大电路。

【学习目标】

（1）了解三极管的结构、分类、符号、特点。
（2）掌握半导体三极管的工作原理、特性曲线及主要参数。
（3）学会用图解法和小信号分析法分析放大电路的静态及动态工作情况。
（4）理解放大电路的工作点稳定性问题。
（5）掌握放大电路的频率响应及各元件参数对其性能的影响。

任务一　半导体三极管

半导体三极管简称为晶体管，它由两个 PN 结组成。由于内部结构的特点，三极管表现出电流放大作用和开关作用，这促使电子技术有了质的飞跃。本节围绕三极管的电流放大作用这个核心问题来讨论它的基本结构、工作原理、特性曲线及主要参数。

一、三极管的基本结构和类型

三极管的种类很多，按功率大小可分为大功率管和小功率管，按在电路中的工作频率可分为高频管和低频管，按半导体材料不同可分为硅管和锗管，按结构不同可分为 NPN 管和 PNP 管。无论是 NPN 型还是 PNP 型，三极管都分为三个区，分别称为发射区、基区和集电区。由三个区各引出一个电极，分别称为发射极（E）、基极（B）和集电极（C）。发射区和基区之间的 PN 结称为发射结，集电区和基区之间的 PN 结称为集电结。三极管的结构和符号如图 9-1 所示，其中发射极箭头所示方向表示发射极电流的流向。在电路中，三极管用字符 VT 表示。

具有电流放大作用的三极管，其内部结构具有特殊性，主要表现在：第一，发射区掺杂浓度大于集电区掺杂浓度，集电区掺杂浓度远大于基区掺杂浓度；第二，基区很薄，一般只有几微米。这些结构上的特点是三极管具有电流放大作用的内在依据。

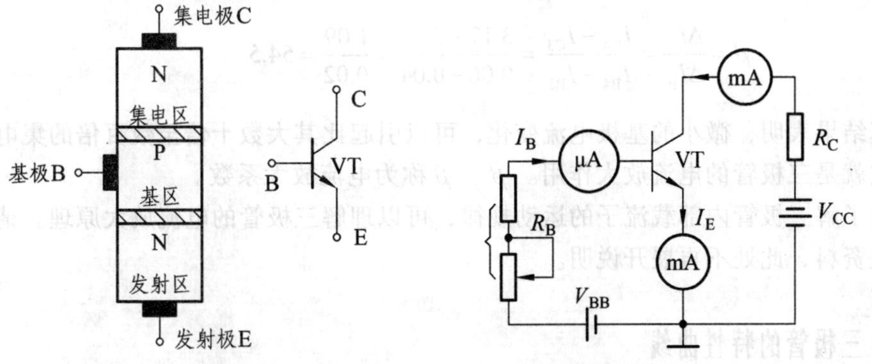

（a）NPN 管　　（b）PNP 管

图 9-1　两类三极管的结构示意图及符号

二、三极管的电流分配关系和放大作用

现以 NPN 管为例来说明三极管各极间的电流分配关系及其电流放大作用。前面介绍了三极管具有电流放大用的内部条件，除此之外，要实现晶体三极管的电流放大作用，还必须具有一定的外部条件，这就是要给三极管的发射结加上正向电压，给集电结加上反向电压。如图 9-2 所示，V_{BB} 为基极电源，与基极电阻 R_B 及三极管的基极 B、发射极 E 组成基极-发射极回路（称作输入回路）。V_{BB} 使发射结正偏。V_{CC} 为集电极电源，与集电极电阻 R_C 及三极管的集电极 C、发射极 E 组成集电极-发射极回路（称作输出回路）。V_{CC} 使集电结反偏。图中，发射极 E 是输入输出回路的公共端，因此称这种接法为共发射极放大电路。改变可变电阻 R_B，测基极电流 I_B、集电极电流 I_C 和发射结电流 I_E，结果如表 9-1 所示。

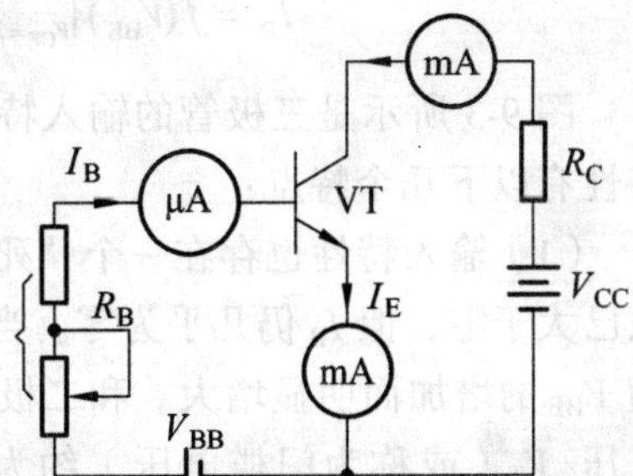

图 9-2　共发射极放大实验电路

表 9-1　三极管电流测试数据

I_B（μA）	0	20	40	60	80	100
I_C（mA）	0.009	0.99	2.08	3.17	4.26	9.40
I_E（mA）	0.009	10.01	2.12	3.23	4.34	9.90

从测试结果可得出如下结论：

（1）$I_E = I_B + I_C$。此关系就是三极管的电流分配关系，它符合基尔霍夫电流定律。

（2）I_E 和 I_C 几乎相等，而且远远大于基极电流 I_B。从第三列和第四列的实验数据可知 I_C 与 I_B 的比值分别为

$$\bar{\beta}_3 = \frac{I_{C3}}{I_{B3}} = \frac{2.08}{0.04} = 52, \quad \bar{\beta}_4 = \frac{I_{C4}}{I_{B4}} = \frac{3.17}{0.06} = 52.8$$

I_B 的微小变化就会引起 I_C 较大的变化，计算可得

$$\beta = \frac{\Delta I_C}{\Delta I_B} = \frac{I_{C4} - I_{C3}}{I_{B4} - I_{B3}} = \frac{3.17 - 2.08}{0.06 - 0.04} = \frac{1.09}{0.02} = 54.5$$

计算结果表明，微小的基极电流变化，可以引起比其大数十倍至数百倍的集电极电流的变化，这就是三极管的电流放大作用。$\bar{\beta}$、β 称为电流放大系数。

通过了解三极管内部载流子的运动规律，可以理解三极管的电流放大原理。请读者自行查阅相关资料，此处不再展开说明。

三、三极管的特性曲线

三极管的特性曲线是用来表示各个电极间电压与电流的相互关系的，它反映了三极管的性能，是分析放大电路的重要依据。特性曲线可由实验测得，也可在三极管图示仪上直观地显示出来。

1. 输入特性曲线

三极管的输入特性曲线表示了以 V_{CE} 为参考变量时 I_B 和 V_{BE} 的关系，即

$$I_B = f(V_{BE})|_{V_{CE}=\text{常数}} \tag{9-1}$$

图 9-3 所示是三极管的输入特性曲线，由图可见，输入特性有以下几个特点：

（1）输入特性也存在一个“死区”。在“死区”内，V_{BE} 虽已大于零，但 I_B 仍几乎为零。当 V_{BE} 大于某一值后，I_B 才随 V_{BE} 的增加而明显增大。和二极管一样，硅三极管的死区电压 V_T（或称为门槛电压）约为 0.9V，发射结导通电压 V_{BE} = 0.6 ~ 0.7 V；锗三极管的死区电压 V_T 约为 0.2V，导通电压为 0.2 ~ 0.3 V。若为 PNP 型三极管，则发射结导通电压 V_{BE} 分别为 − 0.6 ~ − 0.7 V 和 − 0.2 ~ − 0.3 V。

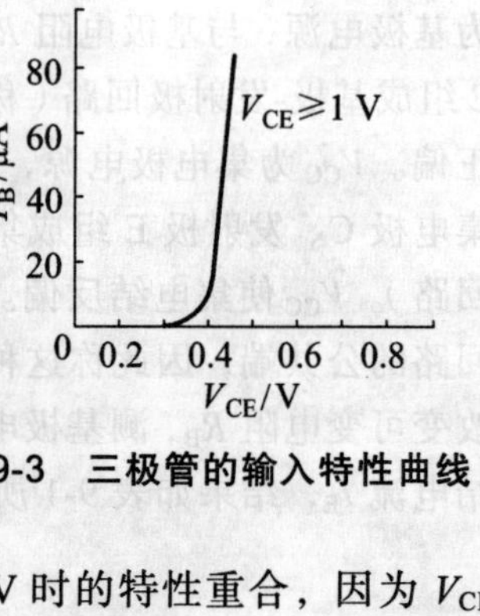

图 9-3　三极管的输入特性曲线

（2）一般情况下，当 V_{CE} > 1 V 后，输入特性几乎与 V_{CE} = 1 V 时的特性重合，因为 V_{CE} > 1 V 后，I_B 无明显改变。三极管工作在放大状态时，V_{CE} 总是大于 1 V 的（集电结反偏），因此常用 V_{CE}≥1 V 的一条曲线来代表所有输入特性曲线。

2. 输出特性曲线

三极管的输出特性曲线表示以 I_B 为参考变量时，I_C 和 V_{CE} 的关系，即

$$I_C = f(V_{CE})|_{I_B=\text{常数}} \tag{9-2}$$

图 9-4 所示是三极管的输出特性曲线，当 I_B 改变时，可得一组曲线族。由图可见，输出特性曲线可分为放大、截止和饱和三个区域。

（1）截止区：在 $I_B=0$ 的特性曲线以下的区域为截止区。在这个区域中，集电结反偏，发射结反偏或零偏，即 $V_C>V_E\geqslant V_B$。电流 I_C 很小，等于反向穿透电流 I_{CEO}。工作在截止区时，三极管在电路中犹如一个断开的开关。

（2）饱和区：特性曲线靠近纵轴的区域为饱和区。当 $V_{CE}<V_{BE}$ 时，发射结、集电结均正偏，即 $V_B>V_C>V_E$。在饱和区，增大 I_B，I_C 几乎不再增大，三极管失去放大作用。规定 $V_{CE}=V_{BE}$ 时的状态为临界饱和状态，用 V_{CES} 表示，此时集电极临界饱和电流

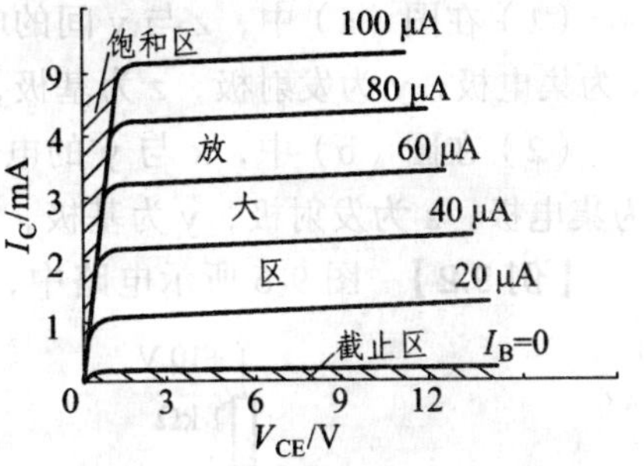

图 9-4　三极管的输出特性曲线

$$I_{CS}=\frac{V_{CC}-V_{CES}}{R_C}\approx\frac{V_{CC}}{R_C} \tag{9-3}$$

基极临界饱和电流

$$I_{BS}=\frac{I_{CS}}{\beta} \tag{9-4}$$

当集电极电流 $I_C>I_{CS}$ 时，认为管子已处于饱和状态。$I_C<I_{CS}$ 时，管子处于放大状态。

管子深度饱和时，硅管的 V_{CE} 约为 0.3 V，锗管的 V_{CE} 约为 0.1 V。由于深度饱和时 V_{CE} 约等于 0，三极管在电路中犹如一个闭合的开关。

（3）放大区：特性曲线近似水平直线的区域为放大区。在这个区域里，发射结正偏，集电结反偏，即 $V_C>V_B>V_E$。其特点是 I_C 的大小受 I_B 的控制，$\Delta I_C=\beta\Delta I_B$，三极管具有电流放大作用。在放大区，$\beta$ 约等于常数，I_C 几乎按一定比例等距离平行变化。由于 I_C 只受 I_B 的控制，几乎与 V_{CE} 的大小无关，特性曲线反映出恒流源的特点，即三极管可看作是受基极电流控制的受控恒流源。

【例 9.1】　用直流电压表测得放大电路中三极管 VT_1 各电极的对地电位分别为 $V_x=+10$ V，$V_y=0$ V，$V_z=+0.7$ V，如图 9-5（a）所示；VT_2 管各电极电位 $V_x=+0$ V，$V_y=-0.3$ V，$V_z=-9$ V，如图 9-5（b）所示。试判断 VT_1 和 VT_2 各是何种类型、何种材料的管子，x、y、z 各是什么电极？

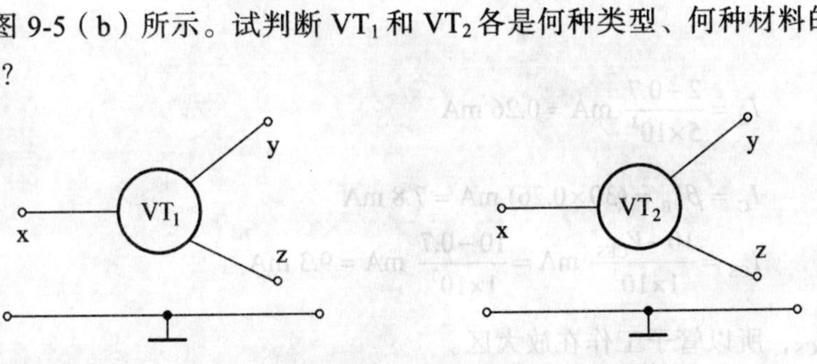

图 9-5　例 9.1 图

解　工作在放大区的 NPN 型三极管应满足 $V_C>V_B>V_E$，PNP 型三极管应满足 $V_C<V_B<V_E$，因此，分析时先找出三个电极的最高或最低电位，确定为集电极，而电位差为导通电压的就是发射极和基极。然后根据发射极和基极的电位差值判断管子的材质。

（1）在图（a）中，z 与 y 间的电压为 0.7 V，可确定为硅管。又因为 $V_x > V_z > V_y$，所以 x 为集电极，y 为发射极，z 为基极，满足 $V_C > V_B > V_E$ 的关系，管子为 NPN 型。

（2）在图（b）中，x 与 y 的电压为 0.3 V，可确定为锗管。又因为 $V_z < V_y < V_x$，所以 z 为集电极，x 为发射极，y 为基极，满足 $V_C < V_B < V_E$ 的关系，管子为 PNP 型。

【例 9.2】 图 9-6 所示电路中，三极管均为硅管，$\beta = 30$，试分析各三极管的工作状态。

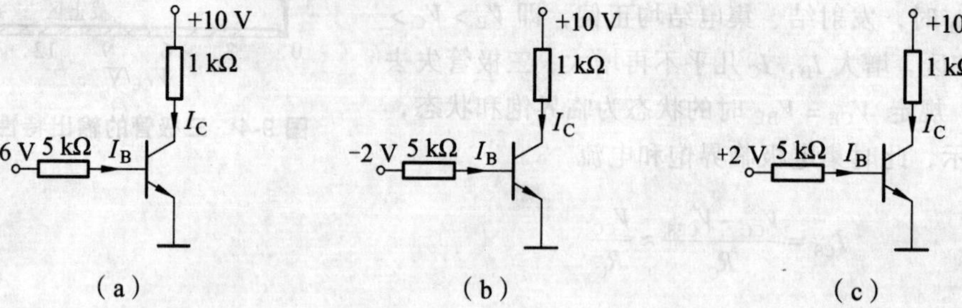

图 9-6　例 9.2 图

解　（1）因为基极偏置电源 +6 V 大于管子的导通电压，故管子的发射结正偏，管子导通。基极电流

$$I_B = \frac{6-0.7}{5\times10^3}\ \text{mA} = 1.06\ \text{mA}$$

则 $$I_C = \beta I_B = (30\times1.06)\ \text{mA} = 31.8\ \text{mA}$$

临界饱和电流 $$I_{CS} = \frac{10-V_{CES}}{1\times10^3}\ \text{mA} = \frac{10-0.7}{1\times10^3}\ \text{mA} = 9.3\ \text{mA}$$

因为 $I_C > I_{CS}$，所以管子工作在饱和区。

（2）因为基极偏置电源 −2 V 小于管子的导通电压，管子的发射结反偏，管子截止，所以管子工作在截止区。

（3）因为基极偏置电源 +2 V 大于管子的导通电压，故管子的发射结正偏，管子导通，基极电流

$$I_B = \frac{2-0.7}{5\times10^3}\ \text{mA} = 0.26\ \text{mA}$$

则 $$I_C = \beta I_B = (30\times0.26)\ \text{mA} = 7.8\ \text{mA}$$

临界饱和电流 $$I_{CS} = \frac{10-V_{CES}}{1\times10^3}\ \text{mA} = \frac{10-0.7}{1\times10^3}\ \text{mA} = 9.3\ \text{mA}$$

因为 $I_C < I_{CS}$，所以管子工作在放大区。

四、三极管的主要参数

三极管的参数是用来表示三极管各种性能的指标，是评价三极管的优劣和选用三极管的依据，也是计算和调整三极管电路时必不可少的根据。

1. **电流放大系数**

（1）共射直流电流放大系数 $\overline{\beta}$。它表示集电极电压一定时，集电极电流和基极电流之间的关系。即

$$\overline{\beta}=\frac{I_{C}-I_{CEO}}{I_{B}}\approx\frac{I_{C}}{I_{B}} \tag{9-5}$$

（2）共射交流电流放大系数 β。它表示在 V_{CE} 保持不变的条件下，集电极电流的变化量与相应的基极电流变化量之比，即

$$\beta=\left.\frac{\Delta I_{C}}{\Delta I_{B}}\right|_{V_{CE}=\text{常数}} \tag{9-6}$$

上述两个电流放大系数 $\overline{\beta}$ 和 β 的含义虽不同，但工作于输出特性曲线的放大区域的平坦部分时，两者差异极小，故今后在估算时常认为 $\overline{\beta}=\beta$。

由于制造工艺上的分散性，同一类型三极管的 β 值也有很大差异。常用的小功率三极管，β 值一般为 20～200。β 过小，管子电流放大作用小，β 过大，工作稳定性差。一般选用 β 值在 40～100 的管子较为合适。

2. **极间电流**

（1）集电极反向饱和电流 I_{CBO}。I_{CBO} 是指发射极开路，集电极与基极之间加反向电压时产生的电流，也是集电结的反向饱和电流。I_{CBO} 可以用图 9-7 所示电路测出。手册上给出的 I_{CBO} 都是在规定的反向电压之下测出的。反向电压的大小改变时，I_{CBO} 的数值可能稍有改变。另外 I_{CBO} 是少数载流子电流，随温度升高而按指数上升，影响三极管工作的稳定性。作为三极管的性能指标，I_{CBO} 越小越好。硅管的 I_{CBO} 比锗管的小得多。大功率管的 I_{CBO} 值较大，使用时应予以注意。

（2）穿透电流 I_{CEO}。I_{CEO} 是基极开路，集电极与发射极间加电压时产生的电流。由于这个电流由集电极穿过基区流到发射极，故又称为穿透电流。测量 I_{CEO} 的电路如图 9-8 所示。根据三极管的电流分配关系可知：$I_{CEO}=(1+R')I_{CBO}$。故 I_{CEO} 也要受温度影响，且 β 大的三极管的温度稳定性较差。

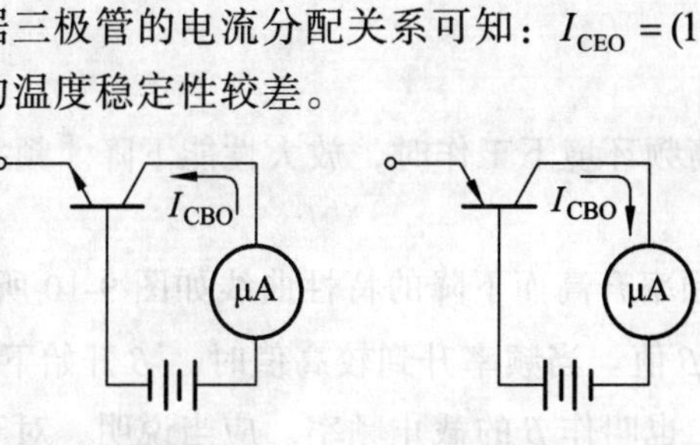

（a）NPN 管　　（b）PNP 管

图 9-7　I_{CBO} 的测量

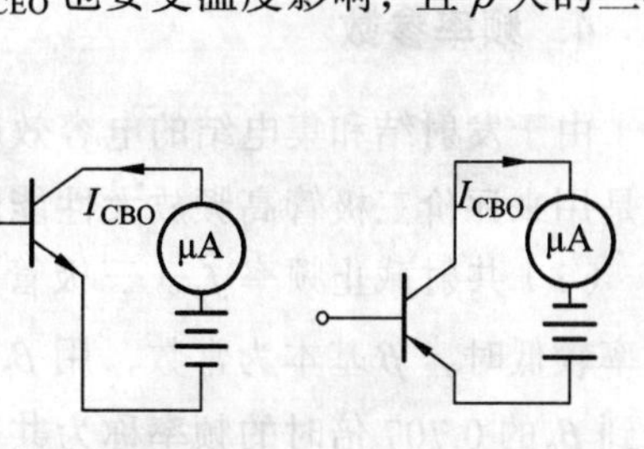

（a）NPN 管　　（b）PNP 管

图 9-8　I_{CEO} 的测量

3. **极限参数**

三极管的极限参数就是使用时不许超过的限度。主要极限参数如下：

（1）集电极最大允许耗散功率 P_{CM}。

三极管电流 I_C 与电压 V_{CE} 的乘积称为集电极耗散功率，这个功率导致集电结发热，温度升高。而三极管的结温是有一定限度的，一般硅管的最高结温为 100 ~ 190 °C，锗管的最高结温为 70 ~ 100 °C，超过这个限度，管子的性能就要变坏，甚至烧毁。因此，根据管子的允许结温计算出了集电极最大允许耗散功率 P_{CM}，工作时管子消耗功率必须小于 P_{CM}。可以在输出特性的坐标系上画出 $P_{CM} = I_C V_{CE}$ 的曲线，称为集电极最大功率损耗线，如图 9-9 所示。曲线的左下方均满足 $P_C < P_{CM}$ 的条件，称为安全区，右上方为过损耗区。

（2）反向击穿电压 $V_{(BR)CEO}$。

反向击穿电压 $V_{(BR)CEO}$ 是指基极开路时，加于集电极与发射极之间的最大允许电压。使用时如果超过这个电压将导致集电极电流 I_C 急剧增大，从而造成管子永久性损坏，这种现象称为击穿。一般取电源 $V_{CC} < V_{(BR)CEO}$。

（3）集电极最大允许电流 I_{CM}。由于结面积和引出线的关系，还要限制三极管的集电极最大电流，如果超过这个电流使用，三极管的 β 值就要显著下降，甚至可能损坏三极管。I_{CM} 表示 β 值下降到正常值的 2/3 时的集电极电流。通常 I_C 不应超过 I_{CM}。

P_{CM}，$V_{(BR)CEO}$ 和 I_{CM} 这三个极限参数决定了三极管的安全工作区。图 9-9 根据 3DG4 管的三个极限参数（$P_{CM} = 300$ mW，$I_{CM} = 30$ mA，$V_{(BR)CEO} = 30$ V），画出了它的安全工作区。

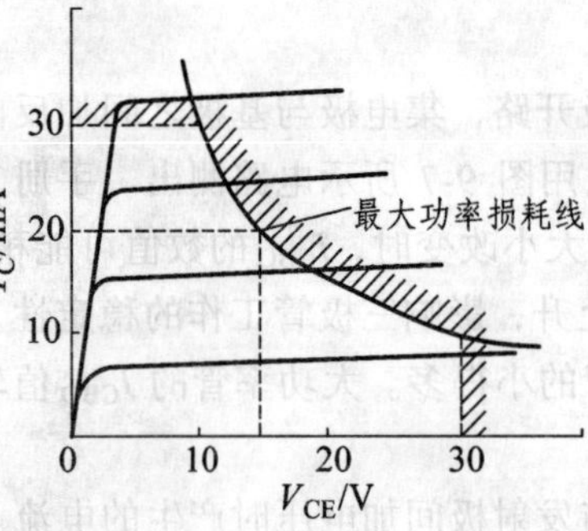

图 9-9　3DG4 的安全工作区

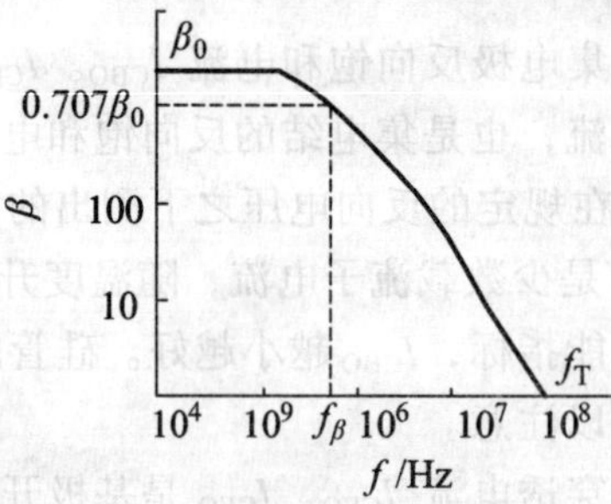

图 9-10　β 的频率特性

4. 频率参数

由于发射结和集电结的电容效应，三极管在高频环境下工作时，放大性能下降。频率参数是用来评价三极管高频放大性能的参数。

（1）共射截止频率 f_β。三极管的 β 值随信号频率升高而下降的特性曲线如图 9-10 所示。频率较低时，β 基本为常数，用 β_0 表示低频时的 β 值。当频率升到较高值时，β 开始下降，降到 β_0 的 0.707 倍时的频率称为共射极截止频率，也叫作 β 的截止频率。应当说明，对于频率为 f_β 或高于 f_β 的信号，三极管仍然有放大作用。

（2）特征频率。β 下降到 1 时的频率称为特征频率，用符号 f_T 表示。频率大于 f_T 之后，β 与 f 近似满足：$f_T = \beta f$。

因此，知道了 f_T 就可以近似确定一个 $f(f > f_\beta)$ 时的 β 值。通常高频三极管都用 f_T 表征它的高频放大特性。

5. 温度对三极管参数的影响

几乎所有三极管的参数都与温度有关，因此温度对三极管参数的影响不容忽视。温度对下列三个参数的影响最大。

（1）温度对 I_{CBO} 的影响：I_{CBO} 由少数载流子形成，与 PN 结的反向饱和电流一样，受温度影响很大。无论是硅管还是锗管，作为工程上的估算，一般都按温度每升高 10 °C，I_{CBO} 增大一倍来考虑。

（2）温度对 β 的影响：温度升高时，β 随之增大。实验表明，对于不同类型的管子，β 随温度增长的情况是不同的，一般认为，以 29 °C 时测得的 β 值为基数，温度每升高 1 °C，β 增加 0.9%～1%。

（3）温度对发射结电压 V_{BE} 的影响：和二极管的正向特性一样，温度每升高 1 °C，$|V_{BE}|$ 减小 2～2.9 mV。因为，$I_{CEO}=(1+\beta)I_{CEO}$，而 $I_C=\beta I_B+(1+\beta)I_{CEO}$，所以温度升高使集电极电流 I_C 升高。换言之，集电极电流 I_C 随温度变化而变化。

五、三极管开关的应用——非门

三极管非门电路及其图形符号如图 9-11 所示。三极管 VT 的工作状态或从截止转为饱和，或从饱和转为截止。非门电路只有一个输入端 A。F 为输出端。当输入端 A 为高电平 1 时，即 $V_A=3$ V，三极管 VT 饱和，使集电极输出的电位 $V_F=0$ V，即输出端 F 为低电平 0；当输入端 A 为低电平 0 时，三极管 VT 截止，使集电极输出的电位 $V_F=V_{CC}$，即输出端 F 为高电平 1。可见非门电路的输出与输入状态相反，所以非门电路也称为反相器。图中加负电源 V_{BB} 是为了使三极管可靠截止。

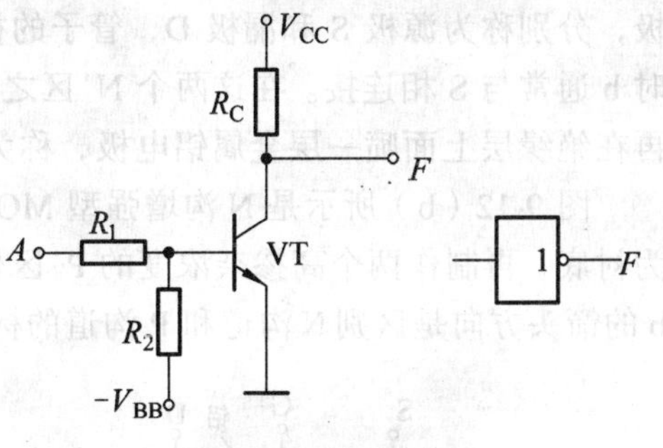

图 9-11　三极管非门

从上述分析可知，该电路的输出电平的高低总是和输入电平的高低相反，这种“结果与条件处于相反状态”的逻辑关系称为非（Not）逻辑关系。非逻辑也称为逻辑反、非运算。逻辑变量上的“－”是非运算符，设 A、F 分别为逻辑变量，则非运算的表达式可写成

$$F=\overline{A}$$

上式读作 F 等于 A 非。逻辑非的含义是：只要输入变量 A 为 0，输出变量 F 就为 1；反之，A 为 1 时，F 便为 0。换言之，也就是“见 0 出 1，见 1 出 0”。

任务二　绝缘栅型场效应晶体管

场效应管是一种电压控制型的半导体器件，它具有输入电阻高（可达 $10^9\sim10^{19}$ Ω，而晶体三极管的输入电阻仅有 $10^2\sim10^4$ Ω），噪声低，受温度、辐射等外界条件的影响较小，耗电省，便于集成等优点，因此得到广泛应用。

场效应管按结构的不同可分为结型和绝缘栅型，按工作性能可分为耗尽型和增强型，按所用基片（衬底）材料的不同又可分为P沟道和N沟道两种。因此，场效应管有结型P沟道和N沟道、绝缘栅耗尽型P沟道和N沟道及绝级缘增强型P沟道和N沟道六种类型。它们都是以半导体的某一种多数载流子（电子或空穴）来实现导电功能的，所以又称为单极型晶体管。在本节只简单介绍绝缘栅型场效应管。

一、绝缘栅型场效应管

目前应用最广泛的绝缘栅场效应管是一种金属（M）-氧化物（O）-半导体（S）结构的场效应管，简称为MOS（Metal Oxide Semiconductor）管。本节以N沟道增强型MOS管为例进行介绍。

（一）N沟道增强型MOS管

1. 结　构

图9-12（a）是N沟道增强型MOS管的结构示意图。以一块P型半导体为衬底，在衬底上面的左、右两边制成两个高掺杂浓度的N型区，用N^+表示，在这两个N^+区各引出一个电极，分别称为源极S和漏极D，管子的衬底也引出一个电极，称为衬底引线b。管子在工作时b通常与S相连接。在这两个N^+区之间的P型半导体表面做一层很薄的二氧化硅绝缘层，再在绝缘层上面喷一层金属铝电极，称为栅极G。

图9-12（b）所示是N沟增强型MOS管的符号。P沟道增强型MOS管是以N型半导体为衬底，再制作两个高掺杂浓度的P^+区做源极S和漏极D，其符号如图9-12（c）。衬底引线b的箭头方向是区别N沟道和P沟道的标志。

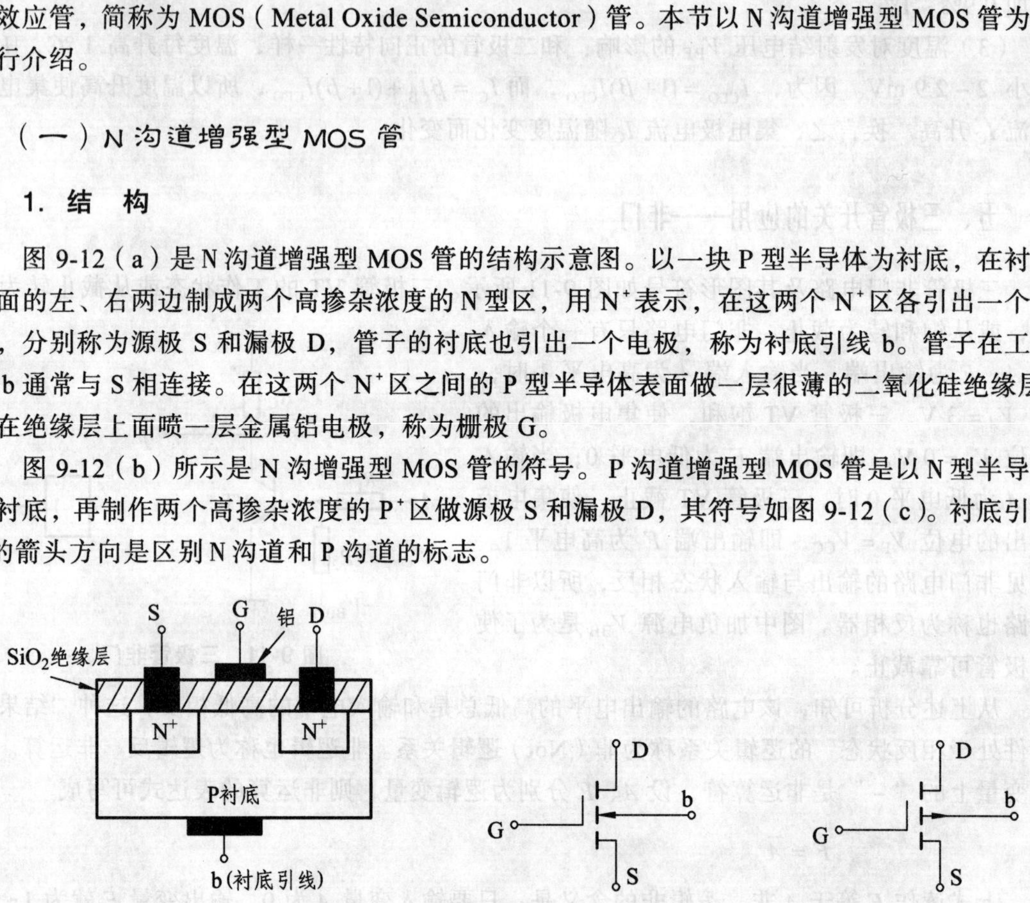

图9-12　增强型MOS管的结构和符号

2. 工作原理

如图9-13所示，当$V_{GS}=0$时，由于D、S之间有两个背向的PN结，不存在导电沟道，所以即使D、S间电压$V_{DS}\neq 0$，也有$I_D=0$。只有V_{GS}增大到某一值时，在由栅极指向P型衬底的电场的作用下，衬底中的电子被吸引到两个N^+区之间，构成了漏、源极之间的导电沟道，电路中才可能产生电流I_D。对应此时的V_{GS}称为开启电压$V_{GS(th)}=V_T$。在V_{DS}一定的情况下，

V_{GS}越大，电场作用越强，导电的沟道越宽，沟道电阻越小，I_D就越大，这就是增强型管子的含义。

3. 输出特性

输出特性是指V_{GS}为一固定值时，I_D与V_{DS}之间的关系，即

$$I_D = f(V_{DS})|_{V_{GS}=\text{常数}} \tag{9-7}$$

同三极管一样，输出特性可分为三个区，即可变电阻区、恒流区和截止区。

可变电阻区：图 9-14（a）的Ⅰ区。该区对应 $V_{GS} > V_T$，V_{DS} 很小，$V_{GD} = V_{GS} - V_{DS} > V_T$ 的情况。该区的特点是：若V_{GS}不变，I_D随着V_{DS}的增大而线性增加，可以看成是一个电阻；对应不同的 V_{GS} 值时，各条特性曲线直线部分的斜率不同，即阻值发生改变。因此该区是一个受V_{GS}控制的可变电阻区，工作在这个区的场效应管相当于一个压控电阻。

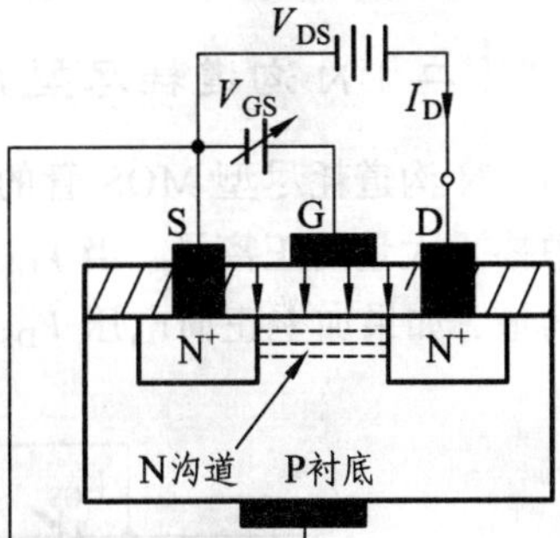

图 9-13 V_{GS}对沟道的影响

恒流区（亦称饱和区，放大区）：图 9-14（a）的Ⅱ区。该区对应 $V_{GS} > V_T$，V_{DS}较大的情况。该区的特点是：若 V_{GS}为某个固定值时，随着 V_{DS}的增大，I_D不变，特性曲线近似为水平线，因此称为恒流区。而对应同一个 V_{DS}值，不同的V_{GS}值可感应出不同宽度的导电沟道，产生不同大小的漏极电流 I_D，可以用跨导 g_m来表示 V_{GS}对 I_D的控制作用。g_m定义为

$$g_m = \left.\frac{\Delta I_D}{\Delta V_{GS}}\right|_{V_{DS}=\text{常数}} \tag{9-8}$$

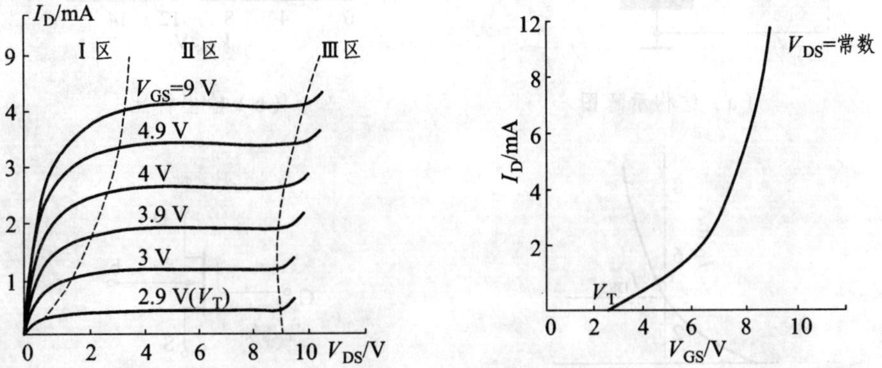

（a）输出特性　　（b）转移特性

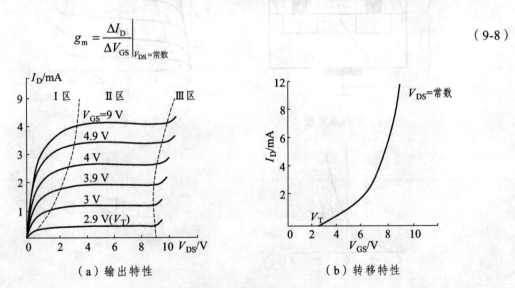

图 9-14 N 沟道增强型 MOS 管的特性曲线

截止区（夹断区）：该区对应于$V_{GS} \leqslant V_T$的情况，这个区的特点是：由于没有感生出沟道，故电流 $I_D = 0$，管子处于截止状态。

图 9-14（a）的Ⅲ区为击穿区，当V_{DS}增大到某一值时，栅、漏极间的 PN 结会反向击穿，使I_D急剧增加。如不加限制，会使管子损坏。

4. 转移特性

转移特性是指 V_{DS} 为固定值时，I_D 与 V_{GS} 之间的关系，它表示 V_{GS} 对 I_D 的控制作用，即

$$I_D = f(V_{GS})|_{V_{DS}=\text{常数}} \tag{9-9}$$

由于 V_{DS} 对 I_D 的影响较小，所以不同的 V_{DS} 所对应的转移特性曲线基本上是重合在一起的，如图 9-14（b）所示。这时 I_D 可以近似地表示为

$$I_D = I_{DSS}\left(1-\frac{V_{GS}}{V_{GS(th)}}\right)^2 \tag{9-10}$$

其中，I_{DSS} 是 $V_{GS}=2V_{GS(th)}$ 时的 I_D 值。

（二）N 沟道耗尽型 MOS 管

N 沟道耗尽型 MOS 管的结构与增强型一样，所不同的是在制造过程中，在 SiO_2 绝缘层中掺入大量的正离子。当 $V_{GS}=0$ 时，由正离子产生的电场就能吸收足够多的电子，产生原始沟道，如果加上正向电压 V_{DS}，就可在原始沟道的中产生电流。其结构、符号如图 9-15 所示。

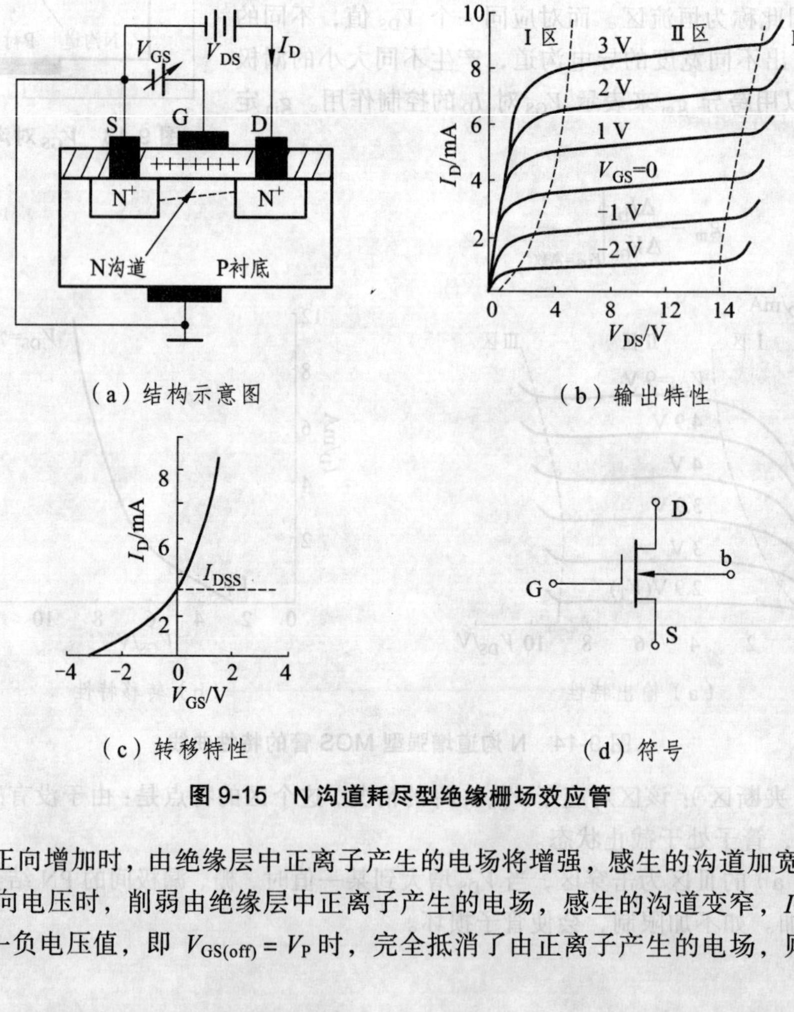

图 9-15　N 沟道耗尽型绝缘栅场效应管

当 V_{GS} 正向增加时，由绝缘层中正离子产生的电场将增强，感生的沟道加宽，I_D 将增大。当 V_{GS} 为反向电压时，削弱由绝缘层中正离子产生的电场，感生的沟道变窄，I_D 将减小。当 V_{GS} 达到某一负电压值，即 $V_{GS(off)}=V_P$ 时，完全抵消了由正离子产生的电场，则导电沟道消

失，使 $I_D \approx 0$。V_P 称为夹断电压。

在 $V_{GS} > V_P$ 后，漏源电压 V_{DS} 对 I_D 的影响较小。耗尽型 MOS 管的特性曲线形状，与增强型 MOS 管的类似，如图 9-15（b）、（c）所示。

由特性曲线可见，耗尽型 MOS 管的 V_{GS} 值在正、负的一定范围内都可控制管子的 I_D，因此，此类管子使用较灵活，在模拟电子技术中得到广泛应用。增强型场效应管在集成数字电路中被广泛采用，可利用 $V_{GS} > V_T$ 和 $V_{GS} < V_T$ 来控制场效应管的导通和截止，使管子工作在开关状态。数字电路中的半导体器件正是工作在此种状态。

二、场效应管主要参数

1. 场效应管与双极型晶体管的比较

（1）场效应管的沟道中只有一种极性的载流子（电子或空穴）参与导电，故称为单极型晶体管。而在双极型晶体管里有两种不同极性的载流子（电子和空穴）参与导电。

（2）场效应管是通过栅、源电压 V_{GS} 来控制漏极电流 I_D 的，故称为电压控制器件。晶体管是利用基极电流 I_B 来控制集电极电流 I_C 的，故称为电流控制器件。

（3）场效应管的输入电阻很大，有较高的热稳定性、抗辐射性和较低的噪声。而晶体管的输入电阻较小，温度稳定性差，抗辐射及噪声能力也较低。

（4）场效应管的跨导 g_m 的值较小，而双极型晶体管 β 的值很大。在同样的条件下，场效应管的放大能力不如晶体管高。

（5）场效应管在制造时，如衬底没有和源极接在一起，也可将 D、S 互换使用。而晶体管的 C 和 E 互换使用，称倒置工作状态，此时 β 将变得非常小。

（6）工作在可变电阻区的场效应管，可作为压控电阻来使用。

另外，由于 MOS 场效应管的输入电阻很高，使得栅极间感应电荷不易泄放，而且绝缘层做得很薄，容易在栅、源极间感应产生很高的电压，超过 $V_{(BR)GS}$ 而造成管子击穿。因此，MOS 管在使用时应避免使栅极悬空。保存不用时，必须将 MOS 管各极间短接。焊接时，电烙铁外壳要可靠接地。

2. 场效应管的主要参数

（1）直流参数。

直流参数是指耗尽型 MOS 管的夹断点电位 V_P（$V_{GS(off)}$），增强型 MOS 管的开启电压 V_T（$V_{GS(on)}$）以及漏极饱和电流 I_{DSS}，直流输入电阻 R_{GS}。

（2）交流参数。

低频跨导 g_m：g_m 的定义是当 V_{DS} = 常数时，v_{gs} 的微小变量与它引起的 i_D 的微小变量之比，即

$$g_m = \left.\frac{\mathrm{d}i_D}{\mathrm{d}v_{GS}}\right|_{V_{DS}=\text{常数}} \tag{9-11}$$

它是表征栅、源电压对漏极电流控制作用大小的一个参数，单位为西门子 S 或 mS。

极间电容：场效应管的三个电极间存在极间电容。栅-源电容 C_{GS} 和栅-漏电容 C_{GD} 一般为 1 ~ 3 pF，漏-源电容 C_{DS} 为 0.1 ~ 1 pF。极间电容的存在决定了管子的最高工作频率和工作速度。

（3）极限参数。

最大漏极电流 I_{DM}：管子工作时允许的最大漏极电流。

最大耗散功率 P_{DM}：由管子工作时允许的最高温升所决定的参数。

漏-源击穿电压 $V_{(BR)DS}$：V_{DS} 增大时使 I_D 急剧上升的 V_{DS} 值。

栅-源击穿电压 $V_{(BR)GS}$：在 MOS 管中使绝缘层击穿的电压。

3. 各种场效应管特性的比较

表 9-2 总结了 6 种类型的场效应管在电路中的符号、偏置电压的极性和特性曲线。

表 9-2 各种场效应管的符号、转移特性和输出特性

结构类型		工作方式	图形符号	工作时所需电压极性 V_{DS}	工作时所需电压极性 V_{GS}	转移特性	输出特性
结型	N 沟道	—	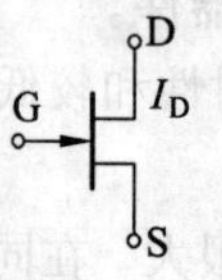	+	−	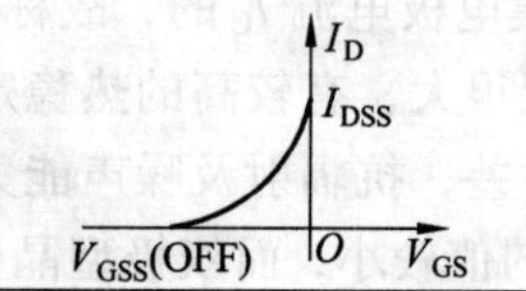	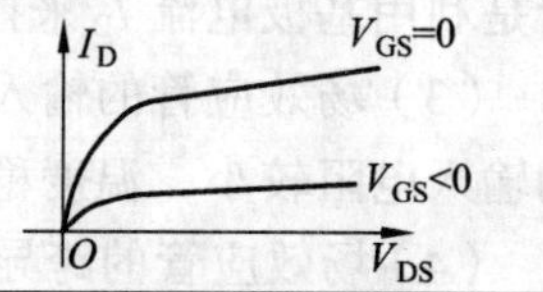
结型	P 沟道	—	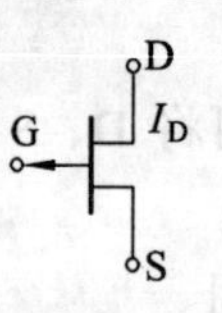	−	+	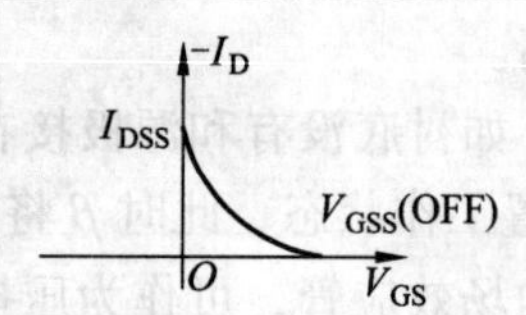	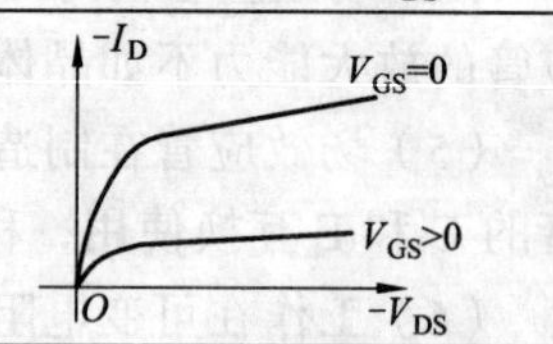
绝缘栅型	N 沟道	增强型	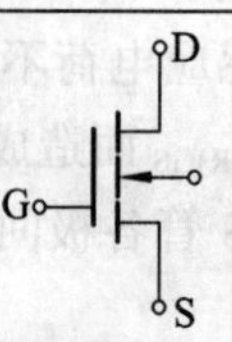	+	+	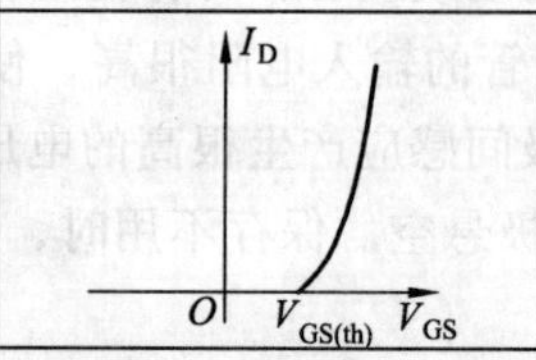	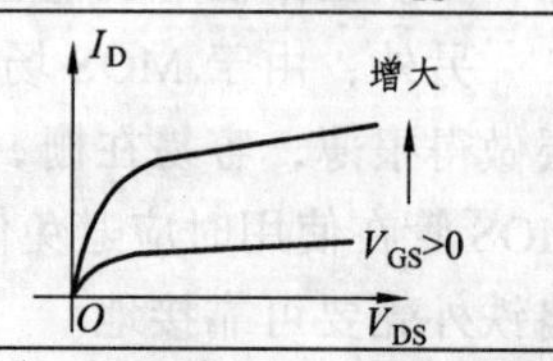
绝缘栅型	P 沟道	增强型	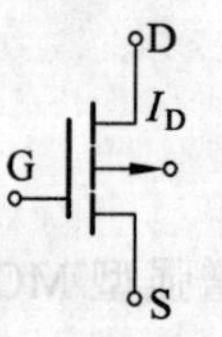	−	−	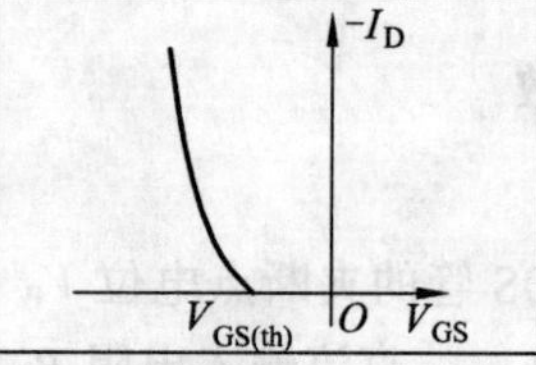	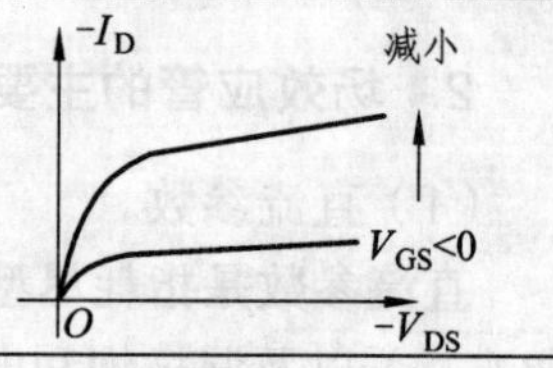
绝缘栅型	N 沟道	耗尽型	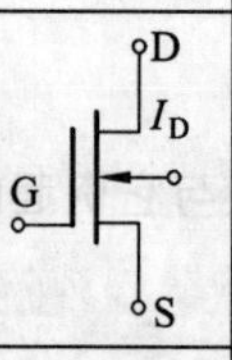	+	−，+	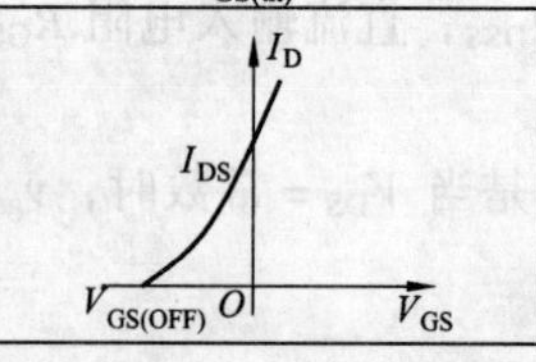	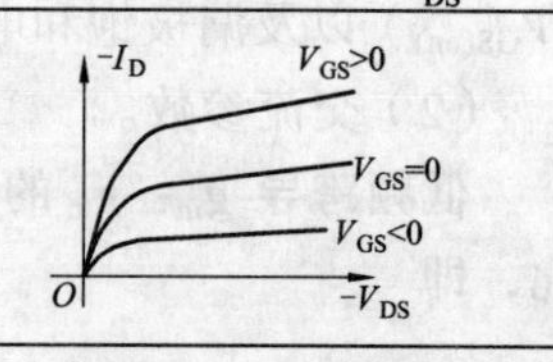
绝缘栅型	P 沟道	耗尽型	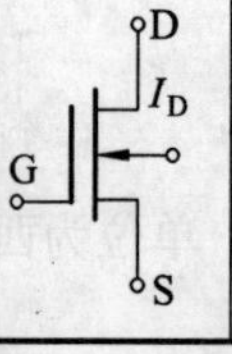	−	+，−	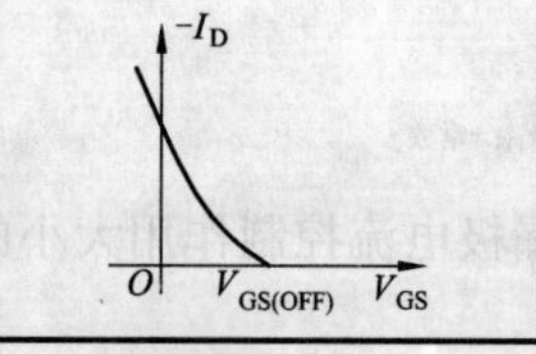	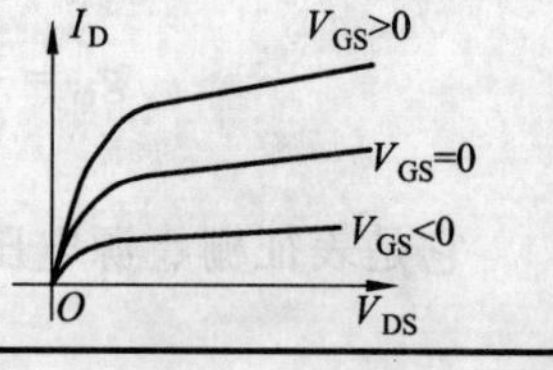

任务三　三极管共发射极放大电路

模拟信号是时间的连续函数。处理模拟信号的电路称为模拟电子电路。

模拟电子电路中的晶体三极管通常都工作在放大状态，它和电路中的其他元件构成各种用途的放大电路。而基本放大电路又是构成各种复杂放大电路和线性集成电路的基本单元。三极管基本放大电路按结构分有共射、共集和共基极三种。本任务只讨论前两种放大电路。

一、共发射极放大电路的组成

在图 9-16（a）所示的共发射极交流基本放大电路中，输入端接低频交流电压信号 v_i（如音频信号，频率为 20 Hz ~ 20 kHz），输出端接负载电阻 R_L（可能是小功率的扬声器、微型继电器，或者接下一级放大电路等），输出电压用 v_o 表示。电路中各元件的作用如下：

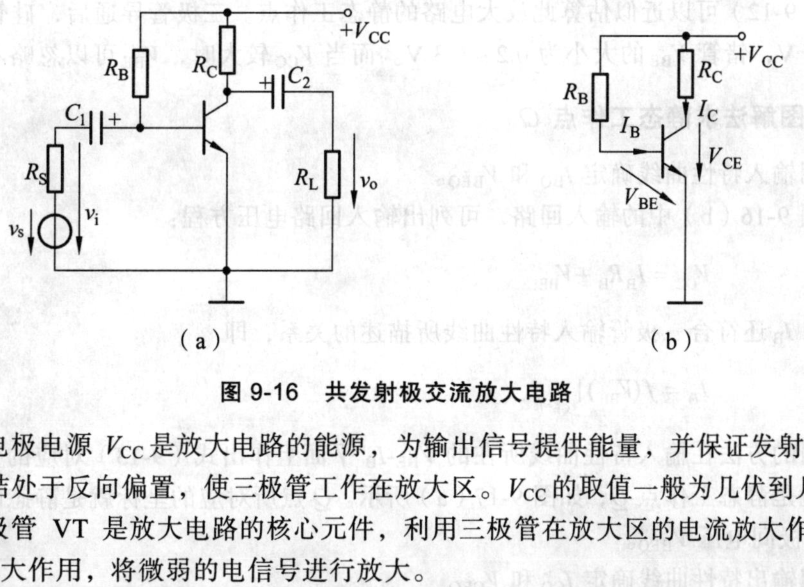

图 9-16　共发射极交流放大电路

（1）集电极电源 V_{CC} 是放大电路的能源，为输出信号提供能量，并保证发射结处于正向偏置、集电结处于反向偏置，使三极管工作在放大区。V_{CC} 的取值一般为几伏到几十伏。

（2）三极管 VT 是放大电路的核心元件，利用三极管在放大区的电流放大作用，即 $i_c = \beta i_b$ 的电流放大作用，将微弱的电信号进行放大。

（3）集电极电阻 R_C 是三极管的集电极负载电阻，它将集电极电流的变化转换为电压的变化，实现电路的电压放大作用。R_C 一般为几千到几十千欧。

（4）基极电阻 R_B 是保证三极管工作在放大状态的电阻。改变 R_B 可使三极管有合适的静态工作点。R_B 一般取几十千欧到几百千欧。

（5）耦合电容 C_1、C_2 起“隔直流、通交流”的作用。在信号频率范围内，认为容抗近似为零。所以分析电路时，在直流通路中把电容视为开路，在交流通路中把电容视为短路。C_1、C_2 一般为十几微法到几十微法的有极性的电解电容。

二、静态分析

放大电路在接入 v_i 前的工作状态称为静态。动态则指接入 v_i 后的工作状态。静态分析就是确定静态值，即直流电量，通常用电路中的一组 I_B、I_C 和 V_{CE} 数据来表示。这组数据是三极管输入、输出特性曲线上的某个工作点，习惯上称为静态工作点，用 Q（I_B、I_C、V_{CE}）表示。

放大电路的质量与静态工作点的合适与否关系甚大。动态分析则是在已设置了合适的静态工作点的前提下，讨论放大电路的电压放大倍数、输入电阻、输出电阻等技术指标。

1. 由放大电路的直流通路确定静态工作点

将耦合电容 C_1、C_2 视为开路，画出图 9-16（b）所示的共发射极放大电路的直流通路，由电路得

$$\left.\begin{aligned} I_B &= \frac{V_{CC}-V_{BE}}{R_B} \approx \frac{V_{CC}}{R_B} \\ I_C &= \beta I_B \\ V_{CE} &= V_{CC} - I_C R_C \end{aligned}\right\} \tag{9-12}$$

用式（9-12）可以近似估算此放大电路的静态工作点。三极管导通后，硅管 V_{BE} 的大小为 0.6 ~ 0.7 V，锗管 V_{BE} 的大小为 0.2 ~ 0.3 V。而当 V_{CC} 较大时，V_{BE} 可以忽略不计。

2. 由图解法求静态工作点 Q

（1）用输入特性曲线确定 I_{BQ} 和 V_{BEQ}。

根据图 9-16（b）中的输入回路，可列出输入回路电压方程：

$$V_{CC} = I_B R_B + V_{BE} \tag{9-13}$$

同时 V_{BE} 和 I_B 还符合三极管输入特性曲线所描述的关系，即

$$I_B = f(V_{BE})|_{V_{CE}=\text{常数}} \tag{9-14}$$

用作图的方法在输入特性曲线所在的 V_{BE}-I_B 平面上作出式（9-13）对应的直线，那么两线的交点就是静态工作点 Q，如图 9-17（a）所示。Q 点所对应的坐标就是静态时的基极电流 I_{BQ} 和基-射极间电压 V_{BEQ}。

（2）用输出特性曲线确定 I_{CQ} 和 V_{CEQ}。

由图 9-16（b）中的输出回路，以及三极管的输出特性曲线，可以写出下面两式：

$$V_{CC} = I_C R_C + V_{CE} \tag{9-15}$$

$$I_C = f(V_{CE})|_{I_B=\text{常数}} \tag{9-16}$$

三极管的输出特性可由已选定管子型号在手册上查找，或从图示仪上描绘，而式（9-15）为一直线方程，其斜率为 $\tan\alpha = -1/R_C$，在横轴的截距为 V_{CC}，在纵轴的截距为 V_{CC}/R_C。这一直线很容易在图 9-17（b）上作出。因为它是由直流通路得出的，且与集电极负载电阻有关，故称之为直流负载线。由于已确定了 I_{BQ} 的值，因此直流负载线与 $I_B = I_{BQ}$ 所对应的那条输出特性曲线的交点就是静态工作点 Q。如图 9-17（b）所示，Q 点的坐标就是静态时三极管的集电极电流 I_{CQ} 和集-射极间电压 V_{CEQ}。由图 9-17 可见，基极电流的大小影响静态工作点的位置。若 I_{BQ} 偏低，则静态工作点 Q 点靠近截止区；若 I_{BQ} 偏高则 Q 点靠近饱和区。因

此，在已确定直流电源 V_{CC} 和集电极电阻 R_C 的情况下，静态工作点设置的合适与否取决于基极电流 I_B 的大小，调节基极电阻 R_B，改变电流 I_B，可以调整静态工作点。

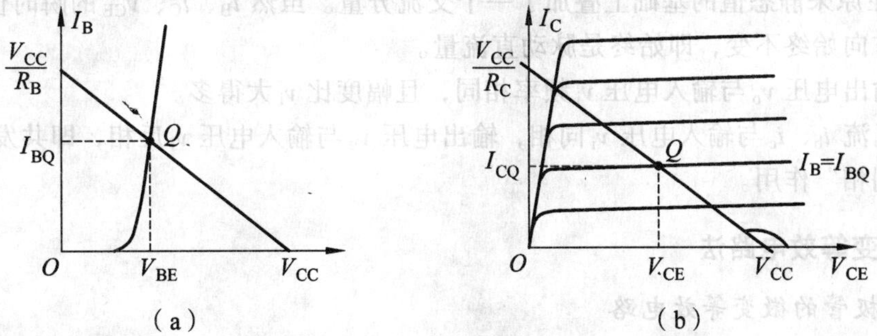

图 9-17　图解法求静态工作点

三、动态分析

静态工作点确定以后，若放大电路在输入电压信号 v_i 的作用下，三极管能始终工作在特性曲线的放大区，则放大电路输出端就能获得基本上不失真的放大的输出电压信号 v_o。放大电路的动态分析，就是要对放大电路中信号的传输过程、放大电路的性能指标等问题进行分析讨论，这也是模拟电子电路所要讨论的主要问题。微变等效电路法和图解法是动态分析的基本方法。

1. 信号在放大电路中的传输与放大

以图 9-18（a）为例来讨论，图中 I_B、I_C、V_{CE} 表示直流分量（静态值），i_b、i_c、v_{ce} 表示输入信号作用下的交流分量（有效值为 I_b、I_c、V_{ce}），i_B、i_C、v_{CE} 表示总电流或总电压。

设输入信号 v_i 为正弦信号，通过耦合电容 C_1 加到三极管的基-射极，产生电流 i_b，因而基极电流 $i_B = I_B + i_b$。集电极电流受基极电流的控制，$i_C = I_C + i_c = \beta(I_B + i_b)$。电阻 R_C 上的压降为 $i_C R_C$，它随 i_C 成比例地变化。而集-射极的管压降 $v_{CE} = V_{CC} - i_C R_C = V_{CC} - (I_C + i_C)R_C = V_{CE} - i_c R_C$，它却随 $i_C R_C$ 的增大而减小。耦合电容 C_2 阻隔直流分量 V_{CE}，将交流分量 $v_{ce} = -i_c R_C$ 送至输出端，这就是放大后的信号电压 $v_o = v_{ce} = -i_c R_C$。v_o 为负，说明 v_i、i_b、i_c 为正半周时，v_o 为负半周，它与输入信号电压 v_i 反相。图 9-18（b）~（f）为放大电路中各有关电压和电流的信号波形。

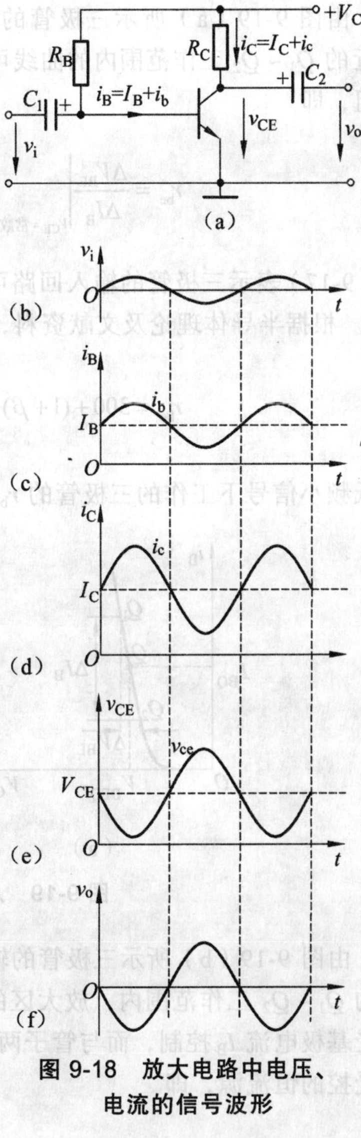

图 9-18　放大电路中电压、电流的信号波形

综上所述，可归纳出以下几点：

（1）无交流输入信号时，三极管的电压、电流都是直流分量。有交流输入信号后，i_B、i_C、v_{CE}都在原来静态值的基础上叠加了一个交流分量。虽然 i_B、i_C、v_{CE} 的瞬时值是变化的，但它们的方向始终不变，即始终是脉动直流量。

（2）输出电压 v_o 与输入电压 v_i 频率相同，且幅度比 v_i 大得多。

（3）电流 i_b、i_c 与输入电压 v_i 同相，输出电压 v_o 与输入电压 v_i 反相，即共发射极放大电路具有“倒相”作用。

2. 微变等效电路法

1）三极管的微变等效电路

所谓三极管的微变等效电路，就是三极管在小信号（微变量）的情况下工作在特性曲线直线段时，将三极管（非线性元件）用一个线性电路代替。

由图 9-19（a）所示三极管的输入特性曲线可知，在与小信号作用下的静态工作点 Q 邻近的 $Q_1 \sim Q_2$ 工作范围内的曲线可视为直线，其斜率不变。两变量的比值称为三极管的输入电阻，即

$$r_{be} = \left.\frac{\Delta V_{BE}}{\Delta I_B}\right|_{V_{CE}=\text{常数}} = \frac{v_{be}}{i_b} \tag{9-17}$$

式（9-17）表示三极管的输入回路可用管子的输入电阻 r_{be} 来等效代替，其等效电路见图 9-20（b）。根据半导体理论及文献资料，工程中低频小信号下的 r_{be} 可用下式估算：

$$r_{be} = 300 + (1+\beta)\frac{26\ \text{mV}}{I_{EQ}(\text{mA})} \tag{9-18}$$

在低频小信号下工作的三极管的 r_{be} 一般为几百到几千欧。

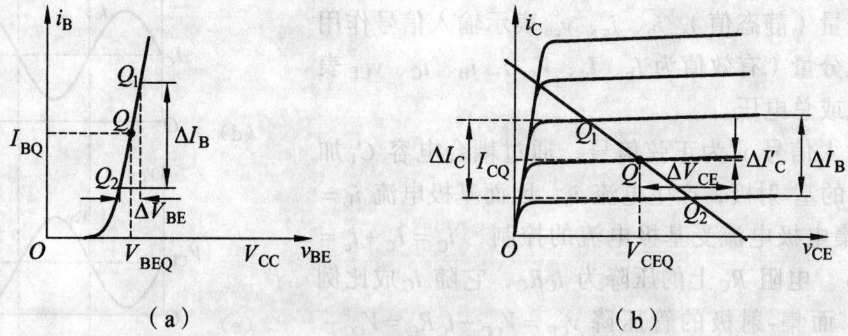

图 9-19 从三极管的特性曲线求 r_{be}、β 和 r_{ce}

由图 9-19（b）所示三极管的输出特性曲线可知，在与小信号作用下的静态工作点 Q 邻近的 $Q_1 \sim Q_2$ 工作范围内，放大区的曲线是一组近似等距的水平线，它反映了集电极电流 I_C 只受基极电流 I_B 控制，而与管子两端电压 V_{CE} 基本无关，因而三极管的输出回路可等效为一个受控的恒流源，即

$$\Delta I_C = \Delta \beta I_B \quad 及 \quad i_c = \beta i_b \tag{9-19}$$

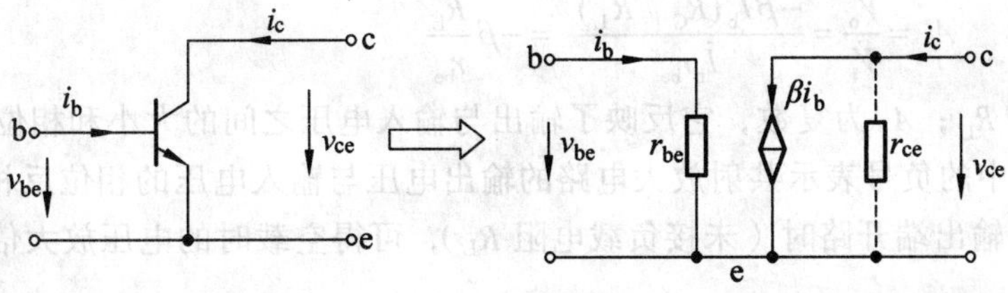

（a）　　　　　　（b）

图 9-20　三极管的微变等效电路

实际三极管的输出特性并非与横轴绝对平行。当 I_B 为常数时，ΔV_{CE} 的变化会引起 $\Delta I'_C$ 变化，这个线性关系就是三极管的输出电阻 r_{ce}，即

$$r_{ce} = \left.\frac{\Delta V_{CE}}{\Delta I'_C}\right|_{I_B=常数} = \frac{v_{ce}}{i_c} \tag{9-20}$$

r_{ce} 和受控恒流源 βi_b 并联。由于输出特性近似为水平线，r_{ce} 又高达几十千欧到几百千欧，故在微变等效电路中可视为开路而不予考虑。图 9-20（b）为简化了的微变等效电路。

2）共射放大电路的微变等效电路

图 9-21（a）所示是图 9-16（a）所示共射放大电路的交流通路。

C_1、C_2 的容抗对交流信号而言可忽略不计，在交流通路中视作短路。直流电源 V_{CC} 为恒压源，两端无交流压降，也可视作短路。据此作出图 9-21（a）所示的交流通路。将交流通路中的三极管用微变等效电路来取代，可得如图 9-21（b）所示共射放大电路的微变等效电路。

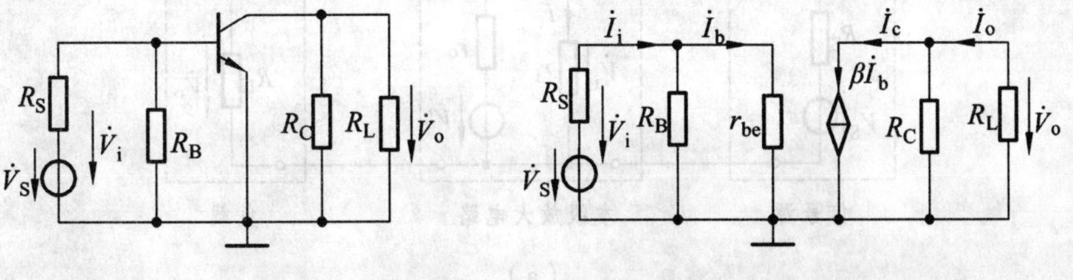

（a）交流通路　　　　（b）微变等效电路

图 9-21　共射放大电路的交流通路及微变等效电路

3. 动态性能指标的计算

1）电压放大倍数 A_V

电压放大倍数是小信号电压放大电路的主要技术指标。设输入为正弦信号，图 9-21（b）所示电路中的电压和电流都可用相量表示。

由图 9-21（b）可列出

$$\dot{V}_o = -\beta \dot{I}_b \cdot (R_C \,/\!/\, R_L)$$

$$\dot{V}_i = \dot{I}_b r_{be}$$

$$A_V = \frac{\dot{V}_o}{\dot{V}_i} = \frac{-\beta \dot{I}_b (R_C \,/\!/\, R_L)}{\dot{I}_b r_{be}} = -\beta \frac{R'_L}{r_{be}} \tag{9-21}$$

其中，$R'_L = R_C \,/\!/\, R_L$；A_V为复数，它反映了输出与输入电压之间的大小和相位关系。

式（9-21）中的负号表示共射放大电路的输出电压与输入电压的相位反相。

当放大电路输出端开路时（未接负载电阻 R_L），可得空载时的电压放大倍数

$$A_{Vo} = -\beta \frac{R_C}{r_{be}} \tag{9-22}$$

比较式（9-21）和（9-22），可得出：放大电路接有负载电阻 R_L 时的电压放大倍数比空载时降低了。R_L 越小，电压放大倍数越低。一般共射放大电路为提高电压放大倍数，总希望负载电阻 R_L 大一些。

输出电压 $\dot{V}_o$ 与输入信号源电压 $\dot{V}_S$ 之比，称为源电压放大倍数（A_{VS}），则

$$A_{VS} = \frac{\dot{V}_o}{\dot{V}_S} = \frac{\dot{V}_o}{\dot{V}_i} \cdot \frac{\dot{V}_i}{\dot{V}_S} = A_V \cdot \frac{r_i}{R_S + r_i} \approx \frac{-\beta R'_L}{R_S + r_{be}} \tag{9-23}$$

式（9-23）中 $r_i = R_B \,/\!/\, r_{be} \approx r_{be}$（通常 $R_B \gg r_{be}$）。可见 R_S 越大，电压放大倍数越低。一般共射放大电路为提高电压放大倍数，总希望信号源内阻 R_S 小一些。

2）放大电路的输入电阻 r_i

一个放大电路的输入端总是与信号源（或前一级放大电路）相连的，其输出端总是与负载（或后一级放大电路）相连的。因此，放大电路、信号源和负载之间（或前级放大电路与后级放大电路），都是互相联系、互相影响的。图 9-22（a）、（b）所示为它们之间的联系。

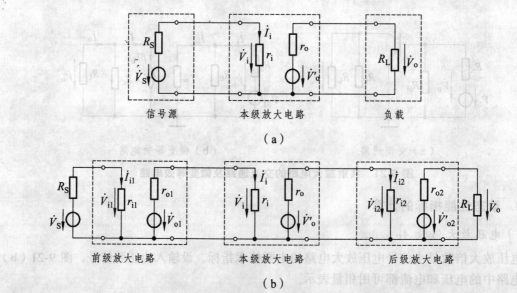

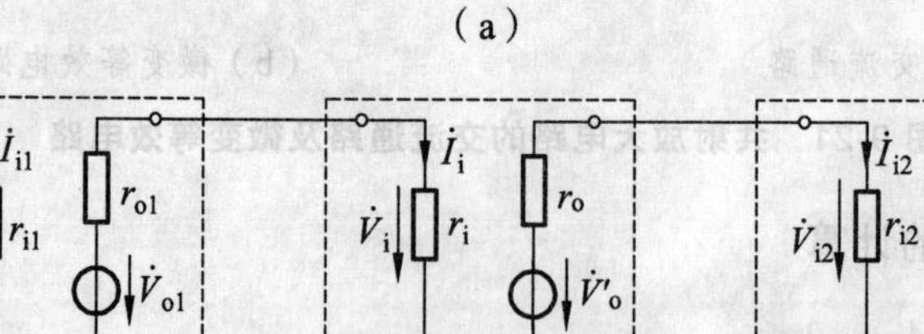

（a）

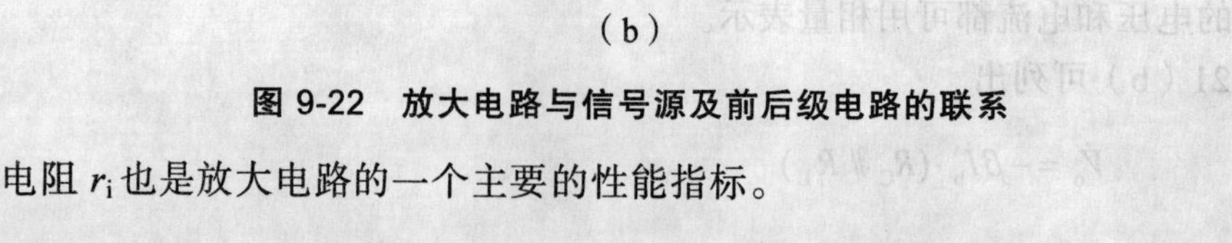

（b）

图 9-22　放大电路与信号源及前后级电路的联系

输入电阻 r_i 也是放大电路的一个主要的性能指标。

放大电路是信号源（或前一级放大电路）的负载，其输入端的等效电阻就是信号源（或前一级放大电路）的负载电阻，也就是放大电路的输入电阻 r_i。其定义为输入电压与输入电流之比。即

$$r_i = \frac{V_i}{I_i} \tag{9-24}$$

图 9-16（a）所示共射放大电路的输入电阻可由图 9-23 所示的等效电路计算得出。由图可知

$$\dot{I}_i = \frac{\dot{V}_i}{R_B} + \frac{\dot{V}_i}{r_{be}}$$

$$r_i = \frac{\dot{V}_i}{\dot{I}_i} = R_B // r_{be} \approx r_{be} \tag{9-25}$$

一般输入电阻越高越好。原因是：第一，较小的 r_i 从信号源取用较大的电流而增加信号源的负担；第二，电压信号源内阻 R_S 和放大电路的输入电阻 r_i 分压后，r_i 上得到的电压才是放大电路的输入电压 $\dot{V}_i$（见图 9-23），r_i 越小，相同的 $\dot{V}_S$ 使放大电路的有效输入 $\dot{V}_i$ 减小，那么放大后的输出也就小；第三，若与前级放大电路相连，则本级的 r_i 就是前级的负载电阻 R_L，若 r_i 较小，则前级放大电路的电压放大倍数也就越小。总之，要求放大电路要有较高的输入电阻。

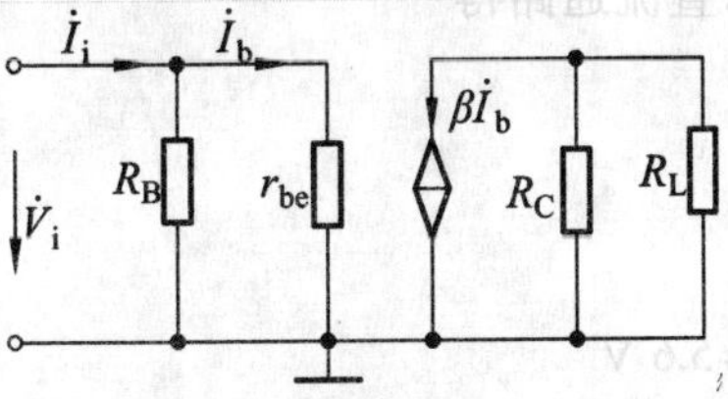

图 9-23　放大电路的输入电阻

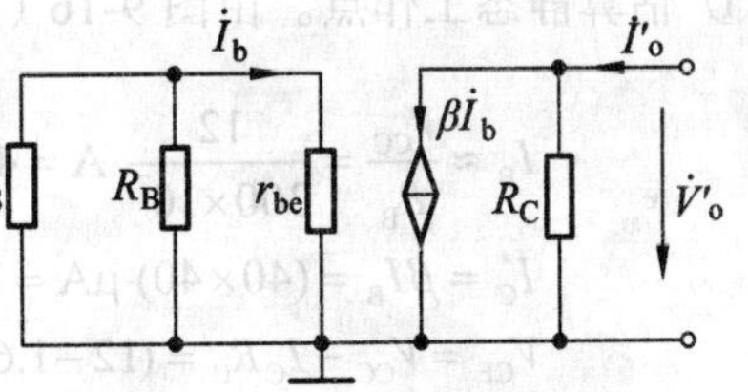

图 9-24　放大电路的输出电阻

3）输出电阻 r_o

放大电路是负载（或后级放大电路）的等效信号源，其等效内阻就是放大电路的输出电阻 r_o。它是放大电路的性能参数，它的大小影响本级和后级的工作情况。放大电路的输出电阻 r_o，即从放大电路输出端看进去的戴维南等效电路的等效内阻。实际中我们采用如下方法计算输出电阻：

将输入信号源短路，但保留信号源内阻，在输出端加一信号 V'_o，以产生一个电流 I'_o，则放大电路的输出电阻为

$$r_o = \left.\frac{V'_o}{I'_o}\right|_{V_S=0} \tag{9-26}$$

图 9-16（a）共射放大电路的输出电阻可由图 9-24 所示的等效电路计算得出。由图可知，当 $V_S = 0$ 时，$I_b = 0$，$\beta I_b = 0$，而在输出端加一信号 V'_o，产生的电流 I'_o 就是电阻 R_C 中的电流，取电压与电流之比为输出电阻，即

$$r_o = \left.\frac{\dot{V}'_o}{\dot{I}'_o}\right|_{\dot{V}_S=0, R_L=\infty} = R_C \tag{9-27}$$

计算输出电阻的另一种方法是，假设放大电路负载开路（空载）时输出电压为 V'_o，接上负载后输出端电压为 V_o，则

$$V_o = \frac{R_L}{r_o + R_L} V'_o$$

$$r_o = \left(\frac{V'_o}{V_o} - 1\right) R_L \tag{9-28}$$

由此可见，输出电阻越小，负载得到的输出电压越接近于输出信号，或者说输出电阻越小，负载大小变化对输出电压的影响越小，带载能力就越强。

一般输出电阻越小越好。原因是：第一，放大电路对后一级放大电路来说，相当于信号源的内阻，若 r_o 较高，则使后一级放大电路的有效输入信号降低，使后一级放大电路的 A_{VS} 降低；第二，放大电路的负载发生变动，若 r_o 较高，必然引起放大电路输出电压较大的变动，也即放大电路带负载能力较差。总之，希望放大电路的输出电阻 r_o 越小越好。

【例 9.3】 图 9-16（a）所示的共射放大电路，已知 $V_{CC} = 12\ \text{V}$，$R_B = 300\ \text{k}\Omega$，$R_C = 4\ \text{k}\Omega$，$R_L = 4\ \text{k}\Omega$，$R_S = 100\ \Omega$，三极管的 $\beta = 40$。要求：① 估算静态工作点；② 计算电压放大倍数；③ 计算输入电阻和输出电阻。

解 ① 估算静态工作点。由图 9-16（b）所示直流通路得

$$I_B \approx \frac{V_{CC}}{R_B} = \frac{12}{300\times10^3}\ \text{A} = 40\ \mu\text{A}$$

$$I_C = \beta I_B = (40\times40)\ \mu\text{A} = 1.6\ \text{mA}$$

$$V_{CE} = V_{CC} - I_C R_C = (12 - 1.6\times4)\ \text{V} = 5.6\ \text{V}$$

② 计算电压放大倍数。首先画出如图 9-20（a）所示的交流通路，然后画出如图 9-20（b）所示的微变等效电路，可得

$$r_{be} = 300 + (1+\beta)\frac{26}{I_E} = \left(300 + 41\times\frac{26}{1.6}\right)\ \Omega = 0.966\ \text{k}\Omega$$

$$\dot{V}_o = -\beta \dot{I}_b \cdot (R_C \,/\!/\, R_L)$$

$$\dot{V}_i = \dot{I}_b r_{be}$$

$$A_V = \frac{\dot{V}_o}{\dot{V}_i} = \frac{-\beta \dot{I}_b \cdot (R_C \,/\!/\, R_L)}{\dot{I}_b r_{be}} = -40\times\frac{2}{0.966} = -82.8$$

③ 计算输入电阻和输出电阻。根据式（9-25）和（9-28）得

$$r_i = \frac{V_i}{I_i} = R_B \,/\!/\, r_{be} \approx 0.966\ \text{k}\Omega$$

$$r_o = R_C = 4\ \text{k}\Omega$$

4. 放大电路的其他性能指标

1）波形的非线性失真

输入信号经放大电路放大后，输出波形与输入波形不完全一致的现象称为波形失真。而由三极管特性曲线的非线性引起的失真称为非线性失真。下面我们分析当静态工作点位置不同时，对输出波形的影响。

如果静态工作点太低，如图 9-25 所示 Q' 点，从输出特性可以看到，当输入信号 v_i 在负半周时，三极管的工作范围进入了截止区。这样就使 i_c' 的负半周波形和 v_o' 的正半周波形都严重失真（输入信号 v_i 为正弦波），如图 9-25 所示。这种失真称为截止失真，

消除截止失真的方法是提高静态工作点的位置，适当减小输入信号 v_i 的幅值。对于图 9-16 所示共射极放大电路，可以减小 R_B 阻值，增大 I_{BQ}，使静态工作点上移，从而消除截止失真。

如果静态工作点太高，如图 9-25 所示 Q'' 点，从输出特性可以看到，当输入信号 v_i 在正半周时，三极管的工作范围进入了饱和区。这样就使 i_c'' 的正半周波形和 v_o'' 的负半周波形都严重失真，如图 9-25 所示。这种失真称为饱和失真，

消除饱和失真的方法是降低静态工作点的位置，适当减小输入信号 v_i 的幅值。对于图 9-16 的共射极放大电路，可以增大 R_B 阻值，减小 I_{BQ}，使静态工作点下移，从而消除饱和失真。

总之，设置合适的静态工作点，可避免放大电路产生非线性失真。如图 9-25 所示 Q 点选在放大区的中间，相应的 i_c 和 v_o 都没有失真。但是，还应注意到即使 Q 点设置合适，若输入 v_i 的信号幅度过大，则可能既产生饱和失真又产生截止失真。

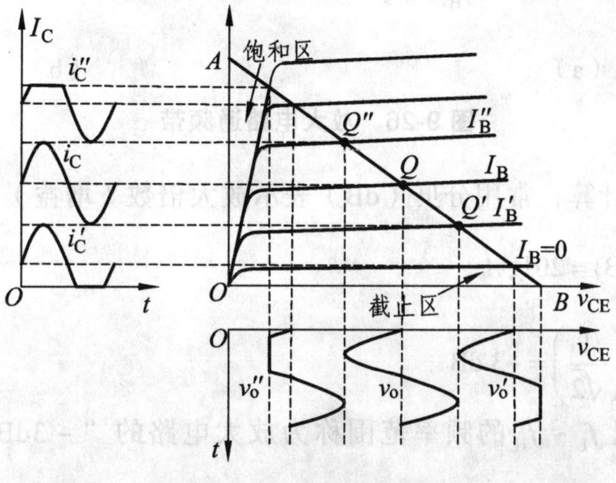

图 9-25 静态工作点与非线性失真的关系

2）通频带

由于放大电路含有电容元件（耦合电容 C_1、C_2，布线电容，PN 结的结电容），当频率太高或太低时，微变等效电路不再是电阻性电路，输出电压与输入电压的相位发生了变化，电压放大倍数也将降低，所以交流放大电路只能在中间某一频率范围（简称中频段）内工作。通频带就是反映放大电路对信号频率的适应能力的性能指标。

图 9-26（a）为电压放大倍数 A_V 与频率 f 的关系曲线，称为幅频特性。由图可见，在低频段 A_V 有所下降，这是因为当频率低时，耦合电容的容抗不可忽略，信号在耦合电容上的电压降增加，因此造成 A_V 下降。在高频段 A_V 下降，是因为高频时三极管的 β 值下降和电路的

布线电容、PN 结的结电容的影响。

图 9-26（a）所示的幅频特性中，其中频段的电压放大倍数为 A_{Vm}。当电压放大倍数下降到 $\frac{1}{\sqrt{2}}A_{Vm}=0.707A_{Vm}$ 时，所对应的两个频率分别称为上限频率 f_H 和下限频率 f_L，f_H 与 f_L 之差称为放大电路的通频带（或称带宽）BW，即

$$BW=f_H-f_L$$

由于一般 $f_L \ll f_H$，故 $BW \approx f_H$。通频带越宽，表示放大电路的工作频率范围越大。

对于放大电路的频带，如果幅频特性的频率坐标用十进制坐标，可能难以表达完整。在这种情况下，可用对数坐标来扩大视野。对数幅频特性如图 9-26（b）所示。其横轴表示信号频率，用的是对数坐标；其纵轴表示放大电路的增益分贝值。这种画法首先是由波特（H. W. Bode）提出的，故常称为波特图。

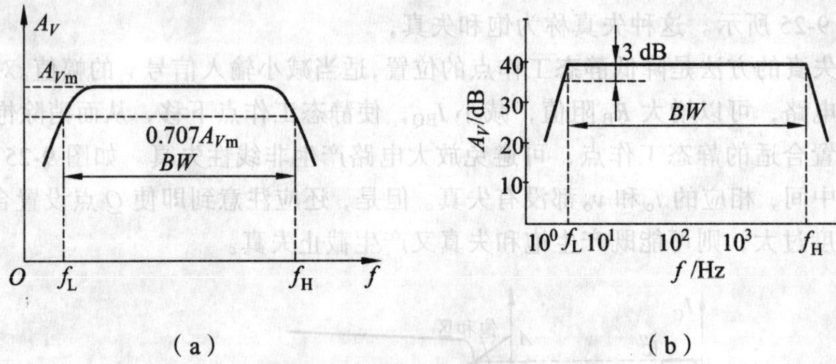

图 9-26　放大电路通频带

在工程中为了便于计算，常用分贝（dB）表示放大倍数（增益）。

$$A_V(\text{dB})=20\lg A_V$$

而

$$20\lg\left(\frac{1}{\sqrt{2}}\right)=-3\text{ dB}$$

因此，在工程上通常把 $f_L \sim f_H$ 的频率范围称为放大电路的“－3dB”通频带（简称 3dB 带宽）。

3）最大输出幅度

最大输出幅度是指输出波形的非线性失真在允许限度内，放大电路所能供给的最大输出电压（或输出电流），一般指有效值，以 V_{omax}（或 I_{omax}）表示。

图解法能直观地分析放大电路的工作过程，估算电压放大倍数，清晰地观察到波形失真情况，估算出不失真时最大限度的输出幅度。但图解法也有局限性，其作图过程烦琐、误差大，且不能计算输入、输出电阻，也不能分析多级放大电路及反馈放大电路等。图解法适合于分析大信号下工作的放大电路（功率放大电路），对小信号放大电路用微变等效电路则简便得多。

任务四　静态工作点的稳定

通过前面的讨论已明确：放大电路必须有个合适的静态工作点，以保证较好的放大效果，并且不引起非线性失真。下面讨论影响静态工作点变动的主要原因以及能够稳定工作点的偏置电路。

一、温度对静态工作点的影响

静态工作点不稳定的主要原因是温度变化和更换三极管。下面着重讨论温度变化对静态工作点的影响。图 9-16（a）所示的共发射极放大电路，其偏置电流为

$$I_B = \frac{V_{CC} - V_{BE}}{R_B} \approx \frac{V_{CC}}{R_B}$$

可见，当 V_{CC} 及 R_B 一经选定 I_B 就被确定，故其被称为固定偏置放大电路。此电路简单、易于调整，但温度变化导致集电极电流 I_C 增大时，输出特性曲线族将向上平移，如图 9-27 中虚线所示。因为当温度升高时，I_{CBO} 要增大。由于 $I_{CEO} = (1+\beta)I_{CBO}$，故 I_{CEO} 也要增大。又因为 $I_C = \beta I_B + I_{CEO}$，显然 I_{CEO} 的增大将使整个输出特性曲线族向上平移。如图 9-27 所示，这时静态工作点将从 Q 点移到 Q_2 点。I_{CQ} 增大，V_{CEQ} 减小，工作点向饱和区移动。这是造成静态工作点随温度变化的主要原因。

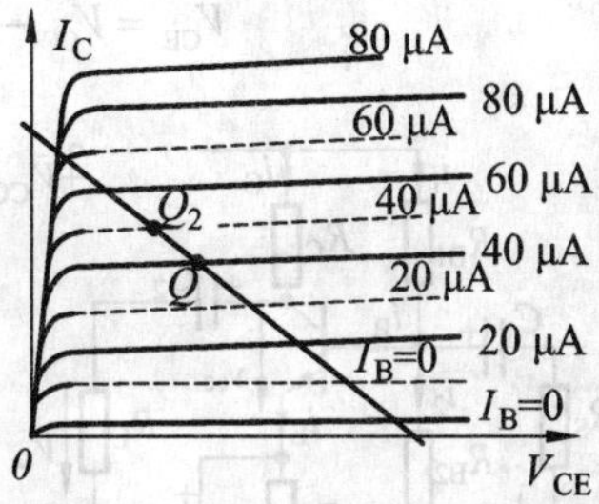

图 9-27　温度对 Q 点的影响

二、分压式偏置放大电路

1. 稳定原理

通过前面的分析我们知道：三极管的参数 I_{CEO} 随温度升高对工作点的影响，最终都表现在使静态工作点电流 I_C 增加，I_C 流过 R_C 后静态工作点电压 V_{CE} 下降。所以我们设法使 I_C 在温度变化时能维持恒定，则静态工作点就可以得到稳定。

图 9-28（a）所示的分压式偏置共射放大电路，正是基于这一思想，首先利用 R_{B1}、R_{B2} 的分压为基极提供一个固定电压。当 $I_1 \gg I_B$（9 倍以上）时，则认为 I_B 不影响 V_B，基极电位为

$$V_B = \frac{R_{B2}}{R_{B1} + R_{B2}} V_{CC} \qquad (9\text{-}29)$$

其次在发射极串接一个电阻 R_E，使得

温度 $T\uparrow \rightarrow I_C\uparrow \rightarrow I_E\uparrow \rightarrow V_E\uparrow \rightarrow V_{BE}\downarrow \rightarrow I_B\downarrow \rightarrow I_C\downarrow$

当温度升高使 I_C 增大时，电阻 R_E 上的压降 $I_E R_E$ 增加，也即发射极电位 V_E 升高，而基极电位 V_B 固定，所以净输入电压 $V_{BE} = V_B - V_E$ 减小，从而使输入电流 I_B 减小，最终导致集电极电流 I_C 也减小，这样在温度变化时静态工作点便得到了稳定。但是 R_E 的存在使得输入电

压 v_i 不能全部加在 B、E 两端，使 v_o 减小，造成了 A_V 的减小。为了克服这一不足，在 R_E 两端再并联一个旁路电容 C_E，使得对于直流 C_E 相当于开路，仍能稳定工作点，而对于交流信号，C_E 相当于短路，这使输入信号不受损失，电路的放大倍数不至于因为稳定了工作点而下降。一般旁路电容 C_E 取几十微法到几百微法。R_E 越大，稳定性越好。但过大的 R_E 会使 V_{CE} 下降，影响输出 v_o 的幅度。通常在小信号放大电路中，R_E 取几百到几千欧。

下面对此电路的性能进行具体分析。

2. 静态工作点分析

图 9-28（b）所示为分压式偏置放大电路的直流通路，由直流通路得

$$V_B = \frac{R_{B2}}{R_{B1}+R_{B2}}V_{CC}$$

$$I_C \approx I_E = \frac{V_B - V_{BE}}{R_E} \approx \frac{V_B}{R_E}$$

$$V_{CE} = V_{CC} - I_C R_C - I_E R_E \approx V_{CC} - I_C(R_C + R_E) \tag{9-30}$$

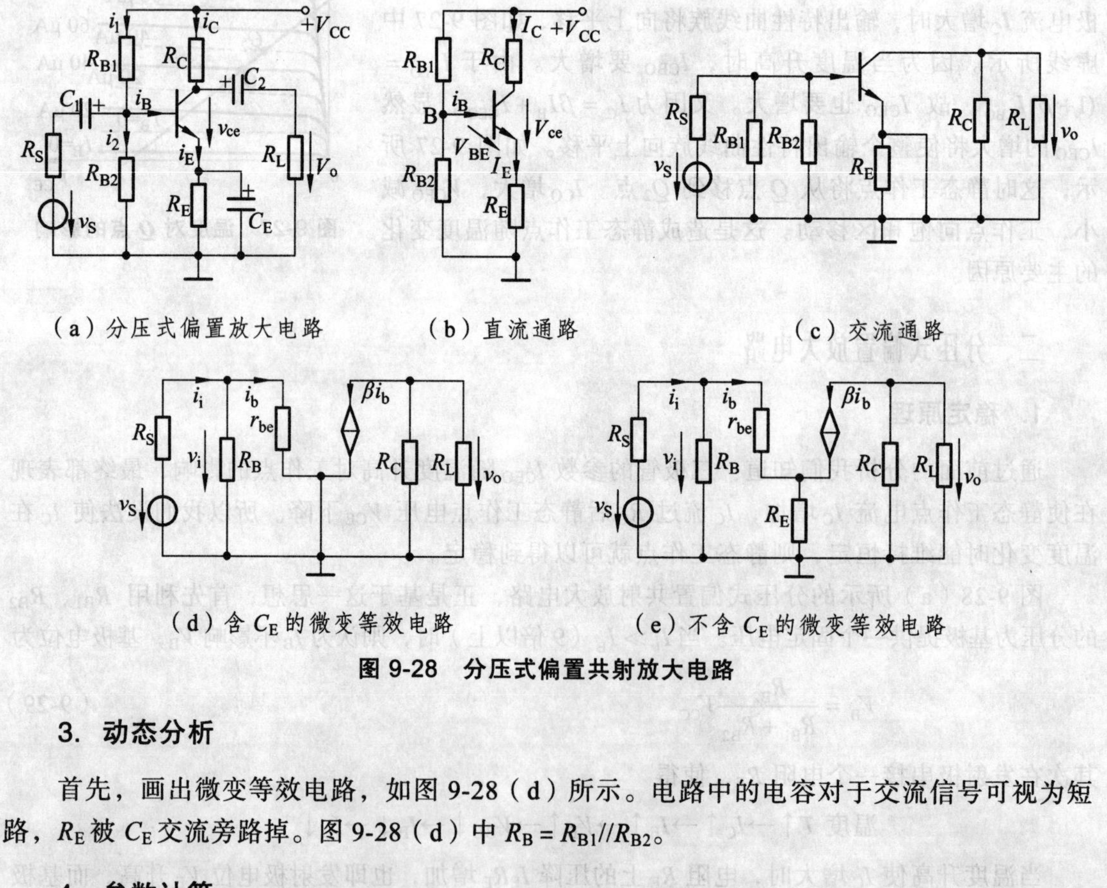

图 9-28 分压式偏置共射放大电路

3. 动态分析

首先，画出微变等效电路，如图 9-28（d）所示。电路中的电容对于交流信号可视为短路，R_E 被 C_E 交流旁路掉。图 9-28（d）中 $R_B = R_{B1}//R_{B2}$。

4. 参数计算

（1）电压放大倍数的计算。

$$\dot{V}_o = -\beta \dot{I}_b R_L'$$
$$R_L' = R_C // R_L$$
$$\dot{V}_i = \dot{I}_b r_{be} \tag{9-31}$$
$$A_V = \frac{\dot{V}_o}{\dot{V}_i} = \frac{-\beta \dot{I}_b R_L'}{\dot{I}_b r_{be}} = \frac{-\beta R_L'}{r_{be}}$$

（2）输入电阻的计算。

$$r_i = \frac{\dot{V}_i}{\dot{I}_i} = \frac{\dot{V}_i}{\dfrac{\dot{V}_i}{R_{B1}} + \dfrac{\dot{V}_i}{R_{B2}} + \dfrac{\dot{V}_i}{r_{be}}} \tag{9-32}$$
$$r_i = R_B // r_{be} = R_{B1} // R_{B2} // r_{be} \approx r_{be}$$

（3）输出电阻的计算。

$$r_o = R_C$$

若电路中无旁路电容 C_E，对于交流信号而言，R_E 未被 C_E 交流旁路掉，其等效电路如图 9-28（e）所示，图中 $R_B = R_{B1}//R_{B2}$。分析如下：

① 电压放大倍数的计算。

$$\dot{V}_o = -\beta \dot{I}_b R_L'$$
$$R_L' = R_C // R_L$$
$$\dot{V}_i = \dot{I}_b r_{be} + (1+\beta)\dot{I}_b R_E$$
$$A_V = \frac{\dot{V}_o}{\dot{V}_i} = \frac{-\beta \dot{I}_b R_L'}{\dot{I}_b r_{be} + (1+\beta)\dot{I}_b R_E} = \frac{-\beta R_L'}{r_{be} + (1+\beta) R_E} \tag{9-33}$$

② 输入电阻的计算。

$$\dot{V}_i = \dot{I}_b r_{be} + (1+\beta)\dot{I}_b R_E$$
$$r_i = \frac{\dot{V}_i}{\dot{I}_i} = \frac{\dot{V}_i}{\dfrac{\dot{V}_i}{R_B} + \dfrac{\dot{V}_i}{r_{be} + (1+\beta)R_E}} = \frac{\dot{V}_i}{\dfrac{\dot{V}_i}{R_{B2}} + \dfrac{\dot{V}_i}{R_{B2}} + \dfrac{\dot{V}_i}{r_{be} + (1+\beta)R_E}} \tag{9-34}$$
$$r_i = R_{B1} // R_{B2} // [r_{be} + (1+\beta) R_E]$$

③ 输出电阻的计算。

$$r_o = R_C$$

【例 9.4】 在图 9-28 所示的分压式偏置共射放大电路中，已知 $V_{CC} = 24\ \text{V}$，$R_{B1} = 33\ \text{k}\Omega$，$R_{B2} = 10\ \text{k}\Omega$，$R_C = 3.3\ \text{k}\Omega$，$R_E = 1.9\ \text{k}\Omega$，$R_L = 9.1\ \text{k}\Omega$，三极管的 $\beta = 66$，设 $R_S = 0$。要求：① 估算静态工作点；② 画微变等效电路；③ 计算电压放大倍数；④ 计算输入、输出电阻；⑤ 当 R_E 两端未并联旁路电容时，画其微变等效电路，计算电压放大倍数，输入、输出电阻。

解 ① 估算静态工作点。

$$V_{BE}=0.7\ V$$

$$V_B=\frac{R_{B2}}{R_{B1}+R_{B2}}V_{CC}=\left(\frac{10}{33+10}\times 24\right)\ V=5.6\ V$$

$$I_C\approx I_E=\frac{V_B-V_{BE}}{R_E}\approx\frac{V_B}{R_E}=\frac{5.6}{1.5}\ mA=3.8\ mA$$

$$V_{CE}\approx V_{CC}-I_C(R_C+R_E)=[24-3.8\times(3.3+1.5)]\ V=5.76\ V$$

② 画微变等效电路，如图 9-28（d）所示。

③ 计算电压放大倍数。

由微变等效电路得

$$A_V=\frac{\dot{V}_o}{\dot{V}_i}=\frac{-\beta(R_L//R_C)}{r_{be}}=\frac{-66\times(5.1//3.3)}{300+(1+66)\frac{26}{3.8}}=-174$$

④ 计算输入、输出电阻。

$$r_i=R_{B1}//R_{B2}//r_{be}=(33//10//0.758)\ k\Omega=0.69\ k\Omega$$

$$r_o=R_C=3.3\ k\Omega$$

⑤ 当 R_E 两端未并联旁路电容时，其微变等效电路如图 9-28（e）所示。

电压放大倍数的计算过程如下：

$$r_{be}=\left[300+(1+66)\times\frac{26}{3.8}\right]\ k\Omega=0.758\ k\Omega$$

$$A_V=\frac{\dot{V}_o}{\dot{V}_i}=\frac{-\beta(R_L//R_C)}{r_{be}+(1+\beta)R_E}=\frac{-66\times(5.1//3.3)}{0.758+(1+66)\times1.5}=-1.3$$

输入、输出电阻的计算过程如下：

$$r_i=R_{B1}//R_{B2}//[(r_{be}+(1+\beta)R_E)]=[33//10//(0.758+(1+66)\times1.5)]\ k\Omega=7.66\ k\Omega$$

$$r_o=R_C=3.3\ k\Omega$$

从计算结果可知，去掉旁路电容后，电压放大倍数降低了，输入电阻提高了。这是因为电路引入了串联负反馈。负反馈的相关内容将在下一章讨论。

任务五　射极输出器

图 9-29（a）所示是阻容耦合共集电极放大电路。由图可见，放大电路的交流信号由三极管的发射极经耦合电容 C_2 输出，故又称其为射极输出器。

由图 9-29（c）所示射极输出器的交流通路可见，集电极是输入回路和输出回路的公共端。输入回路为基极到集电极的回路，输出回路为发射极到集电极的回路。所以，射极输出器从电路连接特点而言，为共集电极放大电路。

射极输出器与已讨论过的共射放大电路相比，有着明显的特点，学习时务必注意。

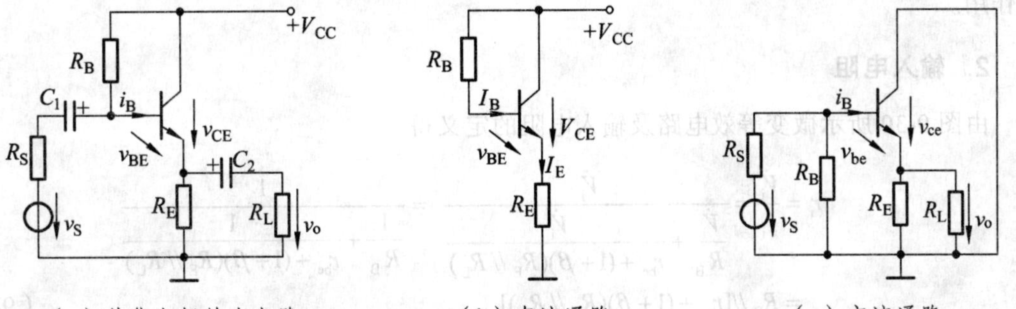

（a）共集电极放大电路　　（b）直流通路　　（c）交流通路

图 9-29　共集电极放大电路

一、静态分析

图 9-29（b）所示为射极输出器的直流通路。由此确定静态值：

$$\left.\begin{aligned} &V_{CC}=I_B R_B+U_{BE}+I_E R_E,\ I_E=I_B+I_C=(1+\beta)I_B \\ &I_B=\frac{V_{CC}-V_{BE}}{R_B+(1+\beta)R_E} \\ &I_E=\frac{V_{CC}-V_{BE}}{\dfrac{R_B}{1+\beta}+R_E} \\ &V_{CE}=V_{CC}-I_E R_E-(1+\beta)R_E \end{aligned}\right\} \tag{9-35}$$

二、动态分析

由图 9-29（c）所示的交流通路画出微变等效电路，如图 9-30 所示。

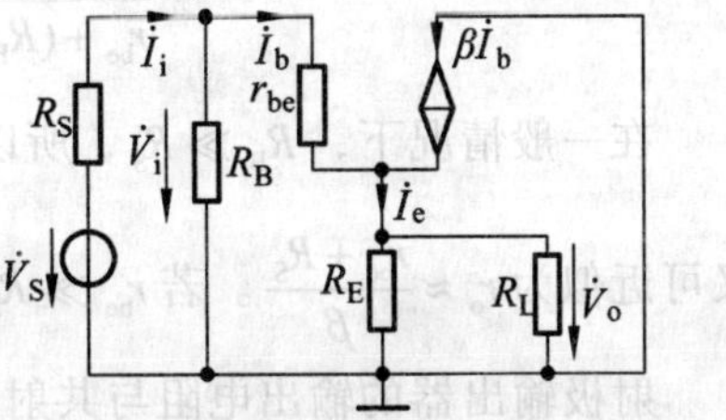

图 9-30　射极输出器的微变等效电路

1. 电压放大倍数

由微变等效电路及电压放大倍数的定义得

$$\dot{V}_o=(1+\beta)\dot{I}_b(R_E /\!/ R_L)$$

$$\dot{V}_i=\dot{I}_b r_{be}+\dot{V}_o=\dot{I}_b r_{be}+(1+\beta)\dot{I}_b(R_E /\!/ R_L)$$

$$\dot{A}_V=\frac{\dot{V}_o}{\dot{V}_i}=\frac{(1+\beta)\dot{I}_b(R_E /\!/ R_L)}{\dot{I}_b r_{be}+(1+\beta)\dot{I}_b(R_E /\!/ R_L)}=\frac{(1+\beta)(R_E /\!/ R_L)}{r_{be}+(1+\beta)(R_E /\!/ R_L)} \tag{9-36}$$

从式（9-36）可以看出：射极输出器的电压放大倍数恒小于 1，但接近于 1。

若 $(1+\beta)(R_E /\!/ R_L)\gg r_{be}$，则 $A_V\approx 1$，输出电压 $\dot{V}_o\approx\dot{V}_i$，$A_V$ 为正数，说明 $\dot{V}_o$ 与 $\dot{V}_i$ 不但大小基本相等并且相位相同，即输出电压紧紧跟随输入电压的变化而变化。因此，射极输出器也称为电压跟随器。

值得指出的是：尽管射极输出器无电压放大作用，但射极电流 I_e 是基极 I_b 的 $(1+\beta)$ 倍，输出功率也近似是输入功率的 $(1+\beta)$ 倍，所以射极输出器具有一定的电流放大作用和功率放大作用。

2. 输入电阻

由图 9-30 所示微变等效电路及输入电阻的定义得

$$r_i = \frac{\dot{V}_i}{\dot{I}_i} = \frac{\dot{V}_i}{\dfrac{\dot{V}_i}{R_B} + \dfrac{\dot{V}_i}{r_{be} + (1+\beta)(R_E // R_L)}} = \frac{1}{\dfrac{1}{R_B} + \dfrac{1}{r_{be} + (1+\beta)(R_E // R_L)}}$$

$$= R_B // [r_{be} + (1+\beta)(R_E // R_L)] \tag{9-37}$$

一般 R_B 和 $[\, r_{be} + (1+\beta)(R_E // R_L)\,]$ 都要比 r_{be} 大得多，因此射极输出器的输入电阻比共射放大电路的输入电阻要高。射极输出器的输入电阻高达几十千欧到几百千欧。

3. 输出电阻

根据输出电阻的定义，用加压求流法计算输出电阻，其等效电路如图 9-31 所示。图中已去掉独立源（信号源 $\dot{V}_S$），在输出端加上电压 $\dot{V}'_o$，产生电流 $\dot{I}'_o$，由图 9-31 得

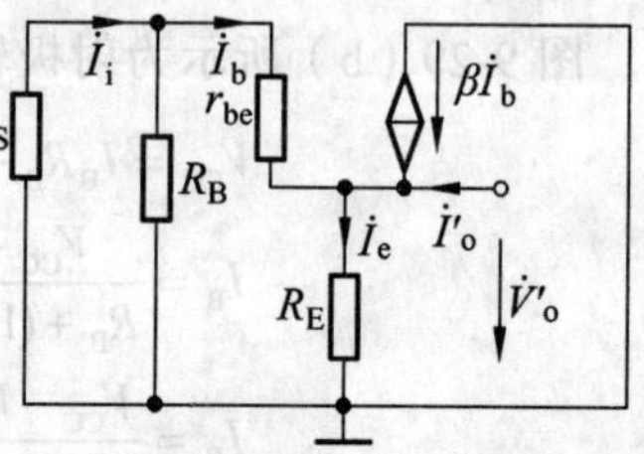

图 9-31 共集放大电路的输出电阻

$$\dot{I}'_o = -\dot{I}_b - \beta \dot{i}_b + \dot{I}_e = -(1+\beta)\dot{I}_b + \dot{I}_e$$

$$= (1+\beta)\frac{\dot{V}'_o}{r_{be} + (R_B // R_S)} + \frac{\dot{V}'_o}{R_E}$$

$$r_o = \frac{\dot{V}'_o}{\dot{I}'_o} = \frac{\dot{V}'_o}{\dfrac{\dot{V}'_o}{r_{be} + (R_B + R_E)} + \dfrac{\dot{V}'_o}{R_E}} = R_E // \frac{r_{be} + (R_B // R_S)}{1+\beta} \tag{9-38}$$

在一般情况下，$R_B \gg R_S$，所以 $r_o \approx R_E // \dfrac{r_{be} + R_S}{1+\beta}$。而通常，$R_E >> \dfrac{r_{be} + R_S}{1+\beta}$，因此输出电阻又可近似为 $r_o \approx \dfrac{r_{be} + R_S}{\beta}$。若 $r_{be} \gg R_S$，则 $r_o \approx \dfrac{r_{be}}{\beta}$。

射极输出器的输出电阻与共射放大电路相比是较低的，一般在几欧到几十欧。当 r_o 较低时，射极输出器的输出电压几乎具有恒压性。

综上所述，射极输出器具有电压放大倍数恒小于 1 但接近于 1，输入、输出电压同相，输入电阻高，输出电阻低的特点。尤其是输入电阻高，输出电阻低的特点，使射极输出器获得了广泛的应用。

【例 9.5】 图 9-29（a）所示的射极输出器，已知 $V_{CC} = 12$ V，$R_B = 120$ kΩ，$R_E = 4$ kΩ，$R_L = 4$ kΩ，$R_S = 100$ Ω，三极管的 $\beta = 40$。要求：① 估算静态工作点；② 画微变等效电路；③ 计算电压放大倍数；④ 计算输入、输出电阻。

解 ① 估算静态工作点。

$$I_B = \frac{V_{CC} - V_{BE}}{R_B + (1+\beta)R_E} = \frac{12 - 0.6}{120 + (1+40) \times 4}\ \text{mA} = 40\ \mu\text{A}$$

$$I_C = \beta I_B = (40 \times 40)\ \mu\text{A} = 1.6\ \text{mA}$$

$$V_{CE} = V_{CC} - I_E R_E \approx (12 - 1.6 \times 4)\ \text{V} = 5.44\ \text{V}$$

② 画微变等效电路，如图 9-30 所示。

③ 计算电压放大倍数

$$A_V = \frac{(1+\beta)(R_E // R_L)}{r_{be} + (1+\beta)(R_E // R_L)} = \frac{(1+40) \times (4 // 4)}{0.95 + (1+40) \times (4 // 4)} = 0.9$$

其中
$$r_{be} = \left[300 + (1+\beta)\frac{26}{I_E} = 300 + (1+40)\frac{26}{1.64}\right] \text{k}\Omega = 0.9\ \text{k}\Omega$$

④ 计算输入、输出电阻

$$r_i = R_B // [r_{be} + (1+\beta)(R_E // R_L)] = 120 // [0.95 + 41 \times (4 // 4)]\ \text{k}\Omega = 49\ \text{k}\Omega$$

$$r_o = R_E // \frac{r_{be} + (R_B // R_S)}{1+\beta} = 4 // \frac{0.95 + (0.1 // 120)}{1+40}\ \text{k}\Omega = 25.3\ \Omega$$

三、射极输出器的作用

由于射极输出器输入电阻高，常被用于多级放大电路的输入级。这样，既可减轻信号源的负担，又可获得较大的信号电压。这对内阻较高的电压信号来讲更有意义。在电子测量仪器的输入级采用共集电极放大电路作为输入级，较高的输入电阻可减小对测量电路的影响。

射极输出器由于其输出电阻低，常被用于多级放大电路的输出级。当负载变动时，因为射极输出器具有几乎为恒压源的特性，输出电压不随负载变动而保持稳定，具有较强的带负载能力。

射极输出器也常作为多级放大电路的中间级。射极输出器的输入电阻大，即前一级的负载电阻大，可提高前一级的电压放大倍数；射极输出器的输出电阻小，即后一级的信号源内阻小，可提高后一级的电压放大倍数。这对于多级共射放大电路来讲，射极输出器起到了阻抗变换作用，提高了多级共射放大电路的总的电压放大倍数，改善了多级共射放大电路工作性能。

任务六　多级放大电路

小信号放大电路的输入信号一般为毫伏甚至微伏量级，功率在 1 mW 以下。为了推动负载工作，输入信号必须经多级放大，以便在输出端获得一定幅度的电压和足够的功率。多级放大电路的框图如图 9-32 所示。它通常包括输入级、中间级、推动级和输出级几个部分。

多级放大电路的第一级称为输入级，对输入级的要求往往与输入信号有关。中间级的用途是进行信号放大，提供足够大的放大倍数，常由几级放大电路组成。多级放大电路的最后一级是输出级，它与负载相接。因此，对输出级的要求要考虑负载的性质。推动级的用途就是实现小信号到大信号的缓冲和转换。

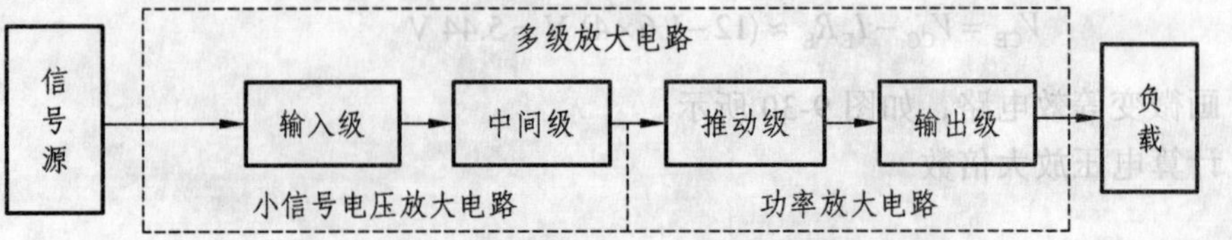

图 9-32　多级放大电路框图

耦合方式是指信号源和放大器之间、放大器各级之间、放大器与负载之间的连接方式。最常用的耦合方式有三种：阻容耦合、直接耦合和变压器耦合。阻容耦合应用于分立元件多级交流放大电路中。放大缓慢变化的信号或直流信号则采用直接耦合的方式。变压器耦合在放大电路中的应用逐渐减少。本书只讨论前两种级间耦合方式。

一、阻容耦合放大电路

图 9-33 所示是两级阻容耦合共射放大电路。两级间的连接通过电容 C_2 将前级的输出电压加在后级的输入电阻上（即前级的负载电阻），故名阻容耦合放大电路。

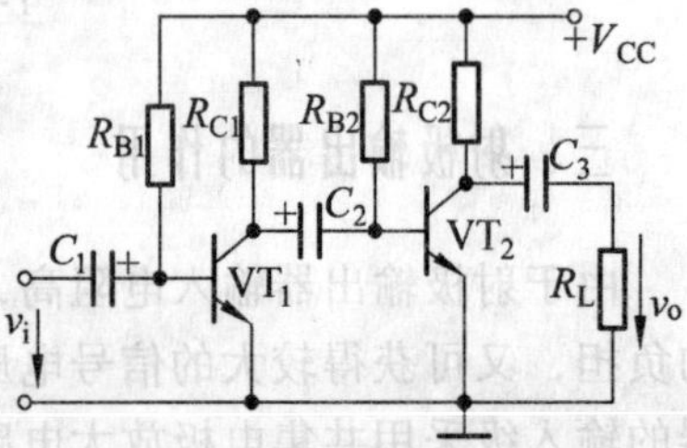

图 9-33　阻容耦合两级放大电路

由于电容有隔直作用，因此两级放大电路的直流通路互不相通，即每一级的静态工作点各自独立。耦合电容的选择应使信号频率在中频段时的容抗可视为零。多级放大电路的静态和动态分析与单级放大电路一样。两级放大电路的微变等效电路如图 9-34 所示。

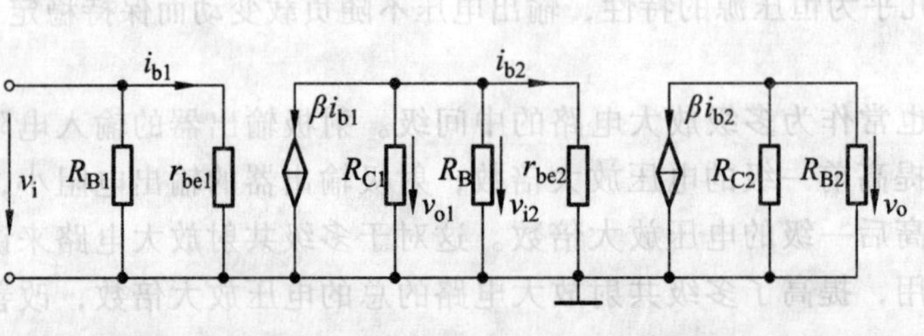

图 9-34　两级阻容耦合放大电路的微变等效电路

多级放大电路的电压放大倍数为各级电压放大倍数的乘积。计算各级电压的放大倍数时必须考虑到后级的输入电阻对前级的负载效应，因为后级的输入电阻就是前级放大电路的负载电阻，若不计其负载效应，各级的放大倍数仅是空载的放大倍数，它与实际耦合电路不符，这样得出的总电压放大倍数是错误的。

耦合电容的存在，使阻容耦合放大电路只能放大交流信号，一般认为低频信号的中频段的电压放大倍数与输入信号的频率无关，并且阻容耦合多级放大电路比单级放大电路的通频带要窄。

【例 9.6】　图 9-35（a）所示为一阻容耦合两级放大电路，其中 $R_{B1}=300\ \text{k}\Omega$，$R_{E1}=3\ \text{k}\Omega$，$R_{B2}=40\ \text{k}\Omega$，$R_{C2}=2\ \text{k}\Omega$，$R_{B3}=20\ \text{k}\Omega$，$R_{E2}=3.3\ \text{k}\Omega$，$R_L=2\ \text{k}\Omega$，$V_{CC}=12\ \text{V}$。三极管 VT_1 和 VT_2 的 $\beta=90$，$V_{BE}=0.7\ \text{V}$。各电容容量足够大。要求：

① 计算各级的静态工作点；

② 计算 A_V，r_i 和 r_o。

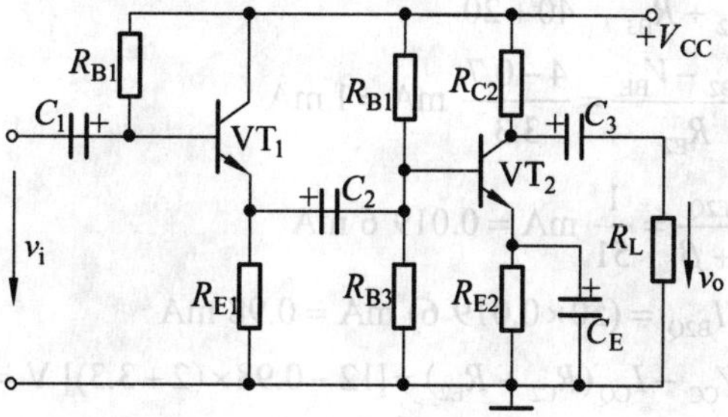

（a）放大电路

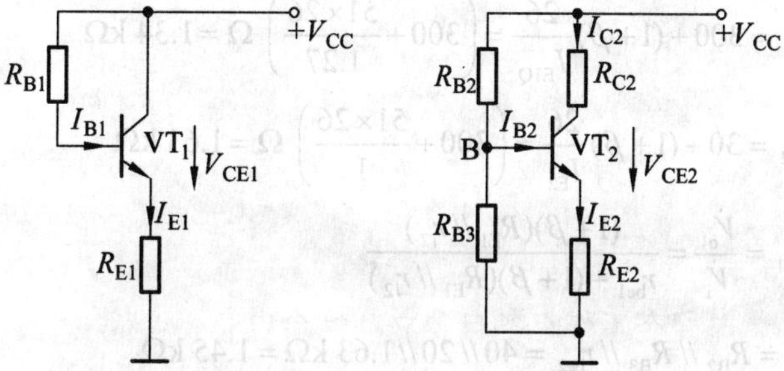

（b）直流通路

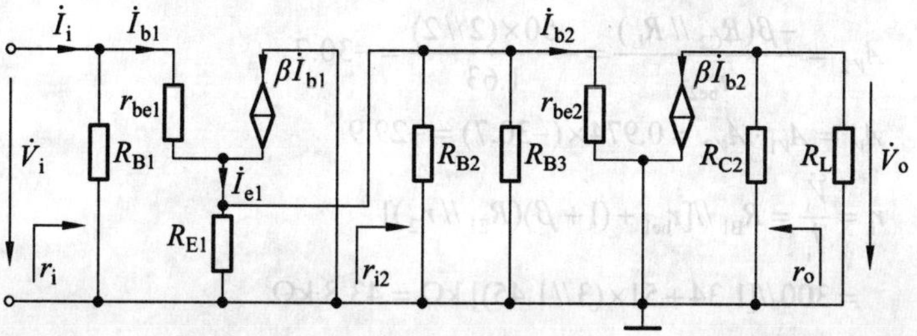

（c）微变等效电路

图 9-35　例 9.6 的图

解　① 分别画出各级的直流通路，如图 9-35（b）所示。然后根据直流通路计算静态工作点。

第一级：

$$I_{B1} = \frac{V_{CC} - V_{BE}}{R_{B1} + (1+\beta)R_{E1}} = \frac{12 - 0.7}{300 + 51 \times 3}\ \text{mA} = 0.025\ \text{mA}$$

$$I_{C1Q} = \beta I_{B1Q} = 1.25\ \text{mA}$$

$$I_{E1Q} = (1+\beta) I_{B1Q} = 1.27\ \text{mA}$$

$$V_{CE1Q} = v_{CC} - I_{E1Q} \cdot R_{E1} = (12 - 1.27 \times 3)\ \text{V} = 8.18\ \text{V}$$

第二级：

$$V_{B2}=\frac{R_{B3}V_{CC}}{R_{B2}+R_{B3}}=\frac{20\times12}{40+20}\ \text{V}=4\ \text{V}$$

$$I_{E2Q}=\frac{V_{B2}-V_{BE}}{R_{E2}}=\frac{4-0.7}{3.3}\ \text{mA}=1\ \text{mA}$$

$$I_{B2Q}=\frac{I_{E2Q}}{1+\beta}=\frac{1}{51}\ \text{mA}=0.019\ 6\ \text{mA}$$

$$I_{C2Q}=\beta I_{B2Q}=(50\times0.019\ 6)\ \text{mA}=0.98\ \text{mA}$$

$$V_{CE2Q}=V_{CC}-I_{CQ}(R_{C2}+R_{E2})=[12-0.98\times(2+3.3)]\ \text{V}=6.8\ \text{V}$$

② 画出这个两级放大电路的微变等效电路，如图 9-35（c）所示。图中

$$r_{be1}=300+(1+\beta)\frac{26}{I_{E1Q}}=\left(300+\frac{51\times26}{1.27}\right)\ \Omega=1.34\ \text{k}\Omega$$

$$r_{be2}=30+(1+\beta)\frac{26}{I_{E2}}=\left(300+\frac{51\times26}{1}\right)\ \Omega=1.63\ \text{k}\Omega$$

$$A_{V1}=\frac{\dot{V}_{o1}}{\dot{V}_i}=\frac{(1+\beta)(R_{E1}//r_{i2})}{r_{be1}+(1+\beta)(R_{E1}//r_{i2})}$$

式中 $$r_{i2}=R_{B2}//R_{B3}//r_{be2}=40//20//1.63\ \text{k}\Omega=1.45\ \text{k}\Omega$$

所以 $$A_{V1}=\frac{51\times(3//1.45)}{1.34+51\times(3//1.45)}=0.974$$

$$A_{V2}=\frac{-\beta(R_{C2}//R_L)}{r_{be2}}=\frac{-50\times(2//2)}{1.63}=-30.7$$

$$A_V=A_{V1}\cdot A_{V2}=0.974\times(-30.7)=-29.9$$

$$r_i=\frac{\dot{V}_i}{\dot{I}_i}=R_{B1}//[r_{be1}+(1+\beta)(R_{E1}//r_{i2})]$$

$$=300//[1.34+51\times(3//1.45)]\ \text{k}\Omega=43.8\ \text{k}\Omega$$

$$r_o=R_{C2}=2\ \text{k}\Omega$$

二、直接耦合放大电路

放大器各级之间，以及放大器与信号源或负载之间直接连起来，或者经电阻等能通过直流信号的元件连接起来，称为直接耦合方式。直接耦合方式不但能放大交流信号，而且能放大变化极其缓慢的超低频信号以及直流信号。现代集成放大电路都采用直接耦合方式，这种耦合方式得到越来越广泛的应用。

然而，直接耦合方式有其特殊的问题，其中主要是前、后级静态工作点互相牵制与零点漂移两个问题。

1. 前、后级静态工作点的相互影响

从图 9-36 可见，在静态时输入信号 $v_i=0$，由于 VT_1 的集电极和 VT_2 的基极直接相连使

两点电位相等，即 $V_{CE1}=V_{C1}=V_{B2}=V_{BE2}=0.7\ \text{V}$，则三极管 VT_1 处于临界饱和状态；另外第一级的集电极电阻也是第二级的基极偏置电阻，因阻值偏小，必定 I_{B2} 过大使 VT_2 处于饱和状态，电路无法正常工作。为了克服这个缺点，通常采用抬高 VT_2 管发射极电位的方法。有两种常用的改进方案，分别如图 9-37 所示。

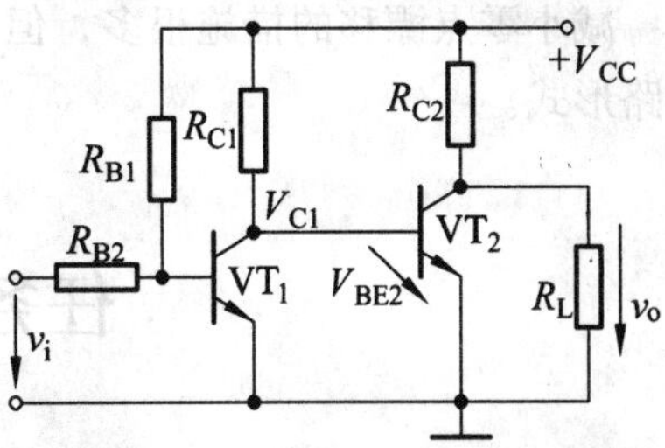

图 9-36　直接耦合两级放大电路

图 9-37（a）是利用 R_{E2} 的压降来提高 VT_2 管发射极电位，从而提高 VT_1 管的集电极电位，增大了 VT_1 管的输出幅度并且减小了电流 I_{B2}。但 R_{E2} 的接入使第二级电路的电压放大倍数大为降低，R_{E2} 越大，R_{E2} 上的信号压降越大，电压放大倍数降低得越多，因此要进一步改进电路。

图 9-37（b）是用稳压管 VZ（也可以用二极管 VD）的端电压 V_Z 来提高 VT_2 管的发射极电位，起到 R_{E2} 的作用。但对信号而言，稳压管（或二极管）的动态电阻都比较小，信号电流在动态电阻上产生的压降也小，因此不会引起放大倍数的明显下降。

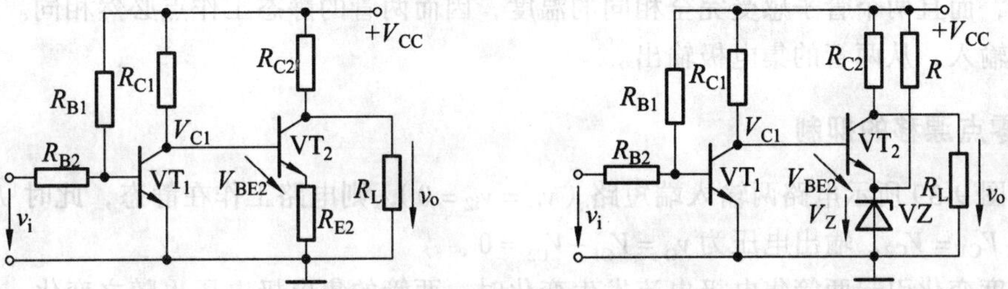

（a）后级发射极接电阻　　　　（b）后级发射极接稳压管

图 9-37　提高后级发射极电位的直接耦合电路

2. 零点漂移问题

在直接耦合放大电路中，若将输入端短接（让输入信号为零），在输出端接上记录仪，可发现输出端随时间仍有缓慢的无规则的信号输出，如图 9-38 所示。这种现象称为零点漂移，简称“零漂”。零点漂移现象严重时，能够淹没真正的输出信号，使电路无法正常工作。所以零点漂移的大小是衡量直接耦合放大器性能的一个重要指标。

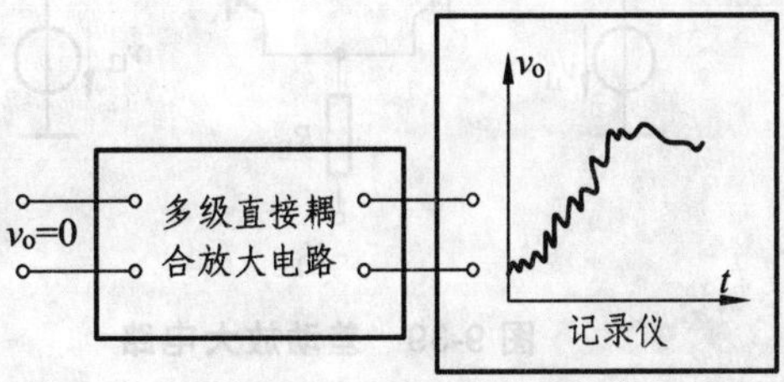

图 9-38　零点漂移现象

衡量放大器零点漂移的大小不能单纯看输出零漂电压的大小，还要看它的放大倍数。因为放大倍数越高，输出零漂电压就越大，所以一般都把输出零漂电压折合到输入端来衡量，称为输入等效零漂电压。

引起零点漂移的原因很多，最主要的是温度对三极管参数的影响所造成的静态工作点波动，而在多级直接耦合放大器中，前级静态工作点的微小波动都能像信号一样被后面逐级放大并且输出。因而，整个放大电路的零点漂移指标主要由第一级电路的零点漂移决定，所以，为了提高放大器放大微弱信号的能力，在提高放大倍数的同时，必须减小输入级的零点漂移。因温度变化对零点漂移影响最大，故常称“零漂”为“温漂”。

减小零点漂移的措施很多，但第一级采用差动放大电路是多级直接耦合放大电路的主要电路形式。

任务七　差动放大电路

差动放大电路是抑制零点漂移最有效的电路。因此，多级直接耦合放大电路的前置级广泛采用这种电路。

一、差动放大电路的工作情况

差动放大电路如图 9-39 所示，它由两个共用一个发射极电阻 R_E 的共射放大电路组成。它具有镜像对称的特点，在理想的情况下，两只三极管的参数对称，集电极电阻对称，基极电阻对称，而且两个管子感受完全相同的温度，因而两管的静态工作点必然相同。信号从两管的基极输入，从两管的集电极输出。

1. 零点漂移的抑制

若将图 9-39 所示电路两输入端短路（$v_{i1}=v_{i2}=0$），则电路工作在静态，此时 $I_{B1}=I_{B2}$，$I_{C1}=I_{C2}$，$V_{C1}=V_{C2}$，输出电压为 $v_O=V_{C1}-V_{C2}=0$。

当温度变化引起两管集电极电流发生变化时，两管的集电极电压也随之变化，这时两管的静态工作点都发生变化，但由于对称性，两管的集电极电压变化的大小相等、方向相同，所以输出电压 $v_O=\Delta V_{C1}-\Delta V_{C2}$ 仍然等于 0，所以说差动放大电路抑制了温度引起的零点漂移。

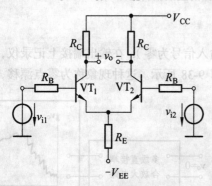

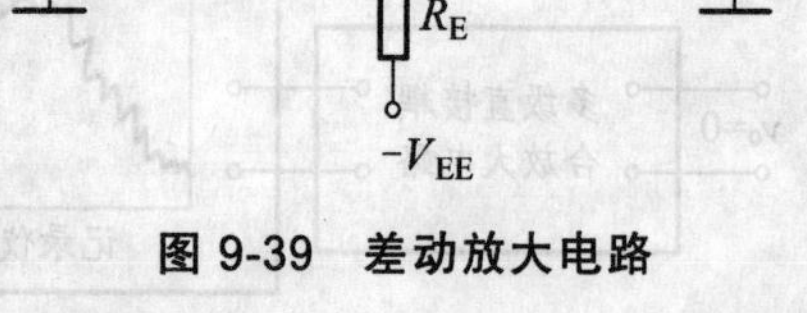

图 9-39　差动放大电路

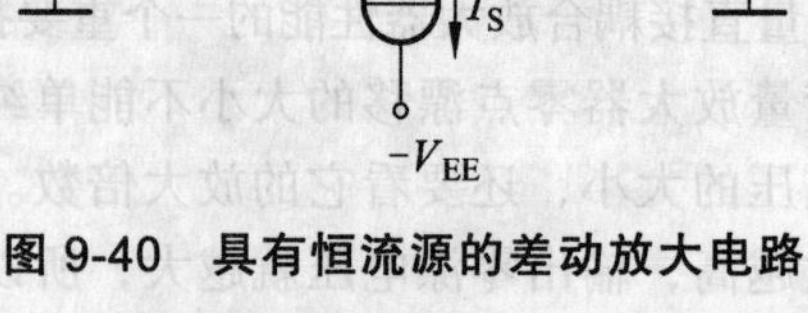

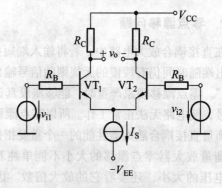

图 9-40　具有恒流源的差动放大电路

2. 信号的输入

当有信号输入时，对差动放大电路（见图 9-39）的工作情况可以分为下列几种输入类型来分析。

1）共模输入

在两个管的基极加上一对大小相等、极性相同的共模信号（即 $v_{i1}=v_{i2}$，称为共模输入），这时引起的两管基极电流变化方向相同，集电极电流变化方向相同，集电极电压变化的方向与大小也相同，所以输出电压 $v_O = \Delta v_{C1} - \Delta v_{C2} = 0$，可见差动放大电路可抑制共模信号。前面讲到的差动放大电路抑制零点漂移就是该电路抑制共模信号的一个特例。因为输出的零漂电压折合到输入端，就相当于一对共模信号。

2）差模输入

当在两个管的基极加上一对大小相等、极性相反的差模信号（即 $v_{i1} = -v_{i2}$），设 $v_{i1} < 0$，$v_{i2} > 0$，这时 v_{i1} 使 VT_1 管的基极电流减小 Δi_{B1}，集电极电流减小 Δi_{C1}，集电极电位增加 Δv_{C1}；v_{i2} 使 VT_2 管的基极电流增加 Δi_{B2}，集电极电流增加 Δi_{C2}，集电极电位减小 Δv_{C2}。这样，两个集电极电位一增一减，呈现异向变化，其差值即输出电压 $\Delta v_O = \Delta v_{C1} - (-\Delta v_{C2}) = 2\Delta v_{C1}$，可见差动放大电路可放大差模信号。

3）差动输入（任意输入）

当两个输入信号中既有共模信号又有差模信号时，称为差动信号。因为它们的大小和相对极性是任意的，有时也称为任意输入信号。差动信号可以分解为一对共模信号和一对差模信号的组合，即

$$v_{i1} = v_{id} + v_{ic}$$

$$v_{i2} = -v_{id} + v_{ic}$$

式中，v_{id} 是差模信号，v_{ic} 是共模信号。它们由下式定义：

$$\left.\begin{aligned} v_{ic} &= \frac{v_{i1} + v_{i2}}{2} \\ v_{id} &= \frac{v_{i1} - v_{i2}}{2} \end{aligned}\right\} \tag{9-39}$$

如果信号 $v_{i1} = 9\ \text{mV}$，$v_{i2} = -3\ \text{mV}$，则有 $v_{ic} = 3\ \text{mV}$，$v_{id} = 6\ \text{mV}$。

从以上分析可知，差动放大电路可以抑制温度引起的工作点漂移，抑制共模信号，放大差模信号。差动放大电路只能放大差模信号，其名称的含义就在于此。

3. 发射极电阻 R_E 的作用

对于共模信号，由于引起的两管集电极电流大小相等、方向一样，都流过电阻 R_E，对于每个管来说就像是在发射极与地之间连接了一个 $2R_E$ 电阻。由前述共射放大电路可知，电阻 R_E 可以降低各个单管对共模信号的放大倍数，并且 R_E 越大，抑制共模信号的能力就越强。在实用电路中，常用三极管组成的恒流源代替电阻 R_E，来提高抑制共模信号的能力。图 9-40 所示电路中用恒流源符号 I_S 来表示由三极管组成的恒流源电路，因为恒流源的动态电阻为无穷大，即两端电压变化时，变化电流恒等于零，而保持 I_S 为恒值，所以每管的共模输出电压将严格地等于零。

对于差模信号，由于引起的两管集电极电流大小一样，但是方向不同，所以电阻 R_E 上的差模信号压降为零，可见电阻 R_E 对差模信号无作用，对于差模信号而言，两管的发射极相当于接“地”。

二、差动放大器的差模放大倍数

图 9-41 所示为双端输入双端输出差动放大电路。当给差动放大电路输入差模信号时，由于两管的发射极电位 V_E 维持不变，相当于发射极接“地”，而每一只三极管相当于接一半的负载电阻 R_L。设 VT_1 和 VT_2 每一单管电压放大倍数为 A_{V1} 和 A_{V2}，且因电路对称，$A_{V1}=A_{V2}$。而 $v_{i1}=\frac{v_i}{2}$，$v_{i2}=-\frac{v_i}{2}$。

由图 9-42 所示单管差模信号通路可得到单管差模电压放大倍数 A_{V1} 为

$$A_{V1}=\frac{v_{o1}}{v_{i1}}=-\frac{\beta\left(R_C // \frac{R_L}{2}\right)}{R_B+r_{be}}$$

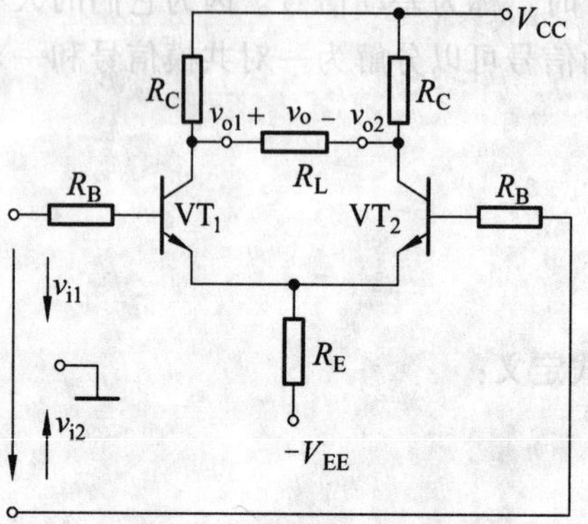

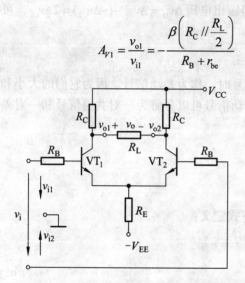

图 9-41　双端输入双端输出差动放大电路

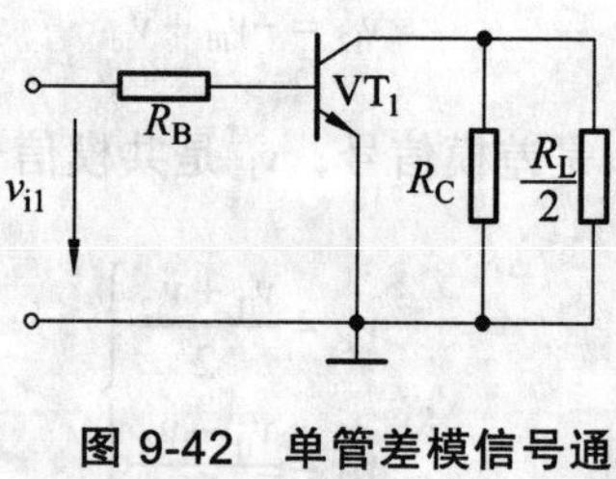

图 9-42　单管差模信号通路

因此得出双端输入双端输出差动放大电路的差模电压放大倍数 A_{od} 为

$$A_{od}=\frac{v_{o1}-v_{o2}}{v_{i1}-v_{i2}}=\frac{2v_{o1}}{2v_{i1}}=\frac{v_{o1}}{v_{i1}}=A_{V1}$$

$$A_{od}=-\frac{\beta\left(R_C // \frac{R_L}{2}\right)}{R_B+r_{be}} \tag{9-40}$$

式中的负号表示在图示参考方向下输出电压与输入电压极性相反。

三、差动放大器的共模放大倍数和共模抑制比

差动放大电路在共模信号作用下的输出电压与输入电压之比称为共模电压放大倍数，用 A_{oc} 表示。

在理想情况下，电路完全对称，共模信号作用时，由于三极管恒流源的作用，每管的集电极电流和集电极电压均不变化，因此 $v_o=0$，即 $A_{oc}=0$。

但实际上，由于每管的零点漂移依然存在，电路不可能完全对称，因此共模电压放大倍

数并不为零。通常将差模电压放大倍数 A_{od} 与共模电压放大倍数 A_{oc} 之比定义为共模抑制比，用 K_{CMR}（Common Mode Rejection Ratio）表示，即

$$K_{CMR}=\frac{A_{od}}{A_{oc}} \tag{9-41}$$

共模抑制比反映了差动放大电路抑制共模信号的能力，其值越大，电路抑制共模信号（零点漂移）的能力越强。对于差动放大电路，不能单纯地认为差模放大倍数大或是共模放大倍数小就是一个好的电路，而是差模放大倍数越大且共模放大倍数越小，电路越好。换句话说即共模抑制比越大越好。

由于双端输出电路的输出 $A_{oc}=0$，所以 $K_{CMR}=\infty$

四、差动放大器的输入输出方式

除了上述双端输入双端输出外，差动放大电路的输入输出方式还有以下三种：输入和输出有一公共接地端的单端输入单端输出方式，如图 9-43（a）所示；只有输出一端接地的双端输入单端输出方式，如图 9-43（b）所示；只有输入一端接地的单端输入双端输出方式，如图 9-43（c）所示。

在单端输入时，从图 9-43（a）、（c）可知，输入信号仍然加于 VT_1 和 VT_2 的基极之间，只是一端接地。经过信号分解，则

VT_1 的基极电位 $=\frac{1}{2}v_i+\frac{1}{2}v_i=v_i$

VT_2 的基极电位 $=\frac{1}{2}v_i-\frac{1}{2}v_i=0$

由此可知，单端输入时，差模信号为 $\frac{v_i}{2}$，共模信号也为 $\frac{v_i}{2}$，就差模信号而言单端输入时两管集电极电流和集电极电压的变化情况和双端输入一样。

在单端输出时，从图 9-43（a）、（b）可知，输出电压只和 VT_1 的集电极电压变化有关，因此输出电压 v_o 只有双端输出的一半，所以

$$A_{od}=\frac{1}{2}A_{d1}=-\frac{1}{2}\beta\frac{R_C\,//\,R_L}{R_B+r_{be}} \tag{9-42}$$

式中，负号表示输出电压 v_o 与输入电压 v_i 反相。若输出电压 v_o 从 VT_2 的集电极取出，则 v_o 与 v_i 同相。从图 9-43（a）、（b）中可以看出，单端输出时，不仅有差模信号还有共模信号，这是使用差动放大电路时应该注意的情况。

由于共模信号的作用，两管的 Δi_C 大小相等、方向相反，所以发射极电阻上流过 $2\Delta i_C$ 电流，产生的电压降为 $2\Delta i_C R_E$，还可以写为 $\Delta i_C 2R_E$，就是说可以看作 Δi_C 电流流过了 $2R_E$ 电阻。由此得到图 9-43（a）、（b）所示电路的共模放大倍数

$$A_{oc}=\frac{v_{o1}}{v_{ic}}=\frac{-\beta(R_c\,//\,R_L)}{R_B+r_{be}+(1+\beta)2R_E} \tag{9-43}$$

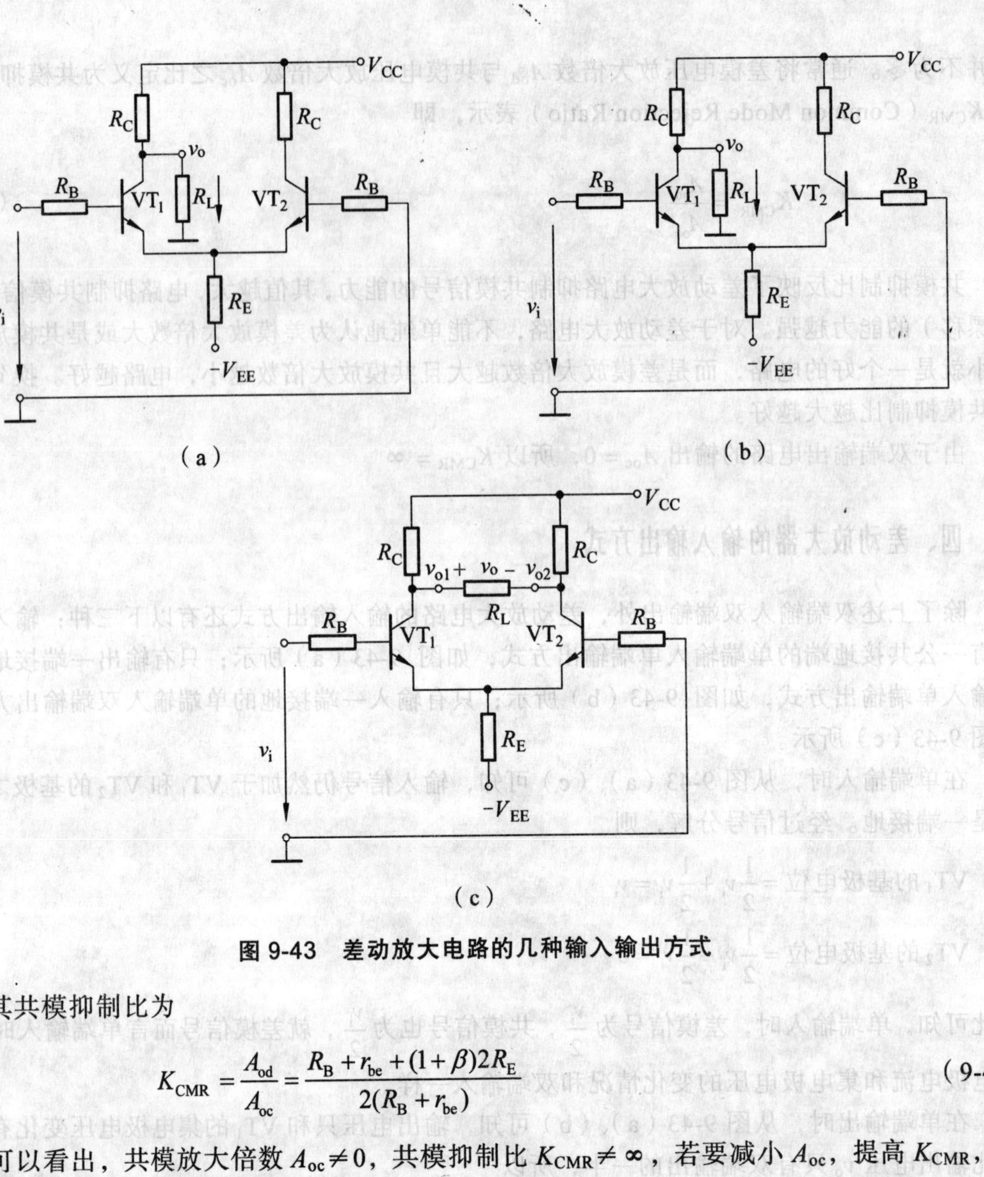

图 9-43 差动放大电路的几种输入输出方式

其共模抑制比为

$$K_{CMR} = \frac{A_{od}}{A_{oc}} = \frac{R_B + r_{be} + (1+\beta)2R_E}{2(R_B + r_{be})} \tag{9-44}$$

可以看出，共模放大倍数 $A_{oc} \neq 0$，共模抑制比 $K_{CMR} \neq \infty$，若要减小 A_{oc}，提高 K_{CMR}，只有用三极管恒流源代替发射极电阻 R_E。

实际电路中可用三极管 VT_3 的组成电路来近似实现恒流源，如图 9-44 所示。在参数选择合理的情况下，既可保证差动放大电路合适的静态工作点，而工作在放大区的 VT_3 管近似具有恒流源特性，可以使共模放大倍数 $A_{oc} \approx 0$，共模抑制比 $K_{CMR} \approx \infty$。

图 9-44 中 R_P 为调零点位器，其两端分别接在 VT_1 和 VT_2 两管的发射极。调节 R_P 的滑动端可以改变两管的静态工作点，这样，可以解决由于两边电路不完全对称，当输入为零时而输出不为零的问题。因为 R_P 对每管的动态也有影响，因此 R_P 的取值不宜过大，可取几十到几百欧姆。

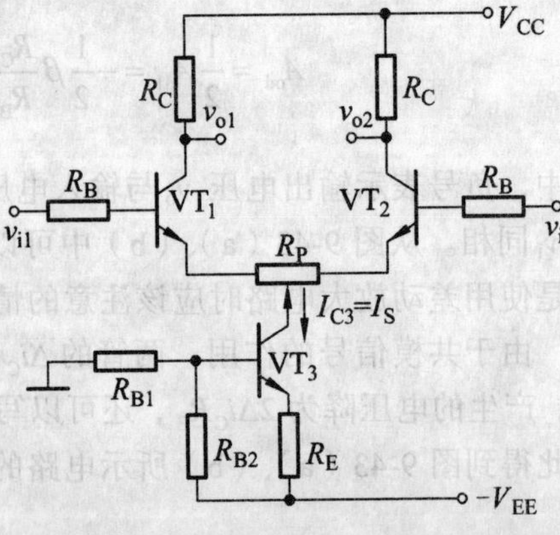

图 9-44 具有恒流源的实际差动放大电路

任务八　功率放大器

一、概　述

功率放大器在各种电子设备中有着极为广泛的应用。从能量控制的观点来看，功率放大器与电压放大器没有本质的区别，只是完成的任务不同：电压放大器主要是不失真地放大电压信号，而功率放大器是为负载提供足够的功率。因此，对电压放大器的要求是要有足够大的电压放大倍数，而对功率放大器的要求则与前者不同。

1. 功率放大器的特点

功率放大器因其任务与电压放大器不同，所以具有以下特点：

（1）尽可能大的最大输出功率。

为了获得尽可能大的输出功率，要求功率放大器中功放管的电压和电流应该有足够大的幅度，因而要求要充分利用功放管的三个极限参数，即功放管的集电极电流接近 I_{CM}，管压降最大时接近 $V_{(BR)CEO}$，耗散功率接近 P_{CM}，从而在保证管子安全工作的前提下，尽量增大输出功率。

（2）尽可能高的功率转换效率。

功放管在信号作用下向负载提供的输出功率是由直流电源供给的直流功率转换而来的，在转换的同时，功放管和电路中的耗能元件都要消耗功率，所以，要求尽量减小电路的损耗，来提高功率转换效率。若电路输出功率为 P_o，直流电源提供的总功率为 P_E，其转换效率为

$$\eta = \frac{P_o}{P_E}$$

（3）允许一定的非线性失真。

工作在大信号极限状态下的功放管，不可避免地会存在非线性失真。不同的功放电路对非线性失真的要求是不一样的，只要将非线性失真限制在允许的范围内就可以了。

（4）采用图解分析法。

电压放大器工作在小信号状况，能用微变等效电路进行分析，而功率放大器的输入是放大后的大信号，不能用微变等效电路进行分析，须用图解分析法。

2. 功率放大器的分类

1）甲　类

甲类功率放大器中三极管的 Q 点设在放大区的中间，在整个周期内，集电极都有电流，导通角为 360°。其 Q 点和电流波形如图 9-45（a）所示。工作于甲类时，管子的静态电流 I_C 较大，而且无论有没有信号，电源都要始终不断地输出功率。在没有信号时，电源提供的功率全部消耗在管子上；有信号输入时，随着信号增大，输出的功率也增大。但是，即使在理想情况下，效率也仅为 90%。所以，甲类功率放大器的缺点是损耗大、效率低。

2）乙　类

为了提高效率，必须减小静态电流 I_C，将 Q 点下移。若将 Q 点设在静态电流 $I_C=0$ 处，即 Q 点在截止区时，管子只在信号的半个周期内导通，称此为乙类。乙类状态下，信号等于零时，电源输出的功率也为零。信号增大时，电源供给的功率也随着增大，从而提高了效率。乙类状态下的 Q 点与电流波形如图 9-45（b）所示。

3）甲乙类

若将 Q 点设在接近 $I_C\approx0$ 而 $I_C\neq0$ 处，即 Q 点在放大区且接近截止区，管子在信号的半个周期以上的时间内导通，称此为甲乙类。由于 $I_C\approx0$，因此甲乙类的工作状态接近乙类工作状态。甲乙类状态下的 Q 点与电流波形如图 9-45（c）所示。

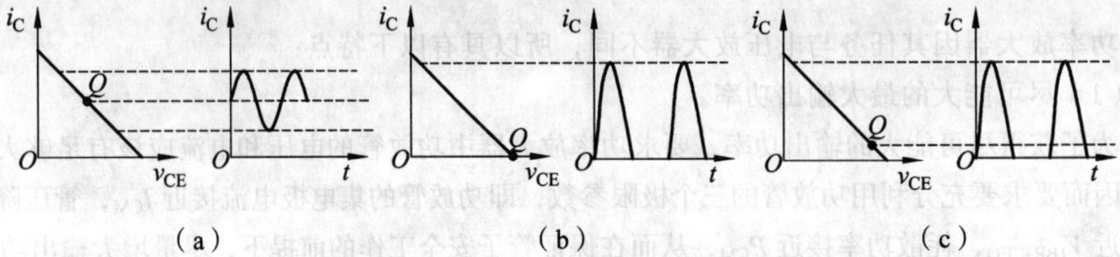

图 9-45　Q 点设置与三种工作状态

二、互补对称的功率放大器

互补对称式功率放大电路有两种形式：采用单电源及大容量电容器与负载和前级耦合，而不用变压器耦合电路的互补对称电路，称为 OTL（Output Transformer Less，无输出变压器）互补对称功率放大器；采用双电源，不需要耦合电容的直接耦合互补对称电路，称为 OCL（Output Capacitor Less，无输出电容耦合）互补对称功率放大器。两者工作原理基本相同。由于耦合电容影响低频特性和难以实现电路的集成化，加之 OCL 电路广泛应用于集成电路的直接耦合式功率输出级，下面将重点对 OCL 电路进行讨论。

1. 乙类互补对称的功率放大器（OCL）

1）电路的组成及工作原理

图 9-46 所示为 OCL 互补对称功率放大电路。电路由一对特性及参数完全对称、类型却不同（NPN 和 PNP）的两个三极管组成射极输出器电路。输入信号接于两管的基极，负载电阻 R_L 接于两管的发射极，由正、负等值的双电源供电。下面分析电路的工作原理。

静态时（$v_i=0$），由图可见，两管均未设直流偏置，因而 $I_B=0$，$I_C=0$，两管处于乙类。

动态时（$v_i\neq0$），设输入为正弦信号。当 $v_i>0$ 时，VT_1 导通，VT_2 截止，R_L 中有图 9-46 中实线箭头所示的经放大的信号电流 i_{C1} 流过，R_L 两端获得正半周输出电压 v_o；当 $v_i<0$ 时，VT_2 导通，VT_1 截止，R_L 中有虚线前头所示的经放大的信号电流 i_{C2} 流过，R_L 两端获得输出电压 v_o 的负半周。可见，在一个周期内两管轮流导通，使输出 v_o 取得完整的正弦信号。VT_1、VT_2 在正、负半周交替导通，互相补充，故名互补对称电路。功率放大电路采用射极输出器的形式，提高了输入电阻和带负载的能力。

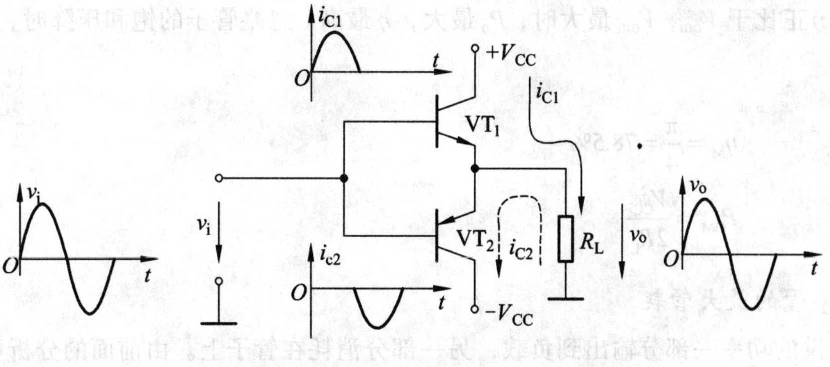

图 9-46　OCL 乙类互补对称电路

2）输出功率及转换效率

（1）输出功率 P_o。

如果输入信号为正弦波，那么输出功率为输出电压、电流有效值的乘积。设输出电压幅度为 V_{om}，则输出功率为

$$P_o = \left(\frac{V_{om}}{\sqrt{2}}\right)^2 \frac{1}{R_L} = \frac{V_{om}^2}{2R_L} \tag{9-45}$$

（2）电源提供的功率 P_E。

电源提供的功率 P_E 为电源电压与平均电流的积，即

$$P_E = V_{CC} I_{dc}$$

输入为正弦波时，每个电源提供的电流都是半个正弦波，幅度为 $\frac{V_{om}}{R_L}$，平均值为 $\frac{V_{om}}{\pi R_L}$，因此，每个电源提供的功率为

$$P_{E1} = P_{E2} = \frac{V_{om}}{\pi R_L} \cdot V_{CC} \tag{9-46}$$

两个电源提供的总功率为

$$R_E = P_{E1} + P_{E2} = \frac{2V_{om}}{\pi R_L} \cdot V_{CC}$$

③ 转换效率 η。

效率为负载得到的功率与电源供给功率的比值，代入 P_o、P_E 的表达式，可得效率为

$$\eta = \frac{\dfrac{V_{om}^2}{2R_L}}{\dfrac{2V_{om}V_{CC}}{\pi R_L}} = \frac{\pi V_{om}}{4V_{CC}} \tag{9-47}$$

可见，η正比于V_{om}，V_{om}最大时，P_o最大，η最高。忽略管子的饱和压降时，$V_{OM} \approx V_{CC}$，因此

$$\eta_M = \frac{\pi}{4} = 78.5\%$$

$$P_{OM} = \frac{V_{CC}^2}{2R_L}$$

3）功率管的最大管耗

电源提供的功率一部分输出到负载，另一部分消耗在管子上。由前面的分析可得到两个管子的总管耗为

$$P_T = P_E - P_o = \frac{2V_{om}}{\pi R_L} \cdot V_{CC} - \frac{V_{om}^2}{2R_L}$$

由于两个管子参数完全对称，因此，每个管子的管耗为总管耗的一半，即

$$P_{C1} = P_{C2} = 1/2 P_T$$

由上式可以看出，管耗P_T与V_{om}有关，实际进行设计时，必须找出对管子最不利的情况，即最大管耗P_{TM}。将P_T对V_{om}求导，并令导数为零，即令

$$\frac{dP_C}{dV_{om}} = \frac{2V_{CC}}{\pi R_L} - \frac{V_{om}}{R_L} = 0$$

可得管耗最大时　$V_{om} = \frac{2}{\pi} V_{CC}$

最大管耗为

$$P_{CM} = \frac{2}{\pi} \cdot \frac{\frac{2}{\pi} V_{CC}}{R_L} \cdot V_{CC} - \frac{1}{2} \cdot \frac{\left(\frac{2}{\pi} V_{CC}\right)^2}{R_L} = \frac{2}{\pi^2} \cdot \frac{V_{CC}^2}{R_L} = \frac{4}{\pi^2} R_{om} \approx 0.4 P_{om}$$

$$P_{C1M} = P_{C2M} = \frac{1}{\pi^2} \cdot \frac{V_{CC}^2}{R_L} \approx 0.2 P_{OM}$$

4）功率管的选择

根据乙类工作状态及理想条件，功率管的极限参数P_{CM}、$V_{(BR)CEO}$、I_{CM}可分别按下式选取：

$$\left.\begin{aligned} I_{CM} &\geqslant \frac{V_{CC}}{R_L} \\ V_{(BR)CEO} &\geqslant 2V_{CC} \\ P_{CM} &\geqslant 0.2 P_{OM} \end{aligned}\right\} \tag{9-48}$$

互补对称电路中，一管导通、一管截止，截止管承受的最高反向电压接近 $2V_{CC}$。

【例 9.7】 试设计一个图 9-46 所示的乙类互补对称电路，要求能给 8 Ω 的负载提供 20 W 功率。为了避免三极管饱和引起的非线性失真，要求 V_{CC} 比 V_{om} 高出 9 V，求：① 电源电压 V_{CC}；② 每个电源提供的功率；③ 效率 η；④ 单管的最大管耗；⑤ 功率管的极限参数。

解 （1）求电源电压。

由式 $P_o = \dfrac{V_{om}^2}{2R_L}$ 可知

$$V_{om} = \sqrt{2P_oR_L} = \sqrt{2\times 20\times 8}\ \text{V} = 17.9\ \text{V}$$

由 $V_{CC} - V_{om} > 9$ 得 $V_{CC} > (17.9 + 9)\ \text{V} = 22.9\ \text{V}$，可取 $V_{CC} = 23\ \text{V}$。

（2）求每个电源提供的功率。

$$P_{E1} = P_{E2} = \frac{V_{om}}{\pi R_L}\cdot V_{CC} = 16.4\ \text{W}$$

（3）求效率。

$$\eta = \frac{P_o}{P_E} = \frac{P_o}{2P_{E1}} = \frac{20}{2\times 16.4} = 61\%$$

（4）求管耗。

$$P_{C1M} = P_{C2M} = \frac{V_{CC}^2}{\pi^2 R_L} = 6.7\ \text{W}$$

（5）求极限参数。

$$I_{CM} \geqslant \frac{V_{CC}}{R_L} = \frac{23}{8}\ \text{mA} = 2.875\ \text{mA}$$

$$V_{(BR)CEO} \geqslant 2V_{CC} = (2\times 23)\ \text{V} = 46\ \text{V}$$

$$P_{CM} \geqslant 0.2P_{OM} = 6.7\ \text{W}$$

5）交越失真及其消除方法

乙类互补电路，由于发射结存在“死区”，三极管没有直流偏置，管子中的电流只有在 v_{be} 大于死区电压 V_T 后才会有明显的变化。当 $|v_{be}| < V_T$ 时，VT_1、VT_2 都截止，此时负载电阻上电流为零，出现一段死区，使输出波形在正、负半周交接处出现失真，如图 9-47 所示。这种失真称为交越失真。

在图 9-48 所示电路中，为了克服交越失真，静态时，给两个管子提供较小的能消除交越失真所需的正向偏置电压，使两管均处于微导通状态，因而放大电路处在接近乙类的甲乙类工作状态，因此称其为甲乙类互补对称电路。

图 9-48 是由二极管组成的偏置电路，给 VT_1、VT_2 的发射结提供所需的正偏压。静态时，$I_{C1} = I_{C2}$，在负载电阻 R_L 中无静态压降，所以两管发射极的静态电位 $V_E = 0$。在输入信号作用下，因 VD_1、VD_2 的动态电阻都很小，VT_1 和 VT_2 管的基极电位对交流信号而言可认为是相等的。正半周时，VT_1 继续导通，VT_2 截止；负半周时，VT_1 截止，VT_2 继续导通。这样，

可在负载电阻 R_L 上输出已消除了交越失真的正弦波。因为电路处在接近乙类的甲乙类工作状态，因此，电路的动态分析计算可以近似按照分析乙类电路的方法进行。

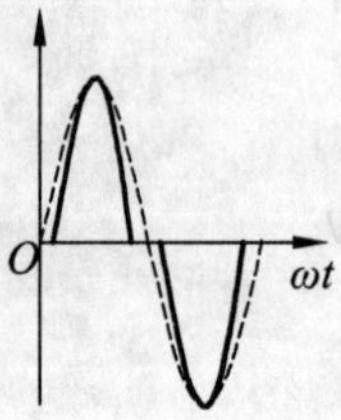

图 9-47　交越失真

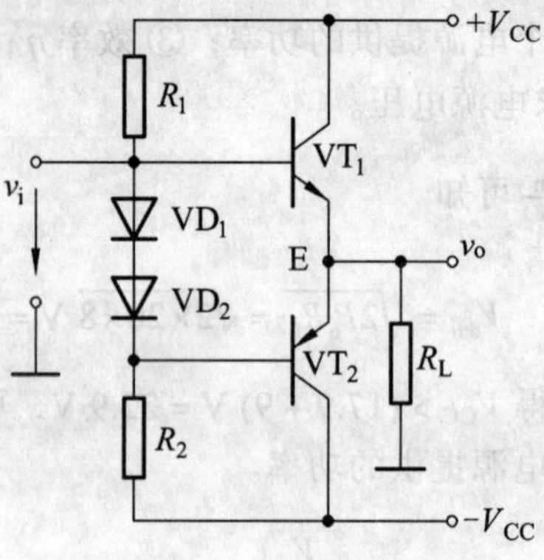

图 9-48　甲乙类互补对称电路

2. 单电源互补对称电路（OTL）

图 9-49 所示为单电源 OTL 互补对称功率放大电路。电路中放大元件仍是两个不同类型但特性和参数对称的三极管，其特点是由单电源供电，输出端通过大电容量的耦合电容 C_L 与负载电阻 R_L 相连。

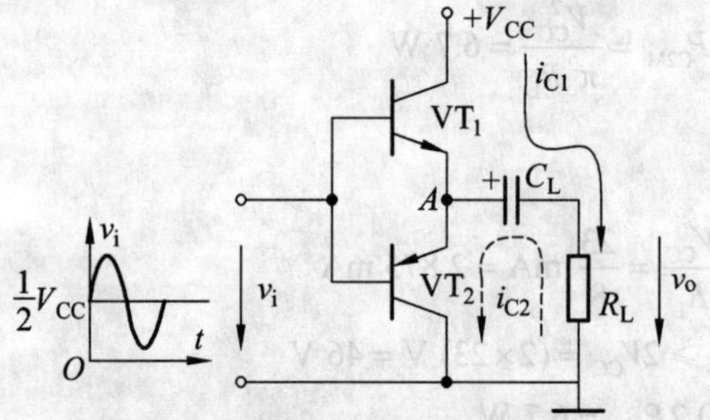

图 9-49　OTL 乙类互补对称电路

OTL 电路的工作原理与 OCL 电路基本相同。

静态时，因两管对称，穿透电流 $I_{CEO1} = I_{CEO2}$，所以中点电位 $V_A = V_{CC}/2$，即电容 C_L 两端的电压 $V_{C_L} = V_{CC}/2$。

动态时，如不计 C_L 的容抗及电源内阻，在 v_i 正半周，VT_1 导通、VT_2 截止，电源 V_{CC} 向 C_L 充电并在 R_L 两端输出正半周波形；在 v_i 负半周，VT_1 截止、VT_2 导通，C_L 向 VT_2 放电提供电源，并在 R_L 两端输出正半周波形。只要 C_L 容量足够大，放电时间常数 $R_L C_L$ 远大于输入信号最低工作频率所对应的周期，则 C_L 两端的电压可认为近似不变，始终保持为 $V_{CC}/2$。因此，VT_1 和 VT_2 的电源电压都是 $V_{CC}/2$。

讨论 OCL 电路时所引出的 P_O、P_E、η 等计算公式，只要以 $V_{CC}/2$ 代替式中的 V_{CC}，就可以用于 OTL 电路的计算。

3. 采用复合管的准互补对称电路

1）复合管

互补对称电路需要两个管子配对，一般异型管的配对比同型管更难。特别在大功率工作时，异型管的配对尤为困难。为了解决这个问题，实际中常采用复合管。

将前一级 VT_1 的输出接到下一级 VT_2 的基极，两级管子共同构成了复合管。另外，为避免后级 VT_2 管子导通时，影响前级管子 VT_1 的动态范围，VT_1 的 C、E 不能接在 VT_2 的 B、E 之间，必须接到 C、B 间。

基于上述原则，将 PNP、NPN 管进行不同的组合，可构成四种类型的复合管，如图 9-50 所示。其中，由同型管构成的复合管称为达林顿管，电阻 R_1 为漏放电阻，其作用是减小复合管的穿透电流 I_{CEO}。另外，根据不同类型管子中各极的电流方向，可以将复合管进行等效。四种复合管的等效类型如图 9.50 中所示，可以看出，复合管的类型与第一级管子的类型相同；如果两管电流放大系数分别为 β_1、β_2，等效电流放大系数近似为

$$\beta \approx \beta_1 \cdot \beta_2$$

如果复合管中 VT_1 为小功率管，VT_2 为大功率管，在构成互补对称电路时，用复合管代替互补管。例如，用图 9-50（b）和（c）所示的同型复合管和异型复合管来代替图 9-48 中的 NPN、PNP 管，就可用一对同型的大功率管和一对异型的小功率管构成互补对称电路，从而解决了异型大功率管配对难的问题。

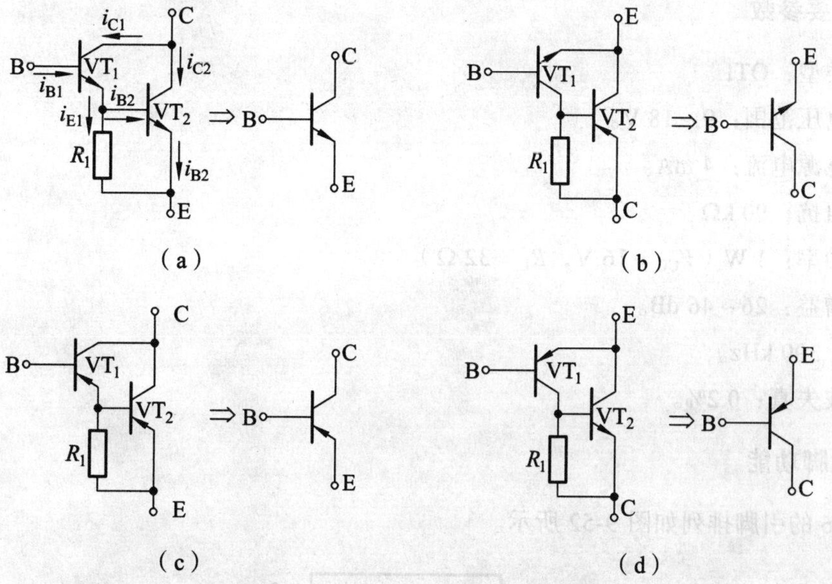

图 9-50　四种类型的复合管及等效类型

另外，可以得到复合管的等效输入电阻为

$$r_{be} \approx r_{be1} + (1 + \beta_1) r_{be2}$$

可以看出，复合管的等效电流放大倍数和输入电阻都很大，因此复合管还可用于中间放大级。

2）异型复合管组成的准互补对称电路

异型复合管组成的准互补对称电路如图 9-51 所示。图中，调整 R_3 和 R_4 可以使 VT_3、VT_4 有一个合适的静态工作点。R_9 和 R_6 为改善偏置热稳定性的发射极电阻，还可在 R_L 短路时限制复合管电流的增长，起到一定的保护作用。电路的工作情况与互补对称电路相同。

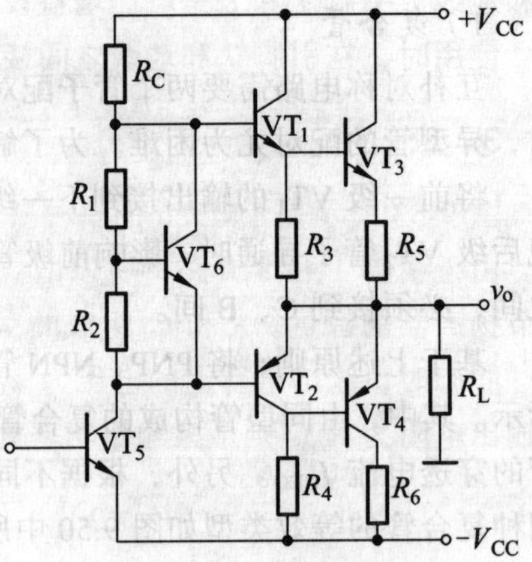

图 9-51　异型复合管组成的准互补对称电路

三、集成功率放大器

目前有很多种 OCL、OTL 功率放大集成电路，这些电路使用简单、方便。

LM386 是一种音频集成功率放大器，具有功耗低、增益可调整、电源电压范围大、外接元件少等优点。

1. 主要参数

电路类型：OTL。

电源电压范围：9 ~ 18 V。

静态电源电流：4 mA。

输入阻抗：90 kΩ。

输出功率：1 W（$V_{CC} = 16$ V，$R_L = 32\ \Omega$）。

电压增益：26 ~ 46 dB。

带宽：300 kHz。

总谐波失真：0.2%。

2. 引脚功能

LM386 的引脚排列如图 9-52 所示。

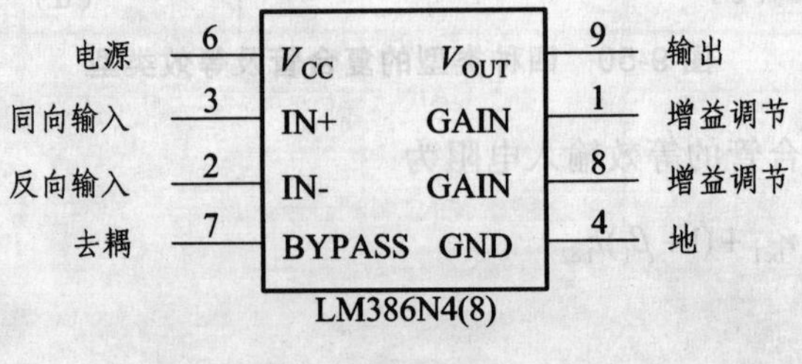

图 9-52　LM386 的引脚排列

其中，引脚 2 是反相输入端，引脚 3 为同相输入端；引脚 9 为输出端；引脚 6 和 4 是电源和地线；引脚 1 和 8 是电压增益设定端。

使用时，在引脚 7 和地线之间接旁路电容，通常取 10 μF。

3. 应　用

图 9-53 所示是 LM386 的一种基本用法，也是外接元件最少的用法。其中，C_1 为输出电容。由于引脚 1 和 8 开路，所以增益为 26 dB，就是说它的放大倍数是 20 倍。利用 R_W 可以调节扬声器的音量。R 和 C_1 组成的串联网络用于进行相位补偿。

静态时，输出电容上的电压为 $V_{CC}/2$，则最大不失真输出电压峰-峰值约为电源电压 V_{CC}。设输出电阻为 R_L，则最大输出功率为

$$P_{om} \approx \frac{\left(\frac{V_{CC}/2}{\sqrt{2}}\right)^2}{R_L} = \frac{V_{CC}^2}{8R_L}$$

当 $V_{CC} = 16$ V，$R_L = 32\ \Omega$，$P_{om} = 1$ W 时，输入电压的有效值为

$$V_i = \frac{\frac{V_{CC}}{2}/\sqrt{2}}{A_V} \approx 283 \text{ mV}$$

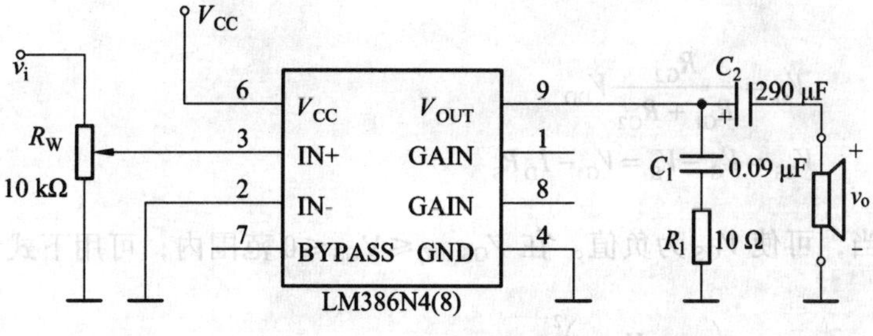

图 9-53　LM386 的最少元件用法

图 9-54 所示是 LM386 的最大增益用法。由于引脚 1 和 8 在交流通路中短路，所以放大倍数为 200 倍。在图中，C_9 是电源去耦电容，该电容可以去掉电源的高频成分。C_4 是旁路电容。由于放大倍数为 200 倍，所以当 $V_{CC} = 16$ V，$R_L = 32\ \Omega$，$P_{om} = 1$ W 时，输入电压的有效值为 28.3 mV。

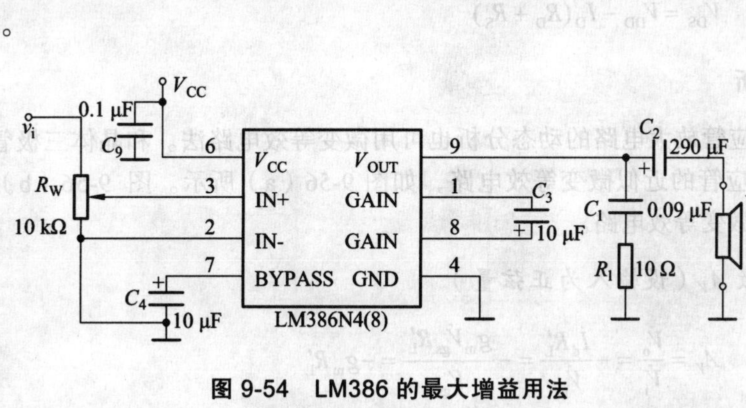

图 9-54　LM386 的最大增益用法

任务九　场效应管放大电路

与晶体管放大电路相对应，场效应管放大电路有共源极、共漏极和共栅极三种接法。下面仅对低频小信号共源极和共漏极场效应管放大电路进行静态和动态分析。

一、共源极放大电路

图 9-55 所示是 N 沟道耗尽型绝缘栅场效应管放大电路。电路结构和晶体三极管共射极放大电路类似。其中源极对应发射极，漏极对应集电极，栅极对应基极。放大电路采用分压式偏置，R_{G1} 和 R_{G2} 为分压电阻。R_S 为源极电阻，作用是稳定静态工作点。C_S 为旁路电容。R_G 远小于场效应管的输入电阻，它与静态工作点无关，却提高了放大电路的输入电阻。C_1 和 C_2 为耦合电容。

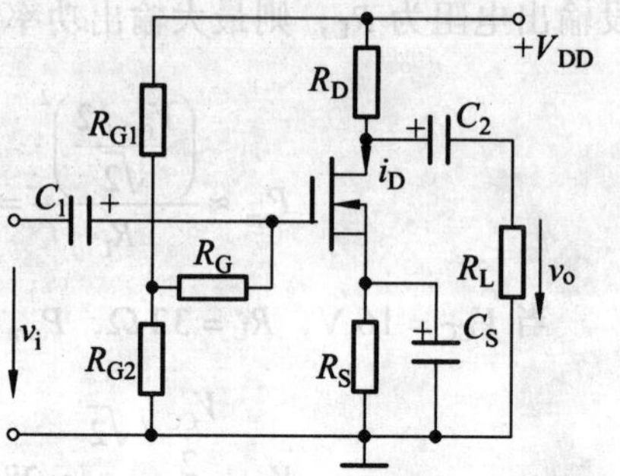

图 9-55　MOS 场效应管共源放大电路

1. 静态分析

由于场效应管的栅极电流为零，所以 R_G 中无电流通过，两端压降为零。因此，按图可求得栅极电位为

$$\begin{aligned} V_G &= \frac{R_{G2}}{R_{G1}+R_{G2}}V_{DD} \\ V_{GS} &= V_G - V_S = V_G - I_D R_S \end{aligned} \tag{9-49}$$

只要参数选取得当，可使 V_{GS} 为负值。在 $V_{GS(off)} \leqslant V_{GS} \leqslant 0$ 范围内，可用下式计算 I_D

$$I_D = I_{DSS}\left(1-\frac{V_{GS}}{V_{GS(off)}}\right)^2 \tag{9-50}$$

联立求解式（9-49）和式（9-50），就可求得直流工作点 I_D、V_{GS}。而

$$V_{DS} = V_{DD} - I_D(R_D + R_S) \tag{9-51}$$

2. 动态分析

小信号场效应管放大电路的动态分析也可用微变等效电路法。和晶体三极管放大电路一样，先画出场效应管的近似微变等效电路，如图 9-56（a）所示。图 9-56（b）则是图 9-55 所示放大电路的微变等效电路。

1）放大倍数 A_V（设输入为正弦量）

$$A_V = \frac{\dot{V}_o}{\dot{V}_i} = -\frac{\dot{I}_d R_L'}{\dot{V}_{gs}} = -\frac{g_m \dot{V}_{gs} R_L'}{\dot{V}_{gs}} = -g_m R_L' \tag{9-52}$$

式中，负号表示输出电压与输入电压反相，$R'_L = R_D // R_L$。

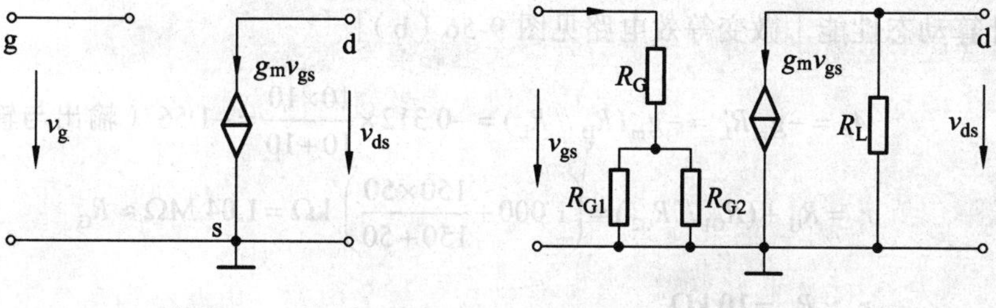

图 9-56　场效应管放大电路的微变等效电路

2）输入电阻 r_i

$$r_i = \frac{\dot{V}_i}{\dot{I}_i} = R_G + (R_{G1} + R_{G2}) \approx R_G \tag{9-53}$$

可见，R_G 的接入不影响静态工作点和电压放大倍数，却提高了放大电路的输入电阻（如无 R_G，则 $r_i = R_{G1} // R_{G2}$）。

3）输出电阻 r_o

显然，场效应管的输出电阻在忽略管子输出电阻 r_{ds} 时，为

$$r_o \approx R_D \tag{9-54}$$

【例 9.8】　计算图 9-55 所示放大电路的静态工作点、电压放大倍数、输入电阻和输出电阻。已知场效应管的参数为 $I_{DSS} = 1$ mA，$V_{GS(off)} = -9$ V，$g_m = 0.312$ ms。图中 $R_{G1} = 190$ kΩ，$R_{G2} = 90$ kΩ，$R_G = 1$ MΩ，$R_S = 10$ kΩ，$R_D = 10$ kΩ，$R_L = 10$ kΩ，$V_{DD} = +20$ V。

解　（1）求静态工作点。

$$V_{GS} = V_G - V_S = \frac{R_{G2}}{R_{G1} + R_{G2}} V_{DD} - I_D R_S = \frac{50}{150+50} \times 20 - 10I_D = 5 - 10I_D \quad ①$$

放大电路中的场效应管为结型场效应管，也用以下公式求 I_D：

$$I_D = I_{DSS}\left(1 - \frac{V_{GS}}{V_{GS(off)}}\right)^2 = 1 \times \left(1 + \frac{V_{GS}}{5}\right)^2 \quad ②$$

联立方程①和②，得

$$\begin{cases} V_{GS} = 5 - 10I_D \\ I_D = (1 + \dfrac{V_{GS}}{5})^2 \end{cases}$$

解得两组解为：（Ⅰ）$V_{GS} = -11.4$ V，$I_D = 1.64$ mA；（Ⅱ）$V_{GS} = -1.1$ V，$I_D = 0.61$ mA。

第（Ⅰ）组解因为 $V_{GS} < V_{GS(off)}$ 时管子已截止，应舍去。故静态工作点为

$$V_{GS} = -1.1 \text{ V}，I_D = 0.61 \text{ mA}$$

$$V_{DS} = V_{DD} - I_D(R_D + R_S) = [20 - 0.61 \times (10+10)]\ \text{V} = 7.8\ \text{V}$$

（2）计算动态性能［微变等效电路见图 9-56（b）］。

$$A_V = -g_m R_L' = -g_m(R_D // R_L) = -0.312 \times \frac{10\times10}{10+10} = -1.56\ （输出与输入反相）$$

$$r_i = R_G + (R_{G1} // R_{G2}) = \left(1\ 000 + \frac{150\times50}{150+50}\right)\ \text{k}\Omega = 1.04\ \text{M}\Omega \approx R_G$$

$$r_o \approx R_D = 10\ \text{k}\Omega$$

二、共漏极放大电路——源极输出器

图 9-57（a）所示为场效应管的共漏极放大电路，也叫源极输出器或源极跟随器。现讨论其动态性能。

图 9-57（b）所示是源极输出器的微变等效电路。图 9-57（c）所示是改画的微变等效电路。图中

$$R_L' = R_S // R_L$$

由图得 $\dot{V}_o = \dot{I}_d R_L' = g_m \dot{V}_{gs} R_L'$

而 $\dot{V}_{gs} = \dot{V}_i - \dot{V}_o$

所以 $\dot{V}_o = g_m(\dot{V}_i - \dot{V}_o)R_L'$

则电压放大倍数 $A_V = \dfrac{\dot{V}_o}{\dot{V}_i} = \dfrac{g_m R_L'}{1+g_m R_L'}$ （9-55）

由图 9-57（b）得输入电阻

$$r_i = R_{G1} // R_{G2} \tag{9-56}$$

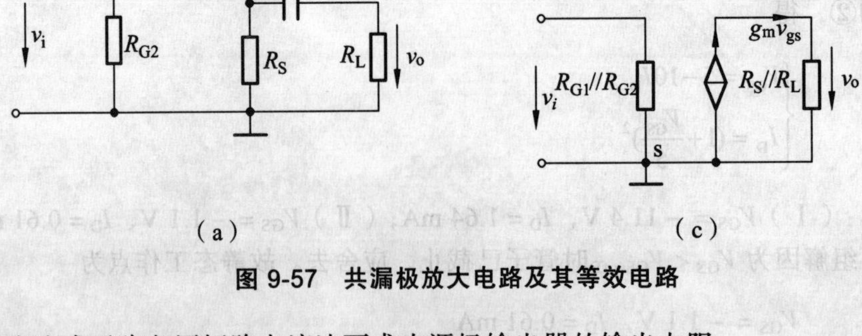

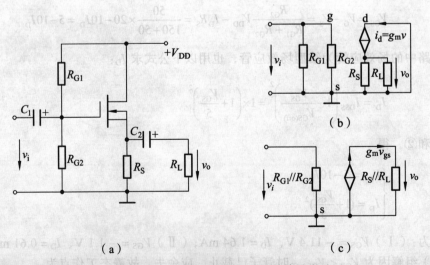

图 9-57　共漏极放大电路及其等效电路

用加压求流法或开路电压短路电流法可求出源极输出器的输出电阻

$$r_o = \frac{R_S}{1 + g_m R_S} = R_S // \frac{1}{g_m} \tag{9-57}$$

由分析结果可见，共漏极放大电路的电压放大倍数小于 1，但接近于 1，输出电压与输入电压同相，具有输入电阻高、输出电阻低等特点。由于它与晶体三极管共集电极放大电路的特点相同，所以可用作多级放大电路的输入级、输出级和中间阻抗变换级。

习　题

1. 简要回答下列问题：

（1）如何用万用表欧姆挡来判断一只晶体三极管的好坏？

（2）如何用万用表欧姆挡来判断一只晶体三极管的类型和区分三个管脚？

（3）温度升高后，晶体三极管的集电极电流 I_C 有无变化？为什么？

（4）有两个晶体三极管，一个管子的 $\beta = 90$，$I_{CBO} = 2\ \mu A$，另一个管子的 $\beta = 190$，$I_{CBO} = 90\ \mu A$，其他参数基本相同，你认为哪一个管子的性能更好一些？

（5）某一晶体三极管 $P_{CM} = 100$ mW，$I_{CM} = 20$ mA，$V_{(BR)CEO} = 19$ V，问在下列几种情况下，哪种属正常工作？为什么？① $V_{CE} = 3$ V，$I_C = 10$ mA；② $V_{CE} = 2$ V，$I_C = 40$ mA；③ $V_{CE} = 6$ V，$I_C = 20$ mA。

2. 测得工作在放大电路中几个晶体三极管三个电极电位 V_1、V_2、V_3 分为下列各组数值，判断它们是 NPN 型还是 PNP 型，是硅管还是锗管，并确定 E、B、C。

（1）$V_1 = 3.9$ V，$V_2 = 2.8$ V，$V_3 = 12$ V；（2）$V_1 = 3$ V，$V_2 = 2.8$ V，$V_3 = 12$ V

（3）$V_1 = 6$ V，$V_2 = 11.3$ V，$V_3 = 12$ V；（4）$V_1 = 6$ V，$V_2 = 11.8$ V，$V_3 = 12$ V

3. 测得工作在放大电路中两个晶体三极管的两个电极电流如题 9-3 图所示。

（1）求另一个电极电流，并在图中标出实际方向。

（2）判断它们各是 NPN 还是 PNP 型管，标出 E、B、C 极。

（3）估算它们的 β。

4. 试根据题 9-4 图所示晶体三极管的对地电位，判断管子是硅管还是锗管，以及处于哪种工作状态。

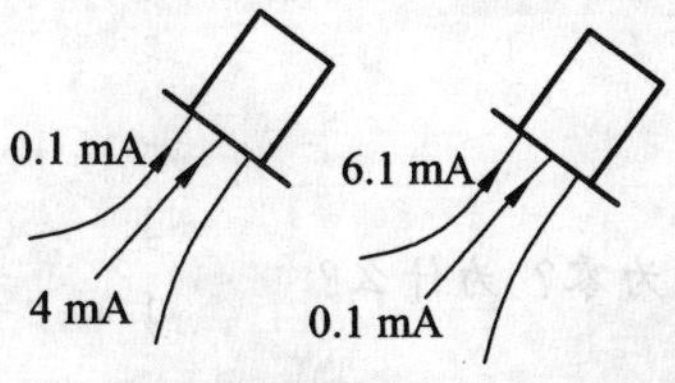

题 9-3 图

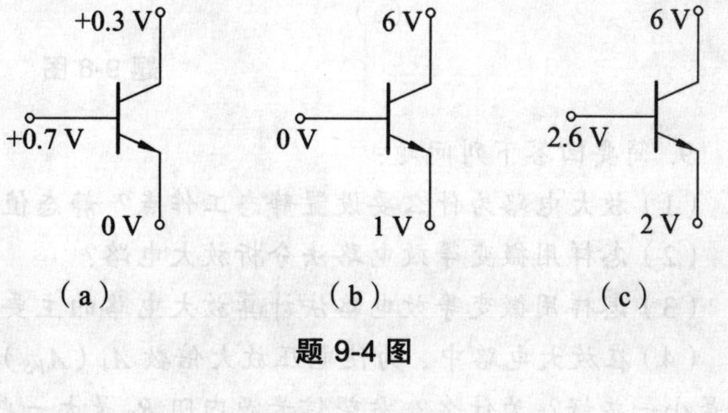

题 9-4 图

5. 某三极管的输出特性曲线如题 9-5 图所示，从图中确定该管的主要参数：I_{CEO}，$V_{(BR)CEO}$，P_{CM}，β（在 $V_{CE} = 10$ V，$I_C = 2$ mA 附近）。

6. 分析题 9-6 图所示电路在输入电压 V_i 为下列各值时三极管的工作状态（放大、截止或饱和）。

（1）$V_i = 0$ V；

（2）$V_i = 3$ V；

（3）$V_i = 9$ V。

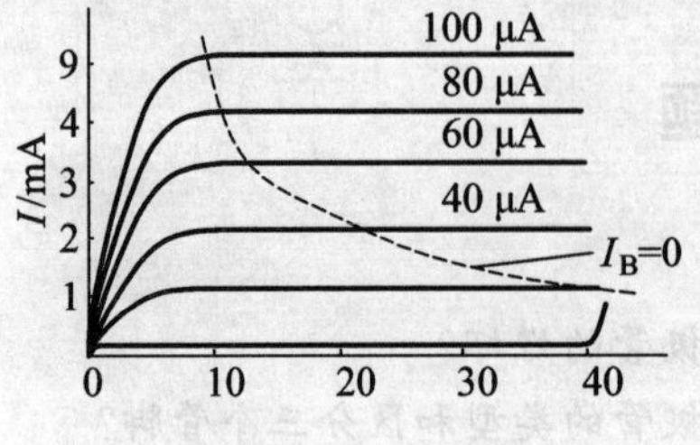

题 9-5 图

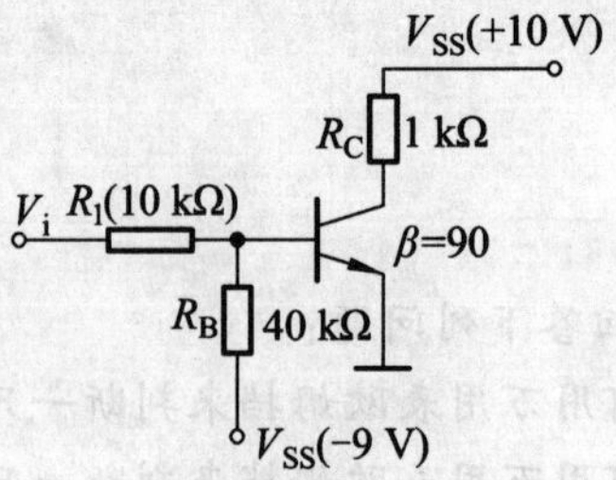

题 9-6 图

7. 简要回答下列问题：

（1）场效应管与晶体三极管相比有何特点？

（2）为什么说晶体三极管是电流控制器件，而场效应管是电压控制器件？

（3）说明场效应管的夹断电压 $V_{GS(off)}$（V_P）和开启电压 $V_{GS(th)}$（V_T）的意义。

（4）为什么绝缘栅场效应管的栅极不能开路？

8. MOS 管的输出特性如题 9-8 图（a）所示，MOS 管组成的电路如题 9-8 图（b）所示。试分析当 $V_i = 4$ V、8 V、12 V 时，这个管子分别处于什么状态。

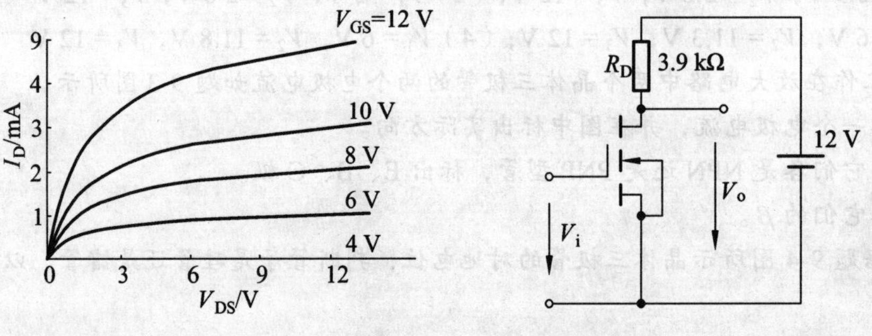

（a）　　（b）

题 9-8 图

9. 简要回答下列问题：

（1）放大电路为什么要设置静态工作点？静态值 I_B 能否为零？为什么？

（2）怎样用微变等效电路法分析放大电路？

（3）怎样用微变等效电路法计算放大电路的主要技术指标？

（4）在放大电路中，为使电压放大倍数 A_V（A_{VS}）高一些，希望负载电阻 R_L 是大一些好，还是小一些好？为什么？希望信号源内阻 R_S 是大一些好，还是小一些好？为什么？

（5）什么是放大电路的输入电阻和输出电阻？它们的数值是大一些好，还是小一些好？为什么？

（6）什么是放大电路的非线性失真？有哪几种情况？如何消除？

10. 试判断题 9-10 图所示各电路对输入的正弦交流信号有无放大作用？为什么？

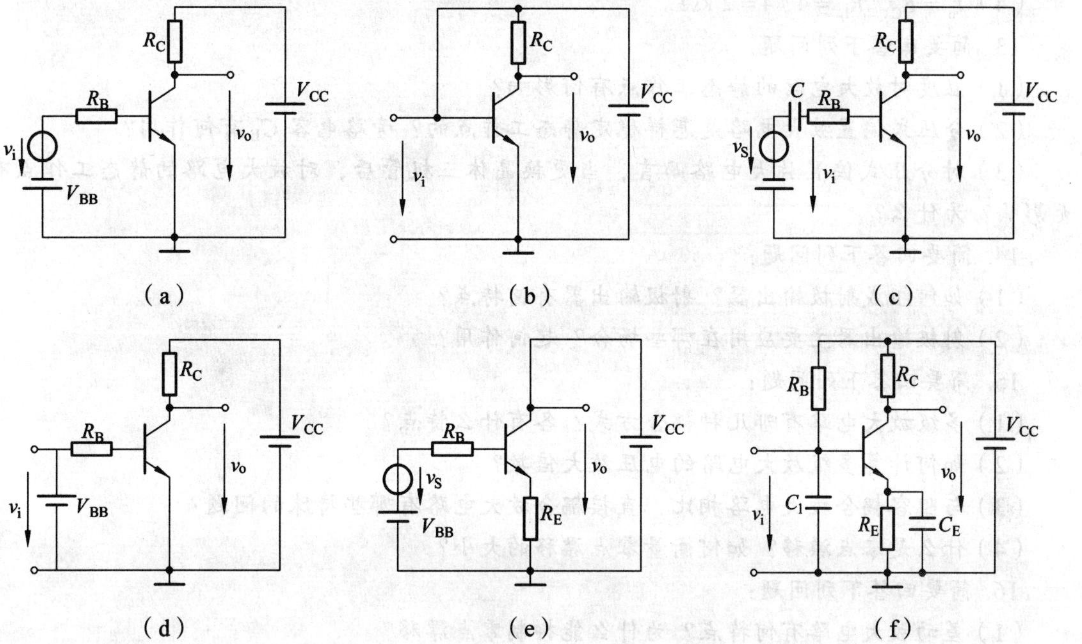

题 9-10 图

11. 在题 9-11 图（a）所示电路中，输入为正弦信号，输出端得到图（b）所示的信号波形，试判断放大电路产生何种失真？是何原因？采用什么措施可消除这种失真？

12. 电路如题 9-12 图所示。若 $R_B = 960\ \text{k}\Omega$，$R_C = 4\ \text{k}\Omega$，$\beta = 90$，$R_L = 4\ \text{k}\Omega$，$R_S = 1\ \text{k}\Omega$，$V_{CC} = 12\ \text{V}$，$V_S = 20\ \text{mV}$，你认为下面结论正确吗？

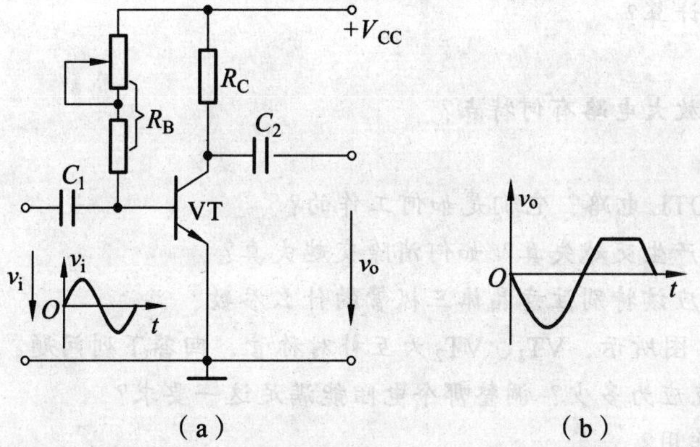

题 9-11 图

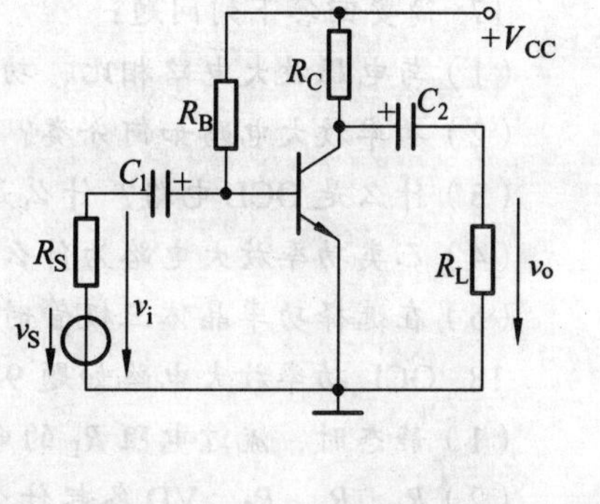

题 9-12 图

（1）直流电源表测出 $V_{CE} = 8\ \text{V}$，$V_{BE} = 0.7\ \text{V}$，$I_B = 20\ \mu\text{A}$，所以 $A_v = \dfrac{8}{0.7} \approx 11.4$；

（2）输入电阻 $r_i = \dfrac{20\ \text{mV}}{20\ \mu\text{A}} = 10^3\ \Omega = 1\ \text{k}\Omega$；

（3）$A_{VS}=-\frac{\beta R_L}{r_i}-\frac{50\times 4}{1}=-200$；

（4）$r_o=R_C /\!/ R_L=4 /\!/ 4=2\ \text{k}\Omega$。

13. 简要回答下列问题：

（1）温度对放大电路的静态工作点有何影响？

（2）分压式偏置放大电路是怎样稳定静态工作点的？旁路电容 C_E 有何作用？

（3）对分压式偏置放大电路而言，当更换晶体三极管后，对放大电路的静态工作点有无影响？为什么？

14. 简要回答下列问题：

（1）如何组成射极输出器？射极输出器有何特点？

（2）射极输出器主要应用在哪些场合？起何作用？

15. 简要回答下列问题：

（1）多级放大电路有哪几种耦合方式？各有什么特点？

（2）如何计算多级放大电路的电压放大倍数？

（3）与阻容耦合放大电路相比，直接耦合放大电路有哪些特殊的问题？

（4）什么是零点漂移？如何衡量零点漂移的大小？

16. 简要回答下列问题：

（1）差动放大电路有何特点？为什么能抑制零点漂移？

（2）何谓差模输入信号？何谓共模输入信号？何谓任意输入信号？差动放大电路对它们是否同样对待？为什么零点漂移可以等效为共模输入信号？

（3）图 9-38 所示电路中的电阻 R_E 的有何作用？为什么对差模信号无影响？

（4）差动放大电路有几种输入输出方式？它们的电压放大倍数有何差异？

（5）单端输入单端输出时，其放大效果为什么同双端输入单端输出时一样？单端输出时的零点漂移是否与单管放大电路时一样？为什么？

（6）什么是共模抑制比？应如何计算？

17. 简要回答下列问题：

（1）与电压放大电路相比，功率放大电路有何特点？

（2）功率放大电路如何分类？

（3）什么是 OCL 电路？什么是 OTL 电路？它们是如何工作的？

（4）乙类功率放大电路为什么会产生交越失真？如何消除交越失真？

（5）在选择功率晶体三极管时，应该特别注意晶体三极管的什么参数？

18. OCL 功率放大电路如题 9-18 图所示，VT_1、VT_2 为互补对称管，回答下列问题：

（1）静态时，流过电阻 R_L 的电流应为多少？调整哪个电阻能满足这一要求？

（2）R_1、R_2、R_3、VD 各起什么作用？

（3）若 VD 反接，将出现什么后果？

19. 在题 9-19 图所示功放电路中，VT_1、VT_2 的特性完全对称，$V_{CC}=12\ \text{V}$，$R_L=8\ \Omega$，试问：

（1）动态时，若输出波形出现交越失真，应调整哪个电阻？如何调整？

（2）忽略 VT_1、VT_2 的饱和压降时，输出到 R_L 的最大不失真功率是多少？

（3）如果 VT_1、VT_2 管的饱和压降 $V_{CES}=2\ \text{V}$，输出到 R_L 的最大不失真功率是多少？

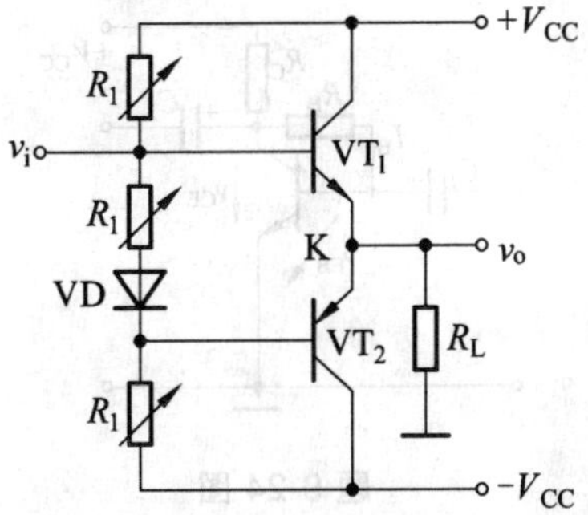

题 9-18 图

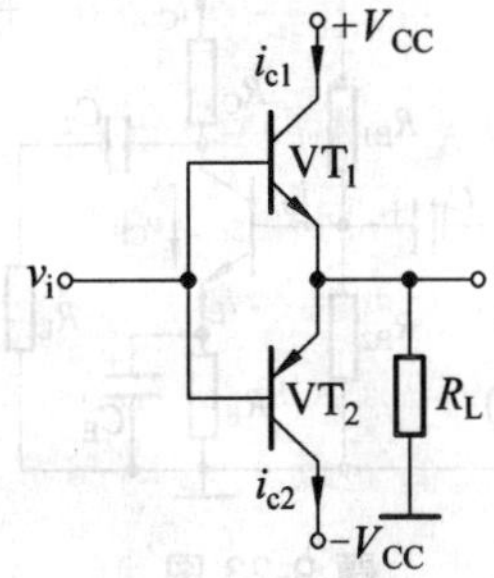

题 9-19 图

20. 在题 9-19 图中，已知 v_i 为正弦波，$R_L = 16\ \Omega$，要求最大输出功率为 10 W，忽略管子的饱和压降 V_{CES}。试求：

（1）正负电源 V_{CC} 的最小值；

（2）根据 V_{CC} 的最小值确定管子的 I_{CM}、$V_{(BR)CEO}$ 的最小值；

（3）当输出功率最大时，电源提供的功率；

（4）每只管子管耗的最小值；

（5）输出功率最大时，输入电压的有效值。

21. 在题 9-21 图所示电路中，三极管的 $\beta = 100$，$R_C = 3.2\ k\Omega$，$R_B = 320\ k\Omega$，$R_S = 38\ k\Omega$，$R_L = 6.8\ k\Omega$，$V_{CC} = 19$ V。要求：（1）估算静态工作点；（2）画出微变等效电路，计算 A_V、r_i 和 r_o；（3）用 EDA 软件观察输入、输出波形及频率特性。

22. 电路如题 9-22 图所示。（1）若 $V_{CC} = 12$ V，$R_C = 3\ k\Omega$，$\beta = 79$，要将静态值 I_C 调到 1.9 mA，则 R_B 为多少？（2）在调节电路时若不慎将 R_B 调到 0，对晶体三极管有无影响？为什么？通常采取何种措施来防止发生这种情况？（3）用 EDA 软件仿真上述情况。

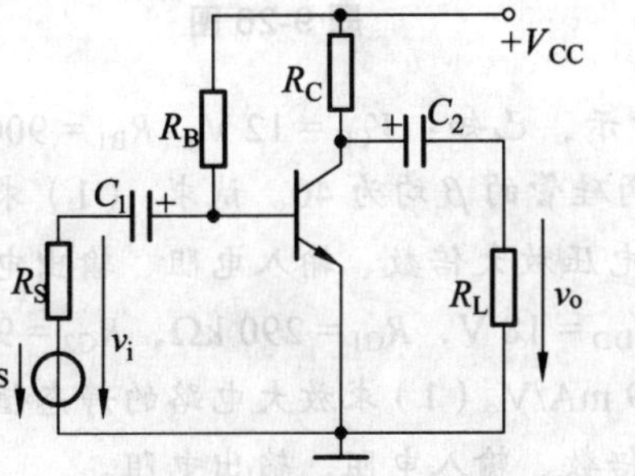

题 9-21 图

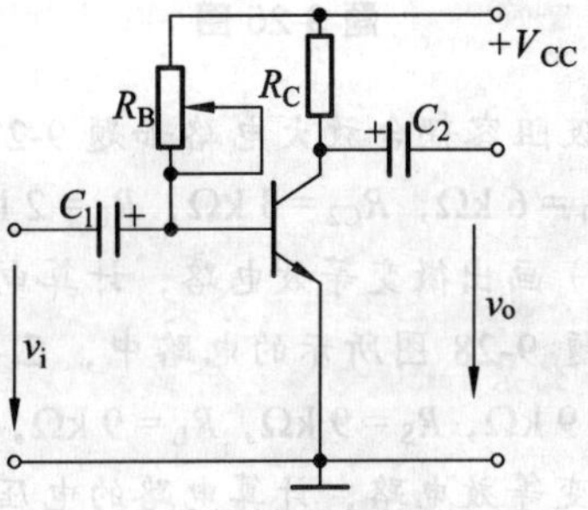

题 9-22 图

23. 题 9-23 图所示的分压式偏置电路中，已知 $V_{CC} = 24$ V，$R_{B1} = 33\ k\Omega$，$R_{B2} = 10\ k\Omega$，$R_E = 1.9\ k\Omega$，$R_C = 3.3\ k\Omega$，$R_L = 9.1\ k\Omega$，$\beta = 66$，三极管为硅管。试求：（1）静态工作点；（2）画出微变等效电路，计算电路的电压放大倍数、输入电阻、输出电阻；（3）计算放大电路输出端开路时的电压放大倍数，并说明负载电阻 R_L 对电压放大倍数的影响；（4）用 EDA 软件观察输入、输出波形及频率特性。

24. 题 9-24 图所示为集电极-基极偏置电路。（1）试说明其稳定静态工作点的物理过程；（2）设 $V_{CC} = 20$ V，$R_B = 330\ k\Omega$，$R_C = 10\ k\Omega$，$\beta = 90$，三极管为硅管，试求其静态值。

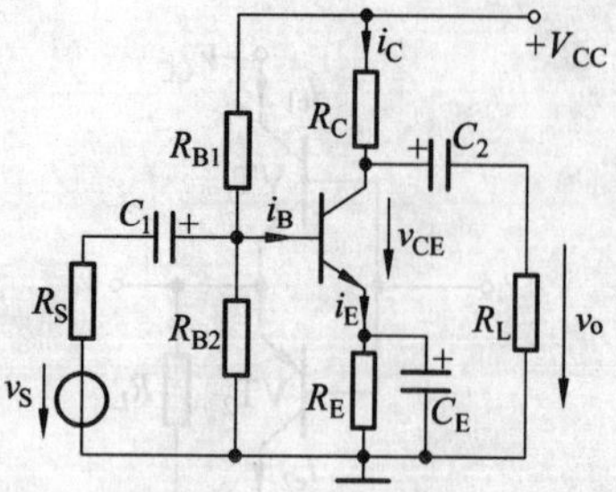

题 9-23 图

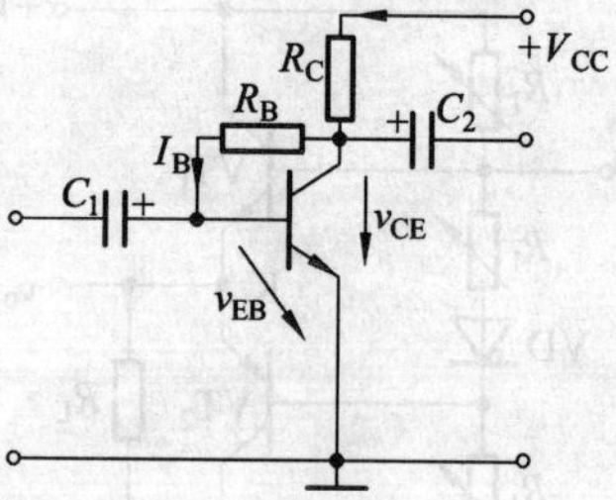

题 9-24 图

25. 题 9-25 图所示电路为射极输出器。已知 $V_{CC}=20$ V，$R_B=200$ kΩ，$R_E=3.9$ kΩ，$R_L=1.9$ kΩ，$\beta=60$，三极管为硅管。（1）求其静态工作点；（2）画出微变等效电路，计算电路的电压放大倍数、输入电阻、输出电阻；（3）用 EDA 软件观察输入、输出波形及频率特性。

26. 在题 9-26 图所示电路中，已知 $V_{CC}=12$ V，$R_B=280$ kΩ，$R_C=R_E=2$ kΩ，$r_{be}=1.4$ kΩ，$\beta=100$，三极管为硅管。试求：（1）在 A 端输出时的电压放大倍数 A_{Vo1} 及输入、输出电阻；（2）在 B 端输出时的电压放大倍数 A_{Vo2} 及输入、输出电阻；（3）比较在 A 端、B 端输出时，输出与输入的相异处，以及输入电阻、输出电阻的情况。

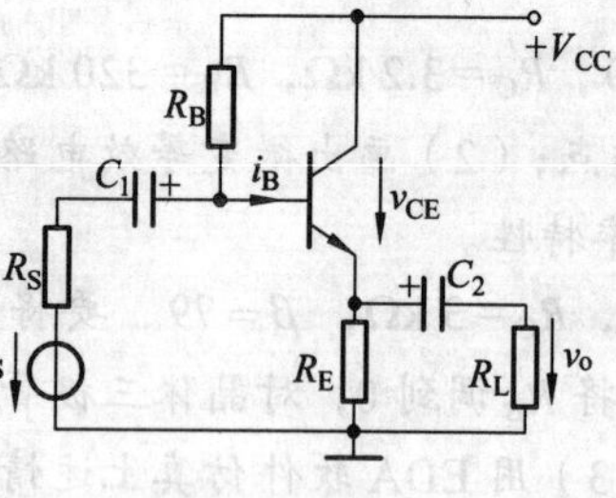

题 9-25 图

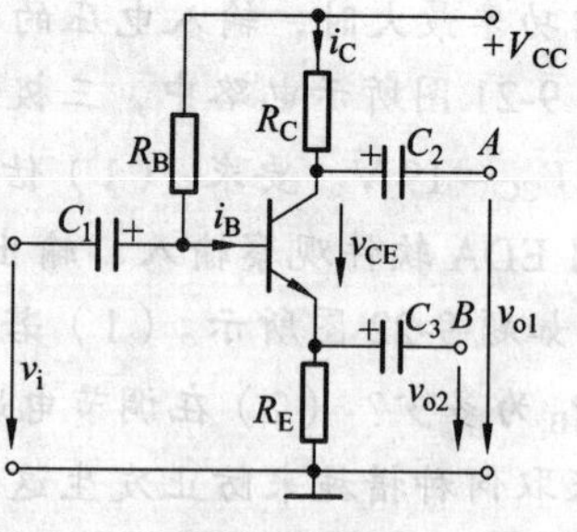

题 9-26 图

27. 两级阻容耦合放大电路如题 9-27 图所示，已知：$V_{CC}=12$ V，$R_{B1}=900$ kΩ，$R_{B2}=200$ kΩ，$R_{C1}=6$ kΩ，$R_{C2}=3$ kΩ，$R_L=2$ kΩ，两硅管的 β 均为 40。试求：（1）求各级的静态工作点；（2）画出微变等效电路，计算电路的电压放大倍数、输入电阻、输出电阻。

28. 在题 9-28 图所示的电路中，已知：$V_{DD}=18$ V，$R_{G1}=290$ kΩ，$R_{G2}=90$ kΩ，$R_G=1$ MΩ，$R_D=9$ kΩ，$R_S=9$ kΩ，$R_L=9$ kΩ，$g_m=9$ mA/V。（1）求放大电路的静态值（I_D，V_{DS}）；（2）画出微变等效电路，计算电路的电压放大倍数、输入电阻、输出电阻。

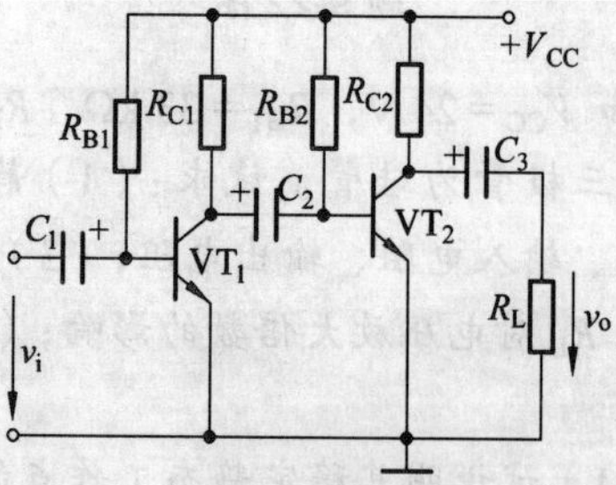

题 9-27 图

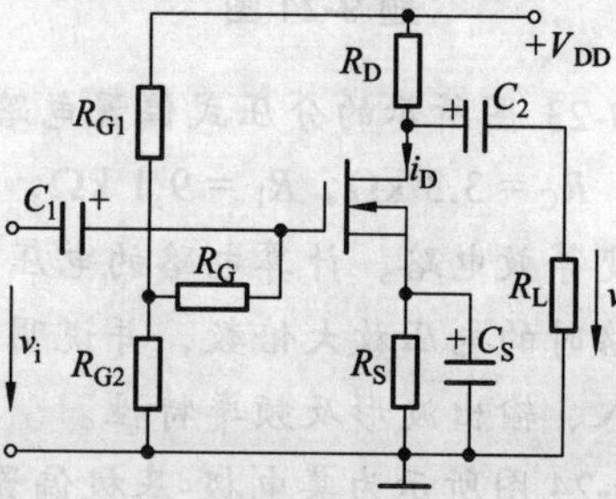

题 9-28 图

项目十
直流稳压电源

【引言】

能为负载提供稳定直流电源的电子装置称为直流稳压电源。直流稳压电源的供电电源大都是交流电源，当交流供电电源的电压或负载电阻变化时，稳压器的直流输出电压能够保持稳定。直流稳压电源随着电子设备向高精度、高稳定性和高可靠性的方向发展，对电子设备的供电电源提出了更高的要求。

【学习目标】

（1）了解直流稳压电源的作用、分类、组成及质量指标等基本知识。

（2）掌握带有放大环节的串联型晶体管稳压电源的组成、工作原理及输出电压调节范围的估算。

（3）了解三端式集成稳压电源的外部接法及主要参数。

（4）了解直流稳压电源输出电压不稳定的原因。

（5）掌握两种稳压电源的分类方法，以及各自的优、缺点及其用途。

（6）理解两种稳压电源的稳压过程。

任务一　简单串联型晶体管稳压电源

一、直流稳压电源概述

概念：直流稳压电源是一种当电网电压变化或负载变动时，输出电压能基本保持不变的直流电源。

作用：把交流电转化成平滑而稳定的直流电，并且当电网电压或负载变化时，输出电压能保持基本不变。

引起输出电压不稳定的原因：

① 电网电压的变化。我国规定电网电压可波动 ± 10%，例如，照明电压（220 V）在 198 ~ 242 V 均属正常值。

② 负载发生变化。

1. 直流稳压电源的组成及各部分作用

直流稳压电源的组成及各部分作用如图 10-1 所示。

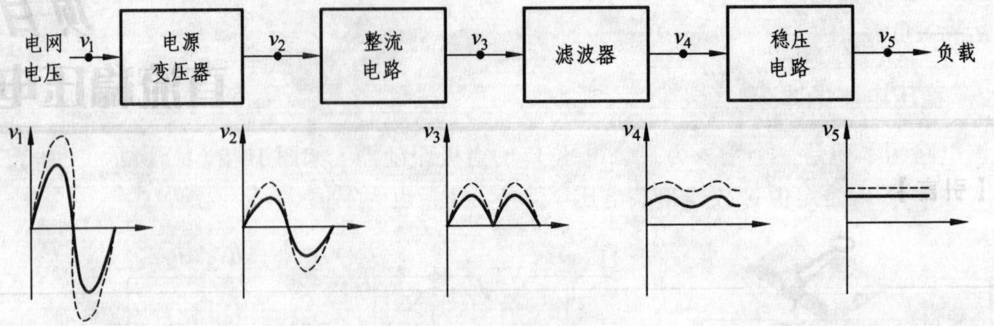

图 10-1　直流稳压电源的组成

① 电源变压器：把电网上的交流电压（如 220 V）变换成所需要的电压值。

② 整流电路：将正弦交流电变换成脉动直流电。

③ 滤波电路：滤除脉动直流电中的脉动成分，将脉动直流电转换成平滑的直流电。

④ 稳压电路：进一步减小脉动系数，提高输出电压的稳定性。

2. 分　类

直流稳压电源按调整元件与负载 R_L 连接方式的不同可分为两种类型：并联型稳压电源和串联型稳压电源。两种直流稳压电源的比较如表 10-1 所示。

表 10-1　两种直流稳压电源的比较

<table>
<tr><th colspan="2">类　型</th><th>调整元件与 R_L 的关系</th><th>优　点</th><th>缺　点</th><th>用　途</th></tr>
<tr><td colspan="2">并联型稳压电源</td><td>稳压管与 R_L 并联</td><td>电路简单，调试方便</td><td>输出电流小，输出电压稳定性不高且不可调</td><td>适用于要求不高的小型电子设备</td></tr>
<tr><td rowspan="2">串联型稳压电源</td><td>简单的串联型稳压电源</td><td>三极管与 R_L 串联</td><td>输出电流大</td><td>输出电压稳定性较高，不可调</td><td rowspan="2">工程上应用广泛</td></tr>
<tr><td>带放大环节的串联型稳压电源</td><td>三极管与 R_L 串联</td><td>输出电流大，输出电压稳定性高且可调</td><td>使用元件多，电路较复杂，调式要求高</td></tr>
</table>

二、串联型直流稳压电源

1. 电路组成

简单串联型直流稳压电源如图 10-2（a）所示。

VT——调整管；

VZ——硅稳压管，提供基准电源；

R_1——VZ 的限流电阻，又是 VT 的管偏置电阻；

R_2——发射极电阻；

R_L——负载。

2. 稳压电路的本质

该电路的本质是一个输入为直流电压 V_z 的射极跟随器（如图 10-2（b）所示）。由于三极管输入端信号 V_z 是定值，故输出端电压 $V_o = V_z - V_{BE}$ 也为定值。

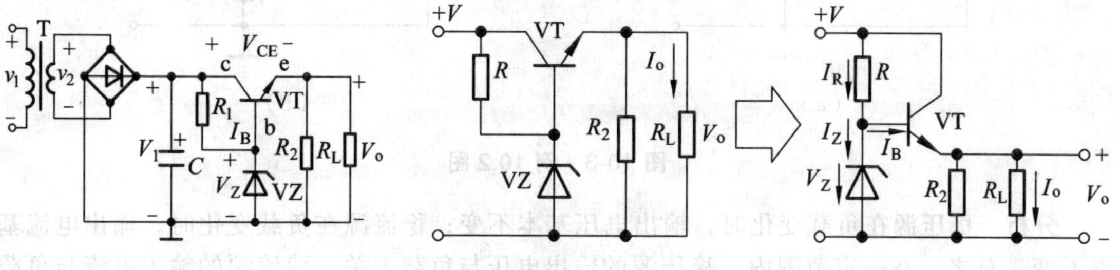

（a）　　　　　　　　　　　　　　　　（b）

图 10-2　串联型直流稳压电路

3. 稳压原理

设电网电压变动或负载电阻变化使 V_o 增大，则

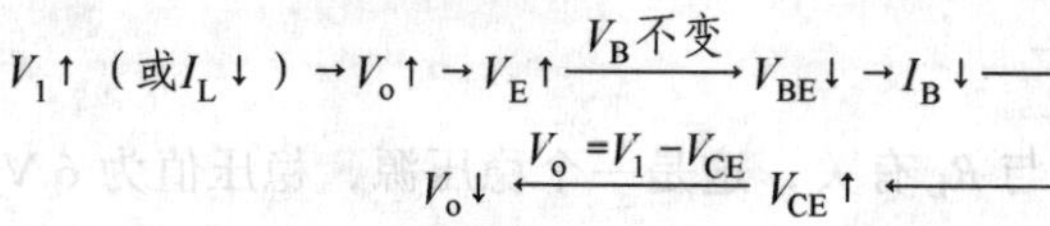

4. 电路特点

简单串联型晶体管稳压电源，是直接利用输出电压的微小变化量 ΔV_o 去控制调整管的发射结电压 V_{BE}，从而改变调整管的管压降 V_{CE}，来稳定电源的输出电压。由 $R_{CE} = V_{CE}/I_C$ 知，CE 间相当于可变电阻。

由于负载电流不通过稳压管，而是通过调整管 VT，所以可提供较大的负载电流。但是直接利用 ΔV_o 控制调整管，往往由于 ΔV_o 的数值不大，稳压效果不好。

【例 10.1】　并联型稳压二极管稳压电路中，已知 $V_z = 6$ V，$I_{zmin} = 5$ mA，$V_1 = 12$ V，$R = 100\ \Omega$，在稳定条件下 I_L 的数值最大不应超过多少？

分析　在稳定条件下电阻 R 两端的电压是定值，通过电阻 R 的电流也是定值，所以只有当 I_z 最小时，对应的 I_L 最大。

解

$$I_R = \frac{V_1 - V_z}{R} = \frac{12-6}{100}\ \text{A} = 60\ \text{mA}$$

$$I_L = I_R - I_{zmin} = (60-5)\ \text{mA} = 55\ \text{mA}$$

【例 10.2】　如图 10-3（a）、（b）所示是应用稳压管组成的两个电路，试说明两个电路对负载而言，哪一个是稳压源，哪一个是稳流源。它们的稳压值和稳流值分别为多大？

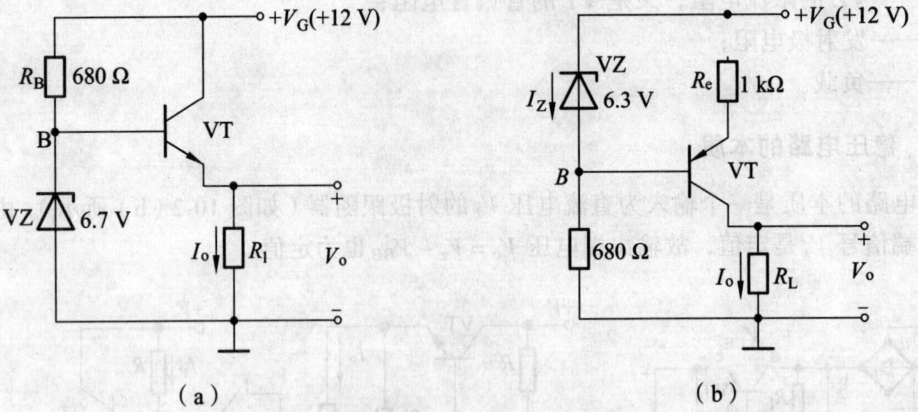

图 10-3　例 10.2 图

分析　稳压源在负载变化时，输出电压基本不变；稳流源在负载变化时，输出电流基本不变。总之，在一定范围内，稳压源的输出电压与负载无关，稳流源的输出电流与负载无关。

解　在图 10-3（a）中，因为

$$V_B = V_z = 6.7\ \text{V},\ V_o = V_E = V_B - V_{BE}$$

所以
$$V_o = (6.7 - 0.7)\ \text{V} = 6\ \text{V}$$

而
$$I_o = \frac{V_o}{R_L}$$

可见 V_o 与 R_L 无关，而 I_o 与 R_L 有关，这是一个稳压源，稳压值为 6 V。

在图 10-3（b）中，因为

$$V_z = V_{Re} + |V_{BE}|$$

所以
$$V_{Re} = V_z - |V_{BE}| = (6.3 - 0.3)\ \text{V} = 6\ \text{V}$$

故
$$I_E = \frac{V_{Re}}{R_e} = \frac{6}{1}\ \text{mA} = 6\ \text{mA}$$

又因为
$$I_o = I_C \approx I_E = 6\ \text{mA}$$
$$V_o = I_0 R_L$$

所以 I_o 与 R_L 无关而 V_o 与 R_L 有关，这是个稳流源，稳流值为 6 mA。

任务二　带有放大环节的串联型晶体管稳压电源

1. 电路组成及各部分作用

电路组成如图 10-4 所示。

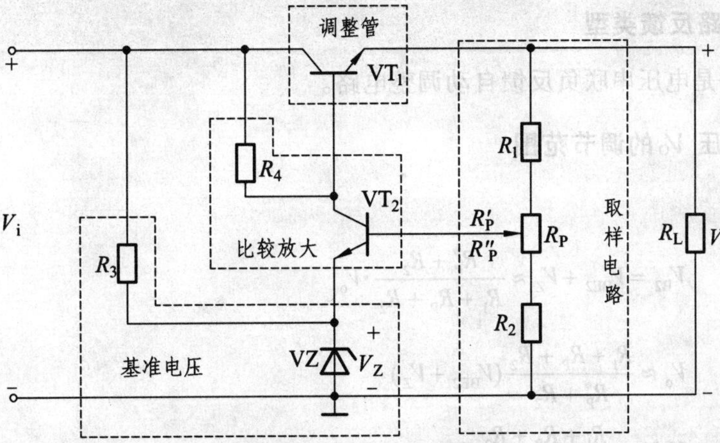

图 10-4　电路组成

调整元件：功率管 VT_1。

采样电路：是一个分压器，由电阻 R_1、R_P 和 R_2 组成。

基准电源：由稳压管 VZ_3 和限流电阻 R_3 组成。

比较放大器：由晶体管 VT_2 和 R_4 组成。

注：比较放大器放大的是采样电压与基准电压的差值，故比较放大器又称误差放大器。

2. 稳压电路组成框图

稳压电路组成框图如图 10-5 所示。

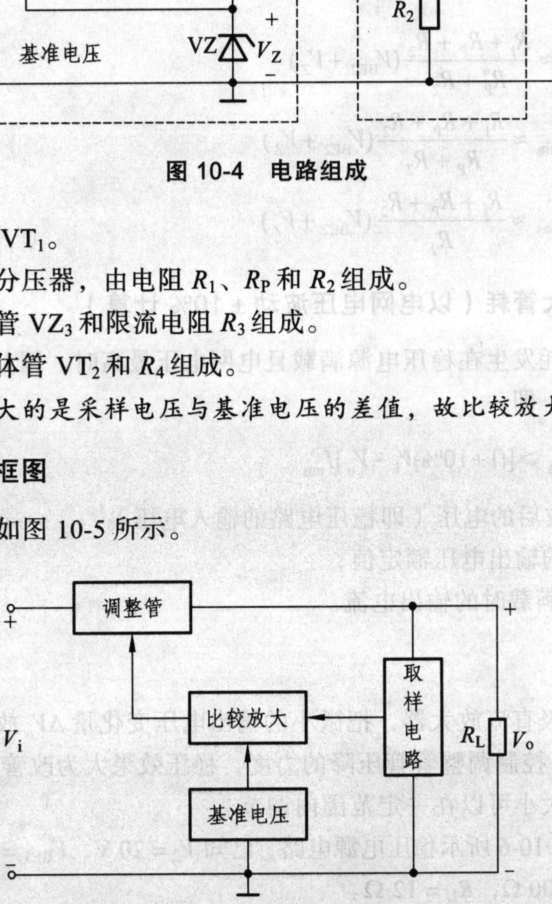

图 10-5　稳压电路组成框图

3. 稳压电路工作原理

设电网电压变动或负载电阻变化使 V_o 减小，则

$$V_1\downarrow\ (\text{或}I_L\uparrow)\rightarrow V_o\downarrow\rightarrow V_{B2}\downarrow\xrightarrow{V_{E2}\text{不变}}V_{BE2}\downarrow\rightarrow I_{B2}\downarrow\rightarrow I_{C2}\downarrow$$

$$V_o\uparrow\leftarrow V_{E1}\uparrow\xleftarrow{V_{E1}=V_{B1}-V_{BE}}V_{B1}\uparrow\leftarrow V_{C2}\uparrow\leftarrow$$

该稳压电路的实质是由 VT_1、VT_2 组成的两级直流放大器。

4. **稳压电路反馈类型**

该稳压电路是电压串联负反馈自动调整电路。

5. **输出电压 V_o 的调节范围**

由图可知：

$$V_{B2}=V_{BE2}+V_Z\approx\frac{R_P''+R_2}{R_1+R_P+R_2}\cdot V_o$$

故 $$V_o\approx\frac{R_1+R_P+R_2}{R_P''+R_2}(V_{BE2}+V_Z)$$

最小输出电压 $$V_{o\min}\approx\frac{R_1+R_P+R_2}{R_P+R_2}(V_{BE2}+V_Z)$$

最大输出电压 $$V_{o\max}\approx\frac{R_1+R_P+R_2}{R_2}(V_{BE2}+V_Z)$$

6. **调整管的最大管耗（以电网电压波动 ± 10% 计算）**

调整管的最大管耗发生在稳压电源满载且电网电压最高时。因此，调整管集电极最大允许耗散功率应比其大，即

$$P_{CM}\geqslant[(1+10\%)V_i-V_o]I_{om}$$

其中，V_I——整流滤波后的电压（即稳压电路的输入电压）。

V_o——稳压电源的输出电压额定值；

I_{om}——稳压电源满载时的输出电流。

7. **特　点**

（1）电路加了一级直流放大器，把微小的输出电压变化量 ΔV_o 放大后去控制调整管的发射结电压 V_{BE}，加大了控制调整管管压降的力度，稳压效果大为改善。

（2）输出电压的大小可以在一定范围内调节。

【例 10.3】 如图 10-6 所示稳压电源电路，已知 $V_2=20$ V，$V_{BE1}=V_{BE2}=0.7$ V，$V_z=5.3$ V，$R_1=R_2=1$ kΩ，$R_W=500$ Ω，$R_L=12$ Ω。

（1）稳压电路的四个组成部分，分别由哪些元件构成？

（2）求输出电压 V_o 的可调范围。

（3）当 R_W 的滑动端调到中点时，估算图中 P、Q、M、N、K 各点电位。

（4）将电阻 R 改接到 P 点，电路能否正常工作？

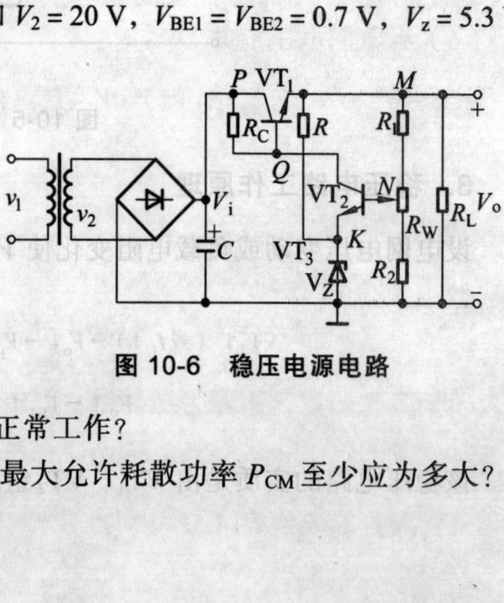

图 10-6　稳压电源电路

（5）将电阻 R_C 由 P 点改接到 M 点，电路能否正常工作？

（6）当电网电压波动 ± 10% 时，调整管 VT_1 的最大允许耗散功率 P_{CM} 至少应为多大？

解　（1）各组成部分及元件：

① 采样电路是个分压器，由电阻 R_1、R_W 和 R_2 组成。

② 基准电源，由稳压管 VZ 和限流电阻 R 组成。

③ 比较放大电路：由晶体管 VT_2 和电阻 R_C 组成。

④ 调整元件：由功率管 VT_1 组成。

（2）输出电压最小值：

$$V_{omin}=\frac{R_1+R_2+R_W}{R_2+R_W}(V_z+V_{BE2})=\left[\frac{1+1+0.5}{1+0.5}\times(5.3+0.7)\right]\text{ V}=10\text{ V}$$

输出电压最大值：

$$V_{omax}=\frac{R_1+R_2+R_W}{R_2}(V_z+V_{BE2})=\left[\frac{1+1+0.5}{1}\times(5.3+0.7)\right]\text{ V}=15\text{ V}$$

（3）当 R_W 调至中点时，即 $R''_W=\frac{1}{2}R_W$，则

$$V_o=\frac{R_1+R_2+R_W}{R_2+R''_W}(V_z+V_{BE2})=\frac{R_1+R_2+R_W}{R_2+\frac{1}{2}R_W}(V_z+V_{BE2})$$

$$=\left[\frac{1+1+0.5}{1+0.25}\times(5.3-0.7)\right]\text{ V}=12\text{ V}$$

所以　$V_M=V_o=12\text{ V}$

而　$V_Q=V_M+V_{BE1}=(12+0.7)\text{ V}=12.7\text{ V}$

$V_K=5.3\text{ V}$

$V_N=V_K+V_{BE2}=(5.3+0.7)\text{ V}=6\text{ V}$

$V_P=1.2V_2=(1.2\times20)\text{ V}=24\text{ V}$

故 $V_P=24\text{ V}$，$V_Q=12.7\text{ V}$，$V_M=12\text{ V}$，$V_N=6\text{ V}$，$V_K=5.3\text{ V}$。

（4）将电阻 R 由 M 点接到 P 点，电路能正常工作，但稳压效果差一些。

（5）将电阻 R_C 由 P 点接到 M 点，电路不能正常工作，VT_1 截止，输出电压为零。

（6）当电网电压上升 10% 时：

$$V_{CE1}=(1+10\%)V_i-V_o=1.1\times1.2\times20-V_o=26.4-V_o$$

$$I_o=\frac{V_o}{R_L}=\frac{1}{12}V_o$$

所以 VT_1 管的集电极管耗：

$$P_{C1}=V_{CE1}I_o=(26.4-V_o)\times\frac{1}{12}V_o=2.2V_o-\frac{1}{12}V_o^2$$

此为一个二次函数，图像为抛物线，开口朝下，有最大值

$$P_{C1max}=14.52\text{ W}$$

故调整管 VT_1 的 $P_{CM}\geqslant14.52\text{ W}$。

【例 10.4】 串联型稳压电路如图 10-7 所示，已知 $V_z = 8\ \text{V}$，$V_i = 20\ \text{V}$，$R = 2\ \text{k}\Omega$，$R_2 = R_3$。

（1）若电路引入的是负反馈，标出运放的同相端和反相端；

（2）当 R_{P1}、R_{P2} 的滑动触头都处于中点时，求稳压管的电流 I_E 和输出电压 V_o；

（3）写出输出电压 V_o 的最小值和最大值表达式。

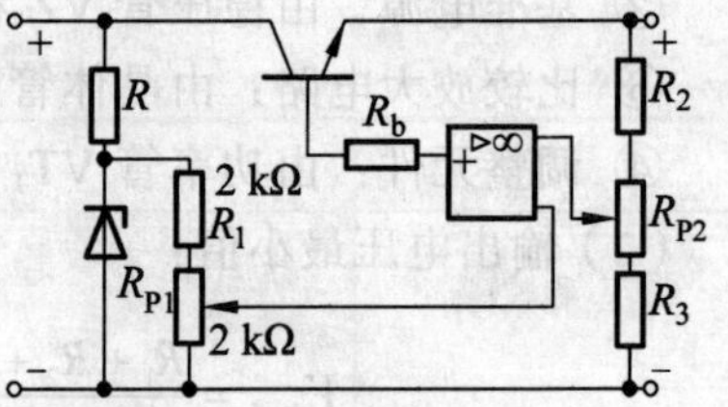

图 10-7 串联型稳压电路

解 （1）运放的同相端在下，反相端在上。

（2）
$$I_R = \frac{V_i - V_z}{R_z} = \frac{20-8}{2}\ \text{mA} = 6\ \text{mA}$$

$$I_{R1} = \frac{V_z}{R_1 + I_{R1}} = \frac{8}{4}\ \text{mA} = 2\ \text{mA}$$

因为“虚断”，所以

$$I_z = I_R - I_{R1} = 4\ \text{mA}$$

$$V_+ = \frac{R_{P1}/2}{R_1 + R_{P2}} V_z = \left(\frac{1}{2+2} \times 8\right)\ \text{V} = 2\ \text{V}$$

因为 $R_2 = R_3$，所以

$$V_- = \frac{1}{2} V_o$$

根据“虚短”得 $V_+ = V_-$，则 $V_o = 4\ \text{V}$

（3）
$$V_+ = \frac{R'_{P1}}{R_1 + R_{P1}} V_z,\quad V_- = \frac{R'_{P2} + R_3}{R_2 + R_{P2} + R_3} V_o$$

所以
$$V_o = \frac{R'_{P1}}{R_1 + R_{P1}} \frac{R_2 + R_{P2} + R_3}{R'_{P2} + R_3} V_z$$

当 $R'_{P1} = R_{P1}$，$R'_{P2} = 0$ 时

$$V_{o\max} = \frac{R_{P1}}{R_1 + R_{P1}} \cdot \frac{R_2 + R_{P2} + R_3}{R_3} V_z$$

当 $R'_{P1} = 0$，$R'_{P2} = R_{P2}$ 时

$$V_{o\min} = 0$$

任务三 稳压电源的主要技术指标与集成稳压器

一、主要性能指标

1. 特性指标

特性指标是表明稳压电源工作特性的参数，无好坏之分，如稳压电源的输入电压、输出电压及可调范围、输出电流等。

2. 质量指标

质量指标是衡量稳压电源性能优劣的参数，有好坏之分。部分质量指标如表 10-2 所示。

表 10-2　稳压电源的质量指标

质量指标	概　念	公式表示
稳压系数 S_r	当负载不变时，输出电压相对变化量与输入电压相对变化量之比	$S_r = \frac{\Delta V_o / V_o}{\Delta V_i / V_i}$
输出电阻 r_o	稳压电路输入电压不变时，输出电压变化量与输出电流变化量之比	$r_o = \frac{\Delta V_o}{\Delta I_o}$
电压调整率 K_V	指额定负载不变，电网电压变化 10% 时，输出电压的相对变化量	$K_V = \frac{\Delta V_o}{V_o}$
电流调整率 K_I	指电网电压不变，输出电流从零到最大值变化时，输出电压的相对变化量	$K_I = \frac{\Delta V'_o}{V_o}$

另外，还有纹波电压、温度系数、噪声电压等质量指标。以上质量指标数值较小时，稳压性能较好，即越小越好。

二、集成稳压器

1. 分　类

集成稳压器的分类如表 10-3 所示。

表 10-3　集成稳压器的分类

按管脚的多少分		按输出电压是否可调分		按输出电压的极性分	
多端式	三端式	固定式	可调式	正压输出	负压输出

例如 CW7800 是三端固定式正压输出稳压器，CW7900 是三端固定式负压输出稳压器，CW317 是三端可调式正压输出稳压器，CW337 是三端可调式负压输出稳压器。

2. 三端固定式集成稳压器

（1）输出电压：三端固定式集成稳压器型号的后两个数字就代表其输出电压。例如：7800 系列和 7800 系列的输出电压如表 10-4 所示。

表 10-4　7800 系列和 7800 系列的输出电压

型号（7800 系列）	7805	7806	7808	7809	7812	7815	7818	7824
输出电压	5 V	6 V	8 V	9 V	12 V	15 V	18 V	24 V
型号（7900 系列）	7905	7906	7908	7909	7912	7915	7918	7924
输出电压	－5 V	－6 V	－8 V	－9 V	－12 V	－15 V	－18 V	－24 V

（2）最大输出电流：三端固定式集成稳压器的最大输出电流如表 10-5 所示。

表 10-5　三端固定式集成稳压器的最大输出电流

型　号	7800 系列				7900 系列			
	78H00	7800	78M00	78L00	79H00	7900	79M00	79L00
最大输出电流	5 A	1.5 A	0.5 A	0.1 A	5 A	1.5 A	0.5 A	0.1 A

3. 部分集成稳压器的管脚对比

部分集成稳压器的管脚对比如表 10-6 所示。

表 10-6　部分集成稳压器的管脚对比

系　列	①脚	②脚	③脚
7800 系列	输出端	输出端	公共端
7900 系列	公共端	输出端	输入端
317 系列	调整端	输入端	输出端
337 系列	调整端	输出端	输入端

4. 基本应用电路

三端固定式集成稳压器的基本应用电路如图 10-8 所示。

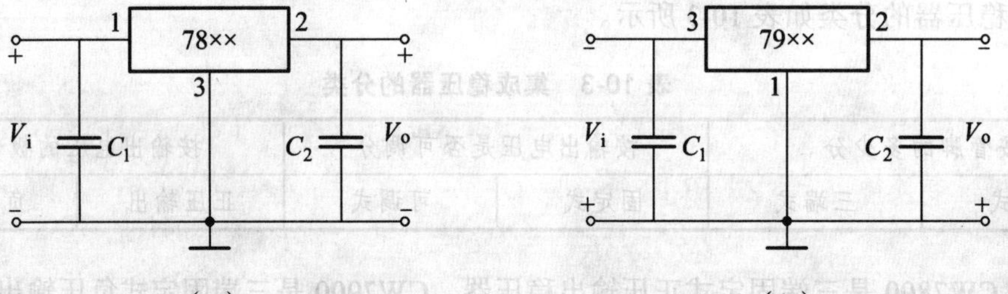

（a）　（b）

图 10-8　三端固定式集成稳压器

三端可调式集成稳压器的基本应用电路如图 10-9（a）和（b）所示。

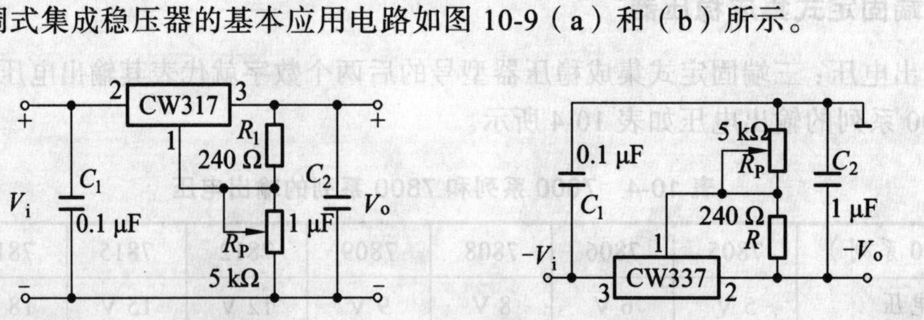

（a）　（b）

图 10-9　三端可调式集成稳压器

注意：① 画电路时，电容 C_1、C_2 不能省。C_1 的作用：减小纹波电压，防止高频自激振荡。C_2 的作用：改善负载的瞬态响应。

② 稳压块的输入端与输出端之间至少要有 2～3 V 的电压差。

5. 集成稳压器的扩展使用

（1）扩流电路：如图 10-10 所示。

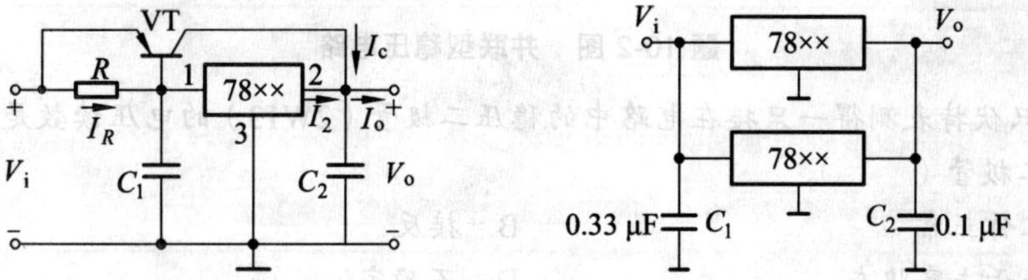

（a）　　　　（b）

图 10-10　扩流电路

（2）输出电压可调电路：如图 10-11 所示。

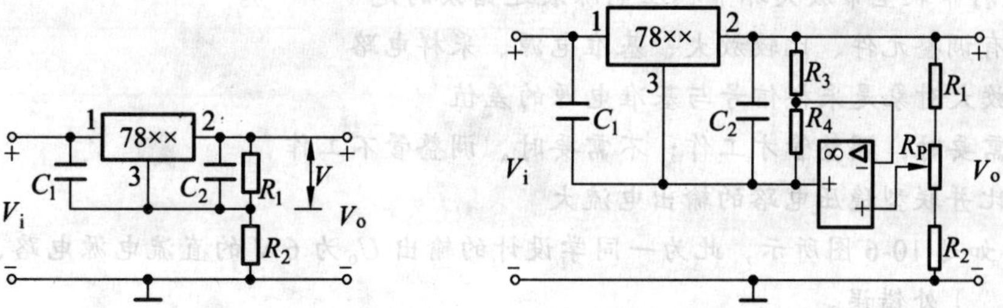

（a）　　　　（b）

图 10-11　输出电压可调电路

（3）极性变换电路：如图 10-12 所示。

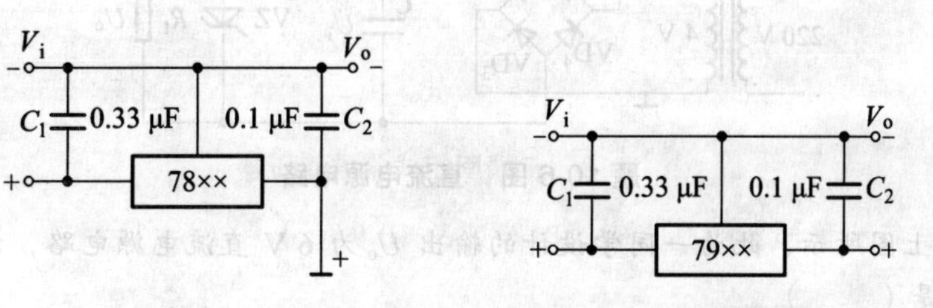

（a）　　　　（b）

图 10-12　极性变换电路

习　题

1. 并联型稳压电路能输出稳定的（　　）。

A. 脉动直流电　　　　B. 交流或直流电

C. 交流电　　　　　　　　　　　　　　D. 直流电

2. 在题 10-2 图所示的电路中，正确的并联型稳压电路是（　　）。

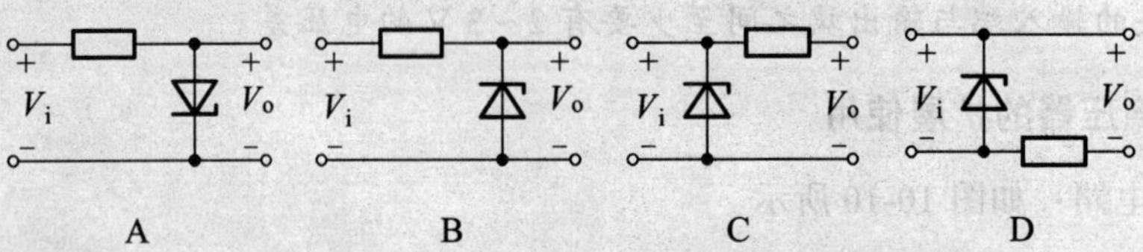

题 10-2 图　并联型稳压电路

3. 用一只伏特表测得一只接在电路中的稳压二极管（2W13）的电压读数是 0.7 V，这种情况表明该二极管（　　）。

A. 工作正常　　　　　　　　　　　　　B. 接反

C. 处于击穿状态　　　　　　　　　　　D. 不确定

4. 要求输出稳定电压 +10 V，集成稳压器应选用的型号是（　　）。

A. W7812　　　　　　　　　　　　　　B. W317

C. W7909　　　　　　　　　　　　　　D. W337

5. 下列对串联型带放大环节稳压电源表述错误的是（　　）。

A. 有调整元件、比较放大、基准电源、采样电路

B. 放大对象是采样信号与基准电源的差值

C. 需要时，调整管才工作；不需要时，调整管不工作

D. 比并联型稳压电路的输出电流大

6. 电路如题 10-6 图所示，此为一同学设计的输出 U_o 为 6 V 的直流电源电路，请指出其中存在（　　）处错误。

A. 3　　　　B. 4　　　　C. 5

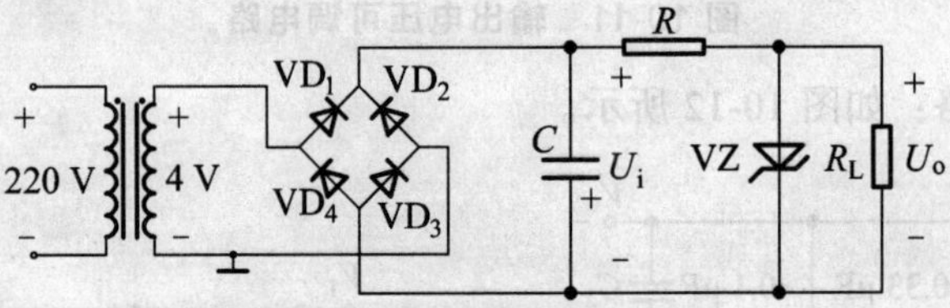

题 10-6 图　直流电源电路

7. 电路如上图所示，此为一同学设计的输出 U_o 为 6 V 直流电源电路，请指出其中变压器存在的错误是（　　）。

A. 变压器的副边值太大　　　　　　　　B. 变压器的匝数比太小

C. 变压器的副边值太小

8. 一般来说，稳压电路属于（　　）电路。

A. 负反馈自动调整　　　　　　　　　　B. 负反馈放大

C. 直流电路　　　　　　　　　　　　　D. 交流放大

9. 下列指标中属于稳压电源特性指标的是（　　）。

A. 稳压系数 S_r　　　　　　　　　　B. 输出电流 I_o

C. 输出电阻 r_o　　　　D. 电压调整率 K_v

10. 串联型稳压电路如题 10-10 图所示，当调节电位器 R_W 时，如果 U_o 始终为 22 V，此时放大管 VT_2 和调整管 VT_1 分别工作在（　　）。

A. 靠近截止区和饱和区　　　　B. 饱和区和截止区

C. 放大区和饱和区

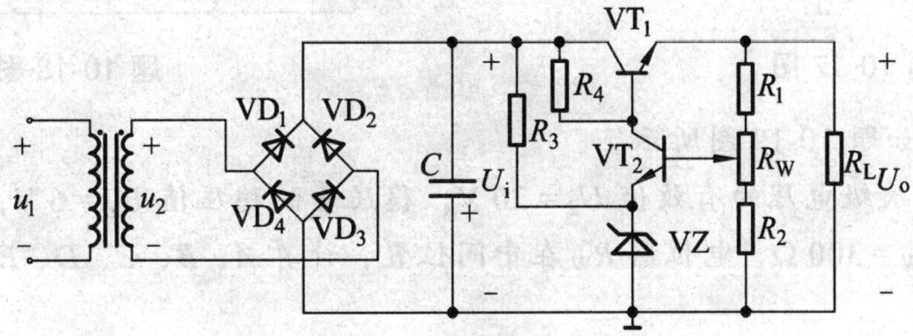

题 10-10 图　串联型稳压电路

11. 串联型稳压电路如上图所示，该电路实质上是一个（　　）电路。

A. 电压并联负反馈　　　　B. 电压串联负反馈

C. 电流串联负反馈

12. 串联型稳压电路用复合管作调整管，是由于用单管（　　）。

A. 击穿电压 $V_{(BR)CEO}$ 不够高　　　　B. 电流 I_{CM} 不够大

C. 功耗 P_{CM} 不够大　　　　D. 电流放大系数不够大 β

13. 串联型稳压电路中，其调整管工作于（　　）。

A. 放大区　　　　B. 饱和区

C. 截止区　　　　D. 开关状态

14. 电路如题 10-14 图中，$R_1 = R_2 = R_P = 1\ \text{k}\Omega$，若 VZ 管的稳压值为 6.3 V，输入电压为 25 V，晶体管的 V_{BE} 均为 0.7 V，则输出电压的可调范围为（　　）。

A. 10.5 ~ 21 V　　　　B. 8.4 ~ 16.8 V

C. 0 ~ 7 V　　　　D. 7 ~ 17 V

15. 上图中，当负载短路时，（　　）管最易烧坏。

A. VT_1　　　　B. VT_2

C. VZ　　　　D. VT_1、VZ

16. 上图中，VZ 管工作在（　　）状态。

A. 正向导通　　　　B. 反向截止

C. 反向击穿　　　　D. 不确定

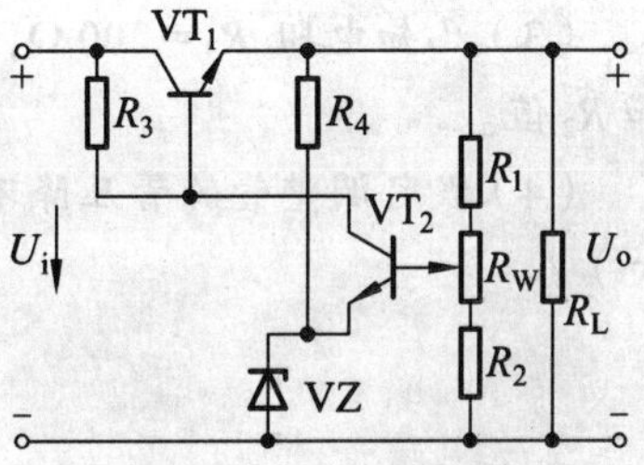

题 10-14 图　输入输出电压图

17. 电路如题 10-17 图所示，已知 $R_1 = 2\ \text{k}\Omega$，$R_2 = 1\ \text{k}\Omega$，$R_3 = 0.5\ \text{k}\Omega$，$R_4 = 2.5\ \text{k}\Omega$，$R_W = 1.5\ \text{k}\Omega$，求电路输出电压 V_o 的可调范围。

18. 用集成运算放大器组成的串联型稳压电路如题 10-18 图所示，设 A 为理想运算放大器，求：（1）流过稳压管的电流 I_z；（2）输出电压 V_o；（3）将 R_3 改为 0 ~ 3 kΩ 可变电阻时的最小输出电压 V_{omin} 及最大输出电压 V_{omax}。

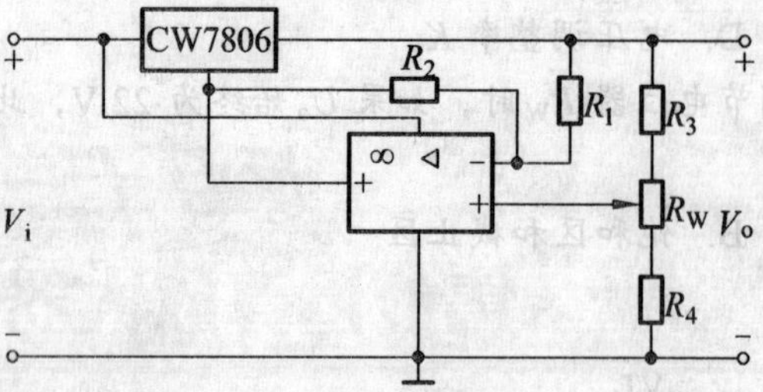

题 10-17 图

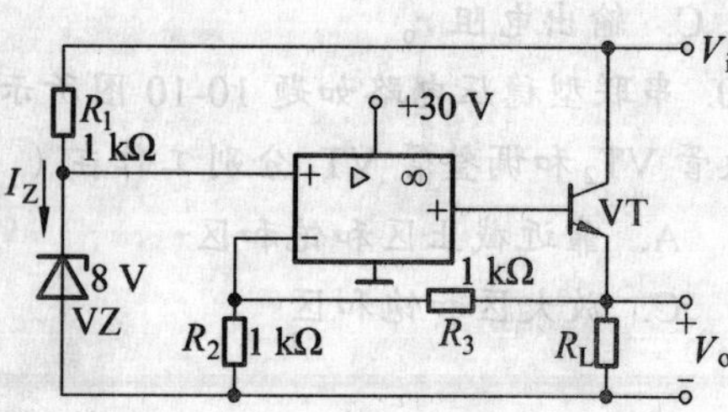

题 10-18 图

19. 稳压电路如题 10-19 图所示。

（1）设变压器次级电压的有效值 $U_2 = 20$ V，稳压管的稳压值 $U_Z = 6$ V，三极管的 $U_{BE} = 0.7$ V，$R_1 = R_2 = R_W = 300\ \Omega$，电位器 R_W 在中间位置，计算 A、B、C、D、E 点的电位和 U_{CE1} 的值。

（2）计算输出电压的调节范围。

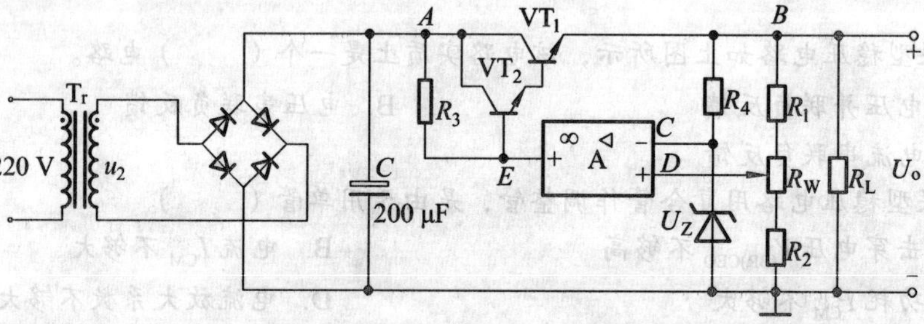

题 10-19 图

20. 电路如题 10-20 图所示。

（1）指出这是什么类型的稳压电路，并画出原理框图。

（2）在图中标出集成运放的同相输入端和反相输入端。

（3）已知电阻 $R_3 = 200\ \Omega$，$U_{Z2} = 8$ V，输出电压 U_o 调节范围是 10～20 V，计算电阻 R_1 和 R_2 值。

（4）假定调整管的管压降不小于 4 V，那么变压器二次电压 U_2 至少取多大（电容 C 足够大）？

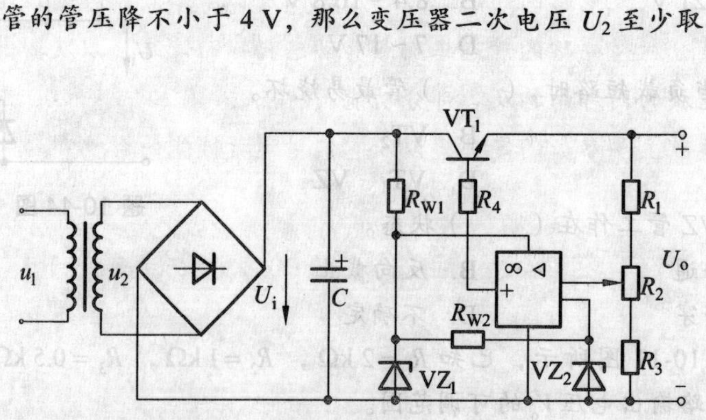

题 10-20 图

项目十一

集成运算放大器

【引言】

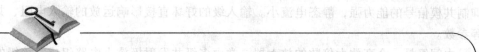

将电路的元器件和连线制作在同一硅片上，就制成了集成电路。随着集成电路制造工艺的日益完善，目前已能将数以千万计的元器件集成在一片面积只有几十平方毫米的硅片上。按照集成度（每一片硅片中所含元器件数）的高低，将集成电路分为小规模集成电路（SSI），中规模集成电路（MSI），大规模集成电路（LSI）和超大规模集成电路（VLSI）。

运算放大器实质上是高增益的直接耦合放大电路。集成运算放大器是集成电路的一种，简称集成运放，它常用于对各种模拟信号的运算，例如比例运算、微分运算、积分运算等。由于它具有高性能、低价位的特点，所以在模拟信号处理和发生电路中几乎完全取代了分立元件放大电路。

【学习目标】

（1）了解电流源的构成、恒流特性及其在放大电路中的作用。

（2）正确理解直接耦合放大电路中产生零点漂移的原因，以及有关指标。

（3）熟练掌握差模信号、共模信号、差模增益、共模增益和共模抑制比的基本概念。

（4）熟练掌握差分放大电路的组成、工作原理以及抑制零点漂移的原理。

（5）熟练掌握差分放大电路的静态工作点和动态指标的计算，以及输出输入相位关系。

（6）了解集成运放的内部结构及各部分功能、特点。

（7）了解集成运放主要参数的定义，以及它们对运放性能的影响。

任务一　集成运算放大器简介

一、集成运放的结构、特点与符号

1. 结　构

集成运放一般由 4 部分组成，如图 11-1 所示。

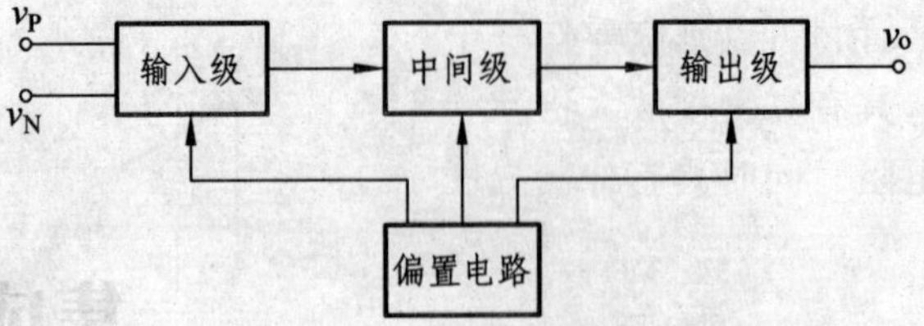

图 11-1　集成运放结构方框图

其中：

输入级常由双端输入的差动放大电路组成，一般要求其输入电阻高，差模放大倍数大，抑制共模信号的能力强，静态电流小。输入级的好坏直接影响运放的输入电阻、共模抑制比等参数。

中间级是一个高放大倍数的放大器，常由多级共发射极放大电路组成。该级的放大倍数可达数千甚至数万倍。

输出级具有输出电压线性范围宽、输出电阻小的特点，常采用互补对称输出电路。

偏置电路向各级提供静态工作点，一般由电流源电路组成。

2. 特　点

（1）硅片上不能制作大容量电容，所以集成运放均采用直接耦合方式。

（2）运放中大量使用差动放大电路和恒流源电路，这些电路可以抑制漂移并且能够稳定工作点。

（3）电路设计过程中注重电路的性能，而不在乎元件的多少。

（4）用有源元件代替大阻值的电阻。

（5）常用复合晶体管代替单个晶体管，以使运放性能更好。

3. 集成运放的符号

从运放的结构可知，运放具有两个输入端 v_P、v_N 和一个输出端 v_o。这两个输入端一个称为同相端，另一个称为反相端。这里的同相和反相只是输入电压和输出电压之间的关系，若从同相端输入正电压，则输出端输出正的输出电压，若从反相端输入正电压，则输出端输出负的输出电压。运算放大器的常用符号如图 11-2 所示。

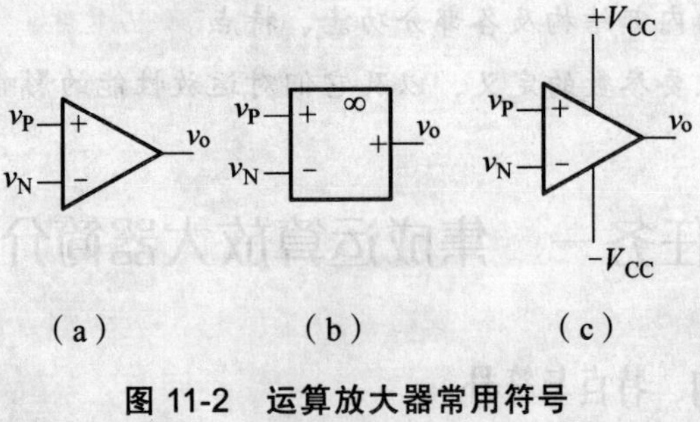

图 11-2　运算放大器常用符号

其中，图（a）是集成运放的国际流行符号，图（b）是集成运放的国标符号，而图（c）是具有电源引脚的集成运放的国际流行符号。图 11-3 所示是目前 EDA 软件中使用的集成运放的图形符号。

从集成运放的符号看，可以把它看作一个双端输入、单端输出，具有高差模放大倍数、高输入电阻、低输出电阻，同时具有抑制温度漂移能力的放大电路。

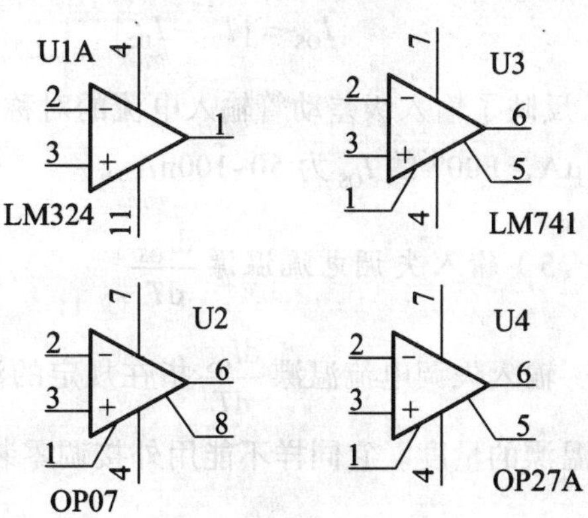

图 11-3 EDA 软件中使用的集成运放的符号

二、集成运放的主要技术参数

集成运放的主要技术参数，大体上可以分为输入误差特性参数、开环差模特性参数、共模特性参数、输出瞬态特性参数和电源特性参数。

1. 输入误差特性参数

输入误差特性参数用来表示集成运放的失调特性。描述这类特性的参数如下：

1）输入失调电压 V_{OS}

对于理想运放，当输入电压为零时，输出也应为零。实际上，由于差动输入级很难做到完全对称，零输入时，输出并不为零。在室温及标准电压下，输入电压为零时，为了使输出电压也为零，输入端所加的补偿电压称为输入失调电压 V_{OS}。V_{OS} 的大小反映了运放的对称程度。V_{OS} 越大，说明对称程度越差。一般 V_{OS} 的值为 1 μV ~ 20 mV，F007 的 V_{OS} 为 1 ~ 5 mV。

2）输入失调电压的温漂 $\dfrac{dV_{OS}}{dT}$

$\dfrac{dV_{OS}}{dT}$ 是指在指定的温度范围内，V_{OS} 随温度的平均变化率，是衡量温漂的重要指标。$\dfrac{dV_{OS}}{dT}$ 不能通过外接调零装置进行补偿。对于低漂移运放，$\dfrac{dV_{OS}}{dT} < 1\ \mu V/°C$，对于普通运放，$\dfrac{dV_{OS}}{dT} <$ (10 ~ 20) μV/°C。

3）输入偏置电流 I_B

输入偏置电流是衡量差动管输入电流绝对值大小的标志，是指运放零输入时，两个输入端静态电流 I_{B1}、I_{B2} 的平均值，即

$$I_B = \frac{1}{2}(I_{B1} + I_{B2})$$

差动输入级集电极电流一定时，输入偏置电流反映了差动管 β 值的大小。I_B 越小，表明运放的输入阻抗越高。I_B 太大，不仅在信号源的内阻不同时，对静态工作点有较大的影响，而且也影响温漂和运算精度。

4）输入失调电流 I_{OS}

零输入时，两输入偏置电流 I_{B1}、I_{B2} 之差称为输入失调电流 I_{OS}，即

$$I_{OS} = |I_{B1} - I_{B2}|$$

I_{OS} 反映了输入级差动管输入电流的对称性，一般希望 I_{OS} 越小越好。普通运放的 I_{OS} 为 1nA ~ 0.1μA，F007 的 I_{OS} 为 50~100nA。

5）输入失调电流温漂 $\frac{dI_{OS}}{dT}$

输入失调电流温漂 $\frac{dI_{OS}}{dT}$ 指在规定的温度范围内，I_{OS} 随温度的平均变化率，是放大器电流温漂的量度。它同样不能用外接调零装置进行补偿。其典型值为几 nA/°C。

2. 开环差模特性参数

开环差模特性参数用来表示集成运放在差模输入作用下的传输特性。描述这类特性的参数有开环电压增益、最大差模输入电压、差模输入阻抗、开环频率响应及 3 dB 带宽。

1）开环差模电压增益 A_{od}

开环差模电压增益 A_{od} 指在无外加反馈情况下的直流差模增益，它是决定运算精度的重要指标，通常用分贝表示，即

$$A_{od} = 20\lg\frac{\Delta V_o}{\Delta(V_{i1} - V_{i2})}$$

不同功能的运放，A_{od} 相差很大，F007 的 A_{od} 为 100 ~ 106 dB，高质量的运放可达 140 dB。

2）最大差模输入电压 V_{idmax}

V_{idmax} 是指集成运放反相和同相输入端所能承受的最大电压值，超过这个值输入级差动管中的管子将会反相击穿，甚至损坏。利用平面工艺制成的硅 NPN 管的 V_{idmax} 为 ± 5 V 左右，而横向 PNP 管的 V_{idmax} 可达 ± 30 V。

3）3 dB 带宽

输入正弦小信号时，A_{od} 是频率的函数，随着频率的增加，A_{od} 下降。当 A_{od} 下降 3 dB 时所对应的信号频率称为 3 dB 带宽。一般运放的 3 dB 带宽为几赫兹到几千赫兹，宽带运放可达到几兆赫兹。

4）差模输入电阻 R_{id}

$R_{id} = \frac{\Delta V_{id}}{\Delta I_i}$ 是衡量差动管向输入信号源索取电流大小的标志。F007 的 R_{id} 约为 2 MΩ。用场效应管作差动输入级的运放，R_{id} 可达 10^6 MΩ。

3. 共模特性参数

共模特性参数用来表示集成运放在共模信号作用下的传输特性。这类参数有共模抑制比、共模输入电压等。

1）共模抑制比 K_{CMRR}

共模抑制比的定义与差动电路中介绍的相同。F007 的 K_{CMRR} 为 80 ~ 86 dB，高质量运放的 K_{CMRR} 可达 180 dB。

2）最大共模输入电压 V_{icmax}

V_{icmax} 是指运放所能承受的最大共模输入电压。共模电压超过一定值时，将会使输入级不正常工作，因此要加以限制。F007 的 V_{icmax} 为 ± 13 V。

4. 输出瞬态特性参数

输出瞬态特性参数用来表示集成运放输出信号的瞬态特性。描述这类特性的参数主要是转换速率。

转换速率 $S_R = \left|\frac{dv_o}{dt}\right|_{max}$ 是指运放在闭环状态下，输入为大信号（如阶跃信号）时，放大器输出电压对时间的最大变化速率。转换速率的大小与很多因素有关，其中主要与运放所加的补偿电容、运放本身各级三极管的极间电容、杂散电容，以及放大器的充电电流等因素有关。只有当信号变化率的绝对值小于 S_R 时，输出才能按照线性的规律变化。

S_R 是在大信号和高频工作时的一项重要指标。一般运放的 S_R 在 1 V/μs，高速运放可达到 65 V/μs。

5. 电源特性参数

电源特性参数主要有静态功耗等。静态功耗是指运放零输入情况下的功耗。F007 的静态功耗为 120 mW。

三、运算放大器的种类

1. 按制作工艺分类

按照制造工艺，集成运放可分为双极型、COMS 型和 BiFET 型三种。其中，双极型运放功能强、种类多，但是功耗大；CMOS 运放输入阻抗高、功耗小，可以在低电源电压下工作；BiFET 是双极型和 CMOS 型的混合产品，具有双极型和 CMOS 运放的优点。

2. 按照工作原理分类

（1）电压放大型：输入是电压，输出回路等效成由输入电压控制的电压源。F007，LM324 和 MC14573 属于这类产品。

（2）电流放大型：输入是电流，输出回路等效成由输入电流控制的电流源。LM3900 就是这样的产品。

（3）跨导型：输入是电压，输出回路等效成输入电压控制的电流源。LM3080 就是这样的产品。

（4）互阻型：输入是电流，输出回路等效成输入电流控制的电压源，AD8009 属于这类产品。

3. 按照性能指标分类

1）高输入阻抗型

对于这种类型的运放，要求开环差模输入电阻不小于 1 MΩ，输入失调电压 V_{OS} 不大于 10 mV。实现这些指标的措施主要是，在电路结构上，输入级采用结型或 MOS 场效应管。这类运放主要用于模拟调解器、采样保持电路、有源滤波器中。国产 F3030，输入级采用 MOS 管，输入电阻高达 10^{12} Ω，输入偏置电流仅为 5 pA。

2）低漂移型

这种类型的运放主要用于毫伏级或更低的微弱信号的精密检测、精密模拟计算以及自动控制仪表中。对这类运放的要求是：输入失调电压温漂 $\frac{dV_{OS}}{dT} < 2\ \mu V/°C$，输入失调电流温漂 $\frac{dI_{OS}}{dT} < 200\ pA/°C$，$A_{od} \geqslant 120\ dB$，$K_{CMRR} \geqslant 110\ dB$。实现这些指标的措施通常是，在电路结构上除采用超 β 管和低噪声差动输入外，还采用热匹配设计和低温度系数的精密电阻，或在电路中加入自动控温系统以减小温漂。目前，采用调制型的第四代自动稳零运放，可以获得 0.1 μV/°C 的输入失调电压温漂。这类运放的国产型号有 FC72、F032、XFC78 等。国产 FC73 的主要指标为 $\frac{dV_{OS}}{dT} = 0.5\ \mu V/°C$，$A_{od} = 120\ dB$，$V_{OS} = 1\ mV$。国产 5G7650 的 $V_{OS} = 1\ \mu V$，$\frac{dV_{OS}}{dT} = 10\ nV/°C$。另外市场上常见的 OP07 和 OP27 也属于低漂移型运放。

3）高速型

对于这类运放，要求其转换速率 $S_R > 30\ V/\mu s$，单位增益带宽 > 10 MHz。实现高速的措施主要是，在信号通道中尽量采用 NPN 管，以提高转换速率；同时加大工作电流，使电路中各种电容上的电压变化加快。高速运放用于快速 A/D 和 D/A 转换器、高速采样-保持电路、锁相环精密比较器和视频放大器中。这类运放的国产型号有 F715、F722、F3554 等。F715 的 $S_R = 70\ V/\mu s$，单位增益带宽为 65 MHz。国外的μA-207 型，$S_R = 500\ V/\mu s$，单位增益带宽为 1 GHz。

4）低功耗型

对于这种类型的运放，要求在电源电压为 ± 15 V 时，最大功耗不大于 6 mW；或要求在低电源电压工作时，具有低的静态功耗并保持良好的电气性能。其在电路结构上，一般采用外接偏置电阻和用有源负载代替高阻值的电阻；在制造工艺上，尽量选用高电阻率的材料，减少外延层以提高电阻值，尽量减小基区宽度以提高 β 值。目前这类运放的国产型号有 F253、F012、FC54、XFC75 等。其中，F012 的电源电压可低到 1.5 V，$A_{od} = 110\ dB$。国外产品的功耗可达到 μW 级，如 ICL7600 在电源电压为 1.5 V 时，功耗为 10 μW。

低功耗的运放一般用于对能源有严格限制的遥测、遥感、生物医学和空间技术设备中。

5）高压型

为得到较高的输出电压或较大的输出功率，在电路设计和制作上需要解决三极管的耐压、动态工作范围等问题。在电路结构上常采取以下措施：利用三极管的 CB 结和横向 PNP 的耐高压性能，用单管串接的方式来提高耐压，用场效应管作为输入级。目前，这类运放的国产型号有 F1536、F143 和 BG315。其中，BG315 的参数是：电源电压为 48 ~ 72 V，最大输出电压大于40 ~ 46 V。国外的D41系型，电源电压可达 ± 150 V，最大共模输入电压可达 ± 125 V。

四、运算放大器选择与使用中的一些问题

（1）选择运放时尽量选择通用运放，而且是市场上销售最多的品种，只有这样才能降低成本，保证货源。只要满足要求，就不要选择特殊运放。

（2）使用集成运放时，首先要会辨认封装形式。目前常用的封装是双列直插型和扁平型。

（3）不同公司的产品，管脚排列是不同的，因此在使用时需要查阅手册，确认各个管脚的功能。

（4）使用前要弄清楚运放的电源电压、输入电阻、输出电阻、输出电流等参数。

（5）集成运放单电源使用时，要注意输入端是否需要增加直流偏置，以便能放大正负两个方向的输入信号。

（6）设计集成运放电路时，应该考虑是否增加调零电路、输入保护电路、输出保护电路。

五、集成运放的电压传输特性

集成运放输出电压 v_o 与输入电压（$v_P - v_N$）之间的关系曲线称为电压传输特性曲线。对于采用正负电源供电的集成运放，电压传输特性曲线如图 11-4 所示。

从传输特性曲线可以看出，集成运放有两个工作区：线性放大区和饱和区。在线性放大区，曲线的斜率就是放大倍数；在饱和区域，输出电压不是 V_{o+} 就是 V_{o-}。由传输特性可知，集成运放的放大倍数

$$A_o = \frac{V_{o+} - V_{o-}}{v_P - v_N}$$

一般情况下，运放的放大倍数很高，可达几十万，甚至上百万倍。

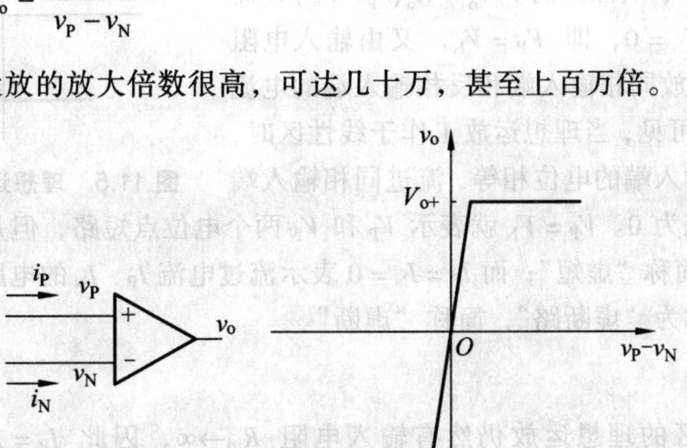

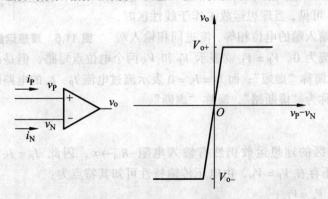

图 11-4　集成运放的传输特性

通常，运放的线性工作范围很小，比如，对于开环增益为 100 dB，电源电压为 ± 10 V 的 F007，开环放大倍数 $A_d = 10^5$，其最大线性工作范围约为

$$V_P - V_N = \frac{|V_o|}{A_d} = \frac{10}{10^5}\ \text{mV} = 0.1\ \text{mV}$$

六、集成运放的理想化模型

1. 理想运放的技术指标

由于集成运放具有开环差模电压增益高、输入阻抗高、输出阻抗低及共模抑制比高等特点，实际中为了分析方便，常将它的各项指标理想化。理想运放的各项技术指标为：

（1）开环差模电压放大倍数 $A_d \to \infty$；

（2）输入电阻 $R_{id} \to \infty$；

（3）输出电阻 $R_o \to 0$；

（4）共模抑制比 $K_{CMRR} \to \infty$；

（5）3 dB 带宽 BW→∞；

（6）输入偏置电流 $I_{B1} = I_{B1} = 0$；

（7）失调电压 V_{OS}、失调电流 I_{OS} 及它们的温漂均为零；

（8）无干扰和噪声。

由于实际运放的技术指标与理想运放的技术指标比较接近，因此，在分析电路的工作原理时，用理想运放代替实际运放所带来误差并不严重，这在一般的工程计算中是允许的。

2. 理想运放的工作特性

理想运放的电压传输特性如图 11-5 所示。工作于线性区和非线性区的理想运放具有不同的特性。

1）线性区

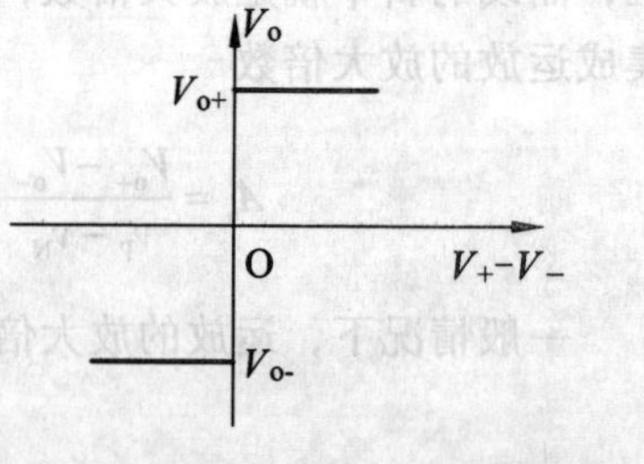

图 11.5　理想运放的电压传输特性

当理想运放工作于线性区时，$v_o = A_d(V_P - V_N)$，而 $A_d \to \infty$，因此 $V_P - V_N = 0$，即 $V_P = V_N$。又由输入电阻 $R_{id} \to \infty$ 可知，流进运放同相输入端和反相输入端的电流 I_P、I_N 为 $I_P = I_N = 0$。可见，当理想运放工作于线性区时，同相输入端与反相输入端的电位相等，流进同相输入端和反相输入端的电流为 0。$V_P = V_N$ 就表示 V_P 和 V_N 两个电位点短路，但是由于没有电流，所以称为“虚短路”，简称“虚短”；而 $I_P = I_N = 0$ 表示流过电流 I_P、I_N 的电路断开了，但是实际上没有断开，所以称为“虚断路”，简称“虚断”。

2）非线性区

工作于非线性区的理想运放仍然有输入电阻 $R_{id} \to \infty$，因此 $I_P = I_N = 0$。但由于 $v_o \neq A_d(V_P - V_N)$，所以不存在 $V_P = V_N$，由电压传输特性可知其特点为：

当 $V_P > V_N$ 时，$V_o = V_{o+}$；

当 $V_P < V_N$ 时，$V_o = V_{o-}$；

$V_P = V_N$ 为 V_{o+} 与 V_{o-} 转折点。

任务二　反馈在集成运放中的应用

使用集成运放组成的实际电路中，总要引入反馈，以改善放大电路的性能。因此，掌握反馈的基本概念与判断方法是研究集成运放电路的基础。

一、反馈的基本概念

1. 什么是电子电路中的反馈?

在电子电路中，将输出量的一部分或全部通过一定的电路形式馈给输入回路，与输入信号一起共同作用于放大器的输入端，称为反馈。反馈放大电路可以画成图 11-6 所示的框图。

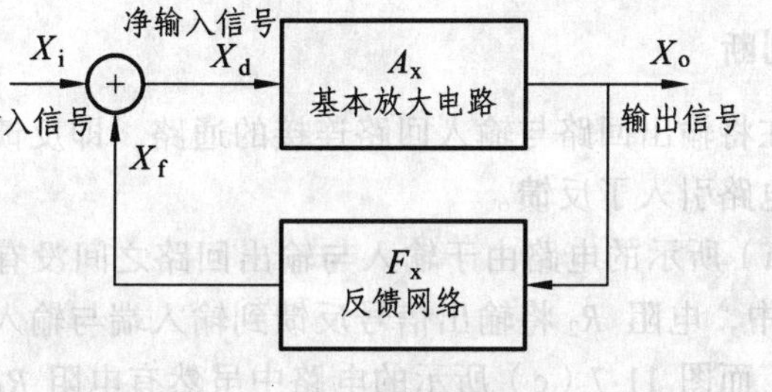

图 11-6　反馈放大电路框图

反馈放大器由基本放大器和反馈网络组成。所谓基本放大器，就是保留了反馈网络的负载效应的、信号只能从它的输入端传输到输出端的放大器，而反馈网络一般是将输出信号反馈到输入端而忽略了从输入端向输出端传输效应的阻容网络。从图中可以得出：基本放大器的净输入信号 $X_d = X_i - X_f$，反馈网络的输出 $X_f = F_x \cdot X_o$，基本放大器的输出 $X_o = A_x \cdot X_d$。其中，A_x 是基本放大器的增益，F_x 是反馈网络的反馈系数。A_x 和 F_x 中的下标 x 可代表电压（v）、电流（i）、电阻（r）或电导（g），即

$A_v = \frac{v_o}{v_i}$；称为电压增益；$A_i = \frac{i_o}{i_i}$，称为电流增益；

$A_r = \frac{v_o}{i_i}$；称为互阻增益；$A_g = \frac{i_o}{v_i}$，称为互导增益；

$F_v = \frac{v_f}{v_o}$；称为电压反馈系数；$F_i = \frac{i_f}{i_o}$，称为电流反馈系数；

$F_r = \frac{v_f}{i_o}$；称为互阻反馈系数；$F_g = \frac{i_f}{v_o}$，称为互导反馈系数。

2. 正反馈与负反馈

若放大器的净输入信号比输入信号小，则为负反馈；反之，若放大器的净输入信号比输入信号大，则为正反馈。也就是说，若 $X_i < X_d$，为正反馈；若 $X_i > X_d$，则为负反馈。

3. 直流反馈与交流反馈

若反馈量只包含直流信号，则称为直流反馈；若反馈量只包含交流信号，就是交流反馈。直流反馈一般用于稳定工作点，而交流反馈用于改善放大器的性能，所以研究交流反馈更有意义，本任务重点研究交流反馈。

4. 开环与闭环

从反馈放大电路框图可以看出，放大电路加上反馈网络后就形成了一个环。若有反馈，则说反馈环闭合了；若无反馈，则说反馈环被打开了。所以，常用闭环表示有反馈，用开环表示无反馈。

二、反馈的判断

1. 有无反馈的判断

若放大电路中存在将输出回路与输入回路连接的通路，即反馈通路，并由此影响了放大器的净输入，则表明电路引入了反馈。

例如，图 11-7（a）所示的电路由于输入与输出回路之间没有通路，所以没有反馈；图 11-7（b）所示的电路中，电阻 R_2 将输出信号反馈到输入端与输入信号一起作用于放大器输入端，所以具有反馈；而图 11-7（c）所示的电路中虽然有电阻 R_1 连接输入与输出回路，但是由于输出信号对输入信号没有影响，所以没有反馈。

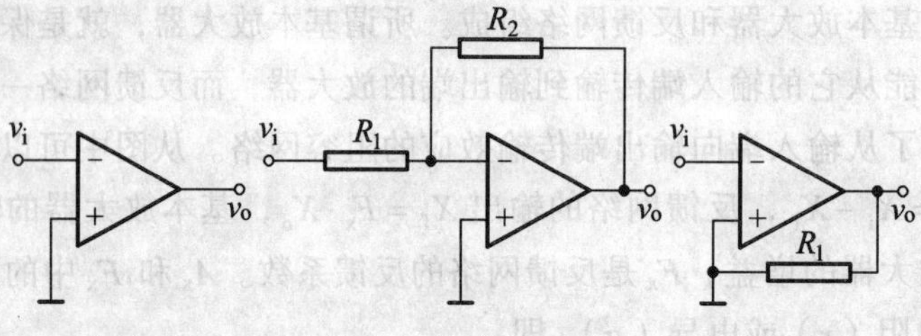

图 11-7　反馈是否存在的判断

2. 反馈极性的判断

反馈极性的判断，就是判断是正反馈还是负反馈。

判断反馈极性的方法是瞬时极性法：首先规定输入信号在某一时刻的极性，然后逐级判断电路中各个相关点的电流流向与电位的极性，从而得到输出信号的极性；根据输出信号的极性判断出反馈信号的极性；若反馈信号使净输入信号增加，就是正反馈，若反馈信号使净输入信号减小，就是负反馈。

例如，在图 11-8（a）所示的电路中，首先设输入电压瞬时极性为正，所以集成运放的输出为正，产生电流流过 R_2 和 R_1，在 R_1 上产生上正下负的反馈电压 v_f，由于 $v_d = v_i - v_f$，v_f 与 v_i 同极性，所以 $v_d < v_i$，净输入减小，说明该电路引入负反馈。

在图 11-8（b）所示的电路中首先设输入电压 v_i 瞬时极性为正，所以集成运放的输出为负，产生电流流过 R_2 和 R_1，在 R_1 上产生上负下正的反馈电压 v_f，由于 $v_d = v_i - v_f$，v_f 与 v_i 极性相反，所以 $v_d > v_i$，净输入减小，说明该电路引入正反馈。

在图 11-8（c）所示的电路中首先假设 i_i 的瞬时方向是流入放大器的反相输入端 v_N，相当于在放大器反相输入端加入了正极性的信号，所以放大器输出为负，放大器输出的负极性电压使流过 R_2 的电流 i_f 的方向是从 v_N 节点流出，由于 $i_i = i_d + i_f$，有 $i_d = i_i - i_f$，所以 $i_i > i_d$，就是说净输入电流比输入电流小，所以电路引入负反馈。

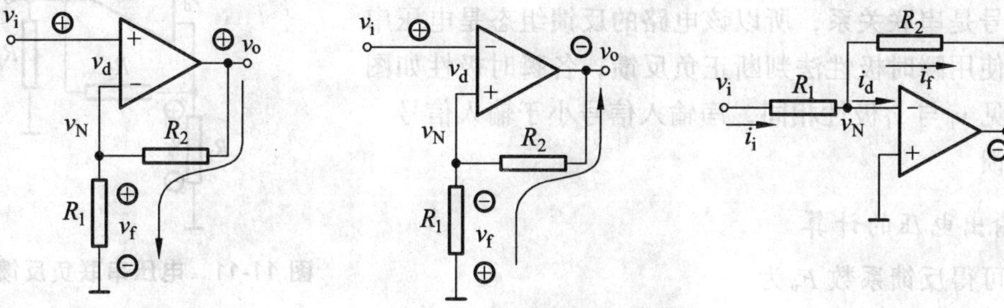

（a）　（b）　（c）

图 11-8　反馈极性的判断

3. 反馈组态的判断

1）电压与电流反馈的判断

反馈量取自输出端的电压，并与之成比例，则为电压反馈；若反馈量取自电流，并与之成比例，则为电流反馈。判断方法是将放大器输出端的负载短路，若反馈不存在就是电压反馈，否则就是电流反馈。例如，图 11-9（a）所示的电路，如果把负载短路，则 v_o 等于 0，这时反馈就不存在了，所以是电压反馈。而图 11-9（b）所示的电路中，若把负载短路，反馈电压 v_f 仍然存在，所以是电流反馈。

2）串联反馈与并联反馈的判断

若放大器的净输入信号 v_d 是输入电压信号 v_i 与反馈电压信号 v_f 之差，则为串联反馈。等效电路如图 11-10（a）所示。

若放大器的净输入信号 i_d 是输入电流信号 i_i 与反馈电流信号 i_f 之差，则为并联反馈。等效电路如图 11-10（b）所示。

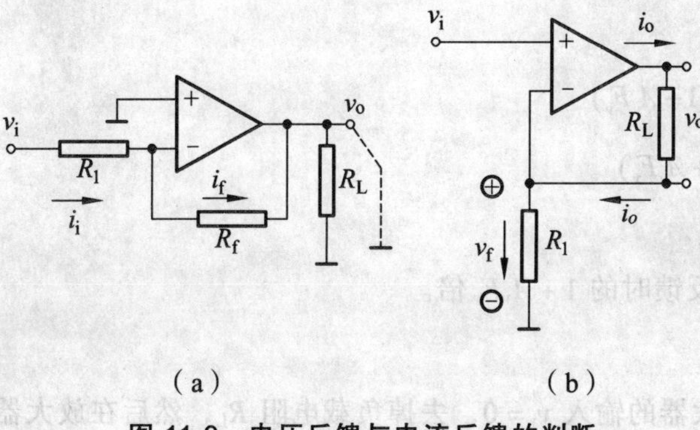

（a）　（b）

图 11-9　电压反馈与电流反馈的判断

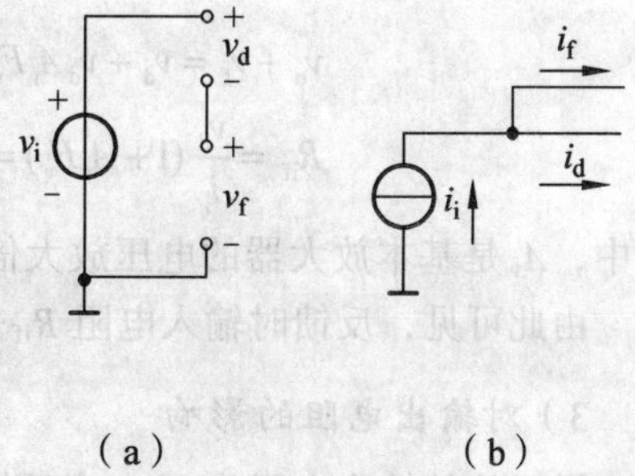

（a）　（b）

图 11-10　串联反馈与并联反馈的等效电路

三、四种反馈组态

1. 电压串联

首先判断图 11-11 所示电路的反馈组态，将负载 R_L 短路，就相当于输出端接地，这时 $v_o = 0$，反馈不存在，所以是电压反馈。从输入端来看，净输入信号 v_d 等于输入信号 v_i 与反馈信号 v_f 之差，就是说输入信号与反馈信号是串联关系，所以该电路的反馈组态是电压串联反馈。使用瞬时极性法判断正负反馈，各瞬时极性如图所示，可见 v_i 与 v_f 极性相同，净输入信号小于输入信号，故是负反馈。

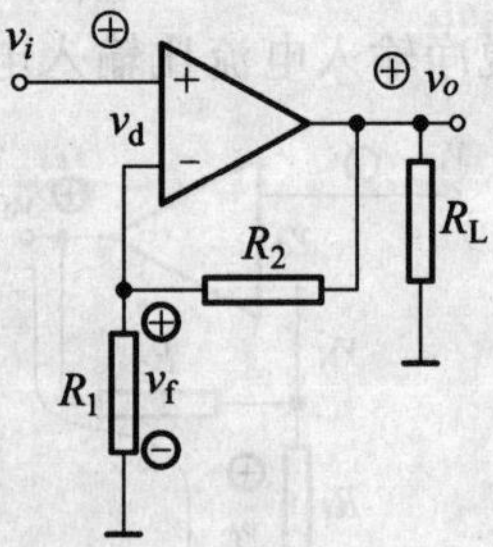

图 11-11 电压串联负反馈电路

1）输出电压的计算

由图可得反馈系数 F_v 为

$$F_v = \frac{v_f}{v_o} = \frac{R_1}{(R_1 + R_2)}$$

由于运放的电压放大倍数非常大，在输入端 $v_P \approx v_N$，故有 $v_d = v_i - v_f = 0$，从而得到 $v_i = v_f$，所以输出电压

$$v_o = \frac{v_i}{F_v} = \left(1 + \frac{R_2}{R_1}\right) v_i$$

从此式可以看出，输出电压只与电阻的参数有关，可见十分稳定，所以电压反馈使输出电压稳定。

2）对输入电阻的影响

当无反馈时

$$R_i = \frac{v_i}{i_i} = \frac{v_d}{i_i}$$

而有反馈时

$$R_{if} = \frac{v_d + v_f}{i_i}$$

由 $$v_d + v_f = v_d + v_d A_v F_v = v_d (1 + A_v F_v)$$

得 $$R_{if} = \frac{v_d}{i_i}(1 + A_v F_v) = R_i (1 + A_v F_v)$$

其中，A_v 是基本放大器的电压放大倍数。

由此可见，反馈时输入电阻 R_{if} 是无反馈时的 $1 + A_v F_v$ 倍。

3）对输出电阻的影响

设运放的输出电阻为 R_o，令反馈放大器的输入 $v_i = 0$，去掉负载电阻 R_L，然后在放大器的输出端接一个实验电压源 V，如图 11-12 所示。

由图得

$$I = \frac{V - A_v v_d}{R_o}$$

因为 $v_i = 0$，所以 $v_d = -v_f = -F_v v_o = -F_v V$，从而得出

$$I = \frac{V + A_v F_v V}{R_o} = \frac{V(1 + A_v F_v)}{R_o}$$

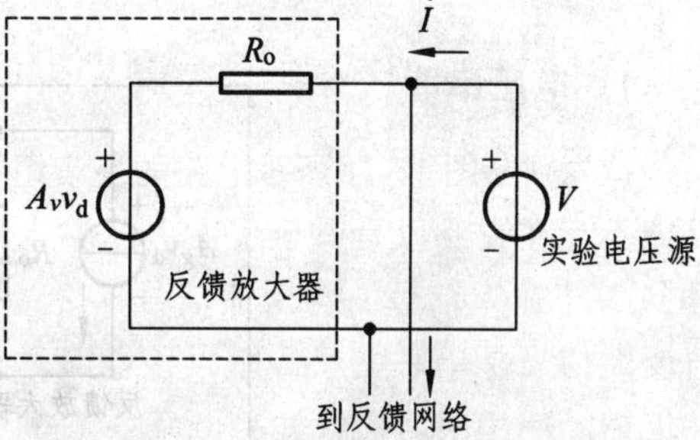

图 11-12　计算输出电阻的等效电路

最后得到

$$R_{of} = \frac{V}{I} = \frac{R_o}{1 + A_v F_v}$$

由此可知，电压反馈时的输出电阻是无反馈时输出电阻的 $1/(1 + A_v F_v)$ 倍。

2. 电流串联

首先判断图 11-13 所示电路的反馈组态，将负载 R_L 短路，这时仍有电流流过 R_1 电阻，产生反馈电压 v_f，所以是电流反馈。从输入端来看，净输入信号 v_d 等于输入信号 v_i 与反馈信号 v_f 之差，就是说输入信号与反馈信号是串联关系，所以该电路的反馈组态是电流串联反馈。使用瞬时极性法判断正负反馈，各瞬时极性如图所示，可见 v_i 与 v_f 极性相同，净输入信号小于输入信号，故是负反馈。

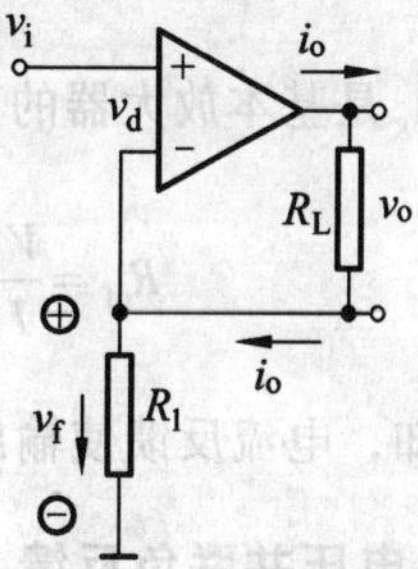

图 11-13　电流串联负反馈电路

1）输出电流的计算

由图可得反馈系数 F_r 为

$$F_r = \frac{v_f}{i_o} = \frac{i_o R_1}{i_o} = R_1$$

由于运放的电压放大倍数非常大，在输入端 $v_P \approx v_N$，故有 $v_d \approx v_i - v_f = 0$，从而得到 $v_i = v_f$，所以输出电流

$$i_o = \frac{v_i}{F_r} = \frac{1}{R_1} v_i$$

由此式可知，输出电流只与电阻阻值有关，所以非常稳定，就是说电流反馈使输出电流稳定。

2）对输入电阻的影响

因为是串联反馈，所以反馈时的输入电阻 R_{if} 是无反馈时的 $1 + A_g F_r$ 倍。这里 A_g 是基本放大器的互导增益。

3）对输出电阻的影响

设运放的输出电阻为 R_o，令反馈放大器的输入 $v_i = 0$，去掉负载电阻 R_L，然后在放大器

的输出端接一个实验电流源 I，如图 11-14 所示。

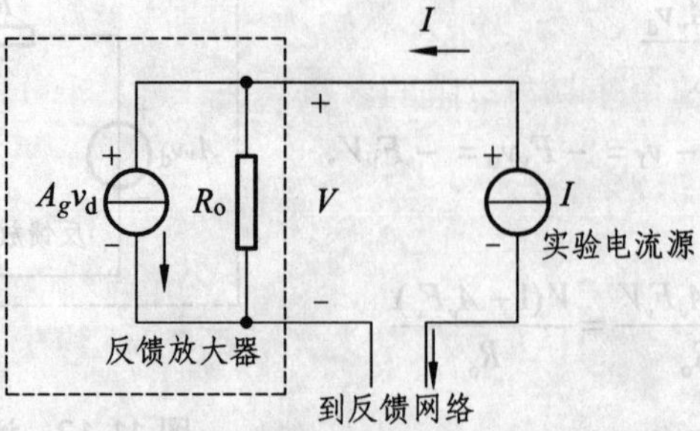

图 11-14　计算输出电阻的等效电路

由图得

$$v_d = -v_f = -F_r i_o = -F_r I$$

所以

$$V = (I - A_g v_d)R_o = (I + A_g F_r I) = I(1 + A_g F_r)R_o$$

其中，A_g 是基本放大器的互导增益。最后得到

$$R_{of} = \frac{V}{I} = (1 + A_g F_r)R_o$$

由此可知，电流反馈使输出电阻增大 $A_g F_r$ 倍。

3. 电压并联负反馈

首先判断图 11-15 所示电路的反馈组态，将负载 R_L 短路，就相当于输出端接地，这时 $v_o = 0$，反馈不存在，所以是电压反馈。从输入端来看，输入信号 i_i 与反馈信号 i_f 并联在一起，净输入电流信号 i_d 等于输入电流信号 i_i 与反馈电流信号 i_f 之差，所以该电路的反馈组态是电压并联反馈。使用瞬时极性法判断正负反馈，各瞬时极性和瞬时电流方向如图所示，可见 i_f 瞬时流向是对 i_i 分流，使 i_d 减小，净输入信号 i_d 小于输入信号 i_i，故是负反馈。

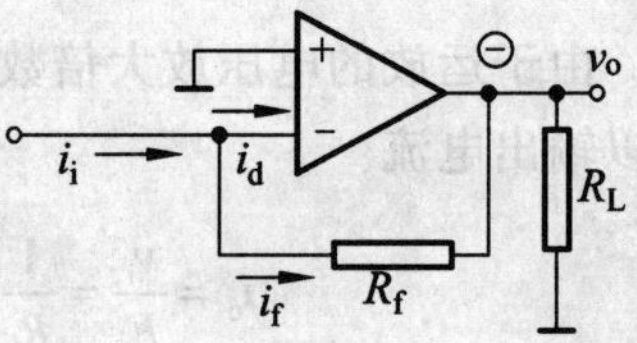

图 11-15　电压并联负反馈

1）输出电压的计算

由图可得反馈系数 F_g 为

$$F_g = \frac{i_f}{v_o} \approx -\frac{v_o}{R_f v_o} = -\frac{1}{R_f}$$

由于运放的电压放大倍数非常大，在输入端 $v_P \approx v_N$，故有 $i_d = i_i - i_f \approx 0$，从而得到 $i_i = i_f$，所以输出电压

$$v_o = \frac{i_i}{F_g} = -R_f i_i$$

从此式可以看出，输出电压只与电阻的参数有关，可见十分稳定，所以电压反馈使输出电压稳定。

2）对输入电阻的影响

设运放的输入电阻为 R_{if}、电压放大倍数为 A_v，当无反馈时，$R_i = \frac{v_i}{i_i} = \frac{v_i}{i_d}$，而有反馈时

$$R_{if} = \frac{v_i}{i_i} = \frac{v_i}{i_d + i_f}$$

由于 $$i_d + i_f = i_d + i_d A_r F_g = i_d(1 + A_r F_g)$$

其中 A_r 是基本放大器的互阻增益。最后得到

$$R_{if} = \frac{R_i}{1 + A_r F_g}$$

由此可知，反馈时的输入电阻 R_{if} 是无反馈时的 $1/(1 + A_r F_g)$ 倍。

3）对输出电阻的影响

该反馈电路的输出电阻是无反馈时输出电阻的 $1/(1 + A_r F_g)$ 倍。

4. 电流并联负反馈

首先判断图 11-16 所示电路的反馈组态，将负载 R_L 短路，这时仍有电流流过 R_1 电阻，产生反馈电流 i_f，所以是电流反馈。从输入端来看，输入信号 i_i 与反馈信号 i_f 并联在一起，净输入电流信号 i_d 等于输入电流信号 i_i 与反馈电流信号 i_f 之差，所以该电路的反馈组态是电流并联反馈。使用瞬时极性法判断正负反馈，各瞬时极性和瞬时电流方向如图所示，可见 i_f 瞬时流向是对 i_i 分流，使 i_d 减小，净输入信号 i_d 小于输入信号 i_i，故是负反馈。

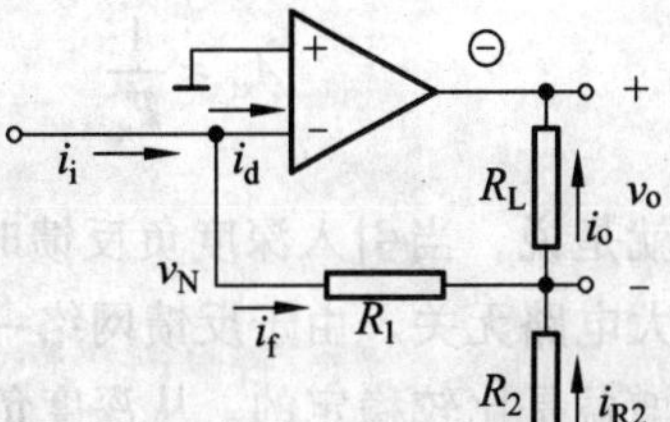

图 11-16 电流并联负反馈电路

1）输出电流的计算

由图可得反馈系数 F_i 为

$$F_i = \frac{i_f}{i_o} = \frac{-i_o \frac{R_2}{R_1 + R_2}}{i_o} = -\frac{R_2}{R_1 + R_2}$$

由于运放的电压放大倍数非常大，在输入端 $v_P \approx v_N$，故有 $i_d = i_i - i_f \approx 0$，从而得到 $i_i = i_f$，

所以 $$i_o = -\left(1+\frac{R_1}{R_2}\right)i_i$$

2）对输入电阻的影响

由于是并联反馈，所以该电路反馈时的输入电阻 R_{if} 是无反馈时的输入电阻 R_i 的 $1+A_iF_i$ 倍。这里 A_i 是基本放大器的电流放大系数。

3）对输出电阻的影响

由于是电流反馈，所以该电路反馈时的输出电阻是无反馈时的输出电阻的 $1+A_iF_i$ 倍。

四、负反馈放大电路的一般表达式

从上述反馈电路中可得到反馈放大器的增益

$$A_{xf} = \frac{X_o}{X_i} = \frac{X_o}{X_d + X_f} = \frac{A_x X_d}{X_d + X_d A_x F_x}$$

从而可得到一般的增益表达式为

$$A_{xf} = \frac{A_x}{1+A_x F_x}$$

有关 $1+A_xF_x$ 的讨论：

① 若 $1+A_xF_x$ 大于 1，有 $A_{xf} < A_x$，则为负反馈。

② 若 $1+A_xF_x$ 小于 1，有 $A_{xf} > A_x$，则为正反馈。

③ 若 $1+A_xF_x$ 等于 0，有 $A_{xf} = \infty$，则没有输入时也有输出，这时放大器就变成了振荡器。

④ 若 $1+A_xF_x \gg 1$，则有 $1+A_xF_x = A_xF_x$，这时的增益表达式为

$$A_{xf} \approx \frac{1}{F_x}$$

也就是说，当引入深度负反馈时（即 $1+A_xF_x \gg 1$ 时），增益仅仅由反馈网络决定，而与基本放大电路无关。由于反馈网络一般为无源网络，受环境温度的影响比较小，所以反馈放大器的增益是比较稳定的。从深度负反馈的条件可知，当反馈系数确定之后，A_x 越大越好，A_x 越大，A_{xf} 与 $1/F_x$ 的近似程度越高。

根据 A_{xf} 和 F_x 定义

$$A_{xf} = \frac{X_o}{X_i}, \quad F_x = \frac{X_f}{X_o}$$

得 $$A_{xf} \approx \frac{1}{F_x} = \frac{X_o}{X_f}$$

说明 $X_i \approx X_f$，可见深度负反馈的实质是在近似分析中忽略净输入量，对于电压反馈忽略 v_d，对于并联反馈忽略 i_d。

负反馈对放大电路的性能影响很大，除可以改变放大器的输入、输出电阻外，还可以稳定放大倍数，展宽频带，减小非线性失真。特别是当反馈深度很大时，改善的效果更加明显。但是反馈深度很大时，容易引起放大电路的不稳定，产生自激振荡。

任务三　频率特性

对于一个放大电路来讲，当施加一定的输入电压信号时，则有相应的输出电压信号产生。电压放大倍数为一相量，即

$$\dot{A}_v = |A_v| \underline{/\varphi_v}$$

其中，A_v是输出信号与输入信号绝对值之比，φ_v是输出信号与输入信号的相位差。

经实验可知，当我们施加频率变化的正弦输入信号于实际的放大电路时，A_v与φ_v都随频率变化而变化，即$A_v(f)$、$\varphi_v(f)$均为频率的函数。

例如，单级阻容耦合放大电路的$A_v(f)$曲线如图 11-17 所示。这种现象是由放大电路的耦合电容和晶体管极间电容等引起的。而直接耦合放大器的频率特性如图 11-18 所示。

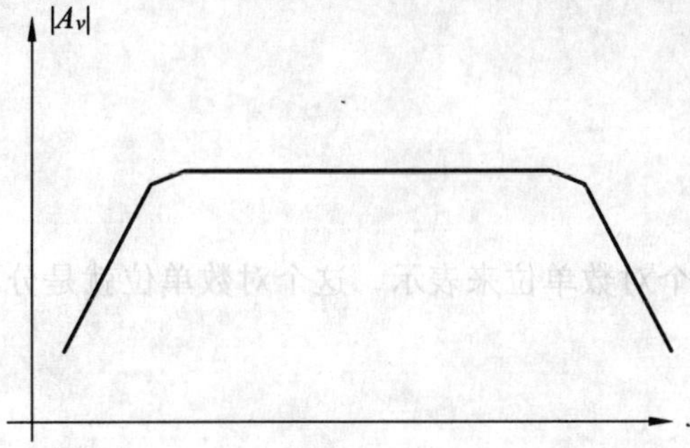

图 11-17　阻容耦合放大器的幅频特性

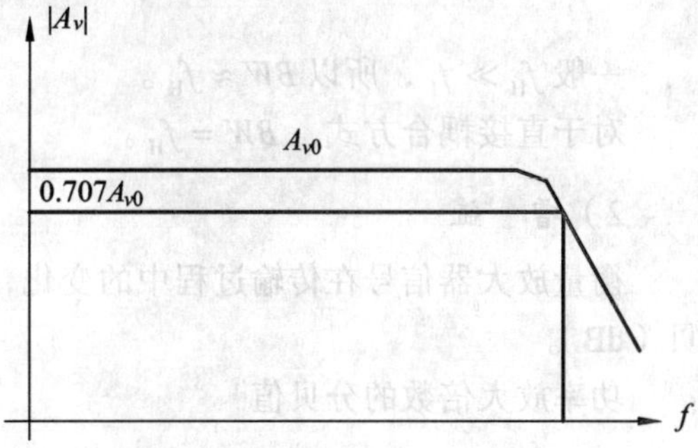

图 11-18　直接耦合放大器的幅频特性

一、基本概念

放大电路对正弦输入信号的稳态响应称为频率响应，频率响应与正弦输入信号之间的关系称为频率特性。

1）频率特性和通频带

放大器的频率特性可用放大器的放大倍数与频率的关系描述

$$\dot{A}_v = |A_v(f)| \underline{/\varphi_v(f)}$$

式中，$|A_v(f)|$表示电压放大倍数的模与频率 f 的关系，称为幅频特性；$\varphi_v(f)$表示放大器输出电压与输入电压之间的相位差与频率的关系，称为相频特性。二者合称放大器的频率特性。

图 11-19 中，f_L 和 f_H 分别称为下限频率和上限频率，定义为放大倍数下降至$0.707A_{vM}$时对应的频率。f_L 主要由放大器中晶体管外部的电容（耦合电容、旁路电容等）决定，f_H 主

要由晶体管内部的电容决定。不同的放大器具有不同的频率特性。对于直接耦合电路（主要指模拟集成电路），由于没有晶体管外部电容，所以无下限频率 f_L。低于 f_L 的频率范围称为低频区，高于 f_H 的频率范围称为高频区，在 f_L 与 f_H 之间的频率范围称为中频区。中频区频率特性曲线的平坦部分的放大倍数称为中频放大倍数。中频区的频率范围通常又称放大器的通频带或带宽，即

$$\mathrm{BW} = f_H - f_L$$

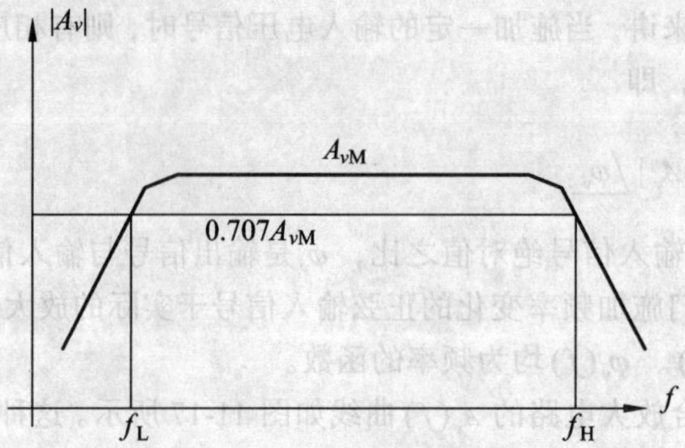

图 11-19　阻容耦合放大器的幅频特性

一般 $f_H \gg f_L$，所以 $BW \approx f_H$。

对于直接耦合方式，$BW = f_H$。

2）增　益

衡量放大器信号在传输过程中的变化，可用一个对数单位来表示，这个对数单位就是分贝（dB）。

功率放大倍数的分贝值

$$A_P(\mathrm{dB}) = 10\lg\frac{P_o}{P_i}(\mathrm{dB})$$

在给定的电阻下，功率与电压的平方成正比，所以电压放大倍数的分贝值

$$A_v(\mathrm{dB}) = 10\lg\frac{V_o^2}{V_i^2} = 2\lg\frac{V_o}{V_i}(\mathrm{dB})$$

式中，P_i、V_i 表示放大器的输入功率和输入电压；P_o、V_o 表示输出功率和输出电压；lg 为以 10 为底的常用对数。

例如，一个放大器的放大倍数 $A_v = 100$，则用分贝数表示的电压放大倍数为 40 dB。又如，当 $A_v = 0.707$（归一化放大倍数）时，相应的分贝数为 − 3 dB。因此，前面所述通频带的下限频率和上限频率，分别是对应下端或上端的 − 3 dB 点的频率。

放大倍数采用对数单位分贝表示的优点在于：首先，它将放大倍数的相乘简化为相加；其次，在讨论放大器的频率特性时可采用对数坐标图，这样在绘制近似的频率特性曲线时更

为简便；此外，采用对数单位表示信号传输的大小比较符合人耳对声音感觉的状况，因此特别适用于电声设备。

放大倍数用分贝作单位时，常称为增益。

二、对数频率特性

为了缩短坐标，扩大视野，幅频特性和相频特性可分别绘在两张对数坐标纸上。这种对数坐标图，就是频率采用对数分度，而幅值（以 dB 表示的电压增益）或相角 φ 则采用线性分度。这两张频率特性曲线图称为对数频率特性或波特图。

通过 EDA 软件，可以很容易地作出放大电路频率特性。

三、集成运放的频率特性

集成运放是直接耦合多级放大电路，具有很好的低频特性（$f_L = 0$），可以放大直流信号。它的各级晶体管的极间电容影响它的高频特性。由于集成运放的电压增益高达上万，即使晶体管的结电容很小，其影响仍然很大，所以集成运放的上限频率很低，通用集成运放的 – 3 dB 带宽只有几赫兹到十几赫兹。这么低的上限频率确实限制了集成运放的某些应用，但是，影响并不是很大，原因是放大电路的增益与带宽的乘积基本是常数，所以当采用深度负反馈将增益减小后，带宽就被展宽了。

图 11-20 给出了 LM324 的开环频率特性，而图 11-21 所示是闭环频率特性。

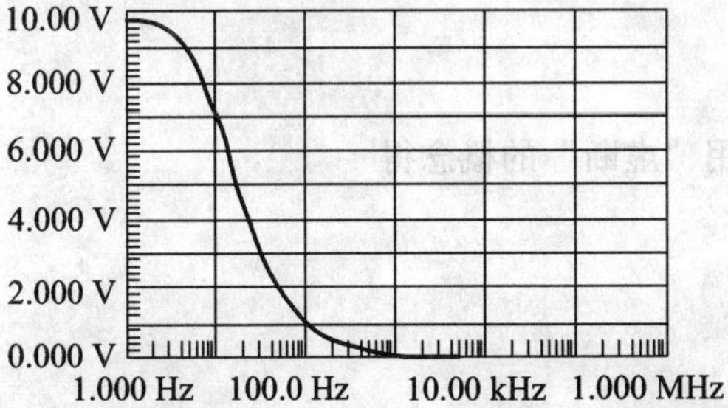

图 11-20　LM324 的开环频率特性

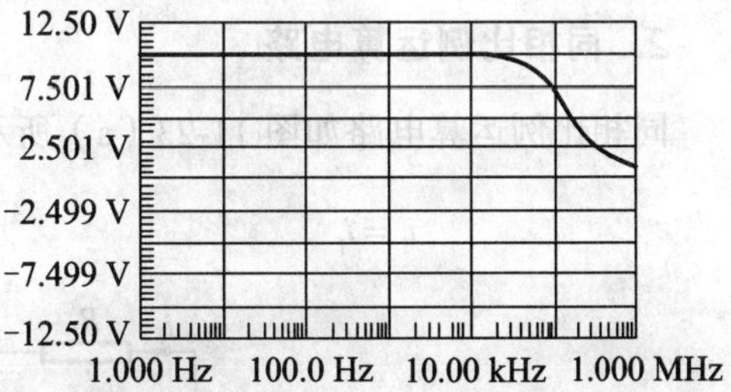

图 11-21　LM324 的闭环频率特性

LM324 的开环电压放大倍数为 10^5，开环带宽为 10 Hz 左右，而闭环放大倍数为 10 倍时的带宽约为 100 kHz，可见两个电路的增益带宽积是基本相同的。

任务四　集成运放的线性应用

集成运放的应用首先是构成各种运算电路。在运算电路中，以输入电压为自变量，以输出电压作为函数，当输入电压发生变化时，输出电压反映输入电压某种运算的结果。因此，集成运放必须工作在线性区，在深度负反馈条件下，利用反馈网络可以实现各种数学运算。

本节中的集成运放都是理想运放，就是说在分析时，注意使用“虚断”和“虚短”概念。

一、比例运算电路

1. 反相比例运算电路

电路如图 11-22 所示，由于运放的同相端经电阻 R_2 接地，利用“虚断”的概念，该电阻上没有电流，所以没有电压降，就是说运放的同相端是接地的。利用“虚短”的概念，同相端与反相端的电位相同，所以反相端也是接地的，由于没有实际接地，所以称为“虚地”。

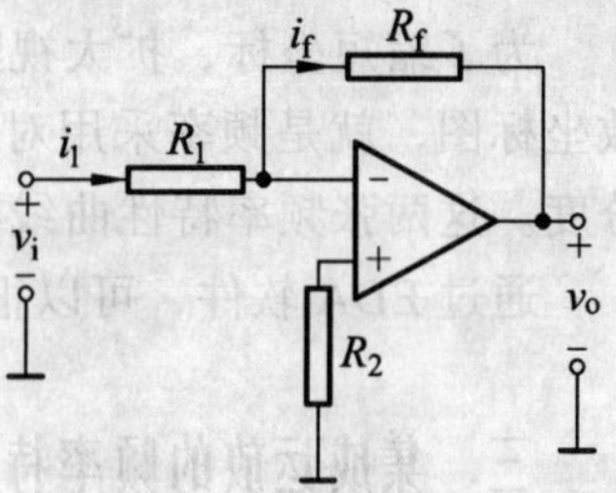

图 11-22 反相比例运算电路

利用“虚断”概念，由图得

$$i_1 = i_f$$

利用“虚地”概念，得

$$i_1 = \frac{v_i - v_N}{R_1} = \frac{v_i}{R_1}$$

$$i_f = \frac{v_N - v_o}{R_f} = -\frac{v_o}{R_f}$$

最后得

$$v_o = -\frac{R_f}{R_1} v_i$$

虽然集成运放有很高的输入电阻，但是并联反馈降低了输入电阻，这时的输入电阻为 $R_i = R_1$。

2. 同相比例运算电路

同相比例运算电路如图 11-23（a）所示。利用“虚断”的概念得

$$i_1 = i_f$$

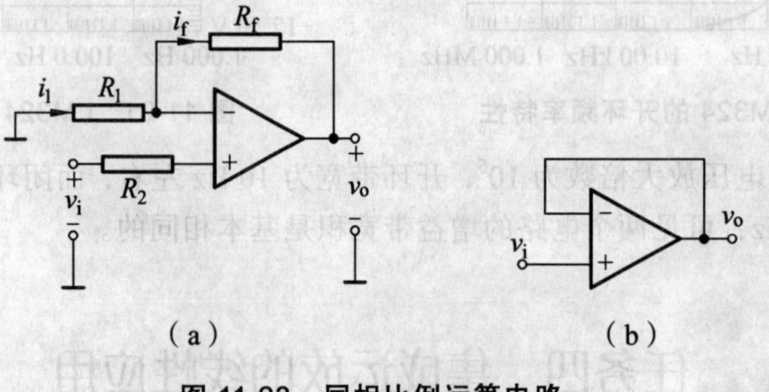

图 11-23 同相比例运算电路

利用“虚短”的概念得

$$i_1 = \frac{0 - v_N}{R_1} = \frac{-v_P}{R_1} = \frac{v_i}{R_1}$$

$$i_f = \frac{v_N - v_o}{R_f} = \frac{v_i - v_o}{R_f}$$

最后得到输出电压的表达式

$$v_o = \left(1+\frac{R_f}{R_1}\right)v_i$$

由于是串联反馈电路，所以输入电阻很大，理想情况下 $R_i = \infty$。由于信号加在同相输入端，而反相端和同相端电位一样，所以输入信号对于运放是共模信号，这就要求运放有好的共模抑制能力。

若将反馈电阻 R_f 和 R_1 电阻去掉，就成为图 11-23（b）所示的电路，该电路的输出全部反馈到输入端，是电压串联负反馈。由 $R_1 = \infty$ 、$R_f = 0$ 可知 $v_o = v_i$，即输出电压跟随输入电压变化，故简称电压跟随器。

由以上分析可知，在分析运算关系时，应该充分利用“虚断”和“虚短”概念，首先列出关键节点的电流方程（这里的关键节点是指那些与输入、输出电压有关系的节点，例如集成运放的同相、反相节点），然后对所列表达式进行整理，得到输出电压的表达式。

二、加法运算电路

反相加法电路由图 11-24 所示。由图有

$$i_1 + i_2 + i_3 = i_f$$

其中

$$i_1 = \frac{v_{i1}}{R_1},\quad i_2 = \frac{v_{i2}}{R_2},\quad i_3 = \frac{v_{i3}}{R_3},\quad i_f = -\frac{v_o}{R_f}$$

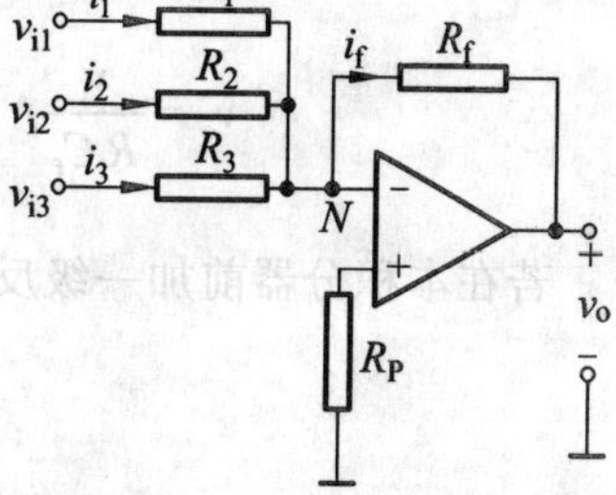

图 11-24　反相加法电路

所以有

$$v_o = -R_f\left(\frac{v_{i1}}{R_1}+\frac{v_{i2}}{R_2}+\frac{v_{i3}}{R_3}\right)$$

若 $R_1 = R_2 = R_3 = R_f = R$，则有

$$v_o = \frac{R_f}{R}(v_{i1}+v_{i2}+v_{i3}+v_{i4})$$

该电路的特点是便于调节，因为同相端接地，反相端是“虚地”。

三、减法运算电路

利用差动放大电路实现减法运算的电路如图 11-25 所示。

由图有

$$\frac{v_{i1}-v_N}{R_1} = \frac{v_N - v_o}{R_f}$$

$$\frac{v_{i2}-v_P}{R_2} = \frac{v_P}{R_3}$$

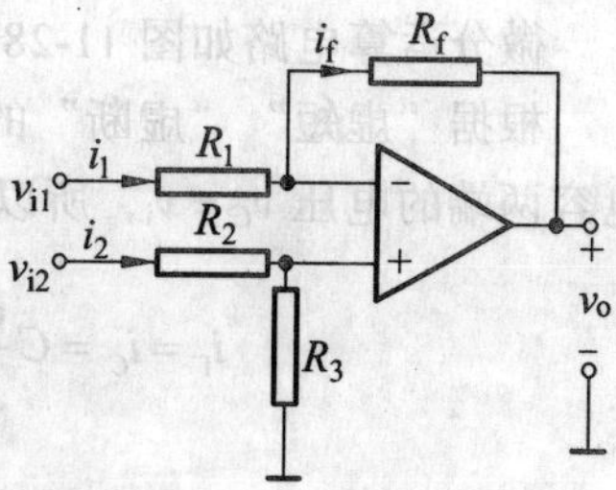

图 11-25　减法运算电路

由于 $v_N = v_P$，所以

$$v_o = \left(1+\frac{R_f}{R_1}\right)\left(\frac{R_3}{R_2+R_3}\right)v_{i2} - \frac{R_f}{R_1}v_{i1}$$

当 $R_1 = R_2 = R_3 = R_f$ 时，有

$$v_o = v_{i2} - v_{i1}$$

四、积分运算电路

反相积分运算电路如图 11-26 所示。

利用“虚地”的概念，有 $i_1 = i_f = \dfrac{v_i}{R_1}$，所以

$$v_o = -v_C = -\frac{1}{C_f}\int i_f \mathrm{d}t = -\frac{1}{C_f R_1}\int v_i \mathrm{d}t$$

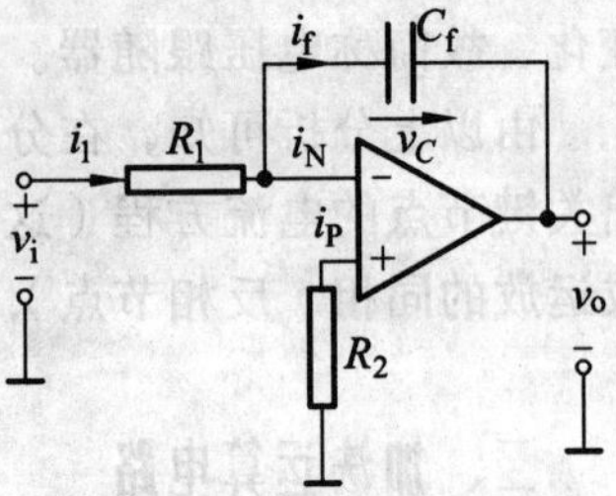

图 11-26　积分运算电路

若输入电压为常数，则有

$$v_o = \frac{v_i}{R_1 C_f}t$$

若在本积分器前加一级反相器，就构成了同相积分器，如图 11-27 所示。

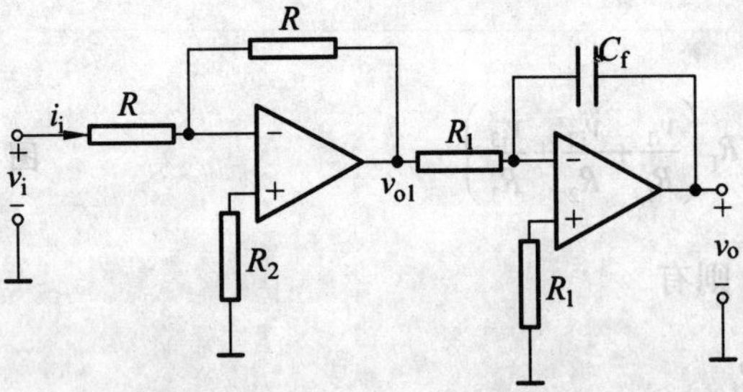

图 11-27　同相积分电路

五、微分运算电路

微分运算电路如图 11-28 所示。

根据“虚短”、“虚断”的概念，$v_P = v_N = 0$，为“虚地”，电容两端的电压 $v_C = v_i$，所以有

$$i_f = i_C = C\frac{\mathrm{d}v_i}{\mathrm{d}t}$$

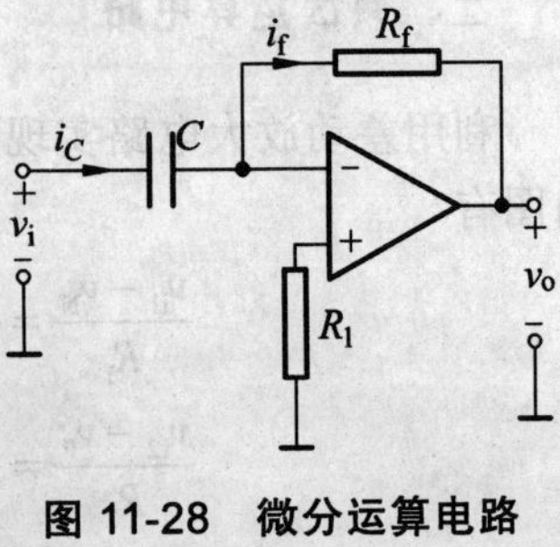

图 11-28　微分运算电路

输出电压　　$v_o = -i_f R_f = -R_f C\dfrac{\mathrm{d}v_1}{\mathrm{d}t}$

六、测量放大电路

测量放大电路如图 11-29 所示。该电路常用在自动控制和非电量测量系统中。

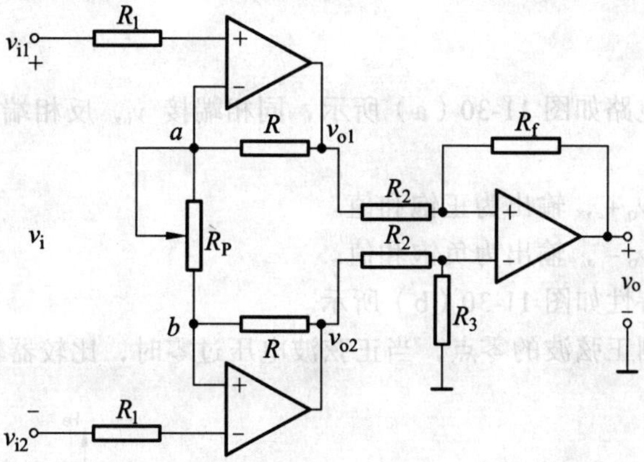

图 11-29 测量放大电路

由图知 $v_i = v_{i1} - v_{i2} = v_a - v_b$

所以

$$v_i = v_a - v_b = \frac{R_P}{2R + R_P}(v_{o1} - v_{o2})$$

得到

$$v_{o1} - v_{o2} = \left(1 + \frac{2R}{R_P}\right) v_i$$

由叠加原理得

$$v_o = \left(1 + \frac{R_f}{R_2}\right)\frac{R_f}{R_2 + R_f} v_{o2} - \frac{R_f}{R_2} v_{o1} = \frac{R_f}{R_2}(v_{o2} - v_{o1})$$

将前式带入，得到

$$v_o = -\frac{R_f}{R_2}\left(1 + \frac{2R}{R_P}\right)$$

改变电阻 R_P 的数值，就可以改变该电路的放大倍数。

集成运放的线性应用还很多，例如对数放大器、有源滤波等，限于篇幅，本教材不作介绍。

任务五 集成运放的非线性应用

一、电压比较器

电压比较器的作用是将一个连续变化的输入电压与参考电压进行比较，在二者幅度相等时，输出电压将产生跳变，通常用于 A/D 转换、波形变换等场合。在电压比较器电路中，运算放大器通常工作于非线性区，为了提高正负电平的转换速度，应选择上升速率和增益带宽积这两项指标高的运算放大器。目前已经有专用的集成比较器，使用更加方便。

1. 过零比较器

同相过零比较器电路如图 11-30（a）所示，同相端接 v_i，反相端 $v_N = 0$，所以输入电压是和零电压进行比较。

当 $v_i > 0$ 时，$v_o = v_{o+}$，输出为正饱和值。

当 $v_i < 0$ 时，$v_o = v_{o-}$，输出为负饱和值。

该比较器的传输特性如图 11-30（b）所示。

该电路常用于检测正弦波的零点，当正弦波电压过零时，比较器输出发生跃变。

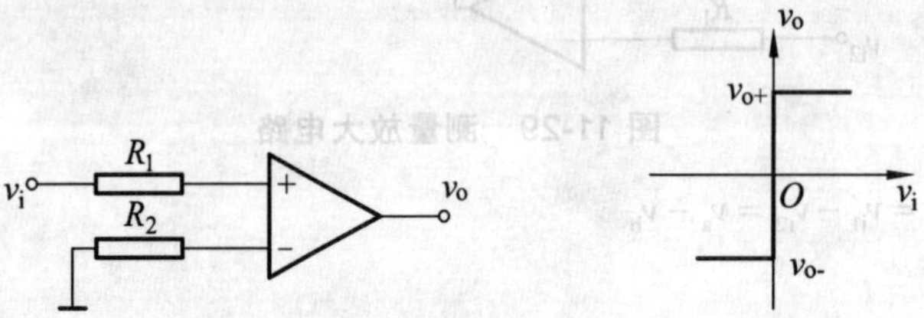

（a）　　　　　　　　　　（b）

图 11-30　过零比较器

2. 任意电压比较器

同相任意电压比较器电路如图 11-31（a）所示，同相端接 v_i，反相端 $v_N = v_R$，所以输入电压是和 v_R 电压进行比较。

当 $v_i > v_R$ 时，$v_o = v_{o+}$，输出为正饱和值。

当 $v_i < v_R$ 时，$v_o = v_{o-}$，输出为负饱和值。

该比较器的传输特性如图 11-31（b）所示。

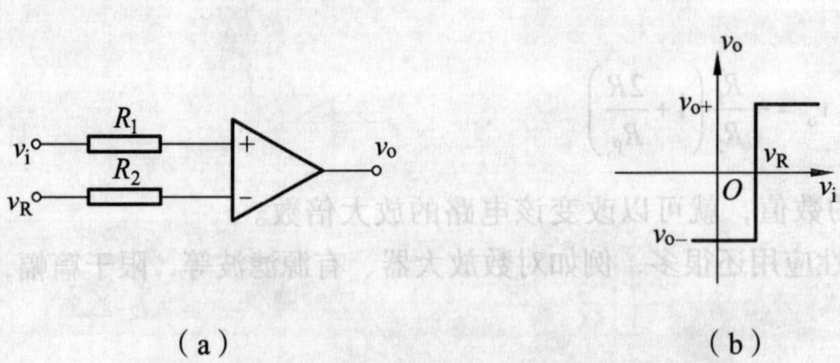

（a）　　　　　　　　　　（b）

图 11-31　任意电压比较器

上述的开环单门限比较器电路简单，灵敏度高，但是抗干扰能力较差，当干扰叠加到输入信号上而在门限电压值上下波动时，比较器就会反复动作，此时如果去控制一个系统的工作，会出现误动作。

3. 滞环比较器

从反相端输入的滞环比较器电路如图 11-32（a）所示，滞环比较器中引入了正反馈。

从集成运放输出端的限幅电路可以看出 $v_o = \pm v_z$，集成运放反相输入端电位 $v_N = v_i$，同相端的电位为

$$v_P = \pm\frac{R_1}{R_1+R_2}v_z$$

令 $v_N = v_P$，则有阈值电压

$$v_T = \pm\frac{R_1}{R_1+R_2}v_z$$

该电路的传输特性如图 11-32（b）所示。

当输入电压 v_i 小于 $-v_T$ 时，v_N 一定小于 v_P，所以 $v_o = +v_z$，$v_P = +v_T$；

当输入电压 v_i 增加并达到 $+v_T$ 后，再稍稍增加一点时，输出电压就会从 $+v_z$ 向 $-v_z$ 跃变；

当输入电压 v_i 大于 $+v_T$ 时，v_N 一定大于 v_P，所以 $v_o = -v_z$，$v_P = -v_T$；

当输入电压 v_i 减小并达到 $-v_T$ 后，再稍稍减小一点时，输出电压就会从 $-v_z$ 向 $+v_z$ 跃变。

若将电阻 R_1 的接地端接参考电压 v_R，如图 11-33（a）所示，可得同相端电压

$$v_P = \frac{R_2}{R_1+R_2}v_R \pm \frac{R_1}{R_1+R_2}v_z$$

令 $v_N = v_P$，求出的 v_i 就是阈值电压，因此得出

$$v_{T1} = \frac{R_2}{R_1+R_2}v_R - \frac{R_1}{R_1+R_2}v_z$$

$$v_{T2} = \frac{R_2}{R_1+R_2}v_R + \frac{R_1}{R_1+R_2}v_z$$

该电路的传输特性如图 11-33（b）所示。

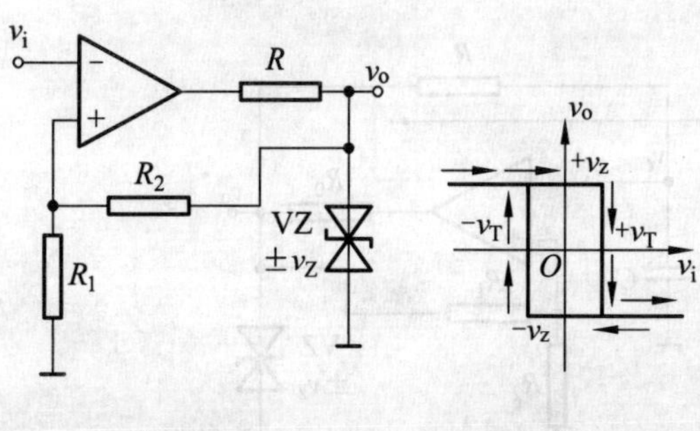

图 11-32　滞环比较器

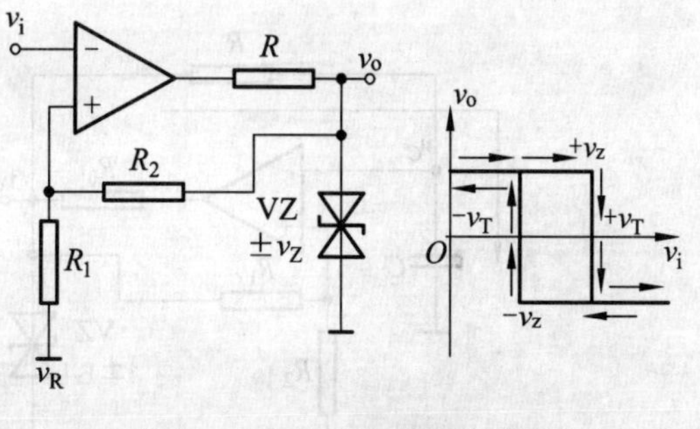

图 11-33　具有参考电压的滞环比较器

目前有很多种集成比较器芯片，例如 AD790、LM119、LM193、MC1414、MAX900 等，

虽然它们与集成运放相比开环增益低、失调电压大、共模抑制比小，但是它们速度快、传输延迟时间短，而且一般不需要外加电路就可以直接驱动 TTL、CMOS 等集成电路，并可以直接驱动继电器等功率器件。

二、方波发生器

方波发生器是能够直接产生方波信号的非正弦波发生器。由于方波中包含有极丰富的谐波，因此方波发生器又被称为多谐振荡器。由迟滞比较器和 *RC* 积分电路组成的方波发生器如图 11-34（a）所示。图 11-34（b）所示为双向限幅的方波发生器。图中，运放和 R_1、R_2 构成迟滞比较器，双向稳压管用来限制输出电压的幅度，稳压值为 v_z。比较器的输出由电容上的电压 v_C 和 v_o 在电阻 R_2 上的分压 v_{R2} 决定。当 $v_C > v_{R2}$ 时，$v_o = -v_z$；当 $v_C < v_{R2}$ 时，$v_o = +v_z$，$v_{R2} = \dfrac{R_2}{R_1 + R_2} v_o$。

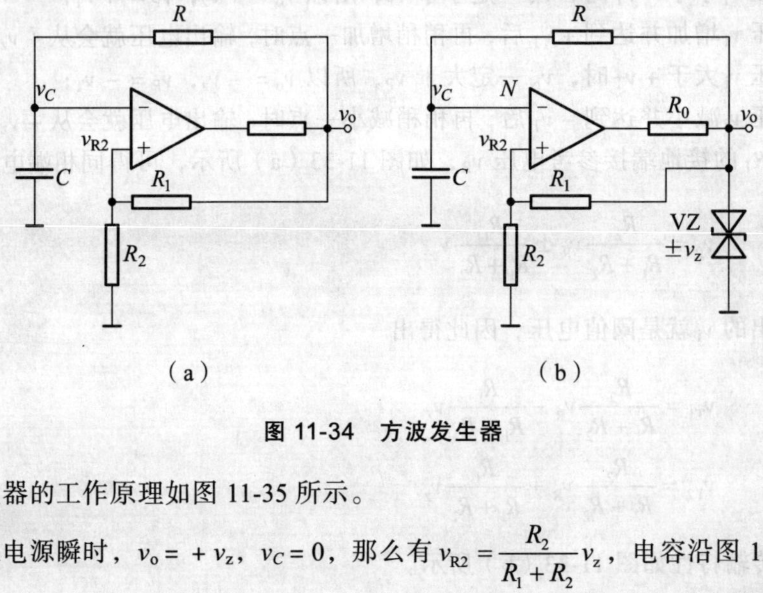

（a）　　　（b）

图 11-34　方波发生器

方波发生器的工作原理如图 11-35 所示。

假定接通电源瞬时，$v_o = +v_z$，$v_C = 0$，那么有 $v_{R2} = \dfrac{R_2}{R_1 + R_2} v_z$，电容沿图 11-35（a）所示

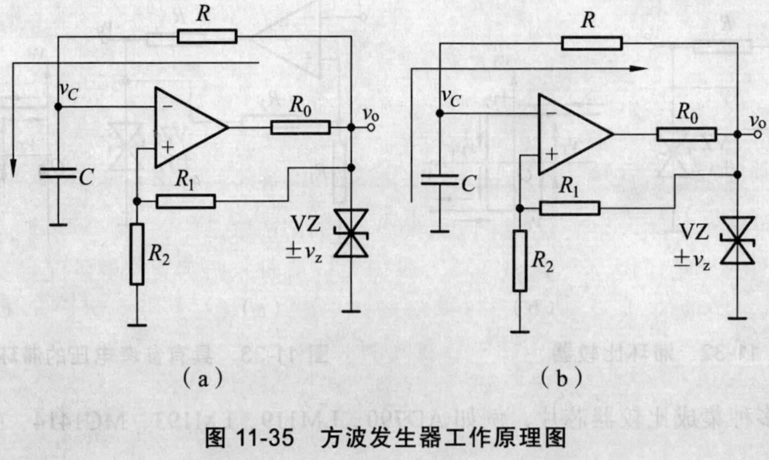

（a）　　　（b）

图 11-35　方波发生器工作原理图

方向充电，v_C上升。当$v_C=\frac{R_2}{R_1+R_2}v_z=k_1$时，$v_o$变为$-v_z$，$v_{R2}=-\frac{R_2}{R_1+R_2}v_z$，充电过程结束；接着，由于 v_o 由$+v_z$变为$-v_z$，电容开始放电，放电方向如图 11-35(b)所示，同时 v_C 下降；当下降到$v_C=-\frac{R_2}{R_1+R_2}v_z=k_2$时，$v_o$ 由$-v_z$变为$+v_z$，重复上述过程。工作波形如图 11-36 所示。

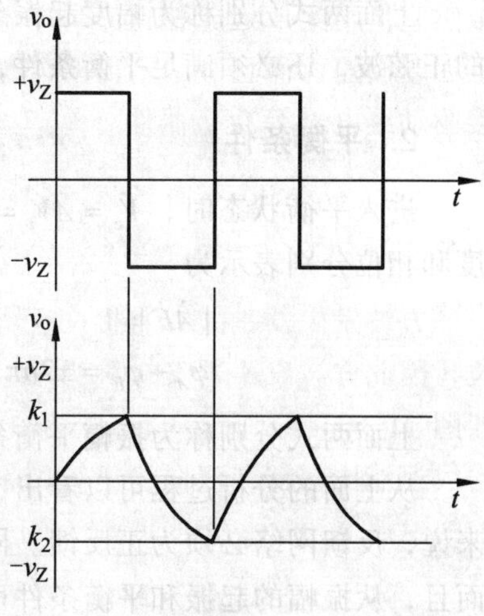

图 11-36　方波发生器工作波形图

综上所述，这个方波发生器电路是利用正反馈，使运算放大器的输出在两种状态之间反复翻转，RC 电路是它的定时元件，决定着方波在正负半周的时间 T_1 和 T_2。由于该电路充放电时间常数相等，即

$$T_1=T_2=RC\ln\left(1+\frac{2R_2}{R_1}\right)$$

方波的周期为

$$T=T_1+T_2=2RC\ln\left(1+\frac{2R_2}{R_1}\right)$$

任务六　正弦波振荡器

正弦波振荡器又称自激振荡器，而多数正弦波振荡器都是建立在放大反馈的基础上的，因此又称为反馈振荡器，其框图如图 11-37 所示。要想产生等幅持续的振荡信号，振荡器必须满足保证从无到有地建立起振荡的起振条件，以及保证进入平衡状态、输出等幅信号的平衡条件。下面分别讨论这两个条件。

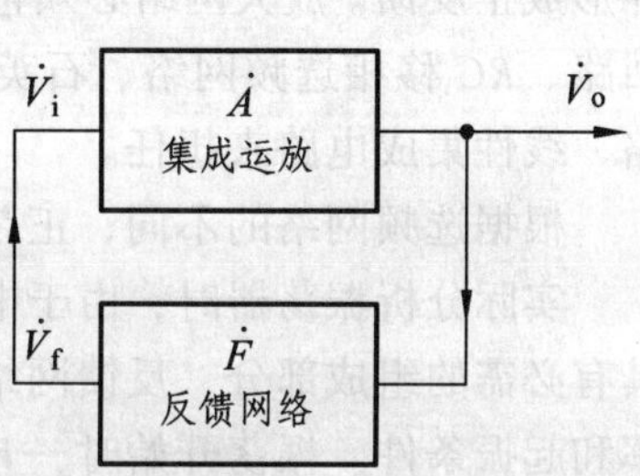

图 11-37　振荡器框图

一、正弦振荡的一般问题

1. 起振条件

振荡信号总是从无到有地建立起来的，接通电源的瞬时，电路的各部分存在各种扰动，这种扰动可能是刚接通电源瞬间引起的电流的突变，也可能是管子和回路的内部噪声。这些扰动中包含有很丰富的频率分量。如果电路具有选频作用，它对某一频率分量 ω 满足 $AF>1$，经过放大、反馈的反复作用，使电压振幅不断加大，从而使振荡器能够从无到有地建立起振荡。因此，振荡器的起振条件为 $\dot{A}\dot{F}>1$，用幅度和相位分别表示为

$$|\dot{A}\dot{F}|>1$$

$$\varphi_A+\varphi_F=\pm 2n\pi\quad(n=0,1,2\cdots)$$

上面两式分别称为幅度起振条件和相位起振条件。满足起振条件后，要想产生等幅持续的正弦波，还必须满足平衡条件，否则，振荡信号将无休止地增长。

2. 平衡条件

进入平衡状态时，$\dot{V}_o = \dot{A}\dot{V}_i = \dot{A}\dot{F}\dot{V}_o$，所以产生等幅稳定信号的平衡条件为 $\dot{A}\dot{F}=1$，用幅度和相位分别表示为

$$|\dot{A}\dot{F}|=1$$

$$\varphi_A+\varphi_F=\pm 2n\pi \quad (n=0,1,2\ldots)$$

上面两式分别称为振幅平衡条件和相位平衡条件。

从上面的分析过程可以看出，起振和平衡的相位条件均为 $\varphi_A+\varphi_F=\pm 2n\pi$，从反馈的极性来说，反馈网络必须为正反馈。同时，由起振条件可知，反馈网络中必须包含有选频网络。而且，从振幅的起振和平衡条件可以看出，$|\dot{A}\dot{F}|$ 必须具有图 11-38 所示的特性，这样，起振时，$|\dot{A}\dot{F}|>1$，$\dot{V}_i$ 迅速增长，以后，由于 $|\dot{A}\dot{F}|$ 随 $\dot{V}_i$ 的增大而下降，$\dot{V}_i$ 的增长速度逐渐变慢，直到 $|\dot{A}\dot{F}|=1$，$\dot{V}_i$ 停止增长，振荡器进入平衡状态，并在相应的平衡振幅上维持等幅振荡。为了获得图 11-38 所示的 $|\dot{A}\dot{F}|$ 随 $\dot{V}_i$ 变化的曲线，振荡环路中必须具有能稳幅的非线性环节。在实际中，除少数类型外，多数的振荡器都是由放大网络来完成稳幅功能的。

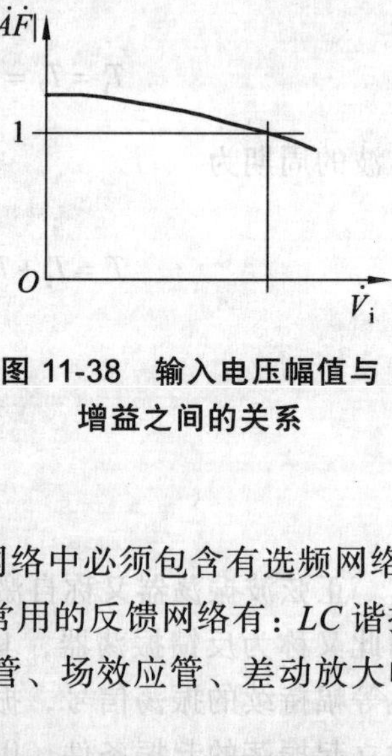

图 11-38　输入电压幅值与增益之间的关系

3. 振荡器的组成和分析方法

综上所述，正弦波振荡器由放大网络和反馈网络组成。反馈网络中必须包含有选频网络，并形成正反馈。放大网络必须包含具有稳幅作用的非线性环节。常用的反馈网络有：*LC* 谐振回路、*RC* 移相选频网络、石英晶体谐振器。放大网络可由晶体管、场效应管、差动放大电路、线性集成电路来担任。

根据选频网络的不同，正弦波振荡器分为 *RC* 振荡器、*LC* 振荡器和石英晶体振荡器。

实际分析振荡器时，由于电路为非线性系统，通常采用近似分析法。首先检查电路是否具有必需的组成部分，反馈网络是否为正反馈，即是否满足相位平衡条件，然后，求振荡频率和起振条件。振荡开始时，$\dot{V}_i$ 很小，放大管工作于伏安特性的线性区，可用微变等效电路表示，由此写出环路增益 *AF* 的表达式，令 $\varphi_A+\varphi_F=\pm 2n\pi$ 即可得到振荡频率 ω_0；在 $\omega=\omega_0$ 时，令 $|\dot{A}\dot{F}|>1$，可得到起振条件。

4. 串并联选频网络

串并联选频网络的电路结构如图 11-39 所示。

其传输函数为

$$H(\mathrm{j}\omega)=\frac{\dot{V}_2}{\dot{V}_1}=\frac{R//\dfrac{1}{\mathrm{j}\omega C}}{R+\dfrac{1}{\mathrm{j}\omega C}+R//\dfrac{1}{\mathrm{j}\omega C}}=\frac{\mathrm{j}\omega RC}{(\mathrm{j}\omega RC)^2+1+3\mathrm{j}\omega RC}$$

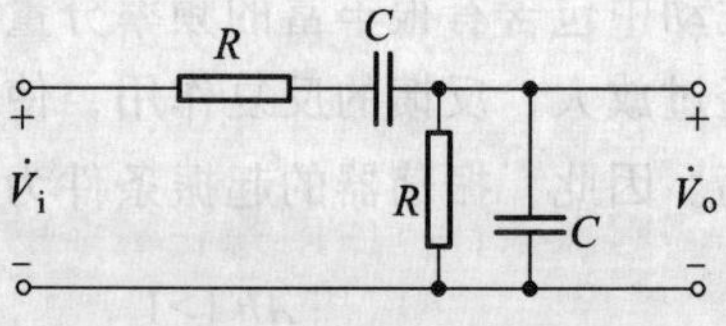

图 11-39　串并联选频网络

令 $\omega_0=\dfrac{1}{RC}$，则

$$H(\mathrm{j}\omega)=\frac{\mathrm{j}\dfrac{\omega}{\omega_0}}{1+3\mathrm{j}\dfrac{\omega}{\omega_0}-\left(\dfrac{\omega}{\omega_0}\right)^2}$$

根据前式可得到选频电路的频率特性曲线，如图 11-40 所示。从图中可以看出，*RC* 串并联电路具有选频特性，在中心频率 $\omega=\omega_0$ 上，$H(\omega)=1/3$，$\varphi(\omega)=0°$。

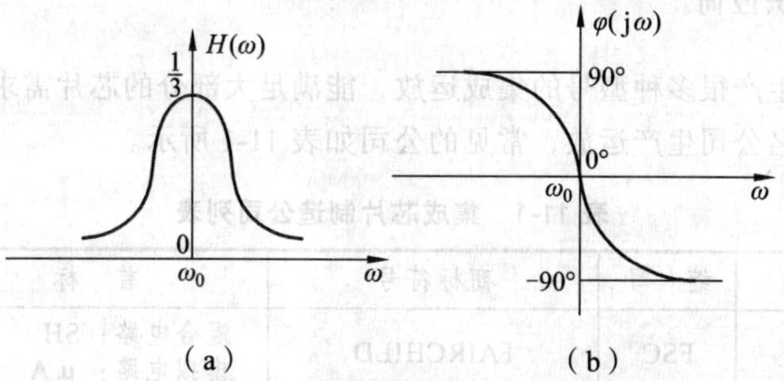

图 11-40　*RC* 串并联电路网络的频率特性曲线

二、文氏电桥振荡器

文氏电桥振荡器是最常用的 *RC* 正弦波振荡器，它具有波形好、振幅稳定和频率调节方便等优点，工作频率范围可以从 1 Hz 以下的超低频到 1 MHz 左右的高频段。文氏电桥振荡器常采用外稳幅，其电路如图 11-41 所示。

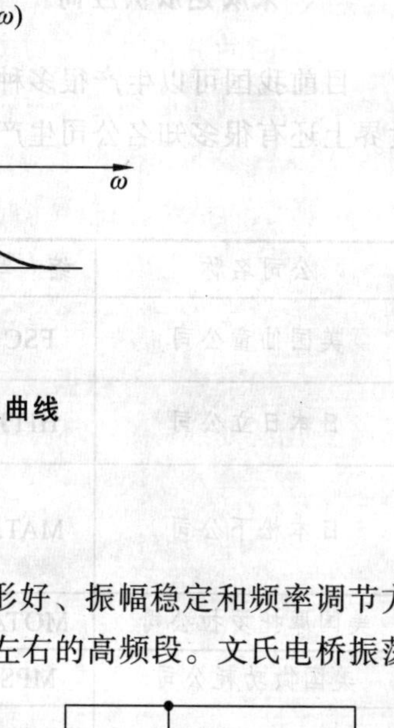

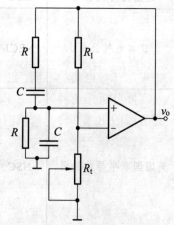

图 11-41　文氏电桥振荡器

根据图 11-40 可知，在频率 $\omega=\omega_0$ 时，$H(\omega_0)=1/3$，$\varphi(\omega_0)=0°$。要形成正反馈，放大网络的相移应为 0° 或 360°，因此输入信号从同相输入端输入。同时，为稳定输出幅度，放大网络中用热敏电阻 R_t 和 R_1 构成具有稳幅作用的非线性环节。R_t 是具有负温度特性的热敏电阻，加在它上面的电压越大，消耗在上面的功率越大，温度越高，它的阻值就越小。刚起振时，振荡电压振幅很小，R_t 的温度低，阻值大，负反馈强度弱，放大器增益大，保证振荡器能够起振。随着振荡振幅的增大，R_t 上平均功率加大，R_t 的温度上升，阻值减小，负反馈强度加深，使放大器增益下降，保证了放大器在线性工作条件下实现稳幅。另外，也可用具有正温度系数的热敏电阻代替 R_1，与普通电阻一起构成限幅电路。

起振条件：由串并联网络的幅频特性可以知道，$\omega=\omega_0=\dfrac{1}{RC}$ 时，$F=\dfrac{1}{3}$，为满足起振条件，应有 $|\dot{A}\dot{F}|>1$，所以，$|A|>3$。满足深度负反馈时，$A=\dfrac{R_1+R_t}{R_1}>3$，因此有

$$R_t > 2R_1$$

可见，在满足深度负反馈时，振荡器的起振条件仅取决于负反馈支路中电阻的比值，而与放大器的开环增益无关。因此，振荡器的性能稳定。

任务七　常用集成运放芯片介绍

一、集成运放供应商

目前我国可以生产很多种型号的集成运放，能满足大部分的芯片需求。除了我国之外，世界上还有很多知名公司生产运放，常见的公司如表 11-1 所示。

表 11-1　集成芯片制造公司列表

公司名称	缩　写	商标符号	首　标	举　例
美国仙童公司	FSC	FAIRCHILD	混合电路：SH 模拟电路：μA	μA741
日本日立公司	HITJ	Hitachi	模拟电路：HA 数字电路　HD	HA741
日本松下公司	MATJ		模拟 IC：AN 双极数字 IC：DN MOS IC：MN	DN74LS00
美国摩托罗拉公司	MOTA		有封装 IC：MC	MC1503
美国微功耗公司	MPS	Micro Power System	MP	MP4346
日本电气公司	NECJ	NEC	NEC：μP 混合元件：A 双极数字：B 双极模拟：C MOS 数字：D	μPD7220
美国国家半导体公司	NSC		模拟/数字：AD 模拟混合：AH 模拟单片：AM CMOS 数字：CD 数字/模拟：DA 数字单片：DM 线性 FET：LF 线性混合：LH 线性单片：LM MOS 单片：MM	LM101
美国无线电公司	RCA	RCA	线性电路：CA CMOS 数字：CD 线性电路：LM	CD4060
日本东芝公司	TOSJ	TOSHBA	双极线性：TA CMOS 数字：TC 双极数字：TD	TA7173

一般情况下，无论哪个公司的产品，除了首标不同外，只要编号相同，功能基本上是相同的。例如 CA741、LM741、MC741、PM741、SG741、CF741、μA741、μPC741 等芯片具有相同的功能。

二、常用集成运放芯片

1. 通用运放

通用运放 μA741，内部具有频率补偿，输入、输出过载保护功能，并允许有较高的输入共模和差模电压，电源电压适应范围宽。它的主要技术指标如下：

输入失调电压：1 mV；　　输入失调电流：20 nA；

输入偏置电流：80 nA；　　差模电压增益：2×10^5；

输出电阻：　75 Ω；　　差模输入电阻：2 MΩ；

输出短路电流：25 mA；　　电源电流：1.7 mA。

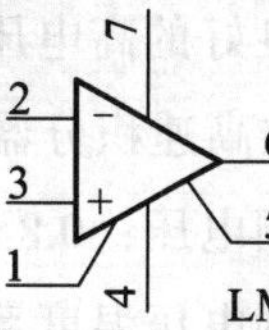

图 11-42　μA742 的符号

μA741 的符号如图 11-42 所示。其中，管脚 1、8 是调零端，管脚 4 是负电源，管脚 7 正电源。

2. 低功耗四运放 LM324

LM324 是由 4 个独立的高增益、内部频率补偿的运放组成，不但能在双电源下工作，也可在宽电压范围的单电源下工作。它具有输出电压振幅大、电源功耗小等优点。它的主要技术指标如下：

输入失调电压：2 mV；　　输入失调电流：5 nA；

输入偏置电流：45 nA；　　差模电压增益：100 dB；

温度漂移：7 μV/°C；　　单电源工作电压：3 ~ 30 V；

双电源工作电压：±1.5 ~ ±15 V　　静态电流：500 μA。

LM324 的管脚排列如图 11-43 所示。其中引脚 11 为负电源或地线，引脚 4 为正电源。

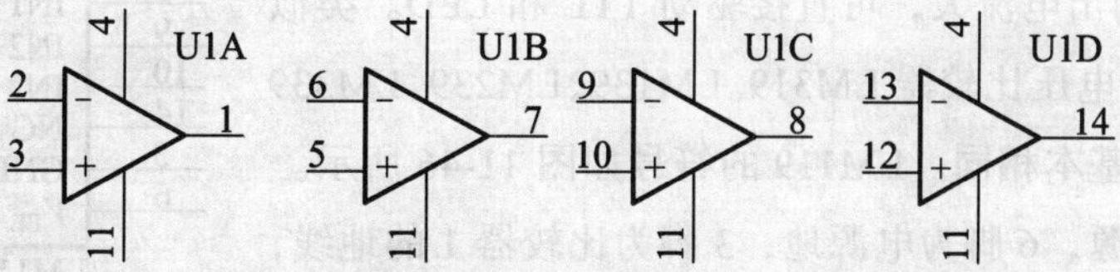

图 11-43　LM324 的符号

3. 高精度运算放大器 OP07

OP07（LM714）是低输入失调电压的集成运放，具有低噪声，小温漂等特点。它的主要技术指标如下：

输入失调电压：10 μV；

输入失调电流：0.7 nA；

输入失调电压温度系数：0.2 μV/°C；

电源电压：±22 V；

静态电流：500 μA。

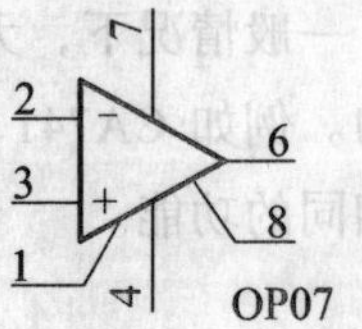

图 11-44　OP07 的符号

OP07 的符号如图 11-44 所示。其中引脚 1 和 8 是调零端，引脚 4 是负电源，引脚 7 是正电源。

4. 低失调、低温漂 JFET 输入集成运放 LF411

LF411 是高速度的 JFET 输入集成运放，它具有小的输入失调电压和输入失调电压温度系数，匹配良好的高电压场效应管输入，还具有高输入电阻、小偏置电流和输入失调电流。LF411 可用在高速积分器、D/A 转换器等电路中。

输入失调电压：0.8 mV；　　输入失调电流：25 pA；

输入失调电压温度系数：7 μV/°C；　　输入偏置电流：50 pA；

输入电阻：10^{12} Ω；　　静态电流：1.8 mA；

输入差模电压：－30～＋30 V；　　输入共模电压：－14.5～＋14.5 V；

增益带宽积：4 MHz。

LF411 的符号如图 11-45 所示。其中引脚 1、5 端用于调零，引脚 4 是负电源，引脚 7 是正电源。

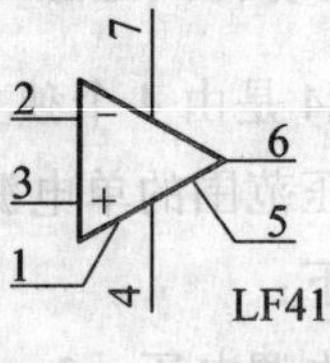

图 11-45　LF411 的符号

三、常用集成比较器芯片

1. 双集成比较器 LM119

该比较器为集电极开路输出，两个比较器的输出可直接并联，共用外接电阻。它可由双电源供电，也可由单电源供电。该比较器的电源电压是 2～36 V 或 ±18 V，输出电流大，可直接驱动 TTL 和 LED。类似型号是 LM219、四电压比较器 LM319。LM139、LM239、LM339 与 LM119 的功能基本相同。LM119 的符号如图 11-46 所示。其中 11 脚为正电源，6 脚为电源地，3 脚为比较器 1 的地线，8 脚为比较器 2 的地线。

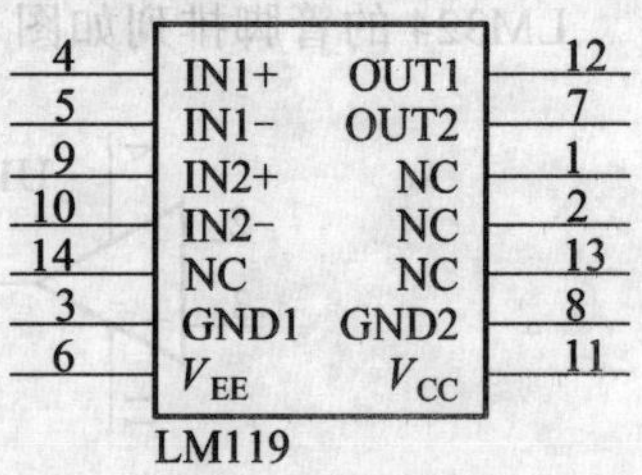

图 11-46　LM119 的符号

2. 用 LM119 实现双限比较

用 LM119 组成的双限比较电路如图 11-47（a）所示。在图中两个比较器的输出直接连接在一起实现了“线与”功能，就是说，只有两个比较器都输出高电平时，输出才是高电平，否则输出就是低电平。对于一般的有源输出器件，是不允许将输出端连在一起的，否则会损坏器件。该比较器的传输特性如图 11-47（b）所示。

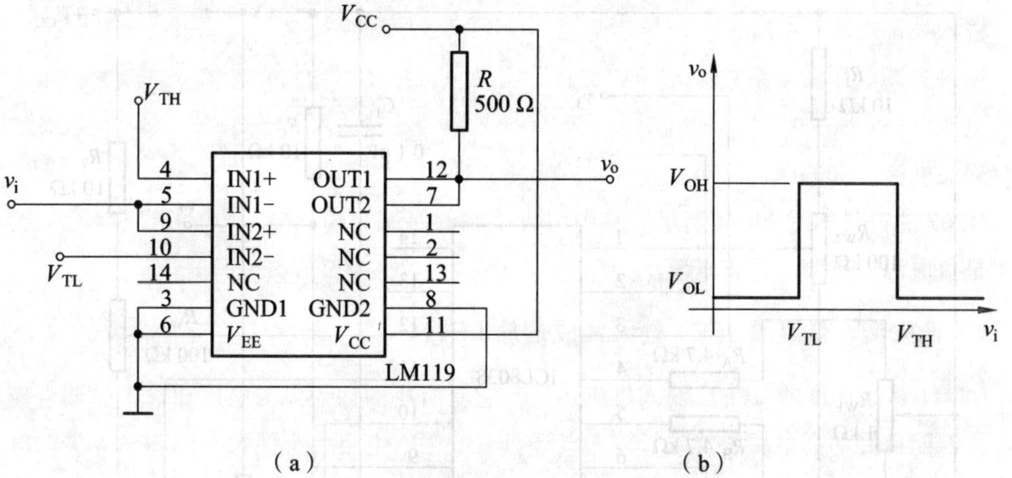

图 11-47　用 LM119 组成的双限比较电路

四、函数发生器芯片

单片集成函数发生器 ICL8038 是一种可以同时产生方波、三角波和正弦波的专用集成电路。该电路可由单电源供电（10～30V），也可由双电源供电（±5～±15 V）。其频率可调范围为 0.001 Hz～300 kHz，输出矩形波的占空比可调范围是 2%～98%，输出正弦波的失真度小于 1%。该芯片的符号如图 11-48 所示。

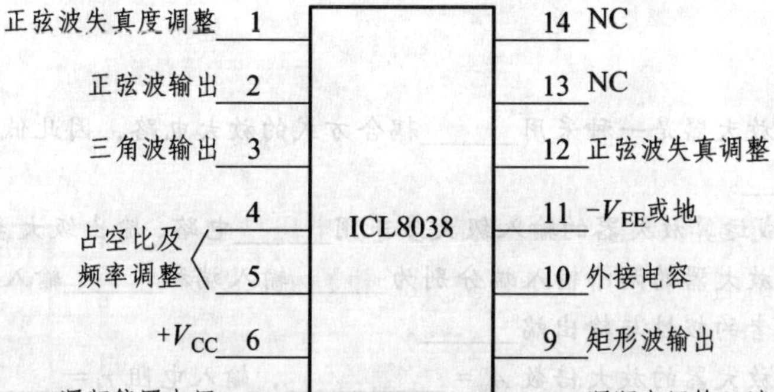

图 11-48　ICL8038 符号图

图 11-49 所示是 ICL8038 的一般使用方法，由于矩形波输出端是集电极开路形式，所以需要外接电阻 R_C。图中 R_{W2} 用于调整频率，R_{W1} 用于调整矩形波的占空比，R_{W3} 和 R_{W4} 用于调节正弦波的失真度。

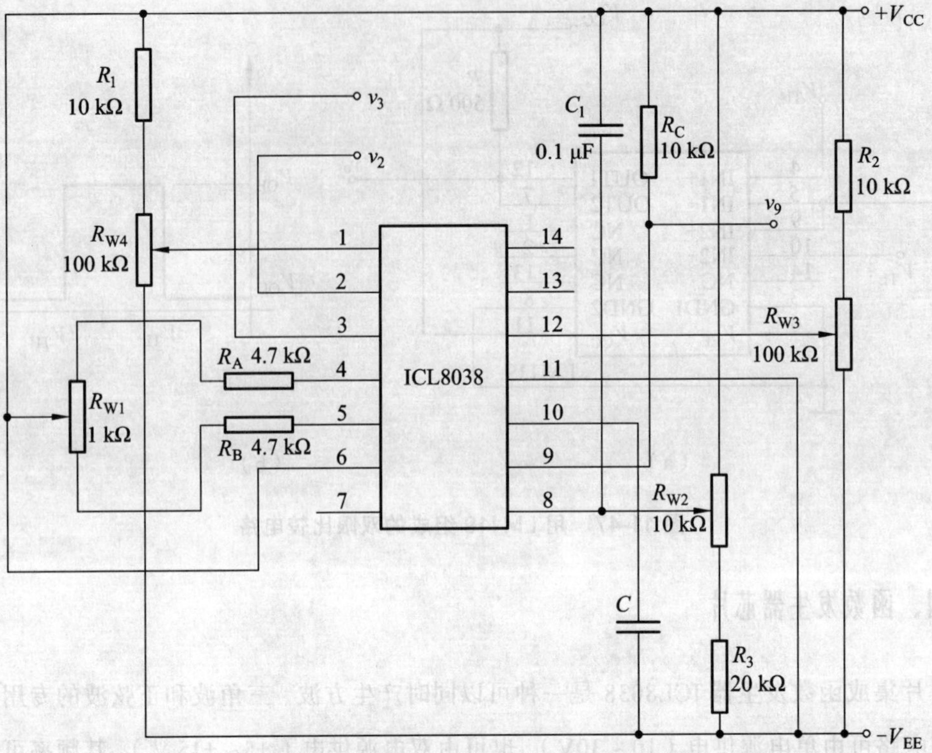

图 11-49 ICL8038 组成的频率可调、失真度可校正电路

习 题

1. 填空。

（1）集成运算放大器是一种采用______耦合方式的放大电路，因此低频性能______，最常见的问题是______。

（2）通用型集成运算放大器的输入级大多采用______电路，输出级大多采用______电路。

（3）集成运算放大器的两个输入端分别为______输入端和______输入端，前者的极性与输出端______，后者的极性与输出端______。

（4）理想运算放大器的放大倍数 $A_v=$________，输入电阻 $r_i=$________，输出电阻 $r_o=$________。

2. 选择正确答案填空。

（1）反馈放大电路的含义是______。

A. 输出与输入之间有信号通路

B. 电路中存在由输出端到输入端传输的信号通路

C. 除放大电路以外还有信号通路

（2）构成反馈通路的元器件______。

A. 只能是电阻、电感或电容等无源元件

B. 只能是晶体管、集成运放等有源器件

C. 既可以是无源元件，也可以是有源器件

（3）反馈量是指______。

A. 反馈网络从放大电路输出回路中取出的信号

B. 反馈到输入回路的信号

C. 反馈到输入回路的信号与反馈网络从放大电路输出回路中取出的信号之比

（4）直流负反馈是指______。

A. 反馈网络从放大电路输出回路中取出的信号

B. 直流通路中的负反馈

C. 放大直流信号时才有的负反馈

（5）交流负反馈是指______。

A. 只存在于阻容耦合及变压器耦合中的负反馈

B. 交流通路中的负反馈

C. 放大正弦信号时才有的负反馈

3. 指出下面的说法是否正确？如果有错，错在哪里？

（1）既然在深度负反馈的条件下，闭环放大倍数 $\dot{A}_F \approx 1/\dot{F}$，与放大器件的参数无关，那么放大器件的参数就没有什么实用意义了，随便取一个管子或组件，只要反馈系数 $\dot{F}=1/\dot{A}_F$，就可以获得恒定的闭环放大倍数 $\dot{A}_F$。

（2）某人在做多级放大器实验时，用示波器观察到输出波形产生了非线性失真，然后引入负反馈，立即看到输出幅度明显变小，并且消除了失真，你认为这就是负反馈改善非线性失真的结果吗？

4. 选择正确答案填空。

（1）在放大电路中，为了稳定静态工作点，可以引入______；若要稳定放大倍数，应引入____；某些场合为了提高放大倍数，可适当引入_____；希望展宽频带，可以引入_____；如要改变输入电阻或输出电阻，可以引入_____；为了抑制温漂，可以引入_____。

A. 直流负反馈　　　　　　　　　B. 交流负反馈

C. 交流正反馈　　　　　　　　　D. 直流负反馈和交流负反馈

（2）如希望减小放大电路从信号源索取的电流，则可采用_____；如希望取得较强的反馈作用而信号源内阻很大，则宜采用_____；如希望负载变化时输出电流稳定，则应引入_____；如希望负载变化时输出电压稳定，则应引入_____。

A. 电压负反馈　B. 电流负反馈　C. 串联负反馈　D. 并联负反馈

5. 判断下列说法是否正确（在括号中画√或×）。

（1）在负反馈放大电路中，在反馈系数较大的情况下，只有尽可能地增大开环放大倍数，才能有效地提高闭环放大倍数。（　）

（2）在负反馈放大电路中，放大器的放大倍数越大，闭环放大倍数就越稳定。（　）

（3）在深负反馈的条件下，闭环放大倍数 $\dot{A}_F \approx 1/\dot{F}$，它与反馈系数有关而与放大器开环放大倍数 $\dot{A}$ 无关，故可省去放大通路，仅留下反馈网络，来获得稳定的闭环放大倍数。（　）

（4）负反馈只能改善反馈环路内的放大性能，对反馈环路之外无效。（　）

6. 问答题。

（1）一个放大器的电压放大倍数为 60 dB，相当于把电压信号放大多少倍？

（2）一个放大器的电压放大倍数为 20 000，问以分贝表示时是多少？

（3）某放大器由三级组成，已知每级电压放大倍数为 15 dB，问总的电压放大倍数为多少分贝？相当于把信号放大了多少倍？

7. 选择正确答案填空。

（1）当集成运放处于_____状态时，可选用_____和_____概念。

A. 线性放大　B. 开环　C. 深负反馈　D. 虚短　E. 虚断

（2）____是_____的特殊情况。

A. 虚短　B. 虚断　C. 虚地

（3）在基本_____电路中，电容接在运放的负反馈支路中，而在基本_____电路中，负反馈元件是电阻。

A. 微分　B. 积分

（4）若将基本________电路中接在集成运放负反馈支路的电容换成二极管，便可得到基本的________运算电路，而将基本________电路中接在输入回路的电容换成二极管，便可得到基本的________运算电路。

A. 积分　B. 微分　C. 对数　D. 指数

8. 选择正确答案填空。

（1）希望运算电路的函数关系是 $y=a_1x_1+a_2x_2+a_3x_3$（其中 a_1、a_2 和 a_3 是常数，且均为负值），应选用________。

（2）希望运算电路的函数关系是 $y=b_1x_1+b_2x_2-b_3x_3$（其中 b_1、b_2 和 b_3 是常数，且均为正值），应选用________。

（3）希望接通电源后，输出电压随时间线性上升，应选用________。

A. 比例电路　B. 反相加法电路

C. 加减运算电路　D. 模拟乘法器

E. 积分电路　F. 微分电

9. 同相输入加法电路如题 11-9 图所示，求输出电压 v_o，并与反相加法器进行比较。当 $R_1=R_2=R_3=R_f$ 时，$v_o=$？

10. 电路如题 11-10 图所示，是一加减运算电路，求输出电压 v_o 的表达式。

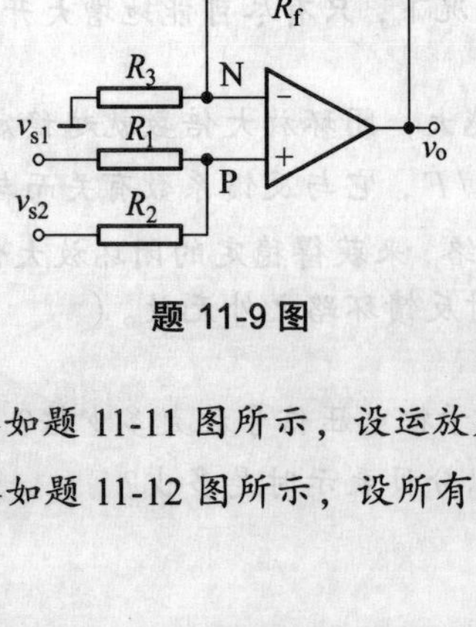

题 11-9 图

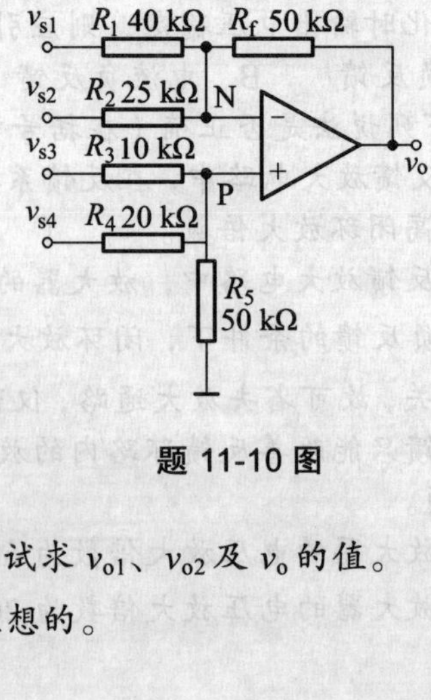

题 11-10 图

11. 电路如题 11-11 图所示，设运放是理想的，试求 v_{o1}、v_{o2} 及 v_o 的值。

12. 电路如题 11-12 图所示，设所有运放都是理想的。

（1）求 v_{o1}、v_{o2} 及 v_o 的表达式；

（2）当 $R_1 = R_2 = R_3 = R$ 时，求的 v_o 的值。

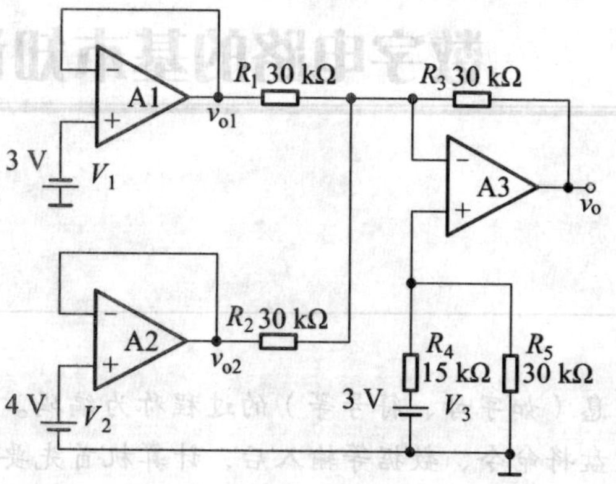

题 11-11 图

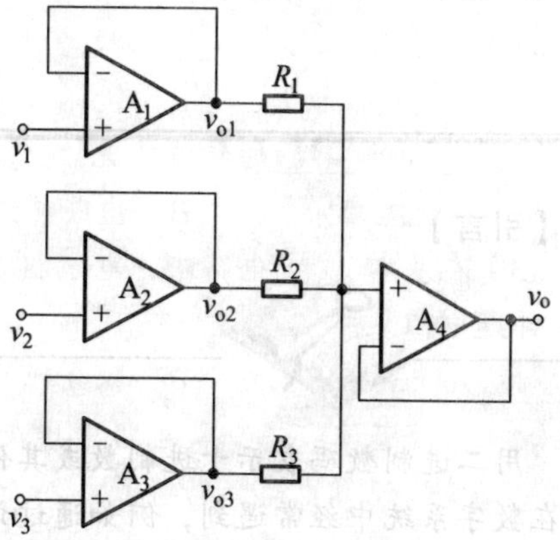

题 11-12 图

13. 电路如题 11-13 图所示，A_1、A_2 为理想运放，电容的初始电压 $v_C(0) = 0$。

（1）写出 v_o 的表达式；

（2）当 $R_1 = R_2 = R_3 = R_4 = R_5 = R_6 = R$ 时，写出输出电压 v_o 的表达式。

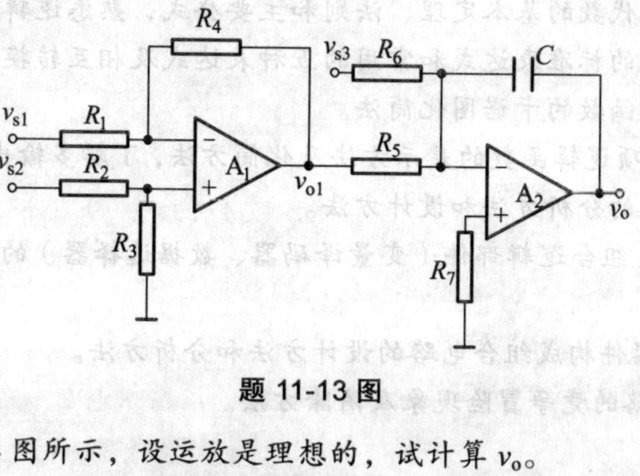

题 11-13 图

14. 电路如题 11-14 图所示，设运放是理想的，试计算 v_o。

15. 为了用低值电阻实现高电压增益的比例运算，常用一 T 形网络代替 R_f，如题 11-15 图所示。试证明：

$$\frac{v_o}{v_s} = -\frac{R_2 + R_3 + R_2R_3/R_4}{R_1}$$

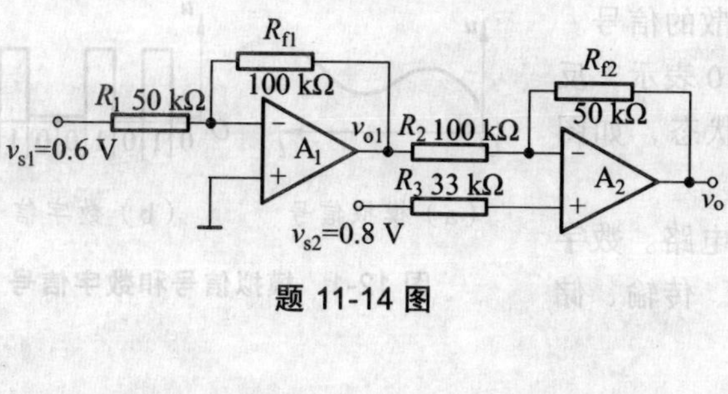

题 11-14 图

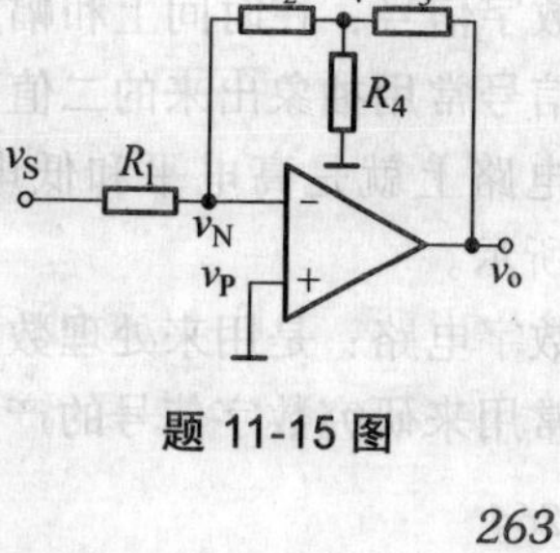

题 11-15 图

项目十二

数字电路的基本知识

【引言】

用二进制数码表示十进制数或其他特殊信息（如字母、符号等）的过程称为编码。编码在数字系统中经常遇到，例如通过计算机键盘将命令、数据等输入后，计算机首先要把它们转换为二进制码，然后才能进行信息处理。

【学习目标】

（1）掌握常用数制（2、8、10、16进制数）的表示方法与相互转换方法。

（2）掌握常用编码（原码、反码、补码等）的表示方法。

（3）熟练掌握逻辑代数的基本定理、法则和主要公式，熟悉逻辑函数代数化简法。

（4）熟悉逻辑函数的标准表达式和常用的五种表达式及相互转换方法。

（5）熟练掌握逻辑函数的卡诺图化简法。

（6）掌握包含无关项逻辑函数的表示方法及化简方法，了解多输出逻辑函数的化简方法。

（7）掌握组合电路的分析方法和设计方法。

（8）熟悉常用MSI组合逻辑部件（变量译码器、数据选择器）的逻辑功能、扩展方法及其应用。

（9）掌握由MSI器件构成组合电路的设计方法和分析方法。

（10）了解组合电路的竞争冒险现象及消除方法。

任务一　数字电路概述

一、数字信号和数字电路

数字信号：在时间上和幅度上都离散的信号。数字信号常用抽象出来的二值信息1和0表示，反映在电路上就是高电平和低电平两种状态，如图12-1所示。

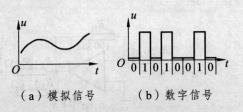

（a）模拟信号　　（b）数字信号

图12-1　模拟信号和数字信号

数字电路：是用来处理数字信号的电路。数字电路常用来研究数字信号的产生、变换、传输、储存、控制、运算等。

组合逻辑电路：任意时刻的输出信号仅取决于该时刻的输入信号，而与电路原来的状态无关（门电路、译码器）。

时序逻辑电路：任意时刻的输出信号不仅取决于当时的输入信号，还取决于电路原来的状态（触发器、计数器、寄存器）。

二、数字电路的特点

（1）数字信号是二值信号，可以用电平的高低来表示，也可以用脉冲的有无来表示，只要能区分出两个相反的状态即可。

（2）构成数字电路的基本单元电路结构比较简单，对元件的精度要求不高，允许有一定的误差。

（3）数字电路的抗干扰能力很强，工作稳定可靠。

三、数　制

1. 十进制数

有十个不同数字 0 ~ 9，并且“逢十进一”。

任意一个十进制数，都可以表示成按权展开的多项式。如

$$1804 = 1\times 10^3 + 8\times 10^2 + 0\times 10^1 + 4\times 10^0$$

$$48.25 = 4\times 10^1 + 8\times 10^0 + 2\times 10^{-1} + 5\times 10^{-2}$$

十进制中，个、十、百、千……各位的权，分别为 10^0、10^1、10^2、10^3……。其中，10 被称为基数。

2. 二进制数

有两个不同数字 0 和 1，并且“逢二进一”。

基数是 2，各数位的权是基数的整数次幂。

整数部分各数位的权从最低位开始依次是 2^0、2^1、2^2、2^3、2^4……，小数部分各数位的权从最高位开始依次是 2^{-1}、2^{-2}、2^{-3}……

二进制数的表示：将二进制数用小括号括起来，右下角加个数字 2，如$(1101)_2$。

$$(1101)_2 = 1\times 2^3 + 1\times 2^2 + 0\times 2^1 + 1\times 2^0$$

二进制数运算规则：

$$0+0=0 \qquad 0+1=1 \qquad 1+0=1 \qquad 1+1=10$$

$$0\times 0=0 \qquad 0\times 1=0 \qquad 1\times 0=0 \qquad 1\times 1=1$$

3. 二进制数与十进制数的相互转换

（1）二进制数转换成十进制数：按权展开求和。

【例 12.1】　把$(1101.01)_2$转换成十进制数。

方法：二进制数转换成十进制数，是将二进制数按权展开求和。

$$\begin{aligned}(1011.01)_2 &= (1\times 2^3+0\times 2^2+1\times 2^1+1\times 2^0+0\times 2^{-1}+1\times 2^{-2})_{10}\\ &=(8+0+2+1+0+0.25)_{10}\\ &=(11.25)_{10}\end{aligned}$$

（2）十进制数转换成二进制数：除以 2 反序取余。

【例 12.2】　把$(89)_{10}$转换成二进制数

$$(89)_{10}=(1011001)_2$$

		余数
2	89	
2	44	…… 1
2	22	…… 0
2	11	…… 0
2	5	…… 1
2	2	…… 1
2	1	…… 0
	0	…… 1

方法：十进制数转换成二进制数，是将十进制数除以 2，除完为止，然后反序取余数，即最先得到的余数作为最低位。

4. 八进制数

基数为 8，有八个数字 0 ~ 7，运算规则是“逢八进一”。

（1）十进制数转换成八进制数：除以 8 反序取余。

【例 12.3】　$(215)_{10}=(?)_8$

		余数
8	215	
8	26	…… 7
8	3	…… 2
	0	…… 3

所以　$(215)_{10}=(327)_8$

（2）八进制数转换成十进制数：按权展开求和。

【例 12.4】　$(327)_8=(?)_{10}$

$$(327)_8=3\times 8^2+2\times 8^1+7\times 8^0=(215)_{10}$$

（3）八进制数转换成二进制数。

方法一：先将八进制数转换成十进制数，再将十进制数转换成二进制数。

方法二：直接将八进制数转换成二进制数，就是将每一个八进制数分别转换成三位二进制数。

【例 12.5】　把$(56.103)_8$转换成二进制数。

八进制数　5　6　.1　0　3

二进制数　101　110　.001　000　011

即　$(56.103)_8 = (101110.001000011)_2$

（4）二进制数转换成八进制数。

方法一：先将二进制数转换成十进制数，再将十进制数转换成八进制数。

方法二：将二进制数直接转换成八进制数，就是以小数点为界，分别向左向右，每三个二进制数为一组（如果不够三个二进制数，则分别向两边补 0），然后将三个二进制数分别转为八进制数。

【例 12.6】　把$(11101.1101)_2$转换成八进制数。

二进制数　011　101.110　100

八进制数　3　5　.6　4

即　$(11101.1101)_2 = (35.64)_8$

5. 十六进制数

基数为 16，有十六个数字：0 ~ 9，A，B，C，D，E，F。其中 A，B，C，D，E，F 分别相当于 10，11，12，13，14，15。运算规则是“逢十六进一”。

（1）十六进制数转换成十进制数。

【例 12.7】　$(3AD)_{16} = (?)_{10}$

$$(3AD)_{16} = 3 \times 16^2 + 10 \times 16^1 + 13 \times 16^0 = (941)_{10}$$

（2）十进制数转换成十六进制数：除以 16 反序取余。

【例 12.8】　$(941)_{10} = (?)_{16}$

			余数
16	941		
16	58	……	13
16	3	……	10
	0	……	3

所以　$(941)_{10} = (3AD)_{16}$

（3）十六进制数转换成二进制数。

方法一：将十六进制数转换成十进制数，再把十进制数转换为二进制数。

方法二：先将十六进制数直接转换成二进制数，就是将每一个十六进制数分别转为四位二进制数，如果不够四位二进制数，则左边补 0。

【例 12.9】　把$(3AD.B8)_{16}$转换成二进制数。

十六进制　3　A　D　.　B　7

二进制　0011 1010　1101 . 1011　0111

即　$(3AD.B8)_{16} = (1110101101.10110111)_2$

（4）二进制数转换成十六进制数。

方法一：先将二进制数转换成十进制数，再把十进制数转换为十六进制数。

方法二：将二进制数直接转换成十六进制数，就是以小数点为界，分别向左向右，每四位二进制数为一组（如果不够四位，则分别向两边补 0），再将四个二进制数分别转为十六进制数。

【例 12.10】 把$(1111100111.111111)_2$转换成十六进制数。

二进制数	0011	1110	0111.	1111	1100	
十六进制数	3	E	7	.	F	C

即 $(1111100111.111111)_2 = (3E7.FC)_{16}$

四、带符号二进制编码

在通常的算术运算中，用“+”表示正数，用“-”表示负数。而在数字系统中，则是将一个数的最高位作为符号位，用0表示正数，用1表示负数，这种数称为机器数。而用“+”“-”表示的数称为机器数的真值。

例如： $X_1 = +1010110$，$X_2 = -1011100$

对应的机器数 $X_1 = 01010110$，$X_2 = 11011100$

在数字系统中表示机器数的方法很多，但常用的主要有原码、反码和补码。

1. 原码、反码和补码的表示方法

1）原 码

原码是在数值前直接加一符号位的表示法。

例如：

	符号位	数值位
[+7]原 =	0	0000111 B
[-7]原 =	1	0000111 B

注意：① 数0的原码有两种形式：[+0]原 = 00000000 B；[-0]原 = 10000000 B。

② 8位二进制原码的表示范围：-127 ~ +127。

2）反 码

正数：正数的反码与原码相同。

负数：负数的反码，符号位为“1”，数值部分按位取反。

例如：

	符号位	数值位	
[+7]反 =	0	0000111 B	（[+7]原 = 0 0000111 B）
[-7]反 =	1	1111000 B	（[-7]原 = 1 0000111 B）

注意：① 数0的反码也有两种形式，即

[+0]反 = 00000000B

[-0]反 = 11111111B。

② 8位二进制反码的表示范围：-127 ~ +127

3）补 码

正数：正数的补码和原码相同。

负数：负数的补码则是符号位为“1”，数值部分按位取反后再在末位（最低位）加1，也就是“反码+1”。

例如：

	符号位	数值位	
[+7]补 =	0	0000111 B	([+7]原 = 0 0000111 B)
[−7]补 =	1	1111001 B	([−7]原 = 1 0000111 B)

补码在微型机中是一种重要的编码形式，请注意：

① 采用补码后，可以方便地将减法运算转化成加法运算，运算过程得到简化。正数的补码即是它所表示的数的真值，而负数的补码的数值部分却不是它所表示的数的真值。采用补码进行运算，所得结果仍为补码。

② 与原码、反码不同，数值 0 的补码只有一个，即 [0]补 = 00000000 B。

③ 若字长为 8 位，则补码所表示的范围为 −128 ~ +127。进行补码运算时，应注意所得结果不应超过补码所能表示的范围。

注意：正数的原码、反码、补码都是一样的；负数的反码就是符号位不变（即为“1”），其余位取反；负数的补码就是“反码+1”。

2. 原码、反码和补码之间的转换

由于正数的原码、补码、反码表示均相同，故不需要转换。在此，仅对负数情况进行分析。

（1）已知原码，求补码。

【例 12.11】 已知某数 X 的原码为 10110100 B，试求 X 的补码和反码。

解 由$[X]$原 = 10110100B 知，X 为负数。求其反码时，符号位不变，数值部分按位求反；求其补码时，再在其反码的末位加 1。

原码 1 0 1 1 0 1 0 0

反码 1 1 0 0 1 0 1 1（符号位不变，数值位取反）

补码 1 1 0 0 1 1 0 0

故$[X]$补 = 11001100B，$[X]$反 = 11001011 B。

（2）已知补码，求原码。

分析：按照求负数补码的逆过程，数值部分应是最低位减 1，然后取反。但是对于二进制数来说，先减 1 后取反和先取反后加 1 得到的结果是一样的，故仍可采用取反加 1 的方法。

【例 12.12】 已知某数 X 的补码为 11101110 B，试求其原码。

解 由$[X]$补 = 11101110 B 知，X 为负数。求其原码时，符号位不变，数值部分按位求反，再在末位加 1。

补码 1 1 1 0 1 1 1 0

符号位不变，数值位取反 1 0 0 1 0 0 0 1

原码 1 0 0 1 0 0 1 0

故$[X]$原 = 10011010 B。

原码表示简单直观，与真值转换容易，但符号位不能参加运算。在计算机中用原码实现算术运算时，取其绝对值进行运算，符号位单独处理，这对于乘除运算是很容易实现的，但对加减运算是非常不方便的，如两个异号数相加，实际是要做减法，而两个异号数相减，实际是要做加法。在做减法时，还要判断操作数绝对值的大小，这些都会使运算器的设计变得很复杂。

那么，能否找到一种机器码，可以化减为加，同时又使运算规则比较简单呢？答案是肯定的，只要对负数的表示方法作适当的变换，就可以实现这一目的，补码正是这样一种机器码。

在日常生活中，有许多化减为加的例子。例如，时钟是逢 12 进位，12 点也可看作 0 点。当将时针从 10 点调整到 5 点时有以下两种方法：

一种方法是将时针按逆时针方向拨 5 格，相当于做减法：

$$10-5=5$$

另一种方法是将时针按顺时针方向拨 7 格，相当于做加法：

$$10+7=12+5=5$$

这是由于时钟以 12 为模，在这个前提下，当和超过 12 时，可将 12 舍去。于是，减 5 相当于加 7。同理，减 4 可表示成加 8，减 3 可表示成加 9，……

在数学中，用“同余”概念描述上述关系，即两整数 A、B 用同一个正整数 M（M 称为模）去除而余数相等，则称 A、B 对 M 同余，记作：

$$A=B \qquad (\text{MOD} \quad M)$$

具有同余关系的两个数为互补关系，其中一个称为另一个的补码。当 $M=12$ 时，-5 和 $+7$，-4 和 $+8$，-3 和 $+9$ 就是同余的，它们互为补码。

从同余的概念和上述时钟的例子，不难得出结论：对于某一确定的模，用某数减去小于模的另一个数，总可以用某数加上“模减去该数绝对值的差”来代替。因此，在有模运算中，减法就可以化作加法。

3. 原码、补码、反码三者的比较

对原码、补码、反码三者进行比较，可以看出它们之间既有共同点，又有不同之处。为了更好地了解这三种机器码的特点，现将三者的异同点总结如下：

（1）对于正数，三种码的表示形式一样；对于负数，三种码的表示形式不一样。

（2）三种码的最高位都是符号位，0 表示正数，1 表示负数。

（3）根据定义，原码和反码各有两种表示 0 的形式，而补码表示 0 只有唯一的形式，即在 N 位字长的定点整数表示中，0 的三种码元表示形式如下：

$[+0]_{原}=00\cdots00$　　（N 个 0）

$[-0]_{原}=10\cdots00$　　（$N-1$ 个 0）

$[+0]_{反}=00\cdots00$　　（N 个 0）

$[-0]_{反}=11\cdots11$　　（N 个 1）

$[+0]_{补}=[-0]_{补}=00\cdots00$　　（N 个 0）

（4）原码和反码表示的数的范围是相对于 0 对称的，表示的范围也相同。而补码表示的数的范围相对于 0 是不对称的，表示的范围和原码、反码也不同。这是由于当字长为 N 位时，它们都可以有 2^N 个编码，但原码和反码表示 0 用了两个编码形式，而补码表示 0 只用了一个编码形式。于是，同样字长的编码，补码可以多表示一个负数，这个负数在原码和反码中是不能表示的。

表 12-1 给出了字长 $N=4$ 时，二进制整数真值和原码、反码、补码的对应关系。

表 12-1 二进制整数真值和原码、反码、补码的对应关系

二进制整数	原码	反码	补码
+0000	0000	0000	0000
+0001	0001	0001	0001
+0010	0010	0010	0010
+0011	0011	0011	0011
+0100	0100	0100	0100
+0101	0101	0101	0101
+0110	0110	0110	0110
+0111	0111	0111	0111
−0000	1000	1111	0000
−0001	1001	1110	1111
−0010	1010	1101	1110
−0011	1011	1100	1101
−0100	1100	1011	1100
−0101	1101	1010	1011
−0110	1110	1001	1010
−0111	1111	1000	1001
−1000	—	—	1000

五、二-十进制码(BCD 码)

二-十进制码是用四位二进制码表示一位十进制数的代码，简称为 BCD 码。这种编码方法有很多，但常用的是 8421 码、5421 码和余 3 码等。

1. 8421 码

8421 码是最常用的一种十进制数编码，它是用四位二进制数 0000 到 1001 来表示一位十进制数，每一位都有固定的权。从左到右，各位的权依次为：2^3、2^2、2^1、2^0，即 8、4、2、1。可以看出，8421 码对十进制数的十个数字符号的编码表示和二进制数中表示的方法完全一样，但不允许出现 1010 ~ 1111 这六种编码，因为没有相应的十进制数字符号与其对应。表 12-2 中给出了 8421 码和十进制数之间的对应关系。

表 12-2 十进制数和 8421 码之间的对应关系

十进制数	8421 码	十进制数	8421 码
0	0000	5	0101
1	0001	6	0110
2	0010	7	0111
3	0011	8	1000
4	0100	9	1001

8421码具有编码简单、直观、表示容易等特点，尤其是和ASCII码之间的转换十分方便，只需将表示数字的ASCII码的高几位去掉，便可得到8421码。两个8421码还可直接进行加法运算，如果对应位的和小于10，结果还是正确的8421码；如果对应位的和大于9，可以加上6校正，仍能得到正确的8421码。

【例12.13】 将十进制数1987.35转换成BCD码。

解 $1987.35 = (0001\ 1001\ 1000\ 0111.0011\ 0101)_{BCD}$

2. 余3码

余3码也是用四位二进制数表示一位十进制数的，但对于同样的十进制数字，其表示比8421码多0011，所以叫余3码。余3码用0011～1100这十种编码表示十进制数的十个数字符号，和十进制数之间的对应关系如表12-3所示。

表12-3 十进制数和余3码之间的对应关系

十进制数	余3码	十进制数	余3码
0	0011	5	1000
1	0100	6	1001
2	0101	7	1010
3	0110	8	1011
4	0111	9	1100

余3码的表示不像8421码那样直观，各位也没有固定的权。但余3码是一种对9的自补码，即将一个余3码按位变反，可得到其对9的补码，这在某些场合是十分有用的。两个余3码也可直接进行加法运算，如果对应位的和小于10，结果减3校正；如果对应位的和大于9，结果加上3校正，最后结果仍是正确的余3码。

5421码最高位的权是5，其他类似于8421码，这里就不多讲了。

六、ASCII码

ASCII码是美国国家信息交换标准代码（American national Standard Code For Information Interchange）的简称，是当前计算机中使用最广泛的一种字符编码，主要用来为英文字符编码。当用户将包含英文字符的源程序、数据文件、字符文件从键盘上输入到计算机中时，计算机接收并存储的就是ASCII码。计算机将处理结果送给打印机和显示器时，除汉字以外的字符一般也是用ASCII码表示的。

ASCII码包含52个大、小写英文字母，10个十进制数字字符，32个标点符号、运算符号、特殊号，还有34个不可显示打印的控制字符编码，共128个编码，正好可以用7位二进制数进行编码。有的计算机系统使用由8位二进制数编码的扩展ASCII码，其前128个是标准的ASCII码字符编码，后128个是扩充的字符编码。表12-4给出了标准的7位ASCII码字符表。

表 12-4　标准 ASCII 码字符表

高位 / ASCII 字符 / 低位	000	001	010	011	100	101	110	111
0000	NUL	DLE	SP	0	@	P	`	p
0001	SOH	DC1	!	1	A	Q	a	q
0010	STX	DC2	“	2	B	R	b	r
0011	ETX	DC3	#	3	C	S	c	s
0100	EOT	DC4	$	4	D	T	d	t
0101	ENQ	NAK	%	5	E	U	e	u
0110	ACK	SYN	&	6	F	V	f	v
0111	BEL	ETB	‘	7	G	W	g	w
1000	BS	CAN	(	8	H	X	h	x
1001	HT	EM	)	9	I	Y	i	y
1010	LF	SUB	*	:	J	Z	j	z
1011	VT	ESC	+	;	K	[	k	{
1100	FF	PS	,	<	L	\	l	|
1101	CR	GS	-	=	M	]	m	}
1110	SO	RS	.	>	n	^	n	~
1111	SI	US	/	?	O	_	o	DEL

七、可靠性编码

表示信息的代码在形成、存储和传送过程中，由于某些原因可能会出现错误。为了提高信息的可靠性，需要采用可靠性编码。可靠性编码具有某种特征或能力，使得代码在形成过程中不容易出错，或者能发现错误，有的还能纠正错误。

1. 循环码

循环码又叫格雷码（GRAY），具有多种编码形式，但它们都有一个共同的特点，就是任意两个相邻的循环码仅有一位编码不同。这个特点有着非常重要的意义。例如四位二进制计数器，在从 0101 变成 0110 时，最低两位都要发生变化。当两位不是同时变化时，如最低位先变，次低位后变，就会出现一个短暂的误码 0100。采用循环码表示时，因为只有一位发生变化，就可以避免出现这类错误。

循环码是一种无权码，每一位都是按一定的规律循环的。表 12-5 给出了一种四位循环码的编码方案。可以看出，任意两个相邻的编码仅有一位不同，而且存在一个对称轴（在 7 和 8 之间），对称轴上边和下边的编码，除最高位互补外，其余各个数位都是以对称轴为中线镜像对称的。

表 12-5　四位循环码

十进制数	二进制数	循环码
0	0000	0000
1	0001	0001
2	0010	0011
3	0011	0010
4	0100	0110
5	0101	0111
6	0110	0101
7	0111	0100
8	1000	1100
9	1001	1101
10	1010	1111
11	1011	1110
12	1100	1010
13	1101	1011
14	1110	1001
15	1111	1000

2. 奇偶校验码

为了提高存储和传送信息的可靠性，广泛使用一种称为校验码的编码形式。校验码是将有效信息位和校验位按一定的规律编成的编码形式。校验位是为了发现和纠正错误添加的冗余信息位。在存储和传送信息时，将信息按特定的规律编码，在读出和接收信息时，按同样的规律检测，看规律是否被破坏，从而判断是否有错。目前使用最广泛的是奇偶校验码和循环冗余校验码。

奇偶校验码是一种最简单的校验码，它的编码规律是在有效信息位上添加一位校验位，以显示编码中 1 的个数是奇数或偶数。编码中 1 的个数是奇数的称为奇校验码，1 的个数是偶数的称为偶校验码。

奇偶校验码在编码时可根据有效信息位中 1 的个数决定添加的校验位是 1 还是 0，校验位可添加在有效信息位的前面，也可以添加在有效信息位的后面。表 12-6 给出了数字 0 到 9 的 ASCII 码的奇校验码和偶校验码，校验位添加在 ASCII 码的前面。

在读出或接收到奇偶校验码时，检测编码中 1 的个数是否符合奇偶规律，如不符合则出现错误。奇偶校验码可以发现错误，但不能纠正错误。当出现偶数个错误时，奇偶校验码也不能发现错误。

表 12-6　数字 0 到 9 的 ASCII 码的奇校验码和偶校验码

十进制数	ASCII 码	奇校验码	偶校验码
0	0110000	10110000	00110000
1	0110001	00110001	10110001
2	0110010	00110010	10110010
3	0110011	10110011	00110011
4	0110100	00110100	10110100
5	0110101	10110101	00110101
6	0110110	10110110	00110110
7	0110111	00110111	10110111
8	0111000	00111000	10111000
9	0111001	10111001	00111001

任务二　逻辑代数基础

逻辑代数是英国数学家乔治·布尔（George Boole）在 19 世纪中叶（1848 年）研究思维规律时首先提出来的，因此又称其为布尔代数。1938 年布尔代数首次用于电话继电器开关电路的设计，所以又称它为开关代数。目前逻辑代数已成为数字系统分析和设计的重要工具。

一、逻辑代数的特点和基本运算

逻辑代数是一种研究因果关系的代数，和普通代数类似，可以写成下面的表达形式

$$Y = F(A, B, C, D)$$

逻辑变量 A，B，C 和 D 称为自变量，Y 称为因变量。描述因变量和自变量之间关系的函数称为逻辑函数。它有普通代数所不具有的两个特点：

第一，不管是变量还是函数的值只有“0”和“1”两个，且这两个值不表示数值的大小，只表示事物的性质、状态等。

在逻辑电路中，通常规定 1 代表高电平，0 代表低电平，这是正逻辑。如果规定 0 代表高电平，1 代表低电平，则称为负逻辑。在以后如不专门声明，指的都是正逻辑。

第二，逻辑函数只有三种基本运算，分别是与运算、或运算和非运算。

逻辑函数可以用逻辑表达式、逻辑电路、真值表、卡诺图等方法表示。

1. 与运算（$F = A \cdot B$）

与运算的规则可用表 12-7 来说明，该表称为真值表，它反映所有自变量全部可能的组合和运算结果之间的关系。真值表在以后的逻辑电路分析和设计中是十分有用的。

表 12-7　逻辑与运算

A	B	F
0	0	0
0	1	0
1	1	0
1	1	1

与运算的例子在日常生活中经常会遇到，如图 12-2 所示的串联开关电路，灯 F 亮的条件是开关 A 和 B 都必须接通。如果开关闭合表示 1，开关断开表示 0，灯亮表示 1，灯灭表示 0，则灯和开关之间的逻辑关系可表示为 $F = A \cdot B$。

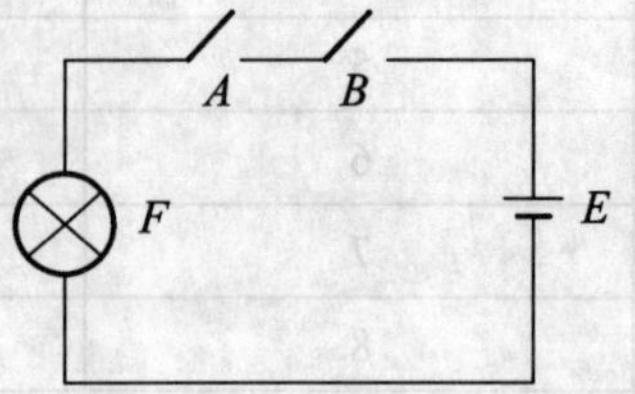

图 12-2　逻辑与的例子

2. 或运算 ($F = A + B$)

或运算的规则可用表 12-8 来说明，即“有 1 出 1，全 0 出 0”。这一结论也适合于有多个变量参加的或运算。

或运算的例子在日常生活中也会经常会遇到，如图 12-3，灯 F 亮的条件是有一个或一个以上的开关接通。灯和开关之间的逻辑关系可表示为 $F = A + B$。

表 12-8　逻辑或运算

A	B	F
0	0	0
0	1	1
1	0	1
1	1	1

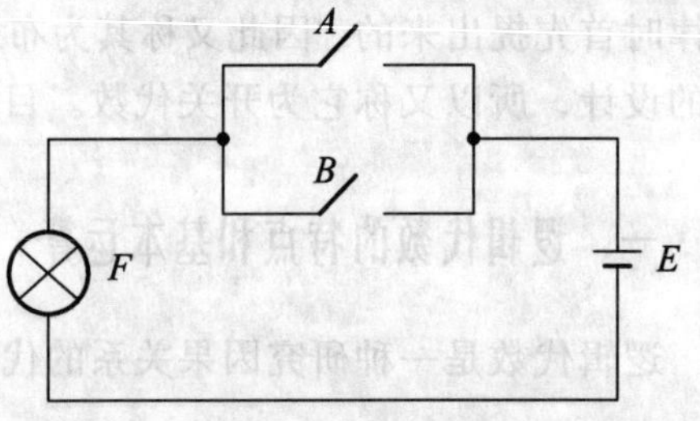

图 12-3　逻辑或的例子

3. 非运算 ($F = \overline{A}$)

非运算的真值表如表 12-9 所示，即“见 1 出 0，见 0 出 1”。图 12-4 反映了灯 F 和开关 A 之间的非运算关系。如果闭合开关，灯就不亮；如果断开开关，灯就会亮。

表 12-9　逻辑非运算

A	F
0	1
1	0

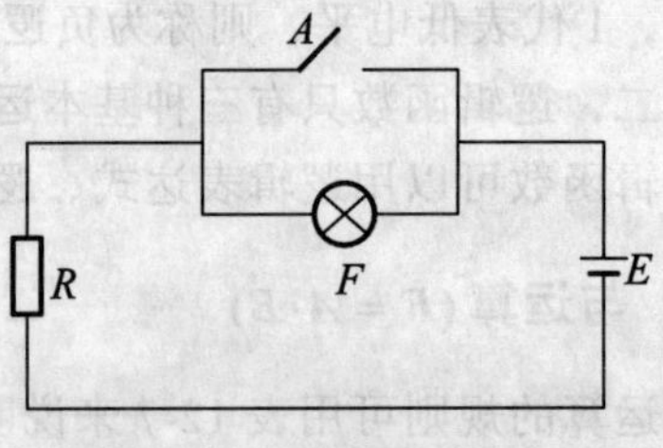

图 12-4　逻辑非的例子

二、逻辑代数的基本公式和规则

逻辑代数的基本公式对于逻辑函数的化简是非常有用的。大部分逻辑代数的基本公式的正确性是显见的，以下仅对不太直观的公式加以证明。

1. 基本公式

（1）0-1 律： $A+1=1$　　$A\cdot 0=0$

（2）自等律： $A+0=A$　　$A\cdot 1=A$

（3）互补律： $A\cdot\overline{A}=0$　　$A+\overline{A}=1$

（4）交换律： $A+B=B+A$　　$A\cdot B=B\cdot A$

（5）结合律： $A+(B+C)=(A+B)+C$　　$A\cdot(B\cdot C)=(A\cdot B)\cdot C$

（6）分配律： $A+B\cdot C=(A+B)\cdot(A+C)$　　$A\cdot(B+C)=A\cdot B+A\cdot C$

证明： $(A+B)\cdot(A+C)=A+AB+AC+BC=A+BC$

（7）吸收律： $A+A\cdot B=A$　　$A\cdot(A+B)=A$

$A+\overline{A}\cdot B=A+B$　　$A\cdot(\overline{A}+B)=A\cdot B$

（8）重叠律： $A+A=A$　　$A\cdot A=A$

（9）反演律： $\overline{A\cdot B}=\overline{A}+\overline{B}$　　$\overline{A+B}=\overline{A}\cdot\overline{B}$

（10）还原律： $\overline{\overline{A}}=A$

（11）包含律： $AB+\overline{A}C+BC=AB+\overline{A}C$

证明：

$$AB+\overline{A}C+BC=AB+\overline{A}C+BC(A+\overline{A})$$
$$=AB+\overline{A}C+ABC+\overline{A}BC$$
$$=AB+\overline{A}C$$

2. 运算规则

逻辑代数有三个重要的运算规则，即代入规则、反演规则和对偶规则，这三个规则在逻辑函数的化简和变换中是十分有用的。

1）代入规则

代入规则是指将逻辑等式中的一个逻辑变量用一个逻辑函数代替，并使逻辑等式仍然成立。使用代入规则，可以容易地证明许多等式，扩大基本公式的应用范围。

2）反演规则

反演规则是指如果将逻辑函数 F 的表达式中所有的“·”都换成“+”，“+”都换成“·”，“1”都换成“0”，“0”都换成“1”，原变量都换成反变量，反变量都换成原变量，所得到的逻辑函数就是 F 的反函数。

利用反演规则可以很容易地写出一个逻辑函数的反函数。

【例 12.14】 求逻辑函数 $F=AB+CD$ 的反函数。

解 根据反演规则有 $\overline{F}=(\overline{A}+\overline{B})\cdot(\overline{C}+\overline{D})$。

3）对偶规则

对偶规则是指如果将逻辑函数 F 的表达式中所有的“·”都换成“+”,“+”都换成“·”，常量“1”都换成“0”，“0”都换成“1”，所得到的逻辑函数就是 F 的对偶式，记为 F'。如果两个逻辑函数相等，则对偶式也相等。利用对偶规则可以使逻辑函数的证明简单化。

三、常用逻辑门电路

能实现逻辑运算的电路称为门电路。用基本的门电路可以构成复杂的逻辑电路，完成任何逻辑运算功能。这些逻辑电路是构成计算机及其他数字系统的重要基础。

与门、或门和非门电路是最基本的门电路，可分别完成与、或、非的逻辑运算。

1. 与门电路

与门电路用图 12-5 所示的逻辑符号表示。图（a）为国内以前使用的符号，图（b）为国际常用的符号，图（c）为国标符号（以下各图类似）。输入端只要有一个为低电平，输出端就为低电平；只有输入端全是高电平时，输出端才是高电平。

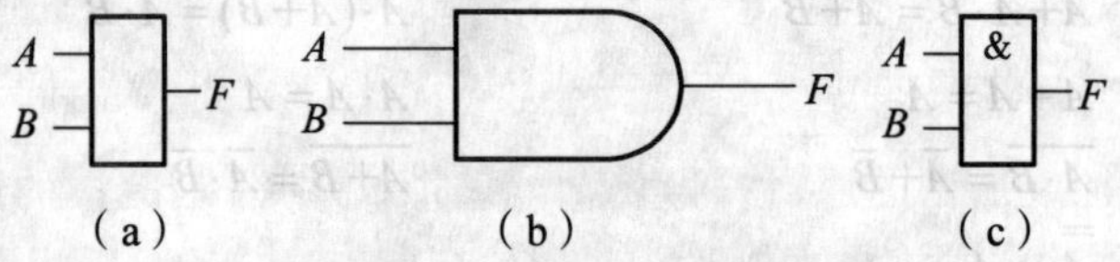

图 12-5　与门的逻辑符号

2. 或门电路

或门电路用图 12-6 所示的逻辑符号表示。当输入端有一个或一个以上为高电平时，输出端就为高电平；只有当输入端全是低电平时，输出端才是低电平。

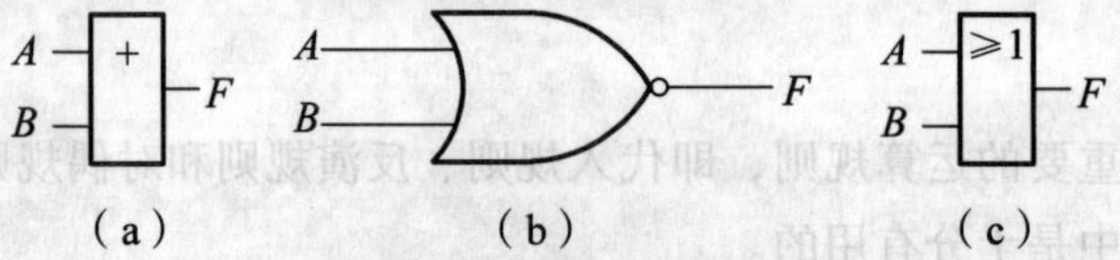

图 12-6　或门的逻辑符号

3. 非门电路

非门电路用图 12-7 所示的逻辑符号表示，具有一个输入端和一个输出端。当输入端是低电平时，输出端是高电平；而输入端是高电平时，输出端是低电平。

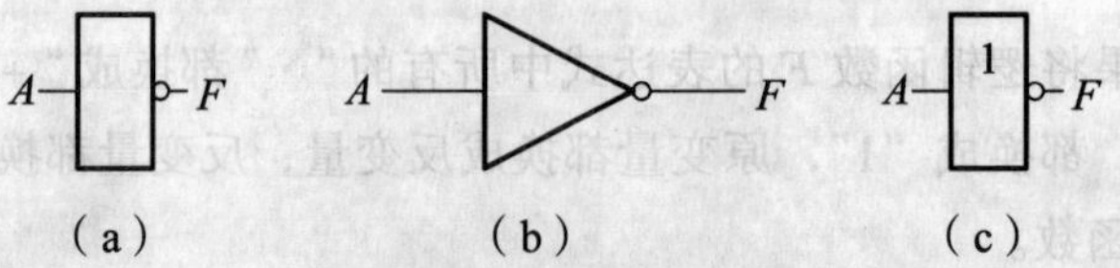

图 12-7　非门的逻辑符号

在实际应用中，利用与门、或门和非门之间的不同组合可构成复合门电路，完成复合逻辑运算。常见的复合门电路有与非门、或非门、与或非门、异或门和同或门电路。

4. 与非门电路

与非门电路相当于一个与门和一个非门的组合，可完成以下逻辑表达式的运算：

$$F=\overline{A\cdot B}$$

与非门电路用图 12-8 所示的逻辑符号表示。通过分析与非门完成的运算可知，与非门的功能是，仅当所有的输入端是高电平时，输出端才是低电平；只要输入端有低电平，输出必为高电平。

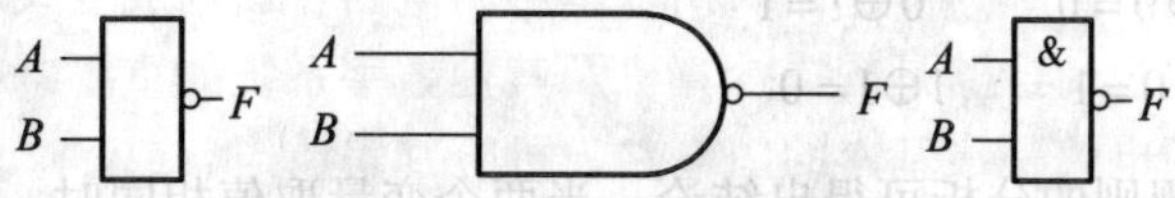

（a）（b）（c）

图 12-8 与非门的逻辑符号

5. 或非门电路

或非门电路相当于一个或门和一个非门的组合，可完成以下逻辑表达式的运算：

$$F=\overline{A+B}$$

或非门电路用图 12-9 所示的逻辑符号表示。通过分析或非门完成的运算可知，仅当所有的输入端是低电平时，输出端才是高电平；只要输入端有高电平，输出必为低电平。

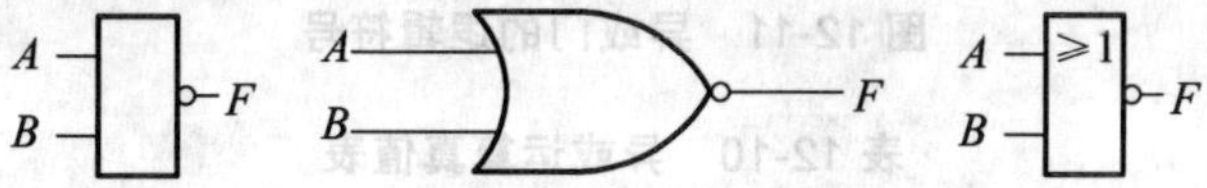

（a）（b）（c）

图 12-9 或非门的逻辑符号

6. 与或非门电路

与或非门电路相当于两个与门、一个或门和一个非门的组合，可完成以下逻辑表达式的运算：

$$F=\overline{AB+CD}$$

与或非门电路用图 12-10 所示的逻辑符号表示。通过分析与或非门完成的运算可知，与或非门的功能是将两个与门的输出相或后取反输出。与或非门电路也可以由多个与门和一个或门、一个非门组合而成，从而具有更强的逻辑运算功能。

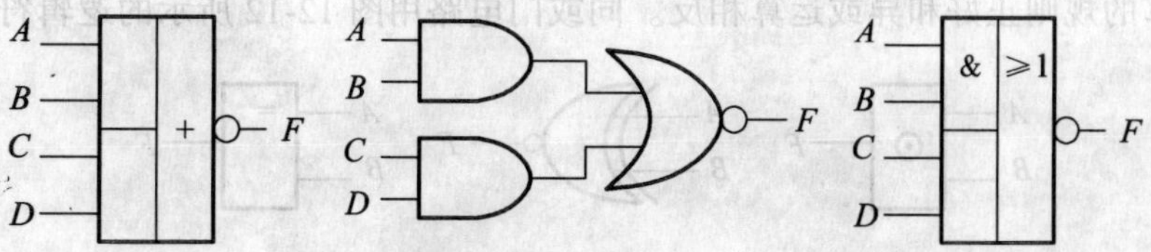

（a）（b）（c）

图 12-10 与或非门的逻辑符号

以上三种复合门电路都允许有两个以上的输入端。

7. 异或门电路

异或门电路可以完成逻辑异或运算，运算符号用“⊕”表示。异或运算逻辑表达式为：

$$F = A \oplus B$$

异或运算的规则如下：

$$0 \oplus 0 = 0 \qquad 0 \oplus 1 = 1$$

$$1 \oplus 0 = 1 \qquad 1 \oplus 1 = 0$$

通过对异或运算规则的分析可得出结论：当两个变量取值相同时，运算结果为 0；当两个变量取值不同时，运算结果为 1。如推广到多个变量异或时，当变量中 1 的个数为偶数时，运算结果为 0；1 的个数为奇数时，运算结果为 1。

异或门电路用图 12-11 所示的逻辑符号表示。表 12-10 说明逻辑表达式 $F = A\bar{B} + \bar{A}B$ 也可完成异或运算。由此可以看出，异或运算也可以用与、或、非运算的组合来完成。

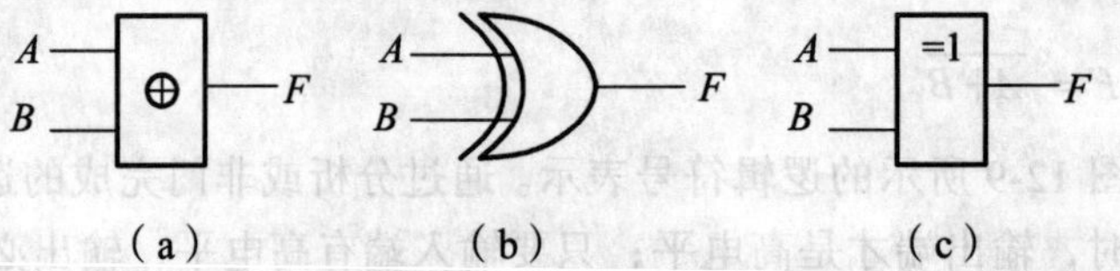

图 12-11 异或门的逻辑符号

表 12-10 异或运算真值表

A	B	$F = A \oplus B$	$F = A\bar{B} + \bar{A}B$
0	0	0	0
0	1	1	1
1	0	1	1
1	1	0	0

8. 同或门电路

同或门电路用来完成逻辑同或运算，运算符号是“⊙”。同或运算的逻辑表达式为：

$$F = A \odot B$$

同或运算的规则正好和异或运算相反。同或门电路用图 12-12 所示的逻辑符号表示。

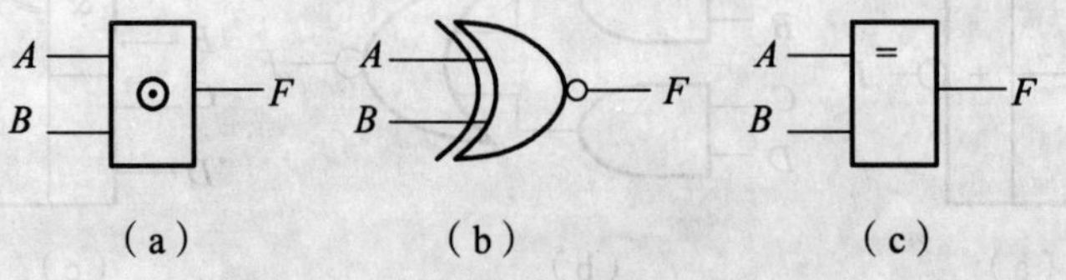

图 12-12 同或门的逻辑符号

四、最小项和最小项表达式

1. 最小项

如果一个具有 n 个变量的逻辑函数的“与项”包含全部 n 个变量，每个变量以原变量或反变量的形式出现，且仅出现一次，则这种“与项”被称为最小项。

对两个变量 A、B 来说，可以构成四个最小项：$\bar{A}\,\bar{B}$、$\bar{A}B$、$A\bar{B}$、AB。对三个变量 A、B、C 来说，可构成八个最小项：$\bar{A}\,\bar{B}\,\bar{C}$、$\bar{A}\,\bar{B}\,C$、$\bar{A}\,B\,\bar{C}$、$\bar{A}\,B\,C$、$A\,\bar{B}\,\bar{C}$、$A\,\bar{B}\,C$、$A\,B\,\bar{C}$、$ABC$。同理，对 n 个变量来说，可以构成 2^n 个最小项。

为了叙述和书写方便，最小项通常用符号 m_i 表示，i 是最小项的编号，是一个十进制数。确定 i 的方法是：首先将最小项中的变量按顺序 A，B，C，D … 排列好，然后将最小项中的原变量用 1 表示，反变量用 0 表示，这时最小项表示的二进制数所对应的十进制数就是该最小项的编号。例如，对三变量的最小项来说，ABC 的编号是 7，用符号 m_7 表示，$A\bar{B}C$ 的编号是 5，用符号 m_5 表示。

2. 最小项表达式

如果一个逻辑函数的表达式是由最小项构成的与或式，则这种表达式称为逻辑函数的最小项表达式，也叫标准与或式。例如：

$$F = \bar{A}BC\bar{D} + ABC\bar{D} + ABCD$$

是一个四变量的最小项表达式。

对一个最小项表达式可以采用简写的方式，例如：

$$F(A,B,C) = \bar{A}B\bar{C} + A\bar{B}C + ABC = m_2 + m_5 + m_7 = \sum m\,(2,5,7)$$

要写出一个逻辑函数的最小项表达式，可以有多种方法，最简单的方法是先给出逻辑函数的真值表，然后将真值表中能使逻辑函数取值为 1 的各个最小项相或就可以了。

【例 12.15】 已知三变量逻辑函数 $F = AB + BC + AC$，写出 F 的最小项表达式。

解 首先画出 F 的真值表，如表 12-11 所示。将表中能使 F 为 1 的最小项相或可得

$$\begin{aligned} F &= \bar{A}BC + A\bar{B}C + AB\bar{C} + ABC \\ &= \sum m\,(3,\ 5,\ 6,\ 7) \end{aligned}$$

表 12-11 $F = AB + BC + AC$ 的真值表

A	B	C	$F = AB + BC + AC$
0	0	0	0
0	0	1	0
0	1	0	0
0	1	1	1
1	0	0	0
1	0	1	1
1	1	0	1
1	1	1	1

五、逻辑函数的化简

逻辑函数的表达式和逻辑电路是一一对应的，表达式越简单，实现该功能的逻辑电路也越简单。

在传统的设计方法中，通常用与或表达式定义最简表达式，其标准是表达式中的项数最少，每项含的变量也最少。这样用逻辑电路去实现时，用的逻辑门最少，每个逻辑门的输入端也最少，另外还可提高逻辑电路的可靠性和运行速度。

在现代设计方法中，多采用可编程的逻辑器件进行逻辑电路的设计。设计并不一定要追求最简单的逻辑函数表达式，而是追求设计简单方便、可靠性好、效率高。但是，逻辑函数的化简仍是需要掌握的重要基础技能。

逻辑函数的化简方法有多种，最常用的方法是逻辑代数化简法和卡诺图化简法。

1. 逻辑代数化简法

逻辑代数化简法就是利用逻辑代数的基本公式和规则对给定的逻辑函数表达式进行化简。常用的逻辑代数化简法有吸收法、消去法、并项法、配项法。

（1）吸收法：利用公式 $A+AB=A$，吸收多余的与项。例如：

$$F=\overline{A}+\overline{A}BC+\overline{A}BD+\overline{A}E=\overline{A}\cdot(1+BC+BD+E)=\overline{A}$$

（2）消去法：利用公式 $A+\overline{A}B=A+B$，消去与项中多余的的因子。例如：

$$\begin{aligned}F&=A+\overline{A}B+\overline{B}C+\overline{C}D=A+B+\overline{B}C+\overline{C}D\\&=A+B+C+\overline{C}D=A+B+C+D\end{aligned}$$

（3）并项法：利用公式 $A+\overline{A}=1$，把两项合并成一项。例如：

$$\begin{aligned}F&=A\overline{BC}+AB+A\cdot(\overline{\overline{BC}+B})\\&=A\cdot(\overline{BC}+B+\overline{\overline{BC}+B})=A\end{aligned}$$

（4）配项法：利用公式 $A+\overline{A}=1$，把一个与项变成两项，再和其他项合并。例如：

$$\begin{aligned}F&=\overline{A}B+\overline{B}C+B\overline{C}+A\overline{B}\\&=\overline{A}B\cdot(C+\overline{C})+\overline{B}C\cdot(A+\overline{A})+B\overline{C}+A\overline{B}\\&=\overline{A}BC+\overline{A}B\overline{C}+A\overline{B}C+\overline{A}\overline{B}C+B\overline{C}+A\overline{B}\\&=A\overline{B}\cdot(C+1)+\overline{A}C\cdot(B+\overline{B})+B\overline{C}\cdot(\overline{A}+1)\\&=A\overline{B}+\overline{A}C+B\overline{C}\end{aligned}$$

有时，对逻辑函数的表达式进行化简时，可以几种方法并用，综合考虑。例如：

$$\begin{aligned}F&=\overline{A}BC+AB\overline{C}+A\overline{B}C+ABC\\&=\overline{A}BC+ABC+AB\overline{C}+ABC+A\overline{B}C+ABC\\&=AB\cdot(C+\overline{C})+AC\cdot(B+\overline{B})+BC\cdot(A+\overline{A})=AB+AC+BC\end{aligned}$$

在这个例子中就使用了配项法和并项法两种方法。

2. 卡诺图化简法

采用逻辑代数法化简，不仅要求熟练掌握逻辑代数的公式，且需要较高的化简技巧。卡诺图化简法简单、直观、有规律可循，当变量较少时，用来化简逻辑函数是十分方便的。

1）卡诺图

卡诺图其实是真值表的一种特殊排列形式，例如，有二、三、四个变量时的卡诺图如图 12-13 ~ 12-15 所示。n 个变量的逻辑函数有 2^n 个最小项，每个最小项对应一个小方格，所以，n 个变量的卡诺图由 2^n 个小方格构成，这些小方格按一定的规则排列。

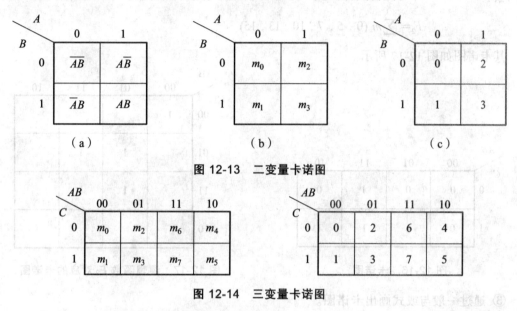

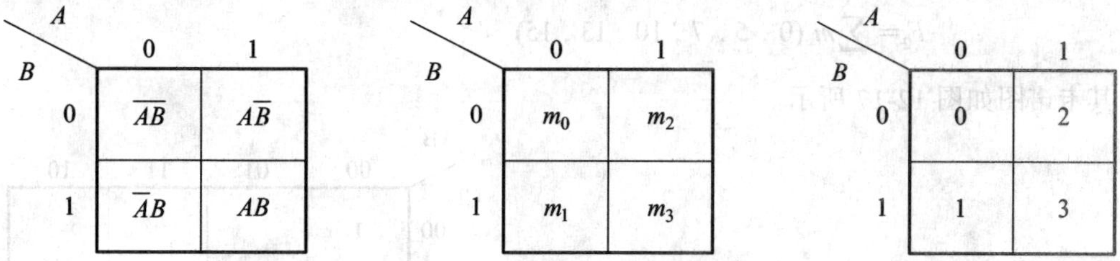

（a）　　（b）　　（c）

图 12-13　二变量卡诺图

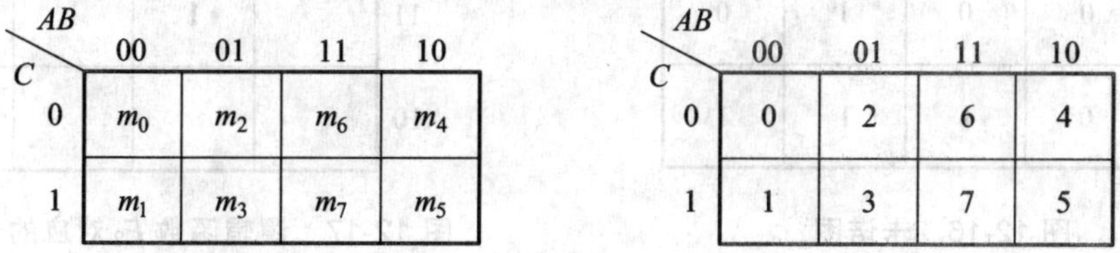

图 12-14　三变量卡诺图

图 12-13 中，卡诺图的上边线用来表示小方格的列，第一列小方格表示 $\overline{A}$，第二列小方格表示 A；卡诺图的左边线用来表示小方格的行，第一行小方格表示 $\overline{B}$，第二行小方格表示 B。如果原变量用 1 表示，反变量用 0 表示，在卡诺图上，行和列的交叉处的小方格就是输入变量取值对应的最小项。如每个最小项用符号表示，则卡诺图如图 12-13（b）所示。最小项也可以简写成编号，如图 12-13（c）所示。

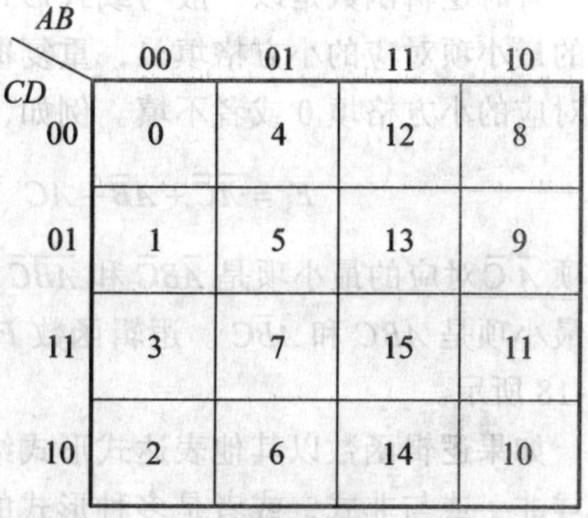

图 12-15　四变量卡诺图

图 12-14 和图 12-15 与此类似。

分析卡诺图可看出它有以下两个特点：

（1）相邻小方格和轴对称小方格中的最小项只有一个因子不同，这种最小项称为逻辑相邻最小项；

（2）合并 2^k 个逻辑相邻最小项，可以消去 k 个逻辑变量。

2）逻辑函数的卡诺图表示

用卡诺图表示逻辑函数时，可分以下几种情况考虑。

（1）利用真值表画出卡诺图。

如果已知逻辑函数的真值表，画出卡诺图是十分容易的。对应逻辑变量取值的组合，函数值为 1 时，在小方格内填 1；函数值为 0 时，在小方格内填 0（也可以不填）。例如，逻辑函数 F_1 的真值如表 12-11 所示，其对应的卡诺图如图 12-16 所示。

（2）利用最小项表达式画出卡诺图。

当逻辑函数是以最小项形式给出时，可以直接将最小项对应的卡诺图小方格填 1，其余的填 0。这是因为任何一个逻辑函数等于其卡诺图上填 1 的最小项之和。例如对四变量的逻辑函数：

$$F_2=\sum m\,(0, 5, 7, 10, 13, 15)$$

其卡诺图如图 12-17 所示。

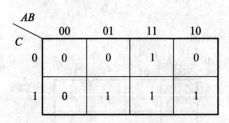

C \ AB	00	01	11	10
0	0	0	1	0
1	0	1	1	1

图 12-16　卡诺图

CD \ AB	00	01	11	10
00	1			
01		1	1	
11		1	1	
10				1

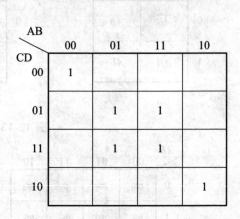

图 12-17　逻辑函数 F_2 对应的卡诺图

③ 通过一般与或式画出卡诺图。

有时逻辑函数是以一般与或式形式给出，在这种情况下画卡诺图时，可以将每个与项覆盖的最小项对应的小方格填 1，重复覆盖时，只填一次就可以了。对那些与项没覆盖的最小项对应的小方格填 0 或者不填。例如，对于三变量逻辑函数

$$F_3=\overline{A}\overline{C}+A\overline{B}+AC$$

与项 $\overline{A}\,\overline{C}$ 对应的最小项是 $\overline{A}B\overline{C}$ 和 $\overline{A}\overline{B}\overline{C}$，与项 $A\overline{B}$ 对应的最小项是 $A\overline{B}C$ 和 $A\overline{B}\overline{C}$，与项 AC 对应的最小项是 ABC 和 $A\overline{B}C$。逻辑函数 F_3 的卡诺图如图 12-18 所示。

如果逻辑函数以其他表达式形式给出，如或与式、与或非、或与非式，或者是多种形式的混合表达式，这时可先将表达式变换成与或式后再画卡诺图，也可以写出表达式的真值表，利用真值表画出卡诺图。

C \ AB	00	01	11	10
0	1	1		1
1			1	1

图 12-18　逻辑函数 F_3 对应的卡诺图

3）用卡诺图化简逻辑函数的过程

用卡诺图表示出逻辑函数后，其化简可分成两步进行：第一步是将填 1 的逻辑相邻小方格圈起来，称为卡诺圈；第二步是合并卡诺圈内那些填 1 的逻辑相邻小方格代表的最小项，并写出最简的逻辑表达式。

画卡诺圈时应注意以下几点：

（1）卡诺圈内填 1 的逻辑相邻小方格数应是 2^k。

（2）填 1 的小方格可以处在多个卡诺圈中，但每个卡诺圈中至少要有一个填 1 的小方格在其他卡诺圈中没有出现过。

（3）为了保证能写出最简单的与或表达式，首先应保证卡诺圈的个数最少（表达式中的与项最少），其次是每个卡诺圈中填 1 的小方格最多（与项中的变量最少）。由于卡诺圈的画法在某些情况下不是唯一的，因此写出的最简逻辑表达式也不是唯一的。

（4）如果一个填 1 的小方格不和任何其他填 1 的小方格相邻，这个小方格也要用一个与项表示，最后将所有的与项相或就得到化简后的逻辑表达式。

4）卡诺图化简逻辑函数举例

【例 12.16】 已知逻辑函数的真值表如表 12-12 所示，写出逻辑函数的最简与或表达式。

解 首先根据真值表画出卡诺图，将填有 1 并具有相邻关系的小方格圈起来，如图 12-19 所示。根据卡诺图可写出最简与或表达式：

$$F = A\overline{C} + \overline{B}C$$

表 12-12 真值表

A	B	C	F
0	0	0	0
0	0	1	1
0	1	0	0
0	1	1	0
1	0	0	1
1	0	1	1
1	1	0	1
1	1	1	0

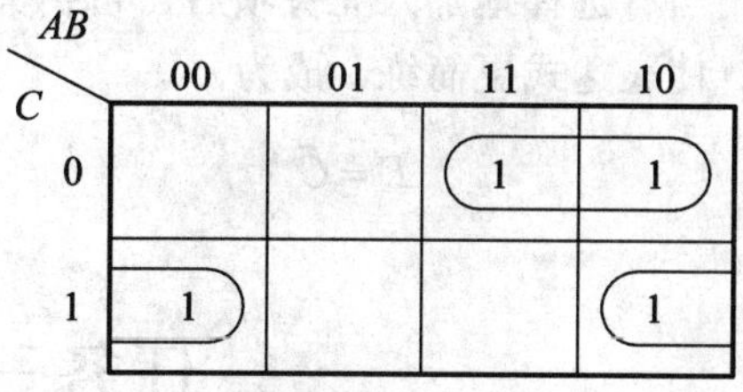

图 12-19 卡诺图

【例 12.17】 化简四变量逻辑函数 $F = \overline{A}\overline{B}C + A\overline{B}C + B\overline{C}\overline{D} + ABC$ 为最简与或表达式。

解 首先根据逻辑表达式画出 F 的卡诺图，将填有 1 并具有相邻关系的小方格圈起来，如图 12-20 所示。根据卡诺图可写出最简表达式：

$$F = AC + \overline{B}C + B\overline{C}\overline{D}$$

以上举例都是求出最简与或式，如要求出最简或与式，可以在卡诺图上将填 0 的小方格圈起来进行合并，然后写出每一卡诺圈表示的或项，最后将所得或项相与就可得到最简或与式。但变量取值为 0 时要写原变量，变量取值为 1 时要写反变量。有时按或与式写出最简逻辑表达式可能会更容易一些。

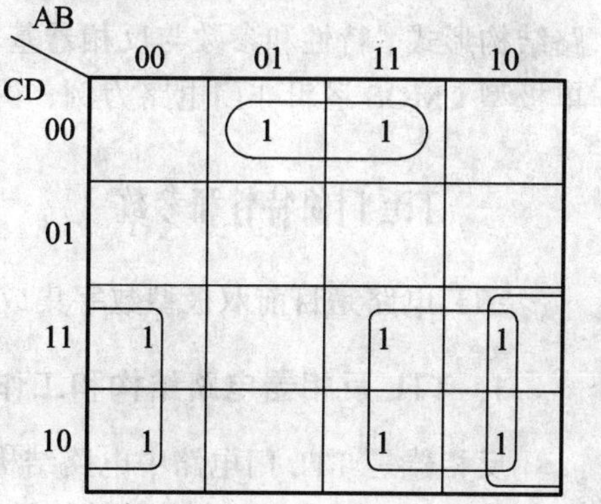

图 12-20 卡诺图

5）包含无关项的逻辑函数的化简

对一个逻辑函数来说，如果针对逻辑变量的每一组取值，逻辑函数都有一个确定的值与之相对应，则这类逻辑函数称为完全描述逻辑函数。但是，从某些实际问题归纳出的逻辑函数，输入变量的某些取值所对应的最小项不会出现或不允许出现，也就是说，这些输入变量之间存在一定的约束条件。那么，这些不会出现或不允许出现的最小项被称为约束项，其值恒为 0。还有一些最小项，无论取值 0 还是取值 1，对逻辑函数代表的功能都不会产生影响。那么，这些任意取值的最小项称为任意项。约束项和任意项统称无关项，包含无关项的逻辑函数称为非完全描述逻辑函数。无关最小项在逻辑表达式中用 $\sum d(\cdots)$ 表示，在卡诺图上用“∅”或“×”表示，化简时既可代表 0，也可代表 1。

在化简包含无关项的逻辑函数时，由于无关项可以加进去，也可以去掉，而且不会对逻辑函数的功能产生影响，因此利用无关项就可能进一步化简逻辑函数。

【例 12.18】 化简三变量逻辑函数 $F=\sum m(0,4,6)+\sum d(2,3)$ 为最简与或表达式。

解 首先根据逻辑表达式画出 F 的卡诺图，如图 12-21 所示。如果按不包含无关项化简，最简表达式为

$$F = A\overline{C} + \overline{B}\overline{C}$$

当有选择地加入无关项后，可扩大卡诺圈的范围，使表达式更简练，成为

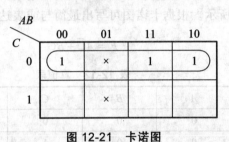

$$F = \overline{C}$$

C \ AB	00	01	11	10
0	1	×	1	1
1		×		

图 12-21 卡诺图

任务三 集成逻辑电路

逻辑门电路是数字电路的基本单元，可分为单极型逻辑门电路和双极型逻辑门电路。由于集成电路体积小、重量轻、可靠性好，因而在大多数领域里取代了分立器件电路。为了便于实现各种不同的逻辑函数，在门电路的定型产品中除了有反相器以外还有与门、或门、与非门、或非门和异或门等几种常见的类型。尽管它们逻辑功能各异，但输入端、输出端的电路结构形式、特性和参数与反相器基本相同。本任务将重点以双极型的 TTL 逻辑非门电路和单极型 CMOS 逻辑非门电路为例，讲解数字门电路的特性和参数。

一、TTL 门的特性和参数

TTL 电路是目前双极型数字集成电路中用得最多的一种。

1. TTL 反相器电路结构和工作原理

反相器是 TTL 门电路中电路结构最简单的一种。图 12-22 中给出了 74 系列 TTL 反相器的典型电路。因为这种电路的输入端和输出端均为三极管结构，所以又称作三极管-三极管逻辑电路（Transistor-Transistor-Logic），简称 TTL 电路。

图 12-22 所示电路由三部分组成：VT_1、R_1和 VD_1组成输入级，VT_2、R_2和 R_3组成倒相级，VT_3、VT_4、VD_2和 R_4组成输出级。

设电源电压 $V_{CC}=5$ V，输入信号的高、低电平分别为 $V_{IH}=3$ V，$V_{IL}=0.3$ V，并认为二极管正向压降为 0.7 V。

由图可见，当 $v_i=V_{IL}$时，VT_1的发射结必然导通，导通后 VT_1的基极电位 v_{B1}被钳在 1 V。因此，VT_2、VT_5不导通。VT_2截止后 v_{C2}为高电平，VT_4导通，$v_o=5-V_{R2}-0.7-0.7\approx3.6$ V，输出为高电平 V_{OH}。

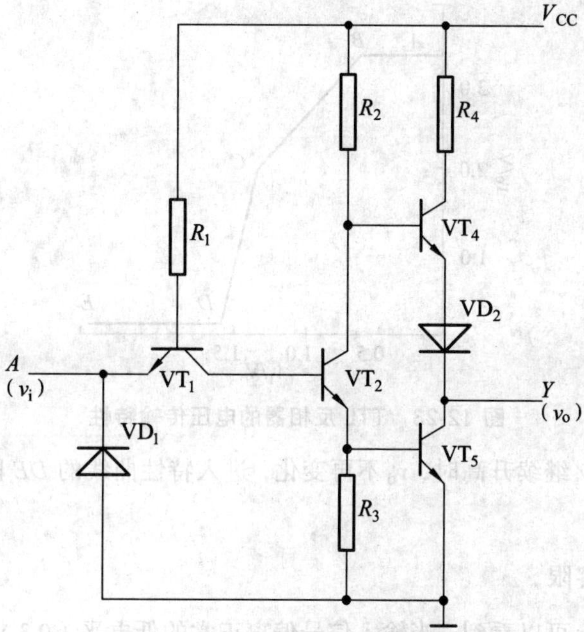

图 12-22 TTL 反相器的电路

当 $v_i=V_{IH}$时，如果不考虑 VT_2的存在，则应有 $V_{B1}=V_{IH}+0.7=3.7$ V。显然，在 VT_2和 VT_5存在的情况下，VT_2和 VT_4必然饱和导通。此时，V_{B1}便被钳在了 2.1 V 左右。VT_2和 VT_5饱和导通使 V_{C2}降为 1 V，导致 VT_4截止，$v_o=0.3$ V，输出变为低电平 V_{OL}。

可见输出和输入之间是反相关系，即 $Y=\overline{A}$。

输出级的工作特点是在稳定状态下 VT_4和 VT_5总是一个导通而另一个截止，这就有效地降低了输出级的静态功耗并提高了驱动负载的能力。通常把这种形式的电路称为推拉式电路或图腾柱输出电路。为确保 VT_5饱和导通时 VT_4可靠地截止，又在 VT_4的发射极下面串进了二极管 VD_2。

VD_1是输入端钳位二极管，它既可以抑制输入端可能出现的负极性干扰脉冲，又可以防止输入电压为负时 VT_1的发射极电流过大，起到保护作用。这个二极管允许通过的最大电流约为 20 mA。

2. 电压传输特性

如果把图 12-22 所示反相器电路输出电压随输入电压的变化用曲线描绘出来，就得到了图 12-23 所示的电压传输特性。

在曲线的 AB 段，因为 $v_i < 0.6$ V，所以，$V_{B1} < 1.3$ V，VT_2 和 VT_5 截止而 VT_4 导通，故输出为高电平。我们把这一段称为特性曲线的截止区。在 BC 段里，由于 $v_i > 0.7$ V 但低于 1.3 V，所以 VT_2 导通而 VT_5 依旧截止。这时 VT_2 工作在放大区，随着 v_i 的升高 v_{C2} 和 v_o 线性地下降，这一段称为特性曲线的线性区。当输入电压上升到 1.4 V 左右时，v_{B1} 约为 2.1 V，这时 VT_2 和 VT_5 将同时导通，VT_4 截止，输出电位急剧地下降为低电平，与此对应的 CD 段称为转折区。转折区中点对应的输入电压称为阈值电压或门槛电压，用 V_{TH} 表示，分析电路时一般取其值为 1.4 V。

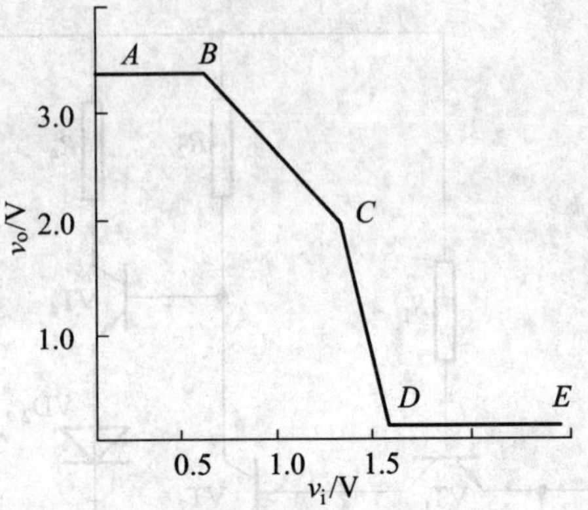

图 12-23　TTL 反相器的电压传输特性

此后当输入电压 v_i 继续升高时，v_o 不再变化，进入特性曲线的 DE 段。DE 段称为特性曲线的饱和区。

3. 输入端噪声容限

从电压传输特性上可以看到，当输入信号偏离正常的低电平（0.3 V）而升高时，输出的高电平并不立刻改变。同样，当输入信号偏离正常高电平（3.4 V）而降低时，输出的低电平也不会马上改变。因此，允许输入的高、低电平信号各有一个波动范围。在保证输出高、低电平基本不变（或者说变化的大小不超过允许限度）的条件下，输入电平的允许波动范围称为噪声容限。

以下先介绍与输入端噪声容限有关的电压参数：

（1）输出高电平 V_{OH}：V_{OH} 是门电路处于截止时的输出电平，其典型值是 3.6 V，规定最小值 $V_{OH(min)}$ 为 2.4 V。

（2）输出低电平 V_{OL}：V_{OL} 是门电路处于导通时的输出电平，其典型值是 0.3 V，规定最大值 $V_{OL(max)}$ 为 0.4 V。

（3）输入高电平 V_{IN}：其典型值是 3.6 V。保证输出为低电平时的最小输入高电平称为开门电平 V_{ON}，其值为 2 V。

（4）输入低电平 V_{IL}：其典型值是 0.3 V。保证输出为高电平时的最大输入低电平称为关门电平 V_{OFF}，其值为 0.8 V。

门电路的噪声容限反映它的抗干扰能力，其值大则抗干扰能力强。高电平噪声容限为

$$V_{NH} = V_{IH} - V_{ON} = V_{OH(min)} - V_{ON} = (2.4 - 2)\ \text{V} = 0.4\ \text{V}$$

低电平噪声容限为

$$V_{NI} = V_{OFF} - V_{IL} = V_{OFF} - V_{OL(max)} = (0.8 - 0.4)\ V = 0.4\ V$$

4. 负载能力

在实际使用中一个门电路经常要驱动其他门电路，如图 12-24 所示。这时我们将 G_1 门称为驱动门，而将其他门称为负载门。所谓门电路的负载能力就是指它可驱动的负载门的个数。当驱动门和负载门为同类型门时，负载能力可由门电路的参数 N（称为扇出系数）给出。如果驱动门和负载门的类型不相同就需具体计算。

计算负载能力的原则是驱动门的输出电流要大于等于负载门的输入电流。由于门电路输出高、低电平时的电流大不相同，故下式计算取其小者。

$$N_1 = I_{OL}/I_{IL}$$
$$N_2 = I_{OH}/I_{IIH}$$

上式中 I_{OL}、I_{OH} 为驱动门的输出低电平电流和输出高电平电流，I_{IL}、I_{IH} 为负载门的输入低电平电流和输入高电平电流。

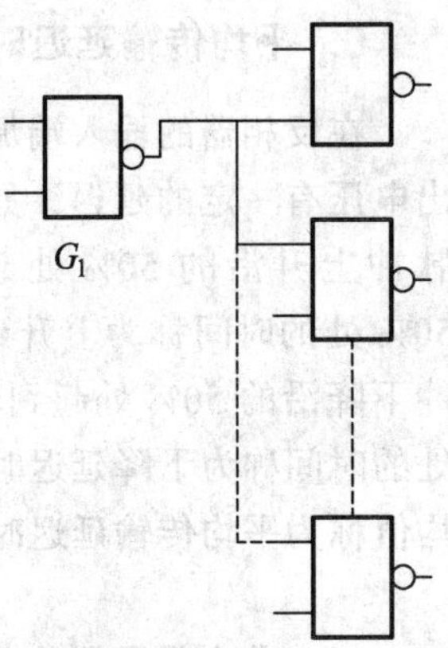

图 12-24　负载能力例图

5. 输入端负载特性

图 12-25 所示为输入端负载特性的测试电路和输入端负载特性曲线。

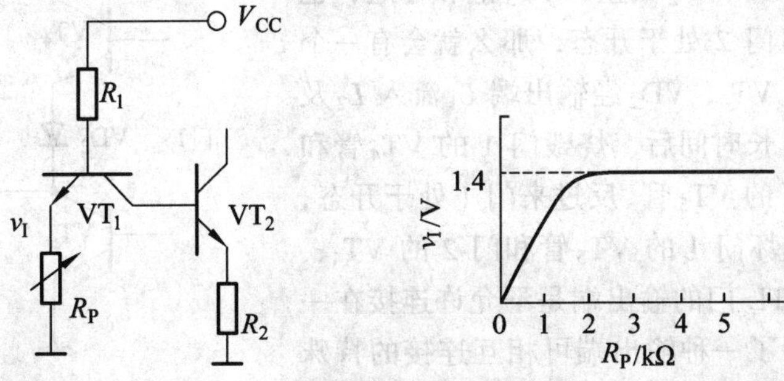

图 12-25　输入负载特性

在具体使用门电路时，有时需要在输入端与地之间或者输入端与信号的低电平之间接入电阻 R_P。因为输入电流流过 R_P，这就必然会在 R_P 上产生压降而形成输入端电位 v_I。v_I 随 R_P 变化的规律，即输入端负载特性可表示为

$$v_I = \frac{R_P}{R_1 + R_P}(V_{CC} - v_{BE1}) \tag{12-1}$$

上式表明，在 $R_P \ll R_1$ 的条件下，v_I 几乎与 R_P 成正比。但是当 v_I 上升到 1.4 V 以后，VT_1 和 VT_2 的发射结同时导通，将 V_{B1} 钳位在了 2.1 V 左右，所以即使 R_P 再增大，v_I 也不会再升高了。这时 v_I 与 R_P 的关系也就不再遵守式（12-1）的关系，特性曲线趋近于 $v_I = 1.4$ V 的一条水平线。

由以上分析可以看到，输入电阻的大小会影响非门的输出状态。保证非门输出为低电平时，允许的最小电阻，称为开门电阻，用 R_{ON} 表示。由特性曲线可以看到 R_{ON} 为 2 kΩ。保证非门输出为高电平时，允许的最大电阻，称为关门电阻，用 R_{OFF} 表示。由特性曲线可以看到对应 V_I 为 0.8 V 时的 R_{OFF} 为 700 ~ 800 Ω。

还可以看到，输入端悬空，R_P 相当于无穷大，也即相当于输入高电平。

6. 平均传输延迟时间 t_{pd}

在反相器的输入端加上一个脉冲电压，则输出电压有一定的延迟，如图 12-26 所示。从输入脉冲上升沿的 50% 处起到输出脉冲下降沿的 50% 处的时间称为上升延迟时间 t_{pd1}；从输入脉冲下降沿的 50% 处起到输出脉冲上升沿的 50% 处的时间称为下降延迟时间 t_{pd2}。t_{pd1} 和 t_{pd2} 的平均值称为平均传输延迟时间 t_{pd}，此值越小越好。

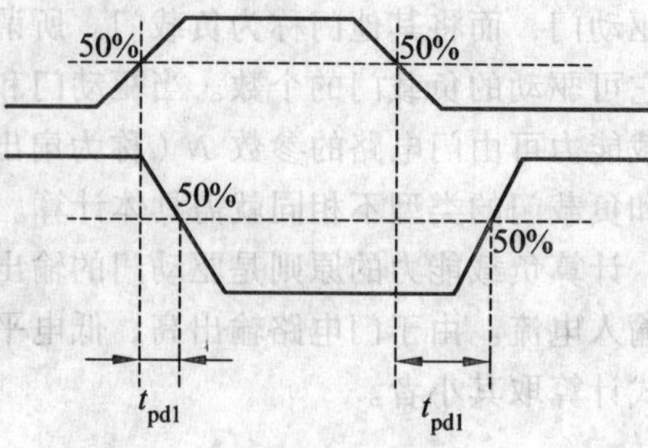

图 12-26　TTL 反相器的动态电压波形

二、集电极开路的门电路（OC 门）

OC 门（Open Collector Gate）是一种计算机常用的特殊门。

图 12-27 所示是两个 TTL 门的输出端并联起来使用的情况。在图 12-27 中，如果门 1 的 VT_4、VD_2 导通，VT_5 截止，门 2 的 VT_4、VD_2 截止，VT_5 饱和导通，也就是门 1 处于关态，门 2 处于开态，那么就会有一个大电流从门 1 的 R_4、VT_4、VD_2 经输出端 L_1 流入 L_2 及门 2 的 VT_5 管到地，长时间后，烧毁门 1 的 VT_4 管和二极管 VD，以及门 2 的 VT_5 管，反过来门 1 处于开态，门 2 处于关态，则损坏门 1 的 VT_5 管和门 2 的 VT_4、VD_2 管。所以一般 TTL 门的输出端是不允许连接在一起的。因此专门设计了一种输出端可相互连接的特殊的 TTL 门电路，就是集电极开路的 TTL（OC）门。

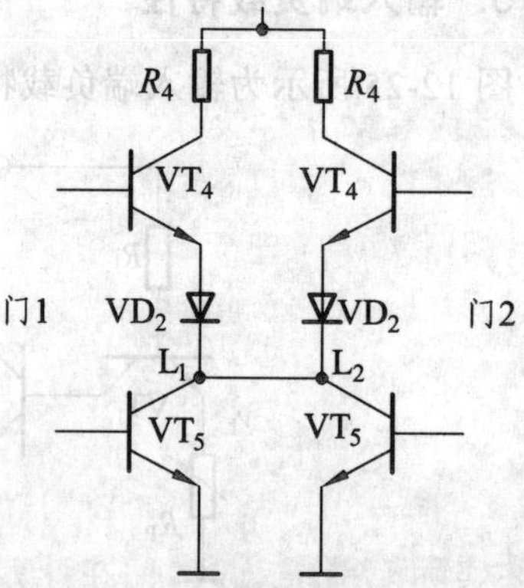

图 12-27　TTL 门输出端并联的情况

1. 电路形式

图 12-28（a）是一个 OC 门的电路图，在此电路中，输出管 VT_5 集电极开路，相当于去掉了一般 TTL 与非门中的三极管 VT_4、二极管 VD_2 及电阻 R_4。OC 门电路符号如图 12-28（b）、（c）所示，其中图（b）为新标准符号，图（c）为惯用符号。而国际符号则与普通门电路一致，另加文字说明它是集电极开路门。

图 12-28（a）所示电路也具有与非逻辑功能，只是它的输出端必须如图 12-29 所示外接上拉电阻 R_P 及外接电源 E_P。

当输入 A、B、C 全为高电平时，三极管 VT2、VT5 均饱和导通，输出端 Y 为低电平 0.3 V。当输入 A、B、C 中有低电平（0.3 V）时，VT_1 管特殊深饱和，$v_{c1} = (0.3 + 0.1)\ \text{V} = 0.4\ \text{V}$，三

极管 VT_2、VT_5 均截止，输出端 Y 为高电平 E_P。因此，它仍有“全高出低，有低出高”的输入、输出电平关系，是一个正逻辑的与非门。

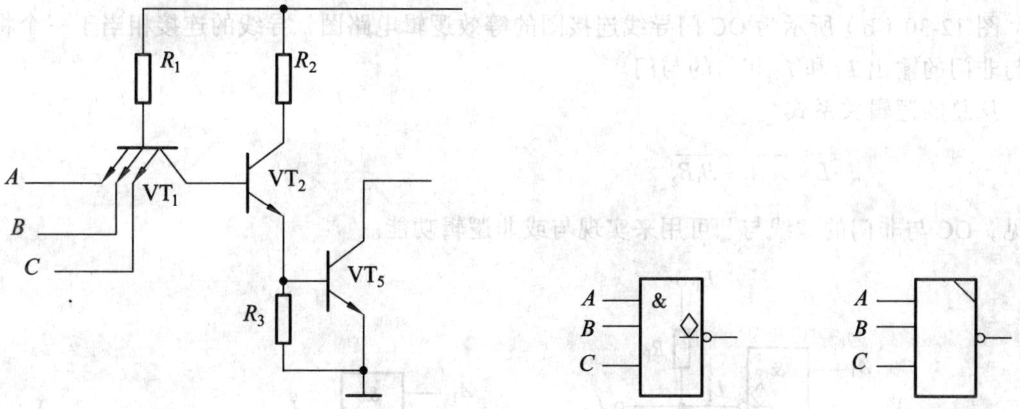

（a）电路形式　　（b）新标准符号　　（c）惯用符号

图 12-28　OC 门电路和符号

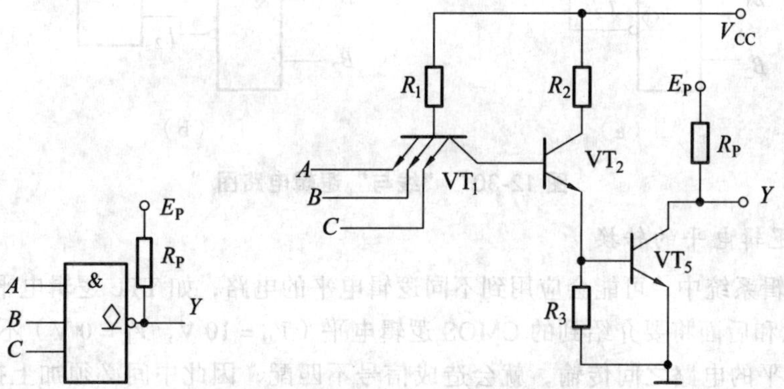

图 12-29　OC 门输出需外接电阻 R_P 和电源 E_p

2. OC 门的应用

在实际使用中，OC 门在计算机中应用很广，它可实现“线与”逻辑、逻辑电平的转换及总线传输，下面分别加以说明。

1）实现“线与”逻辑

用导线将两个或两个以上的 OC 门输出连接在一起，其总的输出为各个 OC 门输出的逻辑“与”，这种用导线连接而实现的逻辑与就称作“线与”。

如图 12-30 所示为这两个 OC 与非门用导线连接，实现“线与”逻辑的电路图。

由图 12-30（a）所示 OC 门的导线连接图可知，若 A_1、A_2 输入为全 1，或者 B_1、B_2 的输入全为 1，OC 门 1 或者 OC 门 2 的 VT_2、VT_5 就会饱和导通，它们的相应输出端 L_1 或 L_2 就会是低电平，通过导线连接起来的总的 L 输出端也就为低电平。只有 A_1、A_2 中有低电平，并且 B_1、B_2 中有低电平时，也就是只有当 $A_1A_2 = 0$、$B_1B_2 = 0$ 时，门 1、门 2 的 VT_2、VT_3 管截止，总的输出 L 才为高电平。因此

$$L = \overline{A_1A_2 + B_1B_2} \Rightarrow \overline{A_1A_2} \cdot \overline{B_1B_2} = L_1 \cdot L_2$$

总的输出 L 为两个 OC 门单独输出 L_1 和 L_2 的“与”。

图 12-30（b）所示为 OC 门导线连接图的等效逻辑电路图，导线的连接相当于一个将两个与非门的输出 L_1 和 L_2 相与的与门。

从总的逻辑关系式

$$L = \overline{A_1A_2 + B_1B_2}$$

可见，OC 与非门的“线与”可用来实现与或非逻辑功能。

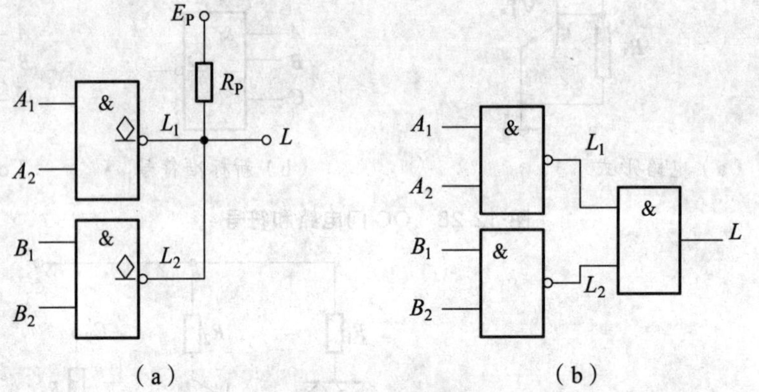

图 12-30　“线与”逻辑电路图

2）实现逻辑电平的转换

在数字逻辑系统中，可能会应用到不同逻辑电平的电路，如 TTL 逻辑电平（$V_H = 3.6$ V，$V_L = 0.3$ V）就和后面将要介绍到的 CMOS 逻辑电平（$V_H = 10$ V，$V_L = 0$ V）不同，如果信号在不同逻辑电平的电路之间传输，就会造成信号不匹配，因此中间必须加上接口电路。OC 门就可以用来作为这种接口电路。

如图 12-31 所示就是用 OC 门作为 TTL 门和 CMOS 门的电平转换的接口电路。TTL 的逻辑高电平 $V_H = 3.6$ V，输入 OC 门后，经 OC 门变换，输出低电平 $V_L = 0.3$ V；TTL 的逻辑低电平 $V_L = 0.3$ V，输入 OC 门后，经 OC 门变换，输出的高电平为外接电源 E_P 的电平，即 $V_H = E_P = 10$ V，这就是 CMOS 所允许的逻辑电平值。

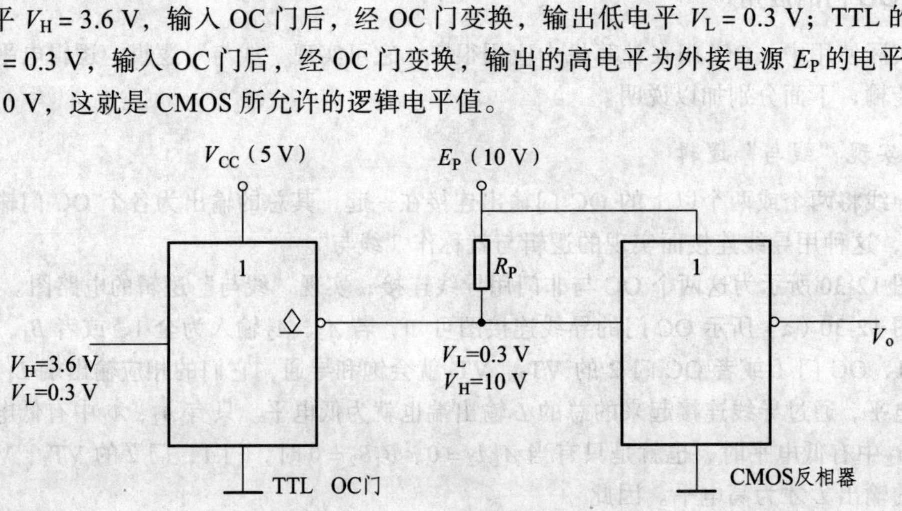

图 12-31　电平转换接口电路

三、三态输出门（TS 门）

TS 门（Three State Gate）也是一种在计算机中广泛使用的特殊门电路。三态门有三种输出状态。

1．电路形式

最简单的三态门电路如图 12-32（a）所示。在此电路中，若控制端 E/D = “0”，VT_6 管截止，VT_3、VT_6、VD_2 构成的电路对由 VT_1、VT_2、VT_5、VT_4、VD_1 构成的 TTL 基本与非门无影响，因此输出 $L=\overline{A\cdot B}$，该门电路处于工作态。当控制端 E/D = “1”时，VT_6 饱和导通，$V_{c6}\approx 0.3$ V，相当于在基本与非门一个输入端加上低电平，因此 VT_2、VT_6 管截止，同时，二极管 VD_2 因 VT_6 饱和导通，使 VT_2 集电极电位 V_{c2} 钳位在 1 V，使 VT_4 和 VD_1 无导通的可能，此时的 L 处于高阻悬浮状态，这是三态门的禁止态。

这个三态门的新标准符号如图 12-32（b）所示，EN 表示“使能”关联符号，当它为“0”时允许动作，当它为“1”时禁止动作。图 12-32（c）为三态门惯用符号，也是国际符号。

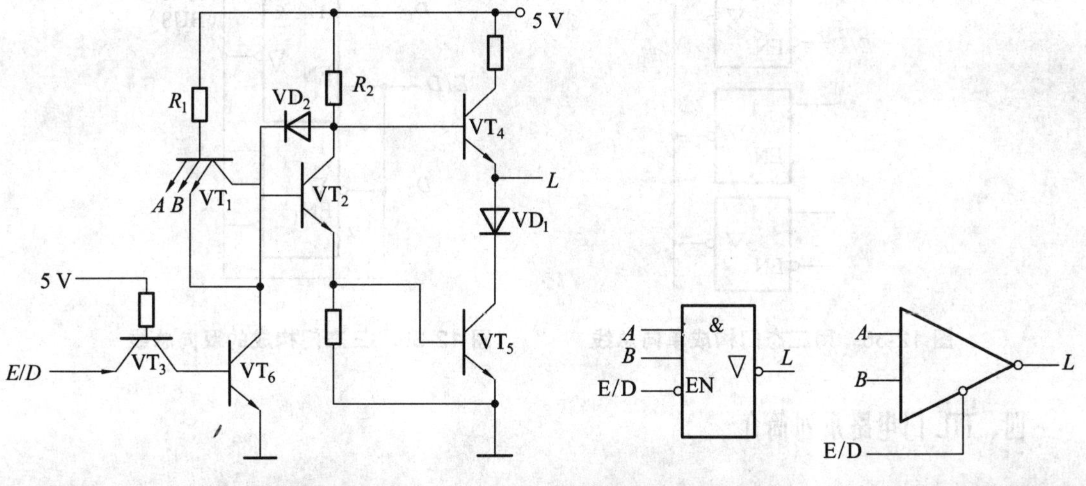

（a）电路形式　　　　（b）新标准符号　　　　（c）惯用符号

图 12-32　三态门电路与符号

若某三态门的逻辑符号如图 12-33 所示，表示该三态门在 E/D = “1”时，处于工作态，输出 $L=\overline{A\cdot B}$；E/D = “0”时，处于禁止态，输出处于高阻状态。

若某三态门逻辑符号如图 12-34 所示，则它与图 12-33 所示三态门的区别仅仅是在工作态时，输出 $L=A\cdot B$。

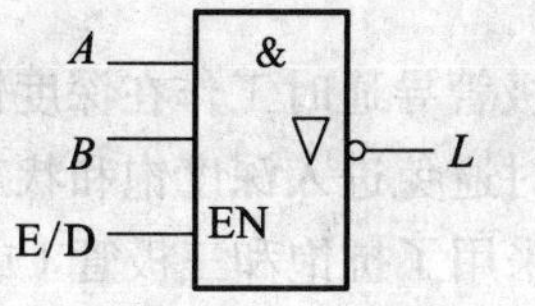

图 12-33　三态门逻辑符号

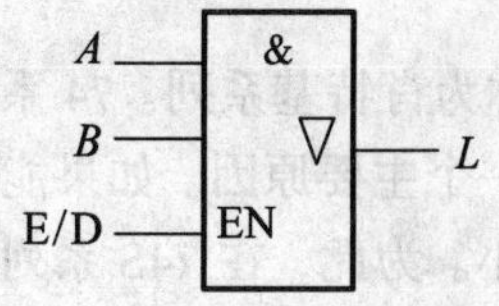

图 12-34　三态门逻辑符号

2. 三态门的应用

三态门主要应用于总线传送，它可进行单向数据传送，也可进行双向数据传送。

用三态门构成的单向总线如图 12-35 所示。在任何时刻，三态门中仅允许其中一个控制输入端为“0”，而其他门的控制输入端均为“1”，也就是这个输入为“0”的三态门处于工作态，其他门均处于高阻态，此门相应的数据 D_i 就被反相送到总线传送出去。若某一时刻同时有两个门的控制输入端为“0”，也就是说两个三态门处于工作态，那么总线传送信息就会出错。

用三态门构成的双向总线如图 12-36 所示。当控制输入信号 E/D 为“1”时，G_1 三态门处于工作态，G_2 三态门处于禁止态（也就是高阻状态），就将数据输入信号 $\bar{D}_1$ 送到数据总线，当控制输入信号 E/D 为“0”电平时，G_1 三态门处于禁止态，G_2 三态门处于工作态就将数据总线上的信号 $\bar{D}_2$ 送到 D_2。这样就可以通过改变控制信号 E/D 的状态，实现分时的数据双向传送。

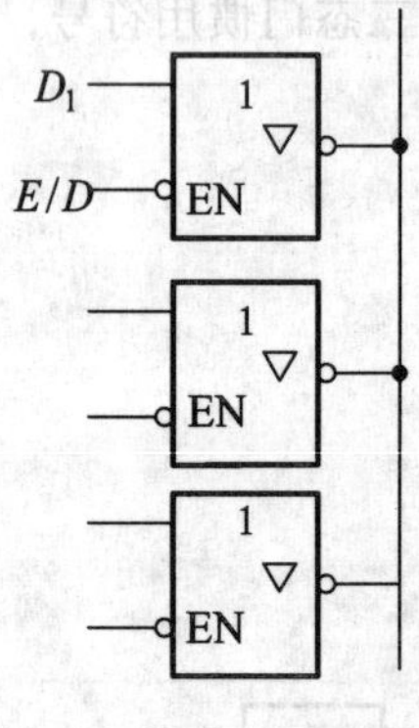

图 12-35 用三态门构成单向总线

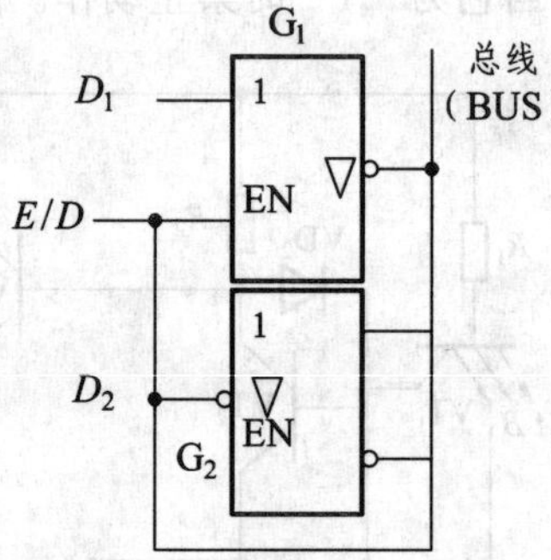

图 12-36 三态门构成的双向总线

四、TTL 门电路系列简介

为满足用户对提高工作速度和降低功耗这两方面的要求，继上述的标准 74 系列之后，又相继研制和生产了 74H 系列、74S 系列、74LS 系列、74AS 系列和 74ALS 系列等改进的 TTL 电路。现将这几种改进系列在电气特性上的特点分述如下。

1. 74H 系列

74H 系列又称高速系列。74H 系列门电路的平均传输延迟时间比标准 74 系列门电路缩短了一半，通常在 10 ns 以内。

2. 74S 系列

74S 系列又称为肖特基系列。74 系列门电路的三极管导通时工作在深度饱和状态，是产生传输延迟时间的一个主要原因。如果能使三极管导通时避免进入深度饱和状态，那么传输延迟时间将大幅度减小。为此，在 74S 系列的门电路中，采用了抗饱和三极管（或称为肖特基三极管）。由于 VT_4 脱离了深度饱和状态，导致了输出低电平的升高（最大值可达到 0.5 V 左右）。

其次 74S 系列减小电路中电阻的阻值，也使得电路的功耗加大了。

3. 74LS 系列

性能比较理想的门电路应该是工作速度快，功耗小。然而缩短传输延迟时间和降低功耗对电路提出的要求往往是互相矛盾的，因此，只有用传输延迟时间和功耗的乘积（Delay-Power Product，简称延迟-功耗积或 dp 积）才能全面评价门电路的性能的优劣。延迟-功耗积越小，电路的综合性能越好。

为了得到更小的延迟-功耗积，在兼顾功耗与速度两方面的基础上又进一步开发了 74LS 系列，也称为低功耗肖特基系列。

4. 74AS 和 74ALS 系列

74AS 系列是为了进一步缩短传输延迟时间而设计的改进系列。它的电路结构与 74LS 系列相似，但是电路中采用了很低的电阻值，从而提高了工作速度。它的缺点是功耗较大，比 74 系列的还略大一些。

74ALS 系列是为了获得更小的延迟-功耗积而设计的改进系列，它的延迟-功耗积是 TTL 电路所有系列中最小的一种。为了降低功耗，电路中采用了较高的电阻值。同时，通过改进生产工艺缩小了内部各个器件的尺寸，获得了减小功耗、缩短延迟时间的双重效果。此外，在电路结构上也作了局部的改进。

5. 54、54H、54S、54LS 系列

54 系列的 TTL 电路和 74 系列具有完全相同的电路结构和电气性能参数，所不同的是 54 系列比 74 系列的工作温度范围更宽，电源允许的工作范围也更大。74 系列的工作环境温度为 0 ~ 70 °C，电源电压工作范围为 5 V ± 5%；而 54 系列的工作环境温度为 − 55 ~ + 125 °C，电源电压工作范围为 5 V ± 10%。

54H 与 74H、54S 与 74S 以及 54LS 与 74LS 系列的区别也仅在于工作环境温度与电源电压工作范围不同。

为便于比较，现将不同系列 TTL 门电路的延迟时间、功耗和延迟-功耗积（dp 积）列于表 12-13。

表 12-13　不同系列 TTL 门电路的性能比较

	74/54	74H/54H	74S/54S	74LS/54LS	74AS/54AS	74ALS/54ALS
t_{pd}/ns	10	6	4	10	1.5	4
P（每门）/mW	10	22.5	20	2	20	1
dp 积/ns · mW	100	135	80	20	30	4

五、MOS 逻辑门

MOS 逻辑门电路主要分为 NMOS、PMOS、CMOS 三大类。PMOS 是 MOS 逻辑门的早期产品，它不仅工作速度慢且使用负电源，不便与 TTL 电路连接。CMOS 是在 NMOS 的基

础上发展起来的，它的各种性能比 NMOS 的好。现介绍 CMOS 逻辑门电路如下。

（一）CMOS 反相器的工作原理

1. 电路结构

CMOS 反相器的基本电路结构形式如图 12-37 所示。其中 VT_1 是 P 沟道增强型 MOS 管，VT_2 是 N 沟道增强型 MOS 管。

2. 工作原理

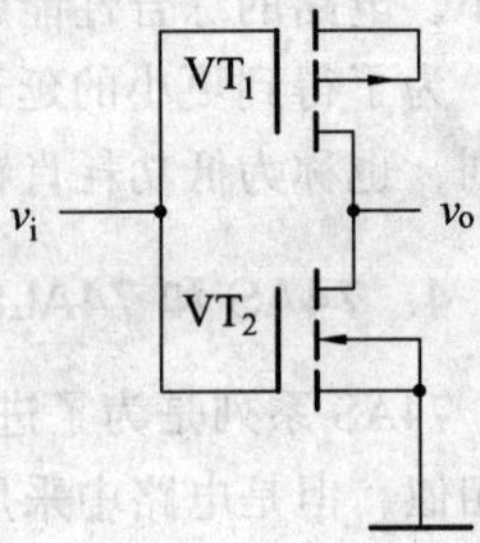

图 12-37　CMOS 反相器

如果 VT_1 和 VT_2 的开启电压分别为 $V_{GS(th)P}$ 和 $V_{GS(th)N}$，同时令 $V_{DD} > V_{GS(th)N} + V_{GS(th)P}$，那么当 $v_i = V_{IL} = 0$ 时，有

$$\begin{cases} |v_{GS1}| = V_{DD} > |V_{GS(th)P}| \\ v_{GS2} = 0 < V_{GS(th)N} \end{cases}$$

故 VT_1 导通，而且导通内阻很低；而 VT_2 截止，内阻很高。因此，输出为高电平 V_{OH}，且 $V_{OH} \approx V_{DD}$。

当 $v_i = V_{OH} = V_{DD}$ 时，则有

$$\begin{cases} v_{GS1} = 0 < |V_{GS(th)P}| \\ v_{GS2} = V_{DD} > V_{GS(th)N} \end{cases}$$

故 VT_1 截止而 VT_2 导通，输出为低电平 V_{OL}，且 $V_{OL} \approx 0$。另外，CMOS 门的转折电平为 $V_{DD}/2$。

可见，输出与输入之间为逻辑非的关系。

无论 v_i 是高电平还是低电平，VT_1 和 VT_2 总是工作在一个导通而另一个截止的状态，即所谓互补状态，所以把这种电路结构形式称为互补对称金属-氧化物-半导体电路（Complementary-Symmetry Metal Oxide-Semiconductor Circuit，简称 CMOS 电路）。

由于静态下无论 v_i 是高电平还是低电平，VT_1 和 VT_2 总有一个是截止的，而且截止内阻又极高，流过 VT_1 和 VT_2 的静态电流极小，因而 CMOS 反相器的静态功耗极小。这是 CMOS 电路最突出的一大优点。

（二）其他类型的 CMOS 门电路

1. 其他逻辑功能的 CMOS 门电路

在 CMOS 门电路的系列产品中，除反相器外，常用的还有或非门、与非门、或门、与门、与或非门、异或门等几种。

图 12-38 所示是 CMOS 与非门的基本结构形式，它由两个并联的 P 沟道增强型 MOS 管 VT_1、VT_3 和两个串联的 N 沟道增强型 MOS 管 VT_4、VT_2 组成。

当 $A = 1$、$B = 0$ 时，VT_3 导通、VT_4 截止，故 $Y = 1$；而当 $A = 0$、$B = 1$ 时，VT_1 导通、VT_2 截止，也使 $Y = 1$；只有当 $A = B = 1$ 时，VT_1、VT_3 同时截止，VT_4、VT_2 同时导通，才有 $Y = 0$。因此，Y 和 A、B 间是与非关系，即 $Y = \overline{AB}$。

图 12-39 所示是 CMOS 或非门的基本结构形式，它由两个并联的 N 沟道增强型 MOS 管 VT_4、VT_2 和两个串联的 P 沟道增强型 MOS 管 VT_1、VT_3 组成。

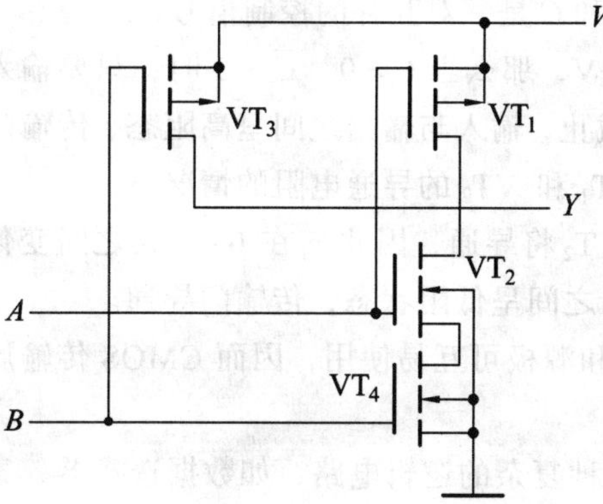

图 12-38　CMOS 与非门

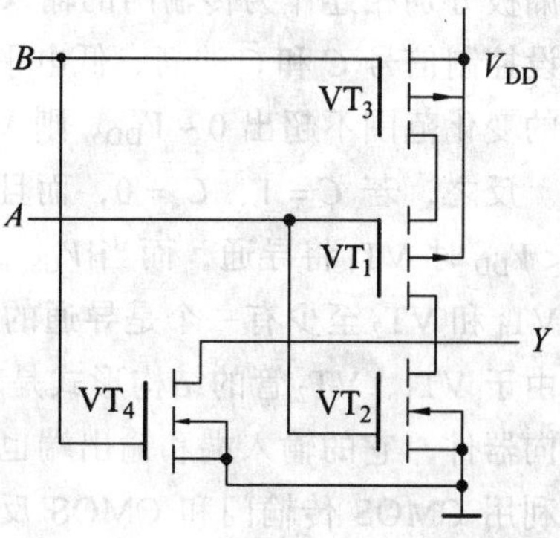

图 12-39　CMOS 或非门

在这个电路中，只要 A、B 当中有一个是高电平，输出就是低电平；只有当 A、B 同时为低电平时，才使 VT_4、VT_2 同时截止，VT_1、VT_3 同时导通，输出才为高电平。因此，Y 和 A、B 间是或非关系，即 $Y=\overline{A+B}$。

利用与非门、或非门和反相器又可组成与门、或门、与或非门、异或门等，这里就不一一列举了。

2. 漏极开路的门电路（OD 门）

如同 TTL 电路中 OC 门那样，CMOS 门的输出电路结构也可以做成漏极开路的形式。在 CMOS 电路中，这种输出电路结构经常用在输出缓冲/驱动器中，或者用于输出电平的变换，以及满足吸收大负载电流的需要，此外也可用于实现线与逻辑。

图 12-40 是 CC40107 双输入与非缓冲/驱动器的逻辑图，它的输出电路是一只漏极开路的 N 沟道增强型 MOS 管。在输出为低电平的条件下，它能吸收的最大负载电流为 50 mA。

如果输入信号的高电平 $V_{IH}=V_{DD1}$，而输出端外接电源为 V_{DD2}，则输出的高电平将为 $V_{OH}\approx V_{DD2}$。这样就把 $V_{DD1}\sim 0$ 的输入信号高、低电平转换成了 $0\sim V_{DD2}$ 的输出电平了。

3. CMOS 传输门和双向模拟开关

利用 P 沟道 MOS 管和 N 沟道 MOS 管的互补性，可以接成如图 12-41 所示的 CMOS 传输门。CMOS 传输门如同 CMOS 反相器一样，也是构成各种逻辑电路的一种基本电路单元。

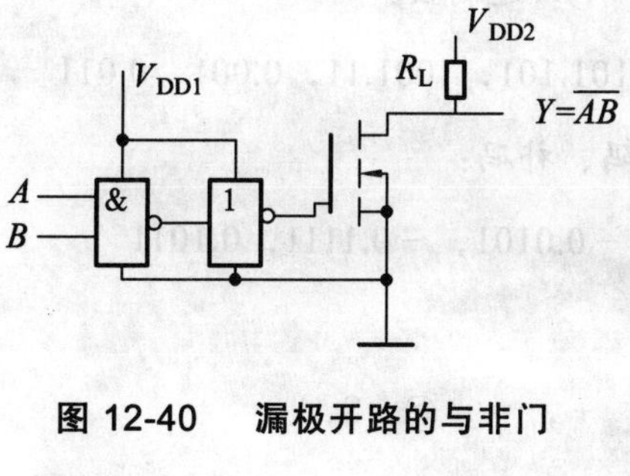

图 12-40　漏极开路的与非门

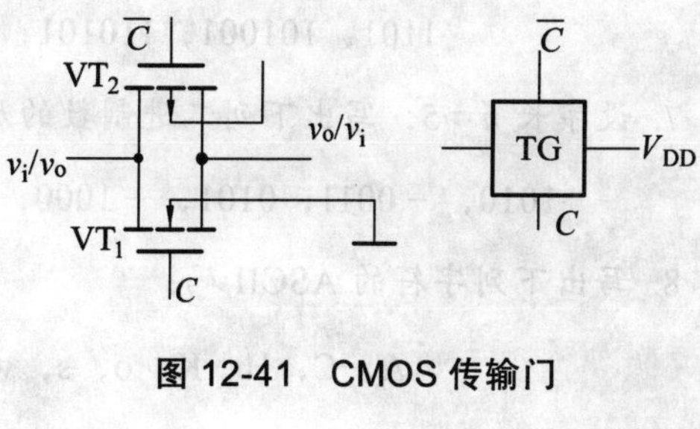

图 12-41　CMOS 传输门

图中的 VT_1 是 N 沟道增强型 MOS 管，VT_2 是 P 沟道增强型 MOS 管。因为 VT_1 和 VT_2 的源极和漏极在结构上是完全对称的，所以栅极的引出端画在栅极的中间。VT_1 和 VT_2 的源极和漏极分别相连作为传输门的输入端和输出端。C 和 $\bar{C}$ 是一对互补的控制信号。

设控制信号 C 和 $\bar{C}$ 的高、低电平分别为 V_{DD} 和 0 V，那么当 $C=0$、$\bar{C}=1$ 时，只要输入信号的变化范围不超出 $0\sim V_{DD}$，则 VT_1 和 VT_2 同时截止，输入与输出之间呈高阻态，传输门截止。反之，若 $C=1$、$\bar{C}=0$，而且在 R_L 远大于 VT_1 和 VT_2 的导通电阻的情况下，则当 $0<v_i<V_{DD}$ 时 VT_1 将导通，而当 $|V_{GS(th)P}|<v_i<V_{DD}$ 时 VT_2 将导通，因此 v_i 在 $0\sim V_{DD}$ 之间变化时，VT_1 和 VT_2 至少有一个是导通的，使 v_i 与 v_o 两端之间呈低阻状态，传输门导通。

由于 VT_1、VT_2 管的结构形式是对称的，即漏极和源极可互易使用，因而 CMOS 传输属于双向器件，它的输入端和输出端也可以互易使用。

利用 CMOS 传输门和 CMOS 反相器可以组成各种复杂的逻辑电路，如数据选择器、寄存器、计数器等。

传输门的另一个重要用途是作为模拟开关，用来传输连续变化的模拟电压信号。这一点是无法用一般的逻辑门实现的。模拟开关的基本电路是由 CMOS 传输门和一个 CMOS 反相器组成的，如图 12-42 所示。和 CMOS 传输门一样，它也是双向器件。

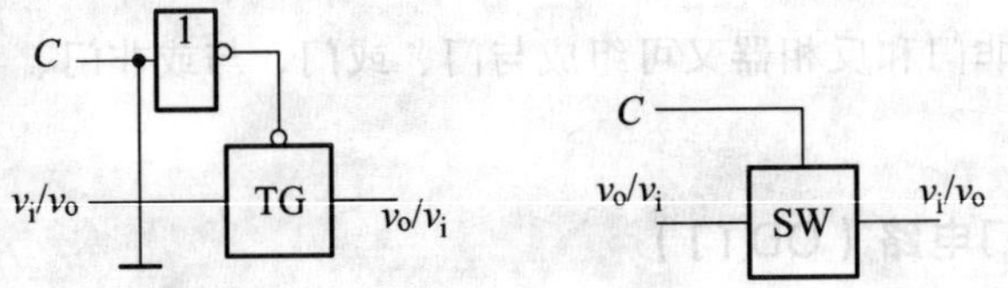

图 12-42　CMOS 双向模拟开关

习　题

1. 列举日常生活中具有逻辑与、逻辑或、逻辑非关系的实例。
2. 基本的逻辑门电路有哪些？这些门电路如何表示？
3. 用卡诺图化简逻辑函数，如何才能写出最简单的逻辑表达式？
4. 在逻辑函数中无关项是指什么？在化简逻辑函数时有何用途？
5. 将下列十进制数转换成二进制数、八进制数、十六进制数：

   29，40，1021，185，3.125，8.125，0.625，0.5

6. 将下列二进制数转换成十进制数、八进制数、十六进制数：

   1101，101001，110101，11.101，101.101，1001.11，0.001，0.011

7. 设字长 $n=5$，写出下列二进制数的原码、反码、补码：

   1010，−0011，0101，−1000，0.1101，−0.0101，−0.1111，0.1011

8. 写出下列字符的 ASCII 码：

   A，C，H，K，o，s，w，Y，z，+，=，@，$，)

9. 将下列十进制数用8421码和余3码表示：

1987，2361，78.24，13.01，25.3，0.785

10. TTL与非门如有多余的输入端，能不能将它接地？为什么？TTL或非门如有多余的输入端，能不能将它接V_{CC}或悬空？为什么？

11. 在TTL门电路的传输特性曲线上可反映出它的哪些主要参数？

12. 以TTL门电路为例，说明门电路有哪几个表示其性能的主要参数。

13. OC门、三态门有什么主要特点？它们各自有什么重要的作用？

14. “线与”和“线或”的概念是什么？什么门能实现“线与”？什么门能实现“线或”？

15. 请画出逻辑函数$L=A+B$的CMOS电路。

16. 用真值表证明下列等式：

（1）$\overline{A+B}=\bar{A}\bar{B}$　　（2）$\overline{AB}=\bar{A}+\bar{B}$

（3）$AB+\bar{A}C+BC=AB+\bar{A}C$　　（4）$A\oplus(B\oplus C)=(A\oplus B)\oplus C$

17. 用逻辑代数证明下列等式：

（1）$\overline{AB+AC}=\bar{A}+\bar{B}\bar{C}$　　（2）$AB+\bar{A}C+\bar{B}D+\bar{C}D=AB+\bar{A}C+D$

（3）$\bar{A}\oplus\bar{B}=A\oplus B$　　（4）$A\cdot(B\oplus C)=AB\oplus AC$

（5）$(A+B)\cdot(\bar{A}+C)\cdot(B+C)=(A+B)\cdot(\bar{A}+C)$

18. 写出下列逻辑函数的对偶函数：

（1）$F=\overline{AB}+AB+CD$　　（2）$F=(\bar{A}+B)\cdot(A+\bar{C})\cdot(\bar{A}+C)$

（3）$F=A\cdot(\bar{B}+C\bar{D}+E)$　　（4）$F=\overline{(A+B)}\cdot\overline{(C+D)}$

（5）$F=A+\overline{B+\bar{C}+\overline{\overline{D+E}}}$　　（6）$F=(A+B+C+D)\cdot\overline{ABCD}$

19. 写出逻辑函数$F=\bar{A}B+AC$的或与式、与非式、或非式、与或非式，并用相应的门电路去实现。

20. 写出下列逻辑函数的反函数：

（1）$F=AB+C\bar{D}+AC$　　（2）$F=AB+BC+AC$

（3）$F=\bar{A}\bar{B}C+\bar{A}B\bar{C}+A\bar{B}\bar{C}+ABC$　　（4）$F=\overline{ABC}\cdot\overline{(C+D)}$

（5）$F=\overline{(A+B)\cdot\bar{C}}+\bar{D}$　　（6）$F=A\bar{B}\cdot\overline{C\cdot\overline{DE}}$

（以下题目也可以用EWB软件化简）

21. 用逻辑代数法化简下列函数：

（1）$F=\overline{\bar{A}\cdot(B+\bar{C})}\cdot(A+\bar{B}+C)\cdot\overline{\bar{A}\bar{B}\bar{C}}$

（2）$F=A\bar{C}+ABC+AC\bar{D}+CD$

（3）$F=\bar{A}\bar{B}\bar{C}+\bar{A}B\bar{C}+A\bar{B}\bar{C}+\bar{A}\bar{B}C$

（4）$F=\overline{ABC}+\overline{AB}$

（5）$F=(A+B+C)\cdot(\bar{A}+B)\cdot(A+B+\bar{C})$

（6）$F=A\bar{B}+B+\bar{A}B$

22. 用卡诺图化简下列逻辑函数为最简与或式：

（1）$F=\sum m(0,2,5,6,7)$

（2）$F=\sum m(1,3,5,7,8,13,15)$

（3）$F=\sum m(0,4,5,6,7,8,11,13,15,16,20,24,25,27,29,31)$

（4）$F=\overline{A}B\overline{D}+AB\overline{C}+\overline{B}C\overline{D}+ABC\overline{D}$

（5）$F=(A+B)\cdot(\overline{A}+\overline{B}+C)\cdot(\overline{A}+C)\cdot(B+C)$

（6）$F=AB+BC+AC+ABC$

23. 用卡诺图化简下列包含无关项的逻辑函数为最简与或式：

（1）$F=\sum m(2,4,6,8)+\sum d(0,1,13)$

（2）$F=\sum m(2,4)+\sum d(3,5,6,7)$

（3）$F=\sum m(4,6,10,13,15)+\sum d(0,1,2,5,7,8)$

（4）$F=\overline{A}\overline{B}\overline{C}+\overline{A}\overline{B}C$，无关项为 $A\overline{C}+A\overline{B}=0$

（5）$F=\overline{A}B\overline{C}+A\overline{B}\overline{C}$，无关项为 $AB+BC+AC=0$

项目十三
工厂电气系统安装

【引言】

电气控制技术是随着科学技术的不断发展、生产工艺新要求的不断提出而得到迅速发展的，从最早的手动控制发展到自动控制，从简单的控制设备发展到复杂的控制系统，从有触头的硬件继电器控制系统发展到以计算机为中心的软件控制系统。现代电器控制技术综合应用了计算机、自动控制、电子技术、精密测量等许多先进的科学技术成果。

【学习目标】

（1）熟悉常用控制电器的基本结构、工作原理、用途及型号意义，达到能正确使用和选用的目的。

（2）熟练掌握电气控制线路的基本环节，具有对一般电气控制线路的分析能力。

（3）熟悉典型生产设备电气控制系统，具有从事电气设备安装、调试、运行、维修的能力。

（4）具有设计和改进一般设备电气控制线路的能力。

（5）掌握可编程序控制器的基本原理，并能够进行系统安装。

任务一　工厂电气动力系统安装

一、施工技术准备

1. 设计说明

1）设计依据

按照国家标准 GB 50052—95《供配电系统设计规范》、GB 50053—94《10 kV 及以下变电所设计规范》、GB 50054—95《低压配电设计规范》等的规定，进行工厂供电设计时必须遵循以下基本设计原则：

（1）遵守规程、执行政策。必须遵守国家的有关规程和标准，执行国家的有关方针政策，包括节约能源、节约有色金属等技术经济政策。

（2）安全可靠、先进合理。应做到保障人身和设备的安全，供电可靠，电能质量合格，技术先进和经济合理，采用效率高、能耗低和性能较先进的电气产品。

（3）近期为主、考虑发展。应根据工程特点、规模和发展规划，正确处理近期建设与远期发展的关系，做到远、近期结合，以近期为主，适当考虑扩建的可能性。

（4）全局出发、统筹兼顾。必须从全局出发，统筹兼顾，按照负荷性质、用电容量、工程特点和地区供电条件等，合理确定设计方案。

2）设计范围

工厂供电设计包括变配电所设计、配电线路设计和电气照明设计等。

（1）变配电所设计。

无论是工厂的总降压变电所还是车间变电所，设计的内容都基本相同。工厂高压配电所，则除了没有主变压器的选择外，其余的设计内容也与变电所设计基本相同。

变配电所的设计内容应包括：变配电所负荷的计算和无功功率的补偿，变配电所所址的选择，变电所主变压器台数、容量、形式的确定，变配电所主结线方案的选择，进出线的选择，短路计算及开关设备的选择，二次回路方案的确定及继电保护的选择与整定，防雷保护与接地和接零的设计，变配电所电气照明的设计等。最后需编制设计说明书、设备材料清单及工程概（预）算，绘制变配电所主电路图、平剖面图、二次回路图及其他施工图纸。

（2）配电线路设计。

工厂配电线路的设计分厂区配电线路设计和车间的配电线路设计。

厂区配电线路设计，包括厂区高压供配电线路设计及车间外部低压配电线路的设计。其设计内容应包括：配电线路路径及线路结构形式的确定，负荷的计算，导线或电缆及配电设备和保护设备的选择，架空线路杆位的确定及电杆与绝缘子、金具的选择，防雷保护与接地和接零的设计等。最后需编制设计说明书、设备材料清单及工程概（预）算，绘制厂区配电线路系统图和平面图、电杆总装图及其他施工图纸。

车间配电线路设计，包括车间配电线路布线方案的确定、负荷的计算、线路导线及配电设备和保护设备的选择、线路敷设设计等。最后也需编制设计说明书、设备材料清单及工程概（预）算，绘制车间配电线路系统图、平面图及其他施工图纸。

（3）电气照明设计。

工厂电气照明设计，包括厂区室外照明系统的设计和车间（建筑）内照明系统的设计。无论是厂区室外照明的设计还是车间内照明的设计，其内容均应包括：照明光源和灯具的选择，灯具布置方案的确定和照度的计算，照明负荷计算及导线的选择，保护与控制设备的选择等。最后编制设计说明书、设备材料清单及工程概（预）算，绘制照明系统图、平面图及其他施工图纸。

3）设计的程序与要求

工厂供电设计，通常分为扩大初步设计和施工设计两个阶段。大型设计，通常分为初步设计、技术设计和施工设计三个阶段，或分为方案设计、初步设计和施工设计三个阶段。如果设计任务紧迫，设计规模较小，又经技术论证许可时，也可直接进行施工设计。

（1）扩大初步设计。

扩大初步的设计任务，主要是根据设计任务书的要求，进行负荷的统计计算，确定工厂的需电量，选择工厂供电系统的原则性方案及主要设备，提出主要设备材料清单，并编制工程概算，报上级主管部门审批。因此，扩大初步设计的资料应包括工厂供电系统的总体布置图、主电路图、平面布置图等图纸及设计说明书和工程概算等。

为了进行扩大初步设计，在设计前必须收集以下资料：

① 工厂的总平面图，各车间（建筑）的土建平、剖面图。

② 工艺、给水、排水、通风、取暖及动力等工种的用电设备平面布置图及主要的剖面图，并附有备用电设备的名称及有关技术数据。

③ 用电设备对供电可靠性的要求及工艺允许停电的时间。

④ 全厂的年产量或年产值及年最大负荷利用小时数，用以估算全厂的年用电量和最高需电量。

⑤ 向当地供电部门收集下列资料：可供的电源容量和备用的电源容量；供电电源的电压、供电方式（架空线还是电缆，专用线还是公用线）、供电电源回路数、导线或电缆的型号规格、长度以及进入工厂的方位；电力系统的短路数据或供电电源线路首端的开关断流容量；供电电源首端的继电保护方式及动作电流和动作时限的整定值；电力系统对工厂进线端继电保护方式及动作时限配合的要求；供电部门对工厂电能计量方式的要求及电费计收办法；对工厂功率因数的要求；电源线路厂外部分设计和施工的分工及工厂应负担的投资费用等。

⑥ 向当地气象、地质及建筑安装等部门收集下列资料：当地气温数据，如年最高温度、年平均温度、最热月平均最高温度、最热月平均温度以及当地最热月地面下 0.8 ~ 1.0 m 处的土壤平均温度等，以供选择电器和导体之用；当地海拔高度、极端最高温度与最低温度等，也是供电器选择之用；当地年雷暴日数，供设计防雷装置之用；当地土壤性质或土壤电阻率，供设计接地装置之用；当地常年主导风向、地下水位及最高洪水位等，供选择变、配电所所址之用；当地曾经出现过或可能出现的最高地震烈度，供考虑防震措施之用；当地电气工程的技术经济指标及电气设备和材料的生产供应情况等，供编制投资概算之用。

注意：在向当地供电部门收集有关资料的同时，也应向当地供电部门提供一定的资料，如工厂的生产规模、负荷的性质、需电量及对供电的要求等，并应与供电部门达成最后供用电协议。

（2）施工设计。

施工设计是在扩大初步设计经上级主管部门批准后，为满足安装施工要求而进行的技术设计，重点是绘制施工图，因此也称为施工图设计。施工设计须对初步设计的原则性方案进行全面的技术经济分析和必要的计算和修订，以使设计方案更加完善和精确，有助于安装施工图的绘制。安装施工图是进行安装施工所必需的全套图纸资料。安装施工图应尽可能采用国家颁发的标准图样。

施工设计资料应包括施工说明书，各项工程的平、剖面图，各种设备的安装图，各种非标准件的安装图、设备与材料明细表以及工程预算等。

施工设计由于是即将付诸安装施工的最后的决定性设计，因此设计时更有必要深入现场进行调查研究，核实资料，精心设计，以确保工厂供电工程的质量。

2. 负荷计算

此处只介绍在设备台数较少而容量差别较大的低压干线与分支线的负荷计算中常用的二项式法。

二项式法认为计算负荷由两部分构成，一部分是所有设备运行时产生的平均负荷 $b\sum P_e$，另一部分是由于大型设备（容量最大的 x 台）的投入产生的负荷 cP_x。其中 b、c 称为二项式系数。二项式系数也是通过统计得到的数据。

二项式法的基本公式是

$$P_{30}=bP_e+cP_x$$

式中，bP_e 表示用电设备组的平均功率，其中 P_e 是用电设备组的设备总容量；cP_x 表示用电设备组中 x 台最大容量的设备投入运行时增加的附加负荷，其中 P_x 是 x 台最大容量的设备总容量；b、c 为二项式系数。

但必须注意：按二项式法确定计算负荷时，如果设备总台数 n 少于规定的最大容量设备台数 x 的 2 倍（即 $n<2x$），其最大容量设备台数 x 宜适当取小，建议取为 $x=n/2$，且按“四舍五入”修约规则取整数。例如某机床电动机组只有 7 台时，则其 $x=7/2\approx4$。

如果用电设备组只有 1～2 台设备时，就可认为 $P_{30}=P_e$。对于单台电动机，则 $P_{30}=P_N/\eta$，式中 P_N 为电动机额定容量，η 为其额定效率。在设备台数较少时，$\cos\varphi$ 也应适当取大一点。

由于二项式法不仅考虑了用电设备组最大负荷时的平均功率，而且考虑了少数最大容量的设备投入运行时对总计算负荷的额外影响，所以二项式法比较适于确定设备台数较少而容量差别较大的低压干线和分支线的计算负荷。但是二项式计算系数 b、c 和 x 的值，缺乏充分的理论根据，而且这些系数也只适用于机械加工工业，其他行业缺乏这方面数据，从而使其应用受到一定局限。

【例 13.1】 已知机修车间的金属切削机床组，拥有电压为 380 V 的三相电动机：7.5 kW，3 台；4 kW，8 台；3 kW，17 台；1.5 kW，10 台。试求其计算负荷。

解 由表查得 $b=0.14,\ c=0.4,\ x=5,\ \cos\varphi=0.5,\ \tan\varphi=1.73$。而设备总容量为

$$P_e=120.5\ \text{kW}$$

x 台最大容量的设备容量为

$$P_x=P_5=(7.5\times3+4\times2)\ \text{kW}=30.5\ \text{kW}$$

可求得：

$$P_{30}=(0.14\times120.5+0.4\times30.5)\ \text{kW}=29.1\ \text{kW}$$
$$Q_{30}=(29.1\times1.73)\ \text{kvar}=50.3\ \text{kvar}$$
$$S_{30}=(29.1/0.5)\ \text{kVA}=58.2\ \text{kVA}$$
$$I_{30}=88.4\ \text{A}$$

3. 尖峰电流的计算

尖峰电流（Peak Current）是指持续 1～2 s 的短时最大负荷电流。

尖峰电流主要用来选择熔断器和低压断路器，整定继电保护装置及检验电动机自启动条件等。

1）单台用电设备尖峰电流的计算

单台用电设备的尖峰电流就是其启动电流（Starting Current），因此尖峰电流为

$$I_{pk}=I_{st}=K_{st}I_N$$

式中，I_N为用电设备的额定电流；I_{st}为用电设备的启动电流；K_{st}为用电设备的启动电流倍数，笼型电动机为 5～7，绕线型电动机为 2～3，直流电动机为 1.7，电焊变压器为 3 或稍大。

2）多台用电设备尖峰电流的计算

引至多台用电设备的线路上的尖峰电流按下式计算

$$I_{pk}=K_{\Sigma}\sum_{i=1}^{n-1}I_{N,i}+I_{st,\max}$$

或 $$I_{pk}=I_{30}+(I_{st}-I_N)_{\max}$$

【例 13.2】 有一 380 V 三相线路，供电给表 13-1 所示 4 台电动机。试计算该线路的尖峰电流。

表 13-1 负荷资料

参 数	电 动 机			
	M_1	M_2	M_3	M_4
额定电流/A	5.8	5	35.8	27.6
启动电流/A	40.6	35	197	193.2

解 由表 13-1 可知，电动机 M_4 的 $I_{st}-I_N=(193.4-27.6)\ \text{A}=165.6\ \text{A}$ 为最大。取 $K_{\Sigma}=0.9$，因此该线路的尖峰电流为

$$I_{pk}=[0.9\times(5.8+5+35.8)+193.2]\ \text{A}=235\ \text{A}$$

4. 短路电流及其计算

1）短路的原因、后果及其形式

（1）短路的原因。

工厂供电系统要求正常地不间断地对用电负荷供电，以保证工厂生产和生活的正常进行。但是由于各种原因，也难免出现故障，而使系统的正常运行遭到破坏。系统中最常见的故障就是短路（Short Circuit）。短路就是指不同电位的导电部分之间的低阻性短接。

造成短路的主要原因是电气设备载流部分的绝缘损坏。这种损坏可能是由于设备长常运行，绝缘自然老化，或由于设备本身不合格、绝缘强度不够而被正常电压击穿，或设备绝缘正常而被过电压（包括雷电过电压）击穿，或者是设备绝缘受到外力损伤。

若工作人员未遵守安全操作规程而发生误操作，或者误将低电压的设备接入较高电压的电路中，也可能造成短路。

鸟兽跨越在裸露的相线之间或相线与接地物体之间，或者咬坏设备导线电缆的绝缘，也是导致短路的一个原因。

（2）短路的后果。

短路后，短路电流（Short-Circuit Current）比正常电流大得多。在大电力系统中，短路

电流可达几万安甚至几十万安。如此大的短路电流可对供电系统产生极大的危害，具体如下：

① 短路时产生很大的电动力和很高的温度，而使故障元件和短路电路中的其他元件损坏。

② 短路时电压要骤降，严重影响电气设备的正常运行。

③ 短路可造成停电，而且越靠近电源，停电范围越大，给国民经济造成的损失也越大。

④ 严重的短路要影响电力系统运行的稳定性，可使并列运行的发电机组失去同步，造成系统解列。

⑤ 单相短路，其电流将产生较强的不平衡交变磁场，对附近的通信线路、电子设备等产生干扰，影响其正常运行，甚至使之发生误动作。

由此可见，短路的后果是十分严重的，因此必须尽力设法消除可能引起短路的一切因素；同时需要进行短路电流计算，以便正确地选择电气设备，使设备具有足够的动稳定性和热稳定性，以保证在发生可能有的最大短路电流时不致损坏。为了选择切除短路故障的开关电器、整定短路保护的继电保护装置和选择限制短路电流的元件（如电抗器）等，也必须计算短路电流。

（3）短路的形式。

在三相系统中，可能发生三相短路、两相短路、单相短路和两相接地短路。

三相短路，用文字符号 $k^{(3)}$ 表示，如图 13-1（a）所示。两相短路，用 $k^{(2)}$ 表示，如图 13-1（b）所示。单相短路，用 $k^{(1)}$ 表示，如图 13-1（c）、（d）所示。

两相接地短路，是指中性点不接地系统中两不同相均发生单相接地而形成的两相短路，如图 13-1（e）所示；也指两相短路后又接地的情况，如图 13-1（f）所示，都用 $k^{(1.1)}$ 表示。它实质上就是两相短路，因此也可用 $k^{(2)}$ 表示。

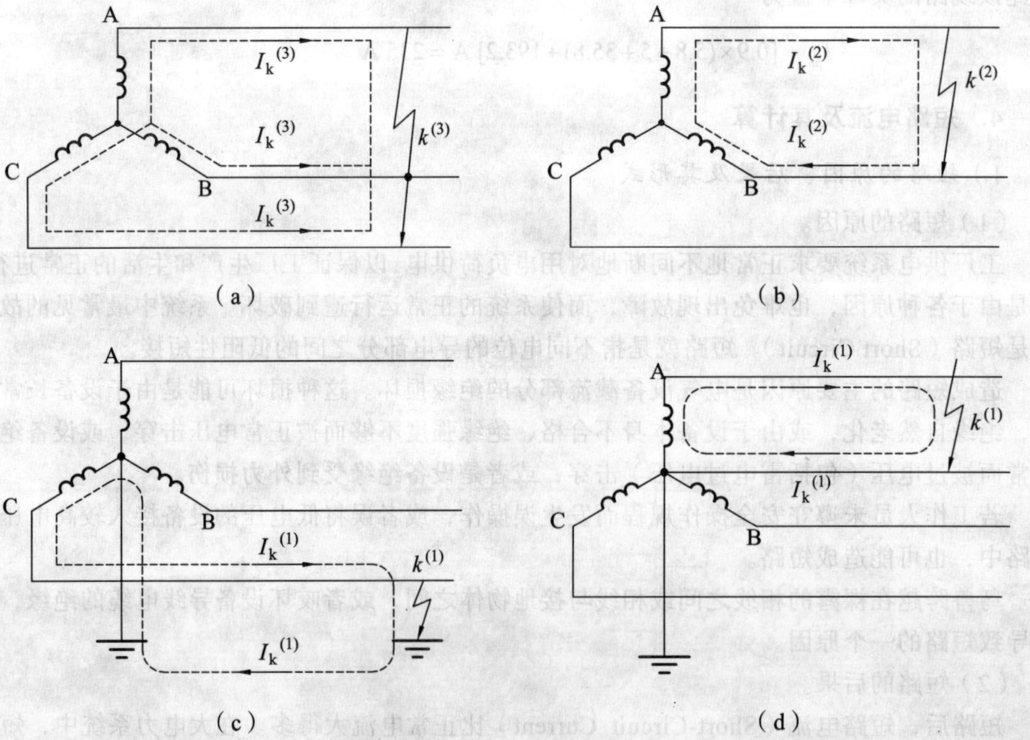

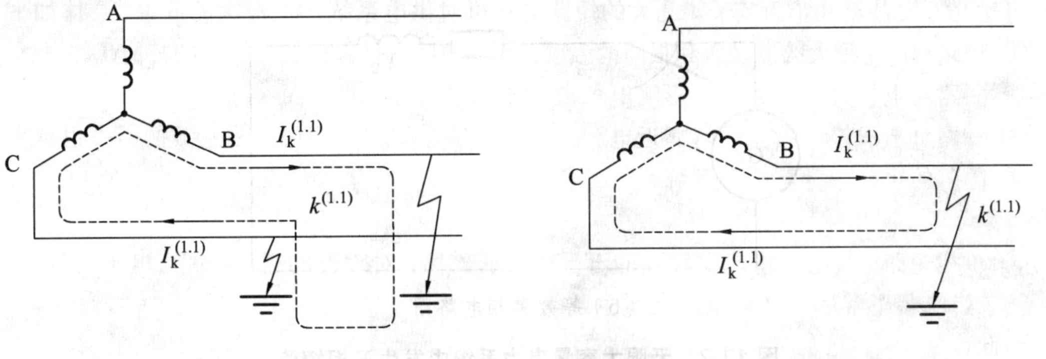

（e）　　　　　　　　　　　　（f）

图 13-1　短路的类型（虚线表示短路电流的路径）

上述的三相短路，属对称性短路；其他形式的短路，属非对称短路。

电力系统中，发生单相短路的可能性最大，而发生三相短路的可能性最小。但一般三相短路的短路电流最大，造成的危害也最严重。为了使电力系统中的电气设备在最严重的短路状态下也能可靠地工作，因此作为选择检验电气设备用的短路计算中，以三相短路计算为主。实际上，非对称短路也可以按对称分量法分解为对称的正序、负序和零序分量法来研究，所以对称的三相短路分析也是分析研究非对称短路的基础。

2）无限大容量电力系统发生三相短路时的物理过程和物理量

无限大容量电力系统（Electric Power System With Infinitely Great Capacity）是指其容量比用户供电系统的容量大得多的电力系统，当用户供电系统的负荷变动甚至发生短路时，电力系统变电所馈电母线上的电压能基本维持不变。如果电力系统的电源总阻抗不超过短路电路总阻抗的 5%～10%，或电力系统容量超过用户供电系统容量的 50 倍时，可将电力系统视为无限大容量系统。

对一般工厂供电系统来说，由于工厂供电系统的容量远比电力系统总容量小，而阻抗又较电力系统大得多，因此工厂供电系统内发生短路时，电力系统变电所馈电母线上的电压几乎维持不变，也就是说可将电力系统视为无限大容量的电源。

图 13-2 所示是一个电源为无限大容量的供电系统发生三相短路的电路图。图中 R_{WL}、X_{WL} 为线路的电阻和电抗，R_L、X_L 为负荷的电阻和电抗。由于三相对称，因此这一三相短路的电路可用图 13-2（b）的等效单相电路图来分析。

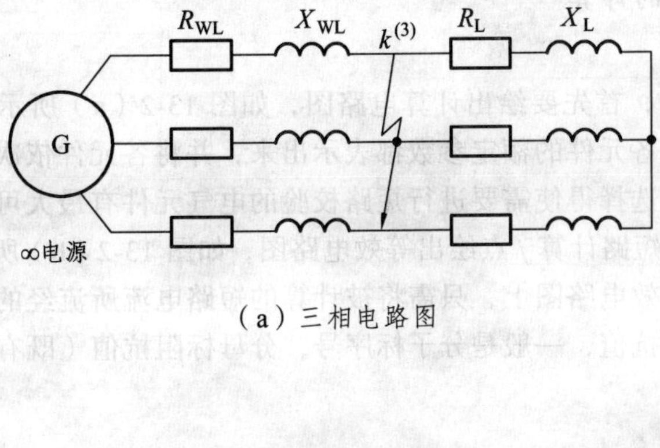

（a）三相电路图

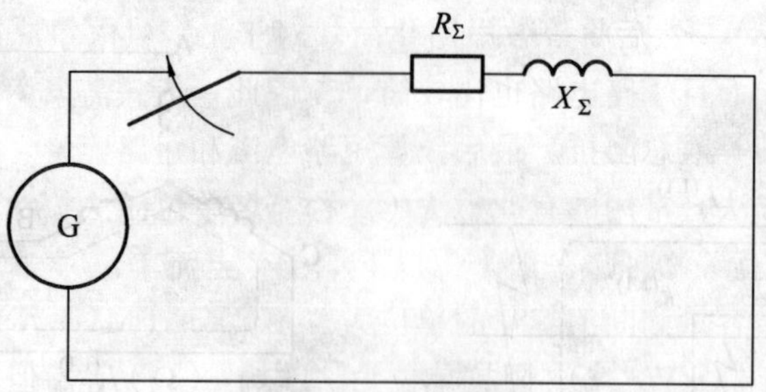

（b）等效单相电路图

图 13-2　无限大容量电力系统中发生三相短路

图 13-3 表示无限大容量系统发生三相短路前后电流、电压的变动曲线。由图可以看出，短路电流在到达稳定值之前，要经过一个暂态过程（或称短路瞬变过程）。这一暂态过程是短路电流非周期分量存在的那段时间。从物理概念上讲，短路电流周期分量是因短路后电路阻抗突然减小很多倍，按欧姆定律应突然增大很多倍的电流；短路电流非周期分量则是因短路电路含有感抗，电路电流不可能突变，而按楞次定律感生了用以维持短路初瞬间（$t=0$ 时）电流不致突变的一个反向衰减性电流。此电流衰减完毕后（一般经 $t\approx0.2$ s），短路电流达到稳定状态。

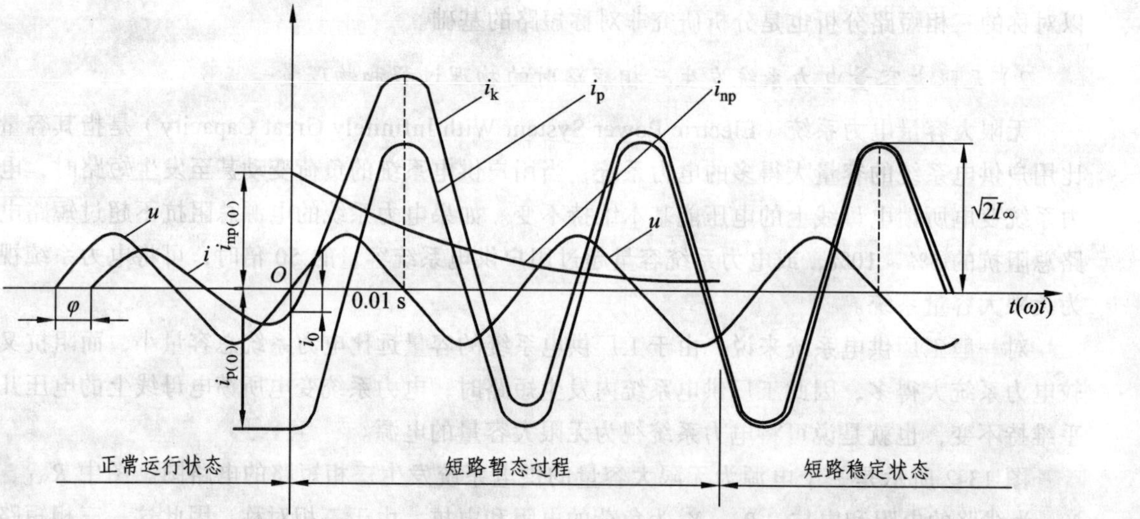

图 13-3　无限大容量系统发生三相短路时的电压、电流曲线

3）三相短路电流的计算

（1）概述。

进行短路电流计算，首先要绘出计算电路图，如图 13-2（a）所示。在计算电路图上，将短路计算所需考虑的各元件的额定参数都表示出来，并将各元件依次编号，然后确定短路计算点。短路计算点要选择得使需要进行短路校验的电气元件有最大可能的短路电流通过。

接着，按所选择的短路计算 j 点绘出等效电路图，如图 13-2（b）所示，并计算电路中各主要元件的阻抗。在等效电路图上，只需将被计算的短路电流所流经的一些主要元件表示出来，并标明其序号和阻抗值，一般是分子标序号，分母标阻抗值（既有电阻又有电抗时，用

复数形式 $R+jX$ 来表示)。然后将等效电路化简。对于工厂供电系统来说，由于将电力系统当作无限大容量电源，而且短路电路也比较简单，因此一般只需采用阻抗串、并联的方法即可将电路化简，求出其等效总阻抗。最后计算短路电流和短路容量。

短路电流的计算方法，常用的有欧姆法（又称有名单位制法）和标幺制法（又称相对单位制法）。短路计算中有关物理量一般采用以下单位：电流单位为“千安”(kA)，电压单位为“千伏”(kV)，短路容量和断流容量的单位为“兆伏安”(MV·A)，设备容量单位为“千瓦”(kW)或“千伏安”(kV·A)，阻抗单位为“欧姆”(Ω)等。但本书计算公式中各物理量除个别经验公式或简化公式外，一律采用国际单位制(SI 制)的单位“安”(A)、“伏”(V)、“瓦”(W)、“伏安”(V·A)、“欧”(Ω)等。因此后面导出的各个公式一般不标注物理量的单位。如果采用工程上常用的单位来计算，则须注意所用公式中各物理量单位的换算系数。

(2) 采用欧姆法进行短路计算。

欧姆法，因其短路计算中的阻抗都采用单位“欧姆”而得名。

在无限大容量系统中发生三相短路时，其三相短路电流周期分量的有效值可按下式计算

$$I_k^{(3)}=\frac{U_c}{\sqrt{3}\,|Z_\Sigma|}=\frac{U_c}{\sqrt{3}\sqrt{R_\Sigma^2+X_\Sigma^2}}$$

式中，U_c 为短路点的短路计算电压（或称为平均额定电压）。由于线路首端短路时其短路后果最为严重，因此按线路首端电压考虑，即短路计算电压取为比线路额定电压 U_N 高 5% 的电压。按我国电压标准，U_c 有 0.4 kV、0.69 kV、3.15 kV、6.3 kV、10.5 kV、37 kV 等。Z_Σ、R_Σ、X_Σ 分别为短路电路的总阻抗[模]、总电阻和总电抗值。

在高压电路的短路计算中，通常总电抗远比总电阻大，所以一般只计电抗，不计电阻。在计算低压侧短路时，也只有当短路电路的 $R_\Sigma > X_\Sigma/3$ 时才需计及电阻。

如果不计电阻，则三相短路电流周期分量的有效值为

$$I_k^{(3)}=U_c/\sqrt{3}X_\Sigma$$

三相短路容量为

$$S_k^{(3)}=\sqrt{3}U_c I_k^{(3)}$$

下面介绍供电系统中各主要元件如电力系统、电力变压器和电力线路的阻抗计算。至于供电系统中的母线、线圈型电流互感器的一次绕组、低压断路器的过电流脱扣线圈及开关的触头等的阻抗，相对来说很小，在短路计算中一般可略去不计。在略去上述的阻抗后，计算所得的短路电流自然稍有偏大。但用稍偏大的短路电流来校验电气设备，反而可以使其运行的安全性更有保证。

① 电力系统的阻抗。

电力系统的电阻相对于电抗来说很小，一般不予考虑。电力系统的电抗，可由电力系统变电所高压馈电线出口断路器的断流容量 S_{oc} 来估算，这 S_{oc} 就被看作是电力系统的极限短路容量 S_k。因此电力系统的电抗为

$$X_S=U_c^2/S_{oc}$$

式中，U_c 为高压馈电线的短路计算电压，但为了便于短路电路总阻抗的计算，免去阻抗换算的麻烦，此式的 U_c 可直接采用短路点的短路计算电压；S_{oc} 为系统出口断路器的断流容量，可查有关手册或产品样本。如只有开断电流 I_{oc} 数据，则其断流容量

$$S_{oc}=\sqrt{3}I_{oc}U_N$$

这里 U_N 为其额定电压。

② 电力变压器的阻抗。

变压器的电阻 R_T 可由变压器的短路损耗 ΔP_k 近似地计算。

因 $$\Delta P_k \approx 3I_N^2R_T \approx 3(S_N/\sqrt{3}U_c)^2R_T=(S_N/U_c)^2R_T$$

故 $$R_T \approx \Delta P_k\left(\frac{U_c}{S_N}\right)^2$$

式中，U_c 为短路点的短路计算电压；S_N 为变压器的额定容量；ΔP_k 为变压器的短路损耗，可查有关手册或产品样本。

变压器的电抗 X_T 可由变压器的短路电压（即阻抗电压）$U_k\%$近似地计算。

因 $$U_k\% \approx (\sqrt{3}I_NX_T/U_c)\times 100 \approx (S_NX_T/U_c^2)\times 100$$

故 $$X_T \approx \frac{U_k\%}{100}\frac{U_c^2}{S_N}$$

式中，$U_k\%$ 为变压器的短路电压（阻抗电压 $U_Z\%$）百分值，可查有关手册或产品样本。

③ 电力线路的阻抗

线路的电阻 R_{WL} 可由导线电缆的单位长度电阻 R_0 求得，即

$$R_{WL}=R_0l$$

式中，R_0 为导线电缆单位长度的电阻，可查有关手册或产品样本；l 为线路长度。

线路的电抗 X_{WL} 可由导线电缆的单位长度电抗 X_0 求得，即

$$X_{WL}=X_0l$$

式中，X_0 为导线电缆单位长度的电抗，可通过有关手册或产品样本得到；l 为线路长度。

如果线路的结构数据不详时，X_0 可按表 13-2 取其电抗平均值，因为同一电压的同类线路的电抗值变动幅度一般不大。

表 13-2 电力线路每相的单位长度电抗平均值（Ω/km）

线路结构	线路电压	
	6～10 kV	220/380 V
架空线路	0.38	0.32
电缆线路	0.08	0.066

求出短路电路中各元件的阻抗后，就可以化简短路电路，求出其总阻抗，然后计算短路电流周期分量。

必须注意：在计算短路电路的阻抗时，假如电路内含有电力变压器，则电路内各元件的阻抗都应统一换算到短路点的短路计算电压中去。阻抗等效换算的条件是元件的功率损耗不变。

由 $\Delta P = U^2 / R$ 和 $\Delta Q = U^2 / X$ 可知，元件的阻抗值与电压平方成正比，因此阻抗换算的公式为

$$R' = R\left(\frac{U_c'}{U_c}\right)^2$$

$$X' = X\left(\frac{U_c'}{U_c}\right)^2$$

式中，R、X 和 U_c 为换算前元件的电阻、电抗和元件所在处的短路计算电压；R'、X'、U_c' 为换算后元件的电阻、电抗和短路点的短路计算电压。

就短路计算中考虑的几个主要元件的阻抗来说，只有电力线路的阻抗有时需要换算，例如计算低压侧的短路电流时，高压侧的线路阻抗就需要换算到低压侧。而电力系统和电力变压器的阻抗，由于它们的计算公式中均含有 U，因此计算阻抗时，公式中 U_c 直接代以短路点的计算电压，就相当于阻抗已经换算到短路点一侧了。

5. 工厂变配电所及其一次系统

1）变配电所的任务

变电所（Tansformer Substation）担负着从电力系统受电，变压，然后配电的任务。

配电所（Distribution Sulbstation）担负着从电力系统受电，然后直接配电的任务。

显然，变配电所是工厂供电系统的枢纽，在工厂电力系统中占有特殊重要的地位。

2）变配电所的类型

工厂变电所分为总降压变电所（Head Step-Down Substation）和车间变电所（Shop Trans-Former Substation）。一般中小型工厂不设总降压变电所。

车间变电所按其主变压器的安装位置来分，有下列类型：

（1）车间附设变电所。变压器室的一面墙或几面墙与车间的墙共用，变压器室的大门朝车间外开。如果按变压器室位于车间的墙内还是墙外，还可进一步分为内附式（如图 13-4 中的 1、2）和外附式（如图 13-4 中的 3、4）。

（2）车间内变电所。变压器室位于车间内的单独房间内，变压器室的大门朝车间内开（如图 13-4 中的 5）。

（3）露天变电所。变压器安装在室外抬高的地面上（如图 13-4 中的 6）。如果变压器的上方设有顶板或挑檐，则称为半露天变电所。

（4）独立变电所。整个变电所设在与车间建筑物有一定距离的单独建筑物内（如图 13-4 中的 7）。

（5）杆上变电所。变压器安装在室外的电杆上，又称柱上变电所。

（6）地下变电所。整个变电所设置在地下。

（7）楼上变电所。整个变电所设置在楼上。

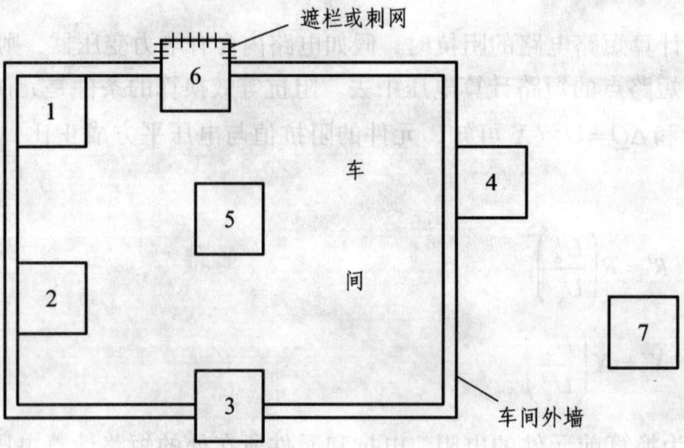

图 13-4　车间变电所的类型

1、2—内附式；3、4—外附式；5—车间内式；6—露天（或半露天）式；7—独立式

6. 电　弧

1）产生电弧的根本原因

开关触头在分断电流时之所以会产生电弧，根本的原因在于触头本身及触头周围的介质中含有大量可被游离的电子。这样，当分断的触头之间存在着足够大的外施电压时，触头或介质就有可能被电离而产生电弧。

2）产生电弧的游离方式

（1）热电发射。

当开关触头分断电流时，阴极表面由于大电流逐渐收缩集中而出现炽热的光斑，温度很高，因而使触头表面分子中外层电子吸收足够的热能而发射到触头间隙中去，形成自由电子。

（2）高电场发射。

开关触头分断之初，电场强度很大。在这种高电场的作用下，触头表面的电子可被强拉出来，进入触头间隙，也形成自由电子。

（3）碰撞游离。

当触头间隙存在着足够大的电场强度时，其中的自由电子以相当大的动能向阳极移动，在移动中碰撞到中性质点，就可能使中性质点中的电子游离出来，从而使中性质点变成带电的正离子和自由电子。这些游离出来的带电质点在电场力的作用下，继续参加碰撞游离，结果使触头间介质中的离子数越来越多，形成“雪崩”现象。当离子浓度足够大时，介质击穿而产生电弧。

（4）热游离。

电弧的温度很高，表面温度达 3 000 ~ 4 000 °C，弧心温度可高达 10 000 °C。在这样的高温下，电弧中的中性质点可游离为正离子和自由电子（据研究，一般气体在 9 000 ~ 10 000 °C 时发生游离，而金属蒸气在 4 000 °C 左右即发生游离），从而进一步加强了电弧中的游离。触头越分开，电弧越大，热游离也越显著。

由于上述几种游离方式的综合作用，使得触头在带电开断时产生电弧并得以维持。

3）电弧的熄灭

（1）熄灭电弧的条件。

要使电弧熄灭，必须使触头间电弧中的去游离率大于游离率，即其中离子消失的速率大于离子产生的速率。

（2）熄灭电弧的去游离方式。

① 正负带电质点的“复合”。复合就是正、负带电质点重新结合为中性质点。这与电弧中的电场强度、混度及电弧截面等有关。电弧中的电场强度越小，电弧的温度越低，电弧截面越小，则带电质点的复合能力越强。此外，复合与电弧接触的介质性质也有关。如电弧接触的表面为固体介质，则由于较活泼的电子先使介质表面带一负电位，带负电位的介质表面就吸引电弧中的正离子而造成强烈的复合。

② 正负带电质点的“扩散”。扩散就是电弧中的带电质点向周围介质中扩散开去，从而使电弧区域的带电质点减少。扩散的原因，一是电弧与周围介质的温度差，二是电弧与周围介质的离子浓度差。扩散也与电弧截面有关。电弧截面越小，离子扩散能力也越强。

上述带电质点的复合和扩散，都使电弧中间的离子数减少，即去游离增强，从而有助于电弧的熄灭。

4）对电气触头的基本要求

电气触头是开关电器极其重要的组成部件。开关电器工作的可靠程度，与触头的结构和状况有着密切的关系。为了更好地理解高低压开关电器的结构原理，这里先谈谈对电气触头的基本要求。

（1）满足正常负荷的发热要求。正常负荷电流（包括过负荷电流）长期通过触头时，触头的发热温度不应超过允许值。为此，触头必须接触紧密良好，尽量减小或消除触头表面的氧化层，尽量降低接触电阻。

（2）具有足够的机械强度。触头能经受规定的通断次数而不致发生机械故障或损坏。

（3）具有足够的动稳定度和热稳定度。在可能的最大的短路冲击电流通过时，触头不致因电动力作用而损坏，并且在可能最长的短路时间内通过短路电流时所产生的热量，不致使触头过度烧损或熔焊。

（4）具有足够的断流能力。在开断所规定的最大负荷电流或短路电流时，触头不应被电弧过度烧损，更不应发生熔焊现象。

为了保证触头在闭合时尽量减小触头电阻，而在通断时又使触头能经受电弧高温的作用，因此有些开关的触头分为工作触头和灭弧触头两部分。工作触头采用导电性好的铜（或镀银）触头，灭弧触头则采用耐高温的铜钨等合金触头。通路时，电流主要由工作触头通过。开断电流时，电弧基本上在灭弧触头间产生，不致使工作触头烧损。

5）动力配电系统图

以进线引自变配电室的一个总动力配电箱进行说明，如图 13-5 所示。

该箱进线引自变配电室的 500 A 回路，导线采用 BV 聚氯乙烯绝缘铜芯线，3 根 185 mm^2

导线作为相线，两根 95 mm^2 导线作为 N 线与 PE 线，穿直径 100 mm 的钢管，埋地敷设。接入型号为 HD12-600/41 的刀开关（其中 600 表示额定电流，4 表示 4 极，1 表示带灭弧室）后分为四条回路：AP1、APd1、AP3 和备用回路。AP1 回路装设型号为 TSM21-400L/3300-315A 的断路器，导线为 BV 聚氯乙烯绝缘铜芯线。该箱还设有 N 线排和 PE 线排。

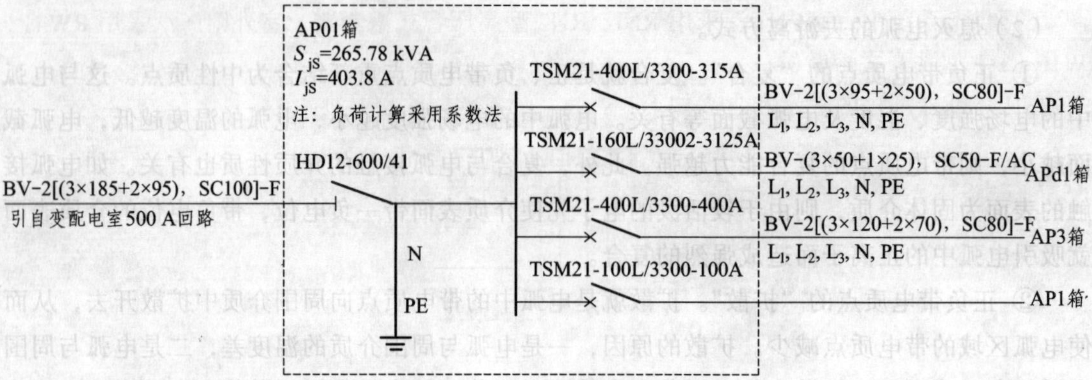

图 13-5　动力配电箱系统图

二、主要材料准备

1. 高压一次设备

1）概　述

变配电所中承担输送和分配电能任务的电路，称为一次电路（Primary Circuit）或一次回路，亦称主电路、主结线（主接线）。一次电路中所有的电气设备，称为一次设备（Primary Equip Ment）或一次元件。

凡用来控制、指示、监测和保护一次设备运行的电路，称为二次电路（Secondary Circuit）或二次回路，亦称副电路、二次结线（二次接线）。二次电路通常接在互感器的二次侧。二次电路中的所有电气设备，称为二次设备（Secondary Equipment）或二次元件。

一次设备按其功能来分，可分为以下几类。

（1）变换设备。其功能是按电力系统工作的要求来改变电压或电流，例如电力变压器、电流互感器、电压互感器等。

（2）控制设备。其功能是按电力系统工作的要求来控制一次电路的通、断，例如各种高低压开关。

（3）保护设备。其功能是用来对电力系统进行过电流和过电压等的保护，例如熔断器和避雷器等。

（4）补偿设备。其功能是用来补偿电力系统的无功功率，以提高系统的功率因数，例如并联电容器。

（5）成套设备。它是按一次电路结线方案的要求，将有关一次设备及二次设备组合为一体的电气装置，例如高压开关柜、低压配电屏、动力和照明配电箱等。

本书只介绍一次电路中常用的高压熔断器、高压隔离开关、高压负荷开关、高压断路器及高压开关柜等。

2）高压熔断器

熔断器（Fuse，文字符号为 FU）是一种当所在电路的电流超过规定值并经一定时间后，使其熔体（Fuse-element）熔化而分断电流、断开电路的一种保护电器。熔断器的功能主要是对电路及电路设备进行短路保护，但有的也具有过负荷保护的功能。

工厂供电系统中，室内广泛采用 RNl、RN2 型高压管式熔断器，室外则广泛采用 RW4、RW10（F）型跌开式熔断器。

高压熔断器型号的表示和含义如下：

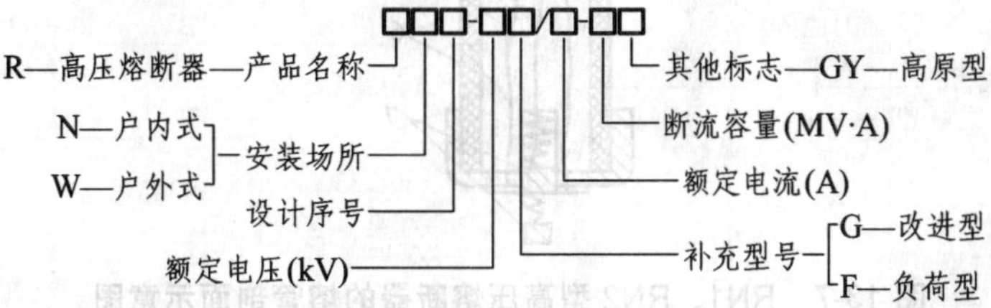

（1）RN1 和 RN2 型户内高压熔断器。

RN1 型与 RN2 型的结构基本相同，都是在瓷质熔管内充石英砂填料的密闭管式熔断器。RN1 型主要用作高压线路和设备的短路保护，也能起过负荷保护的作用。其熔体要通过主电路的电流，因此其结构尺寸较大，额定电流可达 100 A。而 RN2 型只用作高压电压互感器一次侧的短路保护。由于电压互感器二次侧全部接阻抗很大的电压线圈，致使它接近于空载工作，其一次侧电流很小，因此 RN2 型的结构尺寸较小，其熔体额定电流一般为 0.5 A。

图 13-6 所示是 RNl、RN2 型高压熔断器的外形结构，图 13-7 是其熔管剖面示意图。

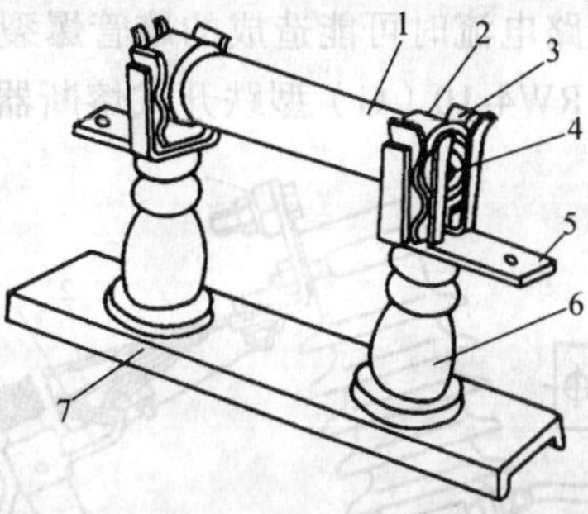

图 13-6　RN1、RN2 型高压熔断器

1—瓷熔管；2—金属管帽；3—弹性触座；4—熔断指示器；5—接线端子；6—瓷绝缘子；7—底座

由图 13-7 可知，熔断器的工作熔体（铜熔丝）上焊有小锡球。锡是低熔点金属，过负荷时锡球受热首先熔化，包围铜熔丝，铜锡的分子互相渗透而形成熔点较铜的熔点低的铜锡合金，使铜熔丝能在较低的温度下熔断，这就是所谓“冶金效应”（Metallurgical Effect）。它使得熔断器能在不太大的过负荷电流或较小的短路电流时动作，提高了保护的灵敏度。从图中可以看出，这种熔断器采用几根熔丝并联，以便在它们熔断时能产生几根并行的电弧，利用粗弧分细灭弧法来加速电弧的熄灭。而且这种熔断器的熔管内是充填石英砂的，熔丝熔断时产生的电弧完全在石英砂内燃烧，因此灭弧能力很强，能在短路后不到半个周期即短路电流未达冲击值 i_{sh} 之前即能完全熄灭电弧、切断短路电流，从而使熔断器本身及其所保护的电压互感器不必考虑短路冲击电流的影响，因此这种熔断器属于“限流”熔断器（Currentlimiting Fuse）。

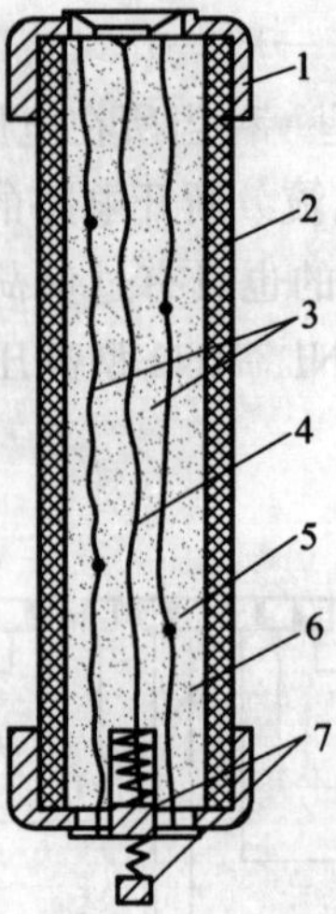

图 13-7　RN1、RN2 型高压熔断器的熔管剖面示意图

1—管帽；2—瓷管；3—工作熔体；4—指示熔体；5—锡球；6—石英砂镇料；7—熔断指示器

当短路电流或过负荷电流通过熔体时，工作熔体熔断后，指示熔体也相继熔断，其红色的熔断指示器弹出，给出熔断的指示信号。

（2）RW4 和 RW10（F）型户外高压跌开式熔断器。

高压跌开式熔断器在运行时是封闭的，可以防止雨水浸入。在分断小的短路电流时，由于上端封闭形成单端排气，使管内保持足够大的压力，这样有利于熄灭小的短路电流所产生的电弧。而在分断大的短路电流时，由于管内产生的气压大，使上端薄膜冲开而形成两端排气，这样有助于防止分断大的短路电流时可能造成的熔管爆裂，从而有效地解决了自产气熔断器分断大小故障电流的矛盾。RW4-10（G）型跌开式熔断器结构如图 13-8 所示。

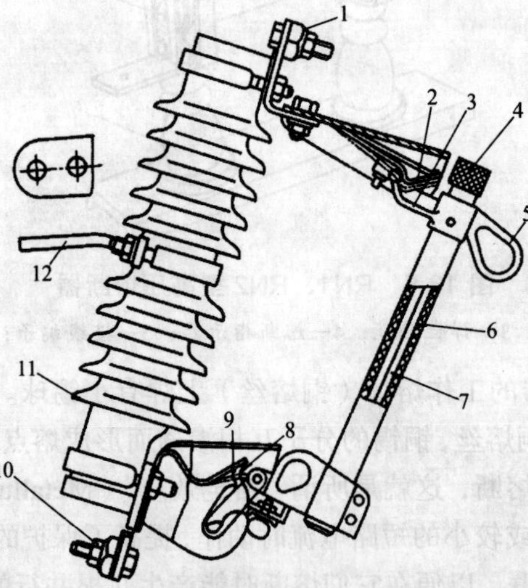

图 13-8　RW4-10（G）型跌开式熔断器

1—上接线端子；2—上静触头；3—上动触头；4—管帽（带薄膜）；5—操作环；
6—熔管（外层为酚醛纸管或环氧玻璃分管，内套纤维质消弧管）；
7—铜熔丝；8—下动触头；9—下静触头；10—下接线端子；
11—绝缘瓷瓶；12—固定安装板

RW10-10（F）型跌开式熔断器是在一般跌开式熔断器的静触头上加装简单的灭弧室，因而能带负荷操作。这种负荷型跌开式熔断器有推广应用的趋向。

跌开式熔断器依靠电弧燃烧使产气管分解产生的气体来熄灭电弧，即使是负荷型跌开式熔断器加装有简单的灭弧室，其灭弧能力都不强，灭弧速度不快，不能在短路电流到达冲击值之前熄灭电弧，因此属“非限流”熔断器。

3）高压隔离开关

高压隔离开关（High-Voltage Disconnector，文字符号为 QS）的功能主要是隔离高压电源，以保证其他设备和线路的安全检修。因此它的结构有如下特点：断开后有明显可见的断开间隙，而且断开间隙的绝缘及相间绝缘都是足够可靠的，能充分保证人身和设备的安全。但是隔离开关没有专门的灭弧装置，因此不允许带负荷操作，然而可用来通断一定的小电流，如励磁电流不超过 2 A 的空载变压器、电容电流不超过 5 A 的空载线路以及电压互感器和避雷器电路等。

高压隔离开关按安装地点，分户内式和户外式两大类。图 13-9 所示是 GN8-10/600 型户内高压隔离开关的外形。

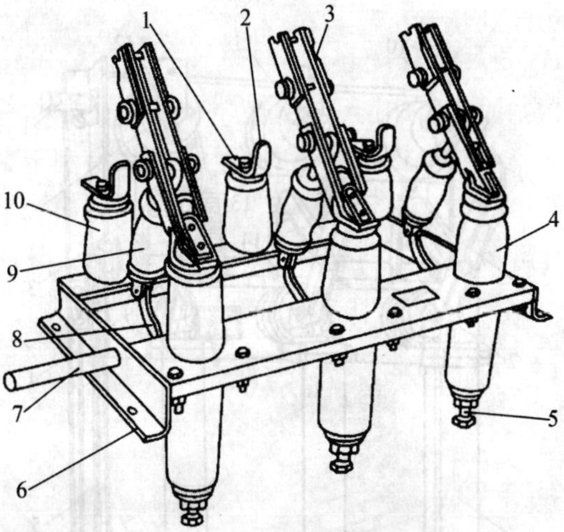

图 13-9　GN8-10/600 型高压隔离开关

1—上接线端子；2—静触头；3—闸刀；4—套管绝缘子；5—下接线端子；6—框架；7—转轴；8—拐臂；9—升降绝缘子；10—支柱绝缘

高压隔离开关型号的表示和含义如下：

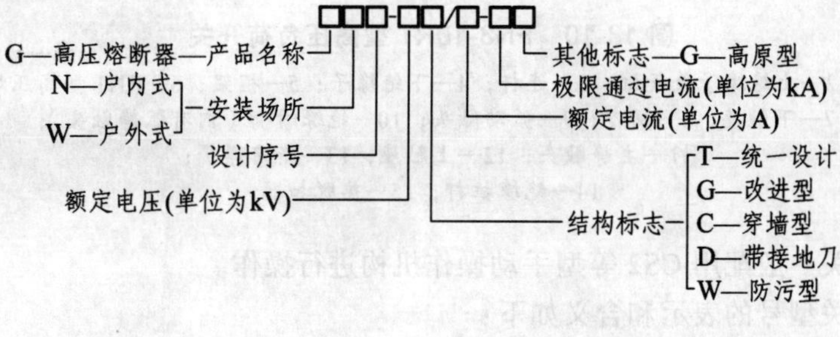

4）高压负荷开关

高压负荷开关（High-Voltage Load Switch，文字符号为 QL），具有简单的灭弧装置，因而能通断一定的负荷电流和过负荷电流，但它不能断开短路电流，因此它必须与高压熔断器串联使用，以借助熔断器来切断短路故障。负荷开关断开后，与隔离开关一样，具有明显可见的断开间隙，因此，它也具有隔离电源、保证安全检修的功能。

高压负荷开关的类型较多，这里着重介绍一种应用最多的户内压气式高压负荷开关。

图 13-10 所示是 FN3-10RT 型户内压气式负荷开关的结构图。上半部为负荷开关本身，很像一般隔离开关，实际上它就是在隔离开关的基础上加一个简单的灭弧装置。负荷开关上端的绝缘子就是一个简单的灭弧室，它不仅起支持绝缘子作用，而且内部是一个气缸，装有由操动机构主轴传动的活塞，其作用类似于打气筒。绝缘子上部装有绝缘喷嘴和弧静触头。当负荷开关分闸时，在闸刀一端的弧动触头与绝缘子上的弧静触头之间产生电弧。由于分闸时主轴转动而带动活塞，压缩气缸内的空气从喷嘴往外吹弧，使电弧迅速熄灭。当然分闸时还有电弧迅速拉长及本身电流回路的电磁吹弧作用。但总的来说，负荷开关的灭弧断流能力是很有限的，只能断开一定的负荷电流及过负荷电流。负荷开关绝不能配以短路保护装置来自动跳闸，其热脱扣器只用于过负荷保护。

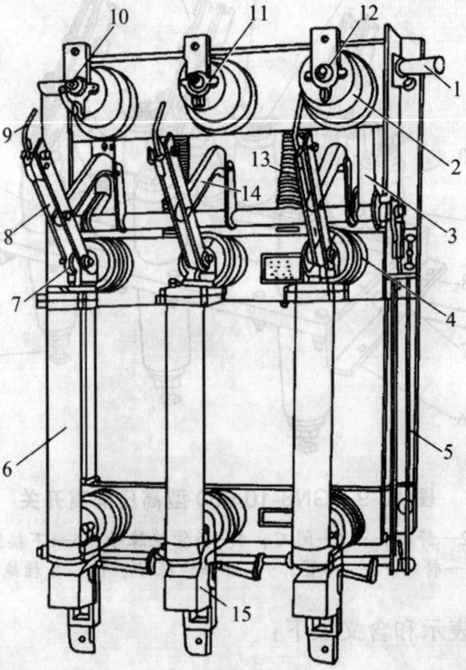

图 13-10　FN3-10RT 型高压负荷开关

1—主轴；2—上绝缘子兼气缸；3—连杆；4—下绝缘子；5—框架；6—RN1 型高压熔断器；7—下触座；8—闸刀；9—弧动触头；10—绝缘喷嘴（内有弧静触头）；11—主静触头；12—上触座；13—断路弹簧；14—绝缘拉杆；15—热脱扣器

这种负荷开关一般配用 CS2 等型手动操作机构进行操作。

高压负荷开关型号的表示和含义如下：

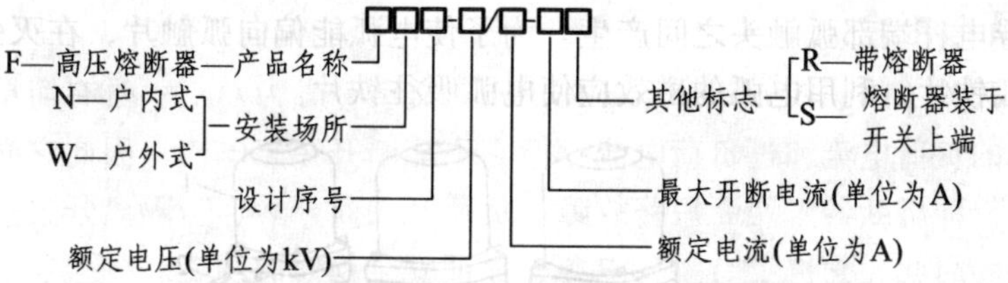

5）高压断路器

高压断路器（High-Voltage Circuit_Breaker，文字符号为 QF）不仅能通断正常负荷电流，而且能接通和承受一定时间的短路电流，并能在保护装置作用下自动跳闸，切除短路故障。

高压断路器按其采用的灭弧介质分，有油（oil）断路器、六氟化硫（SF_6）断路器、真空（vacuum）断路器以及压缩空气断路器、磁吹断路器等。应用最广的是油断路器。

油断路器按其油量多少和油的功能，又分为多油（High-Oil Content）断路器和少油（Low-Oil ConTent）断路器两大类。多油断路器的油量多，其油一方面作为灭弧介质，另一方面又作为相对地（外壳）甚至相与相之间的绝缘介质。少油断路器的油量很少（一般只几千克），其油只作为灭弧介质。一般 6 ~ 35kV 户内配电装置中均采用少油断路器。

下面重点介绍我国目前广泛应用的 SN10-10 型户内少油断路器，并简单介绍应用日益广泛的六氟化硫断路器和真空断路器。

高压断路器型号的表示和含义如下：

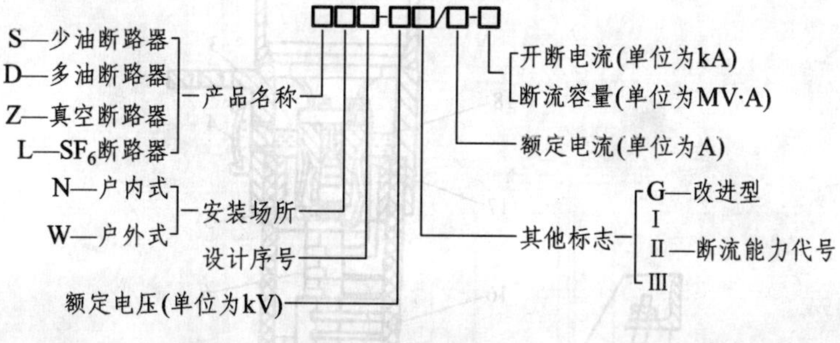

（1）SNl0-10 型高压少油断路器。

SNl0-10 型少油断路器是我国统一设计、推广应用的一种新型少油断路器。按其断流容量（Capacity of Open Circuit，符号为 S_{OC}）分，有Ⅰ、Ⅱ、Ⅲ型。Ⅰ型的 S_{oc} 为 300 MV · A，Ⅱ型的 S_{oc} 为 500 MV · A，Ⅲ型的 S_{oc} 为 750 MV · A。

图 13-11 是 SN10-10 型高压少油断路器的外形图，其一相油箱内部结构的剖面图如图 13-12 所示。

这种少油断路器由框架、传动机构和油箱等三个主要部分组成。油箱是其核心部分。油箱下部是由高强度铸铁制成的基座。操作断路器导电杆（动触头）的转轴和拐臂等传动机构就装在基座内。基座上部固定着中间滚动触头。油箱中部是灭弧室。外面套的是高强度绝缘筒。油箱上部是铝帽。铝帽的上部是油气分离室。铝帽的下部装有插座式静触头。插座式静触头有 3 ~ 4 片弧触片。断路器合闸时，导电杆插入静触头，首先接触的是其弧触片。断路器跳闸时，导电杆离开静触头，最后离开的是其弧触片。因此，无论断路器合闸或跳闸，电弧总在弧触片与导电杆端部弧触头之间产生。为了使电弧能偏向弧触片，在灭弧室上部靠弧触片一侧嵌有吸弧铁片，利用电弧的磁效应使电弧吸往铁片。

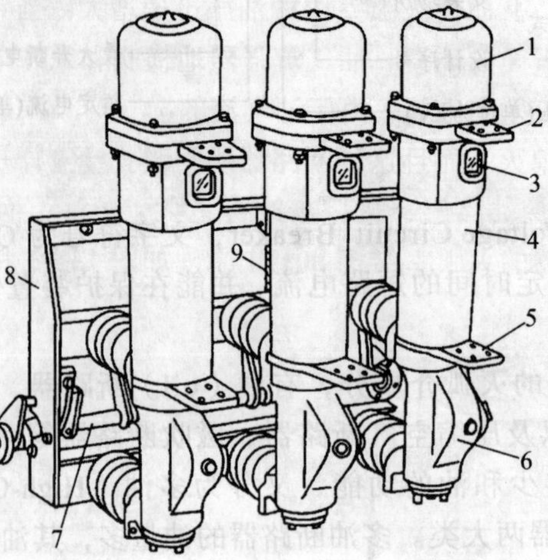

图 13-11　SN10-10 型高压少油断路器

1—铝帽；2—上接线端子；3—油杆；4—绝缘筒；5—下接线端子；6—基座；7—主轴；8—框架；9—断路弹簧

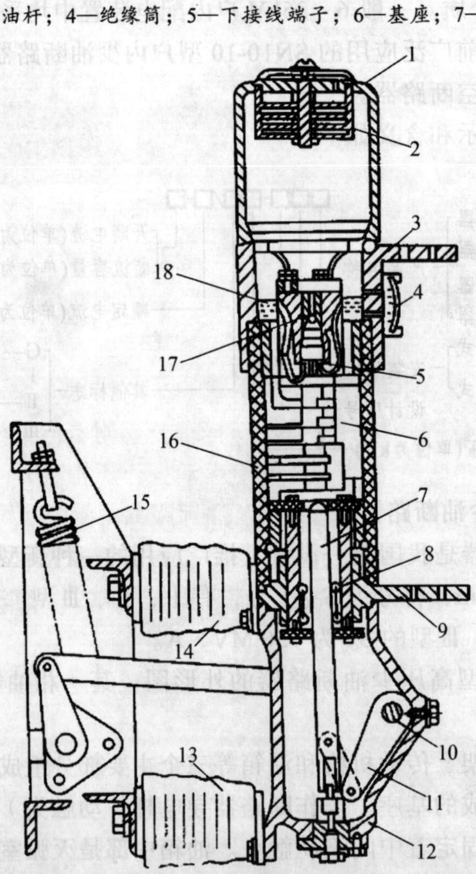

图 13-12　SN10-10 型高压少油断路器的一相油箱内部结构

1—铝帽；2—油气分离器；3—上接线端子；4—油标；5—插座式静触头；6—灭弧室；7—动触头（导电杆）；8—中间滚动触头；9—下接线端子；10—转轴；11—拐臂；12—基座；13—下支柱绝缘子；15—上支柱绝缘子；16—绝缘筒；17—逆止阀；18—绝缘油

断路器跳闸时，导电杆向下运动。当导电杆离开静触头时，产生电弧，使油分解，形成气泡，导致静触头周围的油压骤增，迫使逆止阀（钢珠）动作，钢珠上升堵住中心孔。这时电弧在近乎封闭的空间内燃烧，从而使灭弧室内的油压迅速增大。当导电杆继续向下运动，相继打开一、二、三道灭弧沟及下面的油囊，油气流强烈地横吹和纵吹电弧。同时由于导电杆向下运动，在灭弧室形成附加油流射向电弧。由于油气流的横吹与纵吹以及机械运动引起的油吹的综合作用，从而使电弧迅速熄灭。而且这种断路器跳闸时，导电杆是向下运动的，导电杆端部的弧根部分总与下面的新鲜冷油接触，进一步改善了灭弧条件，因此它具有较大的断流容量。SN10-10 型高压少油断路器的灭弧室结构和工作原理如图 13-13 和图 13-14 所示。

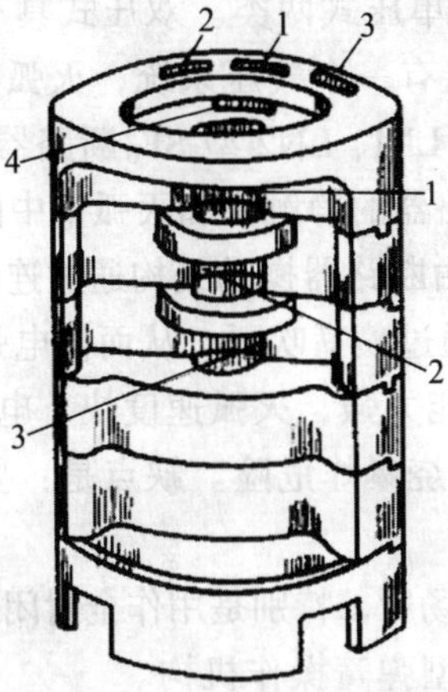

图 13-13　SN10-10 型高压少油断路器的灭弧室

1—第一道灭弧沟；2—第二道灭弧沟；3—第三道灭弧沟；4—吸弧铁片

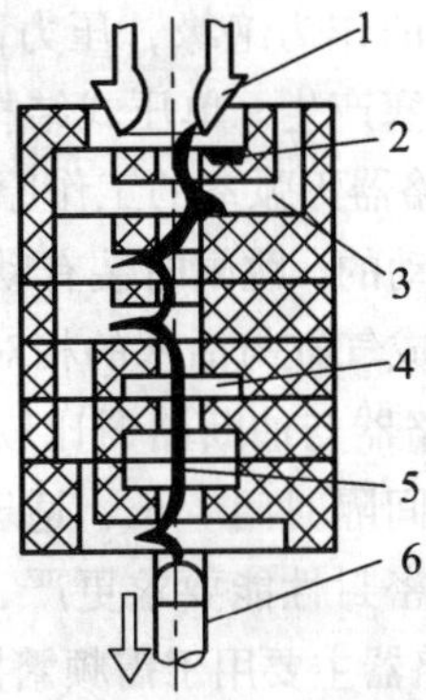

图 13-14　SN10-10 型高压少油断路器的灭弧室工作示意图

1—静触头；2—吸弧铁片；3—横吹灭弧沟；4—纵吹油囊；5—电弧；6—动触头

这种少油断路器，在油箱上部设有油气分离室，其作用是使灭弧过程中产生的油气混合物旋转分离，气体从油箱顶部的排气孔排出，而油滴则附着内壁流回灭弧室。

SN10-10 等型少油断路器可配用 CS2 等型手动操作机构、CD10 等型电磁操作机构或 CT7 等型弹簧储能操作机构。手动操作机构能手动和远距离跳闸，但只能手动合闸，其结构简单，可交流操作。电磁操作机构能手动和远距离跳、合闸，但需直流操作，且合闸功率大。弹簧储能操作机构亦能手动和远距离跳、合闸，而且操作电源交、直流均可，但结构较复杂，价较高。如需实现自动合闸或自动重合闸，则必须采用电磁操作机构或弹簧操作机构。由于采用交流操作电源较为简单经济，因此弹簧操作机构的应用越来越广。

（2）高压六氟化硫断路器。

六氟化硫（SF_6）断路器，是利用 SF_6 气体作灭弧和绝缘介质的一种断路器。

SF_6 是一种无色、无味、无毒且不易燃的惰性气体，在 150 °C 以下时，化学性能相当稳定。但它在高温电弧的作用下要分解，分解出的氟有较强的腐蚀性和毒性，且能与触头的金属蒸气化合为一种具有绝缘性能的白色粉末状的氟化物。因此这种断路器的触头一般都具有自动净化的作用。然而由于上述的分解和化合作用所产生的活性杂质，大部分能在电弧熄灭后几微秒的极短时间内自动还原，而且残余杂质可用特殊的吸附剂（如活性氧化铝）清除，因此对人身和设备都不会有什么危害。SF_6不含碳元素（C），这对于灭弧和绝缘介质来说，是极为优越的特性。上述油断路器是用油作灭弧和绝缘介质的，而油在电弧高温作用下要分解出碳，使油中的含碳量增高，从而降低了油的绝缘和灭弧性能。因此油断路器在运行中要经常注意监视油色，适时分析油样，必要时要更换新油。而 SF_6断路器就无此麻烦。SF_6又不含氧元素（O），因此它不存在触头氧化的问题。因此 SF_6断路器较之空气断路器，其触头的磨损较少，使用寿命增长。SF_6除具有上述优良的物理、化学性能外，还具有优良的电绝缘性能。在 300 kPa 下，其绝缘强度与一般绝缘油的绝缘强度大体相当。特别优越的是 SF_6在电流过零时，电弧暂时熄灭后，具有迅速恢复绝缘强度的能力，从而使电弧难以复燃而很快熄灭。

SF_6 断路器的结构，按其灭弧方式分，有双压式和单压式两类。双压式具有两个气压系统，压力低的作为绝缘，压力高的作为灭弧。单压式只有一个气压系统，灭弧时，SF_6 的气流靠压气活塞产生。单压式结构简单，我国现在生产的 LNl、LN2 型 SF_6断路器均为单压式。

SF_6 断路器灭弧室的工作原理如图 13-15 所示。断路器的静触头和灭弧室中的压气活塞是相对固定不动的，跳闸时装有动触头和绝缘喷嘴的气缸由断路器操动机构通过连杆带动，离开静触头，造成气缸与活塞的相对运动，压缩 SF_6，使之通过喷嘴吹弧，从而使电弧迅速熄灭。

SF_6断路器与油断路器比较，具有下列优点：断流能力强，灭弧速度快，电绝缘性能好，检修周期（间隔时间）长，适于频繁操作，而且没有燃烧爆炸危险。缺点是：要求加工精度很高，对其密封性能要求更严，因此价格比较昂贵。

SF_6断路器主要用于需频繁操作及有易燃易爆危险的场所，特别是用作全封闭式组合电器。

SF_6断路器配用 CD10 等型电磁操作机构或 CT7 等型弹簧操作机构。

（3）高压真空断路器。

高压真空断路器，是利用“真空”（气压为 $10^2 \sim 10^6$ Pa）灭弧的一种断路器，其触头装在真空灭弧室内。由于真空中不存在气体游离的问题，所以这种断路器的触头断开时很难发生电弧。但是在感性电路中，灭弧速度过快，瞬间切断电流 i 将使 di/dt 极大，从而使电路出现过电压，这对供电系统是不利的。因此，“真空”不能是绝对的真空，实际上能在触头断开时因高电场发射和热电发射产生一点电弧，这个电弧称之“真空电弧”，它能在电流第一次过零时熄灭。这样，燃弧时间既短（至多半个周期），又不致产生很高的过电压。

真空断路器的灭弧室结构图如图 13-16 所示。真空灭弧室的中部，有一对圆盘状的触头。在触头刚分离时，由于高电场发射和热电发射而使触头间发生电弧。电弧温度很高，可使触头表面产生金属蒸气。随着触头的分开和电弧电流的减小，触头间的金属蒸气密度也逐渐减小。当电弧电流过零时，电弧暂时熄灭，触头周围的金属离子迅速扩散，凝聚在四周的屏蔽罩上，以致在电流过零后几微秒的极短时间内，触头间隙实际上又恢复了原有的高真空度。因此，当电流过零后虽很快加上高电压，触头间隙也不会再次击穿，也就是说，真空电弧在电流第一次过零时就能完全熄灭。

真空断路器具有体积小、重量轻、动作快、寿命长、安全可靠和便于维护检修等优点，但价格较贵，主要适用于频繁操作的场所。

6）高压开关柜

高压开关柜（High-Voltage Switchgear）是按一定的线路方案将有关一、二次设备组装而成的一种高压成套配电装置，在发电厂和变配电所中作控制和保护发电机、变压器和高压线

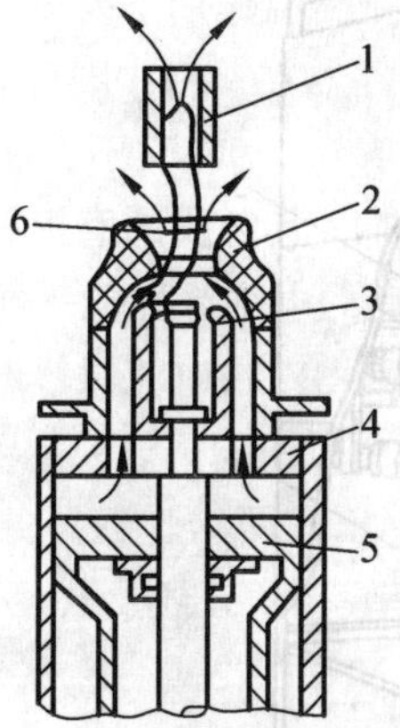

图 13-15　SF_6断路器灭弧室工作示意图

1—静触头；2—绝缘喷嘴；3—动触头；4—气缸（连同动触头由操动机构传动）；5—压气活塞（固定）；6—电弧

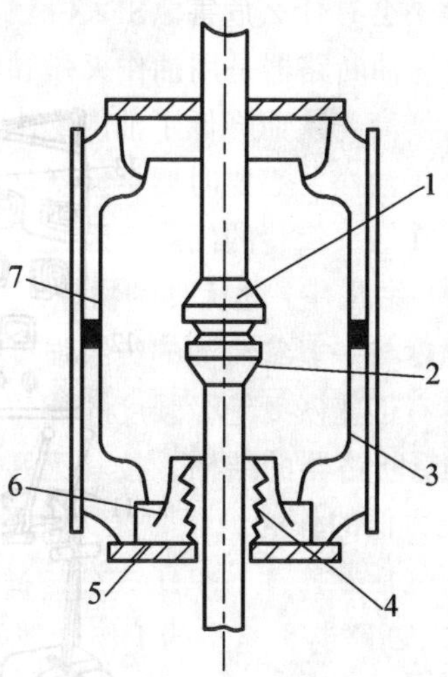

图 13-16　真空灭弧室的结构

1—静触头；2—动触头；3—屏蔽罩；4—波纹管；5—与外壳封接的金属法兰盘；6—波纹管屏蔽罩；7—玻壳

路之用，也可作大型高压交流电动机的启动和保护之用，其中安装有高压开关设备、保护电器、监测仪表和母线、绝缘子等。高压开关柜有固定式和手车式（移开式）两大类型。在一般中小型工厂中，普遍采用较为经济的固定式高压开关柜。我国现在大量生产和广泛应用的固定式高压开关柜主要为 GG-1A（F）型，如图 13-17 所示。这种防误型开关柜装设了防止电气误操作和保障人身安全的闭锁装置，即所谓“五防”——防止误跳、误合断路器，防止带负荷拉、合隔离开关，防止带电挂接地线，防止带接地线合隔离开关，防止人员误入带电间隔。

手车式（又称移开式）高压开关柜的特点是，高压断路器等主要电气设备是装在可以拉出和推入开关柜的手车上的。断路器等设备需检修时，可随时将其手车拉出，然后推入同类备用手车，即可恢复供电。因此采用手车式开关柜，较之采用固定式开关柜，具有检修安全、供电可靠性高等优点，但其价格较贵。

图 13-18 是 GC□-10（F）型手车式高压开关柜的外形结构图。

为了采用 IEC 标准，我国于 20 世纪 80 年代后期设计生产了 KGN□-10（F）等型固定式金属铠装开关柜及 KYN□-10（F）等型移开式金属铠装开关柜和 JYN□-10（F）等型移开式金属封闭间隔型开关柜。

老系列的高压开关柜型号的表示和含义如下：

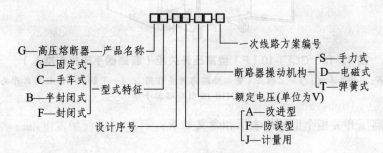

□□-□□-□□-□

G—高压熔断器—产品名称

型式特征：G—固定式；C—手车式；B—半封闭式；F—封闭式

设计序号

一次线路方案编号

断路器操动机构：S—手力式；D—电磁式；T—弹簧式

额定电压(单位为V)

A—改进型；F—防误型；J—计量用

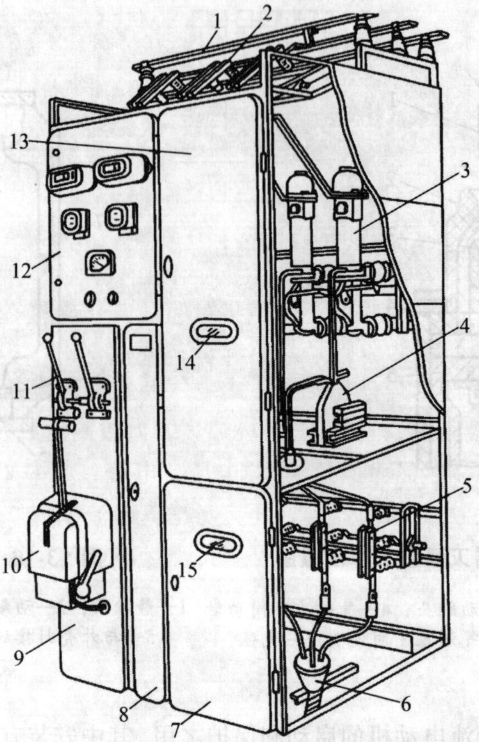

图 13-17　GG-1A(F)-07S 型高压开关柜（断路器柜）

1—母线；2—母线隔离开关（QS1，GN8-10 型）；3—少油断路器（QF，SN10-10 型）；4—电流互感器（TA，LQL-10 型）；5—线路隔离开关（QS2，GN6-10 型）；6—电缆头；7—下检修门；8—端子箱门；9—操作板；10—断路器的手动操动机构（CS2 型）；11—隔离开关的操动机构手柄；12—仪表继电器屏；13—上检修门；14、15—观察窗口

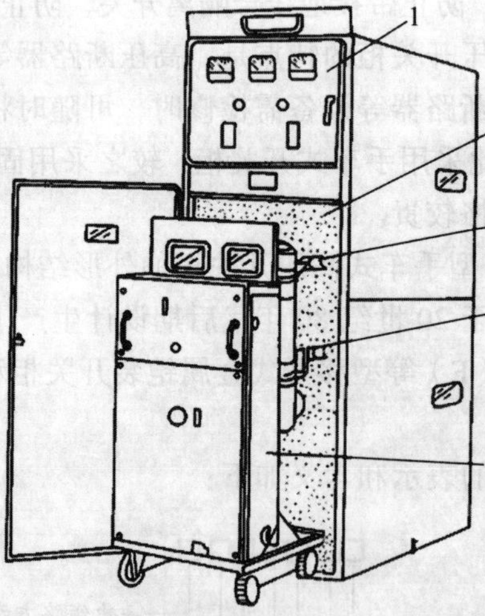

图 13-18　GC□-10（F）型高压开关柜（断路器手车柜未推入）

1—仪表屏；2—手车室；3—上触头（兼起陆路离开关作用）；4—下触头（兼起隔离开关作用）；5—SN10-10 型断路器手车

新系列的高压开关柜全型号的表示和含义如下：

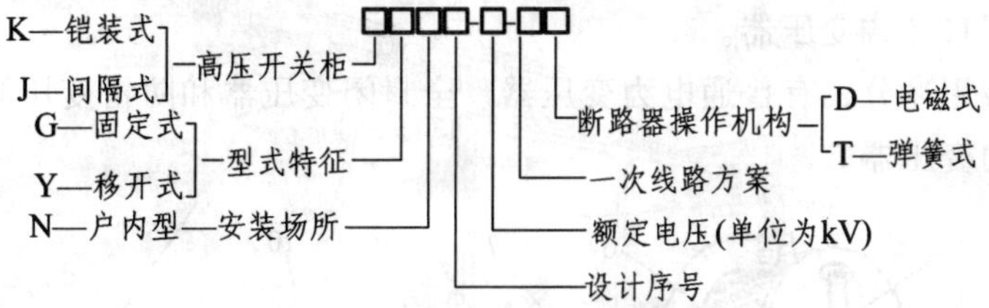

7）高压一次设备的选择

高压一次设备的选择，必须满足一次电路正常条件下和短路故障条件下的工作要求，同时设备应工作安全可靠，运行维护方便，投资经济合理。

电气设备按正常工作条件选择，就是要考虑电气装置的环境条件和电气要求。环境条件是指电气装置所处的位置（室内或室外）、环境温度、海拔高度以及有无防尘、防腐、防火、防爆等要求。电气要求是指电气装置对设备的电压、电流、频率（一般为 50 Hz）等方面的要求；对一些断路电器如开关、熔断器等，还应考虑其断流能力。

电气设备按短路故障条件进行校检，就是要按最大可能的短路故障时的动稳定度和热稳定度进行校验。对熔断器和装有熔断器保护的电压互感器，不必进行短路动稳定度和热稳定度的校验。对电力电缆，由于其机械强度足够，所以也不必进行短路动稳定度的校验。

2. 电力变压器

1）电力变压器的主要功能和分类

电力变压器（文字符号为 T 或 TM），是变电所中最关键的一次设备，其主要功能是将电力系统中的电压升高或降低，以利于电能的合理输送、分配和使用。电力变压器按功能分，有升压变压器和降压变压器两大类。工厂变电所都采用降压变压器。终端变电所的降压变压器，也称配电变压器。

电力变压器按容量系列分，有 R8 容量系列和 R10 容量系列两大类。所谓 R8 容量系列，是指容量等级内是按 1.33 的倍数递增的。我国老的变压器容量等级采用此系列，如容量为 100 kV · A、135 kV · A、180 kV · A、240 kV · A、320 kV · A、420 kV · A、560 kV · A、750 kV · A、1 000 kV · A 等。所谓 R10 容量系列，是指容量等级是按 1.26 的倍数递增的。R10 系列的容量等级较密，便于合理选用，是 IEC 推荐采用的。我国新的变压器容量等级采用此系列，如容量为 100 kV · A、125 kV · A、160 kV · A、200 kV · A、250 kV · A、315 kV · A、400 kV · A、500 kV · A、630 kV · A、800 kV · A、1 000 kV · A 等。

电力变压器按相数分，有单相和三相两大类。工厂变电所通常都采用三相电力变压器。

电力变压器按调压方式分，有无载调压（又称无激磁调压）和有载调压两大类。工厂变电所大多采用无载调压变压器。

电力变压器按绕组导体材质分，有铜绕组变压器和铝绕组变压器两大类。工厂变电所过去大多采用铝绕组变压器，但低损耗的铜绕组变压器现在得到了越来越广泛的应用。

电力变压器按绕组形式分，有双绕组变压器、三绕组变压器和自耦变压器。工厂变电所大多采用双绕组变压器。

电力变压器按绕组绝缘及冷却方式分，有油浸式、干式和充气式（SF_6）等变压器。其中油浸式变压器，又有油浸自冷式、油浸风冷式、油浸水冷式和强迫油循环冷却式等。工厂变电所大多采用油浸自冷式变压器。

电力变压器按用途分，有普通电力变压器、全封闭变压器和防雷变压器等。工厂变电所大多采用普通电力变压器。

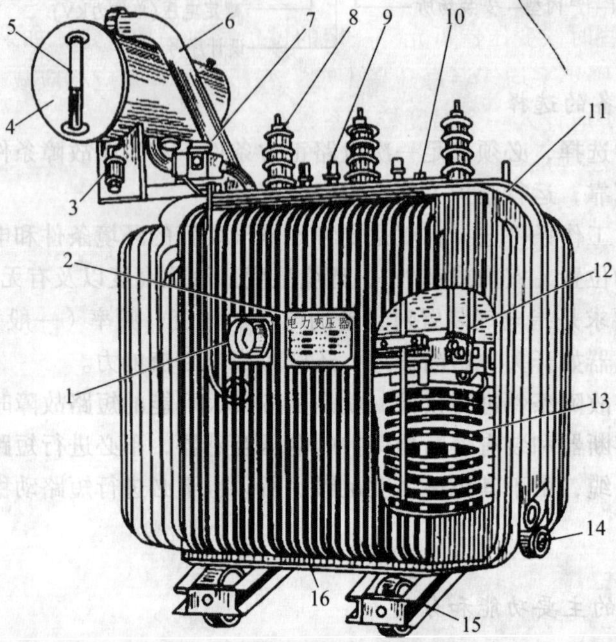

图 13-19　三相油浸式电力变压器

1—信号温度计；2—铭牌；3—吸湿器；4—油枕（储油柜）；5—油位指示器（油标）；6—防爆管；7—瓦斯继电器；8—高压套管；9—低压套管；10—分接开关；11—油箱；12—铁心；13—绕组及绝缘；14—放油阀；15—小车；16—接地端子

2）电力变压器的容量和过负荷能力

电力变压器的额定容量（铭牌容量），是指它在规定的环境温度条件下，室外安装时，在规定的使用年限（一般规定为 20 年）内所能连续输出的最大视在功率（单位为 kV · A）。变压器的使用年限，主要取决于变压器绕组绝缘的老化速度，而绝缘的老化速度又取决于绕组最热点的温度。变压器的绕组导体和铁心，一般可以长期经受较高的温升而不致损坏。但绕组长期受热时，其绝缘的弹性和机械强度要逐渐减弱，这就是绝缘的老化（Ageing）现象。绝缘老化严重时，就会变脆，容易裂纹和剥落。试验表明：在规定的环境温度条件下，如果变压器绕组最热点的温度一直维持 95 °C，则变压器可连续运行 20 年。如果其绕组温度升高到 120 °C 时，则变压器只能运行 2.2 年。这说明绕组温度对变压器的使用寿命有着极大的影响。绕组温度不仅与变压器负荷大小有关，而且受周围环境温度的影响。

按 GB1094—96《电力变压器》规定，电力变压器正常使用的环境温度条件为：最高气温为 + 40 °C，最高日平均气温为 + 30 °C，最高年平均气温为 + 20 °C，最低气温对户外变压器为 – 30 °C，对户内变压器为 – 5 °C。油浸式变压器顶层油的温升，规定不得超过周围气温 55 °C。如按规定的最高气温 + 40℃计，则变压器顶层油温不得超过 + 95 °C。如果变压器安装地点的环境温度超过上述规定温度最大值中的一个，则变压器顶层油的温升限值应予降低。

当环境温度超过规定的温度不大于 5 °C 时，顶层油的温升限值应降低 5 °C；超过温度不大于 10 °C 时，顶层油的温升限值应降低 10 °C。因此变压器的实际容量较之其额定容量要相应地有所降低。反之，如果变压器安装地点的环境温度比规定的环境温度低，则从绕组绝缘老化程度减轻而又保证变压器使用年限不变来考虑，变压器的实际容量较之其额定容量可以适当提高，也就是说，某些时候变压器可允许一定的过负荷。一般规定，如果变压器安装地点的年平均气温≠20 °C，则年平均气温每升高 1 °C，变压器的容量应相应减小 1%。因此变压器的实际容量（即出力）应计入一个温度校正系数 k_θ。

对室外变压器，其实际容量为

$$S_T = K_\theta S_{N\cdot T} = \left(1 - \frac{\theta_{0,av} - 20}{100}\right) S_{N\cdot T}$$

对于室内变压器，由于散热条件较差，故变压器室的出风口与进风口间有大约 15 °C 的温差，从而使处在室中间的变压器环境温度比户外温度大约要高出 8 °C，因此其容量还要减少 8%，故室内变压器的实际容量为

$$S'_T = K'_\theta S_{N\cdot T} = \left(0.92 - \frac{\theta_{0,av} - 20}{100}\right) S_{N\cdot T}$$

3）变电所主变压器台数和容量的选择

（1）变电所主变压器台数的选择。

选择主变压器台数时应考虑下列原则：

① 应满足用电负荷对供电可靠性的要求。对有大量一、二级负荷的变电所，宜采用两台变压器，以便当一台变压器发生故障或检修时，另一台变压器能对一、二级负荷继续供电。

对只有二级而无一级负荷的变电所，也可以只采用一台变压器，但必须在低压侧敷设与其他变电所相连的联络线作为备用电源。

② 对季节性负荷或昼夜负荷变动较大而宜于采用经济运行方式的变电所，也可考虑采用两台变压器。

③ 除上述情况外，一般车间变电所宜采用一台变压器。但是负荷集中而容量相当大的变电所，虽为三级负荷，也可以采用两台及以上变压器。

④ 在确定变电所主变压器台数时，应适当考虑负荷的发展，留有一定的余地。

（2）变电所主变压器容量的选择。

① 只装一台主变压器的变电所。

主变压器容量 S_T（设计中，一般可概略地当作其额定容量 $S_{N\cdot T}$）应满足全部用电设备总计算负荷 S_{30} 的需要，即

$$S_T \geqslant S_{30}$$

② 装有两台主变压器的变电所。

每台变压器的容量 S_T（一般可概略地当作 $S_{N\cdot T}$）应同时满足以下两个条件：

- 任一台变压器单独运行时，宜满足总计算负荷 S_{30} 的 60%～70% 的需要，即

$$S_T = (0.6 \sim 0.7) S_{30}$$

• 任一台变压器单独运行时，应满足全部一、二级负荷的需要，即

$$S_{\text{T}} \geqslant S_{30(\text{I}+\text{II})}$$

（3）车间变电所主变压器的单台容量上限。

车间变电所主变压器的单台容量，一般不宜大于 1 000 kV · A（或 1 250 kV · A）。这一方面是受以往低压开关电器断流能力和短路稳定度要求的限制；另一方面也是考虑到可以使变压器更接近于车间负荷中心，以减少低压配电线路的电能损耗、电压损耗和有色金属消耗量。

现在我国已能生产一些断流能力更大和短路稳定度更好的新型低压开关电器，如 DW15、ME 等型低压断路器及其他电器，因此如车间负荷容量较大、负荷集中且运行合理时，也可以选用单台容量为 1 250（或 1 600）~ 2 000 kV · A 的配电变压器，这样能减少主变压器台数及高压开关电器和电缆等。

对装设在二层以上的电力变压器，应考虑垂直与水平运输对通道及楼板荷载的影响。如采用干式变压器时，其容量不宜大于 630 kV · A。

对居住小区变电所内的油浸式变压器单台容量，不宜大于 630 kV · A。这是因为油浸式变压器容量大于 630 kV · A 时，按规定应装设瓦斯保护，而该变压器电源侧的断路器往往不在变压器附近，因此瓦斯保护很难实施，而且如果变压器容量增大，供电半径相应增大，势必造成供电末端的电压偏低，给居民生活带来不便，例如日光灯启动困难、电冰箱不能启动等。

（4）适当考虑负荷的发展。

应适当考虑今后 5 ~ 10 年电力负荷的增长，留有一定的余地，同时要考虑变压器的正常过负荷能力。

最后必须指出：变电所主变压器台数和容量的最后确定，应结合变电所主结线方案的选择，对几个较合理方案作技术经济比较，择优而定。

3. 电流互感器和电压互感器

1）概　述

电流互感器（Current Transformer，简称 CT，文字符号为 TA）又称仪用变流器。电压互感器（Voltage Transformer，或 Potential Transformer，简称 PT，文字符号为 TV）又称仪用变压器。它们合称为互感器（Transformer）。从基本结构和工作原理来说，互感器就是一种特殊变压器。

互感器的功能主要是：

（1）用来使仪表、继电器等二次设备与主电路绝缘。这既可避免主电路的高电压直接引入仪表、继电器等二次设备，又可防止仪表、继电器等二次设备的故障影响主电路，提高一、二次电路的安全性和可靠性，并有利于人身安全。

（2）用来扩大仪表、继电器等二次设备的应用范围。例如，用一只 5 A 的电流表，通过不同变流比的电流互感器就可测量任意大的电流。同样，用一只 100 V 的电压表，通过不同变压比的电压互感器就可测量任意高的电压。而且，采用互感器，可使二次仪表、继电器等设备的规格统一，有利于这些设备的批量生产。

2）电流互感器

（1）基本结构原理和结线方案。

电流互感器的基本结构如图 13-20 所示。它的结构特点是：一次绕组匝数很少，有的电流互感器还没有一次绕组，利用穿过其铁心的一次电路作为一次绕组（相当于匝数为 1），且一次绕组导体较粗；而二次绕组匝数很多，导体较细。工作时，一次绕组串接在一次电路中，二次绕组则与仪表、继电器等的电流线圈相串联，形成一个闭合回路。由于这些电流线圈的阻抗很小，因此电流互感器工作时二次回路接近于短路状态。二次绕组的额定电流一般为 5 A。电流互感器的一次电流与其二次电流之间有下列关系：

$$I_1 \approx (N_2 / N_2) I_2 \approx K_i I_2$$

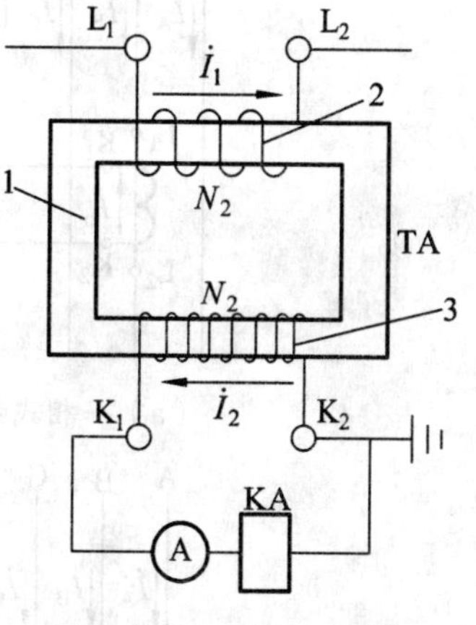

图 13-20　电流互感器

1—铁心；2—一次绕组；3—二次绕组

电流互感器在三相电路中有如图 13-21 所示的四种常见的结线方案。

① 一相式结线［见图 13-21（a）］。电流线圈通过的电流，反映一次电路相应相的电流，通常用于负荷平衡的三相电路如低压动力线路中，供测量电流或接过负荷保护装置之用。

② 两相 V 形结线［见图 13-21（b）］。这种结线也称为两相不完全星形结线。在继电保护装置中，这种结线称为两相两继电器结线或两相的相电流结线。在中性点不接地的三相三线制电路中（如 6 ~ 10 kV 高压电路中），广泛用于测量三相电流、电能及作过电流继电保护之用。由图 13-21 的相量图可知，两相 V 形结线的公共线上电流为 $I_a + I_c$，反映的是未接电流互感器那一相的相电流。

③ 两相电流差结线［见图 13-21（c）］。这种结线也称为两相交叉结线。由图 13-21 的相量图可知，二次侧公共线上的电流为 $I_a - I_c$，其量值为相电流的 F 倍。这种结线适于中性点不接地的三相三线制电路中（如 6 ~ 10 kV 高压电路中），作过电流继电保护之用，也称为两相继电器结线。

④ 三相星形结线［见图 13-21（d）］。这种结线中的三个电流线圈，正好反映各相的电流，广泛用在负荷一般不平衡的三相四线制系统，如 TN 系统中，也用在负荷可能不平衡的三相三线制系统中，作三相电流、电能测量及过电流继电保护之用。

（2）电流互感器的类型和型号。

电流互感器的类型很多。按一次侧绕组的匝数分，有单匝式（包括母线式、芯柱式、套管式）和多匝式（包括线圈式、线环式、串级式）。按一次侧电压分，有高压和低压两大类。按用途分，有测量用和保护用两大类。按准确度级分，测量用电流互感器有 0.1、0.2、0.5、1、3、5 等级，保护用电流互感器有 5P 和 10P 两级。

高压电流互感器多制成不同准确度级的两个铁心和两个二次绕组，分别接测量仪表和继电器，以满足测量和保护的不同要求。电气测量对电流互感器的准确度要求较高，且要求在短路时仪表受的冲击小，因此测量用电流互感器的铁心在一次电路短路时应易于饱和，以限制二次电流的增长倍数。而继电保护用电流互感器的铁心在一次电流短路时不应饱和，使二次电流能与一次短路电流成比例地增长，以适应保护灵敏度的要求。

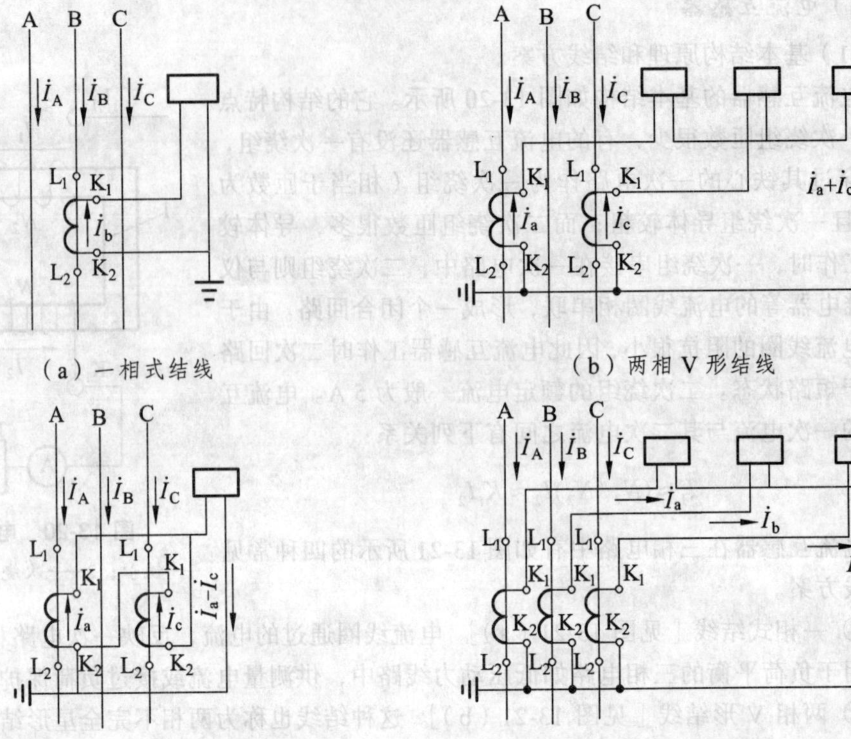

（a）一相式结线　（b）两相 V 形结线

（c）两相电流差结线　（d）三相星形结线

图 13-21　电流互感器的结线方案

图 13-22 是户内高压 LQJ-10 型电流互感器的外形图。它有两个铁心和两个二次绕组，分别为 0.5 级和 3 级，0.5 级用于测量，3 级用于继电保护。

图 13-23 是户内低压 LMZJ1-0.5 型（500～800/5 A）的外形图。它不含一次绕组，穿过其铁心的母线就是其一次绕组（相当于 1 匝）。它用于 500 V 及以下的配电装置中。

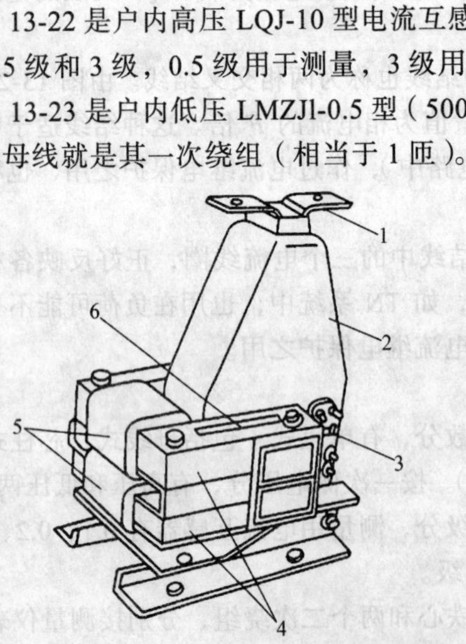

图 13-22　LQJ-10 型电流互感器

1—一次接线端子；2—一次绕组（树脂浇注）；3—二次接线端子；4—铁心；5—二次绕组；6—警告牌（上写“二次侧不得开路”等字样）

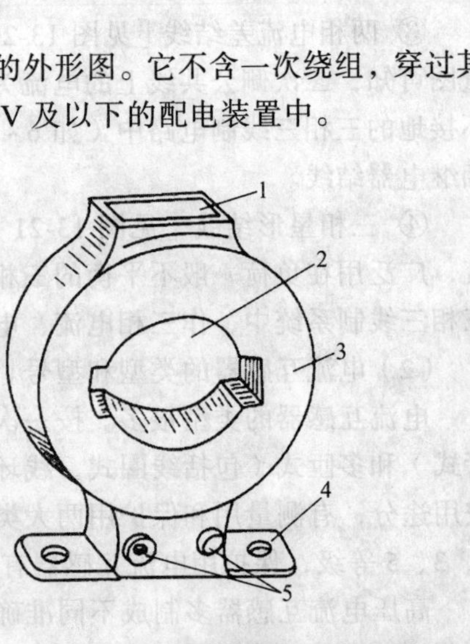

图 13-23　LMZJ1-0.5 型电流互感器

1—铭牌；2—一次母线穿孔；3—铁心，外绕二次绕组，树脂浇注；4—安装板；5—二次接线端子以上两种电流互感器都是环氧树脂或不饱和树脂浇注绝缘的，较之老式的油浸式和干式电流互感器，其尺寸小、性能好、安全可靠，因此现在生产的高低压成套配电装置中大都采用这类新型电流互感器。

电流互感器型号的表示和含义如下：

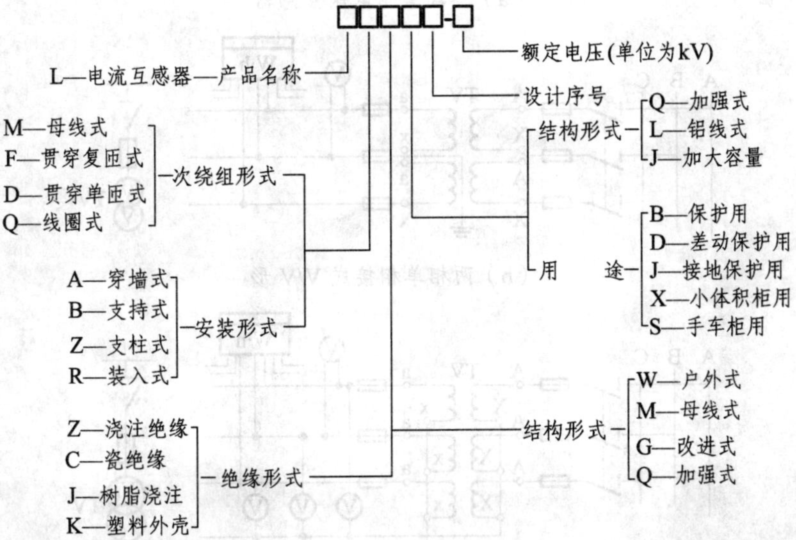

3）电压互感器

（1）基本结构原理和结线方案。

电压互感器的基本结构如图 13-24 所示。它的结构特点是：一次绕组匝数很多，而二次绕组匝数很少，相当于降压变压器。工作时，一次绕组并联在一次电路中，而二次绕组并联仪表、继电器的电压线圈。由于这些电压线圈的阻抗很大，所以电压互感器工作时二次绕组接近于空载状态。二次绕组的额定电压一般为 100 V。电压互感器的一次电压 U_1 与其二次电压 U_2 之间有下关系

$$U_1 \approx (N_1 / N_2)U_2 \approx K_u U_2$$

其额定一、二次电压比，即 $K_u = \dfrac{U_1}{U_2} = \dfrac{N_1}{N_2}$，例如 10 000 V/100 V。

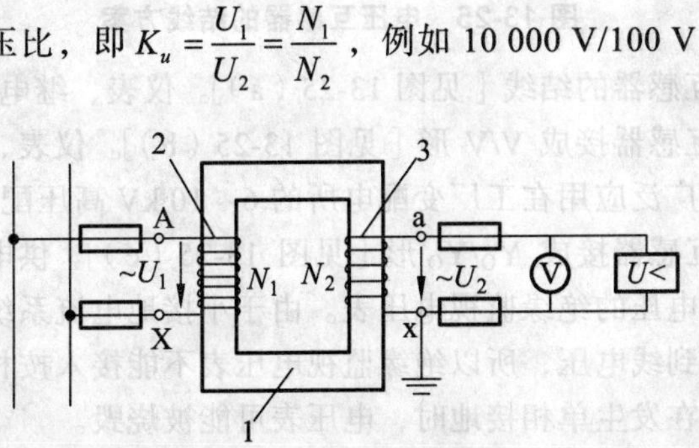

图 13-24　电压互感器

1—铁心；2—一次绕组；3—二次绕组

电压互感器在三相电路中有如图 13-25 所示的四种常见的结线方案。

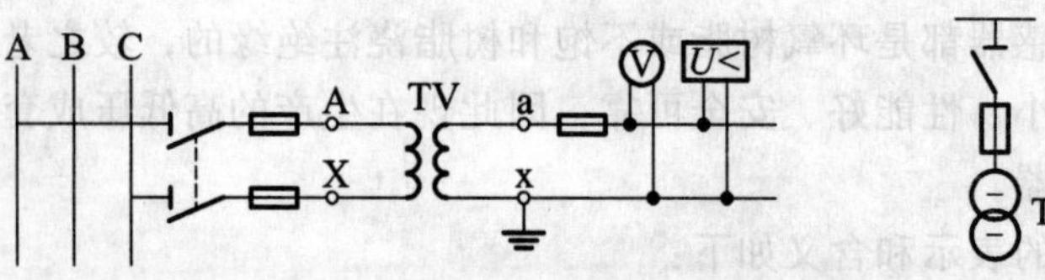

（a）一次单相电压互感器

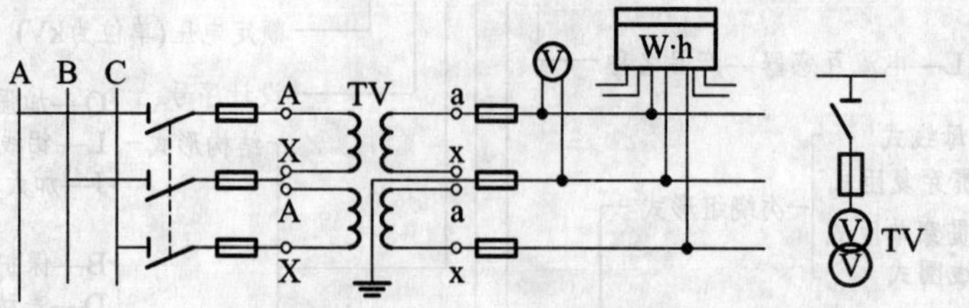

（b）两相单相接成 V/V 形

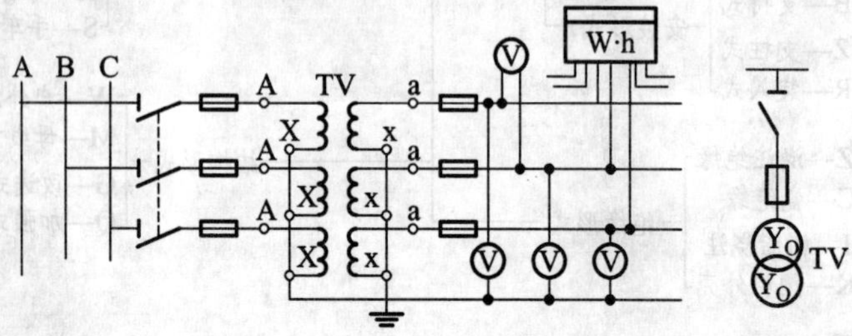

（c）三个单相接成 Y_O/Y_O 形

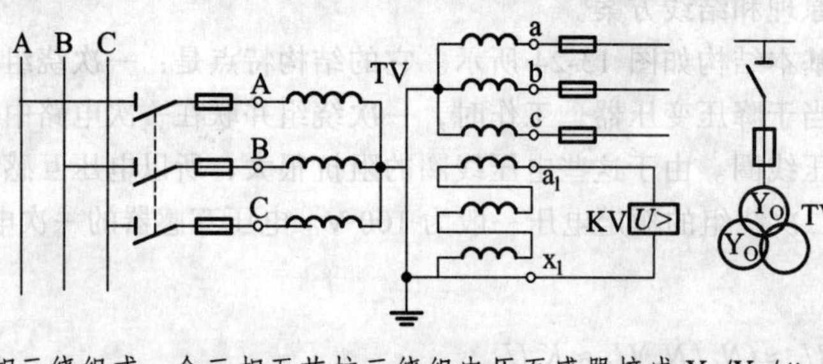

（d）三个单相三绕组或一个三相五芯柱三绕组电压互感器接成 $Y_O/Y_O/\triangle$（开口三角）形

图 13-25　电压互感器的结线方案

① 一个单相电压互感器的结线［见图 13-25（a）］。仪表、继电器接于一个线电压。

② 两个单相电压互感器接成 V/V 形［见图 13-25（b）］。仪表、继电器接于三相三线制电路的各个线电压，它广泛应用在工厂变配电所的 6～10 kV 高压配电装置中。

③ 三个单相电压互感器接成 Y_O/Y_O 形［见图 13-25（c）］。供电给要求线电压的仪表、继电器，并供电给接相电压的绝缘监视电压表。由于小接地电流系统在一次侧发生单相接地时，另两相电压要升高到线电压，所以绝缘监视电压表不能接入按相电压选择的电压表，而要按线电压选择，否则在发生单相接地时，电压表可能被烧毁。

④ 三相单相三绕组电压互感器或一个三相五芯柱三绕组电压互感器接成 Y_O / $Y_O/\triangle$（开口三角）形［见图 13-25（d）］。其接成 Y_O 的二次绕组，供电给需线电压的仪表、继电器及绝缘监视用电压表，与图 13-25（c）的二次结线相同。接成△（开口三角）形的辅助二次

绕组，接电压继电器。一次电压正常工作时，由于三个相电压对称，因此开口三角形两端的电压接近于零。当某一相接地时，开口三角形两端将出现近 100 V 的零序电压，使电压继电器动作，发出信号。

（2）电压互感器的类型和型号。

电压互感器按相数分，有单相和三相两类。按绝缘及其冷却方式分，有干式（含环氧树脂浇注式）和油浸式两类。图 13-26 是应用广泛的单相三绕组、环氧树脂浇注绝缘的户内 JDZJ-10 型电压互感器外形图。

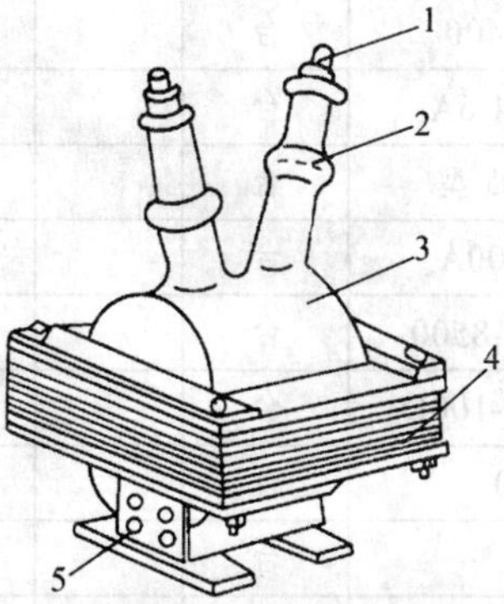

图 13-26　JDZJ-10 型电压互感器

1—一次接线端子；2—高压绝缘套管；3—一、二次绕组，环氧树脂浇注；4—铁心（壳式）；5—二次接线端子

电压互感器型号的表示和含义如下：

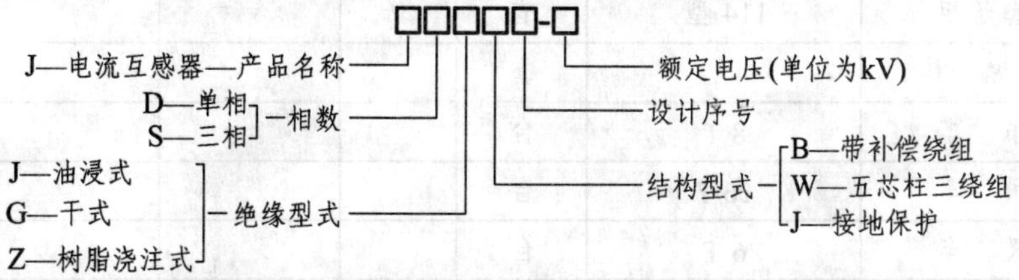

（3）使用电压互感器的注意事项。

① 电压互感器在工作时其二次侧不得短路。

由于电压互感器一、二次侧都是在并联状态下工作的，如发生短路，将产生很大的短路电流，有可能烧毁互感器，甚至影响一次电路的安全运行。因此电压互感器的一、二次侧都必须装设熔断器以进行短路保护。

② 电压互感器的二次侧有一端必须接地。

这与电流互感器二次侧接地的目的相同，也是为了防止一、二次绕组的绝缘击穿时，一次侧的高电压窜入二次侧，危及人身和设备的安全。

③ 电压互感器在连接时，也要注意其端子的极性。

我国规定，单相电压互感器的一次绕组端子标以 A、X，二次绕组端子标以 a、x，端子 A 与 a、X 与 x 各为对应的“同名端”或“同极性端”。三相电压互感器，按照相序，一次绕组端子分别标以 A、X，B、Y，C、Z，二次绕组端子分别标以 a、x，b、y，c、z，端子 A 与 a、B 与 b、C 与 c、X 与 x、Y 与 y、Z 与 z 各为对应的“同名端”或“同极性端”。

三、主要施工工具与机具准备（见表 13-3）

表 13-3　主要施工机械设备计划表

序号	设备名称	型号规格	单位	数量	进场日期	供应单位	备注
1	电焊机	BX3-250-2	台				
2	台　钻	Z4012	台				
3	砂轮机	SYS-150	台				
4	切割机	J3G2-400	台				
5	手电钻	T12-H4-6A	台				
6	电　锤	日立 25 型	台				
7	磨光机	S/M-100A	台				
8	曲线锯	TALON-8500	台				
9	套丝机	电动 SQ-100D	台				
10	液压弯管器	100	台				电动
11	液压弯管器	50	台				电动
12	弯管器	$\phi 32$	把				手动
	弯管器	$\phi 25$	把				手动
	弯管器	$\phi 20$	把				手动
13	压线钳	KYO-240A	套				
14	套丝扳	114 型	套				
15	气焊工具		套				
16	吊　车	8 T	台				
17	吊　车	16 T	台				
18	叉　车	6 T	台				
19	升降机	12 m	台				
20	液压车	2 T	台				
21	力矩扳手	30 kg	套				

四、施工安全技术措施

施工单位承担控制和管理施工生产进度，成本、质量、安全等目标责任的同时，必须负责进行安全管理，落实安全生产责任制，使工程项目安全管理贯穿于施工的全过程，交叉于各项专业技术管理。其重点是进行人的不安全行为与物的不安全状态的控制。主要包括以下几项措施：

1. 落实安全生产制度，实施责任管理

（1）建立各级人员安全生产责任制度，明确各级人员的安全职责。抓制度落实，抓责任

落实，定期检查安全责任落实情况。

（2）建立、完善以项目经理为首的安全生产领导组织。有组织、有领导地开展安全管理活动，承担组织、领导安全生产的责任。

（3）施工项目应通过有关部门的安全生产资质审查，并得到认可。

一切从事生产管理与操作的人员，依照其从事的生产内容，分别通过企业、施工项目的安全审查，取得安全操作认可证，持证上岗。

特种作业人员，除经企业的安全审查外，还需按规定参加安全操作考核，取得监察部门核发的《安全操作合格证》，坚持“持证上岗”。施工现场出现特种作业人员无证操作现象时，施工项目主要负责人必须承担管理责任。

（4）施工项目负责施工生产中物的状态审验与认可，承担物的状态漏验、失控的管理责任。

（5）一切管理、操作人员均需与施工项目签订安全协议，向施工项目做出保证。

（6）安全生产责任落实情况的检查，应认真、详细地记录，作为分配、补偿的原始资料之一。

2. 项目安全教育与训练

（1）一切管理、操作人员应具有一定的基本条件与较高的素质，具有合法的劳动手续。临时性人员经正式签订劳动合同，接受入场教育后，才可进入施工现场和劳动岗位。

（2）一切管理、操作人员应没有痴呆、健忘、精神失常、癫痫、脑外伤后遗症、心血管疾病、晕眩以及不适于从事操作的疾病，没有感官缺陷，感性良好，有良好的接受、处理、反馈信息的能力，具有适于不同层次操作所必需的文化水平。

（3）输入的劳务，必须具有基本的安全操作素质，经过正规训练、考核，输入手续完备。

（4）安全教育、训练，包括知识、技能、意识三个方面的教育。

安全知识教育：使操作者了解、掌握生产操作过程中，潜在的危险因素及防范措施。

安全技能训练：使操作者逐渐掌握安全生产技能，获得完善化、自动化的行为方式。

安全意识教育：在于激励操作者自觉坚持实行安全技能。

安全教育的内容随实际需要而确定。

（5）入场前应完成三级安全教育。对新工人、学徒工、学习生的入场三级安全教育，重点在一般安全知识、生产组织原则、生产环境、生产纪律方面，强调操作的非独立性。对季节工、农民工的三级安全教育，以生产组织原则、环境、纪律、操作标准为主。在规定的时间内安全技能不能达到熟练的，应及时解除劳动合同，取消劳动资格。

（6）结合施工生产的变化，适时进行安全知识教育。一般每十天组织一次较合适。

（7）结合生产组织安全技能训练，干什么训练什么，反复训练，分步验收。

（8）安全意识教育，应随安全生产的形势变化，确定阶段教育内容。如抓住典型事故案例，进行增强安全意识的认识，接受事故教训的教育。

（9）受季节自然影响时，针对由于这种变化而出现生产环境、作业条件的变化所进行的教育，其目的在于增强安全意识、控制人的行为，尽快适应变化，减少人为失误。

（10）采用新技术，使用新设备、新材料，推行新工艺之前，对有关人员进行安全知识、技能、意识的全面安全教育，激励操作者实行安全技能的自觉性。

（11）加强教育管理，增强安全教育效果。

（12）教育内容全面，重点突出、系统性强，抓住关键反复教育。

（13）反复实践，养成自觉采用安全操作方法的习惯。

（14）使每个受教育的人，了解自己的学习成果。鼓励受教育者树立坚持安全操作方法的信心，养成安全操作的良好习惯。

（15）告诉受教育者怎样做才能保证安全，而不是不应该做什么。

（16）奖励促进，巩固学习成果。

（17）进行各种形式、不同内容的安全教育，应把教育的时间、内容等清楚地记录在安全教育记录本或记录卡上。

3. 安全检查

安全检查是发现不安全行为和不安全状态的重要途径，是消除事故隐患，落实整改措施，防止事故伤害，改善劳动条件的重要方法。

（1）安全检查的内容主要是查思想、查管理、查制度、查现场、查隐患、查事故处理。

① 施工项目的安全检查以自检形式为主，是项目工程操作人员对生产全部过程、各个方位进行全面安全状况的检查。检查的重点以劳动条件、生产设备、现场管理、安全卫生设施以及生产人员的行为为主。发现危及人的安全因素时，必须果断消除。

② 各级生产组织者，应在全面安全检查中，透过作业环境状态和隐患，对照安全和生产方针、政策，检查对安全生产认识的差距。

③ 对安全管理的检查，主要是：

安全生产是否提到议事日程上，各级安全责任人是否坚持做到安全计划、安全布置、安全检查、安全总结、安全评比内容，即“五安全”。

业务职能部门、人员是否在各自业务范围内落实了安全生产责任。专职安全人员是否在位、在岗。

安全教育是否落实，教育是否到位。

工程技术、安全技术是否结合为统一体。

作业标准化实施情况。

安全控制措施是否有力，控制是否到位，有哪些有效管理措施。

事故处理是否符合规则，是否坚持“三不放过”的原则。

④ 安全检查的组织。

建立安全检查制度，制度要求的规模、时间、原则、处理、报偿应得到全面落实。

成立以第一责任人为首，业务部门人员参加的安全检查组织。

安全检查必须做到有计划、有目的、有准备、有整改、有总结、有处理。

⑤ 安全检查的准备。

思想准备。发动全员开展自检，自检与制度检查结合，形成自检自改，边检边改的局面，使全员在处理危险因素方面的能力得到提高，在消除危险因素中受到教育，要从全检中受到锻炼。

业务装备。确定安全检查的目的、步骤、方法，安排检查日程，分析事故资料，确定检查重点。

4. 文明施工措施

文明施工是指用科学、合理、行之有效的方法和措施，对建设工程施工的全过程，进行全方位组织与管理，使之呈现出有条不紊、整洁明快、高效安全的施工状态。

强调文明施工其意义在于强化施工现场管理，改变以往普遍存在于工程施工现场的那种“脏、乱、差”现象和“高消耗、低效益、事故多”的状况，加快装饰工程施工现场管理标准化步伐，推进文明工地建设的进程。

文明施工的责任人是装饰工程施工企业的项目经理，管理具体实施人是总工、工地质安员、材料员、后勤管理员等，总工在其中起着重大作用。

现场场容管理包括以下内容：

施工现场有规范和科学的施工组织设计，合理的装饰施工平面布置图，现场施工管理制度健全，文明施工措施落实，领导挂帅，责任明确，定人定岗，检查考核项目明确。

施工现场大门整齐，出入口设门卫，大门两侧标牌整洁美观，四周广告标语醒目，“门前三包”落实，现场围墙、围笆、围网规矩成线。

施工现场“五牌一图”齐全，即总平面示意图、施工公告牌、工程概况牌、施工进度牌、安全记录牌齐全。各种标牌（包括其他标语牌）应悬挂在门前或场内明显位置。

施工现场暂设工程井然有序，垂直运输设施、库房、机棚、办公室、宿舍、浴室、厕所等按平面布置建造，室内外整洁卫生，有一个良好的生产、工作、生活环境。

施工现场材料、机具、设备、构件、半成品和周转材料按平面布置图定点整齐码放，道路保持畅通无阻，供排水系统畅通无积水，施工场地平整干净。

工地施工现场临时水电要有专人管理。

工人操作地点和周围必须清洁整齐，做到“活完脚下清，工完场地清”，丢洒在施工现场的砂浆水泥等要及时清除。

严禁损坏、污染物品，堵塞管道。

施工现场不准乱堆垃圾及余物，应在适当位置安排临时堆放点，并及时、定期外运。

设置黑板报，针对工程施工现场情况，适时更换内容，奖优罚劣，鼓舞士气和宣传教育。

施工现场划区管理，每道工序做到“落手清”，施工材料和工具及时回收、维修、保养、利用、归库，工程完工后料净、场清、各工序成品要妥善保护好。

施工现场管理人员和工人应戴分色或有区别的安全帽，现场指挥、质量、安全等检查监督人员应佩戴明显的袖章或标志，遵章管理，危险施工区域应派人佩章值班，并悬挂警示牌和警示灯。

施工现场严格使用“安全三宝”，做到“四口”防护。（“安全三宝”为安全帽、安全网、安全带；“四口”指楼梯口，电梯井口、预留洞口、通道口。）

施工现场施工设备整洁，电气开关柜（箱）按规定制作，完整带锁，安全保护装置齐全、可靠并按规定设置，操作人员持证上岗，有岗位职责标牌和安全操作规程标牌。

施工现场有明显的防火标志和防火制牌，配备足够的消防器材，防火疏散道路畅通，现场施工动火有审批手续。

运输各种材料、成品、垃圾等应有盖和防护措施，严防泥沙随车轮带出场外，不得将垃圾洒漏在道路上。

严格遵守社会公德、职业道德、职业纪律，妥善处理和周转好公共关系，争取有关单位和群众的谅解和支持，控制施工噪音，尽量做到施工不扰民。

五、施工工艺

1. 盘、柜安装

（1）盘、柜等在搬运和安装时应采取防振、防潮、防止框架变形和漆面受损等安全措施，必要时可将装置性设备和易损元件拆下，单独包装运输。

（2）设备安装前建筑工程应具备下列条件：

① 屋顶、楼板施工完毕，不得渗漏；

② 结束室内地面工作，室内沟道无积水、杂物；

③ 预埋件及预留孔符合设计，预埋件应牢固；

④ 门窗安装完毕；

⑤ 进行装饰工作时有可能损坏已安装设备或设备安装后不能再进行施工的装饰工作已全部结束。

（3）基础型钢的安装应符合下列要求：

① 允许偏差应符合下列规定：顶部平直度每米不大于 1 mm，全长不大于 5 mm；侧面平直度每米不大于 1 mm，全长不大于 5 mm。

② 基础型钢安装后，其顶部宜高出抹平地面 10 mm；手车式成套柜按产品技术要求执行。基础型钢应有明显的可靠接地。

③ 盘、柜安装在振动场所时，应按设计要求采取防振措施。

④ 盘、柜及盘、柜内设备与各构件间的连接应牢固。

⑤ 盘、柜单独或成列安装时，其垂直度、水平偏差，以及盘、柜偏差和盘、柜间接缝的允许偏差应符合表 13-4 的规定。

表 13-4　配电柜安装允许偏差表

项次	项目			允许偏差/mm
1	配电柜安装	垂直度	每米	1.5
2		柜顶平直度	相邻两柜	2
			成排两柜	5
3		柜面平直度	相邻两柜	1
			成排两柜	5
4		柜间接缝		2

⑥ 端子箱安装应牢固，封闭良好，并应能防潮、防尘。安装的位置应便于检查；成列安装时，应排列整齐。

⑦ 盘、柜、台、箱的接地应牢固良好。装有电气可开启的门，应用裸铜软线与接地的金属构架可靠地连接。

⑧ 盘、柜的漆层应完整、无损伤。固定电气的支架等应刷漆。安装于同一室内且经常监视的盘、柜，其盘面颜色宜和谐一致。

⑨ 在验收时，应提交下列资料和文件：工程施工图，变更设计的证明文件，制造厂提供的产品说明书、合格证件及安装图纸等技术文件，根据合同提供的备品备件清单，安装技术记录，调整试验记录。

2. 电缆桥架及封闭母线槽安装

（1）电缆桥架安装前，按与土建给水管、通风专业协调的位置，首先进行放线定位，安装吊架等，支吊架间距宜按荷载曲线选取最佳跨距进行支撑，跨距一般为 1.5 ~ 3 m，垂直安装时，其固定点间距不宜大于 2 m。

（2）吊架、支架安装结束后，进行托臂安装，托臂与吊支架之间使用专用连接片固定，以保证支架与桥架本体之间保持垂直，不会受重力作用发生倾斜下垂，再安装桥架本体，桥架本体应使用专业连接板连接固定，并用专业固定螺栓将桥身固定在托臂上，以防桥架滑脱。

（3）电缆桥架（托盘）水平安装时的距地高度一般不宜低于 2.5 m。垂直安装时距地 1.8 m 以下部分应加金属盖板保护，但敷设在电气专业用房间（如配电房、电气竖井、技术层等）内时除外。

（4）电缆桥架水平安装时，宜按荷载曲线选取最佳跨距进行支撑固定。几组电缆桥架在同一高度平行安装时，各相邻电缆桥架间应考虑维护、检修距离。

（5）在电缆桥架上可以无间距敷设电缆，电缆在桥架内横断面的填充率，电力电缆不应大于 40%，控制电缆不应大于 50%。

（6）电缆桥架与各种管道平行或交叉时，其最小净距应符合表 13-5 所列要求。

表 13-5 电缆桥架与各种管道的最小净距表

管道类别	平行净距/m	交叉净距/m
一般工艺管道	0.4	0.3
具有腐蚀性液体（或气体）管道	0.5	0.5
有保温层热力管道	0.5	0.5
无保温层热力管道	1.0	1.0

（7）电缆桥架不宜安装在腐蚀性气体管道和热力管道的上方及腐蚀性液体管道的下方，否则应采取防腐、隔热措施。

（8）封闭母线安装前应逐段测试母线槽的相间，对地绝缘状况，一般最小绝缘电阻不得小于 0.5 MΩ。准备工作就绪后，进行母线槽走向定位，安装吊支架，吊支架应平直整齐。

（9）封闭母线水平安装时，至地面的距离不应小于 2.2 m。垂直安装时，距地面 1.8 m 以下部分应采取防止机械损伤措施。

（10）封闭母线槽的固定是采用镀锌扁钢，为固定牢靠并不损伤母线槽外壳。固定处母线槽外包一层绝缘软橡胶板。母线槽之间的连接采用厂家配套的母线槽较安全，为保证母线槽接头处电气接触良好，紧固母线槽接头应使用专用力矩扳手。

（11）1 600 A 以上母线槽要求力矩大于 15 kg/m，1 600 A 以下母线槽要求力矩大于

12 kg/m。紧固完成后，使用塞尺检查各铜排的接触压接情况。要求使用 0.05 mm × 10 m 塞尺。塞入深度不大于 6 mm。最后利用 40 mm × 4 mm 镀锌扁钢将各支架连接起来，使所有支架构成良好电气通路。每段母线槽均使用软铜线或软铜带与 PE 干线相连。安装完成检查无误后，使用 1 000 MΩ 摇表测试母线槽回路绝缘电阻，电阻不得低于 0.5 MΩ。

（12）垂直敷设的封闭母线，当进入盒及末端悬空时，应采用支架固定。当封闭母线槽直线敷设长度超过 40 m 时，应设置伸缩节，在母线跨越建筑物的伸缩缝或沉降缝处，宜采取适当措施。

（13）封闭母线槽的插接部分支点应设在安全及安装维护方便的地方，封闭母线的连接不应在穿过楼板或墙壁处进行。封闭母线在穿过防火墙及防火楼板时，应采取防火隔离措施。

（14）成套的封闭式母线槽的各段应标志清晰，附件齐全，外壳无变形，内部无损伤。螺栓固定的母线搭接面应平整。其镀锌层不应有麻面，起皮及未覆盖部分。

（15）支座必须安装牢固，母线应按分段图、顺序、编号、方向和标志正确放置。每相外壳的纵向间隙应分配均匀。母线与外壳间应同心，其误差不得超过 5 mm。段与段连接时，两相邻段母线及外壳应对准。连接后不应使母线及外壳受到机械应力。

（16）封闭母线槽不得用裸钢丝绳起吊和绑扎，母线不得任意堆放和在地面上拖拉，外壳上不得进行其他作业，外壳内和绝缘层必须擦拭干净，外壳内不得有遗留物。

（17）现场制作的金属支架配件等应按要求镀锌或涂漆，封闭母线槽的外壳需做接地连接，但不得做保护接地干线用。

（18）封闭母线槽的拐角处及与箱、柜的连接处必须设支架，直线段的支架间距不得大于 2.0 m。外壳地线应连接牢固，无遗漏。母线与母线间、母线与电气接线端的搭接面应清洁，并涂以电力复合脂。

3. 管、箱、盒的安装

（1）暗配电管沿最近线路敷设埋入梁柱、墙内的电管，外壁与墙面的净间距不得小于 15 mm，埋地、楼板内采用焊接钢管，在土层内暗埋配管时，需刷沥青漆防腐，应避免三管于一点交叉。

（2）管路在穿越建、构筑物基础时应加保护套管（不得穿过设备基础），穿越伸缩缝时应增设伸缩盒，用金属软管过渡。

（3）电管揻弯不允许有折皱凹瘪和裂缝，揻弯后的椭圆应不得大于外径的 10%，弯头半径大于 6 倍管径（暗配管大于 10 倍）；一个弯时，长度不得超出 20 m，两个弯时，长度不得超过 15 m，三个弯时，长度不得超出 8 m，否则，应加装接线盒。

（4）钢管配线应在下列各处设金属软连接管：

① 电机的进线口。

② 钢管与电气设备直接连接有困难处。

（5）管端和弯头两侧需有管卡固定钢管，否则穿线时易造成钢管移位和穿线困难。

（6）配电箱（板）、盒应安装牢固，其垂直偏差不应大于 3 mm；暗装时，照明配电箱（板）四周应无空隙，其面板四周边缘应紧贴墙面。箱体与建筑物、构筑物接触部分应涂防腐漆。

（7）照明配电箱底边距地面安装高度应符合设计要求，当设计无要求时，安装高度为 1.5 m，配电板底边距地面高度不宜小于 1.8 m。

（8）配电箱（板）内，应分别设置零线和保护地线（PE）汇流板。

4. 管内穿线

（1）导线穿管依据所穿根数确定管径，导线的绝缘电阻测量值不应小于 0.5 MΩ。不同系统、不同回路的导线严禁穿在同一根保护管内，导线在保护管内不得有接头和扭结。中间连接和分支连接可采用熔焊、线夹、压接、接线柱和搪锡等方式在接线箱（盒）内进行接线。

（2）设备接地线，专用接地线必须采用多胶铜芯导线。

（3）由厂家负责安装和调试的设备，导线的预留长度由建设单位、工程监理单位或设计单位联系确定，安装管线时予以保证，从接线盒、箱至设备终端的连接线必须加金属软管保护，不得有明线裸露。

（4）所有合股导线应压接线端子，标明相色或回路编号，用对讲机将电缆（线）按原理（接线）图校对好，要重复二次以上，如有差错立即纠正。标好的导线穿上导径管线号，要求清楚规范。

（5）导线校直绑扎成束，到最高（远）处，看不到交叉线，备用线不用切断，端子板接线旋紧无松动，每个端子接线不得超过二根，并备有余量。

（6）当配线采用多相导线时，其相线的颜色应易于区分，相线与零线的不同；同一建筑物、构筑物内的导线，其颜色选择应统一；保护地线（PE）线，应采用黄/绿颜色相间的绝缘导线，零线宜采用淡蓝色绝缘导线。

（7）导线穿入钢管时，管口处应装设护套保护导线，在不进入接线盒（箱）的垂直管口，穿入导线后应将管口密封。

5. 电线、电缆敷设

（1）导线连接应符合下列要求：

① 导线在箱、盒内的连接宜采用压接法，可使用接线端子及铜（铝）套管、线夹等连接，铜芯导线也可采用缠绕后搪锡的方法连接；单股铝芯线宜采用绝缘螺旋接线钮连接，禁止使用熔焊连接。

② 导线与电气器具端子间的连接。

单股铜（铝）芯及导线截面为 2.5 mm^2 及以下的多股铜芯导线可直接连接，但多股铜芯导线的线芯应先拧紧、搪锡后再连接。

多股铜芯导线及导线截面超过 2.5 mm^2 的多铜芯导线应压接端子后再与电气器具的端子连接（设备自带插接式的端子除外）。

③ 铜、铝导线相连接应有可靠的过渡措施，可使用铜铝过渡端子、铜铝过渡套管、铜铝过渡线夹等连接，铜、铝端子相连接时应对铜接线端子做搪锡处理。

④ 使用压接法连接导线时，接线端子铜（铝）套管、压模的规格与线芯截面相符合。

⑤ 铜芯导线及铜接线端子搪锡时不应使用酸性焊剂。

（2）线路中绝缘导体或裸导体的颜色标记：

① 交流三相电路：

L1 相为黄色，L2 相为绿色，L3 相为红色，中性线为淡蓝色，保护地线（PE 线）为黄绿色相间。

绿黄双色线只用于标记保护接地，不能用于其他目的。淡蓝色只用于中性或中间线。

② 颜色标志可用规定的颜色或用绝缘导体的绝缘颜色标记在导体的全部长度上，也可标记在所选择的易识别的位置上（如端部可接触到的部位）。

（3）敷设前应按设计和实际路径计算每根电缆长度，合理安排每盘电缆，减少电缆接头。

（4）在带电区域内敷设电缆，应有可靠的安全措施。

（5）电力电缆在终端与接头附近宜留有备用长度。

（6）电缆的最小弯曲半径应符合：控制电缆和聚氯乙烯绝缘电力电缆不小于 10*D*（*D* 为电缆外径），交联聚乙烯绝缘电力电缆不小于 15 D。

（7）电缆敷设时，电缆应从盘的上端引出，不应使电缆在支架上及地面摩擦拖拉。电缆上不得有铠装压扁、电缆绞拧、护层折裂等未消除的机械损伤。

（8）电力电缆接头的布置应符合下列要求：

① 并列敷设的电缆，其接头的位置应相互错开。

② 电缆明敷时的接头，应用托板托置固定。

③ 直埋电缆接头盒外面应有防止机械损伤的保护盒（环氧树脂接头盒除外）。位于冻土层内的保护盒，盒内应注以沥青。

（9）电缆敷设时应排列整齐，不宜交叉，应加以固定，并及时装设标志牌。

（10）标志牌的装设应符合下列要求：

① 在电缆终端头、电缆接头、拐弯处、夹层内、隧道及竖井的两端、入井处，电缆上应装设标志牌。

② 标志牌上应注明线路编号。当无编号时，应写明电缆型号、规格及起止地点；并联使用的电缆应有顺序号。标志牌的字迹应清晰不易脱落。

③ 标志牌规格应统一。标志牌应能防腐，挂装应牢固。

（11）在下列地方电缆应加以固定：

① 垂直敷设或倾斜超过 45° 敷设的电缆在每个支架处，桥架上每隔 2 m 处。

② 水平敷设的电缆，在电缆首末两端及转弯、电缆接头的两端处；当对电缆间距有要求时，每隔 5 ~ 10 m 处。

③ 单芯电缆的固定应符合设计要求。

（12）在下列地点，电缆应有一定机械强度的保护管或加装保护罩：

① 电缆进入建筑物、隧道、穿过楼板及墙壁处。

② 从沟道引至电杆、设备、墙外表面或屋内行人容易接近处，距地面高度 2 m 以下的一段。

③ 其他可能受到机械损伤的地方。

保护管埋入非混凝土地面的深度不应小于 100 mm，伸出建筑物散水坡长度不应小于 250 mm。保护罩根部不应高出地面。

（13）电缆的防火阻燃应采取下列措施：

① 在电缆穿过竖井、墙壁、楼板或进入电气盘、柜的孔洞处，用防火堵料密实封堵。

② 在重要的电缆沟和隧道中，按要求分段或用软质耐火材料设置阻火墙。

③ 对重要回路的电缆，可单独敷设在专门的沟道中或耐火封闭槽盒内，或对其施加防火涂料、防火包带。

④ 在电力电缆接头两侧及相邻电缆 2 ~ 3 m 长的区段施加防火涂料或防火包带。

⑤ 采用耐火或阻燃型电缆。

⑥ 设置报警和灭火装置。

（14）在封堵电缆孔洞时，封堵应严实可靠，不应有明显的裂缝和可见的孔隙，孔洞较大者应加耐火衬板后再进行封堵。

任务二 工厂电气照明系统安装

一、施工技术准备

1. 工厂常用的电光源和灯具

1）工厂常用电光源的类型

电光源（Electric Light Source）按其发光原理分，有热辐射（Thermal Radiation）光源和气体放电（Gas Discharge）光源两大类。

（1）热辐射光源。

热辐射光源是利用物体加热时辐射发光的原理制成的光源，如白炽灯、卤钨灯（包括碘钨灯、溴钨灯）等。

① 白炽灯（Incandescent Lamp）。它靠灯丝（钨丝）通过电流加热到白炽状态从而引起热辐射发光。它的结构简单、价格低廉、使用方便，而且显色性好，因此无论工厂还是城乡，应用都极为广泛。但它的发光效率（即单位电功率光源产生的光通量，简称光效）较低，使用寿命较短，且耐震性较差。

② 卤钨灯（Tungsten Halogen Lamp）。其结构如图 13-27 所示。它实质是在白炽灯泡内充入含有少量卤素或卤化物的气体，利用卤钨循环原理来提高灯的发光效率和使用寿命。所谓卤钨循环原理是这样的：当灯管工作时，灯丝温度很高，要蒸发出钨分子，使之移向玻管内壁。一般白炽灯泡之所以会逐渐发黑就是由于这一原因。而卤钨灯由于灯管内充有卤素（碘或溴），因此钨分子在管壁与卤素作用，生成气态的卤化钨，卤化钨就由管壁向灯丝迁移。当卤化钨进入灯丝的高温（1 600 °C 以上）区域后，就分解为钨分子和卤素，钨分子就沉积在灯丝上。当钨分子沉积的数量等于灯丝蒸发出去的钨分子数量时，就达到了相对平衡的状态。这一过程就称为卤钨循环。由于存在卤钨循环，所以卤钨灯的玻管不易发黑，而且其发光效率比白炽灯高。卤钨灯的灯丝损耗极少，使其使用寿命较之白炽灯大大延长。

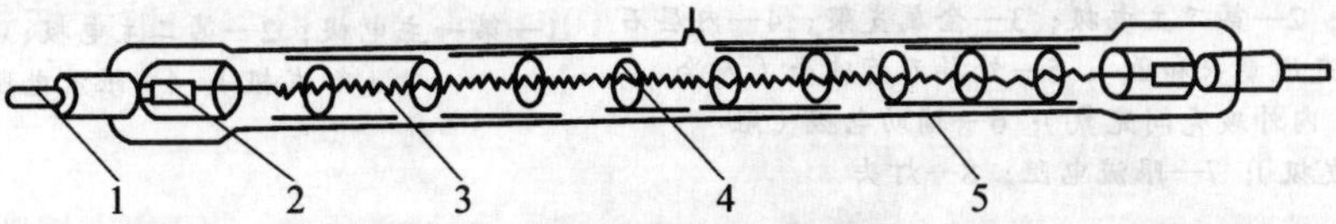

图 13-27 卤钨灯

1—灯脚；2—钼箔；3—灯丝（钨丝）；4—支架；5—石英玻管（内充微量卤素）

为了使卤钨灯的卤钨顺利进行循环，安装时必须保持灯管水平，倾斜角不得大于 4°，且不允许采用人工冷却措施（如使用电风扇）。由于卤钨灯工作时管壁温度可高达 600 °C，因此要注意，灯不能与易燃物靠近。卤钨灯的耐震性更差，须注意防震。卤钨灯的显色性好，使用也方便，主要用于需高照度的工作场所。

最常见的卤钨灯为碘钨灯（Tungsten Iodine Lamp）。

（2）气体放电光源。

气体放电光源是利用气体放电时发光的原理制成的光源，如荧光灯、高压汞灯、高压钠灯、金属卤化物灯和氙灯等。

① 荧光灯（Fluorescent Lamp）。它是利用汞蒸气在外加电压作用下产生弧光放电，发出少许可见光和大量紫外线，紫外线又激励管内壁涂覆的荧光粉，使之再发出大量的可见光。由此可见，荧光灯的发光效率比白炽灯高得多，使用寿命也比白炽灯长得多。

② 高压汞灯（High Pressure Mercury Lamp）。又称高压水银荧光灯。它是上述荧光灯的改进产品，属于高气压（压强可达 10^5 Pa）的汞蒸气放电光源。其结构有三种类型：GGY 型荧光高压汞灯，这是最常用的一种，如图 13-28 所示；GYZ 型自镇流高压汞灯，利用自身的灯丝兼作镇流器；GYF 型反射高压汞灯，采用部分玻壳内壁镀反射层的结构，使光线集中均匀地定向反射。

高压汞灯不需起辉器来预热灯丝，但它必须与相应功率的镇流器串联使用（除 GYZ 型外），其结线如图 13-29 所示。工作时，第一主电极与辅助电极（触发极）间首先击穿放电，使管内的汞蒸发，导致第一主电极与第二主电极间击穿，发生弧光放电，使管壁的荧光质受激，产生大量的可见光。高压汞灯的光效高，寿命长，但启动时间较长，显色性较差。

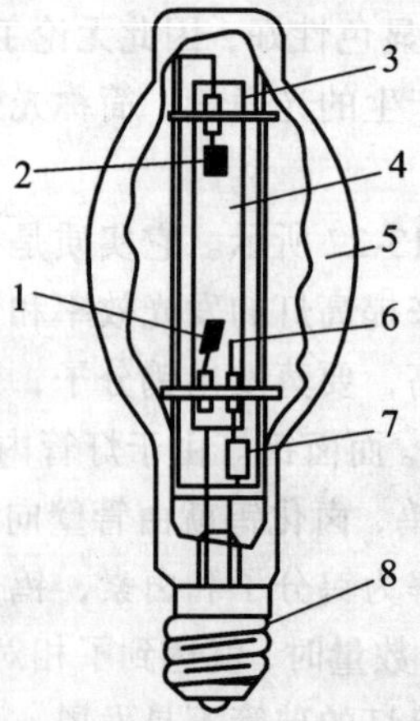

图 13-28　高压汞灯（GGY 型）

1—第一主电极；2—第二主电极；3—金属支架；4—内层石英玻壳（内充适量汞和氩）；5—外层石英玻壳（内涂荧光粉，内外玻壳间充氮）；6—辅助电极（触发极）；7—限流电阻；8—灯头

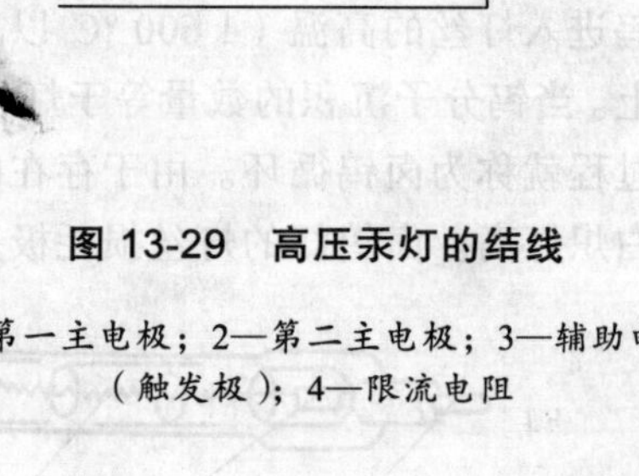

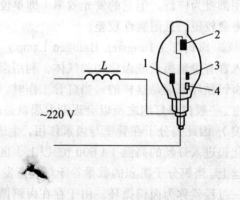

图 13-29　高压汞灯的结线

1—第一主电极；2—第二主电极；3—辅助电极（触发极）；4—限流电阻

③ 高压钠灯（High Pressure Sodium Lamp）。其结构如图 13-30 所示，其结线与高压汞灯相同。它利用高气压（压强可达 10^4 Pa）的钠蒸气放电发光，其光谱集中在人眼较为敏感的区间，因此其光效比高压汞灯还高一倍，且寿命长，但显色性也较差，启动时间也较长。

气体放电光源还有金属卤化物灯（Halide Lamp）和氙灯（Xenon Lamp）等。前者是在高压汞灯基础上为改善光色而发展起来的一种新型光源，后者是一种充有高气压氙气的高功率（可达 100 kW）的气体放电灯，俗称“人造小太阳”。限于篇幅，这里不详细介绍。

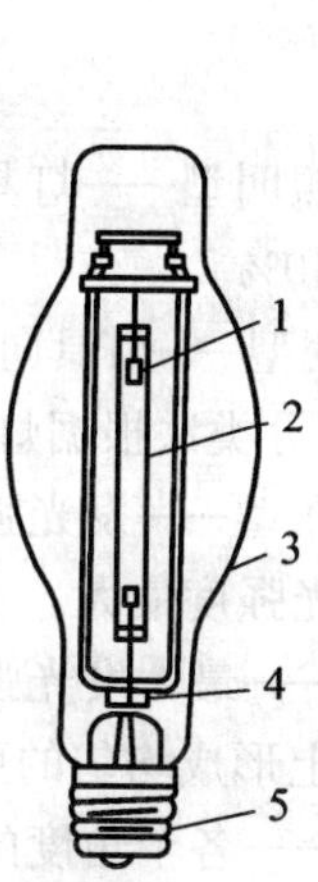

图 13-30 高压钠灯

1—主电极；2—半透明陶瓷放电管（内充钠、汞及氙或氖氩混合气体）；3—外玻壳（内壁涂荧光粉，内外壳间充氮）；4—消气剂；5—灯头

2）工厂用电光源类型的选择

照明光源宜采用荧光灯、白炽灯、高强气体放电灯、化物灯等，不推荐采用卤钨灯、长弧氙灯等。

为了节约电能，当灯具悬挂高度在 4 m 及以下时，宜采用荧光灯；在 4 m 以上时，宜采用高强气体放电灯；当不宜采用高强气体放电灯时，也可采用白炽灯。

在下列工作场所，宜采用白炽灯照明：

① 局部照明场所。因局部照明一般需经常开关、移动和调节，白炽灯比较适合。

② 防止电磁波干扰的场所。气体放电灯因有高次波辐射，会产生电磁干扰。

③ 因频闪效应影响视觉效果的场所。气体放电灯均有明显的频闪效应，故不宜采用气体放电灯。

④ 灯的开关频繁操作及需要及时点亮或需要调光的场所。气体放电灯启动较慢，频繁开关会影响寿命，也不好调光。

⑤ 照度不高，且照明时间较短的场所。如采用气体放电灯，低照度时照明效果不好。

道路照明和室外照明的光源，宜优先选用高压钠灯。高压钠灯的光效比白炽灯和高压汞灯都高得多，因此采用高压钠灯较之过去采用白炽灯和高压汞灯能大大节约电能。而且高压钠灯的使用寿命长，光色为黄色，分辨率高，透雾性好，很适于室外照明。高压钠灯虽显色性比较差，但一般室外照明场所对光源显色性的要求不高，因此可以采用高压钠灯。

应急照明应采用能瞬时可靠点燃的白炽灯或荧光灯。当应急照明作为正常照明的一部分经常点亮且不需要切换电源时，可采用其他光源。

当采用一种光源不能满足光色或显色性能要求时，可采用两种光源形式的混光光源。混光光源的混光光通量比，按 GB 50034—92《工业企业照明设计标准》的规定选取。

3）工厂常用灯具的类型

（1）按灯具的配光特性分类。

按灯具的配光特性分类，有两种分类方法：一种是国际照明委员会（CIE）提出的分类法，另一种是传统的分类法。

① CIE 分类法根据灯具向下和向上投射光通量的百分比，将灯具分为以下五种类型：

直接照明型——灯具向下投射的光通量占总光通量的 90%～100%，而向上投射的光通量极少。

半直接照明型——灯具向下投射的光通量占总光通量的 60%～90%，向上投射的光通量只有 10%～40%。

均匀漫射型——灯具向下投射的光通量与向上投射的光通量差不多相等，各为 40%～60% 之间。

半间接照明型——灯具向上投射的光通量占总光通量的 60%～90%，向下投射的光通量只有 10%～40%。

间接照明型——灯具向上投射的光通量占总光通量的 90%～100%，而向下投射的光通量极少。

② 传统分类法根据灯具的配光曲线形状，将灯具分为以下五种类型（参看图 13-31）：

正弦分布型——发光强度是角度的正弦函数，并且在 90° 时发光强度最大。

广照型——最大发光强度分布在较大角度上，可在较广的面积上形成均匀的照度。

漫射型——各个角度的发光强度基本一致。

配照型——发光强度是角度的余弦函数，并且在 0° 时发光强度最大。

深照型——光通量和最大发光强度值集中在 0～30° 的狭小立体角内。

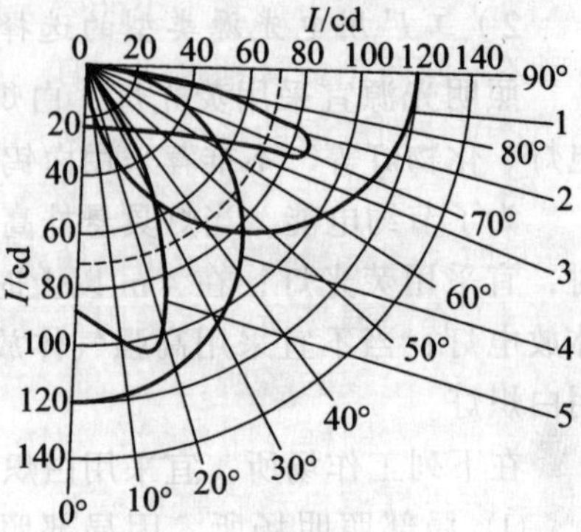

图 13-31 灯具按配光曲线分类

1—正弦分布型；2—广照型；3—漫射型；4—配照型；5—深照型

（2）按灯具的结构特点分类。

按灯具的结构特点可分为以下五种类型：

开启型——其光源与灯具外界的空间相通，如一般的配照灯、广照灯和深照灯等。

闭合型——其光源被透明罩包合，但内外空气仍能流通，如圆球灯、双罩型（即万能型）灯及吸顶灯等。

密闭型——其光源被透明罩密封，内外空气不能对流，如防潮灯、防水防尘灯等。

增安型——其光源被高强度透明罩密封，且灯具能承受足够的压力，能安全地应用在有爆炸危险介质的场所。

隔爆型——其光源被高强度透明罩封闭，但不是靠其密封性来防爆，而是在灯座的法兰与灯罩的法兰之间有一隔爆间隙。当气体在灯罩内部爆炸时，高温气体经过隔爆间隙被充分冷却，从而不致引起外部爆炸性混合气体爆炸，因此隔爆型灯也能安全地应用在有爆炸危险介质的场所。

图 13-32 所示是工厂常用的几种灯具的外形和图形符号。

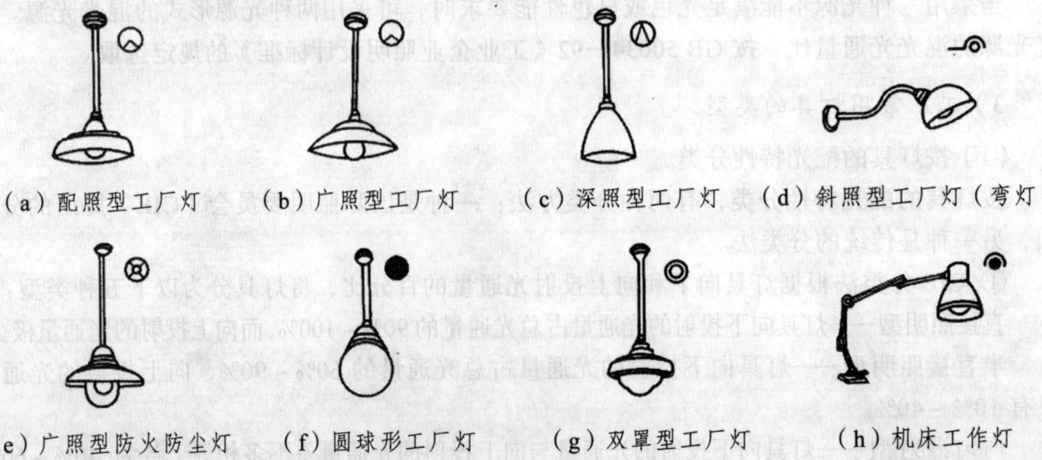

（a）配照型工厂灯　（b）广照型工厂灯　（c）深照型工厂灯　（d）斜照型工厂灯（弯灯）

（e）广照型防火防尘灯　（f）圆球形工厂灯　（g）双罩型工厂灯　（h）机床工作灯

图 13-32 工厂常用的几种灯具

4）工厂用灯具类型的选择

照明灯具应选用效率高、利用系数高、配光合理、保持率高的灯具。在保证照明质量的前提下，应优先采用开启式灯具，并应少采用装有格栅、保护罩等附件的灯具。

根据工作场所的环境条件，应分别采用下列各种灯具：

（1）空气较干燥和少尘的室内场所，可采用开启型的各种灯具。至于是采用广照型、配照型还是深照型或其他形式灯具，则依建筑的高度、生产设备的布置及照明的要求而定。

（2）特别潮湿的场所，应采用防潮灯具或带防水灯头的开启式灯具。

（3）有腐蚀性气体和蒸汽的场所，宜采用耐腐蚀性材料制成的密闭式灯具。如采用开启式灯具时，各部分应有防腐蚀防水的措施。

（4）在高温场所，宜采用带有散热孔的开启式灯具。

（5）有尘埃的场所，应按防尘的保护等级分类来选择合适的灯具。

（6）装有锻锤、重级工作制桥式吊车等振动、摆动较大场所的灯具，应有防震措施和保护网，防止灯泡自动松脱和掉下。

（7）在易受机械损伤场所的灯具，应加保护网。

（8）有爆炸和火灾危险场所使用的灯具，应遵循 GB 50058—92《爆炸和火灾危险环境电力装置设计规范》的有关规定，如表 13-6 所示。

表 13-6　灯具类防爆结构的选型

电气设备 ＼ 防爆结构 ＼ 爆炸危险分区	1区		2区	
	隔爆型	增安型	隔爆型	增安型
固定式灯	适　用	不适用	适　用	适　用
移动式灯	慎　用		适　用	
携带式电池灯	适　用		适　用	
指示灯类	适　用	不适用	适　用	适　用
镇流器	适　用	慎　用	适　用	适　用

2. 室内灯具的悬挂高度

室内灯具不能悬挂过高。如悬挂过高，一方面降低了工作面上的照度，而要满足照度要求，势必增大光源功率，不经济；另一方面运行维修（如擦拭或更换灯泡）也不方便。

室内灯具也不能悬挂过低。如悬挂过低，一方面容易被人碰撞，不安全；另一方面会产生眩光，降低人的视力。

按 GB 50034—92 规定，室内一般照明灯具的最低悬挂高度如表 13-7 所示。表中所列灯具的遮光角（又称保护角）的含义，如图 13-33 所示，表征了灯具的光线被灯罩遮盖的程度，也表征了避免灯具对人眼直射眩光的范围。

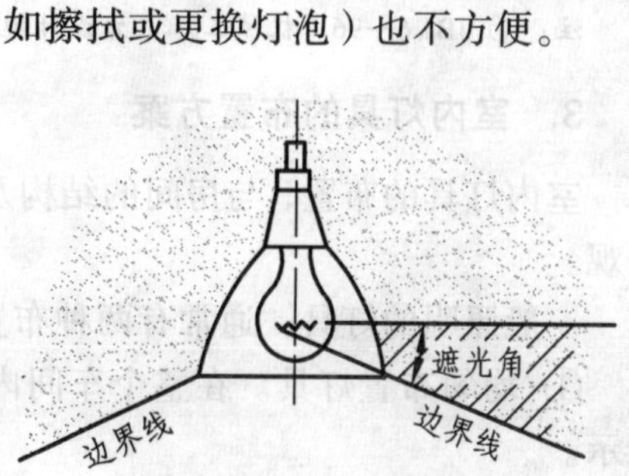

图 13-33　灯具的遮光角

表 13-7　室内一般照明灯具的最低悬挂高度

光源种类	灯具形式	灯具遮光角	光源功率/W	最低悬挂高度/m
白炽灯	有反射罩	10°～30°	≤100	2.5
			150～200	3.0
			300～500	3.5
	乳白玻璃漫射罩	—	≤100	2.0[①]
			150～200	2.5
			300～500	3.0
荧光灯	无反射罩	—	≤40	2.0[①]
			>40	3.0
	有反射罩	—	≤40	2.0[①]
			>40	2.0[①]
荧光高压汞灯	有反射罩	10°～30°	<125	3.5
			125～250	5.0
			≥400	6.0
	有反射罩带格栅	>30°	<125	3.0
			125～250	4.0
			≥400	5.0
金属卤化物灯、高压钠灯、混光光源	有反射罩	10°～30°	<150	4.5
			150～250	5.5
			250～400	6.5
			>400	7.5
	有反射罩带格栅	>30°	<150	4.0
			150～250	4.5
			250～400	5.5
			>400	6.5

注：① JBJ 6—96《机械工厂电力设计规范》规定为 2.2 m。

3. 室内灯具的布置方案

室内灯具的布置，与房间的结构及照明的要求有关，既要实用、经济，又要尽可能协调、美观。

一般照明的灯具，通常有两种布置方案：

① 均匀布置灯具。在整个车间内均匀分布，其布置与设备位置无关，如图 13-34（a）所示。

② 选择布置灯具的布置与生产设备的位置有关。大多按工作面对称布置，力求使工作面获得最有利的光照并消除阴影，如图 13-34（b）所示。

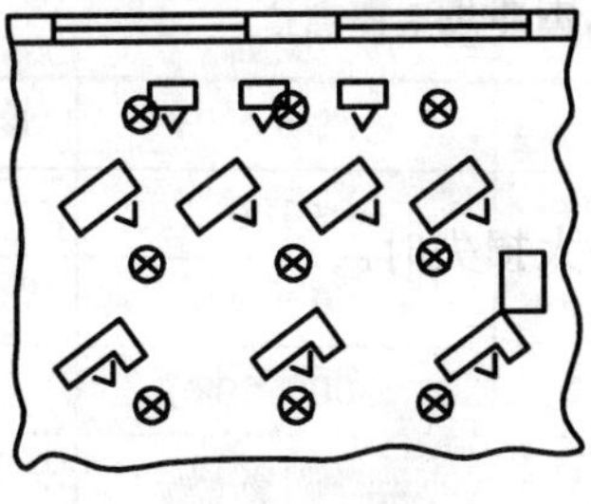

（a）均匀布置

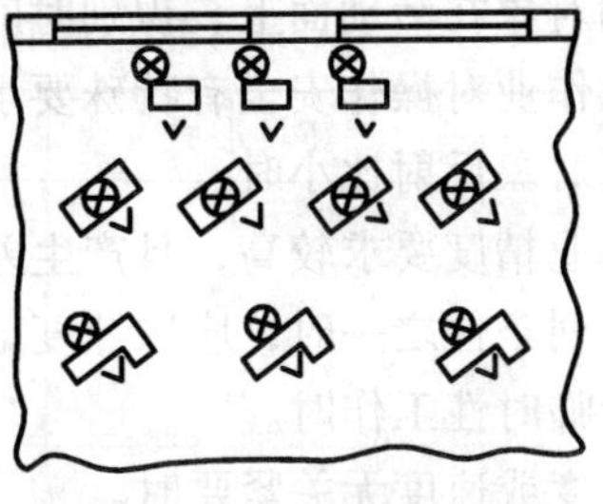

（b）选择布置

图例：⊗ 灯具位置　　　　∨ 工作位置

图 13-34　一般照明灯具的布置

由于均匀布置较之选择布置更为美观，且使整个车间照度较为均匀，所以在既有一般照明又有局部照明的场所，其一般照明宜采用均匀布置。

均匀布置的灯具可排列成正方形或矩形，如图 13-35（a）所示。为了使照度更为均匀，可将灯具排列成菱形，如图 13-35（b）所示。等边三边形的菱形布置，照度分布最为均匀。

【例 13.3】 某车间的平面面积为 $36\times 18\ m^2$，桁架的跨度为 18 m，桁架之间相距 6 m，桁架下弦离地 5.5 m，工作面离地 0.75 m。拟采用 GC 1-A-1 型工厂配照灯（装 220 V、150 W 白炽灯）作车间的一般照明。试初步确定灯具的布置方案。

解　根据车间的建筑结构，灯具宜悬挂在桁架上。如灯具下吊 0.5 m，则灯具的悬挂高度（在工作面上的高度）为 $h=(5.5-0.5-0.75)\ \text{m}=4.25\ \text{m}$。而由相关规定知这种灯具的最大距高比小于悬挂高度的 1.25 倍，因此灯具间的合理距离为

$$l\leqslant 1.25h=1.25\times 4.25\ \text{m}=5.3\ \text{m}$$

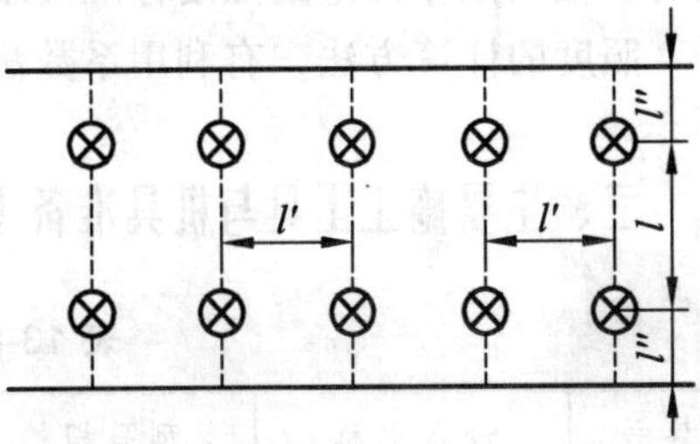

（a）矩形布置

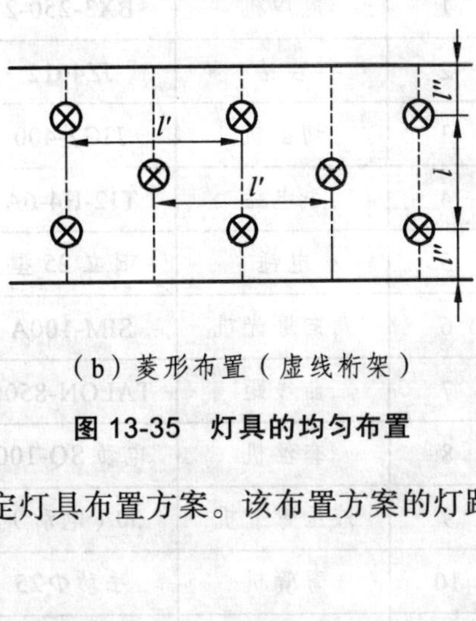

（b）菱形布置（虚线桁架）

图 13-35　灯具的均匀布置

根据车间的结构和以上计算所得合理灯距，初步确定灯具布置方案。该布置方案的灯距（均方根值）为

$$l=\sqrt{4.5\times 6}\ \text{m}=5.2\ \text{m}<5.3\ \text{m}$$

4．工厂照明的照度标准

为了创造良好的工作条件，提高劳动生产率和产品质量，保障人身安全，工作场所及其他活动环境的照明必须有足够的照度。

凡符合下列条件之一时，应取照度范围的高值：

（1）I ~ V 等的视觉作业，当眼睛至识别对象的距离大于 500 mm 时。

（2）连续长时间紧张的视觉作业，对视觉器官有不良影响时。

（3）识别对象在活动面上，识别时间短促而辨认困难时。
（4）视觉作业对操作安全有特殊要求时。
（5）识别对象反射比小时。
（6）当作业精度要求较高，且产生差错会造成很大损失时。
凡符合下列条件之一时，应取照度范围的低值：
（1）进行临时性工作时。
（2）当精度或速度无关紧要时。

5. 照度的计算

在灯具的形式、悬挂高度及布置方案初步确定之后，就应该根据初步拟定的照明方案计算工作面上的照度，检验是否符合照度标准的要求；也可以在初步确定灯具形式和悬挂高度之后，根据工作面上的照度标准要求来确定灯具数目，然后确定布置方案。

照度的计算方法，有利用系数法、概算曲线法、比功率法和逐点计算法等。

二、主要施工工具与机具准备（见表13-8）

表 13-8 主要施工机械设备计划表

序号	设备名称	型号规格	单位	数量	进场日期	供应单位	备注
1	电焊机	BX3-250-2	台				
2	台钻	JZ4012	台				
3	切割机	J3G2-400	台				
4	手电钻	T12-H4-6A	台				
5	电锤	日立25型	台				
6	角向磨光机	SIM-100A	台				
7	曲线距	TALON-8500	台				
8	套丝机	电动 SQ-100	台				
9	液压弯管机	50（电动）	台				
10	弯管机	手动Φ25	把				
11	弯管机	Φ20	把				
12	弯管机	Φ32	把				
13	套丝扳手	114型	只				
14	气焊工具		套				
15	液压车	2 t	台				

三、施工安全技术措施

（1）建立安全保证体系，严格按照体系要求各尽其职。

（2）做好施工人员安全技术交底，定期进行安全教育，加强安全意识。

（3）健全安全施工规章制度，实施奖罚措施。

（4）做好安全警告牌，与质安科协作好，做好施工现场的安全工作。

（5）强化安全用电的意识，严禁带电操作，确保用电安全。

（6）现场文明施工组织措施：

① 所有施工人员服装要整齐统一，佩戴好胸卡。

② 建立文明施工责任制，实行划区负责。

③ 建立卫生包干区，配备专职清洁员，及时清理施工垃圾，做到“工完场清”。

④ 按照业主定场区，合理安排材料堆放，施工机具放置，半成品加工、堆放，管理好临时用电、用水线路的埋设架设。

⑤ 材料堆放要到按成品规格型号分类放置，做到整齐清洁，标牌清楚。

⑥ 现场内只能放置 3 ~ 5 日内的使用材料，且应堆放整齐。

⑦ 放置室外的成品及半成品要做好防潮、防腐蚀措施。

⑧ 施工现场按规定配备消防器材，并有专人管理，现场设置醒目的安全标识、防火标识牌以及宣传牌。

四、施工工艺

1. 管路敷设的主要施工方法

1）地面上的管路敷设

由于结构已完成，原有管路不能利用，卧室、客厅插座管路直接敷设在木龙骨内。钢管内、外壁均刷防腐漆。管路弯曲半径、弯扁度符合规范要求。管路固定用专用固定卡固定，必固定牢固。

2）墙体内管路敷设

隔断墙为陶粒砌块或轻钢龙骨，在其中敷设的管路，钢管内、外壁要刷防腐漆。要用云石机进行开槽，不能直接剔槽，以免破坏结构。管路不能直接固定在轻钢龙骨上。

3）吊顶内管路敷设

应在土建吊顶前先敷设管路，要求先了解土建吊顶高度、标高、设备位置。根据以上尺寸、标高、位置，按照电气图纸所标管路高度，先在顶板上进行定位弹线，以便准确地确定灯具在吊顶上的位置。当吊顶有分格块线条时灯位必须按吊顶格块分布均匀，灯位应在方格块中，灯具两边尺寸大小一致。然后根据灯位确定管路敷设部位及走向。

吊顶内管路严禁用塑制品，管路敷设按 1.5 m 一个支架固定，始端与终端按 0.5 m 一个支架固定。吊顶内的接线盒或灯头盒应固定在支架上，盒口朝下，严禁朝上。

如吊顶是死吊顶，在装接线箱、盒处必须设置检查口。

4）砌体填充墙注盒（箱）

注盒（箱）接短管的条件应根据土建弹出准确位置的一米线及每个房间的地面厚度或土建冲好抹灰的冲筋。

根据以上条件，对照图纸找出盒、箱的准确位置、标高弹线。按箱（盒）的大小剔洞，及时清理渣土，然后用水把洞内四壁浇湿，依照管路的走向敲掉盒子敲落空，把管插入盒内，把盒（箱）推入洞内，盒（箱）口与冲筋抹灰面平，用直尺找标高，用水平仪找平整，用豆石混凝土将盒（箱）填实固定牢固，要求盒（箱）与墙体装饰面平。

2. 管内穿线

（1）条件：土建施工墙面、地面抹灰完。

（2）穿线前应检查管口的护口是否齐全，箱、盒口如凹进深度 200 mm 以上重剔另筑。

（3）根据图纸核对进入现场的导线品种、规格、型号、颜色、数量是否符合设计要求。

（4）穿线要求按相序颜色作标记，A 相为黄色，B 相为绿色，C 相为红色，零线 N 为淡蓝色，PE 保护线为黄/绿条色线。要求每层穿的照明支路火线的颜色干线的相序颜色定，如是 A 相火线选黄色，开关回火线选白色。

（5）管内穿线严禁有接头或拧麻花，接头应放在接线盒内，导线连接采用 WSC-1 导线连接器。箱内接头严禁采用 WSC-1 导线连接器，而是采用套管连接，套管型号应根据导线根数、截面而定。

（6）干、支路线穿完，接头应用 ZC-8 兆欧表摇测导线绝缘电阻值。测试的电阻值应大于 0.5 MΩ，把测试的数据填入相应的表中。

3. 暗配电箱的安装方法

（1）安装前应开箱检查规格、型号、数量是否符合设计要求，技术文件、合格证是否齐全，箱内电气元件是否为国家认证的带标志的电工产品，产品是否为两部认可的定点厂生产的配电设备，电气元件动作是否灵敏，有无损坏现象。

（2）陶粒砖墙配电箱固定要求：墙面冲筋完，根据预留孔洞尺寸、地面实际高度及准确的一米水平线，将箱体找好准确标高，弹线定位作记号，根据墙面冲筋高度找好箱口与墙面的水平尺寸后，进行箱体固定，用水平仪找平找正，然后用水泥填实周边空缝，待强度达到要求后安装盘面和贴脸。

（3）暗箱体跨接地线的做法：跨接地线严禁直接焊接在箱体上，应焊接在箱体对角线事先预留的扁铁上。焊接长度为圆钢直径的 6 倍以上，双面施焊，去掉药皮，并刷防腐漆两遍。

（4）安装盘面要求周边间隙均匀对称，贴脸平整不歪斜，螺丝垂直受力均匀，螺丝帽要凹进去，严禁高出贴脸面外。

4. 灯具、开关、插座的安装

（1）各种型号规格的灯具、开关、插座必须系统检查和试验，熟悉性能和安装方式、方法，尺寸定位，标高与图纸标注统一一致。

（2）金属卤化物灯的安装，灯具安装高度应符合设计要求，当设计无要求时不宜小于 5 m。导线应经接线柱与灯具连接，且不得靠近灯具表面。灯管必须与触发器和限流器配套使用。

（3）采用钢管作灯具的吊杆时，钢管内径不应小于 10 mm，钢管壁厚不应小于 1.5 mm，吊链灯具的灯线不应受拉力，灯线应与吊链编叉在一起。

（4）灯具固定牢固可靠，每个灯具的固定螺钉或螺栓不应少于 2 个。同一室内场所成排安装的灯具其中心线偏差不大于 5 mm。开关、插座的并列安装高度差不大于 1 mm。同一室内的高度不大于 5 mm。

（5）螺口灯头中心线弹簧片接相线，螺口接零线。其螺口深度保证灯泡丝扣全部旋入。软线吊灯的相线要作标记，挽好保护扣。

习 题

1. 选择正确答案填空。

（1）电气图中，断路器的符号为（　　）。

A. K　　B. D　　C. L　　D. DL

（2）不属于笼型异步电动机降压启动方法的是（　　）启动。

A. 自耦变压器降压　　B. Y-△换接

C. 延边三角形　　D. 在转子电路中串联变阻器

（3）中小容量异步电动机的过载保护一般采用（　　）。

A. 熔断器　　B. 磁力启动器

C. 热继电器　　D. 电压继电器

（4）笼型异步电动机的延边三角形启动方法，是变更（　　）接法。

A. 电源相序　　B. 电动机端子

C. 电动机定子绕组　　D. 电动机转子绕组

（5）属双速异步电动机接线方法的是（　　）。

A. YY/YY　　B. YY/△　　C. YY/Y　　D. △△/Y

（6）异步电动机的反接制动是指改变（　　）。

A. 电源电压　　B. 电源电流　　C. 电源相序　　D. 电源频率

（7）异步电动机的能耗制动采用的设备是（　　）装置。

A. 电磁抱闸　　B. 直流电源

C. 开关与继电器　　D. 电阻器

（8）在电动机的连续运转控制中，其控制关键是（　　）。

A. 自锁触点　　B. 互锁触点

C. 复合按钮　　D. 机械联锁

（9）下列低压电器中可以实现过载保护的有（　　）。

A. 热继电器　　B. 速度继电器

C. 接触器　　D. 低压断路器

E. 时间继电器

（10）Y-△降压启动可使启动电流减少到直接启动时的（　　）。

A. 1/2　　B. 1/3　　C. 1/4　　D. $1/\sqrt{3}$

2. 判断下列说法是否正确。

（1）刀开关在低压电路中，作为频繁地手动接通、分断电路的开关。（　）

（2）选用低压断路器时，断路器的额定短路通断能力应大于或等于线路中的最大短路电流。（　）

（3）作为电动保护用熔断器应考虑电动机的启动电流，一般熔断器的额定电流为电动机额定电流的 2～2.5 倍。（　）

（4）没有灭弧罩的刀开关，可以切断负荷电流。（　）

（5）电磁型过电流继电器的电流线圈分成两部分，当由串联改为并联时，动作电流减少 1/2。（　　）

（6）某电磁型过电流继电器的返回系数为 0.83，该继电器不合格。（　　）

（7）DS-32 时间继电器的线圈是短时工作制，当需长期工作时需串入限流电阻。（　　）

（8）DS-32 系列时间继电器断电后，触点轴在复位弹簧的作用下需克服主弹簧的拉力返回。（　　）

（9）电磁型中间继电器触点延时闭合或断开，是通过继电器铁心上套有若干片铜短路环获得的。（　　）

3. 两个同型号的交流接触器，线圈额定电压为 110 V，试问能不能串联后接于 220 V 交流电源？

4. 请分析题 13-4 图所示的三相笼式异步电动机的正反转控制电路：

（1）指出下面电路中各电器元件的作用；

（2）根据电路的控制原理，找出主电路中的错误，并改正（用文字说明）；

（3）根据电路的控制原理，找出控制电路中的错误，并改正（用文字说明）。

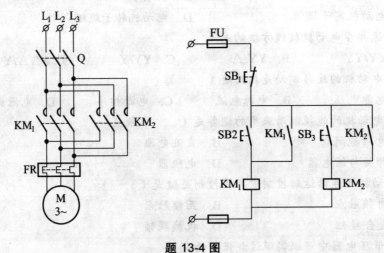

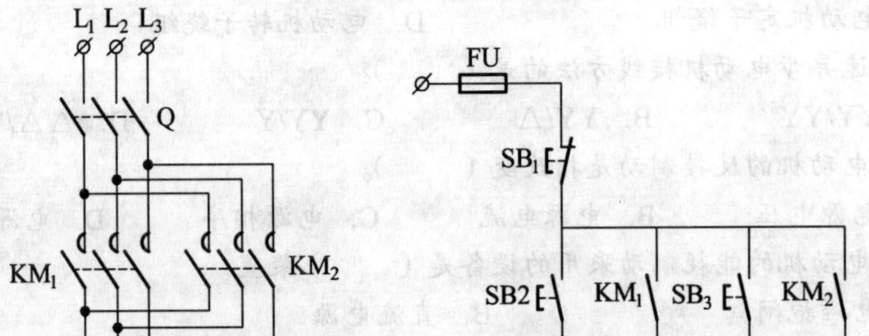

题 13-4 图

5. 请分析题 13-5 图所示三相笼式异步电动机的 Y-△降压启动控制电路：

（1）指出下面电路中各电器元件的作用；

（2）根据电路的控制原理，找出主电路中的错误，并改正（用文字说明）；

（3）根据电路的控制原理，找出控制电路中的错误，并改正（用文字说明）。

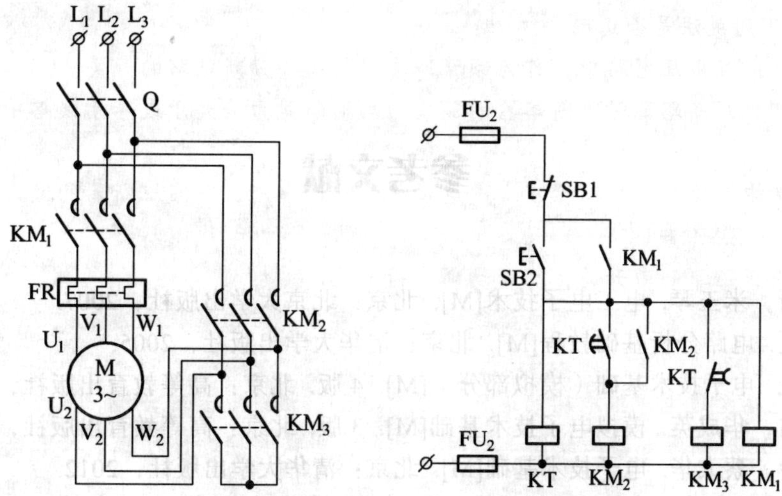

题 13-5 图

6. 一台三相异步电动机其启动和停止的要求是：当启动按钮按下后，电动机立即得电直接启动，并持续运行工作；当按下停止按钮后，需要等待 20 s 电动机才会停止运行。请设计满足上述要求的主电路与控制线路图（电路需具有必要的保护措施）。

参考文献

[1] 李艳新，米玉琴. 电工电子技术[M]. 北京：北京大学出版社，2007.
[2] 刘景夏. 电路分析基础教程[M]. 北京：清华大学出版社，2005.
[3] 康华光. 电子技术基础（模拟部分）[M]. 4 版. 北京：高等教育出版社，1999.
[4] 童诗白，华成英. 模拟电子技术基础[M]. 3 版. 北京：高等教育出版社，2001.
[5] 刘美玲，蔡大华. 电子技术基础[M]. 北京：清华大学出版社，2012.
[6] 孙余凯. 电子电路分析与实践[M]. 北京：人民邮电出版社，2010.
[7] 张湘洁，武漫漫. 电子电路分析与实践[M]. 北京：机械工业出版社，2011.
[8] 梁志红. 电工与电工实务教程[M]. 天津：天津大学出版社，2010.
[9] 吴光路. 建筑电气安装实用技能手册[M]. 北京：化学工业出版社，2012.